W0254970

Lehrbuch der Elektrochemie

Jiří Koryta
Jiří Dvořák
Vlasta Boháčková

Springer-Verlag Wien · New York

Prof. Dr. Jiří Koryta
Doz. Dr. Jiří Dvořák
Dipl.-Chem. Vlasta Boháčková†
J. Heyrovský-Institut für Physikalische Chemie und Elektrochemie
der Tschechoslowakischen Akademie der Wissenschaften, Prag
Lehrstuhl für Physikalische Chemie der Naturwissenschaftlichen Fakultät
der Karls-Universität, Prag

Der vorliegenden deutschen Bearbeitung liegt die
zweite Auflage 1975 der unter dem Titel „Elektrochemie"
im Verlag Academia, Prag, erschienenen
tschechischen Ausgabe zugrunde

Aus dem Tschechischen übertragen von Dr. Helga Bažantová, Prag

Erste Auflage der tschechischen Ausgabe: Prag 1966
Englische Ausgabe unter dem Titel „Electrochemistry"
im Verlag Methuen & Co., London 1970.
Reprint: Methuen & Co. and Science Paperbacks, London 1973

Mit 108 Abbildungen

Library of Congress Cataloging in Publication Data. Koryta, Jiří. Lehrbuch der Elektrochemie. Translation
of the 2nd ed. of Elektrochemie; 1st ed. by J. Dvořák, J. Koryta, and V. Boháčková. Bibliography: p.
1. Electrochemistry. I. Dvořák, Jiří, joint author. II. Boháčková, Vlasta, joint author. III. Dvořák, Jiří, Elektrochemie. IV. Title. QD553.D8515. 541'.37.75-31703

ISBN-13:978-3-7091-8419-6   e-ISBN-13:978-3-7091-8418-9
DOI: 10.1007/978-3-7091-8418-9

Vorwort

Dieses Lehrbuch entstand aus den Grund- und Spezialvorlesungen, die die Verfasser schon seit einer Reihe von Jahren am Lehrstuhl für Physikalische Chemie der Naturwissenschaftlichen Fakultät der Karls-Universität in Prag halten, und aus den Vorlesungen, die der erste von ihnen an der Universität von Southampton in England hielt. Die Autoren waren bestrebt, bei kleinem Umfang möglichst viel Stoff zu erfassen, damit das Buch als Ausgangspunkt für das Studium von Monographien und Originalliteratur dienen könne.

Mit Rücksicht auf die knappe Fassung wird die Originalliteratur nicht systematisch zitiert; an vielen Stellen wäre ein vollständiges Literaturverzeichnis länger als die Darstellung selbst. Am Ende des Buches folgt ein nach Kapiteln geordnetes Verzeichnis der einschlägigen Monographien und Referate, in dem der Leser die gesuchten Zitate findet.

Die Abbildungen und die Zahlenwerte in den Tabellen geben die grundlegenden Gesetzmäßigkeiten wieder. Trotzdem waren die Verfasser bemüht, die zuverlässigsten Daten anzuführen und schematische Veranschaulichungen der Kurvenverläufe, die leicht zu Fehlern führen können, möglichst zu vermeiden. Bei den übernommenen Zahlenwerten und Abbildungen ist stets die Herkunft zitiert.

In diesem Lehrbuch werden keine praktischen Hinweise für Laborarbeiten und für die Anwendung der elektrochemischen Methoden gegeben, da ja eine ausreichende Menge an physikalisch-chemischen und analytischen Handbüchern zur Verfügung steht.

Um die Kontinuität des Textes nicht zu stören, wurden die historischen Angaben, die Erläuterungen der Einheiten und die Werte der Grundkonstanten im Anhang zusammengefaßt. Aus den gleichen Gründen werden wiederholt auftretende Symbole nur an der Stelle erklärt, wo sie zum ersten Mal erscheinen oder wo es zu Mißverständnissen kommen könnte. Eine Übersicht der wichtigsten Symbole folgt nach dem Inhaltsverzeichnis.

Die erste tschechische Ausgabe dieses Buches erschien im Jahre 1966. Die englische, teilweise überarbeitete Ausgabe aus dem Jahr 1970 wurde besonders im Teil über die Kinetik der Elektrodenprozesse erweitert. In der zweiten tschechischen Auflage aus dem Jahr 1975 wurden die „klassischen" Partien über die Gleichgewichte in homogenen und heterogenen Systemen reduziert und das Kapitel über die Transportvorgänge umgearbeitet. Die vorliegende deutsche Ausgabe ist in allen Teilen wesentlich neu bearbeitet und durch ein Kapitel über Membran- und Bioelektrochemie ergänzt.

Für die Hinweise zum Text, die uns bei der Umarbeitung des Buches im Verlauf der einzelnen Stadien übermittelt wurden, danken wir den Herren Dr. A. Bewick, Prof. Dr. M. Fleischmann, Dr. K. Holub, Doz. Dr. J. Kůta, Dr. K. Micka, Prof. Dr. A. Regner † und Dr. J. Weber. Für die sehr sorgfältige und mit tiefem Verständnis durchgeführte Übersetzung sagen wir Frau Dr. H. Bažantová unseren Dank. Gerne erinnern wir uns an unsere verstorbenen Lehrer, Prof. Dr. R. Brdička und Prof. Dr. J. Heyrovský. Die Vorlesungen Prof. Brdičkas, die wir vor einer Reihe von Jahren gehört haben, waren eigentlich die ursprünglichste Wissensquelle unseres Buches. Ganz besonders freut es uns, daß dieses Buch gerade in Wien beim Springer-Verlag herauskommt, da dort schon im Jahre 1941 die „Polarographie" des tschechischen Nobelpreisträgers J. Heyrovský erschien. Nicht zuletzt gilt unser Dank dem Springer-Verlag für sein Entgegenkommen bei der Drucklegung dieses Buches.

Wir bedauern, daß unsere Mitautorin und Freundin, Frau Dr. Vlasta Boháčková, die im Jahre 1973 starb, das Erscheinen dieses Buches nicht mehr erleben durfte.

Prag, im Frühsommer 1975

Jiří Koryta
Jiří Dvořák

Inhaltsverzeichnis

Verzeichnis der wichtigsten Symbole

A	Affinität, Oberfläche
a	Aktivität, effektiver Ionenradius
c	Konzentration
C	differentielle Kapazität
D	Diffusionskoeffizient, relative Dielektrizitätskonstante
E	elektromotorische Kraft, Elektrodenpotential; $E_{1/2}$ — Halbstufenpotential, E^0 — Standardelektrodenpotential, E_z — Nulladungspotential
$\boldsymbol{E}$	elektrische Feldstärke
F	Faradaysche Konstante
G	Gibbssche (freie) Energie
(g)	Gasphase
H	Enthalpie, ΔH — Reaktionsenthalpie, Aktivierungsenergie
H_0	Aciditätsfunktion
h	Hydratationszahl, molare Enthalpie
I	elektrische Stromstärke, Ionenstärke
j	elektrische Stromdichte; j_0 — Austauschstromdichte; j_d — Diffusionsgrenzstromdichte
J	Flußdichte
K	Gleichgewichtskonstante, integrale Kapazität
k	Geschwindigkeitskonstante; k^0 — Standardkonstante der Durchtrittsreaktion
k	Boltzmannsche Konstante
l	Länge
(l)	Flüssigkeitsphase
M	Molekulargewicht
m	Molalität, Ausströmungsgeschwindigkeit des Quecksilbers
(m)	Metallphase
N	Teilchenzahl
N_A	Avogadro-Konstante
n	Molzahl
P	Löslichkeitsprodukt, Präexponentialfaktor, Permeabilität
p	Druck
Q	Ladung
q	Ladungsdichte, effektive Dipolladung
R	elektrischer Widerstand, Reibungskoeffizient, Gaskonstante
r	Radius
s	Gesamtkonzentration
(s)	feste Phase
S	Entropie
T	absolute Temperatur
t	Zeit, Überführungszahl; t_1 — Tropfzeit
U	elektrolytische Beweglichkeit
u	Beweglichkeit

V Volumen, elektrisches Potential

v Molvolumen, Verdünnung, Geschwindigkeit

x Molenbruch, Koordinate

z Elementarladungszahl eines Ions, Zahl der ausgetauschten Elementarladungen

α Dissoziationsgrad, Durchtrittsfaktor, α_e — Austrittsarbeit

β Pufferkapazität

Γ Oberflächenüberschuß

γ Aktivitätskoeffizient, Oberflächenspannung

δ Schichtdicke, Abweichung

ε Permittivität (Dielektrizitätskonstante), Energie eines Elektrons; ε_P — Energie des Ferminiveaus

η Überspannung, Viskositätskoeffizient

θ relative Bedeckung

$\varkappa$ spezifische Leitfähigkeit, Diffusionsstromkonstante

Λ molare Leitfähigkeit eines Elektrolyten

λ Ionenleitfähigkeit

μ chemisches Potential, Dipolmoment, Reaktionsschichtdicke; μ — elektrochemisches Potential

ν Ionenzahl im Molekül, kinematische Viskosität

π osmotischer Druck

ρ Dichte, Raumladungsdichte

τ Übergangs(Transitions)zeit

φ inneres elektrisches Potential, osmotischer Koeffizient; φ_1, φ_2 — Potential der inneren bzw. äußeren Helmholtzfläche; $\Delta \varphi_D$ — Donnanpotential; $\Delta \varphi_L$ — Flüssigkeitspotential; $\Delta \varphi_M$ — Membranpotential

χ elektrisches Oberflächenpotential

ψ äußeres elektrisches Potential

ω Kreisfrequenz

Einleitung

Die Elektrochemie hat ihren heutigen Stand im Verlauf von fast zwei Jahrhunderten erreicht. Gegenwärtig kann sie definiert werden als die physikalische Chemie der Gleichgewichte und Prozesse, die sich in Flüssigkeiten abspielen, die elektrisch geladene Teilchen enthalten, sowie an den Grenzflächen dieser Flüssigkeiten mit anderen Phasen. Als Flüssigkeiten versteht man in diesem Sinn Lösungen und Schmelzen von Elektrolyten, aber keineswegs geschmolzene Metalle. Die Eigenschaften homogener fester Elektrolyte und gasförmiger Phasen, die Ionen enthalten, werden traditionsgemäß in die Physik gereiht. Manche Autoren sind der Ansicht, daß das Studium der Gleichgewichte in Lösungsphasen den Rahmen der Elektrochemie überschreitet; die Zusammenhänge zwischen diesen Phänomenen und den Gleichgewichten und Prozessen an Grenzflächen sind jedoch so zahlreich und grundsätzlicher Art, daß wir es nicht für notwendig fühlten, sie auseinanderzuhalten.

Die oben erwähnte Definition bildet die Grundlage für die Gliederung des vorliegenden Buches in fünf Kapitel. Im ersten von ihnen werden die Gleichgewichte in homogenen Elektrolytlösungen behandelt und kurz auch die in Schmelzen gestreift. Neben der Darstellung der klassischen Gebiete, wie der Theorie der starken Elektrolyte und der Dissoziation von Säuren und Basen, bringt der Text auch grundlegende Informationen über die Solvatation und die Ionenassoziation. Im Hinblick auf die Aktualität der Thematik schließt sich eine allgemeine Behandlung der Eigenschaften der nichtwäßrigen Lösungen an.

Das zweite Kapitel beschäftigt sich mit den in der Lösungsphase ablaufenden Prozessen. Obwohl diese durch Vorgänge an den Phasengrenzflächen ausgelöst werden, haben wir hier auf eine eingehendere Besprechung der Ursachen dieser Erscheinungen verzichtet und unsere Aufmerksamkeit namentlich den im Inneren der Phase stattfindenden Prozessen zugewandt. Wir haben versucht, eine ausgewogene Darstellung der drei wichtigsten Transportprozesse zu bringen, obwohl wir uns bewußt waren, daß eine tiefergehende Diskussion der verschiedenen Fälle der Diffusion oder konvektiven Diffusion über die Grenzen der Elektrochemie hinausgeht. Eine Behandlung dieser Gebiete läßt sich jedoch nicht umgehen, wenn dem Leser ein einfaches Bild über die Methoden der elektrochemischen Kinetik vermittelt werden soll.

Kenntnisse über die Gleichgewichte an der Phasengrenze Metall/Elektrolyt, insbesondere mit Rücksicht auf die Elektrodenpotentiale (Kap. III), gehören nicht nur zum Rüstzeug des Elektrochemikers, sondern auch eines jeden Chemikers, der es mit Lösungen von Elektrolyten zu tun hat. Das dritte Kapitel befaßt sich weiter mit der elektrolytischen Doppelschicht an der Grenzfläche Metall (oder Halbleiter)/Elektrolyt.

Im vierten Kapitel wird die Problematik der Grenzflächen von zwei Elektrolyten besprochen. Ein spezielles Beispiel dieser Art stellen auch die elektrochemischen Membranen dar. Die Erscheinungen an den Membranen sind von grundsätzlicher Bedeutung für die Funktion der Zellen im lebenden Organismus. Der damit zusammenhängende Fragenkomplex steht im Vordergrund der Bioelektrochemie.

Das letzte Kapitel beschäftigt sich mit der Kinetik der Prozesse, die sich an der Grenzphase Elektrode/Elektrolyt abspielen. Hier wird der Leser zuerst mit den Grundprinzipien des Ladungstransfers an der Elektrode bekannt gemacht. Danach folgt eine Erörterung des Elektrodenvorganges, einschließlich der Durchtrittsreaktion und der Transportprozesse. Ohne fundamentale Kenntnisse auf diesem Gebiet könnten die verschiedenen Methoden der elektrochemischen Kinetik nur schwer verstanden werden, die auch bei der Messung schneller chemischer Reaktionen in Lösungen eine Rolle spielen. Die heterogene Katalyse der Elektrodenprozesse, heute Elektrokatalyse genannt, hat in letzter Zeit viel Aufmerksamkeit auf sich gezogen, namentlich in Verbindung mit den jüngsten Versuchen, neue elektrochemische Energiequellen zu finden. Ganz besonders gilt dies für die Brennstoffzellen. Ein anderes wichtiges Gebiet, die Elektrokristallisation, ist von großem allgemeinem Interesse, nicht zuletzt wegen ihrer Anwendungsmöglichkeiten zur korrosionschützenden Oberflächenbehandlung bei verschiedenen metallischen Materialien. Schließlich gehört auch das Studium der Korrosion, wenigstens zum Teil, in das Gebiet der elektrochemischen Kinetik. Die aufgeführten Beispiele verschiedener wichtiger Elektrodenprozesse sind durch einige elektro-organische Reaktionen ergänzt, da eine rasche Entwicklung auf diesem Felde zu erwarten steht.

Die gegenwärtige elektrochemische Literatur besteht aus einer Zahl von Lehrbüchern, mehreren Serien von monographischen Fortschrittsberichten, einer Anzahl von Monographien und einer rapid anwachsenden Menge von Original-Forschungsarbeiten, die nicht nur in den allgemeinen Periodika für physikalische und analytische Chemie, sondern auch in spezialisierten Zeitschriften erscheinen. Zu nennen sind hier die Zeitschriften Electrochimica Acta, Journal of Electroanalytical Chemistry and Surface Chemistry, Journal of the Electrochemical Society, Journal of Applied Electrochemistry, Journal of the Electrochemical Society of Japan, Review of Polarography (Japan) und Elektrochimija (UdSSR).

Zu den Lehrbüchern, die mehr oder weniger das gesamte Gebiet der Elektrochemie umfassen, gehören die folgenden:

Glasstone, S.: An Introduction to Electrochemistry. Van Nostrand, New York 1946.

McInnes, D. A.: The Principles of Electrochemistry. Reinhold, New York 1961.

Kortüm, G.: Lehrbuch der Elektrochemie. Verlag Chemie, Weinheim, Bergstraße, 1966.

Potter, F. C.: Electrochemistry, Principles and Applications. Cleaver Hume, London 1966.

Bockris, J. O'M., A. K. N. Reddy: Modern Electrochemistry. Plenum Press, New York 1970.

Bauer, H. H.: Electrodics. Modern Ideas Concerning Electrode Reactions. Georg Thieme Verlag, Stuttgart 1972.

Zur Zeit gibt es drei Serien von monographischen Fortschrittsberichten:

Modern Aspects of Electrochemistry (Hrsg. J. O'M. Bockris und B. E. Conway), Band 1 (1954), 2 (1959), 3 (1964), 4 (1967), 5 (1969), 6 (1971), 7 (1972), 8 (1973), Butterworths, London, und Plenum Press, New York.

Advances in Electrochemistry and Electrochemical Engineering (Hrsg. von P. Delahay und C. W. Tobias), Band 1 (1961), 2 (1962), 3 (1963), 4 (1966), 5 (1967), 6 (1967), 7 (1970), 8 (Hrsg. von C. Tobias) (1971), 9 (1973), Wiley, New York.

Electroanalytical Chemistry (Hrsg. von A. J. Bard), Band 1 (1966), 2 (1967), 3 (1968), 4 (1970), 5 (1973), 6 (1973), 7 (1974), Marcel Dekker, New York.

Weiter sind zwei sehr nützliche Tabellenwerke elektrochemischer Daten zu nennen:

Conway, B. E.: Electrochemical Data. Elsevier, Amsterdam 1952.

Parsons, R.: Handbook of Electrochemical Data. Butterworths, London 1959.

Einen umfangreichen Tabellenanhang findet der interessierte Leser auch im Buch von

Robinson, R. A., R. H. Stokes: Electrolytic Solutions. Butterworths, London 1959.

Weitere Hinweise auf das einschlägige monographische Schrifttum zu jedem Kapitel werden im Literatur-Anhang am Ende des vorliegenden Buches gegeben.

1. Gleichgewichte in Elektrolyten

Ein Stoff, der in Lösung oder Schmelze wenigstens teilweise in Form von
geladenen Teilchen — Ionen — vorliegt, wird ein *Elektrolyt* genannt. Der Zerfall
elektroneutraler Moleküle in elektrisch geladene Ionen heißt *elektrolytische Dissoziation*. Ionen, die eine positive Ladung tragen, nennt man *Kationen*, solche
mit negativer Ladung *Anionen*. Alle diese Bezeichnungen wurden schon in den
dreißiger Jahren des vergangenen Jahrhunderts von M. Faraday eingeführt. Das
Vorhandensein von Ionen stellte bereits R. Clausius (1857) sicher, der eine
Lösung mit Gleichstrom unter Verwendung nichtpolarisierbarer Elektroden elektrolysierte und dabei die Gültigkeit des Ohmschen Gesetzes bis zu sehr niedrigen
Spannungen bestätigen konnte. Bis dahin herrschte nämlich die Ansicht, daß
für die Bildung der Ionen das beim Stromdurchgang durch die Elektrolytlösung
entstehende elektrische Feld verantwortlich sei.

Elektrolyte, die in der Lösung ausschließlich in Form von Ionen vorhanden
sind, bezeichnet man als *starke* Elektrolyte (man sagt auch, daß sie vollständig
dissoziiert sind). Elektrolyte, die bei endlicher Verdünnung der Lösung teils als
Ionen, teils als Moleküle vorliegen, nennt man *schwache* Elektrolyte. Die Theorie
der Dissoziation schwacher Elektrolyte wurde erstmals im Jahre 1887 von
S. Arrhenius aufgestellt (Abschn. 14.1). Aber erst im Jahre 1923 konnten P. Debye
und E. Hückel zeigen, daß in verdünnten Lösungen starker Elektrolyte nur
Ionen und keine undissoziierten Moleküle vorhanden sind (Abschn. 13.1). Konzentrierte Lösungen starker Elektrolyte enthalten jedoch neben freien Ionen
auch Ionen-Assoziate (Abschn. 17.4).

Das Verhalten der Elektrolyte weicht schon bei verhältnismäßig niedrigen
Konzentrationen von dem der Ideallösungen ab. Bei den Lösungen schwacher
Elektrolyte wird dies vor allem durch deren unvollständige Dissoziation verursacht (Abschn. 14), bei den Lösungen starker Elektrolyte sind die Coulombschen Wechselwirkungen zwischen den Ionen dafür verantwortlich (Abschn. 13).

Da die Moleküle (evtl. die Ionenkristalle) die Gesamtladung Null haben, ist
in der Lösung die Zahl der positiven Ladungen, die durch die Kationen getragen
werden, gleich der Zahl der negativen Ladungen, die die Anionen tragen. Deshalb hat ein homogenes flüssiges System, in welchem dissoziierte Elektrolyte
vorliegen, ebenfalls die Gesamtladung Null. Enthält das System s Sorten von
Ionen, von denen jedes z_i Elementarladungen trägt (einige von ihnen sind positiv, andere negativ), so gilt

$$\sum_{i=1}^{s} m_i z_i = 0 \quad \text{oder} \quad \sum_{i=1}^{s} \nu_i z_i = 0 \quad \text{oder} \quad \sum_{i=1}^{s} z_i \, \mathrm{d} m_i = 0. \tag{11.1}$$

Diese sog. *Elektroneutralitätsbedingung* gilt im makroskopischen Maßstab für jeden homogenen Bestandteil des Systems. Hierin ist m_i die Molalität der i-ten Ionensorte und ν_i die Zahl der Ionen der Sorte i in einem Molekül. In der Nähe von Phasengrenzflächen verliert die Elektroneutralitätsbedingung jedoch ihre Gültigkeit (Abschn. 34).

11. Thermodynamische Grundgesetze der Elektrolytlösungen

Die thermodynamischen Gesetze für die Lösungen von Elektrolyten sind den entsprechenden Beziehungen für die Nichtelektrolyte analog, mit dem Unterschied, daß alle Teilchenarten als selbständige Komponenten betrachtet werden: in den starken Elektrolyten also alle Ionensorten neben dem Lösungsmittel, in den schwachen kommen noch die undissoziierten Moleküle hinzu. Die Konzentrationen der elektrisch geladenen Bestandteile sind in homogenen Gleichgewichtssystemen durch die Elektroneutralitätsbedingung verknüpft. Bei den schwachen Elektrolyten treten zu dieser Bedingung noch Gleichungen hinzu, die die Dissoziationsgleichgewichte zwischen den undissoziierten Molekülen und den Ionen mit Hilfe der Dissoziationskonstanten ausdrücken. Vorerst sollen die starken Elektrolyte betrachtet werden. Die Lösung eines starken Elektrolyten, in der ein Lösungsmittel und s Sorten von Ionen vorhanden sind, enthält im Hinblick auf die Gültigkeit der Elektroneutralitätsbedingung s, und keineswegs $s+1$-Komponenten, deren Konzentration unabhängig geändert werden kann.

Die Zusammensetzung der Lösungen von Elektrolyten wird entweder durch die Molalität m_i, durch den Molenbruch x_i oder durch die molare Konzentration c_i der Komponenten ausgedrückt. Zwischen diesen Größen gelten die bekannten Beziehungen

$$m_i = \frac{n_i}{n_0\, M_0} \approx \frac{x_i}{M_0}\,; \quad c_i = \frac{n_i}{V} \approx \frac{n_i}{n_0\, v_0} \approx \frac{x_i}{v_0}\,. \tag{11.2}$$

Darin ist M_0 die Molmasse des Lösungsmittels, V das Volumen der Lösung, v_0 das Molvolumen des Lösungsmittels im reinen Zustand, n_i die Stoffmenge („Zahl der Mole") der Komponente in der Lösung; der Index 0 bezieht sich auf das Lösungsmittel. Die Approximation $n_i/n_0 \approx x_i$ gilt für sehr verdünnte Lösungen. Es sei bemerkt, daß in diese Gleichungen, ebenso wie in alle anderen physikalischen Beziehungen zwischen verschiedenen Größen, die konsistenten Einheiten eingesetzt werden müssen. Benützen wir z. B. für M_0 die Einheiten g/mol, so ergibt sich m_i in mol/g. Inkonsistenz des gewählten Einheitensystems tritt durch die Gegenwart numerischer Faktoren in Erscheinung; verwendet man für M_0 wieder g/mol, will aber m_i in mol/kg erhalten, so muß die erste der Gln. (11.2) lauten $m_i = 1000\, n_i/n_0\, M_0$.

Es sei weiter festgehalten, daß für die Molenbrüche der Komponenten einer Lösung eines starken Elektrolyten, dessen Molekül in ν_+ Kationen und ν_- Anionen, also insgesamt in $\nu = \nu_+ + \nu_-$ Ionen zerfällt, geschrieben werden muß

$$x_0 = \frac{n_0}{n_0 + n_+ + n_-} = \frac{n_0}{n_0 + \nu_+ n_1 + \nu_- n_1} = \frac{n_0}{n_0 + \nu\, n_1}\,,$$

$$x_+ = \frac{n_+}{n_0 + \nu\, n_1}\,, \quad x_- = \frac{n_-}{n_0 + \nu\, n_1}\,. \tag{11.3}$$

Es kann noch der Molenbruch des gesamten Elektrolyten eingeführt werden:

$$x_1 = \frac{n_1}{n_0 + \nu\,n_1}, \qquad (11.4)$$

wobei $x_+ = \nu_+\,x_1$, $x_- = \nu_-\,x_1$ ist; es gilt natürlich $x_0 + x_+ + x_- = 1$, aber die Summe $x_0 + x_1$ ist von Eins verschieden.

Das nichtideale Verhalten thermodynamischer Systeme wird durch die Kräfte bewirkt, mit denen die Teilchen der Komponenten aufeinander einwirken. Im Falle der Moleküle, d. h. der elektrisch ungeladenen Teilchen, sind es die Kräfte der nichtbindenden van der Waalsschen Wechselwirkung und der elektrostatischen Dipol-Dipol-Wechselwirkungen. Beide verschwinden sehr schnell mit wachsendem Abstand. Die Ionen sind jedoch elektrisch geladene Teilchen, und deshalb beeinflussen sie sich schon bei weitaus niedrigeren Konzentrationen durch elektrostatische Coulombsche Kräfte. Diese Wechselwirkungen haben eine größere Reichweite als die van der Waalsschen Kräfte und bewirken schon bei verhältnismäßig großen interionischen Abständen Abweichungen vom Idealverhalten.

Zur Beschreibung des Verhaltens realer Lösungen kann man ihre „Zustandsgleichung" aufstellen und aus ihr explizit die Konzentration ausdrücken. Letztere wird dann in die betreffende Gleichung für ideale Systeme eingesetzt (z. B. in die van't Hoffsche Gleichung für den osmotischen Druck). Dies würde jedoch oft zu komplizierten Ausdrücken führen. Vor allem würden für verschiedene Lösungen unterschiedliche Gleichungen resultieren, je nach der „Zustandsgleichung", die der betreffenden Lösung entspricht. Man geht deshalb anders vor: man behält die für ideale Systeme abgeleiteten einfachen Gleichungen auch für reale Systeme bei, führt aber statt der Konzentration c die Größe a ein, die *Aktivität* genannt wird. Man kann sich das so vorstellen, daß die gelösten Teilchen weniger „aktiv" sind, als ihrer Zahl entspricht, also daß es infolge der erwähnten Wechselwirkung zu gewissen „Verlusten" kommt. Diese „Verluste" hängen jedoch von der Konzentration ab, und folglich ist auch die Aktivität eine gewisse Funktion der Konzentration, $a = f(c)$.

Aus praktischen Gründen hat es sich eingebürgert, die Funktion $f(c)$ durch die einfache Relation

$$a = \gamma\,c \qquad (11.5)$$

zu definieren, in der man die Größe γ den *Aktivitätskoeffizienten* nennt (zur Definition gehört noch die Normalisierungsbedingung, daß für $c \to 0$ $\gamma \to 1$ gelten möge). Damit hat man sich aber keineswegs von den Schwierigkeiten befreit, die mit dem Nicht-Idealverhalten der Lösung verbunden sind, sondern hat sie nur von der Aktivität auf den Aktivitätskoeffizienten übertragen, der ebenfalls eine Funktion der Konzentration ist, $\gamma = \varphi(c)$. Die Gestalt der Funktion $\varphi(c)$ aufzufinden, ist Sache der Messung oder der Theorie (und gerade bei den Elektrolytlösungen war die Theorie erfolgreich, s. Abschn. 13). Für die praktischen Berechnungen genügt es dann, eine der theoretischen oder der semiempirischen Gleichungen für die Berechnung der Aktivitätskoeffzienten zu verwenden (für einfachere Ionen kann man die Werte der Aktivitätskoeffizienten direkt aus Tabellen entnehmen). Der gewonnene Wert γ wird mit der Konzentration multi-

pliziert und die so ermittelte Aktivität in die einfache „ideale" Gleichung eingesetzt (z. B. in das Massenwirkungsgesetz, wenn es sich um ein chemisches
Gleichgewicht handelt).

Aus den Gründen, die wir am Anfang dieses Abschnittes angeführt haben,
ist die Konzentrationsabhängigkeit des Aktivitätskoeffizienten bei den Elektrolyten ausgeprägter als bei den Nichtelektrolyten und tritt bereits bei niedrigeren
Konzentrationen deutlich zutage (als Beispiel s. Abb. 1.1).

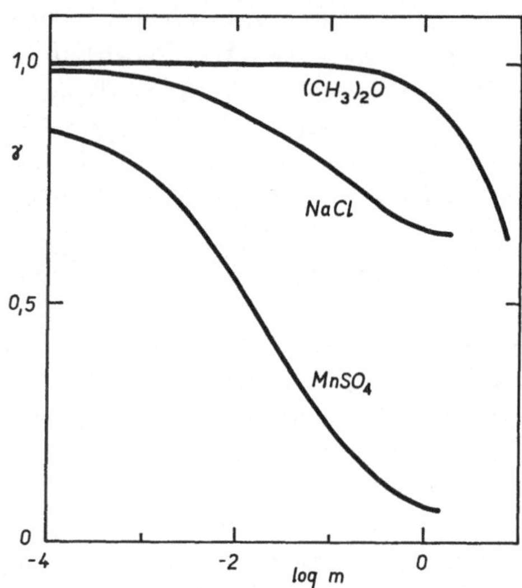

Abb. 1.1. Konzentrationsabhängigkeit des Aktivitätskoeffizienten γ eines Nichtelektrolyten und eines Elektrolyten in wäßriger Lösung. m = Molalität

Für Ionen werden die Aktivitäten analog definiert wie für Nichtelektrolyte;
der Standardzustand ist gewöhnlich ein hypothetischer Zustand, in welchem
$a_i = 1$ ist. Einige partielle molare Größen sind die gleichen wie in unendlich
verdünnter Lösung (die Enthalpie, innere Energie u. ä., keineswegs jedoch die
Entropie, die Helmholtzsche und die Gibbssche Energie). Der molale Aktivitätskoeffizient der Ionen, γ_i, ist durch folgende Gleichungen definiert

$$a_i = \gamma_i\, m_i, \quad \lim_{m_i \to 0} \gamma_i = \lim_{m_i \to 0} (a_i/m_i) = 1. \tag{11.6}$$

Das Lösungsmittel, zum Beispiel Wasser, liegt meistens als undissoziiertes
Molekül vor; deshalb kann man auch bei solchen Konzentrationen des Elektrolyten, bei denen man für die Ionen schon die Aktivitäten heranziehen muß, für
das Lösungsmittel noch die Konzentrationen verwenden. Der Standardzustand
des Lösungsmittels ist der Zustand des reinen Solvens.

Im Hinblick auf die Gültigkeit der Elektroneutralitätsbedingung tritt in den
thermodynamischen Beziehungen für Lösungen von Nichtelektrolyten niemals
nur eine Ionensorte auf. Es sei beispielsweise die Verteilung des Elektrolyten zwischen zwei Phasen α und β betrachtet. Das System kann mit seiner Umgebung

außer Wärme und mechanischer Arbeit keine andere Energieart austauschen. Bei konstanter Temperatur und konstantem Druck hat die allgemeine Gleichgewichtsbedingung $(\mathrm{d}\,G)_{T,p} = 0$ folgende Gestalt

$$(\mathrm{d}\,G)_{T,p} = (\mathrm{d}\,G_\alpha)_{T,p} + (\mathrm{d}\,G_\beta)_{T,p} = \mu_{+,\alpha}\,\mathrm{d}\,n_{+,\alpha} + \mu_{-,\alpha}\,\mathrm{d}\,n_{-,\alpha} + \quad (11.7)$$
$$+ \mu_{+,\beta}\,\mathrm{d}\,n_{+,\beta} + \mu_{-,\beta}\,\mathrm{d}\,n_{-,\beta} = 0.$$

Die Stoffbilanz ist durch die Bedingungen $\mathrm{d}\,n_{+,\alpha} = -\mathrm{d}\,n_{+,\beta} = \mathrm{d}\,n_+$ und $\mathrm{d}\,n_{-,\alpha} = -\mathrm{d}\,n_{-,\beta} = \mathrm{d}\,n_-$ gegeben (sie bringen zum Ausdruck, daß eine Abnahme der Ionenmenge in der einen Phase eine Zunahme in der anderen Phase bedeutet). Die Elektroneutralitätsbedingung $z_+\,\mathrm{d}\,n_+ + z_-\,\mathrm{d}\,n_- = 0$ schreibt man in der Form $\nu_-\,\mathrm{d}\,n_+ - \nu_+\,\mathrm{d}\,n_- = 0$ auf. Aus Gl. (11.7) erhält man dann

$$\nu_+\,\mu_{+,\alpha} + \nu_-\,\mu_{-,\alpha} = \nu_+\,\mu_{+,\beta} + \nu_-\,\mu_{-,\beta} \qquad (11.8)$$

oder, wenn man das chemische Potential durch das chemische Standardpotential μ^0 und das Aktivitätsglied $R\,T\ln a_i$ ausdrückt,

$$\nu_+\,\mu^0_{+,\alpha} + \nu_-\,\mu^0_{-,\alpha} + R\,T\ln\left(a^{\nu+}_{+,\alpha}\,a^{\nu-}_{-,\alpha}\right) =$$
$$= \nu_+\,\mu^0_{+,\beta} + \nu_-\,\mu^0_{-,\beta} + R\,T\ln\left(a^{\nu+}_{+,\beta}\,a^{\nu-}_{-,\beta}\right). \qquad (11.9)$$

In den Gleichungen für die Gleichgewichte treten also nicht die einzelnen Aktivitäten der Ionen auf, sondern Produkte vom Typ $a_+^{\nu+}\,a_-^{\nu-}$. Deshalb führt man neben den Aktivitäten und den Aktivitätskoeffizienten der einzelnen Ionenarten noch weitere Größen ein, und zwar die *mittlere Aktivität* $a_\pm$ und den *mittleren Aktivitätskoeffizienten* $\gamma_\pm$ des Elektrolyten. Sie sind durch nachstehende Gleichungen definiert

$$a_\pm = \sqrt[\nu]{(a_+^{\nu+}\,a_-^{\nu-})}; \quad \gamma_\pm = \sqrt[\nu]{(\gamma_+^{\nu+}\,\gamma_-^{\nu-})}. \qquad (11.10)$$

Auf Grund der Analogie zur Gesamtkonzentration des Elektrolyten kann man noch die Aktivität des als Ganzes betrachteten Elektrolyten, a, und den entsprechenden Aktivitätskoeffizienten, γ, einführen

$$a = a_+^{\nu+}\,a_-^{\nu-} = a_\pm^{\nu}; \quad \gamma = \gamma_+^{\nu+}\,\gamma_-^{\nu-} = \gamma_\pm^{\nu}. \qquad (11.11)$$

Die letztgenannten Größen werden jedoch selten gebraucht.

Zieht man noch die Beziehung zwischen der Molalität m des als Ganzes betrachteten Elektrolyten und den Molalitäten m_+ und m_- der Ionen in Betracht,

$$m_+ = \nu_+\,m; \quad m_- = \nu_-\,m, \qquad (11.12)$$

und führt man den Begriff der mittleren Molalität $m_\pm$ durch die Gleichung ein

$$m_\pm = \sqrt[\nu]{(m_+^{\nu+}\,m_-^{\nu-})} = m\,\sqrt[\nu]{(\nu_+^{\nu+}\,\nu_-^{\nu-})}, \qquad (11.13)$$

so erhält man die einander ähnlichen Gleichungen

$$a_+ = \gamma_+\,m_+; \quad a_- = \gamma_-\,m_-,$$
$$a = a_+^{\nu+}\,a_-^{\nu-} = \gamma_+^{\nu+}\,\gamma_-^{\nu-}\,m_+^{\nu+}\,m_-^{\nu-} = \gamma\,m^{\nu}\,\nu_+^{\nu+}\,\nu_-^{\nu-}, \qquad (11.14)$$
$$a_\pm = \sqrt[\nu]{a} = \gamma_\pm\,m_\pm.$$

Es ist auf den ersten Blick klar, daß die angeführten Aktivitätskoeffizienten offensichtliche Bedeutung für Lösungen starker Elektrolyte in geläufigen Konzentrationen haben, wo die wirkliche und die analytische Konzentration identisch sind. Sie stehen dann in einer einfachen Beziehung zur analytischen Konzentration des Elektrolyten. Bei unvollständiger Dissoziation schwacher Elektrolyte oder bei der Bildung von Ionenassoziaten muß man jedoch beim Einsetzen in die Gln. (11.14) die Beziehung zwischen den Molalitäten m_+, m_- und m in Betracht ziehen.

Man möge einen schwachen Elektrolyten haben, der nach folgender Gleichung dissoziiert (ohne Bezeichnung der Ladungen der Ionen)

$$B_{\nu_+} A_{\nu_-} \rightleftarrows \nu_+ B + \nu_- A. \tag{11.15}$$

Es seien m Mole dieses Elektrolyten in 1 kg des Lösungsmittels aufgelöst. Es gilt dann $m = m^* + (m_+/\nu_+) = m^* + (m_-/\nu_-)$, wobei m^* die Molalität der nichtdissoziierten Moleküle ist. Man führt den Dissoziationsgrad α durch die Definition $\alpha = m_+/\nu_+ m$ ein und berücksichtigt weiter die stöchiometrische Bedingung $m_+/\nu_+ = m_-/\nu_-$; man erhält somit

$$m_+ = \alpha \, \nu_+ \, m, \quad m_- = \alpha \, \nu_- \, m,$$
$$m^* = (1 - \alpha) \, m. \tag{11.16}$$

Für die einzelnen Aktivitäten gilt dann

$$a_+ = \gamma_+ \, m_+ = \gamma_+ \, \alpha \, \nu_+ \, m = \gamma_+^* \, \nu_+ \, m,$$
$$a_- = \gamma_- \, m_- = \gamma_- \, \alpha \, \nu_- \, m = \gamma_-^* \, \nu_- \, m, \tag{11.17}$$
$$a_\pm = \gamma_\pm \, \alpha \, m \, \sqrt[\nu]{(\nu_+^{\nu_+} \, \nu_-^{\nu_-})} = \gamma_\pm \, \alpha \, m_\pm = \gamma_\pm^* \, m_\pm.$$

[Für die nichtdissoziierten Moleküle ist $a^* \approx (1 - \alpha) \, m$, denn es handelt sich um nichtgeladene Teilchen.] Die Koeffizienten γ_+^*, γ_-^*, $\gamma_\pm^*$ werden mitunter eingeführt, um mit einem einzigen Korrektionsfaktor sowohl das nichtideale Verhalten als auch die Unvollständigkeit der Dissoziation zu erfassen. So gilt z. B. für die Dissoziationskonstante des betrachteten Elektrolyten (s. Abschn. 14)

$$K_{\text{Diss}} = \frac{a_+^{\nu_+} a_-^{\nu_-}}{a^*} = \frac{(\gamma_+ \, \alpha \, \nu_+ \, m)^{\nu_+} (\gamma_- \, \alpha \, \nu_- \, m)^{\nu_-}}{(1 - \alpha) \, m} = \frac{(\gamma_\pm^* \, m_\pm)^{\nu}}{(1 - \alpha) \, m}. \tag{11.18}$$

Oft werden noch andere Aktivitätskoeffizienten als die molalen benützt. Je nachdem, in welcher Konzentrationsskala man die Aktivität ausdrückt, erhält man verschiedene Aktivitätskoeffizienten (der Aktivitätskoeffizient ist eine unbenannte Zahl). Ihre gegenseitige quantitative Beziehung ist durch die Wahl der Standardzustände bedingt; sie werden für alle Konzentrationsskalen so gewählt, daß die Aktivitätskoeffizienten einer unendlich verdünnten Lösung gleich Eins sind. Es gilt also

$$\mu_i = \mu_{i,x}^0 + R \, T \ln x_i \, \gamma_{i,x} = \mu_{i,m}^0 + R \, T \ln m_i \, \gamma_{i,m} = \mu_{i,c}^0 + R \, T \ln c_i \, \gamma_{i,c}. \tag{11.19}$$

Hierbei sind $\gamma_{i,x}$, $\gamma_{i,m}$ und $\gamma_{i,c}$ der rationale, der molale und der molare Aktivitätskoeffizient der Ionensorte i. Aus der Bedingung, daß alle drei Aktivitätskoeffizienten in unendlich verdünnter Lösung gleich Eins sein müssen, folgt für die chemischen Standardpotentiale die Beziehung [gemäß Gl. (11.2) und der evidenten Relation $1/v_0 = n_0/V_0 = \rho_0/M_0$]

$$\mu_{i,x}^0 = \mu_{i,m}^0 - R\,T\ln M_0 = \mu_{i,c}^0 + R\,T\ln(\rho_0/M_0). \qquad (11.20)$$

Durch Einsetzen der Gl. (11.20) in die Gl. (11.19) erhält man für die Aktivitätskoeffizienten der Ionen und analog auch für die mittleren Aktivitätskoeffizienten die Beziehungen

$$\ln\gamma_{i,x} = \ln\gamma_{i,m} + \ln(m_i\,M_0/x_i) = \ln\gamma_{i,c} + \ln(c_i\,M_0/\rho_0\,x_i). \qquad (11.21)$$

Darin ist M_0 die Molmasse und ρ_0 die Dichte des Lösungsmittels. Für mittlere Konzentrationen gilt bei allen Verdünnungen

$$x_\pm = \frac{m_\pm}{\nu\,m + (1/M_0)} = \frac{c_\pm}{\nu\,c + (\rho/M_0) - (c\,M/M_0)}, \qquad (11.22)$$

wobei ρ die Dichte der Lösung und M die Molmasse des gelösten Stoffes ist. Einsetzen der Gl. (11.22) in Gl. (11.21) führt zu Relationen für die gegenseitige Umrechnung der Aktivitätskoeffizienten

$$\begin{aligned}
\gamma_{\pm,x} &= \gamma_{\pm,m}\,(1 + \nu\,m\,M_0),\\
\gamma_{\pm,x} &= \gamma_{\pm,c}\,[\rho + c\,(\nu\,M_0 - M)]/\rho_0,\\
\gamma_{\pm,m} &= \gamma_{\pm,c}\,(\rho - c\,M)/\rho_0.
\end{aligned} \qquad (11.23)$$

Für sehr niedrige Konzentrationen ist das zweite Glied in den Gleichungen (11.23) vernachlässigbar und $\rho \approx \rho^0$, so daß alle drei Aktivitätskoeffizienten einander gleich sind.

Enthält die Lösung mehrere Elektrolyte, so gilt wiederum Gl. (11.23), mit der Abänderung, daß an Stelle der Ausdrücke m, $c\,\nu$ und $c\,M$ auf der rechten Seite die Summen dieser Größen für alle anwesenden Elektrolyte stehen.

Der Messung zugänglich sind nur die Größen a, γ, $a_\pm$, $\gamma_\pm$, keineswegs die Größen a_i und γ_i der einzelnen Ionenarten.

Die Abhängigkeit des Aktivitätskoeffizienten von der Zusammensetzung ist durch die Gibbs-Duhemsche Gleichung $\Sigma\,x_i\,\mathrm{d}\,\mu_i = 0$ dargestellt, die man in verschiedenen Formen aufschreiben kann, z. B.

$$\sum_{i=0}^{s} x_i\,\mathrm{d}\ln a_i = 0,$$

$$\sum_{i=0}^{s} x_i\,\mathrm{d}\ln m_i + \sum_{i=0}^{s} x_i\,\mathrm{d}\ln\gamma_{i,m} = 0, \qquad (11.24)$$

$$\sum_{i=0}^{s} x_i\,\mathrm{d}\ln\gamma_{i,x} = 0.$$

(Bei der letzten Gleichung muß man sich vor Augen halten, daß $\Sigma\,x_i\,\mathrm{d}\ln x_i = 0$ ist.)

Für die Lösung eines Elektrolyten ergibt sich aus der letzten Gleichung

$$\begin{aligned}
x_0\,\mathrm{d}\ln\gamma_{0,x} + x_+\,\mathrm{d}\ln\gamma_{+,x} + x_-\,\mathrm{d}\ln\gamma_{-,x} &= 0,\\
x_0\,\mathrm{d}\ln\gamma_{0,x} + \nu\,x_1\,\mathrm{d}\ln\gamma_{\pm,x} &= 0.
\end{aligned} \qquad (11.25)$$

Der Aktivitätskoeffizient des Lösungsmittels bleibt bis zu verhältnismäßig hohen Elektrolytkonzentrationen nahe bei Eins. So hat zum Beispiel eine wäßrige 2 M-KCl-Lösung bei 25 °C für das Wasser $\gamma_{0,x} = 1{,}004$, für das Kaliumchlorid dagegen $\gamma_{\pm,x} = 0{,}614$. Das Verhalten dieser Lösung weicht demnach wesentlich vom idealen ab. Der Aktivitätskoeffizient des Lösungsmittels eignet sich also nicht als Charakteristik für das reale Verhalten der Elektrolytlösung. Will man die Abweichung von Idealverhalten mit Hilfe der das Lösungsmittel betreffenden Größen ausdrücken, so verwendet man deshalb den sog. *molalen osmotischen Koeffizienten*.

Für den osmotischen Druck π einer Lösung und für den hypothetischen osmotischen Druck π^* einer sich ideal verhaltenden Lösung derselben Zusammensetzung gelten die Beziehungen

$$\pi = -(R\,T/v_0)\ln a_0, \tag{11.26}$$

$$\pi^* = (R\,T\,M_0/v_0)\sum_{i=0}^{s} m_i. \tag{11.27}$$

Die Gl. (11.26) folgt aus der Gleichheit des chemischen Potentials des Lösungsmittels im reinen Zustand (Index 1) und in der Lösung (Index 2)

$$\mu_{0,1}\,(T, p_1) = \mu_{0,2}\,(T, p_2, a_0) = \mu_{0,2}^0\,(T, p_2) + R\,T\ln a_0. \tag{11.28}$$

Soll diese Gleichung erfüllt sein, so müssen beide Phasen unter verschiedenen Drücken stehen, d. h. das Glied $R\,T\ln a_0$ muß durch die Differenz der chemischen Standardpotentiale des Lösungsmittels bei zwei verschiedenen Drücken kompensiert werden. Die Abhängigkeit des chemischen Standardpotentials vom Druck ist bei konstanter Temperatur und Zusammensetzung ausgedrückt durch die Beziehung $\partial\,\mu_0^0/\partial\,p = \bar{v}_0$. Diese Beziehung integriert man unter der Voraussetzung, daß das partielle Molvolumen des Lösungsmittels $\bar{v}_0$ seinem Molvolumen v_0 gleich ist

$$\int_1^2 \mathrm{d}\,\mu_0^0 = \mu_{0,2}^0 - \mu_{0,1}^0 = \int_1^2 \bar{v}_0\,\mathrm{d}\,p = v_0\,(p_2 - p_1). \tag{11.29}$$

Führt man noch die Bezeichnung $p_2 - p_1 = \pi$ ein, so folgt aus der Gl. (11.29) die Gl. (11.26). Die Gl. (11.27) ergibt sich aus Gl. (11.26) durch Anwendung der Approximation $\ln a_0 = \ln(1 - \Sigma\,x_i) \approx -\Sigma\,x_i$ und aus der Gl. (11.2).

Der molale osmotische Koeffizient φ_m ist identisch mit dem experimentell zugänglichen Ausdruck π/π^*:

$$\varphi_m = \frac{\pi}{\pi^*} = -\ln a_0/M_0\,\Sigma m_i = \frac{\mu_0 - \mu_0^0}{R\,T\,M_0\,\Sigma m_i}. \tag{11.30}$$

Neben φ_m benützt man auch den rationalen osmotischen Koeffizienten φ_x, der definiert ist durch die Beziehung

$$\ln a_0 = \varphi_x \ln x_0 = -\varphi_x \ln(1 + M_0\,\Sigma\,m_i). \tag{11.31}$$

Für die erwähnte 2M-KCl-Lösung ist $\varphi_m = 0{,}912$ und $\varphi_x = 0{,}944$.

Zur Herleitung der Beziehung zwischen dem mittleren Aktivitätskoeffizienten des Elektrolyten und dem osmotischen Koeffizienten schreibt man die Gibbs-

Duhemsche Gleichung in der Form (der Index 0 bezeichnet wiederum das Lösungsmittel)

$$n_0 \, \mathrm{d} \ln a_0 + \sum_{i=1}^{s} n_i \, \mathrm{d} \ln m_i + \sum_{i=1}^{s} n_i \, \mathrm{d} \ln \gamma_{i,m} =$$

$$= (1/M_0) \, \mathrm{d} \ln a_0 + \sum_{i=1}^{s} \mathrm{d} \, m_i + \sum_{i=1}^{s} m_i \, \mathrm{d} \ln \gamma_{i,m} = 0 \qquad (11.32)$$

(in der Mengeneinheit des Lösungsmittels ist $n_i = m_i$ und $n_0 = 1/M_0$, wobei $\Sigma \, m_i \, \mathrm{d} \ln m_i = \Sigma \, \mathrm{d} \, m_i$ ist). Das Glied $\mathrm{d} \ln a_0$ entnimmt man aus der Gl. (11.30)

$$\mathrm{d} \ln a_0 = - \varphi_m \, M_0 \, \Sigma \, \mathrm{d} \, m_i - M_0 \, \Sigma \, m_i \, \mathrm{d} \, \varphi_m. \qquad (11.33)$$

Durch Kombination der letzten zwei Gleichungen erhält man hierauf die Relationen

$$\Sigma \, m_i \, \mathrm{d} \ln \gamma_{i,m} = \Sigma \, m_i \, \mathrm{d} \, \varphi_m - (1 - \varphi_m) \, \Sigma \, \mathrm{d} \, m_i,$$

$$\mathrm{d} \ln \gamma_{\pm,m} = \mathrm{d} \, \varphi_m - (1 - \varphi_m) \, \mathrm{d} \ln m, \qquad (11.34)$$

$$\ln \gamma_{\pm,m} = - (1 - \varphi_m) - \int_0^m (1 - \varphi_m) \, \mathrm{d} \ln m.$$

Hierbei gelten die letzten zwei für die Lösung eines Elektrolyten, in welchem $\Sigma \, m_i = \nu \, m$, $\Sigma \, \mathrm{d} \, m_i = \nu \, \mathrm{d} \, m$ und $\Sigma \, m_i \, \mathrm{d} \ln \gamma_{i,m} = \nu \, m \, \mathrm{d} \ln \gamma_{\pm,m}$ ist.

Diese Gleichungen können zur Berechnung von $\gamma_{\pm}$ dienen, wenn man durch experimentelle Messung den osmotischen Koeffizienten φ_m als Funktion der Zusammensetzung kennt. Für diese Abhängigkeit wurden verschiedene Gleichungen vorgeschlagen. Die bekannteste von ihnen hat die Form

$$1 - \varphi_m = k_1 \, m^{k_2}. \qquad (11.35)$$

Darin sind k_1 und k_2 vom Typ des Elektrolyten abhängende Konstanten, die experimentell bestimmt werden müssen. Nach Einsetzen dieser Beziehung in die Gl. (11.42) kann das Integral numerisch berechnet werden, und man erhält eine Beziehung für die Konzentrationsabhängigkeit des mittleren Aktivitätskoeffizienten.

Es kann allerdings umgekehrt vorkommen, daß diese Abhängigkeit aus Versuchen oder aus theoretischen (allerdings nicht-thermodynamischen) Vorstellungen bekannt ist und der osmotische Koeffizient berechnet werden muß. Die entsprechenden Gleichungen lassen sich aus seiner Definition und der Gibbs-Duhemschen Gleichung herleiten.

Es muß allerdings darauf hingewiesen werden, daß die Gl. (11.34) nur für isothermische Messungen gilt. Der Aktivitätskoeffizient wird aber gewöhnlich aus dem Verhältnis der realen (ϑ) zur „idealen" (ϑ^*) Gefrierpunktserniedrigung bestimmt, und diese Messungen sind nicht isothermisch. Für die Beziehung zwischen dem mittleren Aktivitätskoeffizienten und dem Verhältnis ϑ/ϑ^* ergibt sich durch thermodynamische Berechnung* die Gleichung

$$- \ln \gamma_{\pm,\, m} = \left(1 - \frac{\vartheta}{\vartheta^*}\right) + \int_0^m \left(1 - \frac{\vartheta}{\vartheta^*}\right) \mathrm{d} \ln m - \frac{5{,}7 \cdot 10^{-4}}{\nu} \int_0^\vartheta \frac{\vartheta}{m} \, \mathrm{d} \, \vartheta \qquad (11.36)$$

(ϑ bzw. ϑ^* werden mit positivem Vorzeichen genommen).

___
* Siehe z. B. Lewis, Randall, Kap. 27.

Tabelle 1.1. *Mittlere Aktivitätskoeffizienten* $\gamma_\pm$ *und osmotische Koeffizienten* φ *einiger Elektrolyte in wäßrigen Lösungen bei 25 °C* (nach Conway, Kap. III)

Mol · kg^{-1}		0,001	0,002	0,005	0,01	0,02	0,05	0,1	0,2	0,5	1	2	5	10	15
HCl	$\gamma_\pm$	0,9653	0,9525	0,9287	0,9049	0,8757	0,8301	0,7938	0,767	0,757	0,809	1,009	2,38	10,44	34,1
	φ							0,943	0,945	0,974	1,039	1,188	1,680	2,444	2,944
H$_2$SO$_4$	$\gamma_\pm$	0,830	0,757	0,639	0,544	0,453	0,340	0,265	0,209	0,154	0,130	0,124	0,212	0,553	1,093
NaCl	$\gamma_\pm$	0,9651	0,9519	0,9273	0,9022	0,8707	0,8192	0,7744	0,735	0,681	0,657	0,668	0,874		
	φ							0,932	0,925	0,921	0,936	0,983	1,192		
NaOH	$\gamma_\pm$						0,818	0,766	0,727	0,690	0,678	0,709	1,077	3,23	9,74
	φ							0,925	0,925	0,937	0,958	1,015	1,314	1,993	2,574
KCl	$\gamma_\pm$	0,9650	0,9516	0,9270	0,9015	0,8694	0,8164	0,7692	0,718	0,649	0,604	0,573			
ZnSO$_4$	$\gamma_\pm$								0,104	0,063	0,043	0,035			
	φ							0,590	0,533	0,476	0,478	0,602			
LaCl$_3$	$\gamma_\pm$	0,7902	0,7294	0,6361	0,5597	0,4831	0,3881	0,3252	0,274	0,266	0,342	0,825			

Beispiele für die Werte der Aktivitäts- und der osmotischen Koeffizienten sind in Tab. 1.1 angeführt.

12. Struktur der Lösungen von Elektrolyten, Hydratation der Ionen

In den klassischen Theorien der Lösungen werden die Ionen als Teilchen betrachtet, die sich im homogenen Medium etwa so bewegen, wie die Gasmoleküle im sonst „leeren" Raum des Gefäßes, in welchem das Gas eingeschlossen ist. Insoweit diese Theorien irgendwelche Wechselwirkungen zwischen den Teilchen berücksichtigen, so ist es vor allem das Kräftespiel der Ionen. Der auf Grund der Vorstellungen über die interionischen Wechselwirkungen ausgedrückte Aktivitätskoeffizient stellt dann die Korrektion auf das nichtideale Verhalten der Lösung dar, und zwar im gleichen Sinn, wie der Fugazitätskoeffizient oder die Zustandsgleichung die Kräfte erfassen, die zwischen den Molekülen eines realen Gases wirken und dessen nichtideales Verhalten verursachen.

In Wirklichkeit werden jedoch die Eigenschaften der Elektrolytlösungen in beträchtlichem Maß durch die — elektrostatischen oder van der Waalsschen — Wechselwirkungen zwischen den Ionen und dem Lösungsmittel beeinflußt. Diese Wechselwirkung nennt man *Solvatation*, bei wäßrigen Lösungen *Hydratation* der Ionen. Die Wichtigkeit dieser Erscheinung wird klar, wenn man die Energieänderungen vergleicht, die die Solvatation eines Ions und eines nichtgeladenen Moleküls begleiten. Bei einwertigen Ionen beträgt die Hydratationsenthalpie größenordnungsmäßig 100 kcal/mol, bei einfachen unpolaren Partikeln, wie Argon oder Methan, dagegen etwa 3 kcal/mol.

Die einfachste, von Born vorgeschlagene Theorie für die Wechselwirkung zwischen Ion und Lösungsmittel nimmt an, daß die Ionen Kugeln mit dem Radius r_i und der Ladung $z_i e$ sind, die sich in einem kontinuierlichen, strukturlosen Dielektrikum von der Dielektrizitätskonstante ε befinden. Die Berechnung der Änderung der Gibbsschen freien Energie bei der Solvatation des Ions basiert auf folgender Überlegung: Man denke sich ein Ion im Vakuum, dessen Ladung $z_i e$ sich zunächst entladet. Dadurch gewinnt das System die elektrische Arbeit W_1:

$$W_1 = \int\limits_{z_i e}^{0} \psi_1 \, \mathrm{d}q. \tag{12.1}$$

Darin ist ψ_1 das elektrische Potential an der Oberfläche des Ions, für das

$$\psi_1 = \frac{q}{4\,\pi\,\varepsilon_0\,r_i} \tag{12.2}$$

gilt. Nach Einsetzen aus (12.2) erhält man durch Integrieren von (12.1)

$$W_1 = \int\limits_{z_i e}^{0} (4\,\pi\,\varepsilon_0\,r_i)^{-1}\,q\,\mathrm{d}q = -\frac{(z_i\,e)^2}{8\,\pi\,\varepsilon_0\,r_i}. \tag{12.3}$$

Die Größe ε_0 ist die Dielektrizitätskonstante des Vakuums und q bezeichnet die Ladung des Ions, die bei der Entladung variabel ist. Das ungeladene Ion wird in das Lösungsmittel mit der Dielektrizitätskonstante $\varepsilon = D\,\varepsilon_0$ überführt, worin D die relative Dielektrizitätskonstante (Permitivität) des Mediums ist. Dadurch wird weder Arbeit geleistet noch gewonnen. Im Lösungsmittel ladet sich das Ion wieder auf den Wert des elektrischen Potentials an der Oberfläche des Ions auf

$$\psi_2 = \frac{q}{4\,\pi\,D\,\varepsilon_0\,r_i}\,. \tag{12.4}$$

Die entsprechende elektrische Arbeit beträgt

$$W_2 = \int\limits_0^{z_i\,e} (4\,\pi\,D\,\varepsilon_0\,r_i)^{-1}\,q\,\mathrm{d}\,q = \frac{(z_i\,e)^2}{8\,\pi\,D\,\varepsilon_0\,r_i}\,. \tag{12.5}$$

Die Übertragung eines Mols der Ionen aus dem Vakuum in die Lösung ist mit der Arbeit $N_A\,(W_1 + W_2)$ verbunden. Diese Arbeit setzt man der Solvatationsenergie gleich. Bei konstantem Druck und konstanter Temperatur ist die Solvatationsenergie gleich der Änderung der Gibbsschen Energie $\Delta\,G_{s,i}$

$$\Delta\,G_{s,i} = N_A\,(W_1 + W_2). \tag{12.6}$$

Die Bornsche Gleichung für die Gibbssche Solvatationsenergie lautet demnach

$$\Delta\,G_{s,i} = -\frac{z_i^2\,e^2\,N_A}{8\,\pi\,\varepsilon_0\,r_i}\left(1 - \frac{1}{D}\right). \tag{12.7}$$

Die Solvatationsentropie ergibt sich direkt aus Gl. (12.7)

$$\Delta\,S_{s,i} = -\left(\frac{\partial\,\Delta\,G_{s,i}}{\partial\,T}\right)_p = \frac{(z_i\,e)^2\,N_A}{8\,\pi\,\varepsilon_0\,r_i}\cdot\frac{1}{D^2}\cdot\frac{\mathrm{d}\,D}{\mathrm{d}\,T}\,. \tag{12.8}$$

Aus den Gln. (12.7) und (12.8) folgt dann direkt der Ausdruck für die Solvatationsenthalpie

$$\Delta\,H_{s,i} = \Delta\,G_{s,i} + T\,\Delta\,S_{s,i} = -\frac{(z_i\,e)^2\,N_A}{8\,\pi\,\varepsilon_0\,r_i}\cdot\left(1 - \frac{1}{D} - \frac{T}{D^2}\cdot\frac{\mathrm{d}\,D}{\mathrm{d}\,T}\right). \tag{12.9}$$

Ohne Rücksicht darauf, daß die Bornsche Gleichung eine große Vereinfachung darstellt, wird sie oft für den Vergleich der Solvatationswirkungen verschiedener Lösungsmittel verwendet. Die Vereinfachung der Bornschen Theorie beruht vor allem in der Voraussetzung, daß die Dielektrizitätskonstante des Lösungsmittels in der unmittelbaren Umgebung des Ions den gleichen Wert wie im reinen Solvens hat, weiter in der Vernachlässigung der Arbeit, die zur Kompression des Lösungsmittels um das Ion herum nötig ist.

In Wirklichkeit hat das Solvens jedoch seine eigene Struktur, und seine Moleküle sind mehr oder weniger an das Ion gebunden; die Ionen werden durch es solvatisiert (im Falle von Wasser hydratisiert). Durch die Solvation wird also die Struktur des umgebenden Lösungsmittels in beträchtlichem Maß beeinflußt.

Die Zahl der Solvensmoleküle, die auf diese Weise an ein Ion gebunden sind, wird die *Solvatations-* bzw. *Hydratationszahl* des Ions genannt.

Am eingehendsten erforscht sind diese Erscheinungen bei den wäßrigen Lösungen. Das Wassermolekül ist nichtlinear, der Valenzwinkel beträgt 105°, das Molekül weist ein Dipolmoment auf. Dieses Moment bedingt einerseits die Hydratation der Ionen und hat andererseits auch in reinem flüssigem Wasser die Bildung bestimmter Strukturen zur Folge. In Richtung der O—H-Bindungen können sich durch die elektrostatischen Kräfte (durch Wasserstoffbrücken) zwei Moleküle mit ihren negativen „Enden" verhältnismäßig fest anlagern. Zwei weitere Wassermoleküle lagern sich an das betrachtete Molekül mit ihren positiven

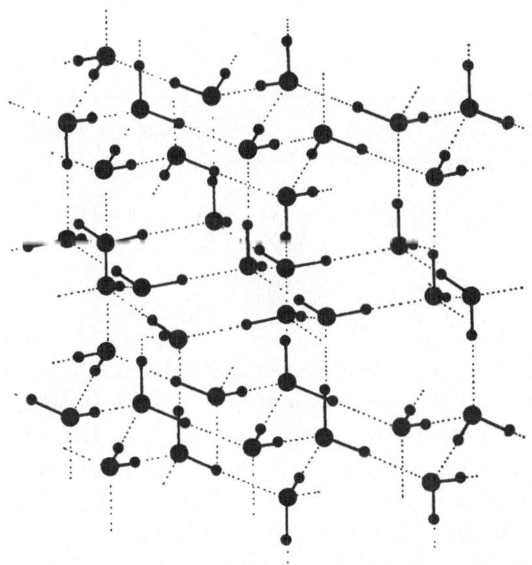

Abb. 1.2. Anordnung der Wassermoleküle im Eis. Die Wasserstoffatome (kleinere Ringe) sind auch bei niedrigen Temperaturen zufällig orientiert

„Enden" an. Sterisch am vorteilhaftesten ist es, wenn diese beiden Moleküle gegen die zwei verbleibenden Spitzen eines Tetraeders orientiert sind, dessen beide ersten Spitzen in der Richtung der O—H-Bindungen liegen. Das Ergebnis ist also eine Tetraederstruktur; die effektive Ladungsverteilung im Wassermolekül ist eine Quadrupolverteilung. Im festen Zustand hat jedes Wassermolekül vier nächstgelegene Nachbarn (s. Abb. 1.2). Diese Anordnung ist sehr „locker" und bricht beim Schmelzen teilweise zusammen. (Beim Schmelzpunkt ist das spezifische Volumen des Wassers kleiner als das des Eises.) Die Röntgenstrukturanalyse führt zur Ansicht, daß im flüssigen Zustand jedes Wassermolekül durchschnittlich 4,5 nächstgelegene Nachbarn hat. Das ist weitaus weniger, als der dichtesten Anordnung entspräche (12 nächste Nachbarn). Auch die ungewöhnlich hohen Werte der Verdampfungswärme, der Verdampfungsentropie, des Siedepunktes und der Dielektrizitätskonstante des Wassers gegenüber ähnlichen einfachen Stoffen, wie Schwefelwasserstoff, Fluorwasserstoff und Ammoniak, werden auf die Existenz einer gewissen Struktur im flüssigen Wasser zurückgeführt.

Zur Abschätzung der energetischen Verhältnisse im flüssigen Wasser und in wäßrigen Lösungen benötigt man die Energiewerte der Dipol-Dipol- und der Dipol-Ion-Wechselwirkung. Die erste dieser Größen ist durch die Summe der Coulombschen Wechselwirkungsenergien zwischen den Einzelladungen beider Dipole festgelegt. Unter der Voraussetzung, daß beide Dipole colinear und identisch sind (d. h., daß sie identische Ladungen q und Längen l haben, also das Dipolmoment $\mu = q\,l$ ist) und ihre Mittelpunkte den Abstand r haben, gilt für die Dipol-Dipol-Wechselwirkungsenergie

$$U_{dd} = (+\,q^2/r) + [-\,q^2/(r-l)] + [-\,q^2/r + l)] + \\ + (+\,q^2/r) = -\,2\,q^2\,l^2/r\,(r+l)\,(r-l). \tag{12.10}$$

Ist $r \gg 1$, so gilt

$$U_{dd} = -\,2\,\mu^2/r^3. \tag{12.11}$$

Analog erhält man den Ausdruck für die Ion-Dipol-Wechselwirkungsenergie U_{id} als die Summe der Energien der Coulombschen Wechselwirkung des die Ladung q' tragenden Ions mit beiden Enden des Dipols, also

$$U_{id} = 2\,qq'/(2\,r+l) - 2\,qq'/(2\,r-l) = \\ = -\,4\,qq'\,l/(4\,r^2 - l^2). \tag{12.12}$$

Ist wiederum $r \gg 1$, so wird

$$U_{id} = -\,q'\,\mu/r^2. \tag{12.13}$$

Die Wassermoleküle, die sich bis auf den Abstand ihres Durchmessers einander nähern, bilden einen verhältnismäßig festen Verband mit der potentiellen Energie $-\,2\,\mu^2/r^3 = 0{,}25 \cdot 10^{-12}$ erg. Nähert sich dem Dipolmolekül des Wassers ein gleich großes einwertiges Kation, so wird der Absolutwert der Energie viermal größer, er beträgt $-\,e\,\mu/r^2 = -\,1{,}0 \cdot 10^{-12}$ erg. Wird im Tetraederverband des flüssigen Wassers ein Wassermolekül durch ein anderes, gleich großes Teilchen ohne Ladung ersetzt, so sind die vier am nächsten gelegenen Wassermoleküle noch imstande, ihre ursprüngliche Anordnung beizubehalten. Hat das neue Teilchen eine genügend große Ladung, z. B. eine positive, so muß sich die Anordnung ändern. Zwei Wassermoleküle werden noch fester als vorher an ihrem Platz gehalten, aber die anderen zwei müssen sich jetzt mit ihrem negativen „Ende" zum Kation drehen (Abb. 1.3). Je nach der Größe und der Ladung des Ions bleibt also entweder die ursprüngliche Anordnung beibehalten oder es bildet sich eine neue, feste Struktur aus; es kann sich auch ein Zustand zwischen diesen beiden Grenzfällen einstellen. Die Struktur kann auch vollständig verschwinden, wenn das Ion zwar die ursprüngliche Anordnung zerstört, aber keine neue bewirkt. Für einige Ionenarten ergeben sich dann negative Hydratationszahlen, als ob es durch diese Salze zu einer Depolymerisation des Wassers käme. Diese Erscheinung nennt man „*Strukturbrecheffekt*" (structure breaking). Der Störeinfluß wächst mit dem Radius des Ions, also z. B. in den Reihenfolgen

$$Li^+ < Na^+ < Rb^+ < Cs^+$$
$$Cl^-,\ NO_3^- < Br^- < I^- < ClO_3^-,$$

und mit der Ladung, z. B. in der Reihe

$$Li^+ < Be^{2+} < Ca^{2+}.$$

In Abb. 1.4 ist die teilweise zerstörte Wasserstruktur schematisch veranschaulicht. Hier tritt das Gebiet der unmittelbaren Umgebung des Ions hervor, wo die Wassermoleküle elektrostatisch so stark am Ion gebunden sind, daß sie

Abb. 1.3. Störeffekt eines Kations auf die Struktur des Wassers. Bei den Molekülen 1 und 2 wird eine Änderung in der Orientierung herbeigeführt

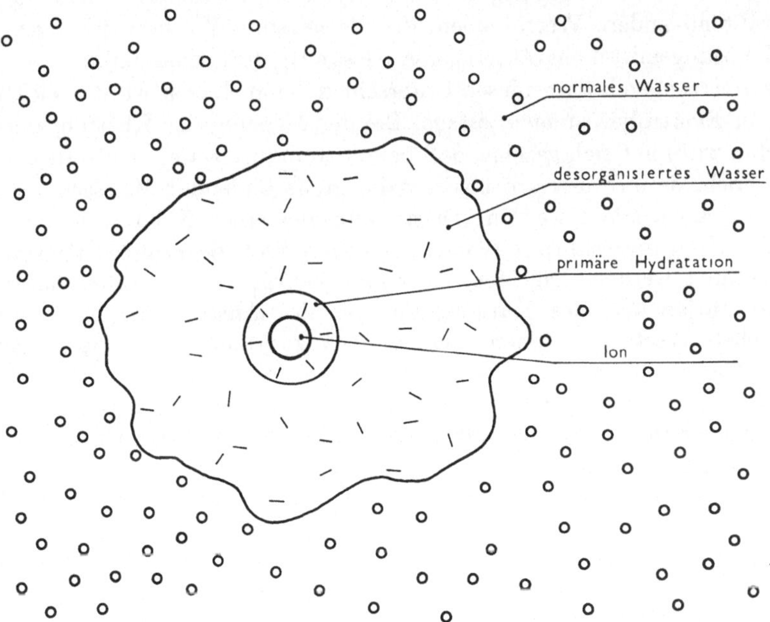

Abb. 1.4. Schematische Darstellung der Hydratation eines Ions (nach Klotz)

die Möglichkeit zu rotieren verlieren. Aus diesem Grunde wird auch die relative Dielektrizitätskonstante stark absinken (bis auf 6—7 gegenüber dem Wert 78,54 bei 25 °C in reinem Wasser). Das von der Ionenmitte entferntere Gebiet enthält eine je nach den Bedingungen mehr oder weniger zerstörte Wasserstruktur, und noch weiter entfernt liegt das Gebiet mit der ursprünglichen Wasserstruktur.

Die statistische Auffassung der Hydratation wurde von Samoilow vorgeschlagen. Die Ionen in der Lösung beeinflussen die Wärmebewegung der Solvensmoleküle und insbesondere ihre Translationsbewegung in unmittelbarer Nähe des Ions. Diese Translationsbewegung kann mit dem Austausch der Solvensmoleküle in der Umgebung des Ions identifiziert werden. Die Verlangsamung dieses Austausches ist also ein Maß der Solvatation des Ions.

Verweilt ein Wassermolekül in der Nachbarschaft eines anderen Wassermoleküls die Zeit τ und in der Nachbarschaft des Ions die Zeit τ_i, so ist das Verhältnis der Verweilzeiten τ_i/τ ein Maß der Solvatation. Ist $\tau_i/\tau \gg 1$, so ist das Wassermolekül sehr fest an das Ion gebunden. Ist dagegen $\tau_i/\tau < 1$, so handelt es sich um eine negative Solvatation — das Ion bricht die Struktur des Lösungsmittels auf, und in seiner Umgebung können sich die Solvensmoleküle leichter gegen andere Moleküle austauschen als im reinen Lösungsmittel, wo ein bestimmter Ordnungsgrad erhalten bleibt.

Experimentell wurden in wäßrigen Lösungen, die $H_2^{18}O$-Moleküle enthielten, für das Verhältnis τ_i/τ Werte im Bereich von 10^{11} bis 10^0 gefunden.

Die experimentellen Methoden zur Messung der Solvatationszahlen führen oft zu unterschiedlichen Werten. Einige von ihnen erfassen nämlich nur das Gebiet in der unmittelbaren Umgebung des Ions (sie liefern also die primäre Solvatationszahl), während andere Werte geben, die die gesamte Wechselwirkung zwischen Ion und Lösungsmittel charakterisieren (Gesamthydratationszahl).

Sehr überzeugend tritt dieser Unterschied beim Transport der elektrischen Ladung in Elektrolytlösungen zutage. Bei der Messung der Überführungszahlen (s. Abschn. 22.5) hat sich gezeigt, daß beim Stromdurchgang nicht nur die Ionen, sondern auch die ihre primäre Hydratationshülle bildenden Wassermoleküle zur Elektrode transportiert werden. Durch Zugeben eines Nichtelektrolyten kann die Menge des übergeführten Wassers ermittelt und die primäre Hydratationszahl berechnet werden. Die Methode ergibt jedoch nur die Differenz zwischen der Hydratationszahl des Kations und der des Anions; zur Ermittlung der individuellen Werte der Ionen müssen noch zusätzliche Annahmen getroffen werden. Außerdem muß vorausgesetzt werden, daß der Nichtelektrolyt nicht transportiert wird. Soll jedoch der verwendete Nichtelektrolyt im polaren Lösungsmittel löslich sein, so muß er selbst polar sein; eine Wechselwirkung zwischen ihm und den Ionen kann dann nicht ausgeschlossen werden. Auch die Beweglichkeiten der Ionen und ihre Diffusionskoeffizienten werden durch die Hydratation beeinflußt. Die aus ihnen mit Hilfe des Stokesschen Gesetzes berechneten Teilchengrößen entsprechen nicht den Dimensionen der Ionen; aus den erhaltenen Werten lassen sich die Hydratationszahlen berechnen. Ohne weitere Voraussetzungen ergeben die Diffusionsmessungen die Summe der Hydratationszahlen des Kations und des Anions.

Auch bei der Messung der Gleichgewichtsgrößen muß man, um einige Anomalien erklären zu können, die Vorstellungen über die Solvatation heranziehen. Es ist dies vor allem der Aussalzeffekt. Durch Zugabe eines Elektrolyten zur wäßrigen Lösung eines Nichtelektrolyten geht ein Teil des Wassers in die Hydratationshülle des Ions über. Dadurch wird die Menge des „freien" Lösungsmittels verringert, und die Löslichkeit des Nichtelektrolyten sinkt. Dieser Effekt hängt jedoch auch vom gewählten Elektrolyten ab. Aus den Werten der Aktivitätskoeffizienten (die z. B. durch Messung des Erstarrungspunktes gewonnen werden) kann auch auf die Größe der Hydratationszahlen geschlossen werden. Der Umstand, daß die Struktur in der Hydratationshülle kompakter ist als im reinen Wasser, hat zur Folge, daß die Kompressibilität der Elektrolytlösungen geringer ist als die des reinen Wassers; infolgedessen sind auch die scheinbaren Volumina

Tabelle 1.2. *Primäre Hydratationszahlen einiger Ionen nach verschiedenen Methoden* (nach Conway und Bockris, MA E **1**, 47 (1954)

Ion	Ionenbeweglichkeit	Hydratationsentropie	Kompressibilität	Molvolumen	Diffusion	Aktivitätskoeffizient
H^+		5	1—2			
Li^+	3,5— 7,0	5	5—6	2,5	3	3
Na^+	2,0— 4,0	4	6—7	4,8	1	2
K^+		3	6—7	1,0	1	1
Rb^+		3				
Ag^+		4				
Tl^+		3				
Mg^{2+}	10,5—13,0	13	16			5
Ca^{2+}	7,5—10,5	10				4
Ba^{2+}	5,0— 9,0	8	16			
Zn^{2+}	10,0—12,5	12				
Cd^{2+}	10,0—12,5	11	8			
Fe^{2+}	10,0—12,5	12				
Cu^{2+}	10,5—12,5	12				
Sn^{2+}		9				
Pb^{2+}	4,0— 7,5	8				
Al^{3+}		21	31			8
La^{3+}	13					8
F^-		5	2	4,3		2
Cl^-	4	3	0—1	0,0	0	1
Br^-	2	2	0*		1	1
I^-	1	1	0*		1	1
S^{2-}		8				

* Definitionsgemäß.

der Ionen in der Lösung kleiner als ihre effektiven Volumina in den Kristallen. Der resultierende Wert, der durch diese Methode gewonnen wird, ist die Gesamthydratationszahl.

Die Tatsache, daß die eine Hydratationshülle bildenden Wassermoleküle eine beschränkte Beweglichkeit haben, also daß in der Lösung eine gewisse Anordnung existiert, bedingt den niedrigeren Wert der Ionenentropien. In speziellen Fällen kann die Ionenentropie gemessen werden (z. B. aus der Temperaturabhängigkeit des Standardpotentials bei Elektroden zweiter Art). Ansonsten ist die Lösungswärme eine der Messung zugängliche Größe. Aus ihr läßt sich bei Kenntnis der Gitterenergie des Kristalls die Hydratationswärme errechnen. Für eine gesättigte Lösung ist die Lösungswärme gleich dem Produkt aus der Temperatur und der

Lösungsentropie, aus welcher die Entropie des Salzes in der Lösung ermittelt werden kann. Es ist allerdings notwendig, den Absolutwert der Entropie des Kristalls zu kennen, d. h. es muß die Temperaturabhängigkeit seiner Wärmekapazität bis hinunter zu sehr niedrigen Temperaturen bekannt sein. Aus den Werten der Entropie des Salzes kann wiederum auf die Gesamthydratationszahlen geschlossen werden. Es ist jedoch schwierig, den Beitrag des Kations von dem des Anions zu trennen.

Für die Untersuchung der Hydratation in Lösungen können noch andere experimentelle Methoden, wie z. B. die Messung der magnetischen Resonanz der Protonen, die Untersuchung der Feinstruktur der Absorptionsspektren der Lösungen usw., herangezogen werden. Man muß sich jedoch vor Augen halten, daß man durch verschiedene Methoden unterschiedliche Größen gewinnt. Die auf kinetischen Messungen beruhenden Verfahren erfassen nur die primäre Hydratationshülle; die thermodynamischen Methoden berücksichtigen dagegen den Einfluß des Ions auf das gesamte Lösungsmittel, also minimal auf die zweite Schicht der Lösungsmittelmoleküle, die durch die Ladung des Ions beeinflußt wird. Einige Werte der Hydratationszahlen zeigt Tab. 1.2.

13. Theorie der starken Elektrolyte

Als starke Elektrolyte werden solche bezeichnet, die auch bei endlichen Konzentrationen vollständig dissoziiert sind. Von der vollständigen Dissoziation der starken Elektrolyte zeugen einige experimentelle Tatsachen, z. B.:

1. Die Röntgenstrukturanalyse zeigt, daß die Kristallgitter der starken Elektrolyte durch Ionen gebildet werden. Sind im Kristall keine Moleküle vorhanden, so können sie um so weniger in der Lösung anwesend sein, denn das Lösungsmittel vermindert zufolge seiner Dielektrizitätskonstante die Anziehungskräfte zwischen den Ionen.

2. Die Extinktionskoeffizienten der Lösungen starker Elektrolyte sind unabhängig von ihrer Konzentration.

3. Die molare Neutralisationswärme starker Säuren und Basen hängt nicht von der Konzentration ab.

Die Thermodynamik beschreibt das Verhalten der Systeme mit Hilfe der Zustandsgrößen und der Zustandsfunktionen. Einige von ihnen sind direkt meßbar, bei anderen können ihre Änderungen im Verlauf irgendeines Vorganges gemessen oder mit Hilfe meßbarer Größen errechnet werden. Die Thermodynamik vermag diese Größen nicht mit Hilfe von Modellvorstellungen und Annahmen über die Struktur des Systems, über die intermolekularen Kräfte u. ä. auszudrücken. Dies gilt auch von den Aktivitätskoeffizienten: die Thermodynamik gibt ihre Definition und sagt aus über ihre Abhängigkeit von der Temperatur, dem Druck und der Zusammensetzung, interpretiert sie jedoch keineswegs vom Gesichtspunkt der intermolekularen Wechselwirkungen. Jede theoretische Behandlung der Aktivitätskoeffizienten als Funktion der Zusammensetzung der Lösung geht zwangsläufig von statistisch bearbeiteten nicht-thermodynamischen Vorstellungen aus.

Der Ausdruck für das chemische Potential einer Komponente einer realen Lösung läßt sich in zwei Glieder zerlegen

$$\mu_i - \mu_i{}^0 = \Delta\,\mu_i = R\,T\ln x_i + R\,T\ln\gamma_{i,x} = \Delta\,\mu_{i,\,\mathrm{id}} + \Delta\,\mu_{i,\mathrm{korr}}. \tag{13.1}$$

$\Delta\,\mu_{i,\,\mathrm{id}} = R\,T\ln x_i$ ist die Differenz zwischen den chemischen Potentialen im Standard- und im aktuellen Zustand unter idealen Bedingungen, $\Delta\,\mu_{i,\mathrm{korr}}$ beschreibt hingegen die Abweichung vom idealen Verhalten und definiert entsprechend Gl. (11.6) den Aktivitätskoeffizienten. Weiter kann für alle $\Delta\,\mu_i$ geschrieben werden

$$\Delta\,\mu_{i,\mathrm{korr}} = \left(\frac{\partial\,\Delta\,G_{\mathrm{korr}}}{\partial\,n_i}\right)_{T,\,p,\,n_j\,\neq\,n_i}, \tag{13.2}$$

$$\Delta\,\mu_{i,\mathrm{id}} = \left(\frac{\partial\,\Delta\,G_{id}}{\partial\,n_i}\right)_{T,\,p,\,n_j\,\neq\,n_i}.$$

Man kann also den Aktivitätskoeffizienten berechnen, wenn man $\Delta\,G_{\mathrm{korr}}$ kennt. $\Delta\,G_{\mathrm{korr}}$ ist die Differenz zwischen der Arbeit, die beim reversiblen isotherm-isobaren Übergang eines realen Systems vom Standard- in den vorliegenden Zustand geleistet wird, und der Arbeit, die mit demselben Vorgang bei einem idealen System verbunden ist:

$$R\,T\ln(\gamma_i)_x = \left(\frac{\partial\,\Delta\,G_{\mathrm{korr}}}{\partial\,n_i}\right)_{T,\,p,\,n_j\,\neq\,n_i}. \tag{13.3}$$

Wie schon gesagt wurde, ist eine solche Berechnung nicht Sache der Thermodynamik; sie erfordert Voraussetzungen über die Struktur des Systems und über die Wechselwirkung zwischen den Teilchen.

Die Aktivitätskoeffizienten des Lösungsmittels und des gelösten Stoffes sind miteinander durch die Gibbs-Duhemsche Gleichung verbunden. Aus der zweiten von den Gln. (11.25) folgt die Beziehung

$$\lim_{x_1\to 0}\left(\frac{\partial\ln\gamma_{0,x}}{\partial\,x_1}\bigg/\frac{\partial\ln\gamma_{\pm,x}}{\partial\,x_1}\right) = \lim_{x_1\to 0}\left(-\frac{\nu\,x_1}{x_0}\right) = 0. \tag{13.4}$$

Diese Gleichung kann auf zwei Weisen erfüllt werden:

$$\lim_{x_1\to 0}\frac{\partial\ln\gamma_{0,x}}{\partial\,x_1} = 0 \quad\text{oder}\quad \lim_{x_1\to 0}\frac{\partial\ln\gamma_{\pm,x}}{\partial\,x_1} = -\infty. \tag{13.5}$$

Aus der statistischen Theorie folgt*, daß die erste Art bei Lösungen von Nichtelektrolyten realisiert ist, die zweite bei Elektrolytlösungen. So wie jede Funktion, kann nämlich auch die Abhängigkeit der Aktivitätskoeffizienten vom Molenbruch durch eine Potenzreihe ausgedrückt werden. Für Lösungen von Nichtelektrolyten gilt

$$\ln\gamma_{0,x} = A\,x_1{}^2 + B\,x_1{}^3 + \ldots \tag{13.6}$$

und

$$\ln\gamma_{1,x} = a\,x_1 + b\,x_1{}^2 + \ldots, \tag{13.7}$$

---

* Siehe Guggenheim, S. 301, und Robinson, Stokes, S. 224.

dagegen für Lösungen von Elektrolyten

$$\ln \gamma_{\pm,x} = \alpha\, x_1{}^n + \beta\, x_1 + \gamma\, x_1{}^2 + \ldots, \tag{13.8}$$

wo A, B, $\ldots a$, b, $\ldots$, α, β, $\ldots$ Konstanten sind ($\alpha < 0$, $0 < n < 1$). Diese Beziehungen sind experimentell bestätigt worden. Ermittelt man aus diesen Gleichungen die entsprechenden Ableitungen und ihre Grenzwerte, so sieht man, daß das, was über die Gln. (13.5) gesagt wurde, tatsächlich erfüllt ist.

Der Term $\alpha\, x_1{}^n$ in Gl. (13.8) drückt den Einfluß der weitreichenden Wechselwirkung in den Elektrolytlösungen aus [d. h. der Ion-Ion-Wechselwirkungen zum Unterschied von den kurzreichenden Dipol-Dipol- und Ion-Dipol-Wechselwirkungen (s. Abschn. 12)]. Bei mittleren Konzentrationen ist sein Wert vergleichbar mit dem Wert des Terms $\beta\, x_1$, bei niedrigeren Konzentrationen als 10^{-3} molar überwiegt der Term $\alpha\, x_1{}^n$. Aufgabe der Theorie der Elektrolytlösungen ist es nun, die theoretische Bedeutung der Koeffizienten in Gl. (13.8) herzuleiten. Bei niedrigen Konzentrationen ist die Debye-Hückelsche Theorie berechtigt, die alle Arten der Wechselwirkungen, außer der elektrostatischen, vernachlässigt, d. h. sich auf die Berechnung des Terms $\alpha\, x_1{}^n$ beschränkt. Die Debye-Hückelsche Theorie ist gleichzeitig die Grundlage aller weiteren Theorien der starken Elektrolyte, die nur ihre Erweiterung oder Abwandlung darstellen.

13.1. Debye-Hückel-Theorie

In einer unendlich verdünnten Lösung, und also auch in einer Lösung im Standardzustand, die einige Eigenschaften der unendlich verdünnten Lösungen besitzt, beeinflussen sich die Ionen nicht gegenseitig. Ihr elektrisches Feld ist ein Feld elektrischer Punktladungen, und die Lösung verhält sich ideal. Wird die Lösung konzentrierter, so treten die elektrischen Ladungen der Ionen in Wechselwirkung. Die dabei gewonnene Coulombsche Wechselwirkungsenergie dient als Berechnungsgrundlage für den mittleren Aktivitätskoeffizienten der Ionen: man berechnet ihn durch Differentiation dieser Arbeit nach n_i. Diese Ableitung ist identisch mit dem Differentialquotienten $\partial\, \Delta\, G/\partial\, n_i$ und somit mit dem Ausdruck $R\, T \ln \gamma_{i,x}$.

Eine direkte Berechnung der Arbeit, die mit der gegenseitigen Annäherung der Ionen und der Deformierung ihrer elektrischen Felder verbunden ist, wäre nicht möglich. Da jedoch diese Arbeit mit der Änderung der thermodynamischen Zustandsfunktion im Zusammenhang steht, hängt ihr Wert nur vom Anfangs- und Endzustand ab. Der Vorgang kann also in mehrere Teilprozesse zerlegt werden, analog wie beim Herleiten der Bornschen Gleichung (12.7). Debye und Hückel haben dieser Zerlegung den Gedanken zugrunde gelegt, daß sich die eigentliche Konzentrationsänderung, d. h. die gegenseitige Annäherung der Ionen, mit ungeladenen Teilchen abspielen möge. Die fiktive Entladung der Ionen erfolgt im Standardzustand, also bei unendlichen Abständen zwischen den Ionen. Die damit verbundene Arbeit W_1 läßt sich leicht berechnen, da es sich um die Entladung isolierter Punktladungen handelt [vgl. Gln. (12.1) bis (12.3)]. Danach wird das System auf die Konzentration c gebracht. Dieser Übergang ist bloß mit der dem Idealverhalten entsprechenden Arbeit verbunden, also keineswegs mit elektrischer Arbeit. Die Wirkung anderer als der elektrostatischen interionischen Kräfte in der Elektrolytlösung wird vernachlässigt, denn die Reichweite dieser Kräfte ist viel kürzer als die der elektrostatischen. Bei der Konzentration c werden die Ionen durch Aufwenden der elektrischen Arbeit W_2 wieder aufgeladen. Die Berechnung der Arbeit W_2 ist komplizierter, denn sie hängt mit dem Entstehen einer Raumladung zusammen. Zur Berechnung muß die Vorstellung einer Dichteverteilung der Raumladung herangezogen werden. Debye und Hückel haben die Vorstellung der *Ionenwolke (Ionenatmosphäre)* eingeführt, d. h. die Annahme gemacht, daß jedes Ion dichter von Ionen mit entgegengesetzter Ladung umgeben ist und daß in der Ionenwolke die Ladungsdichte nach dem Maxwell-Boltzmannschen Verteilungsgesetz verteilt ist.

Die gesamte im folgenden Abschnitt durchgeführte Berechnung enthält zahlreiche Approximationen, die nur bei großen Verdünnungen gelten. Im Gültigkeitsbereich der gesamten Theorie ist also $\gamma_x \approx \gamma_m \approx \gamma_c$.

13.11. Debye-Hückelsche Grenzbeziehung

Für die Berechnung der Größe W_1 können unmittelbar die Gln. (12.1) bis (12.3) benützt werden, mit dem Unterschied, daß die Entladung des Ions in einem Medium von der Dielektrizitätskonstante $\varepsilon = D\,\varepsilon_0$ stattfindet. Es gilt somit

$$W_1 = -\frac{(e\,z_k)^2}{8\,\pi\,\varepsilon\,r_0}, \tag{13.9}$$

wobei r_k der Radius des Ions k ist.

Bei endlicher Konzentration c wird das Potential ψ_k in der Entfernung r nicht nur durch das Potential des Ions, ψ_k', sondern auch durch das Potential der umgebenden Ionen bestimmt. Debye und Hückel haben die Voraussetzung gemacht, daß sich um jedes Ion herum eine kugelförmige Ionenwolke bildet, in welcher Ionen mit entgegengesetzter Ladung als das Zentralion überwiegen; von dieser Ionenatmosphäre rührt das Potential ψ_a her. Insgesamt ist also $\psi_k =$ $= \psi_k' + \psi_a$. Für das Potential der Raumladung von der Dichte ρ gilt die Poisson-Gleichung

$$\nabla^2\,\psi = -\frac{\rho}{\varepsilon}, \tag{13.10}$$

wobei ∇^2 der Laplace-Operator ist. Sind $\mathrm{d}\,N_i$ Ionen der Sorte i mit der Ladung $z_i\,e$ im Volumenelement $\mathrm{d}\,V$ enthalten, so ist die Raumdichte ρ_i der Ladung, die von den Ionen der Sorte i stammt,

$$\rho_i = \frac{\mathrm{d}\,N_i}{\mathrm{d}\,V}\,e\,z_i. \tag{13.11}$$

Verlegt man den Ursprung des Koordinatensystems in das k-te Zentralion, so ist die Zahl der Teilchen $\mathrm{d}\,N_i$ im Volumen $\mathrm{d}\,V$ durch eine Verteilungsfunktion festgelegt, der Debye und Hückel das Maxwell-Boltzmann-Prinzip zugrunde gelegt haben

$$\mathrm{d}\,N_i = \bar{N}_i \exp\left(-\,e\,z_i\,\psi_k/k\,T\right) \cdot \mathrm{d}\,V. \tag{13.12}$$

Hierin ist k die Boltzmann-Konstante, $\overline{N}_i$ die Gesamtzahl der Ionen der Sorte i dividiert durch das Gesamtvolumen. Es gilt demnach

$$\rho = \Sigma\,\rho_i = e\,\Sigma\,\overline{N}_i\,z_i\,\exp\,(-\,e\,z_i\,\psi_k/k\,T). \tag{13.13}$$

Die Exponentialfunktion wird entwickelt und die Reihenentwicklung bereits nach dem linearen Glied abgebrochen (für $e\,|\,z_i\,\psi_k\,|/k\,T \ll 1$)

$$\rho = e\,\Sigma\,\overline{N}_i\,z_i\left(1 - \frac{e\,z_i\,\psi_k}{k\,T}\right) = -\,\frac{e^2\,\psi_k}{k\,T}\,\Sigma\,\overline{N}_i\,z_i{}^2 \tag{13.14}$$

($e\,\Sigma\,\overline{N}_i\,z_i = 0$ im Hinblick auf die Elektroneutralitätsbedingung). Man setzt aus Gl. (13.14) in Gl. (13.10) ein und drückt mit Rücksicht darauf, daß man es mit einem kugelsymmetrischen Problem zu tun hat, den Laplace-Operator in Polarkoordinaten aus

$$\nabla^2\,\psi_k = \frac{d^2\,\psi_k}{d\,r^2} + \frac{2}{r}\,\frac{d\,\psi_k}{d\,r} = \frac{e^2\,\Sigma\,\overline{N}_i\,z_i{}^2}{\varepsilon\,k\,T}\,\psi_k = \varkappa^2\,\psi_k \tag{13.15}$$

(auf die Bedeutung der Größe $\varkappa$ kommen wir später zurück). Das allgemeine Integral der Gl. (13.15) lautet (siehe Anhang A)

$$\psi_k = \frac{k_1\,e^{-\varkappa r}}{r} + \frac{k_2\,e^{\varkappa r}}{r}\,. \tag{13.16}$$

k_1 und k_2 sind Integrationskonstanten, die man aus den Randbedingungen ermittelt. Geht $r \to \infty$, so strebt $\psi_k \to 0$, woraus $k_2 = 0$ folgt. Die Konstante k_1 bestimmt man so, daß man den Ausdruck für ψ_k in die Gl. (13.14) für ρ einsetzt und die Vorstellung benützt, daß das System Ion—Ionenwolke als Ganzes elektroneutral sein muß. Durch Integration der Raumladung um das Zentralion über das Gesamtvolumen der Lösung erhält man deshalb eine gleich große Ladung mit umgekehrtem Vorzeichen als das des Zentralions. Das Volumenelement $d\,V$ drückt man dabei in Polarkoordinaten mit $d\,V = 4\,\pi\,r^2\,d\,r$ aus. Man hat somit

$$\int_r \rho\,d\,V = \int_r 4\,\pi\,r^2\,\rho\,d\,r = -\int_r 4\,\pi\,r^2\,\frac{e^2}{k\,T}\,\Sigma\,\overline{N}\,z_i{}^2\,\psi_k\,d\,r =$$

$$\tag{13.17}$$

$$= -\int_r 4\,\pi\,r^2\,\frac{e^2}{k\,T}\,\Sigma\,\overline{N}_i\,z_i{}^2\,\frac{k_1\,e^{-\varkappa r}}{r}\,d\,r = -\,4\,\pi\,k_1\,\varepsilon\,\varkappa^2\int_r r\,e^{-\varkappa r}\,d\,r = -z_k\,e.$$

Die sog. *Debye-Hückelsche Grenzbeziehung* nähert sich der Wirklichkeit am wenigsten exakt. Bei ihrer Herleitung wird angenommen, daß die Ionen Massepunkte sind und daß sich daher das Potential der Ionenwolke von $r = 0$ bis zu $r = \infty$ erstreckt. In diesen Grenzen wird die letzte Gleichung partiell integriert, und für die Konstante k_1 ergibt sich $k_1 = e\,z_k/4\,\pi\,\varepsilon$. Für das Potential ψ_k folgt dann die Beziehung

$$\psi_k = \frac{e\,z_k}{4\,\pi\,\varepsilon\,r}\,e^{-\varkappa r} \approx \frac{e\,z_k}{4\,\pi\,\varepsilon\,r} - \frac{e\,z_k\,\varkappa}{4\,\pi\,\varepsilon}\,. \tag{13.18}$$

[Um die letzte Näherungsform der Gl. (13.18) zu gewinnen, wurde die Exponentialfunktion wiederum in eine Reihe entwickelt und nur das lineare Glied belassen.] Es ist offensichtlich, daß das Potential ψ_k in zwei Glieder zerlegt werden kann, von denen das erste $(e\,z_k/4\,\pi\,\varepsilon\,r)$ den Beitrag des Zentralions und das zweite $(e\,z_k/4\,\pi\,\varepsilon\,\varkappa^{-1})$ den Beitrag der Ionenwolke erfaßt.

Die Ionenwolke kann also durch die Ladung im Abstand $\varkappa^{-1}$ vom Zentralion ersetzt werden. Die Größe $\varkappa^{-1}$ wird deshalb als die *Dicke der Ionenwolke*, mit-

Tabelle 1.3. *Radien der Ionenwolke* $1/\varkappa$ (Å) *in wäßrigen Lösungen verschiedener Salztypen bei 25 °C.* Berechnet nach Gl. (13.19)

Konzentration mol · dm^{-3}	Salztypen				
	1—1	1—2	2—2	1—3	2—3
10^{-5}	962	556	481	393	248
10^{-4}	304	176	152	124	79
10^{-3}	96,2	55,6	48,1	39,3	24,8
10^{-2}	30,4	17,6	15,2	12,4	7,9
10^{-1}	9,6	5,6	4,8	3,9	2,5
1	3,0	1,8	1,5	1,2	0,8

unter auch als der *effektive Radius der Ionenatmosphäre* oder als *Debye-Radius* bezeichnet. Die Größe $\varkappa$ kann auf verschiedene Weise ausgedrückt werden

$$\varkappa^2 = \frac{e^2 \sum \bar{N}_i z_i^2}{\varepsilon\,k\,T} = \frac{e^2 N_A \sum n_i z_i^2}{V\,\varepsilon\,k\,T} = \frac{e^2 N_A \sum c_i z_i^2}{\varepsilon\,k\,T} = \frac{2\,e^2 N_A I}{\varepsilon\,k\,T}, \qquad (13.19)$$

worin

$$I = \frac{1}{2} \sum_{i=1}^{s} c_i z_i^2 \qquad (13.20)$$

die sog. *Ionenstärke* der Lösung ist. (Je nach der Skala, in welcher die Ionenkonzentrationen ausgedrückt sind, müssen in stärker konzentrierten Lösungen und in nichtwäßrigen Lösungen verschiedene Ionenstärken unterschieden werden: I_c, I_m und I_x.) In der Gl. (13.19) bedeuten weiter V das Volumen der Lösung, n_i die Stoffmenge und c_i die molare Konzentration der Ionen der Sorte i. Die Dicken der Ionenwolke für verschiedene Konzentrationen sind in Tab. 1.3 angegeben.

Für die mit der Wiederaufladung der Ionen verbundene Arbeit gilt

$$W_2 = \int_0^{z_k e} \psi_k\,\mathrm{d}q = \frac{1}{4\,\pi\,\varepsilon\,r} \int_0^{z_k e} q\,\mathrm{d}q - \frac{1}{4\,\pi\,\varepsilon} \int_0^{z_k e} \varkappa\,q\,\mathrm{d}q =$$

$$= -\,W_1 - \frac{\varkappa}{4\,\pi\,\varepsilon\,z_k\,e} \int_0^{z_k e} q^2\,\mathrm{d}q = -\,W_1 - \frac{z_k^2\,e^2\,\varkappa}{12\,\pi\,\varepsilon}. \qquad (13.21)$$

Die gesamte elektrische Arbeit, die beim betrachteten Vorgang für das Ion k geleistet werden muß, ist

$$W = W_1 + W_2 = -\frac{z_k{}^2\, e^2\, \varkappa}{12\,\pi\,\varepsilon} \tag{13.22}$$

und für alle im Volumen V anwesenden Ionen

$$W_e = -\frac{V\, e^2\, \varkappa\, \Sigma\, \overline{N}_i\, z_i{}^2}{12\,\pi\,\varepsilon} = -\frac{e^3\, N_A{}^{3/2}}{12\,\pi\,\varepsilon\,(V\,\varepsilon\,k\,T)^{1/2}}\left(\sum_{i=1}^{s} n_i\, z_i{}^2\right)^{3/2}. \tag{13.23}$$

Tabelle 1.4. *Konstanten A und B aus den Gleichungen* (13.27) *und* (13.37). Berechnet für wäßrige Lösungen und 25 °C aus den Gln. (13.26) und (13.36). (Ionenstärken in mol · dm^{-3} und effektiver Radius in Å)

°C	A	B	°C	A	B
0	0,4884	0,3241	35	0,5191	0,3307
5	0,4920	0,3249	40	0,5242	0,3318
10	0,4961	0,3258	50	0,5352	0,3341
15	0,5003	0,3267	60	0,5472	0,3366
18	0,5029	0,3273	70	0,5599	0,3392
20	0,5047	0,3277	80	0,5740	0,3420
25	0,5092	0,3287	90	0,5892	0,3450
30	0,5141	0,3297	99	0,6039	0,3479

Man identifiziert nun die Arbeit W_e mit der Korrektur auf das nichtideale Verhalten $\Delta\, G_{\text{korr}}$ und berechnet den Aktivitätskoeffizienten nach der Gleichung

$$R\,T\,\ln\gamma_k = \left(\frac{\partial\,\Delta\,G_{\text{korr}}}{\partial\,n_k}\right)_{p,\,T,\,n_i\,\neq\,n_k} = \left(\frac{\partial\,W_e}{\partial\,n_k}\right)_{p,\,T,\,n_i\,\neq\,n_k}. \tag{13.24}$$

Führt man die Differentiation mit der Annahme durch, daß V unabhängig von n_i ist (was für Punkt-Ionen erfüllt wäre), so erhält man

$$-\log\gamma_k = \frac{e^3\, N_A{}^{3/2}}{R\,T\cdot 2{,}303\cdot 12\,\pi\,\varepsilon\,(V\,\varepsilon\,k\,T)^{1/2}}\left(\frac{\partial\,(\Sigma n_i\, z_i{}^2)^{3/2}}{\partial\,n_k}\right)_{n_i\,\neq\,n_k} =$$

$$=\frac{z_k{}^2\, e^3\, N_A{}^{1/2}\,\sqrt{I}}{2{,}303\cdot 4\,\pi\,\sqrt{2}\cdot(\varepsilon\,k\,T)^{3/2}}. \tag{13.25}$$

Es sei die Bezeichnung eingeführt:

$$A = \frac{e^3\, N_A{}^{1/2}}{2{,}303\cdot 4\,\pi\,\sqrt{2}\cdot(\varepsilon\,k\,T)^{3/2}} \tag{13.26}$$

(ausgedrückt in den Grundeinheiten ist für wäßrige Lösungen bei 25 °C $A = 1{,}610\cdot 10^{-2}$ mol$^{-1/2}$ m$^{3/2}$; wird, wie es üblich ist, die Ionenstärke in mol · dm^{-3} ausgedrückt, so ergibt sich $A = 0{,}5093$ mol$^{-1/2}$ dm$^{3/2}$). Die Werte für verschiedene Temperaturen sind in Tab. 1.4 wiedergegeben. Auf diese Weise erhält man die übliche Form der Gleichung für den Aktivitätskoeffizienten

$$\log \gamma_k = -A\, z_k^2\, \sqrt{I}. \tag{13.27}$$

Sie wird das Debye-Hückelsche Grenzgesetz genannt. Diese Gleichung ist eine sehr grobe Näherung. Sie enthält keine individuellen Charakteristiken des Ions k und gilt deshalb bis zu Ionenstärken von 10^{-3} mol · dm^{-3} (siehe auch Abb. 1.5).

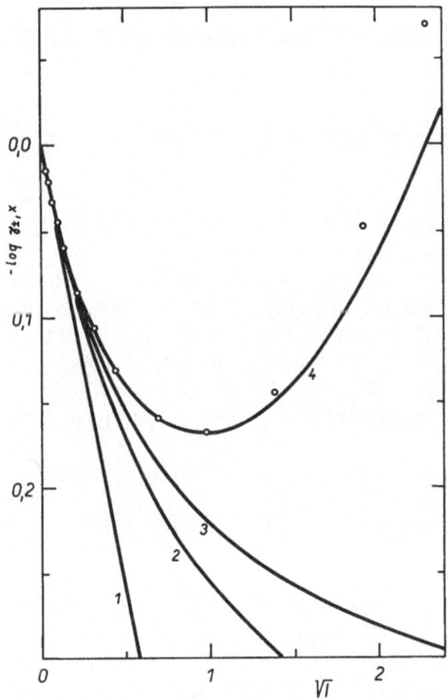

Abb. 1.5. Mittlerer rationaler Aktivitätskoeffizient $\gamma_\pm$ als Funktion der Ionenstärke I (mol · dm^{-3}) für NaCl, berechnet nach den Gleichungen: $1 = (13.28)$, $2 = (13.37)$, $3 = (13.46)$ und $4 = (13.51)$ für $a = 4{,}0$ Å, $C = 0{,}055$, 20 °C; die Kreise geben die experimentellen Punkte an

Für den mittleren Aktivitätskoeffizienten nimmt das Grenzgesetz mit Rücksicht auf dessen Definition (11.10) und auf die Elektroneutralitatsbedingung $\nu_+ z_+ = \nu_- z_-$ folgende Form an

$$\log \gamma_\pm = -A\, |z_+ z_-|\, \sqrt{I}. \tag{13.28}$$

13.12. Exaktere Beziehungen für den Aktivitätskoeffizienten

Für die exaktere Behandlung darf die Integration der Gl. (13.17) keineswegs über das Gesamtvolumen der Lösung durchgeführt werden. Aus der Integration muß das effektive Volumen des Zentralions ausgeschlossen werden, das für die Ionenwolke unzugänglich ist. Man integriert also von $r = a$, d. h. vom effektiven Radius des Ions. Das ist der mittlere Abstand, bis auf welchen sich die

Mitten anderer Ionen dem Zentralion nähern können. Diese Entfernung hat für verschiedene binäre Elektrolyte unterschiedliche Werte. Sie sind für einige Ionen in Tab. 1.5 angeführt. Bei solcher Integration erhält man für die Integrationskonstante die Relation $k_1 = z_k\, e/[4\,\pi\,\varepsilon\,(1 + \varkappa\,a)]\,\exp(\varkappa\,a)$, und für das Potential ψ_k ergibt sich

$$\psi_k = \frac{z_k\, e}{4\,\pi\,\varepsilon}\, \frac{e^{\varkappa a}}{1 + \varkappa\,a}\, \frac{e^{-\varkappa r}}{r}\,. \tag{13.29}$$

Tabelle 1.5. *Effektive Ionenradien* (nach Conway, S. 103)

Ion	a, Å
H^+	9
Li^+	6
Rb^+, Cs^+, NH_4^+, Tl^+, Ag^+	2,5
K^+, Cl^-, Br^-, I^-, CN^-, NO_2^-, NO_3^-	3
OH^-, F^-, NCS^-, NCO^-, HS^-, ClO_3^-, ClO_4^-, BrO_3^-, IO_4^-, MnO_4^-	3,5
Na^+, $CdCl^+$, ClO_2^-, IO_3^-, HCO_3^-, $H_2PO_4^-$, HSO_3^-, $H_2AsO_4^-$, $Co(NH_3)_4(NO_2)_2^+$	4,5
Hg_2^{2+}, SO_4^{2-}, $S_2O_3^{2-}$, $S_2O_6^{2-}$, $S_2O_8^{2-}$, SeO_4^{2-}, CrO_4^{2-}, HPO_4^{2-}	4
Pb^{2+}, CO_3^{2-}, SO_3^{2-}, MoO_4^{2-}, $Co(NH_3)_5Cl^{2+}$, $Fe(CN)_6NO^{2-}$	4,5
Sr^{2+}, Ba^{2+}, Ra^{2+}, Cd^{2+}, Hg^{2+}, S^{2-}, $S_2O_4^{2-}$, WO_4^{2-}, $Fe(CN)_6^{4-}$	5
Ca^{2+}, Cu^{2+}, Zn^{2+}, Sn^{2+}, Mn^{2+}, Fe^{2+}, Ni^{2+}, Co^{2+}, $Co(S_2O_3)(CN)_5^{4-}$	6
Mg^{2+}, Be^{2+}	8
PO_4^{3-}, $Fe(CN)_6^{3-}$, $Cr(NH_3)_6^{3+}$, $Co(NH_3)_6^{3+}$, $Co(NH_3)_5H_2O^{3+}$	4
$Co(\text{äthylendiamin})_3^{3+}$	6
Al^{3+}, Fe^{3+}, Cr^{3+}, Sc^{3+}, La^{3+}, In^{3+}, Ce^{3+}, Pr^{3+}, Nd^{3+}, Sm^{3+}	9
Th^{4+}, Zr^{4+}, Ce^{4+}, Sn^{4+}	11
$Co(SO_3)_2(CN)_4^{5-}$	9
$HCOO^-$, Citrat^-, $CH_3NH_3^+$	3,5
$NH_3^+CH_2COOH$, $CH_3NH_3^+$, $C_2H_5NH_3^+$	4
CH_3COO^-, CH_2ClCOO^-, $(CH_3)_4N^+$, $(C_2H_5)_2NH_2^+$, $NH_2CH_2COO^-$	4,5
$CHCl_2COO^-$, CCl_3COO^-, $(C_2H_5)_3NH^+$, $C_3H_7NH_3^+$	5
$C_6H_5COO^-$, $C_6H_4OHCOO^-$, $C_6H_4ClCOO^-$, $C_6H_5CH_2COO^-$	6
$CH_2{=}C_2H_3COO^-$, $(CH_3)_2C{=}CHCOO^-$	6
$(C_2H_5)_4N^+$, $(C_3H_7)_2NH_2^+$	6
$C_6H_2(NO_2)_3O^-$, $(C_3H_7)_3NH^+$, $CH_3OC_6H_4COO^-$	7
$(C_6H_5)_2CHCOO^-$, $(C_3H_7)_4N^+$	8
$(COO)_2^{2-}$, Citrat^{2-}	4,5
$H_2C(COO)_2^{2-}$, $(CH_2COO)_2^{2-}$, $(CHOHCOO)_2^{2-}$, Citrat^{3-}	5
$C_6H_4(COO)_2^{2-}$, $H_2C(CH_2COO)_2^{2-}$, $(CH_2CH_2COO)_2^{2-}$	6
$OOC(CH_2)_5COO^{2-}$, $OOC(CH_2)_6COO^{2-}$, Kongorot^{2-}	7

Dieser Ausdruck kann wiederum in den Beitrag des vom isolierten Zentralion herrührenden Potentials ψ_k' und in den Beitrag des von der Ionenwolke stammenden Potentials ψ_a zerlegt werden; beide Beiträge addieren sich algebraisch in Übereinstimmung mit dem Prinzip der linearen Überlagerung der Felder. Für den Beitrag der Ionenwolke erhält man

$$\psi_a = \psi_k - \psi_k' = \frac{z_k\, e}{4\,\pi\,\varepsilon\,r}\left(\frac{e^{\varkappa\,(a-r)}}{1 + \varkappa\,a} - 1\right)\,. \tag{13.30}$$

Diese Gleichung gilt für alle r im Bereich $r \geqslant a$. In der Entfernung $r < a$ kann sich kein anderes Ion aufhalten, und das Potential bleibt konstant und gleich dem Wert für $r = a$. Im Gebiet $r \leqslant a$ ist also der Beitrag der Ionenwolke

$$(\psi_a)_{r \leqq a} = - \frac{z_k\, e}{4\,\pi\,\varepsilon} \frac{\varkappa}{1 + \varkappa\, a}\,. \tag{13.31}$$

Aus dieser Gleichung folgt, daß in exakterer Näherung der Einfluß der Ionenwolke auf das Potential des Zentralions äquivalent ist dem Einfluß einer gleich großen Ladung (d. h. $- z_k\, e$), die auf der Oberfläche einer Kugel vom Radius $a + (1/\varkappa)$ um das Zentralion verteilt ist. In sehr verdünnten Lösungen ist $1/\varkappa \gg a$, in konzentrierteren Lösungen ist jedoch der Ionenwolkenradius vergleichbar mit a. Der Radius der Ionenwolke, gerechnet von der Mitte des Zentralions, ist nun allerdings gleich $(1/\varkappa) + a$. Gerechnet von der Mitte des Ions würde nämlich die Ionenwolke mit dem Radius $1/\varkappa$ „innerhalb" des Zentralions liegen, was absurd wäre.

Nun kann die Arbeit W_2 analog wie im ersten Fall berechnet werden

$$W_2 = \int\limits_0^{z_k e} \psi_k\, \mathrm{d}q = \int\limits_0^{z_k e} \psi_k'\, \mathrm{d}q - \frac{z_k^2}{4\,\pi\,\varepsilon} \int\limits_0^{z_k e} \frac{\varkappa\, q\, \mathrm{d}q}{1 + \varkappa\, a}\,. \tag{13.32}$$

Das erste Integral in der Gl. (13.32) ist wiederum gemäß Gl. (13.9) gleich $- W_1$, deshalb hebt es sich in der gesamten elektrischen Arbeit gegen die Arbeit auf, die mit der Entladung des Ions bei unendlicher Verdünnung verbunden ist. Bei der Integration des zweiten Gliedes muß jedoch berücksichtigt werden, daß in der Größe $\varkappa$ die elektrische Ladung auftritt. Es ist somit erforderlich, auch die die Ladung darstellende Größe im Ausdruck für $\varkappa$ als Variable zu betrachten, d. h.

$$\varkappa(q) = \frac{q\,\sqrt{N_A\, \Sigma\, c_i\, z_i^2}}{z_k\, \sqrt{\varepsilon\, k T}}\,.$$

Für die mit dem k-ten Ion verbundene Gesamtarbeit W_k ergibt sich hierauf

$$W_k = W_1 + W_2 = - \frac{1}{4\,\pi\,\varepsilon} \int\limits_0^{z_k e} \frac{\varkappa(q)\, q\, \mathrm{d}q}{1 + \varkappa(q)\, a} =$$

$$= - \frac{z_k^2\, k T}{4\,\pi\, N_A\, \Sigma\, c_i\, z_i^2} \int\limits_0^{\varkappa} \frac{\varkappa(q)^2}{1 + \varkappa(q)\, a}\, \mathrm{d}\,\varkappa(q)\,. \tag{13.33}$$

Die elektrische Gesamtarbeit W_e für alle Ionen im Volumen V beträgt

$$W_e = - \frac{V\, k T}{4\,\pi} \int\limits_0^{\varkappa} \frac{\varkappa(q)^2}{1 + \varkappa(q)\, a}\, \mathrm{d}\,\varkappa(q)\,. \tag{13.34}$$

Zur Herleitung der Beziehung für den Aktivitätskoeffizienten berechnet man den partiellen Differentialquotienten $\partial W_e/\partial n_k$ (unter Vernachlässigung der Abhängigkeit von V von n_k) und setzt ihn in Gl. (13.26) ein:

$$\log \gamma_A = \frac{-V}{4\,\pi\,N_A} \cdot \frac{\varkappa^2}{1+a\,\varkappa} \cdot \frac{\partial \varkappa}{\partial n_k} = -\frac{e^2\,z_k^2}{8\,\pi\,\varepsilon\,k\,T} \cdot \frac{\varkappa}{1+a\,\varkappa} =$$

$$= \frac{-A\,z_k^2\,\sqrt{I}}{1+B\,a\,\sqrt{I}}. \tag{13.35}$$

Darin ist die Konstante A identisch mit der Konstante in der Grenzbeziehung und durch die Gl. (13.28) gegeben; die Konstante B bedeutet

$$B = (2\,e^2\,N_A/\varepsilon\,k\,T)^{1/2}. \tag{13.36}$$

Ausgedrückt in den Grundeinheiten ist für wäßrige Lösungen und 25 °C $B = 1{,}0393 \cdot 10^8$ m$^{1/2}$ mol$^{-1/2}$; wird die Ionenstärke in mol $\cdot$ dm^{-3} und die Entfernung in Å ausgedrückt, so ist $B = 0{,}3287$ Å^{-1} mol$^{-1/2}$ dm$^{3/2}$ (s. Tab. 1.4). Für den mittleren Aktivitätskoeffizienten kann man analog wie bei der Grenzbeziehung die Gleichung aufschreiben

$$\log \gamma_\pm = -\frac{A\,|\,z_+\,z_-\,|\,\sqrt{I}}{1+B\,a\,\sqrt{I}}. \tag{13.37}$$

Die Gln. (13.35) und (13.37) erfassen die Abhängigkeit des Aktivitätskoeffizienten von der Ionenstärke viel besser als die Grenzbeziehungen (13.27) und (13.28) — s. Abb. 1.5. Der Parameter a erfaßt die individuellen Eigenschaften des betrachteten Ions (s. Tab. 1.5).

Die Werte des effektiven Radius a bewegen sich bei den geläufigen Ionen im Bereich von 3—5 Å. Da die Konstante B in den entsprechenden Einheiten grobgenommen gleich 0,35 ist, ist das Produkt $B\,a$ annähernd gleich Eins, und einige Autoren gebrauchen deshalb die Gleichung

$$\log \gamma_\pm = \frac{-A\,|\,z_+\,z_-\,|\,\sqrt{I}}{1+\sqrt{I}} \tag{13.38}$$

(für Ionen von größerem Umfang wird des öfteren im Nenner auch die Summe $1+1{,}5\,\sqrt{I}$ verwendet). Ebenso wie die Grenzbeziehung erfordert die letzte Gleichung keine individuellen Informationen über die betrachteten Ionen. Sie erfaßt jedoch die Abhängigkeit $\gamma - I$ exakter als die Grenzbeziehung (s. Abb. 1.5), für ein-einwertige Elektrolyte ist sie bis zu Ionenstärken von 0,1 recht gut gültig.

Bei der noch exakteren Behandlung muß für die Berechnung der partiellen Ableitung $\partial W_e/\partial n_k$ berücksichtigt werden, daß auch das Gesamtvolumen V eine Funktion von n_k ist. Dieser Vorgang führt jedoch zu Gleichungen, die praktisch nicht verwendbar sind.

13.13. Der osmotische Koeffizient

Den osmotischen Druck π einer Elektrolytlösung kann man sich vorstellen als den idealen osmotischen Druck π^* verringert um den Druck π_e, der durch die elektrische Kohäsion zwischen den Ionen bewirkt wird. Die mit einer Konzentrationsänderung der Lösung verbundene Arbeit ist $\pi\, \mathrm{d}\, V = \pi^*\, \mathrm{d}\, V - \pi_e\, \mathrm{d}\, V$. Der elektrische Anteil dieser Arbeit ist $\pi_e\, \mathrm{d}\, V = \mathrm{d}\, W_e$. Es gilt somit

$$\pi_e = \left(\frac{\partial W_e}{\partial V}\right)_{T,\,n_i}. \tag{13.39}$$

Der *osmotische Koeffizient* φ ist durch das Verhältnis π/π^* gegeben; daraus folgt

$$1 - \varphi = \frac{\pi_e}{\pi^*}. \tag{13.40}$$

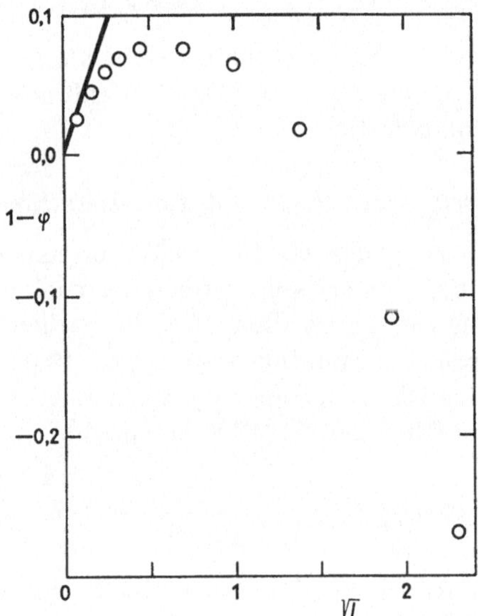

Abb. 1.6. Osmotischer Koeffizient φ von NaCl als Funktion der Ionenstärke I (mol · dm^{-3}) bei 25 °C. Die Gerade stellt den Verlauf der Gleichung (13.44) dar

Das Glied π_e kann also durch Differentiation der Arbeit W_e [Gl. (13.23)] nach dem Volumen berechnet werden, und man erhält somit

$$\left(\frac{\partial W_e}{\partial V}\right)_{T,\,n_i} = \frac{e^3}{6\,\sqrt{2}\,\pi\,(kT)^{1/2}}\left(\frac{N_A\,I}{\varepsilon}\right)^{3/2}. \tag{13.41}$$

Der ideale osmotische Druck ist durch den Ausdruck festgelegt $\pi^* = k\,N_A\,T\,\Sigma\,c_i$, so daß gemäß der benützten Approximierung

$$1 - \varphi = \frac{e^3\,\sqrt{N_A}}{6\,\sqrt{2}\,\pi\,\Sigma\,c_i}\left(\frac{I}{\varepsilon\,kT}\right)^{3/2} \tag{13.42}$$

wird.

Betrachtet man die Lösung eines einzigen Elektrolyten, so ist $\Sigma\,c_i = c_+ + c_-$, und im Hinblick auf die Elektroneutralitätsbedingung $c_+\,z_+ + c_-\,z_- = 0$ wird

$$I = \frac{1}{2}\,(c_+\,z_+^2 + c_-\,z_-^2) = \frac{1}{2}\,z_+\,z_-\,(c_+ + c_-).\ \text{Es gilt demnach}$$

$$1 - \varphi = \frac{e^3\,\sqrt{N_A}}{12\,\sqrt{2}\cdot\pi\,(\varepsilon\,k\,T)^{3/2}}\,|\,z_+\,z_-\,|\,\sqrt{I}. \tag{13.43}$$

Durch Vergleichen der Gl. (13.43) mit der für $\gamma_\pm$ formulierten Gl. (13.25) und der Gl. (13.26) erhält man für sehr wenig konzentrierte Lösungen eines einzigen Elektrolyten die Grenzbeziehung

$$1 - \varphi = -\frac{1}{3}\ln\gamma_\pm = \frac{2{,}303\,A}{3}\,|\,z_+ z_-\,|\,\sqrt{I}. \tag{13.44}$$

Für Wasser und 0 °C (der osmotische Koeffizient wird meistens aus kryoskopischen Messungen bestimmt) gilt

$$1 - \varphi = 0{,}3746\,|\,z_+ z_-\,|\,\sqrt{I} = 0{,}263\,|\,z_+ z_-\,|^{3/2}\,\sqrt{(\nu\,c)}. \tag{13.45}$$

Die Abb. 1.6 zeigt diese Abhängigkeit für Natriumchlorid. Die Gerade gibt den Verlauf nach Gl. (13.45) wieder, der nur für hohe Verdünnungen mit den experimentellen Ergebnissen übereinstimmt.

13.2. Die Theorie starker Elektrolyte für höhere Konzentrationen

Aus Abb. 1.5 geht hervor, daß die Gl. (13.37) die experimentelle Abhängigkeit $\log\gamma = \mathrm{f}\,(\sqrt{I})$ nicht gut zu erfassen vermag, da nach dieser Gleichung $\log\gamma$ eine monotone Funktion von $\sqrt{I}$ ist. Dem experimentellen Verlauf der betrachteten Abhängigkeit würde eine Funktion vom Typus (13.37) genügen, die jedoch überdies noch ein lineares Glied mit einer positiven Konstante geeigneter Größe enthält [die dem zweiten Glied der Gl. (13.8) entspricht]

$$\log\gamma_\pm = \frac{-A\,|\,z_+ z_-\,|\,\sqrt{I}}{1 + B\,a\,\sqrt{I}} + C\,I. \tag{13.46}$$

In dieser Gleichung ist jedoch nicht nur der Koeffizient C, sondern auch der Koeffizient a als ein variabler Parameter aufzufassen, der experimentell bestimmt werden muß. Der Verlauf der Funktion (13.46) ist in Abb. 1.5 veranschaulicht.

Falls keine experimentellen Angaben vorliegen, wird ein lineares Glied zur Gl. (13.41) hinzugefügt, wobei man $C = -0{,}1\,z_+ z_-$ setzt. Die so präzisierte Beziehung genügt dann auch anderen als 1—1wertigen Elektrolyten bis zu Ionenstärken von 0,3.

Jede befriedigende Ausdehnung der Debye-Hückelschen Theorie auf Elektrolyte höherer Konzentration muß also eine theoretische Deutung des Gliedes $C\,I$ enthalten. Die Erweiterungen der Debye-Hückelschen Theorie basierten im wesentlichen auf den zwei folgenden Ansätzen: zum einen wurde die Verteilungsfunktion der Ionen in der Ionenwolke genauer untersucht, zum anderen versuchte man, die kurzreichenden Wechselwirkungen zu berücksichtigen. In der Hauptsache waren es die Wechselwirkungen zwischen den Ionen und den Dipolen des Lösungsmittels.

Für eine exaktere Behandlung der Debye-Hückelschen Theorie wird es notwendig, auch die kurzreichenden Wechselwirkungen zu berücksichtigen, also die Wechselwirkungen zwischen den Ionen und den Solvensmolekülen. Die meisten Autoren tragen dieser Art der Wechselwirkung nur insoweit Rücksicht, daß sie eine fest gebundene Solvatationshülle um das Ion herum annehmen. Die Struktur des Lösungsmittels und der Einfluß der Konzentration des Elektrolyten auf diese Struktur wird von ihnen nicht in Betracht gezogen.

Die Notwendigkeit, die die Ionen umgebende Solvatationshülle zu respektieren, ergab sich aus folgender Tatsache: die effektiven Ionendurchmesser und die Werte, die aus der Debye-Hückel-Gleichung (13.37) mit Verwendung der experimentell gefundenen Aktivitätskoeffizienten errechnet wurden, waren zu groß im Vergleich zu den entsprechenden kristallographischen Größen. Hieraus entwickelte sich die Auffassung, nach welcher Gl. (13.37) nur für die Aktivitätskoeffizienten der solvatisierten Ionen gilt, die mit dem übrigen „freien" Lösungsmittel ein Gemisch bilden. Das Verhalten dieses Gemisches unterscheidet sich nur durch die elektrostatische Wechselwirkung zwischen den solvatisierten Ionen von der Idealität. Berechnet man andererseits die Aktivitätskoeffizienten aus den experimentellen Daten, so drückt man die Molalitäten oder Molenbrüche durch die Stoffmengen des wasserfreien Elektrolyten aus und sieht das gesamte Lösungsmittel als „frei" an. Man erhält also formal die Aktivitätskoeffizienten der nichtsolvatisierten Ionen, obwohl die Existenz solcher Ionen fiktiv ist. Will man also die theoretischen Ausdrücke für die Aktivitätskoeffizienten mit den experimentellen Daten vergleichen, so muß man die Werte für die solvatisierten Teilchen auf die der nichtsolvatisierten umrechnen. Diese Umrechnung ist namentlich bei konzentrierteren Lösungen notwendig, wo die Abnahme des „freien" Lösungsmittels infolge der Solvatation bereits nicht mehr vernachlässigbar ist.

Robinson und Stokes formulierten die Gibbssche freie Energie G eines Systems, das ein Mol eines Elektrolyten ($n_1 = 1$) und n_0 Mole eines Lösungsmittels enthält, zum einen für die solvatisierten Ionen (die entsprechenden Größen sind mit Strich bezeichnet), zum anderen für die nichtsolvatisierten Ionen. Sie nehmen dabei an, daß $\mu_0 = \mu_0'$ ist, d. h., daß das chemische Potential des Lösungsmittels nicht durch die Solvatation beeinflußt wird und daß die Solvatationszahl h unabhängig von der Konzentration ist ($n_0' = n_0 - h$):

$$G = n_0\,\mu_0 + \nu_+\,\mu_+ + \nu_-\,\mu_- = (n_0 - h)\,\mu_0 + \nu_+\,\mu_+' + \nu_-\,\mu_-'. \qquad (13.47)$$

Entwickelt man die chemischen Potentiale in Standard- und variable Terme und berücksichtigt man, daß $n_+ = \nu_+$, $n_- = \nu_-$, $n_+ + n_- = \nu$, $x_+ = \nu_+/(n_0 + \nu)$, $x_+' = \nu_+/(n_0 - h + \nu)$ usw. ist, so ergibt sich nach Umformung

$$\frac{\nu_+\,(\mu_+{}^0 - \mu_+{}^{0\prime})}{R\,T} + \frac{\nu_-\,(\mu_-{}^0 - \mu_-{}^{0\prime})}{R\,T} + \frac{h\,\mu_0{}^0}{R\,T} + h \ln a_0 + \nu \ln \frac{n_0 + \nu - h}{n_0 + \nu} +$$
$$+ \nu_+ \ln \gamma_{+,x} + \nu_- \ln \gamma_{-,x} = \nu_+ \ln \gamma_{+,x}' + \nu_- \ln \gamma_{-,x}'. \qquad (13.48)$$

Für $n_0 \to \infty$ konvergieren alle logarithmischen Glieder nach Null. Die Kombination der chemischen Standardpotentiale, die durch die ersten drei Terme der Gl. (13.48) festgelegt ist, wird also gleich Null. Für den mittleren Aktivitätskoeffizienten gilt demnach:

$$\nu \ln \gamma_{\pm,m} = \nu \ln \gamma_{\pm,x}' - h \ln a_0 - \nu \ln \frac{n_0 + \nu - h}{n_0 + \nu}. \qquad (13.49)$$

Der Ausdruck $2{,}303 \ln \gamma_{\pm,x}'$ ist nach der erwähnten Vorstellung von Robinson und Stokes identisch mit dem Term auf der rechten Seite der Gl. (13.37). Weiterhin ist in unserem Fall $m = n_1/n_0\, M_0 = 1/n_0\, M_0$ (wobei M_0 die Molmasse des Lösungsmittels ist). Es gilt somit

$$\ln\,[(n_0 + \nu - h)/(n_0 + \nu)] = \ln\,[(1 + \nu\, M_0\, m - h\, M_0\, m)/(1 + \nu\, M_0\, m)],$$

und nach Gl. (11.23) ist $\gamma_{\pm,x} = \gamma_{\pm,m}\,(1 + \nu\, M_0\, m)$. Es ergibt sich folglich

$$\log \gamma_{\pm,\,m} = \frac{-A\,|\,z_+ z_-\,|\,\sqrt{I}}{1 + B\,a\,\sqrt{I}} - \frac{h}{\nu} \log a_0 - \log\,[1 + (\nu - h)\, M_0\, m]. \qquad (13.50)$$

Tabelle 1.6. *Werte der Parameter a und h in der Gleichung (13.51) für einige Salze* (nach Robinson-Stokes, S. 246)

	h	a, Å		h	a, Å
HCl	8,0	4,47	RbI	0,6	3,56
HBr	8,6	5,18	$MgCl_2$	13,7	5,02
HI	10,6	5,69	$MgBr_2$	17,0	5,46
$HClO_4$	7,4	5,09	MgI_2	19,0	6,18
LiCl	7,1	4,32	$CaCl_2$	12,0	4,73
LiBr	7,6	4,56	$CaBr_2$	14,6	5,02
LiI	9,0	5,60	CaI_2	17,0	5,69
$LiClO_4$	8,7	5,63	$SrCl_2$	10,7	4,61
NaCl	3,5	3,97	$SrBr_2$	12,7	4,89
NaBr	4,2	4,24	SrI_2	15,5	5,58
NaI	5,5	4,47	$BaCl_2$	7,7	4,45
$NaClO_4$	2,1	4,04	$BaBr_2$	10,7	4,68
KCl	1,9	3,63	BaI_2	15,0	5,44
KBr	2,1	3,85	$MnCl_2$	11,0	4,74
KI	2,5	4,16	$FeCl_2$	12,0	4,80
NH_4Cl	1,6	3,75	$CaCl_2$	13,0	4,81
RbCl	1,2	3,49	$NiCl_2$	13,0	4,86
RbBr	0,9	3,48	$Zn(ClO_4)_2$	20,0	6,18

Nach Gl. (11.30) ist in unserem Falle $\varphi_m\, M_0\, \nu\, m = -\ln a_0$ (denn $\Sigma\, m_i = \nu\, m$), wobei φ_m der molale osmotische Koeffizient des Lösungsmittels ist. Man erhält somit

$$\log \gamma_{\pm,\,m} = \frac{-A\,|\,z_+ z_-\,|\,\sqrt{I}}{1 + B\,a\,\sqrt{I}} + \frac{\varphi_m\, M_0\, h\, m}{2{,}303} - \log\,[1 + (\nu - h)\, M_0\, m]. \qquad (13.51)$$

Hält man sich vor Augen, daß für die Lösung nur eines Elektrolyten $I = m$ ist und daß für $(\nu - h)\, M_0\, m < 1$ der letzte Term in der Gl. (13.51) durch $(\nu - h)\, M_0\, m/2{,}303$ ersetzt werden kann, so sieht man, daß die beiden zweiten Terme auf der rechten Seite der Gl. (13.51) die Interpretation des Gliedes $C\, I$ aus Gl. (13.46) darstellen.

Mit Hilfe der Gleichung von Robinson und Stokes (13.51) kann man aus den gemessenen Werten von $\gamma_{\pm,m}$ und φ_m die Parameter a und h berechnen, also auch die Hydratationszahl, allerdings als die Summe der Ionenhydratationszahlen aller Ionen im „Molekül" des Elektrolyten. Die entsprechenden Berechnungen sind für eine Reihe von Fällen ausgeführt worden (s. Tab. 1.6). Die Gl. (13.51) erfaßt die experimentellen Daten bis zu Molalitäten der Größenordnung von $10°$. Sie ist also sehr erfolgreich. Die Ionendurchmesser bewegen sich im Bereich von 3,5 bis 6,2 Å. Die berechneten Hydratationszahlen behalten bei Salzen mit gemeinsamem Anion die für die Kationen erwartete Reihenfolge ($H^+ > Li^+ > Na^+ > K^+ > Rb^+$). Dies gilt jedoch nicht für die Anionen bei Salzen mit gemeinsamem Kation ($I^- > Br^- > Cl^-$). Weiter bleibt die Additivität dieser Zahlen nicht erhalten: z. B. $h_{NaCl} - h_{KCl} = 1,6$, aber $h_{NaI} - h_{KI} = 3,0$. Nimmt man an, daß die Chloridionen praktisch nicht hydratisiert sind und schreibt die gesamte Hydratationszahl der Chloride dem Kation zu, so erhält man zu hohe Zahlen (z. B. für $CaCl_2$ 12, für $MgCl_2$ 13,7). Schätzt man den Radius des solvatisierten Kations mit Berücksichtigung des Volumens des gebundenen Lösungsmittels ab und zählt den kristallographischen Radius des Anions hinzu, so erhält man Zahlen, die den passenden effektiven Radius um unterschiedliche Werte übersteigen, je nach dem Typ des Elektrolyten (z. B. um 0,7 Å für 1—1-wertige, um 1,3 Å für 1—2wertige usw.). Diese Diskrepanz führen die Autoren auf ein Eindringen des Anions in die Solvatationshülle des Kations zurück, d. h. auf die Bildung von Ionenpaaren.

13.3. Mischungen starker Elektrolyte

Beim Herleiten der Gleichungen der Debye-Hückelschen Theorie war es nicht notwendig, zwischen der Lösung eines einzigen Elektrolyten und der einer Mischung von Elektrolyten zu unterscheiden, denn es wurde nur die gröbste Approximation (13.28) betrachtet, in der kein spezifischer Ionenparameter auftritt. Will man jedoch die Näherung (13.37) benützen, die den effektiven Ionenradius a enthält, so muß man sich vergegenwärtigen, daß diese Größe als der minimale mittlere Abstand eingeführt wurde, bis auf welchen sich sowohl die positiven als auch die negativen Ionen dem Zentralion nähern können. Es wird hier also angenommen, daß die Größe a zwar in gewissem Sinn einen Mittelwert darstellt, aber für das Zentralion charakteristisch ist.

Will man nun von den Aktivitätskoeffizienten der Einzelionen zum mittleren Aktivitätskoeffizienten des Elektrolyten übergehen, so führt man eine weitere mittlere Größe, a, ein, die zum Ionenradius des Kations a_+ und dem des Anions a_- in folgender Beziehung steht:

$$\frac{\nu_+ z_+^2 + \nu_- z_-^2}{1 + \varkappa a} = \frac{\nu_+ z_+^2}{1 + \varkappa a_+} + \frac{\nu_- z_-^2}{1 + \varkappa a_-}. \tag{13.52}$$

Diese Größe wurde für den Fall, daß die Lösung nur einen Elektrolyten enthält, aus dem Vergleich der theoretisch berechneten mittleren Aktivitätskoeffizienten und ihren experimentellen Werten ermittelt. Wie aus Tab. 1.6 zu sehen ist, sind die so berechneten Größen für jeden Elektrolyten anders. Hat man also eine Mischung von Elektrolyten, so enthält die Ionenwolke um das Zentralion verschiedene Ionen in unterschiedlicher Vertretung je nach der Zusammensetzung der Lösung, und die Größen a_+ und a_- hängen in unbekannter Weise von der Lösungszusammensetzung ab. Nimmt man an, daß die für den mittleren Aktivitätskoeffizienten eines Einzelelektrolyten hergeleitete Gl. (13.37) auch für eine Mischung von Elektrolyten gilt, und berechnet man die Größe a für den betrachteten Elektrolyten in verschiedenen Gemischen, so erhält man tatsächlich verschiedene Werte. Sie unterscheiden sich bei gleicher Gesamtmolalität der Lösung je nach der relativen Vertretung und der Qualität der einzelnen Elektrolytbestandteile.

Es sind etliche Mischungen vorgeschlagen worden, die es möglich machen sollten, aus den bekannten individuellen Parametern der Einzelelektrolyte und der bekannten Lösungszusammensetzung die Größe a für die betrachtete Komponente zu berechnen. Aber keine der vorgeschlagenen Regeln konnte eine breitere Gültigkeit aufweisen. Aus diesem Grunde wurde die Frage der Abhängigkeit der mittleren Aktivitätskoeffizienten der Einzelelektrolyte von der relativen Vertretung der Elektrolytbestandteile auf andere Weise gelöst.

Der Rechenvorgang, der von Guggenheim eingeführt und weiter von Harned, Åkerlöf und anderen Autoren namentlich auf Mischungen von zwei Elektrolyten angewandt wurde, geht von der Brønstedschen Voraussetzung über die spezifische Wechselwirkung der Ionen aus: in einer verdünnten Lösung von zwei Elektrolyten mit konstanter Gesamtkonzentration ist die Wechselwirkung zwischen den gleichnamig geladenen Ionen für die Ionenart unspezifisch, zwischen den Ionen mit umgekehrten Vorzeichen hingegen spezifisch.

Von dieser Voraussetzung ausgehend benutzte Guggenheim für den Aktivitätskoeffizienten des Elektrolyten die Beziehung (13.46). Er setzte darin das Produkt $a\,B$ gleich Eins und führte in das Glied $C\,I$ die spezifische Wechselwirkung zwischen den ungleichnamig geladenen Ionen ein. Betrachtet man eine Mischung von zwei Elektrolyten I und II mit der Gesamtmolalität m und der relativen Vertretung y_I und y_II und sind der Einfachheit halber beide Elektrolyte 1—1wertig, d. h. $B_\mathrm{I}A_\mathrm{I}$ und $B_\mathrm{II}A_\mathrm{II}$, so gilt nach Guggenheim

$$\ln \gamma_\mathrm{I} = \frac{-2{,}303\,A\,\sqrt{I}}{1+\sqrt{I}} + \left[2y_\mathrm{I}b_{\mathrm{I,I}} + (b_{\mathrm{II,I}} + b_{\mathrm{I,II}})\,(1-y_\mathrm{I})\right] m,$$

$$\ln \gamma_\mathrm{II} = \frac{-2{,}303\,A\,\sqrt{I}}{1+\sqrt{I}} + \left[2\,(1-y_\mathrm{I})\,b_{\mathrm{II,II}} + (b_{\mathrm{II,I}} + b_{\mathrm{I,II}})\,y_\mathrm{I}\right] m. \qquad (13.53)$$

Mit b sind die spezifischen Wechselwirkungskonstanten bezeichnet ($b_{\mathrm{I,II}}$ ist die Wechselwirkungskonstante für A_I und B_II, $b_{\mathrm{I,I}}$ diejenige für A_I und B_I usw.); $y_\mathrm{I} = m_\mathrm{I}/m$, $y_\mathrm{II} = m_\mathrm{II}/m$ (y bedeuten also nicht die Molenbrüche, $m = m_\mathrm{I} + m_\mathrm{II}$).

Aus den Gl. (13.53) erhält man für jeden Elektrolyten zwei Grenzwerte des Aktivitätskoeffizienten [es wird die Bezeichnung $A^* = 2{,}303\,A\,\sqrt{I}/(1+\sqrt{I})$ eingeführt)

$$\lim_{y_\mathrm{I}\to 0} \ln \gamma_\mathrm{I} = \ln \gamma_\mathrm{I}^{0} = -A^* + (b_{\mathrm{II,I}} + b_{\mathrm{I,II}})\,m,$$

$$\lim_{y_\mathrm{I}\to 1} \ln \gamma_\mathrm{I} = \ln \gamma_\mathrm{I}^{1} = -A^* + 2\,b_{\mathrm{I,I}}\,m,$$

$$\lim_{y_\mathrm{II}\to 0} \ln \gamma_\mathrm{II} = \ln \gamma_\mathrm{II}^{0} = -A^* + (b_{\mathrm{II,I}} + b_{\mathrm{I,II}})\,m, \qquad (13.54)$$

$$\lim_{y_\mathrm{II}\to 1} \ln \gamma_\mathrm{II} = \ln \gamma_\mathrm{II}^{1} = -A^* + 2\,b_{\mathrm{II,II}}\,m.$$

Somit gilt $\ln \gamma_\mathrm{I}^{0} = \ln \gamma_\mathrm{II}^{0}$.

Man führt nun die Koeffizienten α_I und α_{II} ein, die die Kombination der Wechselwirkungskonstanten erfassen.

$$2{,}303\ \alpha_I = 2\ b_{I,I} - b_{II,I} - b_{I,II} = (\ln \gamma_I{}^1 - \ln \gamma_I{}^0)/m,$$
$$2{,}303\ \alpha_{II} = 2\ b_{II,II} - b_{II,I} - b_{I,II} = (\ln \gamma_{II}{}^1 - \ln \gamma_{II}{}^0)/m. \qquad (13.55)$$

Durch Kombination der Gln. (13.53)—(13.55) erhält man nach Einführen der Molalitäten m_I und m_{II} und Übergehen zu den dekadischen Logarithmen die Gleichungen

$$\log \gamma_I\ = \log \gamma_I{}^0 + \alpha_I\ m_I = \log \gamma_I{}^1 - \alpha_I\ m_{II},$$
$$\log \gamma_{II} = \log \gamma_{II}{}^0 + \alpha_{II}\ m_{II} = \log \gamma_{II}{}^1 - \alpha_{II}\ m_I. \qquad (13.56)$$

Diese Relationen werden als die *Harnedsche Regel* bezeichnet. Sie wurden bis zu hohen Gesamtmolalitäten experimentell bestätigt (z. B. für die Mischung HCl + + KCl bis zu 2 mol · kg^{-1}). Ist diese lineare Beziehung zwischen den Logarithmen des Aktivitätskoeffizienten des einen Elektrolyten und der Molalität des anderen in einer Mischung konstanter Molalität nicht erfüllt, so wird ein weiterer Term mit dem Quadrat der entsprechenden Molalität hinzugefügt:

$$\log \gamma_I\ = \log \gamma_I{}^1\ - \alpha_I\ m_{II} - \beta_I\ m_{II}{}^2,$$
$$\log \gamma_{II} = \log \gamma_{II}{}^1 - \alpha_{II}\ m_I - \beta_{II}\ m_I{}^2. \qquad (13.57)$$

Robinson und Stokes haben gezeigt, daß unter vereinfachenden Voraussetzungen zwischen den Koeffizienten α und β die Relation gilt

$$(\alpha_I + \alpha_{II}) \approx k - 2\ m\ (\beta_I + \beta_{II}), \qquad (13.58)$$

wobei k eine von der Molalität unabhängige Konstante ist.

Mit einem besonderen Fall von Elektrolytmischungen hat man es zu tun, wenn einer der Elektrolyten in großem Überschuß gegenüber den anderen vorhanden ist, so daß er den Wert der Ionenstärke bestimmt. In diesem Fall werden die Ionenatmosphären aller Ionen fast ausschließlich von diesen Überschuß-Ionen gebildet. Unter diesen Bedingungen sind die Aktivitäten aller in der Lösung anwesender Ionen mit Ausnahme der Überschuß-Ionen ihren Konzentrationen proportional, aber der Aktivitätskoeffizient ist lediglich eine Funktion der Konzentration des überschüssigen Elektrolyten, der mitunter *indifferenter Elektrolyt* (*Leitsalz*) genannt wird.

13.4. Thermodynamische Methoden zur Messung der Aktivitätskoeffizienten

Gewöhnlich interessieren uns die Aktivitätskoeffizienten der Komponenten, die wegen ihrer geringeren relativen Vertretung in der Lösung die Bedeutung gelöster Stoffe haben, also die mittleren oder gesamten Aktivitätskoeffizienten der gelösten Elektrolyte. Die Aktivitätskoeffizienten der Einzelionen sind der Messung nicht zugänglich. Da jedoch zwischen den Aktivitäten dieser Bestandteile und der Aktivität der im Überschuß vorliegenden Komponente — dem „Lösungsmittel" — eine durch die Gibbs-Duhemsche Gleichung definierte Beziehung besteht, wird mitunter die Aktivität des Lösungsmittels durch eine direkte Methode gemessen und aus ihr im Falle eines binären Systems die Aktivität des gelösten Stoffes berechnet.

Die Messung der Aktivität des Lösungsmittels ist das unmittelbare Ziel aller auf den osmotischen Erscheinungen begründeten Methoden: der Dampfdruckverminderung über der Lösung, der Siedepunktserhöhung und der Gefrierpunktserniedrigung bzw. der direkten Messung des osmotischen Druckes. Die betreffenden Gleichungen sind im Abschn. 11 angegeben. Am häufigsten wird die kryoskopische Methode benutzt. Bei ihr mißt man die Gefrierpunktserniedrigung für eine Reihe von Konzentrationen ein und desselben Elektrolyten, ermittelt für jede Konzentration das entsprechende Verhältnis der Gefrierpunktserniedrigung ϑ/ϑ^* und berechnet hieraus den mittleren Aktivitätskoeffizienten des betrachteten Elektrolyten nach der Gl. (11.36). Die ebullioskopischen und osmometrischen Methoden sind technisch anspruchsvoller, weshalb sie weniger oft verwendet werden. Recht häufig wird die tensiometrische Methode benutzt, bei der der Dampfdruck des Lösungsmittels über dem reinen Lösungsmittel, p_0^0, und über der Lösung, p_0, gemessen wird. Das Verhältnis der beiden Dampfdrücke gibt die Aktivität des Lösungsmittels in der Lösung an. Zur Messung des Dampfdruckes werden verschiedene Methoden herangezogen. Bei der statischen Methode mißt man den Dampfdruck direkt unter Verwendung spezieller Tensiometer. Die dynamische Messung beruht darauf, daß ein inertes Gas nacheinander durch das reine Lösungsmittel, ein Trockenmittel, durch die Lösung und durch ein weiteres Trockenmittel geleitet wird. Das Verhältnis der in beiden Absorbenten festgehaltenen Lösungsmittelmengen ist gleich dem Verhältnis beider Dampfdrücke. Die isopiestische Methode beruht darauf, daß zwei Lösungen verschiedener Elektrolyte B und C in demselben Lösungsmittel in einem speziellen Gefäß mittels einer Gasphase ins Gleichgewicht gebracht werden. Im Zustand des osmotischen Gleichgewichtes haben beide Lösungen den gleichen Dampfdruck und die gleiche Lösungsmittelaktivität; man mißt im Gleichgewicht die Molalität beider Lösungen, m_B und m_C; kennt man zu jedem Molalitätswert eines der Elektrolyten, z. B. B, den osmotischen Koeffizienten φ_B in Form einer Eichkurve, so errechnet sich φ_C aus der Beziehung $\nu_B\,m_B\,\varphi_B = \nu_C\,m_C\,\varphi_C$.

Die direkte Messung des mittleren Aktivitätskoeffizienten des Elektrolyten wird mit Hilfe der Löslichkeitsmethode (s. S. 59) durchgeführt oder, und dies vor allem, mittels der potentiometrischen Methode aus den elektromotorischen Kräften galvanischer Ketten ohne oder mit Überführung (s. Abschn. 33.3).

14. Theorie der Dissoziation schwacher Elektrolyte

14.1. Theorie der elektrolytischen Dissoziation von Arrhenius

Die erste quantitative Theorie, die das Verhalten der schwachen Elektrolyte beschreibt, wurde am Ende des vergangenen Jahrhunderts von S. Arrhenius formuliert. Zu dieser Zeit war die Existenz von Ionen in Lösungen schon erwiesen, aber über die Struktur der letzteren wußte man nur sehr wenig. Das Lösungsmittel wurde als inertes Medium betrachtet. Auch die Begriffe Aktivität und Aktivitätskoeffizient waren unbekannt. Die Elektrochemie beschränkte sich auf wäßrige Lösungen. Die Grundlagen der klassischen Thermodynamik waren jedoch bereits geschaffen (von Gibbs, Thomson, Helmholtz) und auch die Elektrolytlösungen thermodynamisch untersucht worden. Man hatte sie vor allem kryoskopischen, osmometrischen und Dampfdruckmessungen unterzogen.

Van 't Hoff führte für Elektrolytlösungen den Korrektionsfaktor i ein, durch den die gemessene Größe dividiert werden muß (z. B. der osmotische Druck π), um Übereinstimmung mit der Theorie der Lösungen von Nichtelektrolyten zu erhalten ($\pi/i = R\,T\,c$). Bei den verdünnten Lösungen einiger Elektrolyte (heute werden sie als starke Elektrolyte bezeichnet) näherte sich dieser Faktor kleinen ganzen Zahlen. So wurde beispielsweise für eine verdünnte Natriumchloridlösung der Konzentration c stets der osmotische Druck $2\,R\,T\,c$ gemessen. Dies ließ sich leicht dadurch erklären, daß die wirkliche Konzentration der Partikel in der Lösung doppelt so groß ist, als der Konzentration entspricht, die aus der Einwaage, dem Volumen der Lösung und dem Molekulargewicht berechnet wird. Die kleinen Abweichungen von den ganzen Zahlen schrieb man Versuchsfehlern zu (heute führt man sie auf den Einfluß des Aktivitätskoeffizienten zurück).

Bei anderen Elektrolyten, die nach der heutigen Terminologie als schwache Elektrolyte bezeichnet werden, ergaben sich für den Faktor i unganze Zahlen, die von der Gesamtkonzentration des Elektrolyten abhingen. Diese Tatsache deutete Arrhenius durch die Vorstellung von einer reversiblen Dissoziationsreaktion, deren Gleichgewichtszustand durch das aus der chemischen Thermodynamik bekannte Massenwirkungsgesetz beschrieben wird. Arrhenius benutzte in seinen Gleichungen die Konzentration der Partikel, hier werden wir jedoch den Einfluß des Aktivitätskoeffizienten berücksichtigen.

Betrachtet man einen schwachen Elektrolyten $B_{\nu_+} A_{\nu_-}$, dessen Molekül in der Lösung in ν Ionen dissoziieren kann, davon in ν_+ Kationen B und ν_- Anionen A,

$$B_{\nu_+} A_{\nu_-} \rightleftarrows \nu_+ B^{z+} + \nu_- A^{z-}, \tag{14.1}$$

so ist das Maß der Dissoziation (der „Stärke des Elektrolyten") die Gleichgewichtskonstante der Reaktion (14.1), die sog. *Dissoziationskonstante*

$$K = \frac{a_B{}^{\nu_+}\, a_A{}^{\nu_-}}{a_{BA}} \tag{14.2}$$

(die Aktivität der Moleküle $B_{\nu_+} A_{\nu_-}$ ist der Einfachheit halber mit a_{BA} bezeichnet). Die Konstante K ist, wie jede Gleichgewichtskonstante, von der Temperatur abhängig; ihre Druckabhängigkeit wird in der Regel vernachlässigt, da es sich um ein Gleichgewicht in kondensierter Phase handelt.

Die Konstante K, die mit Hilfe der Aktivitäten durch die Gl. (14.2) definiert ist, wird die *wahre* oder die *thermodynamische* Dissoziationskonstante genannt. Oft werden auch die *scheinbaren* Dissoziationskonstanten K' benutzt, die analog formuliert werden wie die wahren Dissoziationskonstanten, jedoch mittels der Konzentrationen

$$K' = \frac{[B^{z+}]^{\nu_+}\, [A^{z-}]^{\nu_-}}{[B_{\nu_+} A_{\nu_-}]}\,. \tag{14.3}$$

Die Konstanten K' hängen von der Temperatur ab, und wie im weiteren gezeigt wird, auch von der Ionenstärke.

Da sich die Dissoziationskonstanten von verschiedenen Elektrolyten um viele Potenzen unterscheiden können, führt man zur Charakterisierung der Stärke des Elektrolyten eine logarithmische Größe durch die folgende Definition ein

$$p\,K = -\log K; \quad p\,K' = -\log K'. \tag{14.4}$$

Weiter wird der *Dissoziationsgrad* α eingeführt. Dies ist der Bruchteil von der Gesamtzahl der Moleküle, der bei der gegebenen Konzentration dissoziiert

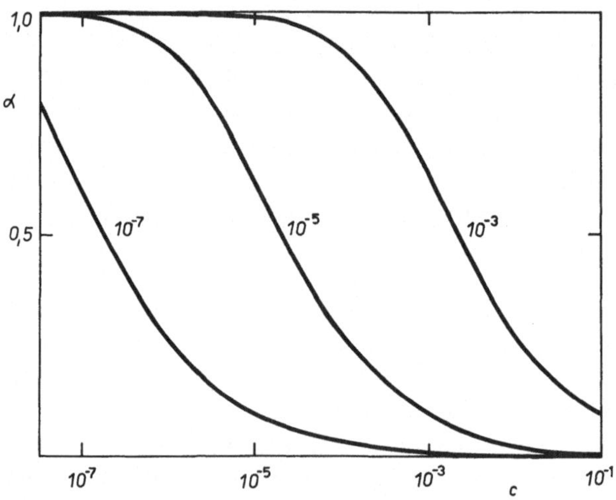

Abb. 1.7. Dissoziationsgrad α einer schwachen einbasigen Säure in Abhängigkeit von der Konzentration. Berechnet nach Gl. (14.7) für die bei den Kurven angegebenen K_A'-Werte

ist. Der Dissoziationsgrad hängt also unmittelbar mit der scheinbaren Dissoziationskonstante zusammen. Es gilt $\alpha = [B^{z+}]/\nu_+\, c = [A^{z+}]/\nu_-\, c$, $[B_{\nu+} A_{\nu-}] = c\,(1-\alpha)$. Die eckige Klammer bezeichnet hier die Konzentration der betreffenden Teilchen. Für die Dissoziationskonstante erhält man hierauf die Beziehung

$$K = \nu_+^{\,\nu_+}\,\nu_-^{\,\nu_-}\,\frac{\alpha^\nu\, c^{\nu-1}}{1-\alpha}. \tag{14.5}$$

Am geläufigsten sind die binären Elektrolyte ($\nu = 2$, $\nu_+ = \nu_- = 1$); für sie gilt

$$K' = \frac{[B^+]\,[A^-]}{[BA]} = \frac{\alpha^2\, c}{1-\alpha}. \tag{14.6}$$

Hieraus ergibt sich für α die Beziehung (die oft auch als das Ostwaldsche Verdünnungsgesetz bezeichnet wird)

$$\alpha = \frac{-K' + \sqrt{(K'^2 + 4\,K'c)}}{2\,c}. \tag{14.7}$$

Für einen schwachen Elektrolyten bei endlicher Verdünnung, also wenn $c \gg K'/4$ ist, ergibt sich aus Gl. (14.7) $\alpha \approx \sqrt{(K'/c)}$, d. h. $\alpha \ll 1$.

Umgekehrt kann für eine sehr verdünnte Lösung, wo $c \to 0$, aus Gl. (14.7) ein Grenzwert gefunden werden, und man sieht, daß $\alpha_{c \to 0} = 1$ ist, d. h. der Elektrolyt ist bei der Grenzverdünnung vollkommen dissoziiert. Die Abhängigkeit $\alpha - c$ ist in Abb. 1.7 dargestellt.

Für die Beziehung zwischen der thermodynamischen und der scheinbaren Konstante eines binären Elektrolyten erhält man aus den Definitionen (14.2) und (14.3) und aus der Gleichung des Aktivitätskoeffizienten (11.5) nachstehende Gleichung

$$K = \frac{a_{B^+} a_{A^-}}{a_{BA}} = \frac{[B^+][A^-]}{[BA]} \frac{\gamma_{B^+} \gamma_{A^-}}{\gamma_{BA}} = K' \frac{\gamma_{B^+} \gamma_{A^-}}{\gamma_{BA}}. \tag{14.8}$$

Man setzt $\gamma_{BA} = 1$, denn es handelt sich um ungeladene Teilchen, formt die Gl. (14.8) um und setzt in sie aus der Debye-Hückelschen Grenzbeziehung (13.27) für $-\log \gamma_{B^+} = -\log \gamma_{A^-} = A \sqrt{I}$ ein. Es ergibt sich somit

$$K' = K/\gamma_{B^+} \gamma_{A^-} = K \cdot 10^{2 A \sqrt{I}}. \tag{14.9}$$

Durch die wachsende Ionenstärke wird also die Dissoziation unterstützt, die scheinbare Dissoziationskonstante vergrößert sich. Nur bei der Grenzverdünnung können die Konstanten K und K' gleichgesetzt werden.

Bei den starken Elektrolyten kann man nicht von der Aktivität der Moleküle sprechen, da diese nicht vorhanden sind. Deshalb verliert der Begriff der Dissoziationskonstante für sie seinen Sinn. Die experimentell gemessenen Dissoziationskonstanten K' haben jedoch endliche Werte, und die gefundenen Dissoziationsgrade sind ebenfalls von Eins verschieden. Dies wird aber nicht durch unvollständige Dissoziation verursacht, sondern hängt mit dem nichtidealen Verhalten und mit der Gegenwart von Assoziaten in diesen Lösungen zusammen (s. Abschn. 17.4).

Die allgemeine Vorstellung von Arrhenius über die Dissoziation und ihre quantitative Beschreibung mit Hilfe der Dissoziationskonstante und des Dissoziationsgrades werden im wesentlichen bis heute akzeptiert. Die Arrheniussche Theorie der Säuren und Basen, die als die *klassische Theorie* bezeichnet wird, vermag die Tatsachen jedoch nur formal zu erfassen. Arrhenius stellte folgende Definitionen auf:

Eine Säure (HA) ist ein Stoff, der in Lösung Wasserstoffionen abspaltet

$$HA \rightleftharpoons H^+ + A^-. \tag{14.10}$$

Eine Base (BOH) ist ein Stoff, der in Lösung Hydroxidionen abspaltet

$$BOH \rightleftharpoons B^+ + OH^-. \tag{14.11}$$

Diese Auffassung vermochte viele Eigenschaften der Säuren und Basen und viele Prozesse, in denen Säuren und Basen auftreten, zu erklären, aber keineswegs alle (z. B. die Vorgänge in nichtwäßrigen Medien, eine Anzahl von katalytischen Prozessen u. ä.). Ihr Nachteil liegt im Bestreben, die Säuren und Basen als isolierte Stoffe zu definieren. Acidität und Basizität eines Stoffes kommen jedoch erst bei dessen Wechselwirkung mit dem Medium zum Ausdruck, mit welchem er in Berührung tritt.

14.2. Die Brønstedsche Theorie der Säuren und Basen

Brønsted beschäftigte sich mit der Säure-Basen-Katalyse und beobachtete dabei, daß als saure oder basische Katalysatoren auch Stoffe wirken können, die bisher nicht als Säuren oder Basen betrachtet worden waren. Er war deshalb bestrebt, den Begriff von Säure und Base zu verallgemeinern, und ging dabei insbesondere von den folgenden experimentell festgestellten Tatsachen aus:

1. Saure und basische Eigenschaften weisen auch Stoffe in nichtwäßrigen Medien auf.

2. Saure und basische Eigenschaften können sowohl nichtdissoziierte Moleküle als auch Ionen besitzen.

3. Die Aufspaltung der Moleküle von Säuren und Basen in Ionen wird durch ihre Reaktion mit dem Lösungsmittel verursacht.

4. Je nach dem Charakter des Lösungsmittels kann ein und derselbe Stoff als Säure oder als Base wirken.

5. Die Eigendissoziation des Lösungsmittels ist durch dessen amphoteren Charakter bedingt.

6. Die Wasserstoffionen sind in der Lösung durch die Lösungsmittelmoleküle solvatisiert.

Mit Rücksicht darauf, daß der Austausch von ionisiertem Wasserstoff — einem Proton — ein gemeinsames Merkmal aller Säure-Basen-Reaktionen ist (hiervon die Bezeichnung *protolytische Reaktion*), gelangte Brønsted zu folgender Definition:

Eine Säure (A) ist ein Stoff, der befähigt ist, Protonen abzuspalten.

Eine Base (B) ist ein Stoff, der befähigt ist, Protonen zu binden.

Zum Beispiel (ohne Rücksicht auf die Ladungen):

$$A \rightarrow H^+ + B \qquad B + H^+ \rightarrow A$$
$$HCl \rightarrow H^+ + Cl^- \qquad NH_3 + H^+ \rightarrow NH_4^+ \tag{14.12}$$

Hier ist eine Analogie zu den Redoxreaktionen zu erkennen. Die reduzierte Form des Stoffes (Red) spaltet ein Elektron ab und geht in die oxidierte Form (Ox) über, und umgekehrt. Zum Beispiel:

$$Red \rightarrow Ox + e \qquad Ox + e \rightarrow Red$$
$$Cu^+ \rightarrow Cu^{2+} + e \qquad \tfrac{1}{2}Cl_2 + e \rightarrow Cl^- \tag{14.13}$$

Eine mit der Abspaltung eines Protons verbundene Reaktion wird in homogener Lösung niemals allein ablaufen, ebenso wie sich eine Reaktion, bei der ein Elektron abgespalten wird, in Lösung (keineswegs an der Elektrode) nicht spontan vollzieht (ausgenommen bei den extremen Bedingungen der sog. kalten Elektronenemission durch die Einwirkung eines sehr starken elektrischen Feldes). Es sind immer zwei protolytische Systeme notwendig, zum Beispiel:

$$A_I + B_{II} \rightarrow B_I + A_{II}$$
$$HCl + NH_3 \rightarrow Cl^- + NH_4^+ \tag{14.14}$$

Das gleiche gilt für Lösungen von zwei Redoxsystemen, zum Beispiel:

$$Red_I + Ox_{II} \rightarrow Ox_I + Red_{II}$$
$$Cu^+ + Fe^{3+} \rightarrow Cu^{2+} + Fe^{2+} \tag{14.15}$$

Eine Säure und die ihr zugehörige Base bezeichnet man als ein *konjugiertes Paar*. Eine starke Säure ist mit einer relativ schwachen Base konjugiert (HCl—Cl^-), eine schwache Säure mit einer relativ starken Base (NH_4^+—NH_3).

Mit dem Schema (14.14) vermag man sämtliche Reaktionen der Elektrolyte in Lösungen einheitlich auszudrücken. Wir wollen einige von ihnen aufschreiben und ihre Bezeichnungen angeben (die nicht immer ganz treffend sind, aber traditionsgemäß gebraucht werden):

A_I	$+ B_{II}$	$\rightarrow B_I$	$+ A_{II}$		
HCl	$+ NH_3$	$\rightarrow Cl^-$	$+ NH_4^+$	Salzbildung	(14.16)
HCl	$+ H_2O$	$\rightarrow Cl^-$	$+ H_3O^+$	Dissoziation einer Säure	(14.17)
H_2O	$+ NH_3$	$\rightarrow OH^-$	$+ NH_4^+$	Dissoziation einer Base	(14.18)
NH_3	$+ NH_3$	$\rightarrow NH_2^-$	$+ NH_4^+$	Ionisierung	(14.19)
H_3O^+	$+ OH^-$	$\rightarrow H_2O$	$+ H_2O$	Neutralisation	(14.20)
NH_4^+	$+ H_2O$	$\rightarrow NH_3$	$+ H_3O^+$	Hydrolyse	(14.21)
H_2O	$+ CH_3COO^-$	$\rightarrow OH^-$	$+ CH_3COOH$	Hydrolyse	(14.22)

Die Reaktion (14.16) läuft auch in Gasen oder z. B. in Benzollösung ab. Der Reaktion (14.22) geht die Reaktion $CH_3COONa(s) \rightarrow CH_3COO^- + Na^+$ voran. Das gebildete Acetation ist eine Base, die befähigt ist, mit der anwesenden Säure zu reagieren, die in diesem Falle ein Wassermolekül ist, und es kommt zur Hydrolyse. Ganz analog werden die Metallhydroxide von der Brønstedschen Theorie beurteilt. Es sind dies Salze (keine Basen im protolytischen Sinne, denn sie sind als solche nicht befähigt, Protonen zu binden), die Ionen zu bilden vermögen, z. B. $KOH(s) \rightarrow K^+ + OH^-$. Die entstehende Base OH^- kann mit der anwesenden Säure reagieren. Ist nur Wasser zugegen, so findet keine weitere Reaktion statt, da Ionen entstehen wurden, die mit den ursprünglichen identisch wären. Ist die Säure H_3O^+ anwesend, so kommt es zur Reaktion (14.20), d. h. zur Neutralisation. Ist eine Säure vorhanden, z. B. CH_3COOH, so läuft die Reaktion (14.22) von rechts nach links ab — die Dissoziation der Essigsäure nimmt zu.

Die Reaktion (14.19) wird auch als Autoprotolyse bezeichnet. Sie ist eine wichtige Eigenschaft der meisten Lösungsmittel. Für die entstehenden Ionen werden gelegentlich besondere Bezeichnungen gebraucht: Das durch Solvatation eines Protons durch ein Solvensmolekül entstandene Ion nennt man allgemein *Lyoniumion* (Hydronium-, Ammoniumion). Der Lösungsmittelrest wird *Lyation* (Alkoholation u. ä.) genannt.

In wäßrigem Medium sind die Hydronium- und Hydroxidionen natürlich hydratisiert. Es ist nachgewiesen worden, daß ein Hydroniumion durch drei Wassermoleküle hydratisiert ist, so daß das stabilste Teilchen das Ion $H_9O_4^+$ ist. Vom Hydroxidion wird angenommen, daß es ebenfalls drei Wassermoleküle anlagert und das stabile Teilchen $H_7O_4^-$ bildet:

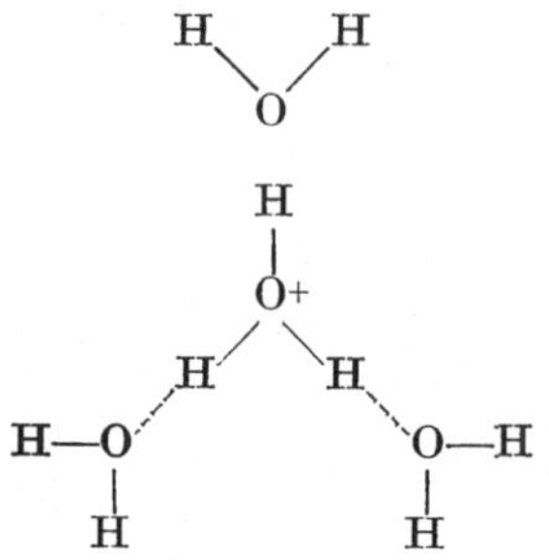

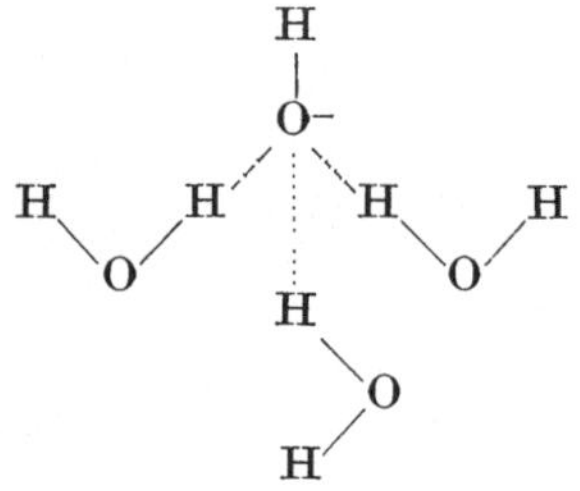

In den Gleichungen läßt man jedoch die Hydratationshüllen weg und bleibt bei den einfachen Symbolen H_3O^+ und OH^-.

Es können vier Lösungsmittelarten unterschieden werden:

1. *Aprote* oder *aprotische* Lösungsmittel, die keine Autoprotolyse aufweisen. Sie nehmen entweder überhaupt nicht an protolytischen Reaktionen teil (wie C_6H_6, CCl_4) oder haben basische Eigenschaften (wie Dimethylformamid $HCO \cdot N(CH_3)_2$, Dimethylsulfoxid $(CH_3)_2SO_2$, Hexamethylphosphortriamid $[(CH_3)_2N]_3PO$ usw.).

2. *Protogene* Lösungsmittel, die Protonen abspalten (H_2SO_4, Eisessig, HCN).

3. *Protophile* Lösungsmittel, die Protonen binden können (flüssiges NH_3).

4. *Amphiprote* Lösungsmittel mit saurer und basischer Funktion (Wasser, Äthanol).

Es sei bemerkt, daß die meisten polaren Lösungsmittel, auch die ausgesprochenen protophilen oder protogenen, teilweise amphiproten Charakter haben, der namentlich in der Autoprotolyse zum Ausdruck kommt. Die gelösten Stoffe äußern sich je nach dem Charakter des Lösungsmittels, und zwar entsprechend ihrer Protonenaffinität:

Ist die Protonenaffinität des gelösten Stoffes größer als die des Lyations des Solvens, so verhält sich der Stoff als Base.

Ist die Protonenaffinität der mit dem gelösten Stoff konjugierten Base kleiner als die der Solvensmoleküle, so verhält sich der Stoff als Säure.

Bei den amphiproten Stoffen sind beide Affinitäten kommensurabel. Demzufolge kommt es in ihnen zur Autoprotolyse, und im Gemisch von zwei Stoffen können alle vier konjugierten Paare in vergleichbaren Konzentrationen auftreten.

Benzoesäure ist in Wasser eine schwache Säure, in konzentrierter Schwefelsäure eine schwache Base. Anilin ist in flüssigem Ammoniak eine schwache Säure, in Eisessig eine starke Base. Cyanwasserstoff ist in Wasser eine schwache Säure, in flüssigem Ammoniak eine starke Säure. Salpetersäure ist in Wasser eine starke Säure, in konzentrierter Schwefelsäure eine schwache Base. Man kann die

Stoffe nach ihrer relativen Acidität in Reihen ordnen (es wird der flüssige wasserfreie Zustand verstanden):

<table>
<tr><td rowspan="12" style="writing-mode: vertical-rl">Stärke der Basen</td><td rowspan="12" style="writing-mode: vertical-rl">Stärke der Säuren</td><td>Schwefelsäure</td><td rowspan="12" style="writing-mode: vertical-rl">Protonenaffinität</td></tr>
<tr><td>Trichloressigsäure</td></tr>
<tr><td>Salpetersäure</td></tr>
<tr><td>Ameisensäure</td></tr>
<tr><td>Benzoesäure</td></tr>
<tr><td>Essigsäure</td></tr>
<tr><td>Schwefelwasserstoff</td></tr>
<tr><td>Cyanwasserstoff</td></tr>
<tr><td>Phenol</td></tr>
<tr><td>Wasser</td></tr>
<tr><td>Acetamid</td></tr>
<tr><td>Anilin</td></tr>
<tr><td>Ammoniak</td></tr>
</table>

Für die Richtigkeit der Brønstedschen Überlegungen gibt es eine ganze Reihe von Beweisen, zum Beispiel: Eine Abnahme der Dielektrizitätskonstante des Solvens (S) hat bei Reaktionen des Typs $A + S \rightleftarrows B^- + SH^+$ eine Verschiebung des Gleichgewichtes in Richtung nach links zur Folge, denn mit dem Abfall der Dielektrizitätskonstante wachsen die elektrostatischen Wechselwirkungen zwischen den entgegengesetzt geladenen Ionen. Auf Gleichgewichte vom Typ $A^+ + S \rightleftarrows B + SH^+$ übt eine Änderung der Dielektrizitätskonstante des Lösungsmittels keinen Einfluß aus. Dagegen wird das Gleichgewicht von Reaktionen des Typs $A^{2+} + S \rightleftarrows B^+ + SH^+$ durch eine Abnahme der Solvens-Dielektrizitätskonstante nach rechts verschoben.

Die Stärke von Säuren und Basen kann in der Brønstedschen Theorie mit Hilfe der *Aciditäts-* und *Basizitätskonstanten* ausgedrückt werden. Die thermodynamische Aciditätskonstante $K_a(A)$ der Säure A und die thermodynamische Basizitätskonstante $K_b(B)$ der Säure B sind definiert durch die Beziehungen (ohne Bezeichnung der Ladungen)

$$A \quad\rightleftarrows H^+ + B \quad K_a(A) = a_{H^+} a_B / a_A \tag{14.23}$$

$$B + H^+ \rightleftarrows A \quad\quad K_b(B) = a_A / a_{H^+} a_B \tag{14.24}$$

Für ein konjugiertes Paar gilt offensichtlich $K_a K_b = 1$.

Bei den amphiproten Lösungsmitteln können vier isolierte Reaktionen und daher auch vier Konstanten formuliert werden

$$S \quad\quad \rightleftarrows H^+ + S^- \quad K_a(S) \quad = a_{H^+} a_{S^-} / a_S \tag{14.25}$$

$$S^- + H^+ \rightleftarrows S \quad\quad\quad K_b(S^-) \quad = a_S / a_{S^-} a_{H^+} \tag{14.26}$$

$$S \;+ H^+ \rightleftarrows SH^+ \quad\quad K_b(S) \quad = a_{SH^+} / a_S a_{H^+} \tag{14.27}$$

$$SH^+ \quad\quad \rightleftarrows S + H^+ \quad K_a(SH^+) = a_{H^+} a_S / a_{SH^+} \tag{14.28}$$

Es gilt $K_a(S) \cdot K_b(S^-) = 1$ und $K_a(SH^+) \cdot H_b(S) = 1$, hingegen $K_a(S) \cdot K_b(S) \neq 1$

und $K_a\,(\mathrm{SH}^+)\cdot K_b\,(\mathrm{S}^-)\neq 1$, denn in den beiden letzten Fällen handelt es sich nicht um konjugierte Paare.

Die Aciditätskonstanten (die thermodynamischen ebenso wie die scheinbaren) sind der Messung unzugänglich, denn die Reaktionen $\mathrm{A}\rightleftarrows\mathrm{H}^+ + \mathrm{B}$ sind nicht isoliert realisierbar.

Die protolytischen Reaktionen der konjugierten Paare I und II werden durch Gleichgewichtskonstanten charakterisiert, die man *protolytische Konstanten* nennt. Die thermodynamische protolytische Konstante $K(\mathrm{I, II})$ ist die Gleichgewichtskonstante der Reaktion zwischen der Säure $\mathrm{A_I}$ und der Base $\mathrm{B_{II}}$:

$$\mathrm{A_I} + \mathrm{B_{II}} \rightleftarrows \mathrm{B_I} + \mathrm{A_{II}}. \tag{14.29}$$

Die scheinbare protolytische Konstante ergibt sich zu

$$K'(\mathrm{I, II}) = \frac{[\mathrm{B_I}]\,[\mathrm{B_{II}}]}{[\mathrm{A_I}]\,[\mathrm{B_{II}}]}. \tag{14.30}$$

Ist einer von den Protolysepartnern das Lösungsmittel, so kann man die Konzentration bzw. die Aktivität seiner Moleküle in der Gleichgewichtskonstante miterfassen, denn die Solvensmoleküle sind in der Regel in großem Überschuß vorhanden und ihre Menge wird durch die protolytische Reaktion praktisch nicht verändert. Die so formulierten Konstanten werden als konventionelle Konstanten bezeichnet, statt „scheinbare" wird in der Brønstedschen Theorie gelegentlich auch der Ausdruck „rationelle" Konstante gebraucht. Je nachdem, ob die Säure A oder die Base B mit dem Solvens S reagiert, hat man es mit zwei Typen von Konstanten zu tun

$$\mathrm{A} + \mathrm{S} \rightleftarrows \mathrm{B} + \mathrm{SH}^+ \qquad \begin{aligned} K(\mathrm{A, S}) &= a_\mathrm{B}\,a_{\mathrm{SH}^+}/a_\mathrm{A} \\[4pt] K'(\mathrm{A, S}) &= [\mathrm{B}]\,[\mathrm{SH}^+]/[\mathrm{A}] \end{aligned} \tag{14.31}$$

oder

$$\mathrm{B} + \mathrm{S} \rightleftarrows \mathrm{A} + \mathrm{S}^- \qquad \begin{aligned} K(\mathrm{B, S}) &= a_\mathrm{A}\,a_{\mathrm{S}^-}/a_\mathrm{B} \\[4pt] K'(\mathrm{B, S}) &= [\mathrm{A}]\,[\mathrm{S}^-]/[\mathrm{B}]. \end{aligned} \tag{14.32}$$

Man überzeugt sich leicht, daß die protolytischen Konstanten stets als die Produkte resp. die Quotienten der Aciditäts- bzw. Basizitätskonstanten der betreffenden Glieder der konjugierten Paare ausgedrückt werden können.

Handelt es sich um die Reaktion von zwei Solvensmolekülen, so spricht man von *autoprotolytischen Konstanten*

$$2\,\mathrm{S} \rightleftarrows \mathrm{SH}^+ + \mathrm{S}^- \qquad \begin{aligned} K(\mathrm{S, S}) &= a_{\mathrm{SH}^+}\,a_{\mathrm{S}^-} \\[4pt] K'(\mathrm{S, S}) &= [\mathrm{SH}^+]\,[\mathrm{S}^-]. \end{aligned} \tag{14.33}$$

Die durch Gl. (14.31) definierte Konstante wird oft traditionsgemäß (nach der klassischen Theorie) als die Dissoziationskonstante der Säure und die aus Gl. (14.32) als die Dissoziationskonstante der Base bezeichnet, auch wenn es sich oft, namentlich bei den Basen, um keine „Dissoziation" handelt (d. h. um keine „Aufspaltung", sondern umgekehrt um „Aufnahme" eines Protons durch die Base). Diese Konstanten werden eingehend im Abschn. 15 besprochen, und dort sind auch Beispiele angeführt. Die autoprotolytische Konstante (14.33) wird auch als *Ionenprodukt* des betreffenden Solvens bezeichnet, Beispiele sind in Tab. 1.7 angeführt.

Tabelle 1.7. *Ionenprodukte verschiedener Lösungsmittel* (nach A. E. Remick: Electronic Interpretations of Organic Chemistry, Wiley, New York 1943, S. 325)

Lösungsmittel	°C	pK
Schwefelsäure		3,0
Ameisensäure	25	6,3
Essigsäure		12,6
Wasser	25	14,0
m-Kresol	23	14,7
Methylalkohol	25	16,7
Äthylalkohol	25	19,0
Ammoniak	— 33,4	22

14.3. Grundvorstellungen der Lewisschen Theorie der Säuren und Basen

Lewis verfolgte den Gedanken weiter, die Definition von Säuren und Basen zu verallgemeinern. Er kam dabei zur Ansicht, daß die in der Brønstedschen Auffassung gemachte Einschränkung der Säuren auf Stoffe, die abspaltbaren Wasserstoff enthalten, das allgemeine Verständnis der Chemie der Säuren ebenso hindert, wie seinerzeit die Beschränkung der Oxidationsmittel auf sauerstoffhaltige Stoffe dem allgemeinen Begreifen der Redoxreaktionen im Wege stand. Er brachte deshalb den sauren und basischen Charakter der Stoffe mit ihrer Elektronenstruktur in Zusammenhang durch die folgenden Definitionen:

Eine Base ist ein Stoff, der befähigt ist, als Donator eines Elektronenpaars zu fungieren. Eine Säure ist ein Stoff, der befähigt ist, als Akzeptor eines Elektronenpaars zu fungieren.

Durch diese Definition werden in der Gruppe der Basen praktisch dieselben Stoffe erfaßt wie durch die Brønstedsche Definition. Überdies gehören zu ihr noch die Atome der inerten Gase (Argon reagiert beispielsweise mit Bor(III)-fluorid als Base). Die Kategorie der Säuren ist dagegen nach der Lewisschen Konzeption viel breiter als nach der Brønstedschen. Hierher gehören Partikel, wie H^+, HCl, $AlCl_3$, $SnCl_4$, SO_2, SO_3, O, Ag^+, Be^{2+}, Cu^{2+} usw.

Die Säuren, die auch der Brønstedschen Definition genügen, bilden die besondere Gruppe der Protonsäuren und werden formal als Produkte der Neutralisation des Protons mit Basen (z. B. Cl^-) aufgefaßt. Die klassischen Reaktionen beruhen nach Lewis auf der Verdrängung der einen Base durch eine andere:

$$AB_I + B_{II} \rightarrow AB_{II} + B_I \tag{14.34}$$

$$HCl + NH_3 \rightarrow NH_4^+ + Cl^- \quad \text{Salzbildung}$$

$$HCl + H_2O \rightarrow H_3O^+ + Cl^- \quad \text{Dissoziation}$$

$$H_2O + NH_3 \rightarrow NH_4^+ + OH^- \quad \text{Dissoziation}$$

$$H_2O + CH_3COO^- \rightarrow CH_3COOH + OH^- \quad \text{Hydrolyse}$$

Die Neutralisation ist durch die Bildung einer kovalenten Koordinationsbindung bedingt, und man kann sie deshalb als Komplexbildung auffassen (z. B. $BCl_3 + NH_3 \rightarrow Cl_3B - NH_3$).

Die Lewissche Konzeption gestattet, Säuren und Oxidationsmittel in die Gruppe der elektrophilen, Basen und Reduktionsmittel in die Gruppe der nucleophilen Stoffe einzuordnen. Der Unterschied zwischen Säure-Basen- und Redoxreaktionen liegt nur im Charakter der entstehenden Bindung.

Die Lewissche Verallgemeinerung bringt allerdings eine Reihe von Schwierigkeiten mit sich. Die Reaktionen zwischen Säuren und Basen sind nun so spezifisch, daß sie nicht miteinander verglichen werden können, und es läßt sich keine kontinuierliche Reihenfolge für Säuren und Basen nach ihrer Stärke aufstellen. Um irgendeinem Stoff sauren oder basischen Charakter zuschreiben zu können, muß man weiter die Elektronenstruktur seiner Moleküle kennen, und diese ist oft nicht genau bekannt. Aus diesem Grunde ergänzte Lewis seine ursprünglichen Definitionen noch durch weitere, rein phänomenologische, die keinerlei Beziehung zur Theorie der Molekülstruktur haben und nur auf dem Verhalten der Stoffe bei chemischen Reaktionen basieren: Basen sind Stoffe, die (ähnlich wie die OH^--Ionen) Wasserstoffionen oder eine andere Säure neutralisieren. Säuren sind Stoffe, die (ähnlich wie die H^+-Ionen) Hydroxidionen oder eine andere Base neutralisieren. Säuren und Basen stehen folgende Eigenschaften zu: 1. Sie neutralisieren sich gegenseitig schnell und ohne Aktivierungsenergie. 2. Sie können sich gegenseitig verdrängen. 3. Sie können mit Hilfe von Indikatoren titriert werden. 4. Sie katalysieren chemische Reaktionen. Durch diese ergänzenden Definitionen werden die Schwierigkeiten jedoch nicht überwunden, denn viele Stoffe besitzen nur manche der geforderten Merkmale, die anderen fehlen ihnen, und ihre Einteilung in die Kategorie der Säuren oder Basen ist zweifelhaft.

Große Bedeutung hat die Lewissche Theorie für die Deutung des Mechanismus von organischen Reaktionen. Für die geläufige Elektrochemie reicht aber die Brønstedsche Theorie völlig aus.

15. Wäßrige Lösungen schwacher Elektrolyte

In diesem Abschnitt werden der Einfachheit halber durchwegs die scheinbaren Gleichgewichtskonstanten benutzt. Ihre Umrechnung auf die thermodynamischen geschieht durch Einführen der Aktivitätskoeffizienten, wie bereits wiederholt gesagt wurde, z. B. im Abschn. 14.1. Mit der Bezeichnung starke bzw. schwache Base oder Säure wird ihre Stärke in wäßrigen Lösungen gemeint.

15.1. Dissoziation von Säuren und Basen

15.11. Schwache Säuren

Die Dissoziation einer einbasigen Säure HA beruht auf ihrer Reaktion mit dem Lösungsmittel

$$HA + S \rightleftarrows A^- + SH^+. \tag{15.1}$$

Ist das Lösungsmittel Wasser, dann gilt

$$HA + H_2O \rightleftarrows A^- + H_3O^+. \tag{15.2}$$

Wir wollen uns weiter an wäßrige Lösungen halten und schreiben für die Dissoziationskonstante, die wir mit K_A' bezeichnen,

$$K_A' = \frac{[H_3O^+][A^-]}{[HA]} = \frac{c\,\alpha^2}{1-\alpha}. \tag{15.3}$$

Hierin ist c die Gesamtkonzentration der Säure ($c = [HA] + [A^-]$) und α ihr Dissoziationsgrad ($\alpha = [A^-]/c$). Für die Konzentration der Hydroniumionen ergibt sich aus Gl. (15.3) nach Umformen

$$[H_3O^+] = c\,\alpha = \frac{1}{2}[K_A' + \sqrt{(K_A'^2 + 4\,c\,K_A')}]. \tag{15.4}$$

Liegt eine nicht zu sehr verdünnte Lösung einer schwachen Säure vor, dann ist die Konzentration der Ionen klein im Vergleich zu der der Moleküle, und man kann $[HA] = c$ setzen (d. h. $\alpha \ll 1$). Im Hinblick auf die Stöchiometrie ist $[H_3O^+] = [A^-]$, und aus Gl. (15.3) folgt die Beziehung

$$[H_3O^+] = \sqrt{(c\,K_A')}. \tag{15.5}$$

Durch Vergleichen dieser Beziehung mit Gl. (15.4) kann man sich davon überzeugen, daß die Bedingung $[HA] = c$ für eine so beschaffene Säure und bei einer solchen Konzentration erfüllt ist, wo $K_A' \ll 4\,c$ ist.

Wie im Abschn. 16 noch eingehender behandelt wird, bewirkten die H_3O^+-Ionen eine saure Reaktion der Lösung. Das Maß der Acidität ist die Aktivität dieser Ionen. Es ist jedoch vorteilhaft, eine logarithmische Skala, die sog. pH-Skala, einzuführen. Vorläufig wollen wir diese Größe nur approximierend einführen, d. h. mit Hilfe der Konzentrationen, durch die Definition pH $= -\log[H_3O^+]$. Für die Lösung einer schwachen einbasigen Säure erhält man unter den angeführten Bedingungen aus Gl. (15.5)

$$\mathrm{pH} = \frac{1}{2}\,p\,K_A' - \frac{1}{2}\log c. \tag{15.6}$$

Die Dissoziationskonstanten der Säuren bewegen sich in sehr breiten Grenzen. Ihre Werte werden deshalb oft als $p\,K_A = -\log K_A$ ausgedrückt. Einige Beispiele für die wahren Dissoziationskonstanten sind in Tab. 1.8 zu finden.

Eine schwache zweibasige Säure H_2A dissoziiert in zwei Stufen

$$\begin{aligned} H_2A + H_2O &\rightleftarrows H_3O^+ + HA^- \\ HA^- + H_2O &\rightleftarrows H_3O^+ + A^{2-} \end{aligned} \tag{15.7}$$

Die Dissoziationskonstanten für die erste und die zweite Stufe lauten

$$K'_1 = \frac{[H_3O^+][HA^-]}{[H_2A]}; \qquad K'_2 = \frac{[H_3O^+][A^{2-}]}{[HA^-]}. \tag{15.8}$$

Wir führen nun die den Gleichungen (15.7) entsprechenden Dissoziationsgrade ein. Ist die analytische Konzentration der Säure $c = [H_2A] + [HA^-] + [A^{2-}]$, dann ist $[H_2A] = c\,(1 - \alpha_1)$; $[HA^-] = c\,\alpha_1\,(1 - \alpha_2)$ (durch die erste Dissoziation wurden $c\,\alpha_1$ Anionen HA^- gebildet, die aber durch die weitere Dissoziation pro Mol um die Menge α_2 verringert wurden); $[A^{2-}] = c\,\alpha_1\,\alpha_2$; $[H_3O^+] =$ $= c\,\alpha_1\,(1 + \alpha_2)$ (die Hydroniumionen entstehen durch die erste Dissoziation in der Konzentration $c\,\alpha_1$ und durch die zweite in der Konzentration $c\,\alpha_1\,\alpha_2$). Für die Dissoziationskonstante kann also geschrieben werden

$$K'_1 = \frac{c\,\alpha_1{}^2\,(1 - \alpha_2{}^2)}{1 - \alpha_1}\;; \qquad K'_2 = \frac{c\,\alpha_1\,\alpha_2\,(1 + \alpha_2)}{1 - \alpha_2}\,. \tag{15.9}$$

In der überwiegenden Mehrzahl der Fälle ist $K_2 < K_1$.

Tabelle 1.8. *Wahre Dissoziationskonstanten einiger schwacher Säuren und Basen bei 25 °C* (nach Conway, S. 183 und 186)

Säure	pK$_A$	Base	pK$_A$
Essigsäure	4,76	Methylamin	10,64
Monochloressigsäure	2,86	Äthylamin	10,67
Benzoesäure	4,20	Propylamin	10,58
o-Chlorbenzoesäure	2,92	Isopropylamin	10,63
m-Chlorbenzoesäure	3,82	Piperidin	11,12
p-Chlorbenzoesäure	3,98	α-Naphthylamin	3,92
p-Brombenzoesäure	3,97	β-Naphthylamin	4,11
Kohlensäure	6,37	Chinin (erste)	5,70
Adipinsäure	4,43	Chinin (zweite)	9,87
Pimelinsäure	4,51	Pyridin	5,19
Acrylsäure	4,26	Pyrrol	0,4
Malonsäure	2,85	o-Toluidin	4,39
Diäthylmalonsäure	3,15	m-Toluidin	4,69
Phenylmalonsäure	2,56	p-Toluidin	5,07

Der umgekehrte Fall (z. B. bei den ersten beiden Dissoziationsstufen der Äthylendiamintetraessigsäure) bedeutet, daß das erste dissoziationsfähige Wasserstoffatom im Molekül durch die Gegenwart des zweiten stabilisiert wird. Es kann abgespalten werden, wenn das zweite bereits wegdissoziiert ist. Praktisch heißt das, daß beide gleichzeitig dissoziieren.

Liegt eine schwache Säure vor und keinesfalls in der Grenzverdünnung, dann folgt aus Gl. (15.9)

$$K_1' = c\,\alpha_1{}^2; \quad K_2' = c\,\alpha_1\,\alpha_2. \tag{15.10}$$

Für die Konzentration der Hydroniumionen gilt hierauf

$$[H_3O^+] = \sqrt{(K_1'\,c)} + K_2'. \tag{15.11}$$

Die zweite Dissoziationskonstante ist oft beachtlich kleiner als die erste, so daß $\alpha_2 \ll \alpha_1 \ll 1$ und $[H_3O^+] = c\,\alpha_1 = \sqrt{(K_1'\,c)}$ ist. Diese Gleichung ist der Beziehung (15.5) analog — man kann die Säure als einbasig betrachten mit der Dissoziationskonstante K_1' (sofern keine Grenzverdünnung vorliegt). Die Bestimmung der Dissoziationskonstanten wird in den Abschn. 22.62 und 33.4 behandelt.

15.12. Schwache Basen

Eine schwache Base B reagiert mit dem Solvens nach der Gleichung

$$B + S \rightleftarrows BH^+ + S^-. \tag{15.12}$$

Ist das Solvens Wasser, so werden Hydroxidionen gebildet

$$B + H_2O \rightleftarrows BH^+ + OH^-. \tag{15.13}$$

Die Dissoziationskonstante einer Base in wäßriger Lösung, K_B', ist somit ausgedrückt durch den Quotienten

$$K_B' = \frac{[BH^+][OH^-]}{[B]} = \frac{\alpha^2 c}{1 - \alpha}. \tag{15.14}$$

Da in wäßrigen Lösungen $[H_3O^+][OH^-] = 10^{-14}$ ist (s. Abschn. 15.2), erhält man für die Konzentration der Hydroniumionen analog wie bei einbasigen schwachen Säuren

$$[H_3O^+] = \frac{10^{-14}}{[OH^-]} = \frac{10^{-14}}{c\,\alpha} = \frac{2 \cdot 10^{-14}}{-K_B' + \sqrt{(K_B'^2 + 4\,K_B'\,c)}}. \tag{15.15}$$

Bei Konzentrationen $c \gg K_B'/4$ (wo $[B] = c$ ist) ist

$$[H_3O^+] = 10^{-14}/\sqrt{(c\,K_B')}, \tag{15.16}$$

d. h.

$$pH = 14 - \frac{1}{2}\,p\,K_B' + \frac{1}{2}\,\log c. \tag{15.17}$$

Die gleiche Analogie wie bei den einbasigen und einsäurigen schwachen Säuren und Basen findet man auch bei den zweibasigen und zweisäurigen Säuren bzw. Basen.

Bei den Säuren ist kein Unterschied zwischen der Arrheniusschen und der Brønstedschen Definition vorhanden, und deshalb sind auch die entsprechenden Dissoziationskonstanten formal analog. Die Definition (14.10) führt zum Quotienten $[H^+][A^-]/[HA]$, die Reaktion (15.2) zum Quotienten $[H_3O^+][A^-]/[HA]$. Identifiziert man die Teilchen H^+ mit H_3O^+, so werden auch die obigen Quotienten identisch, und beide Konstantentypen sind numerisch gleich. (Die Übereinstimmung ist allerdings nur formal, es handelt sich nicht um die einfache Dissoziation der Moleküle, sondern um ihre protolytische Reaktion mit dem Wasser; die numerische Übereinstimmung wird dadurch verursacht, daß die Methoden, von denen die klassische Theorie annahm, daß sie die Werte der Konzentration bzw. der Aktivität der Wasserstoffionen liefern, in Wirklichkeit die Konzentration bzw. die Aktivität der Hydroniumionen ergeben.) Wenn man also die Werte der Dissoziationskonstanten von Säuren in Tabellen sucht, so muß man nicht darauf achten, ob sie klassisch oder nach Brønsted definiert sind.

Bei den schwachen Basen gibt es keinen auf den ersten Blick so offenbaren Zusammenhang zwischen den klassischen und den modernen Definitionen der Dissoziationskonstanten wie bei den Säuren. Als Beispiel sei Ammoniak betrachtet. In seinen wäßrigen Lösungen stellt sich das Gleichgewicht ein

$$NH_3 + H_2O \rightleftarrows NH_4^+ + OH^-, \quad K_B'(NH_3) = [NH_4^+][OH^-]/[NH_3]. \tag{15.18}$$

Die klassische Theorie setzte jedoch folgendes Gleichgewicht voraus [s. die klassische Definition der Base (14.11)]:

$$NH_4OH \rightleftarrows NH_4^+ + OH^-, \quad K'(NH_4OH) = [NH_4^+][OH^-]/[NH_4OH]. \quad (15.19)$$

Würden wir nun das Molekül NH_3 mit dem klassischen Molekül NH_4OH identifizieren, so erhielten wir wiederum Übereinstimmung zwischen beiden Konstantentypen. In einer Reihe von modernen Handbüchern werden jedoch nicht die Konstanten der Basen B, sondern die Konstanten der mit ihnen konjugierten Säuren BH^+ angegeben. In unserem Falle handelt es sich also um folgende Reaktion

$$NH_4^+ + H_2O \rightleftarrows NH_3 + H_3O^+ \quad (15.20)$$

Tabelle 1.9. *Ionenprodukt des Wassers bei verschiedenen Temperaturen* (Genauigkeit $\pm$ 0,0007; nach Conway, S. 187)

°C	pK_W	°C	pK_W
0	14,9435	35	13,6801
5	14,7338	40	13,5348
10	14,5346	45	13,3960
15	14,3463	50	13,2617
20	14,1669	55	13,1369
25	13,9965	60	13,0171
30	13,8330		

(vgl. auch Abschn. 15.3). So ist es auch in Tab. 1.8, in der einige Beispiele gezeigt sind.

Man kann sich leicht davon überzeugen, daß zwischen den Konstanten nachstehende Beziehung gilt, die für die Umrechnung verwendet werden kann

$$K_A'(BH^+) = K_W'/K_B'(B), \quad p K_A'(BH^+) = 14 - p K_B'(B), \quad (15.21)$$

also in unserem Fall für Ammoniak

$$K_A'(NH_4^+) = K_W'/K_B'(NH_3), \quad p K_A'(NH_4^+) = 14 - p K_B'(NH_3). \quad (15.22)$$

Hierin ist K_W' das Ionenprodukt des Wassers (s. im folgenden Abschn.).

15.2. Die Eigendissoziation des Wassers

Über die Autoprotolyse, d. h. die Eigendissoziation von Lösungsmitteln, haben wir bereits allgemein im Abschn. 14.2 gesprochen. Für Wasser ist die autoprotolytische Reaktion ausgedrückt durch die Gleichung

$$2 H_2O \rightleftarrows H_3O^+ + OH^-. \quad (15.23)$$

Aus experimentellen Messungen ist bekannt, daß die Leitfähigkeit von reinem Wasser sehr gering ist (bei 18 °C beträgt die spezifische Leitfähigkeit des Wassers $\varkappa = 3,8 \cdot 10^{-8} \, \Omega^{-1} \, cm^{-1}$). Das bedeutet, daß Wasser nur sehr wenig dissoziiert ist. Aus diesen Werten und denen der betreffenden Ionen-Grenzleitfähigkeiten (s. Abschn. 22.2) ergibt sich der Dissoziationsgrad zu $\alpha = 1{,}4 \cdot 10^{-9}$. Auf $7{,}14 \cdot 10^8$ Moleküle entfällt also ein H_3O^+- resp. ein OH^--Ion. Man kann deswegen α gegenüber Eins vernachlässigen und die Konzentration der Wassermoleküle als konstant betrachten. Die Gleichgewichtskonstante der Reaktion (15.23) kann dann folgendermaßen ausgedrückt werden

$$K_W = [H_3O^+]\,[OH^-]. \tag{15.24}$$

K_W wird als Ionenprodukt des Wassers bezeichnet. Der Wert von K_W beträgt rund 10^{-14} und $p\,K_B = -\log K_W = 14$. Die exakten Werte für verschiedene Temperaturen sind in Tab. 1.9 angegeben.

15.3. Hydrolyse von Salzen

Löst man in Wasser ein Salz, von dem das eine Ion einem starken (Säure oder Base) und das andere einem schwachen Elektrolyten angehört, so findet vollständige Dissoziation des Salzes statt, denn die dem starken Elektrolyten zugehörigen Ionen können nur in Form von Ionen in der Lösung existieren. Die dem schwachen Elektrolyten zugehörenden Ionen können jedoch nur im Gleichgewicht mit den entsprechenden, nichtdissoziierten konjugierten Teilchen vorliegen, und deshalb tritt ein Teil von ihnen mit den Wassermolekülen in Reaktion, wodurch Hydronium- bzw. Hydroxidionen gebildet werden. Diese Reaktion wird Hydrolyse der Salze genannt.

Durch Dissoziation eines Salzes entstehen die Ionen BH^+ und A^-, wovon z. B. das Kation der schwachen Base B zugehört. Es kommt deshalb zu einer Reaktion mit dem Wasser

$$BH^+ + H_2O \rightleftharpoons B + H_3O^+, \tag{15.25}$$

deren Gleichgewichtskonstante K_H' als *Hydrolysenkonstante* bezeichnet wird (die Konzentration der Wassermoleküle wird als konstant betrachtet und ist in der Hydrolysenkonstante miterfaßt). Sie kann mit Hilfe der Dissoziationskonstante einer schwachen Base und dem Ionenprodukt des Wassers ausgedrückt werden

$$K_H' = \frac{[B]\,[H_3O^+]}{[BH^+]} = \frac{K_W'}{K_B'}. \tag{15.26}$$

Aus dieser Gleichung ist zu sehen, daß das Salz einer schwachen Base und einer starken Säure sauer reagiert. Als Beispiel sei Ammoniumchlorid angeführt. Das Chloridanion gehört einer sehr starken Säure, der Salzsäure, an und beteiligt sich praktisch nicht an den protolytischen Reaktionen im wäßrigen Medium. Das Ammoniumkation reagiert nach der Hydrolysengleichung

$$NH_4^+ + H_2O \rightleftharpoons NH_3 + H_3O^+ \tag{15.27}$$

und seine Hydrolysenkonstante lautet

$$K_H'(NH_4^+) = \frac{[NH_3]\,[H_3O^+]}{[NH_4^+]} \tag{15.28}$$

[vgl. Abschn. 15.12; diese Konstante ist identisch mit der Dissoziationskonstante der konjugierten Säure K_A' (NH_4^+)].

Wir führen weiter den *Hydrolysengrad* ε ein. Dies ist der Bruchteil der Ionen des Salzes, die der Hydrolyse unterliegen. Es ist also $[BH^+] = c\,(1 - \varepsilon); [H_3O^+] = [B] = c\,\varepsilon$, wobei c die Gesamtkonzentration des Salzes ist. Der Ausdruck für die Hydrolysenkonstante nimmt dann folgende Form an

$$K_H' = \frac{\varepsilon^2\,c}{1-\varepsilon} = \frac{K_W'}{K_B'}. \tag{15.29}$$

Für die Konzentration der Hydroniumionen gilt

$$[H_3O^+] = c\,\varepsilon \frac{-K_H' + \sqrt{(K_H'^2 + 4\,K_H'\,c)}}{2} =$$

$$= \frac{-K_W' + \sqrt{(K_W'^2 + 4\,K_W'\,K_B\,c)}}{2\,K_B'}. \tag{15.30}$$

Ist $c \gg K_W'/4\,K_B'$, so ist $\varepsilon \ll 1$, die Hydrolyse ist gering und

$$[H_3O^+] = \sqrt{(c\,K_W'/K_B')}; \quad pH = 7 - \frac{1}{2}p\,K_B' - \frac{1}{2}\log c. \tag{15.31}$$

Je kleiner K_B' ist (schwächere Base B), desto größer ist die Acidität der Lösung. Ist umgekehrt die Konzentration sehr klein, so daß $K_W' \gg K_B'\,c$ wird $(K_W'^2 + 4\,K_W'\,K_B'\,c \approx K_W'^2 + 4\,K_W'\,K_B'\,c + 4\,K_B'^2\,c^2 = (K_W' + 2\,K_B'\,c)^2)$, so ist

$$[H_3O^+] \approx c; \quad pH \approx \log c. \tag{15.32}$$

Die Hydrolyse ist vollständig, der pH-Wert stellt sich so ein, als wenn nicht das Salz, sondern die starke Säure aufgelöst worden wäre.

Ist die Hydrolyse geringfügig (K_H' sehr klein, $\varepsilon \to 0$), so reagiert die Lösung nahezu neutral und man muß auch die durch die Dissoziation des Wassers gebildeten Hydronium- und Hydroxidionen in Betracht ziehen. Wir schreiben die Elektroneutralitätsbedingung auf

$$[A^-] - [BH^+] = [H_3O^+] - [OH^-]. \tag{15.33}$$

Die Differenz $[A^-] - [BH^+]$ ist gleich der Konzentration der Moleküle der Base B. Für die Konzentration der Base gilt bereits nicht mehr wie früher $[B] = [H_3O^+]$, denn nicht alle H_3O^+-Ionen wurden durch die Hydrolyse gebildet, sondern

$$[B] = [H_3O^+] - [OH^-]. \tag{15.34}$$

Da $[BH^+] \approx c$ ist, folgt aus den Gln. (15.26) und (15.34), daß

$$[H_3O^+] = \sqrt{[K_W'\,(K_B' + c)/K_B']} \tag{15.35}$$

ist.

An dieser Stelle ist es angebracht, sich folgendes vor Augen zu halten: Würde man die Solvolyse des Ammoniumchlorids in einem anderen Lösungsmittel als Wasser durchführen, und zwar in einem stärker sauren, so könnte man das Chloridanion bereits nicht mehr als eine mit einer starken Säure konjugierte Base betrachten. In der Reaktion $HCl + S \rightleftarrows Cl^- + SH^+$ käme in merklichem Maß auch die Reaktion von rechts nach links zur Geltung. Die NH_4Cl-Lösung wäre dann die Lösung des Salzes einer schwachen Säure und einer schwachen Base. In einem noch stärker sauren Solvens träte der Fall ein, daß das Chloridanion einer schwachen Säure, aber das Ammoniumkation einer starken Base angehörte, und letzteres würde sich nicht an den protolytischen Gleichgewichten beteiligen.

Der Fall des Salzes einer starken Base und einer schwachen Säure ist dem obigen ganz analog, die Lösung reagiert jedoch alkalisch, denn durch die hydrolytische Reaktion

$$A^- + H_2O \rightleftharpoons HA + OH^- \tag{15.36}$$

werden Hydroxidionen gebildet.

Im Falle einer geringen Hydrolyse erhalten wir in analoger Weise wie beim Ableiten der Gl. (15.31)

$$[H_3O^+]_{\varepsilon \ll 1} = \sqrt{(K_W' \, K_A'/c)}; \quad (pH)_{\varepsilon \ll 1} = 7 + \frac{1}{2} p \, K_A' + \frac{1}{2} \log c. \tag{15.37}$$

Im Falle eines Salzes einer schwachen Base und einer schwachen Säure liegt eine protolytische Reaktion vor, die auf einem Protonenaustausch zwischen dem Ion A^- (das eine mit der Säure HA konjugierte Base ist) und dem Ion BH^+ (das eine mit der Base B konjugierte Säure ist) beruht

$$A^- + BH^+ \rightleftharpoons HA + B. \tag{15.38}$$

(Zur Illustrierung wollen wir uns Ammoniumacetat vorstellen: $CH_3COO^- +$ $+ NH_4^+ \rightleftharpoons CH_3COOH + NH_3$.)

In der Gleichung der Hydrolysenkonstante tritt in diesem Falle die Konzentration der Hydroniumionen bzw. des Salzes nicht auf

$$K_H' = \frac{[HA]\,[B]}{[A^-]\,[BH^+]} = \frac{\varepsilon_A \, \varepsilon_B}{(1 - \varepsilon_A)\,(1 - \varepsilon_B)} = \frac{K_W'}{K_A' \, K_B'} \tag{15.39}$$

($[B] = c \, \varepsilon_B$; $[HA] = c \, \varepsilon_A$; $[A^-] = c \, (1 - \varepsilon_A)$; $[BH^+] = c \, (1 - \varepsilon_B)$). Den pH-Wert berechnet man zum Beispiel aus der Dissoziationskonstante der Säure

$$[H_3O^+] = \frac{K_A' \, [HA]}{[A^-]} = \frac{K_A' \, \varepsilon_A}{1 - \varepsilon_A}. \tag{15.40}$$

Sind gleichzeitig $\varepsilon_A, \varepsilon_B \ll 1$, dann wird $K_H' \approx \varepsilon_A \, \varepsilon_B$. Sind die Werte $[H_3O^+]$ und $[OH^-] = K_W'/[H_3O^+]$ kommensurabel, dann erhält man $\varepsilon_A = \varepsilon_B = \sqrt{K_H'}$, und es gilt

$$[H_3O^+] = \sqrt{(K_A' \, K_W'/K_B')}; \quad pH = 7 + \frac{1}{2} p \, K_A' - \frac{1}{2} p \, K_B', \tag{15.41}$$

d. h. der pH-Wert ist unabhängig von der Verdünnung.

15.4. Elektrolytmischungen, Pufferlösungen

Sind in einer Lösung zwei Elektrolyte mit einem gemeinsamen Ion vorhanden, von denen der eine ein schwacher Elektrolyt ist, so wird dessen Dissoziationsgleichgewicht durch die Gegenwart des zweiten Elektrolyten beeinflußt. Wir wollen die einfache Lösung der Säure HA mit der Dissoziationskonstante K_A' betrachten. Wir führen die Bezeichnungen ein

$$[H_3O^+] = [A^-] = a, \quad [HA] = b. \tag{15.42}$$

Es ist somit

$$K_A' = a^2/b. \tag{15.43}$$

Fügen wir zu dieser Lösung das Salz BA hinzu (B^+ ist ein Kation, das einem starken Elektrolyten angehört und sich nicht an den protolytischen Gleichgewichten beteiligt, z. B. das Kation K^+), in der Weise, daß es in der Lösung die Konzentration c hat, dann ändert sich die Konzentration der Hydroniumionen auf a'. Die Konzentration des Anions verändert sich auf $a' + c$ (die Konzentration der Anionen wird festgelegt durch die Konzentration des zugesetzten Salzes und durch die Dissoziation der anwesenden Säure, durch welche die gleiche Zahl von Anionen wie von Hydroniumionen gebildet wird). Schließlich wird die Konzentration der Moleküle gleich $b - (a' - a)$ sein (die ursprüngliche Konzentration b sank um soviel, um wieviel die Konzentration der Hydroniumionen anstieg). Man erhält demnach

$$[H_3O^+] = a', \quad [A^-] = c + a', \quad [HA] = b - a' + a. \tag{15.44}$$

Die Dissoziationskonstante kann dann durch den Quotienten ausgedrückt werden

$$K_A' = \frac{a'(a' + c)}{b + a - a'}. \tag{15.45}$$

Da HA eine schwache Säure ist, ist $a' \ll c$, $a \ll b$ und $b \gg a - a'$. Es gilt somit

$$a' = [H_3O^+] = \frac{K_A' b}{c}. \tag{15.46}$$

Die Konzentration der Hydroniumionen ist umgekehrt proportional zur Konzentration des zugegebenen Salzes. Mit wachsender Konzentration c sinkt a', d. h. die Dissoziation nimmt ab. Ähnlich sinkt auch die Dissoziation der Säure HA, wenn man eine Säure, z. B. Salzsäure, zugibt, da die Konzentration des Anions A^- abnimmt. Die Zugabe einer Base ist äquivalent mit der Wegnahme von Hydroniumionen und unterstützt die Dissoziation der schwachen Säure. Schwache Säuren sind in alkalischem Medium stark, in saurem schwach dissoziiert. Für schwache Basen gilt die analoge Überlegung. Schwache Basen sind in alkalischem Medium schwach, in saurem stark dissoziiert.

Es sei eine schwache Säure HA der Gesamtkonzentration $s = [HA] + [A^-]$ betrachtet, der eine starke Base so zugesetzt werde, daß sie in der resultierenden Lösung die Konzentration b haben möge. Es entsteht ein Salz gleichfalls in der Konzentration b, und die Konzentration der Anionen, $[A^-]$, ist praktisch gleich der Konzentration dieses Salzes, $[A^-] \approx b$. Die Konzentration der nichtdissoziierten Säuremoleküle ist $[HA] = s - [A^-] \approx s - b$. Die Gleichung für die Dissoziationskonstante der Säure läßt sich also in der Form ansetzen

$$K_A' = \frac{[H_3O^+]\,b}{s - b}, \tag{15.47}$$

und nach Logarithmieren und Umformen ergibt sich

$$\mathrm{pH} = p\,K_\mathrm{A}' + \log \frac{b}{s-b}\,. \tag{15.48}$$

Wir mögen umgekehrt eine schwache Base B haben (in der Konzentration $s = [\mathrm{B}] + [\mathrm{BH^+}]$), der wir eine starke Säure bis zur Konzentration a zugeben. Die Einzelkonzentrationen in der resultierenden Lösung sind $[\mathrm{BH^+}] \approx a$, $[\mathrm{B}] \approx s - a$. Wir können also den Ansatz machen

$$K_\mathrm{B}' = \frac{[\mathrm{OH^-}]\,a}{s-a} = \frac{K_\mathrm{W}'\,a}{[\mathrm{H_3O^+}]\,(s-a)}\,, \tag{15.49}$$

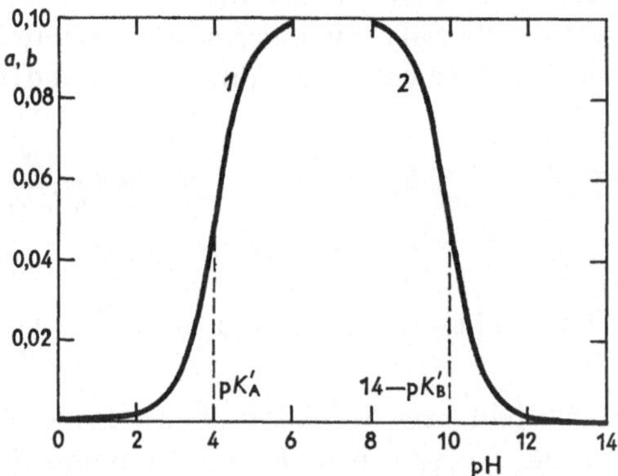

Abb. 1.8. Abhängigkeit des pH-Wertes von der Pufferzusammensetzung. 1 = saurer Puffer, Gleichung (15.48), $K_\mathrm{A}' = 10^{-4}$; 2 = basischer Puffer, Gleichung (15.50), $K_\mathrm{B}' = 10^{-4}$; a, b in $\mathrm{mol \cdot dm^{-3}}$, $s = 0{,}1$ M

und es gilt

$$\mathrm{pH} = 14 - p\,K_\mathrm{B}' + \log \frac{s-a}{a}\,. \tag{15.50}$$

Die Beziehungen (15.48) und (15.50) werden gelegentlich die *Henderson-Hasselbalchschen Gleichungen* genannt, und ihre graphische Darstellung ist in Abb. 1.8 wiedergegeben.

Bisher haben wir die Hydrolyse der entstehenden Salze nicht in Betracht gezogen. Kommt Hydrolyse zur Geltung, dann werden im Falle einer schwachen Säure Hydroxidionen gebildet. In diesem Fall muß die Elektroneutralitätsbedingung $[\mathrm{A^-}] + [\mathrm{OH^-}] = [\mathrm{H_3O^+}] + b$ berücksichtigt werden, und für die einzelnen Konzentrationen ergibt sich

$$[\mathrm{A^-}] = b + [\mathrm{H_3O^+}] - (K_\mathrm{W}/[\mathrm{H_3O^+}]);$$
$$[\mathrm{HA}] = s - b - [\mathrm{H_3O^+}] + (K_\mathrm{W}/[\mathrm{H_3O^+}]). \tag{15.51}$$

Wir wollen nun die Mischung einer schwachen Säure und ihres Salzes (bzw. einer schwachen Base und ihres Salzes) betrachten, deren pH in der Umgebung des Wertes von $p\,K_\mathrm{A}'$ (bzw. $14 - p\,K_\mathrm{B}'$) liegt. Aus Abb. 1.8 sehen wir, daß

Zusätze verhältnismäßig großer Mengen einer starken Base oder einer starken Säure nur geringe Änderungen des pH-Wertes zur Folge haben. Derartige Mischungen sind also befähigt, die durch zusätzliche Hydronium- oder Hydroxidionen bewirkten pH-Schwankungen auszugleichen (gleichgültig, ob es sich um tatsächliche Zugabe in Form einer Lösung handelt oder ob Wasserstoffionen durch einen chemischen oder anderen Prozeß gebildet oder verbraucht werden). Lösungen mit solchen Eigenschaften werden *Pufferlösungen* genannt. Ihre Bedeutung in der Chemie ist außerordentlich groß.

Die Wirksamkeit eines Puffers wird durch seine *Pufferkapazität* β charakterisiert. Sie ist der Differentialquotient, der die Änderung des pH-Wertes der Lösung in Abhängigkeit von der Änderung der Konzentration einer starken Säure oder Base angibt. Für einen sauren Puffer (schwache Säure und ihr Salz mit einer starken Base) ist es also der Quotient $\beta = \mathrm{d}\,b/\mathrm{d}\,\mathrm{pH}$, für einen basischen (schwache Base und ihr Salz mit einer starken Säure) der Quotient $\beta = -\mathrm{d}\,a/\mathrm{d}\,\mathrm{pH}$. Durch Differenzieren der Gln. (15.48) und (15.50) erhält man

$$\mathrm{d}\,\mathrm{pH} = 0{,}4343 \frac{s}{b\,(s-b)} \,\mathrm{d}\,b; \quad \mathrm{d}\,\mathrm{pH} = -0{,}4343 \frac{s}{a\,(s-a)} \,\mathrm{d}\,a. \tag{15.52}$$

Hieraus folgt

$$\beta = 2{,}303\, b \left(1 - \frac{b}{s}\right); \quad \beta = 2{,}303\, a \left(\frac{a}{s} - 1\right). \tag{15.53}$$

Die Pufferkapazität hängt von der Zusammensetzung des Puffers ab, d. h. von der Konzentration des Salzes a bzw. b. Ihr Maximum finden wir, wenn wir die erste der Gln. (15.53) nach b differenzieren und die Ableitung gleich Null setzen (wir wollen dies für einen sauren Puffer durchführen, für einen alkalischen geht man ganz analog vor)

$$\frac{\mathrm{d}\,\beta}{\mathrm{d}\,b} = 2{,}303 \left(1 - \frac{2\,b}{s}\right); \tag{15.54}$$

$$b_{\mathrm{max}} = \frac{s}{2}.$$

Ein Puffer hat also die größte Pufferkapazität, wenn die Säure eben zur Hälfte titriert ist (Abb. 1.9). Dabei ist, wie aus Gl. (15.48) durch Einsetzen aus Gl. (15.54) hervorgeht, der pH-Wert des Puffers gleich $p\,K_{\mathrm{A}}'$ (Abb. 1.10).

Für den praktischen Gebrauch sind mannigfaltige Mischungen für die verschiedensten pH-Bereiche vorgeschlagen worden. Vorschriften zu ihrer Herstellung gemeinsam mit den an die Reinheit und Definiertheit der Chemikalien gestellten Ansprüchen findet man in chemischen Laboratoriumshandbüchern und Tabellen.

Da die Dissoziationskonstanten temperaturabhängig sind, hängt auch der pH-Wert der Pufferlösungen von der Temperatur ab. Er wird weiter durch die Ionenstärke der Lösung beeinflußt. Da es oft notwendig ist, Lösungen mit verschiedenem pH-Wert, aber gleicher Ionenstärke herzustellen, sind eine Reihe von Pufferlösungen vorgeschlagen und durchgemessen worden, bei denen die

Ionenstärke durch einen überschüssigen indifferenten Elektrolyten praktisch konstant gehalten wird.

Einfache Pufferlösungen sind stets nur in einem engen pH-Bereich verwendbar. Soll die pH-Abhängigkeit verschiedener Größen in einem größeren Bereich

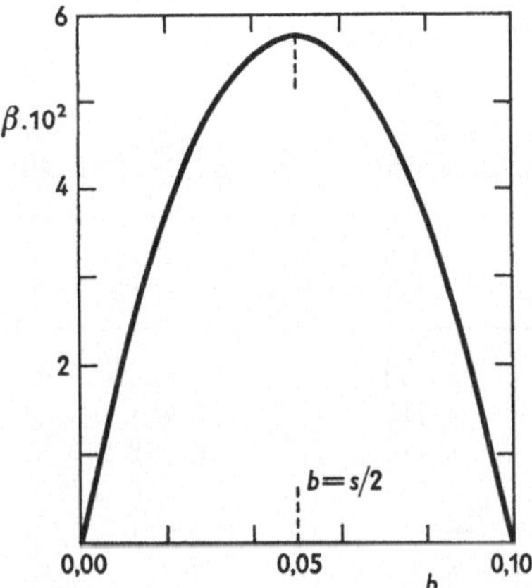

Abb. 1.9. Abhängigkeit der Pufferkapazität β (mol · dm^{-3}) von der Zusammensetzung eines sauren Puffers. Berechnet nach Gl. (15.54) für $s = 0,1$ M, Menge der zugegebenen Base b in denselben Einheiten

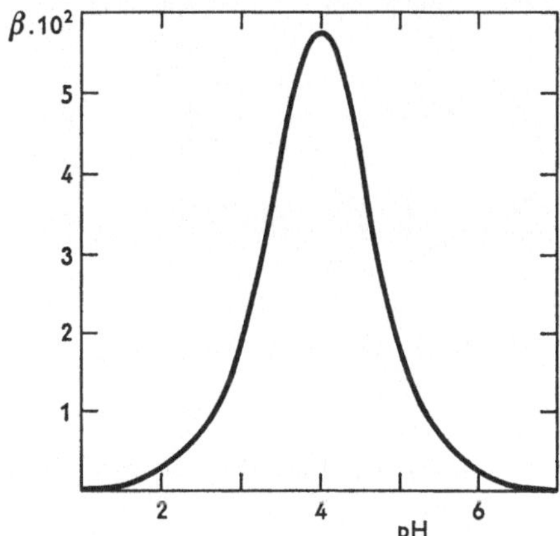

Abb. 1.10. Abhängigkeit der Pufferkapazität β (mol · dm^{-3}) vom pH-Wert eines sauren Puffers. Berechnet nach Gl. (15.54) und (15.48) für $pK_A' = 4$, $s = 0,01$ M

der pH-Skala ermittelt werden, so muß man mehrere Pufferlösungen verwenden. Abgesehen davon, daß dieser Vorgang eine größere Zahl an Vorratslösungen erfordert, kann es dabei störend wirken, daß die verschiedenen pH-Werte durch Lösungen von qualitativ unterschiedlicher chemischer Zusammensetzung erzielt werden. Eine bedeutungsvolle Rolle kann hier zum Beispiel das unterschiedliche Komplexbildungsvermögen oder die andersartige katalytische und biologische

Aktivität der Pufferbestandteile spielen. Aus diesem Grunde wurden sog. Universalpuffer zusammengestellt, die über einen großen pH-Bereich die gleiche qualitative chemische Zusammensetzung haben.

Die pH-Werte der Puffer sind zwar in Tabellen angegeben, aber auch wenn man den Puffer genau nach der Vorschrift hergestellt hat, kann sein pH vom tabellarischen Wert abweichen (z. B. infolge von Verunreinigungen im Wasser, in

Tabelle 1.10. *pH-Werte von fünf Standardlösungen*
[Pure Appl. Chem. **21**, Nr. 1 (1970)]

°C	A	B	C	D	E
0		4,003	6,984	7,534	9,464
5		3,999	6,951	7,500	9,395
10		3,998	6,923	7,472	9,332
15		3,999	6,900	7,448	9,276
20		4,002	6,881	7,429	9,225
25	3,557	4,008	6,865	7,413	9,180
30	3,552	4,015	6,853	7,400	9,139
35	3,549	4,024	6,844	7,389	9,102
40	3,547	4,035	6,838	7,380	9,068
45	3,547	4,047	6,834	7,373	9,038
50	3,549	4,060	6,833	7,367	9,011
55	3,554	4,075	6,834		8,985
60	3,560	4,091	6,836		8,962
70	3,580	4,126	6,845		8,921
80	3,609	4,164	6,859		8,885
90	3,650	4,205	6,877		8,850
95	3,674	4,227	6,886		8,833

A: KH-tartrat (gesättigt bei 25 °C).
B: KH-phthalat (0,05 mol/kg).
C: KH_2PO_4 (0,025 mol/kg) $+$ Na_2HPO_4 (0,025 mol/kg).
D: KH_2PO_4 (0,008695 mol/kg) $+$ Na_2HPO_4 (0,03043 mol/kg).
E: $Na_2B_4O_7$ (0,01 mol/kg).

den Chemikalien u. ä.). Es ist also notwendig, den pH-Wert des Puffers nachzumessen und ihn gegebenenfalls durch Zugeben einer der Komponenten genau einzustellen. Die Methoden zur pH-Messung sind, wie wir im Abschn. 33.2 sehen werden, nicht absolut und erfordern eine Eichung der Meßvorrichtung. Man muß also imstande sein, Lösungen mit möglichst genau bekanntem pH-Wert herzustellen, wobei man keine Ansprüche an die Pufferkapazität dieser Lösungen stellt. Hierzu dienen die Lösungen zur Eichung der Elektroden, die in Tab. 1.10 angeführt sind. Die Forderungen, die an die Vorschriften für solche Lösungen gestellt werden, sind die folgenden: Sie müssen von definierten Chemikalien ausgehen, die keine langwierige oder kostspielige Reinigung erfordern (die Chemikalien dürfen nicht hygroskopisch, unbeständig usw. sein), der Vorgang zur Herstellung der Lösung muß einfach und zeitsparend sein.

15.5. Schwerlösliche Salze

Eine wichtige Größe der schwerlöslichen starken Elektrolyte ist das Löslichkeitsprodukt. Es charakterisiert das Gleichgewicht zwischen den Ionen des Elektrolyten in seiner gesättigten Lösung (Index l) und der überschüssigen festen Phase (Index s):

$$\mu_s = \nu_+ \mu_{+,l} + \nu_- \mu_{-,l} = \nu_+ \mu_+^0 + \nu_- \mu_-^0 + R\,T \ln (a_+^{\nu_+} a_-^{\nu_-}). \qquad (15.55)$$

Tabelle 1.11. *Löslichkeitsprodukte P einiger Salze*
$(\text{mol} \cdot \text{dm}^{-3} \text{ bzw. mol}^2 \cdot \text{dm}^{-6}; \text{ nach Conway, S. 204-5})$

Salz	°C	P
CdS	25	$1{,}14 \cdot 10^{-28}$
Ca(COO)$_2$	25	$1{,}78 \cdot 10^{-9}$
CoS	20	$3{,}0 \ \cdot 10^{-26}$
CuS	25	$3{,}48 \cdot 10^{-38}$
Cu$_2$S	25	$8{,}5 \ \cdot 10^{\,45}$
Cu$_2$I$_2$	18	$5{,}0 \ \cdot 10^{-12}$
Mg(OH)$_2$	25	$4{,}6 \ \cdot 10^{-24}$
Hg$_2$Cl$_2$	19,2	$5{,}42 \cdot 10^{-19}$
Hg$_2$Br$_2$	19,2	$3{,}88 \cdot 10^{-23}$
Hg$_2$I$_2$	19,2	$10{,}5 \ \cdot 10^{-20}$
Hg$_2$CrO$_4$	25	$2{,}0 \ \cdot 10^{-9}$
AgCl	25	$1{,}8 \ \cdot 10^{-10}$
AgBr	25	$6{,}5 \ \cdot 10^{-13}$
AgI	25	$1{,}0 \ \cdot 10^{-16}$
Ag$_2$S	25	$3{,}28 \cdot 10^{-52}$
AgCNS	25	$1{,}44 \cdot 10^{-12}$
TlCl	25	$2{,}25 \cdot 10^{-4}$
TlI	25	$6{,}47 \cdot 10^{-8}$

Hieraus erhält man nach Umformen

$$\ln (a_+^{\nu_+} a_-^{\nu_-}) = \ln (m_+^{\nu_+} m_-^{\nu_-} \gamma_+^{\nu_+} \gamma_-^{\nu_-}) =$$
$$= (\mu_s - \nu_+ \mu_+^0 - \nu_- \mu_-^0)/R\,T = \ln P. \qquad (15.56)$$

Gleichgewichte dieser Art sind im wesentlichen heterogen, uns interessieren aber die Konzentrationsverhältnisse in der flüssigen Phase, und deshalb sollen sie hier besprochen werden.

15.51. Löslichkeitsprodukt, Löslichkeit

Die Gleichung für das Löslichkeitsprodukt (15.56) kann in folgender Form umgeschrieben werden

$$P = a_+^{\nu_+} a_-^{\nu_-} = m_+^{\nu_+} m_-^{\nu_-} \gamma_\pm^{\nu} = P' \gamma_\pm^{\nu}, \qquad (15.57)$$

wobei P das thermodynamische und P' das scheinbare *Löslichkeitsprodukt* ist.

Die *Löslichkeit* ist die Konzentration der gesättigten Lösung des Elektrolyten m_s. Da in einer gesättigten Lösung $m_+ = \nu_+ m_s$, $m_- = \nu_- m_s$ ist, gilt $P' = \nu_+^{\nu_+} \nu_-^{\nu_-} m_s$, und es wird somit

$$m_s = \sqrt[\nu]{(P'/\nu_+^{\nu_+} \nu_-^{\nu_-})} = \sqrt[\nu]{(P/\nu_+^{\nu_+} \nu_-^{\nu_-} \gamma_+^{\nu_+} \gamma_-^{\nu_-})} = (1/\gamma_\pm) \sqrt[\nu]{(P/\nu_+^{\nu_+} \nu_-^{\nu_-})}. \qquad (15.58)$$

In verdünnten wäßrigen Lösungen kann die Molalität (m_s) mit der molaren Konzentration (c_s) identifiziert und für Lösungen mit geringer Ionenstärke überdies $\gamma_\pm = 1$ gesetzt werden. Die obigen Beziehungen gelten für gesättigte Lösun-

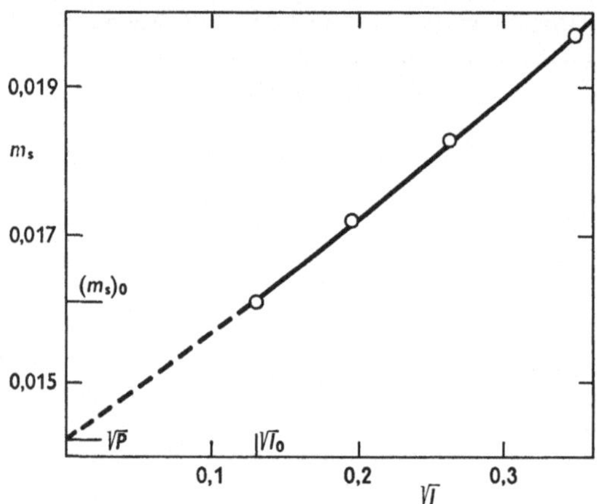

Abb. 1.11. Ermittlung des wahren Löslichkeitsproduktes durch Extrapolation der Beziehung zwischen der Löslichkeit m_s von TlCl (mol/kg) und der Ionenstärke I (Lewis, Randall, Kap. 23)

gen beliebig löslicher Salze, aber praktische Bedeutung haben diese Gleichgewichte nur bei den schwerlöslichen Salzen.

Die Einzelaktivitäten bzw. -konzentrationen können in einer gesättigten Lösung so variiert werden, daß ihr Produkt konstant bleibt. Durch Logarithmieren der Gl. (15.57) gewinnt man die Beziehung

$$\log m_+ = -\frac{\nu_-}{\nu_+} \log m_- + \frac{1}{\nu_+} \log P', \qquad (15.59)$$

aus der erkennbar ist, daß die Logarithmen der Konzentrationen zueinander in linearer Beziehung stehen. Wir wollen uns vor Augen halten, daß, wenn wir die Konzentration irgendeines der Ionen (z. B. die des Anions m_-) dadurch erhöhen, daß wir es in Form eines löslichen Salzes zugeben, die Löslichkeit des gesamten Elektrolyten durch die Konzentration des in geringerer Menge anwesenden Ions bestimmt wird ($m_s = m_+/\nu_+$)

$$\log m_s = -\frac{\nu_-}{\nu_+} \log m_- + \frac{1}{\nu_+} \log P' - \log \nu_+ \qquad (15.60)$$

Der Logarithmus der Löslichkeit sinkt also linear mit dem Logarithmus der wachsenden Konzentration des zugesetzten Ions. Darauf ist die Trennung der

Elemente durch Fällung in der analytischen Chemie begründet. Handelt es sich um einen schwerlöslichen schwachen Elektrolyten, so ist in diesem Falle die Löslichkeit gegeben durch die Summe $m_s = m_m + m_+/\nu_+ = m_m + \sqrt[\nu_+]{(P'/m_-^{\nu_-})}/\nu_+$, wobei m_m die Konzentration der Moleküle des schwachen Elektrolyten ist.

Beispiele für die Werte der Löslichkeitsprodukte sind in Tab. 1.11 gezeigt. Die Messung des Löslichkeitsproduktes wird folgenderweise durchgeführt: man bestimmt die Konzentration der Ionen mittels einer der analytischen Methoden und extrapoliert die Ergebnisse auf die Ionenstärke Null [s. Gl. (15.61)], wo $P' = P$ ist. Zur Messung der Löslichkeit eines Einzelelektrolyten in Lösungen, die keine anderen Elektrolyte enthalten, kann man auch die konduktometrischen Methoden benützen, wie im Abschn. 22.6 beschrieben wird.

Für die Abhängigkeit des mittleren Aktivitätskoeffizienten von der Ionenstärke gilt für große Verdünnung das Debye-Hückelsche Grenzgesetz. Durch Einsetzen dieser Beziehung in Gl. (15.58) ergibt sich

$$m_s = 10^{A\,|\,z_+ z_-\,|\,\sqrt{I}} \cdot \sqrt[\nu]{(P/\nu_+^{\nu_+}\,\nu_-^{\nu_-})} = \sqrt[\nu]{(P'/\nu_+^{\nu_+}\,\nu_-^{\nu_-})}\,. \tag{15.61}$$

Aus dieser Gleichung ist zu sehen, daß die Löslichkeit mit wachsender Ionenstärke zunimmt. Ein Beispiel für diese Abhängigkeit ist in Abb. 1.11 an Thallium(I)-chlorid gezeigt. Die mit dem Index 0 bezeichneten Größen entsprechen einer Thalliumchloridlösung ohne weitere Elektrolyte, in der die Ionenstärke nur durch die Löslichkeit des Thalliumchlorids gegeben ist, $I_0 \approx m_{s,\text{TlCl}}$. Für $I = 0$ gilt offensichtlich $P' = P$.

Allgemein kann geschrieben werden (da $m_{s,0}\,\gamma_{\pm,0} = m_s\,\gamma_\pm$ ist)

$$\log \frac{m_s}{m_{s,\,0}} = \log \frac{\gamma_{\pm,0}}{\gamma_\pm} = A\,|\,z_+ z_-\,|\,(\sqrt{I} - \sqrt{I_0})\,. \tag{15.62}$$

Diese Gleichung gilt in demjenigen Konzentrationsbereich, in welchem es berechtigt ist, das Debye-Hückelsche Grenzgesetz zu verwenden, also bei großen Verdünnungen.

16. Die Acidität von Lösungen

Sehr viele chemische und biologische Vorgänge werden durch die Acidität des Mediums beeinflußt. Das quantitative Maß der Acidität ist also eine theoretisch und praktisch wichtige Frage. Es gibt eine Reihe von Möglichkeiten, dieses Maß zu definieren, aber nur einige davon werden in der Praxis gebraucht.

16.1. Die relative Aciditätskonstante

Wir haben gesehen, daß die Acidität der Lösung das Ergebnis des Wettbewerbes zwischen dem Solvens und dem gelösten Stoff um das Proton ist. Die Protonenaffinität des Stoffes wird durch die Aciditätskonstanten erfaßt, die aber nicht meßbar sind. Der Messung zugänglich sind nur die protolytischen Konstanten, die die relative Acidität der beiden beteiligten Säuren ausdrücken. Man wählt irgendeine Säure A_{st} als Standard und drückt die Acidität der Säuren in bezug auf diese aus. Für die Reaktion $A + B_{st} \rightleftarrows B + A_{st}$ gilt

$$K_{a,rel} = a_B\, a_{A,st}/a_A\, a_{B,st} = K_a\,(A)/K_a\,(st). \tag{16.1}$$

Die Konstante $K_{a,rel}$ wird die *relative Aciditätskonstante* genannt; sie hat die Bedeutung der Aciditätskonstante der betrachteten Säure $K_a(A)$, bezogen auf die Aciditätskonstante der Standardsäure $K_a(st)$. Als Standardsäure wählt man entweder irgendeinen Indikator (wir werden sehen, daß man in ähnlicher Weise bei der Definition der Aciditätsfunktion H_0 vorgeht) oder die mit dem Solvensmolekül konjugierte Säure, d. h. das Lyoniumion.

16.2. Die pH-Skala

In wäßrigem Medium wird die Acidität durch die Hydroniumionen bewirkt. Da sich ihre Konzentration im Bereich von vielen Potenzen ändern kann, ist es vorteilhaft, eine logarithmische Aciditätsskala durch folgende Definition einzuführen

$$pH = -\log a_{H_3O^+} = -\log (m_{H_3O^+}\, \gamma_{H_3O^+}). \tag{16.2}$$

Diese Definition ist vollkommen korrekt, hat aber den Nachteil, daß die Werte von $a_{H_3O^-}$ nicht exakt gemessen werden können, weil dazu die Kenntnis des Ionenaktivitätskoeffizienten $\gamma_{H_3O^+}$ erforderlich ist.

Aus diesem Grunde wird die *konventionelle* pH-Skala eingeführt, die sich im Rahmen der experimentellen Möglichkeiten weitgehend der absoluten pH-Skala nähert, die durch Gl. (16.2) definiert ist. Diese konventionelle Skala ist durch die pH-Werte der in Tab. 1.9 angeführten Lösungen definiert. Die potentiometrische pH-Messung in dieser Skala wird im Abschn. 33.2 besprochen.

Für nichtwäßrige Medien ist die so definierte Aciditätsskala nicht geeignet. Bisher hat sich keine der für sie vorgeschlagenen Definitionen einheitlich durchgesetzt. Gelegentlich wird der negative dekadische Logarithmus der entsprechenden Lyoniumionen benützt. Dadurch entstehen aber für jedes Lösungsmittel spezifische Skalen, die untereinander nicht vergleichbar sind.

Eine universelle Aciditätsskala muß auf einem Teilchen begründet sein, das allen Lösungsmitteln gemein ist. Das sind aber nicht die Lyoniumionen, sondern die Protonen selbst. Diese sind jedoch solvatisiert, und sofern sie überhaupt frei existieren, dann in durchaus unmeßbaren Konzentrationen. Man kann aber trotzdem annehmen, daß sich das Gleichgewicht $S^+ \rightleftarrows H^+ + S$ mit der Gleichgewichtskonstante $K' = a_{H^+}/a_{S^+}$ einstellt. Diese Gleichgewichtskonstante hat in jedem Lösungsmittel andere Werte wegen der in verschiedenen Medien unterschiedlichen Solvatationsenergien des Protons und kann nicht gemessen werden. Man kann aber das Verhältnis dieser Konstanten für zwei verschiedene Lösungsmittel mit Hilfe ihrer protolytischen Konstanten bestimmen. Es ist dazu allerdings notwendig, einen geeigneten Standardzustand der Protonen zu definieren, d. h. die Konstante K' für ein Lösungsmittel durch Vereinbarung festzulegen. Dabei wäre es natürlich vorteilhaft, wenn die neue universelle Aciditätsskala für wäßrige Lösungen mit der pH-Skala übereinstimmte. Aus diesem Grunde hat man vereinbarungsgemäß für Wasser $K' = 1$, d. h. $a_{H^+} = a_{H_3O^+}$ gesetzt.

Man könnte nun den Eindruck haben, daß es mit Hilfe der Wasserstoffelektrode (deren Potential durch die Aktivität der Lyoniumionen bestimmt wird)
möglich wäre, die pH-Werte in einer absoluten universellen Skala zu messen.
Wir werden jedoch im Abschn. 33.2 sehen, daß dies nicht der Fall ist und daß
auch die Meßwerte der Wasserstoffelektrode zu einer konventionellen Skala
führen.

16.3. Die Aciditätsfunktion

In stark sauren Medien kann der Aktivitätskoeffizient nicht einmal näherungsweise geschätzt werden, und es wird deshalb notwendig, als Aciditätsmaß eine
Funktion einzuführen, die durch die Konzentrationen und keineswegs durch die
Aktivitäten definiert wird. Man benützt dazu die sog. *Aciditätsfunktion* H_0, die
von Hammett durch folgende Beziehung definiert worden ist:

$$H_0 = p\,K_a\,(\mathrm{BH^+}) + \log \frac{[\mathrm{B}]}{[\mathrm{BH^+}]} = -\log a_{\mathrm{H^+}} - \log \frac{\gamma_\mathrm{B}}{\gamma_{\mathrm{BH^+}}}. \tag{16.3}$$

B ist eine farbige Indikatorbase mit der Aciditätskonstante K_a (BH⁺). Der
Wert von H_0 gibt also an, was für ein Indikator verwendet werden muß (welche
Aciditätskonstante er haben soll), damit er im Medium der gegebenen Acidität
zur Hälfte dissoziiert sei.

Die Aciditätsfunktion ist, wie aus ihrer Definition hervorgeht, vom benutzten
Indikator abhängig, im Hinblick auf den die Aktivitätskoeffizienten enthaltenden Term. Zur praktischen pH-Messung kann man einen Indikator nur in der
Umgebung seines Umschlagspunktes verwenden, d. h. in dem Bereich, in welchem
das Verhältnis [B]/[BH⁺] höchstens Werte zwischen 100 und 0,01 hat. Für
größere H_0-Bereiche muß man mehrere Indikatoren heranziehen. Es wurde die
Voraussetzung gemacht, daß das Verhältnis $\gamma_\mathrm{B}/\gamma_{\mathrm{BH^+}}$ für alle Indikatoren des
gleichen Ladungstyps konstant ist (in unserem Fall ist die Base elektroneutral,
daher der Index Null bei H).

Die Aciditätsfunktion hängt also nicht von jedem individuellen Indikator ab,
sondern nur von der verwendeten Indikatorreihe. Es könnten deshalb auch andere
Aciditätsfunktionen als H_0 existieren, z. B. $\mathrm{H_-} = -\log\,(K_a\,[\mathrm{CH}]/[\mathrm{C^-}])$ für Indikatoren des Typs $\mathrm{CH} \rightleftarrows \mathrm{C^-} + \mathrm{H^+}$ oder $\mathrm{H_+} = -\log\,(K_a\,[\mathrm{DH^{2+}}]/[\mathrm{D^+}])$ für
Indikatoren des Typs $\mathrm{DH^{2+}} \rightleftarrows \mathrm{D^+} + \mathrm{H^+}$ usw. (hier sind K_a immer die entsprechenden Aciditätskonstanten des gewählten Indikators). Die Funktionen
$\mathrm{H_+}$ und $\mathrm{H_-}$ wurden für einige Fälle durchgemessen, am häufigsten wird aber die
Funktion H_0 gebraucht.

Bates und Schwarzenbach haben weiter für Basen vom Typ ROH, die mit
einem Proton unter Wasserabspaltung reagieren ($\mathrm{ROH} + \mathrm{H^+} \rightleftarrows \mathrm{R^+} + \mathrm{H_2O}$),
die Funktion J_0 eingeführt durch die Definition

$$J_0 = p\,K_{\mathrm{ROH}} + \log \frac{[\mathrm{ROH}]}{[\mathrm{R^+}]}. \tag{16.4}$$

Darin stellt K_{ROH} den Kehrwert der Gleichgewichtskonstante der betrachteten
Reaktion dar.

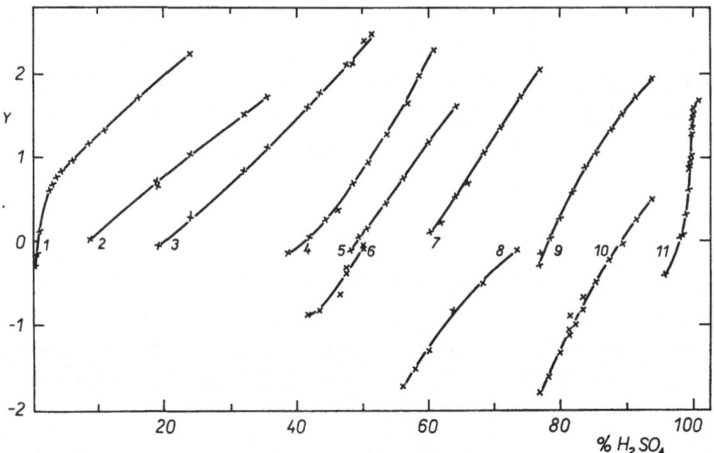

Abb. 1.12. Ionisierung der zur Bestimmung von H_0 in einem H_2SO_4—H_2O-Gemisch verwendeten Indikatoren [I. P. Hammett, A. J. Deyrup: J. Amer. Chem. Soc. **54**, 2721 (1932)]. $Y = \log ([BH^+]/[B])$. 1 = p-Nitranilin, 2 = o-Nitranilin, 3 = p-Chlor-o-nitranilin, 4 = p-Nitrodiphenylamin, 5 = 2,4-Dichlor-6-nitranilin, 6 = p-Nitroazobenzol, 7 = 2,6-Dinitro-4-methylanilin, 8 = Benzalacetophenon, 9 = 6-Brom-2,4-dinitranilin, 10 = Anthrachinon, 11 = 2,4,6-Trinitranilin

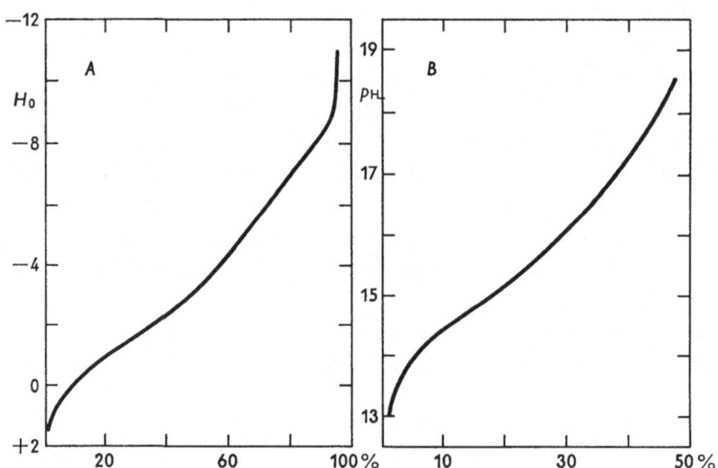

Abb. 1.13. A = Aciditätsfunktion H_0 in einem H_2SO_4—H_2O-Gemisch in Abhängigkeit von der Zusammensetzung (Gew% H_2SO_4) [L. P. Hammett, M. A. Paul: J. Amer. Chem. Soc. **57**, 2103 (1935)]. B = Basizitätsfunktion p_{H^-} in einem KOH—H_2O-Gemisch in Abhängigkeit von der Zusammensetzung (Gew% KOH) [G. Schwarzenbach, R. Sulzberger: Helvetica Chim. Acta **27**, 348 (1944)]

Die Aciditätsfunktion wird durch sukzessive Anwendung je zweier Indikatoren gemessen. Als Bezugspunkt wurde p-Nitranilin gewählt, dessen pK_a in verdünnter wäßriger Lösung 1,11 beträgt (die Solvolysekonstante wurde der Aciditätskonstante gleichgestellt, was einen analogen Vorgang wie die Wahl des Protonen-Standardzustandes im vorangehenden Abschnitt darstellt). Da in verdünnter wäßriger Lösung $\gamma_B = \gamma_{BH^+} \approx 1$ ist, geht die Aciditätsfunktion für wäßrige Medien in die pH-Skala über. Mit Hilfe von p-Nitranilin kann man die Aciditätskonstante eines anderen, etwas stärker sauren Indikators ermitteln. Man geht dabei folgendermaßen vor: Man mißt in schwach saurem Medium die Konzentrationsverhältnisse beider Formen der beiden Indikatoren und berechnet aus diesen und aus der bekannten Aciditätskonstante des p-Nitranilins einerseits den Wert von H_0 in diesem stärker sauren Medium, andererseits die Aciditätskonstante des zweiten Indikators. In einem Medium von noch größerer Acidität, wo man p-Nitranilin nicht mehr verwenden könnte, da es vollständig dissoziiert wäre, zieht man einen dritten Indikator heran und mißt wiederum die Konzentrationsverhältnisse beider Formen des zweiten und des dritten Indikators. Aus den Werten dieser Verhältnisse und der bereits bekannten Aciditätskonstante des zweiten Indikators berechnet man einerseits H_0, andererseits die Aciditätskonstante des dritten Indikators. Die Konzentrationsverhältnisse bestimmt man photometrisch im sichtbaren oder ultravioletten Licht. Zur Ermittlung des Verlaufs von H_0 in einem H_2SO_4—H_2O-Gemisch wurden 15 Indikatoren herangezogen. In Abb. 1.12 ist $[BH^+]/[B]$ in Abhängigkeit von der Schwefelsäurekonzentration dargestellt (die Kurven für vier weitere Indikatoren wurden der Übersichtlichkeit halber weggelassen). Die ermittelten H_0-Werte sind in Abb. 1.13 A wiedergegeben.

Bei nichtwäßrigen Medien übernimmt man für p-Nitranilin ebenfalls den Wert $p K_a = 1,11$; dies ist allerdings eine gewisse Willkürlichkeit, ebenso wie die Annahme, daß das Verhältnis der Aktivitätskoeffizienten konstant sei. Die Aciditätsfunktion ist also ebenfalls keine absolute Skala, sie hat sich aber trotzdem als Aciditätsmaß namentlich für konzentrierte Säuren eingebürgert.

Für basische Medien schlug Schwarzenbach die völlig analoge Basizitätsfunktion vor, die er mit p_{H^-} bezeichnete und experimentell für einige Basen ermittelte (siehe Abb. 1.13 B).

17. Einige besondere Fälle von Gleichgewichten in Elektrolyten

17.1. Ampholyte

Ampholyte sind Stoffe, die als Säuren oder als Basen auftreten können, je nach der Acidität des Mediums, in welchem sie gelöst sind. In wäßrigen Lösungen stellen sich folgende Gleichgewichte ein (das Ampholytmolekül wird mit HP bezeichnet)

$$HP + H_2O \rightleftarrows H_3O^+ + P^-$$
$$H_2P^+ + H_2O \rightleftarrows H_3O^+ + HP \tag{17.1}$$

mit den Gleichgewichtskonstanten

$$K_1' = \frac{[H_3O^+]\,[P^-]}{[HP]}, \quad K_2' = \frac{[H_3O^+]\,[HP]}{[H_2P^+]}. \tag{17.2}$$

[Das zweite der Gleichgewichte (17.1) ließe sich als $HP + H_2O \rightleftarrows H_2P^+ + OH^-$ ausdrücken, aber diese Formulierung wird nicht gebraucht; das Kation des

Ampholyten wird in einfacherer Weise als zweibasische schwache Säure aufgefaßt, wie es der Formulierung (17.1) entspricht.]

Der pH-Wert der Lösung eines Ampholyten kann aus der Elektroneutralitätsbedingung berechnet werden, in der man allerdings auch die Anwesenheit der Anionen OH^- in der dem gegebenen pH entsprechenden Konzentration berücksichtigen muß: $[H_3O^+] + [H_2P^+] = [OH^-] + [P^-]$:

$$2\,\mathrm{pH} = -\log \frac{K_2'\,K_W + K_1'\,K_2'\,c}{K_2' + c} \tag{17.3}$$

(da es sich um einen schwachen Elektrolyten handelt, wurde $[HP] = c$ gesetzt).

Ein typisches Beispiel für Ampholyte sind die Aminosäuren (das Aminosäuremolekül wird allgemein mit NH_2RCOOH bezeichnet). Das Teilchen NH_2RCOOH tritt in Aminosäurelösungen nahezu nicht auf, da die Aminosäuren innere Salze bilden können und in der Lösung fast vollständig als Zwitterionen vorliegen:

$$NH_2RCOOH \rightleftarrows NH_3^+RCOO^-. \tag{17.4}$$

Auf die innere Ionisierung weisen z. B. die folgenden empirischen Tatsachen hin: 1. Die Aminosäuren haben ein großes Dipolmoment. 2. Die nach den Gln. (17.2) interpretierten Dissoziationskonstanten haben Werte der Größenordnung von 10^{-10} und 10^{-2}, während auf Grund der Analogie zu Essigsäure und Ammoniak für Glycin Werte der Größenordnung 10^{-5} und 10^{-9} zu erwarten wären; dieser Unterschied kann nicht allein auf die Substitution des Wasserstoffes durch die Aminogruppe im Molekül der Carboxylsäure zurückgeführt werden. 3. Durch Blockierung der basischen Funktion (z. B. beim Glycin durch Formaldehyd) steigt die Acidität von HP stark an, so daß die Säuren dann als Carbonsäuren titriert werden können.

Die protolytischen Gleichgewichte der Zwitterionen können durch die Gleichungen formuliert werden

$$\begin{aligned} NH_3^+RCOO^- \; + H_2O &\rightleftarrows NH_2RCOO^- \; + H_3O^+ \\ NH_3^+RCOOH + H_2O &\rightleftarrows NH_3^+RCOO^- + H_3O^+, \end{aligned} \tag{17.5}$$

$$K_1' = \frac{[H_3O^+]\,[NH_2RCOO^-]}{[NH_3^+RCOO^-]}, \qquad K_2' = \frac{[H_3O^+]\,[NH_3^+COO^-]}{[NH_3^+RCOOH]}. \tag{17.6}$$

Aus den beiden letzten Gleichungen sieht man, daß die Konstante K_1' die Acidität der Gruppe $-NH_3^+$ und die Konstante K_2' die Acidität der Carboxylgruppe charakterisiert. Die Abweichungen von den Dissoziationskonstanten von NH_4^+ und CH_3COOH können durch konstitutive Einflüsse erklärt werden: Die Erhöhung der Acidität der COOH-Gruppe wird durch die positive Ladung der Gruppe $-NH_3^+$ in ihrer Nähe verursacht und die Erhöhung der Basizität der Aminogruppe (d. h. die Verminderung der Acidität von $-NH_3^+$) wird durch die negative Ladung der COO^--Gruppe bewirkt. Einige Beispiele für die Konstanten K_1' und K_2' sind in Tab. 1.12 gezeigt. Die Dissoziationsgleichgewichte in Lösungen von Aminosäuren können in der gleichen Weise behandelt werden wie im Falle der zweibasigen schwachen Säuren (Abschn. 15.11).

Eine wichtige Größe für die Charakterisierung der Aminosäuren und Proteine ist der *isoelektrische Punkt*. Er ist der pH-Wert, bei welchem die Ampholyte im elektrischen Felde nicht wandern. Dies tritt ein, wenn

$$[NH_3^+RCOOH] = [NH_2RCOO^-] \tag{17.7}$$

Tabelle 1.12. *Scheinbare Dissoziationskonstanten einiger Aminosäuren bei 25 °C* (nach Conway, S. 190)

Aminosäure	pK$_2'$	pK$_1'$
Glycin	2,34	9,60
Alanin	2,34	9,69
α-Amino-n-buttersäure	2,55	9,60
Valin	2,32	9,62
α-Amino-n-valeriansäure	2,36	9,72
Leucin	2,36	9,60
iso-Leucin	2,36	9,68
Norleucin	2,39	9,76
Serin	2,21	9,15
Prolin	1,99	10,60
Phenylalanin	1,83	9,13
Tryptophan	2,38	9,39
Methionin	2,28	9,21
iso-Serin	2,78	9,27
Hydroxyvalin	2,61	9,71
Taurin	1,5*	8,74
β-Alanin	3,60	10,19
γ-Amino-n-valeriansäure	4,02	10,40
δ-Amino-n-valeriansäure**	4,270	10,766
ε-Amino-n-capronsäure	4,43	10,75

* Für —SO$_3$H.
** Thermodynamische Konstanten.

ist. Aus der Definition der Konstanten K_1 und K_2 folgt

$$K_1 K_2 = a^2_{H_3O^+} \frac{[NH_2RCOO^-]}{[NH_3^+RCOOH]} \tag{17.8}$$

[wir haben γ (NH$_2$RCOO$^-$) — γ (NH$_3^+$RCOOH) gesetzt]. Im isoelektrischen Punkt gilt hierauf nach den beiden letzten Gleichungen

$$a_{iso,H_3O^+} = \sqrt{(K_1 K_2)}, \tag{17.9}$$

$$pH_{iso} = \frac{1}{2}(p K_1 + p K_2). \tag{17.10}$$

Im isoelektrischen Punkt ist die saure und basische Dissoziation gleich groß. Wir führen den Dissoziationsgrad α_1 und α_2 so ein, daß folgende Gleichungen gelten

$$[NH_3^+RCOO^-] = c\,(1 - \alpha_1 - \alpha_2), \quad [NH_3^+RCOOH] = c\,\alpha_1,$$
$$[NH_2RCOO^-] = c\,\alpha_2, \tag{17.11}$$

wobei c die analytische Konzentration des Ampholyten ist. Aus den Definitionen von K_1 und K_2 und aus Gl. (17.11) ergibt sich bei Vernachlässigung des Einflusses der Aktivitätskoeffizienten

$$\frac{1}{K_2} = \frac{\alpha_1}{a_{H_3O^+}(1 - \alpha_1 - \alpha_2)} \, , \qquad K_1 = \frac{a_{H_3O^+}\,\alpha_2}{1 - \alpha_1 - \alpha_2} \, . \tag{17.12}$$

Im isoelektrischen Punkt ist

$$\alpha_1 = \alpha_2 = \alpha_{iso}, \tag{17.13}$$

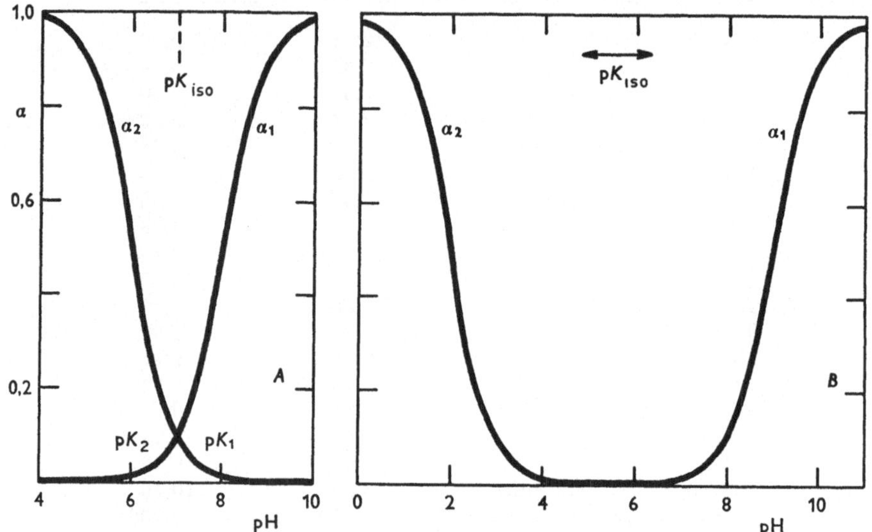

Abb. 1.14. Dissoziation eines Ampholyten. A — $K_1' = 10^{-8}$, $K_2' = 10^{-6}$; B — $K_1' = 10^{-9}$, $K_2' = 10^{-2}$. Berechnet nach den Gln. (17.6) und (17.12)

so daß sich aus Gl. (17.12) durch Eliminierung von α im Gültigkeitsbereich des Debye-Hückelschen Grenzgesetzes die Gl. (17.9) ergibt. Im isoelektrischen Punkt ist auch die Gesamtdissoziation, d. h. die Summe $\alpha_1 + \alpha_2$, minimal. Drückt man diese Summe aus Gl. (17.12) aus und differenziert nach $a_{H_3O^+}$, dann erhält man aus der Bedingung

$$\left(\frac{d\,(\alpha_1 + \alpha_2)}{d\,a_{H_3O^+}}\right)_{iso} = \tag{17.14}$$

$$= \frac{2\,a_{H_3O^+}(K_2\,a_{H_3O^+} + a^2_{H_3O^+} + K_1 K_2) - (a^2_{H_3O^+} + K_1 K_2)(K_2 + 2\,a_{H_3O^+})}{(K_2\,a_{H_3O^+} + a^2_{H_3O^+} + K_1 K_2)^2} = 0$$

wiederum die Gleichung (17.9).

Der Verlauf der Dissoziation eines Ampholyten ist schematisch in Abb. 1.14 veranschaulicht.

Den Wert des Dissoziationsgrades im isoelektrischen Punkt findet man so, daß man aus einer der Gln. (17.14) $a_{H_3O^+}$ berechnet, $\alpha_1 = \alpha_2 = \alpha_{iso} \ll 1$ setzt und in die Gl. (17.12) einsetzt. Betrachtet man eine verdünnte Lösung, so erhält man

$$\alpha_{iso} = \sqrt{\frac{K_1'}{K_2'}}. \qquad (17.15)$$

Bestimmt man den Dissoziationsgrad mit einer Genauigkeit von 1%, so erweist sich der isoelektrische Punkt in dem Falle als Punkt, wenn $\alpha_{iso} > 10^{-2}$, d. h. $K_1'/K_2' > 10^{-4}$ ist; im umgekehrten Fall dagegen, wenn $\alpha_{iso} < 10^{-2}$, d. h. $K_1'/K_2' < 10^{-4}$ ist, wird die isoelektrische Bedingung in einem breiteren pH-Bereich praktisch erfüllt (s. Abb. 1.13).

17.2. Komplexe Elektrolyte

Bildet ein Metallkation Me^{z+} mit einem Komplexbildner X^{z-} einen Komplex nach der Gleichung

$$Me^{z+} + q\,X^{z-} \rightleftarrows Me\,X_q^{z+ + qz-}, \qquad (17.16)$$

so wird die Gleichgewichtskonstante dieser Reaktion

$$\beta_q = \frac{a_{Me\,X}}{a_{Me}\,a_X{}^q} \qquad (17.17)$$

als die *Stabilitätskonstante* (auch *Bruttokomplexbildungskonstante*) bezeichnet (in der Formel für die Konstante sind die Ladungen nicht angegeben).

Tabelle 1.13. *Logarithmen der Stabilitätskonstanten K_i einiger Komplexe bei 20 °C und der Ionenstärke* 0,1 mol · dm^{-3}. A = NH$_3$, B = Äthylendiamin, C = Diäthylentriamin

	Mn^{2+}	Fe^{2+}	Co^{2+}	Ni^{2+}	Cu^{2+}	Zn^{2+}	Cd^{2+}
MA	—	—	2,05	2,75	4,13	2,27	2,60
MA$_2$	—	—	1,57	2,20	3,48	2,34	2,05
MA$_3$	—	—	0,99	1,69	2,87	2,40	1,39
MA$_4$	—	—	0,70	1,15	2,11	2,05	0,88
MA$_5$	—	—	0,12	0,71	—	—	— 0,32
MA$_6$	—	—	— 0,14	— 0,01	—	—	— 1,66
MB	2,6	4,4	6,0	7,9	10,8	6,0	5,7
MB$_2$	2,1	3,3	4,9	6,6	9,4	5,2	4,6
MB$_3$	0,9	2,0	3,2	4,7	0,1	1,8	2,1
MC	—	—	8,1	10,7	16,0	8,9	8,4
MC$_2$	—	—	6,0	8,2	5,3	5,5	5,4

Oft bildet ein Metall stufenweise mehrere Komplexe gemäß den nachstehenden Gleichungen (ohne Rücksicht auf die Ladung)

$$\begin{aligned}
Me \quad\; &+ X \rightleftarrows Me\,X, \\
Me\,X \quad &+ X \rightleftarrows Me\,X_2, \\
&\cdots\cdots\cdots\cdots \\
Me\,X_{q-1} &+ X \rightleftarrows Me\,X_q.
\end{aligned} \qquad (17.18)$$

Die entsprechenden Gleichgewichtskonstanten

$$K_1 = \frac{a_{MeX}}{a_{Me}\,a_X}\;;\; K_2 = \frac{a_{MeX_2}}{a_{MeX}\,a_X}\;;\; \cdots\;;\; K_q = \frac{a_{MeX_q}}{a_{MeX_{q-1}}\,a_X} \tag{17.19}$$

werden *Bildungs-* oder *konsekutive Stabilitätskonstanten* genannt. Einige Beispiele solcher Konstanten sind in Tab. 1.13 wiedergegeben. Durch Vergleichen der Gln. (17.17) und (17.19) ist zu sehen, daß die Konstante β_q das Produkt aus den Konstanten K_1 bis K_q ist.

17.3. Polyelektrolyte

Polyelektrolyte sind ionisierbare chemische Verbindungen, bei denen wenigstens eine Ionensorte makromolekular ist. Zum Beispiel im Natriumsalz der Polyacrylsäure sind die COO^--Gruppen an die lange Kohlenstoffkette durch kovalente Bindungen und die Kationen Na^+ durch Ionenbindungen geknüpft. Dieses zweite, bewegliche Ion wird Gegenion (counterion) genannt. Es handelt sich also um ein Salz mit einem polymeren Anion. Die Polyacrylsäure ist ein Beispiel für eine schwache Polysäure, Polyvinylpyridin ein Beispiel für eine schwache Polybase und das Copolymere von Acrylsäure und Vinylpyridin für einen Polyampholyten.

Die elektrochemischen Eigenschaften der Polyelektrolyte werden durch ihren polymeren Charakter beeinflußt. In den Lösungen der niedermolekularen Elektrolyte kann man zum Beispiel die geladenen Einzelteilchen durch Verdünnen so weit voneinander entfernen, daß sie sich gegenseitig nicht mehr elektrisch beeinflussen. In den Lösungen der Polyelektrolyte bleibt hingegen auch bei großer Verdünnung eine hohe Ladungsdichte innerhalb des Moleküls erhalten. Die vom makromolekularen Charakter herrührenden Eigenschaften werden ebenfalls durch die vorhandene Ladung beeinflußt, weshalb sich die Polyelektrolyte anders verhalten als die neutralen Polymeren. Die Beweglichkeit der Kohlenstoffkette ist infolge der Ladung eingeschränkt, was im osmotischen Verhalten, in der Lichtbeugung u. ä. zum Ausdruck kommt. Im Rahmen dieses Lehrbuches interessieren uns jedoch die Dissoziationskonstanten der Polyelektrolyte.

Es sei ein Molekül einer Polycarbonsäure vom Polymerisationsgrad N betrachtet, das N ionisierbare Gruppen trägt, von denen n ionisiert sind. Mit K_n bezeichnen wir die Dissoziationskonstante bei der Ionisierung der sauren Gruppe, die an dem n-fach ionisierten Molekül gebunden ist; K_0 wird also die Dissoziationskonstante der Gruppe sein, von der sich das erste Proton abspaltet und die also noch nicht durch das elektrische Feld der übrigen, bereits ionisierten Gruppen beeinflußt sein wird. Der Ausdruck $-kT\ln K_0$ gibt die Änderung der Gibbsschen Energie bei der Ionisierung des neutralen Moleküls an. Von diesem Ausdruck unterscheidet sich $-kT\ln K_n$ durch die elektrische Arbeit, die aufgewendet werden muß, um ein weiteres Molekül aus dem Feld des n-fach ionisierten Moleküls zu entfernen. Ist die elektrische Energie des n-fach ionisierten Moleküls G_e, so ist dieser Beitrag $\partial G_e/\partial n$. Es gilt daher

$$-kT\ln K_n = -kT\ln K_0 + (\partial G_e/\partial n). \tag{17.20}$$

Es wurde festgestellt, daß während der Titration — bis auf die ersten Stadien der Neutralisation, d. h. bei kleinen n-Werten — die überwiegende Mehrzahl der

Moleküle in der Lösung im gleichen Grad ionisiert ist, $\alpha = n/N$. Es gilt somit

$$K_n = [\mathrm{H_3O^+}]\, n/(N-n) = [\mathrm{H_3O^+}]\, \alpha/(1-\alpha), \qquad (17.21)$$

und für die Titrationskurve erhält man die Gleichung (bei Vernachlässigung des Einflusses der Aktivitätskoeffizienten)

$$\mathrm{pH} = p\,K_0 - \log\frac{1-\alpha}{\alpha} + \frac{1}{2{,}303\, k\, T}\frac{\partial G_e}{\partial n}. \qquad (17.22)$$

Hat die Grundeinheit im Molekül die Länge A und ist die Entfernung der Enden des Moleküls bei der gegebenen räumlichen Anordnung h, so gilt für die elektrische Arbeit

$$\left(\frac{\partial G_e}{\partial n}\right)_{\varkappa,\, h} = \frac{n\, e^2}{2\,\pi\,\varepsilon\, h}\left(1 + \frac{6\, h}{\varkappa\, N\, A^2}\right). \qquad (17.23)$$

Diese Gleichung folgt unter stark vereinfachenden Voraussetzungen aus den elektrostatischen und statistischen Vorstellungen.

Der Koeffizient $\varkappa$ ist der Reziprokwert des Debye-Radius (s. Abschn. 13.11). Die Ableitung $\partial G_e/\partial n$ und somit auch das Dissoziationsgleichgewicht werden also außer durch Ionenstärke, Temperatur und Dielektrizitätskonstante des Lösungsmittels auch durch den Parameter h beeinflußt, der mit der Gestalt des Moleküls bei den gegebenen Bedingungen zusammenhängt. Auf der anderen Seite konnte gezeigt und experimentell bestätigt werden, daß $\partial G_e/\partial n$ vom Molekulargewicht unabhängig ist (ausgenommen bei sehr kleinen n-Werten). Demzufolge wird also beispielsweise der Verlauf der potentiometrischen Titration von Polysäuren durch das Molekulargewicht nicht beeinflußt.

Es sei eine Polysäure betrachtet, bei der die monomere Grundeinheit in der Kette zwei COOH-Gruppen trägt. Von der Gesamtzahl N der Einheiten sei der Anteil n_1 in die erste und der Anteil n_2 in die zweite Stufe dissoziiert. Es gelten dann gleichzeitig die Beziehungen

$$\mathrm{pH} + \log\frac{2\,(N-n_1-n_2)}{n_1+1} = p\,K_0 + \frac{1}{2{,}303\, k\, T}\frac{\partial G_e}{\partial\,(n_1+2\,n_2)}, \qquad (17.24)$$

$$\mathrm{pH} + \log\frac{n_1}{2\,(n_2+1)} - \frac{e^2/4\,\pi}{2{,}303\, R\,\varepsilon\, k\, T} = p\,K_0 + \frac{1}{2{,}303\, k\, T}\frac{\partial G_e}{\partial\,(n_1+2\,n_2)}. \qquad (17.25)$$

Hierin ist R der mittlere Abstand von zwei benachbarten, in die zweite Stufe dissoziierten Monomereneinheiten und ε die effektive Dielektrizitätskonstante.

Für Polyampholyte gilt

$$\mathrm{pH} = p\,K_{0,\mathrm{a}} - \log\frac{1-\alpha_a}{\alpha_a} + \frac{1}{2{,}303\, k\, T}\frac{\partial G_e}{\partial n_a},$$

$$\mathrm{pH} = p\,K_{0,\mathrm{b}} + \log\frac{1-\alpha_b}{\alpha_b} - \frac{1}{2{,}303\, k\, T}\frac{\partial G_e}{\partial n_b}. \qquad (17.26)$$

Hierbei sind $K_{0,a}$ und $K_{0,b}$ die sauren Dissoziationskonstanten der durch $\alpha_a = n_a/N_a$ und $\alpha_b = n_b/N_b$ charakterisierten Gruppen des Ampholyten. Die

Gleichung gilt nicht im isoelektrischen Punkt und dessen Umgebung, wo beträchtliche Anziehungskräfte in den Molekülen zur Wirkung kommen; die Polyampholyte verlieren dann ihre Löslichkeit und fallen aus der Lösung aus.

17.4. Die Ionenassoziation

In der Debye-Hückelschen Theorie wird angenommen, daß die starken Elektrolyte vollständig dissoziiert sind. Für solche Elektrolyte verliert der Begriff der Dissoziationskonstante den Sinn. Es liegen jedoch eine Reihe von experimentellen Tatsachen vor, die darauf hinweisen, daß auch die Ionen der „starken" Elektrolyte, insbesondere in konzentrierteren Lösungen, nicht ganz frei sind. Bei diesen Elektrolyten spricht man natürlich nicht von Molekülen, sondern von *Ionenassoziaten*, von der Bildung eines *Ionenpaares:*

$$B^+ + A^- \rightleftarrows B^+A^-. \tag{17.27}$$

Die Gleichgewichtskonstante dieser Reaktion wird *Assoziationskonstante* genannt, und ihr Kehrwert ist die Dissoziationskonstante des Ionenpaares.

In Lösungen mit kleinerer Dielektrizitätskonstante assoziieren die Ionen bereits bei niedrigeren Konzentrationen als im Wasser, und es können sich auch dreifache Assoziate bilden (wie $B^+A^-B^+$). In Lösungen mit sehr niedriger Dielektrizitätskonstante treten verschiedene polyionische Strukturen auf, von denen einige geladen, andere elektroneutral sind. Im allgemeinen reagieren die Ionen in polaren Lösungsmitteln vorzugsweise mit den polaren Lösungsmittelmolekülen und werden auf diese Weise solvatisiert. In Lösungsmitteln mit niedriger Dielektrizitätskonstante findet bevorzugt eine Assoziation der Ionen statt, und die Wechselwirkung Ion—Lösungsmittel ist schwach. Die Assoziation hängt auch von der Größe und der Ladung der Ionen ab, ebenso wie von der Größe und der Struktur der Solvensmoleküle.

Die Assoziationskonstante K_{ass} kann mit einer Reihe von Methoden gemessen werden, namentlich konduktometrisch und spektrophotometrisch. Einige Beispiele für wäßrige Lösungen (ein typisches polares Lösungsmittel) sind in Tab. 1.14 angeführt. Die Tab. 1.15 zeigt die Assoziationskonstanten von $NaBrO_3$ in einem Wasser—Dioxan-Gemisch, in welchem die Dielektrizitätskonstante in einem weiten Bereich in Abhängigkeit von der Zusammensetzung variiert werden kann (von 78,6 auf 2,2). In diesem Falle ist $p\,K_{ass}$ eine lineare Funktion von $1/D$.

Ein Beispiel für den Einfluß des Lösungsmittels auf die Assoziation ist eine $3 \cdot 10^{-5}$-M-Lösung von Tetraisoamylammoniumnitrat. In wäßrigem Medium beträgt die Konzentration der Ionenpaare nur $1,8 \cdot 10^{-9}$ M, sie ist also um vier Potenzen niedriger als die Gesamtkonzentration des Elektrolyten. In Dioxan dagegen sind die freien Nitrationen nur in der Konzentration von $8 \cdot 10^{-12}$ M vorhanden, der gesamte Elektrolyt liegt also praktisch in Form von Assoziaten vor. In Lösungsmitteln mit niedriger Dielektrizitätskonstante sind die Elektrolyte auch bei kleinen Konzentrationen stark assoziiert, und kein Stoff verhält sich als starker Elektrolyt.

Die theoretischen Grundvorstellungen über die Ionenassoziation stammen von Bjerrum und weiteren Autoren. In der Debye-Hückelschen Theorie der starken Elektrolyte wurde bei der Reihenentwicklung der Exponentialfunktionen des Typs $\exp(-ze\,\psi/k\,T)$ alle Glieder außer dem mit der ersten Potenz vernachlässigt. Dies war eine zufriedenstellende Approximation für genügend große Abstände r vom Zentralion. Einige Ionen kleinerer Dimensionen können sich jedoch dem Zentralion auf einen noch kleineren Abstand nähern. Bjerrum berechnete die Wahrscheinlichkeit $P_i\,\mathrm{d}\,r$, mit welcher sich im Volumenelement

Tabelle 1.14. *Logarithmen der Assoziationskonstanten einiger Ionenpaare bei 25 °C* (nach Davies, S. 169—171); n bedeutet, daß die Bildung eines Ionenpaares nicht erwiesen wurde

	Li^+	Na^+	K^+	Ag^+	Tl^+	Ca^{2+}	Cu^{2+}	Fe^{3+}
OH^-	—0,08	—0,7	n	2,3	0,8	1,30		12,0
F^-				0,4	0,1	1,0	1,23	6,04
Cl^-	n	n	n	3,2	0,5	n	0,4	1,5
Br^-				4,4	1,0		0,0	0,60
NO_3^-	n	—0,6	—0,2	—0,2	0,3	0,28		1,0
SO_4^{2-}	0,6	0,7	1,0	1,3	1,4	2,28	2,36	
$S_2O_3^{2-}$		0,6	0,9	8,8	1,9	1,95		
$P_3O_9^{3-}$		1,16				3,46		
$P_2O_7^{5-}$	3,1	2,4	2,3			6,8		
$P_3O_{10}^{5-}$	3,9	2,7	2,7			8,1		

Tabelle 1.15. *Assoziationskonstanten von* $NaBrO_3$ *in Dioxan-Wasser-Gemischen* [nach C. A. Kraus: J. Chem. Educ. **35**, 324 (1958)]. D bedeutet die Dielektrizitätskonstante des Gemisches

% Dioxan	D	K_{ass}
0	78,48	0,50
10	70,33	0,68
20	61,86	0,90
30	53,28	1,33
35	48,91	2,10
40	44,54	2,73
50	35,85	6,87
55	31,53	11,8

von der Gestalt einer Kugelschale der Dicke $\mathrm{d}\,r$ in einem genügend kleinen Abstand r vom Zentralion der k-ten Sorte ein Ion der Sorte i vorfinden wird.

Seiner Berechnung legte Bjerrum die Boltzmannsche Verteilungsfunktion zugrunde. Die Zahl der Ionen N_i im betrachteten Raum ist gegeben durch

$$\mathrm{d}\,N_i = N_i \exp\left(-\frac{z_i\,e\,\psi}{k\,T}\right) 4\,\pi\,r^2\,\mathrm{d}\,r\,. \tag{17.28}$$

Für kleine r kann das Potential ψ allein durch den Beitrag des Zentralions $\psi = z_k\,e/4\,\pi\,\varepsilon\,r$ ausgedrückt werden, und für die Wahrscheinlichkeit P_i ergibt sich somit

$$P_i = \frac{\mathrm{d}\,N_i}{N_i\,\mathrm{d}\,r} = 4\,\pi\,r^2 \cdot \exp\left(-z_i\,z_k\,e^2/4\,\pi\,\varepsilon\,r\,k\,T\right). \tag{17.29}$$

Ihr Verlauf ist in Abb. 1.15 dargestellt (für den Fall, daß die Ionen k und i Ladungen mit entgegengesetzten Vorzeichen haben). Im Abstand, der aus Gl. (17.29) mit der Bedingung $\mathrm{d}\,P_i/\mathrm{d}\,r = 0$ gewonnen wird, ergibt sich ein scharfes Minimum:

$$r_{\min} = \frac{|\,z_i\,z_k\,|\,e^2}{8\,\pi\,\varepsilon\,k\,T}\,. \tag{17.30}$$

Ionen, die einander auf einem kleineren Abstand als $r_{\min}$ nahekommen, können bereits nicht mehr als frei betrachtet werden, sondern es ist anzunehmen, daß

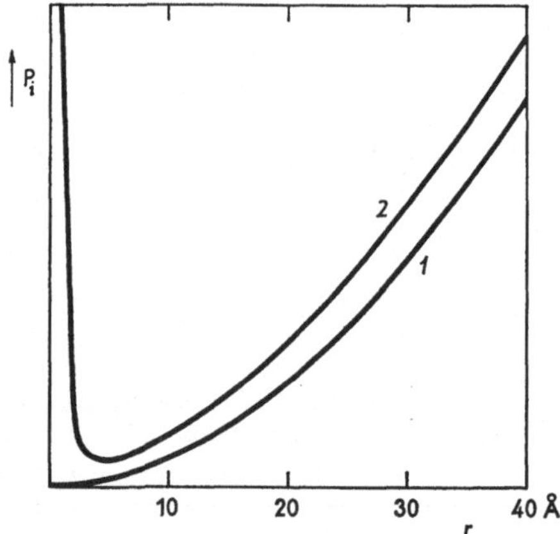

Abb. 1.15. Bjerrumsche Kurven der Aufenthaltswahrscheinlichkeit. 1 = ungeladene Teilchen, 2 = zwei Ionen mit verschiedenen Vorzeichen (Davies, S. 163)

sie ein Ionenpaar gebildet haben. Für wäßrige Lösungen und 25 °C ist $r_{\min} =$ $= 3{,}57\,|\,z_i\,z_k\,|$ (Å), für einen 2,2wertigen Elektrolyten also rund 14 Å. Dieser Abstand wird üblicherweise als der Maximalabstand angesehen, oberhalb welchem es bereits nicht mehr zur Bildung von Ionenpaaren kommt.

Durch Integration der Gl. (17.29) in den Grenzen vom Abstand a, bis auf welchen sich zwei Ionen maximal nähern können, bis $r_{\min}$ könnte der Anteil der Ionen berechnet werden, die sich im assoziierten Zustand befinden, und hieraus der Assoziationsgrad bzw. die Assoziationskonstante. Es muß aber bemerkt werden, daß die Bjerrumsche Theorie der Ionenpaarbildung (und alle weiteren) zwar große Bedeutung hat, denn sie konnte überzeugend die zwangsläufige Existenz von Ionenpaaren zeigen, aber quantitativ nicht applizierbar ist. Sie enthält nämlich einerseits eine Reihe von Approximationen (Kugelmodell des Ions, Voraussetzung der Konstanz von ε, Vernachlässigung der Hydratation der Ionenpaare) und setzt andererseits die Kenntnis einiger schwer zugänglicher Größen voraus (ε, a, $\gamma_{\pm}$). Die Vorstellung der Ionenassoziation selbst hat jedoch zur Aufklärung einer Reihe von Erscheinungen verholfen, die beim Studium der homogenen Katalyse, der elektrischen Leitfähigkeit, des Verhaltens der Polyelektrolyte usw. in Erscheinung treten.

17.5. Salzschmelzen

Die Salzschmelzen spielen eine wichtige Rolle in der theoretischen Elektrochemie und in letzter Zeit haben sie auch wegen ihrer zahlreichen praktischen Anwendungsmöglichkeiten zunehmendes Interesse gewonnen. Die Schmelzen sind oft einfache Ionenflüssigkeiten, und da dies einen Extremfall darstellt, kann man von diesem Gesichtspunkt aus an die Deutung der komplizierteren Verhältnisse in den konzentrierten Elektrolytlösungen herantreten. Die Eigenschaften der Schmelzen ändern sich mit ihrer chemischen Zusammensetzung. So weisen die Metallhalogenide ein verhältnismäßig einfaches Verhalten auf, während Phosphate und Silikate in der Schmelze ziemlich stark assoziiert sind. Die Aktivitäten der Komponenten von geschmolzenen Elektrolyten können direkt bestimmt werden (zum Unterschied von den Aktivitäten der Bestandteile einer Elektrolytlösung), z. B. durch Messung des Dampfdruckes über der Schmelze. Angesichts der möglichen Assoziation in der Gasphase ist jedoch auch diese Methode nicht ganz verläßlich, und man gibt deshalb der Messung der elektromotorischen Kräfte in den Schmelzen den Vorzug.

Zur Definition der Aktivität von Einzelelektrolyten in einer Mischung haben einige Autoren Modelle vorgeschlagen, in denen Idealverhalten des Elektrolyten in der Schmelze angenommen wird. Herasymenko machte die Voraussetzung, daß die anwesenden Elektrolyte vollständig dissoziiert und willkürlich in der Mischung verteilt seien. Ein 1,1wertiger Elektrolyt AB hat somit die Aktivität

$$a_{AB} = \frac{n_B \, n_A}{\Sigma \, n_{+,\,i} + \Sigma \, n_{-,\,j}}. \tag{17.31}$$

Hierin ist $i = 1, 2, \ldots, s'$ und $j = 1, 2, \ldots, s''$ und n sind die Stoffmengen der einzelnen Ionensorten. Temkin nahm an, daß die Schmelze aus zwei unabhängigen Teilgittern der Kationen und Anionen besteht, so daß die Aktivität des Salzes B ν_+ A ν_- durch folgende Gleichung festgelegt wird

$$a_{AB} = \left(\frac{n_B}{\Sigma \, n_{+,\,i}}\right)^{\nu_+} \left(\frac{n_A}{\Sigma \, n_{-,\,j}}\right)^{\nu_-} = X_B^{\nu_+} X_A^{\nu_-}. \tag{17.32}$$

In einem realen System gilt hierauf

$$a_{AB} = \gamma_\pm^\nu \, X_B^{\nu_+} X_A^{\nu_-}. \tag{17.33}$$

Die Bestandteile der Schmelzen verhalten sich bis zu weitaus höheren Konzentrationen ideal als in wäßriger Lösung. Dies ist die Folge des starken elektrostatischen Feldes in der Schmelze, das sich nur wenig mit der Konzentration der betrachteten Komponente ändert und durch die Gegenwart aller Ionenarten hervorgerufen wird.

2. Transportvorgänge in Elektrolytlösungen

21. Der Fluß der thermodynamischen Größen

21.1. Die Natur der Transportvorgänge

Mit thermodynamischen Methoden vermag man die charakteristischen Größen des Gleichgewichtszustandes zu gewinnen, der sich im betrachteten System in einer nicht näher bestimmten Zeit einstellt. Die Bestimmung von Art und Geschwindigkeit der Vorgänge, durch die das System den Gleichgewichtszustand erreicht, liegt jedoch außerhalb des Gebietes der Thermodynamik. Für die Änderung des Zustandes eines isolierten Systems folgt aus dem zweiten Hauptsatz der Thermodynamik nur die Beziehung, daß die Ableitung der Entropie nach der Zeit positiv ist, d. h. daß die Entropie mit der Zeit zunimmt

$$\frac{\mathrm{d}\,S}{\mathrm{d}\,t} > 0\,.$$

Die Änderungen in einem chemischen System (und somit auch in einer Elektrolytlösung), das sich nicht im Gleichgewicht befindet, beruhen auf chemischen Reaktionen und Transportvorgängen. Man unterscheidet *vier grundsätzliche Transportvorgänge:*

Diffusion — Stofftransport infolge verschiedener Werte des chemischen Potentials innerhalb des Systems und zwischen diesem und seiner Umgebung (d. h. infolge der osmotischen Kraft),

elektrische Stromleitung — Transport elektrisch geladener Teilchen infolge eines elektrischen Feldes,

Konvektion — Stofftransport durch äußere mechanische Kräfte, die z. B. durch die Übertragung eines Impulses von außen auf das System, durch die Bewegung verschieden dichter Teile des Systems usw. zustande kommen,

Wärmeleitung zwischen den Teilen des Systems, die verschiedene Temperaturen haben, und zwischen dem System und seiner Umgebung.

21.2. Gemeinsame Eigenschaften des Flusses thermodynamischer Größen

Die *Flußdichte* einer bestimmten thermodynamischen Größe wird ausgedrückt durch die Menge der betreffenden Einheiten (Mole, Coulomb, Joule), die in der Zeiteinheit (1 s) durch die Querschnittseinheit strömen, und wird mit J bezeichnet.

Es sei ein lineares Rohr vom Querschnitt A und der Länge l betrachtet und angenommen, daß Änderungen der betreffenden thermodynamischen Größe nur in der Längsrichtung erfolgen können (d. h. der „Mantel" des Rohres ist isoliert, die Grundflächen sind für die thermodynamischen Größen durchlässig). Die Flußdichte der Größe J ist eine Funktion der Längsachse x (s. Abb. 2.1).

Die Mengenänderung einer thermodynamischen Größe M (Stoffmenge, Wärmeenergie), die in der Zeiteinheit im gesamten Rohr stattfindet, ist durch die Beziehung gegeben

$$\mathrm{d}\,M/\mathrm{d}\,t = -\,[J\,(l) - J\,(0)]\,A. \tag{21.1}$$

Es sei weiter ein Rohrabschnitt der Länge Δx betrachtet, in dessen Innerem und Umgebung die Flußdichte J eine stetige Funktion von x ist. Für die zeit-

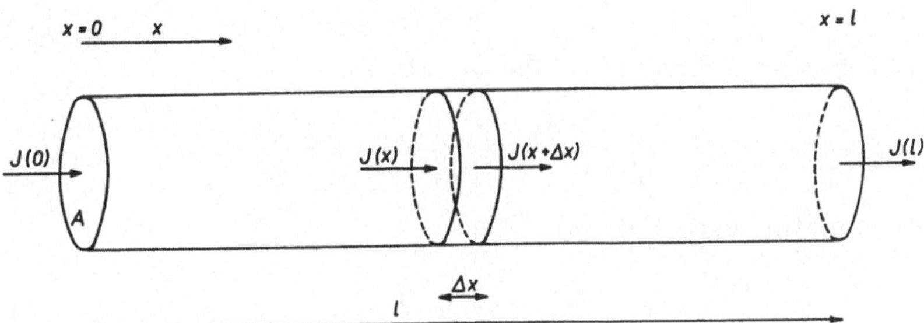

Abb. 2.1. Bilanz der Flußdichten in einem Rohr; Schema zur Gl. (21.1)

liche Änderung der Menge in diesem Rohrabschnitt gilt

$$\frac{\partial M}{\partial t} = -\,[J\,(x + \Delta x) - J\,(x)]\,A\,\Delta x. \tag{21.2}$$

Man dividiert beide Seiten durch das Produkt $A\,\Delta x$, das gleich dem Volumen ΔV desjenigen Rohrteiles ist, der die Länge Δx hat. Geht man zum Grenzwert über, so erhält man

$$\frac{\partial}{\partial t} \cdot \frac{\partial M}{\partial V} = -\frac{\partial J}{\partial x}. \tag{21.3}$$

Im Hinblick darauf, daß

$$\frac{\partial M}{\partial V} = \rho \tag{21.4}$$

ist, worin ρ die Dichte der betreffenden Größe darstellt (Stoffmenge oder Wärmeenergie), gilt

$$\frac{\partial \rho}{\partial t} = -\frac{\partial J}{\partial x}. \tag{21.5}$$

Für den Allgemeinfall eines dreidimensionalen Körpers, der durch die Fläche S begrenzt wird, greift man zur Formulierung mit Hilfe der Vektoranalyse. Für die Änderung der Menge M in der Zeiteinheit gilt

$$\frac{\partial M}{\partial t} = -\oint \vec{J}\,\mathrm{d}\vec{S}. \tag{21.6}$$

Der Normalenvektor $\mathrm{d}\vec{S}$ ist aus dem Körper hinaus gerichtet und $\vec{J} > 0$, wenn die Größe aus dem Körper hinausströmt [vgl. Gl. (21.1)]. Aus diesem Grunde muß auf der rechten Seite der Gl. (21.6) ein negatives Vorzeichen stehen.

Da

$$\frac{\partial M}{\partial t} = \int \frac{\partial \rho}{\partial t}\,\mathrm{d}V \tag{21.7}$$

gesetzt werden kann und nach dem Gauß-Ostrogradskischen Theorem

$$\oint \vec{J}\,\mathrm{d}\vec{S} = \int \operatorname{div}\vec{J}\,\mathrm{d}V \tag{21.8}$$

gilt, erhält man nach Einsetzen in die Gl. (21.6)

$$\int \frac{\partial \rho}{\partial t}\,\mathrm{d}V = -\int \operatorname{div}\vec{J}\,\mathrm{d}V \tag{21.9}$$

und Differentiation nach V den Ausdruck

$$\frac{\partial \rho}{\partial t} = -\operatorname{div}\vec{J}. \tag{21.10}$$

21.3. Empirische Grundbeziehungen für die Transportvorgänge

Die Flußdichten der einzelnen thermodynamischen Größen sind direkt proportional zu den physikalischen Größen, die die Lage im betrachteten Punkt des Systems charakterisieren. In der Regel sind sie Gradienten der Potentiale verschiedener Feldarten. Diese Größen bezeichnet Onsager als generalisierte Kräfte, die die Flüsse der thermodynamischen Größen treiben.

Im Falle der Diffusion haben wir es mit einer ungeordneten thermischen Bewegung der Teilchen zu tun. Da jedoch ein Konzentrationsgefälle vorhanden ist, überwiegt der Partikelfluß in Richtung nach sinkender Konzentration gegenüber der entgegengesetzten Strömung, und infolgedessen wandern die Teilchen zu den Orten mit niedrigerer Konzentration.

Eine empirische Beziehung für die Geschwindigkeit der Diffusion ist die Gleichung

$$J_{\text{Diff}} = -D\,\mathrm{d}c/\mathrm{d}x, \tag{21.11}$$

die als das *erste Ficksche Gesetz* bezeichnet wird. Die allgemeine Form dieses Gesetzes lautet

$$\vec{J}_{\text{Diff}} = -D\,\operatorname{grad} c, \tag{21.12}$$

wobei D der Diffusionskoeffizient des betrachteten Stoffes und c seine molare Konzentration ist. Die Grundeinheit für den Diffusionskoeffizienten ist $\mathrm{m^2\,s^{-1}}$, oft wird jedoch auch die Einheit $\mathrm{cm^2\,s^{-1}}$ verwendet. In den entsprechenden

Einheiten muß man dann auch die molare Konzentration ausdrücken (d. h. entweder in mol $\cdot$ m^{-3} oder mol $\cdot$ cm^{-3}) und die Länge x (m oder cm). Der Stofffluß J ergibt sich je nachdem in mol $\cdot$ m^{-2} s^{-1} oder in mol $\cdot$ cm^{-2} s^{-1}. Würde man die molare Konzentration in den üblichen Einheiten mol $\cdot$ dm^{-3} ausdrücken, so wäre in Gl. (21.12) der entsprechende numerische Umrechnungsfaktor enthalten.

Beim Formulieren der rechten Seite der Gln. (21.11) bzw. (21.12) kann man von der Auffassung ausgehen, daß die generalisierte Kraft dem Gradienten des chemischen Potentials proportional ist und daß der Proportionalitätsfaktor das Produkt aus der Beweglichkeit u (d. h. des Stoffflusses bei der Konzentration Eins und beim Gradienten Eins des chemischen Potentials) und der Konzentration des betrachteten Stoffes ist, also im Falle einer verdünnten Lösung

$$J_\text{Diff} = - u\, c\, \mathrm{d}\, \mu/\mathrm{d}\, x = - u\, R\, T\, \mathrm{d}\, c/\mathrm{d}\, x \qquad (21.13)$$

bzw.

$$\vec{J}_\text{Diff} = - u\, c\, \mathrm{grad}\, \mu = - u\, R\, T\, \mathrm{grad}\, c. \qquad (21.14)$$

Hieraus folgt, daß

$$D = u\, R\, T \qquad (21.15)$$

ist.

Für den Ladungstransport gilt das *Ohmsche Gesetz*

$$j = - \varkappa\, \mathrm{d}\, \varphi/\mathrm{d}\, x. \qquad (21.16)$$

Darin ist j die elektrische Stromdichte (der durch die Querschnittseinheit hindurchfließende Strom), $\varkappa$ die spezifische Leitfähigkeit und φ das sog. innere elektrische Potential der betrachteten Phase (eine eingehende Erläuterung s. im Abschn. 31, S. 128). Es kann auch allgemein geschrieben werden

$$j = - \varkappa\, \mathrm{grad}\, \varphi. \qquad (21.17)$$

Die spezifische Leitfähigkeit drückt man entweder in den Grundeinheiten aus, d. i. in $\Omega^{-1}\,\mathrm{m}^{-1}$ (dem die Stromdichte in A m^{-2} entspricht) oder in den Einheiten $\Omega^{-1}\,\mathrm{cm}^{-1}$. Die spezifische Leitfähigkeit ist gleich dem reziproken Wert des spezifischen Widerstandes. Der Widerstand eines Leiters ist nämlich seiner Länge l und der Fläche A seines Querschnittes direkt proportional, und die Proportionalitätskonstante ist eben der spezifische Widerstand $1/\varkappa$

$$R = \frac{1}{\varkappa} \cdot \frac{l}{A}. \qquad (21.18)$$

Die spezifische Leitfähigkeit bezieht sich demnach auf einen Leiter vom Querschnitt 1 m^2 bzw. 1 cm^2 und der Länge 1 m bzw. 1 cm (z. B. ein Würfel mit der Kante Eins).

Wie im Abschn. 22 gezeigt wird, können auch hier die Beziehungen zwischen dem Stofffluß der Ladungsträger, ihrer Konzentration und dem Gradienten des elektrischen Potentials analog zu den Gln. (21.13) und (21.14) für den Diffusionsfluß des Stoffes formuliert werden.

Für den *durch die Konvektion bewirkten Stofffluß* gilt

$$\vec{J}_\text{Konv} = c\, \vec{v}, \qquad (21.19)$$

d. h. die Stoffmenge, die in der Zeiteinheit durch die Flächeneinheit strömt, ist gleich der Menge, die in einer Säule enthalten ist, deren Grundfläche gleich Eins und deren Höhe gleich dem Weg ist, den das Teilchen in der Zeiteinheit zurücklegt. Numerisch ist er also gleich der Geschwindigkeit $\vec{v}$ der Bewegung des betrachteten Stoffes (z. B. Bewegungsgeschwindigkeit der Lösung, in welcher der Stoff gelöst ist).

Für die Flußdichte der Wärmeenergie gilt das *Fouriersche Gesetz*

$$J_t = -\lambda \, \mathrm{d}\, T/\mathrm{d}\, x \tag{21.20}$$

resp.

$$\vec{J_t} = -\lambda \, \mathrm{grad}\, T, \tag{21.21}$$

worin λ die Wärmeleitfähigkeit ist ($\mathrm{J\ m^{-1}\ s^{-1}\ K^{-1}}$).

In den weiteren Betrachtungen werden wir uns bei den Transportvorgängen mit der Leitung des elektrischen Stromes, der Diffusion und der Konvektion befassen.

22. Elektrizitätsleitung

22.1. Klassifikation der Leiter

Nach der von Faraday eingeführten Nomenklatur unterscheidet man zwei grundsätzliche Arten von Elektrizitätsleitern, die als Leiter erster und zweiter Klasse bezeichnet werden. Bei den *Leitern erster Klasse* wird nach der heutigen Auffassung die Leitung der Elektrizität von Elektronen besorgt, bei den *Leitern zweiter Klasse* von Ionen. (Die Partikel, die die Ladung im betrachteten System überführen, werden *Ladungsträger* genannt.)

Die Eigenschaften der Elektronenleiter werden durch das Bändermodell der Feststoffe beschrieben. Die Energieniveaus der isolierten Atome haben bestimmte diskrete Werte, und die Elektronen füllen diese Niveaus nach den Regeln der Quantenmechanik. Wenn die Atome jedoch näher zueinander rücken, so kommt es zu einer Wechselwirkung zwischen den Elektronen, und die Lagen der einzelnen Energieniveaus ändern sich. Bildet schließlich eine Vielzahl von Atomen ein Kristallgitter aus, so vereinigen sich die ursprünglichen Energieniveaus zu Energiebändern; jedes dieser Bänder entspricht dem Energieniveau des isolierten Atoms. Jedes Energieniveau im betrachteten Band kann höchstens durch zwei Elektronen besetzt werden.

Sind bei einer bestimmten Temperatur alle Energiebänder im Kristall vollkommen mit Elektronen besetzt und überlappen sie sich nicht gegenseitig, dann ist der Stoff ein *Isolator*. Zur Überführung der elektrischen Ladung ist es in einem solchen Kristall notwendig, daß die Elektronen aus einem Band in das andere überspringen, was einen erheblichen Energiebetrag erfordert.

Feststoffe vom umgekehrten Typ sind die *Metalle*. Das sog. Leitungsband, das den höchsten, teilweise besetzten Energieniveaus des Metallatoms im Grundzustand entspricht, enthält auch beim absoluten Temperaturnullpunkt eine ausreichende Menge von Elektronen, die die typische große Leitfähigkeit der Metalle bewirken. Diese locker gebundenen Elektronen bilden das sog. Elektronengas.

Unter dem Einfluß eines äußeren elektrischen Feldes nimmt die ursprünglich ungeordnete Bewegung eine Orientierung in Richtung des Feldes an.

Eine besondere Gruppe der Elektronenleiter bilden die *Halbleiter*. Dies sind Stoffe, bei denen die Valenzelektronen chemisch gebunden sind (sie bilden das sog. Valenzband), aber durch Energiezufuhr von außen (z. B. durch Lichteinwirkung) können sie in ein energetisch höheres Leitungsband gehoben werden (s. Abb. 2.2). Zwischen Valenz- und Leitungsband liegt die sog. verbotene Zone. Die Energiedifferenz zwischen dem niedrigsten Niveau des Leitungsbandes und dem höchsten Niveau des Valenzbandes wird die Breite der verbotenen Zone, E_g, genannt.

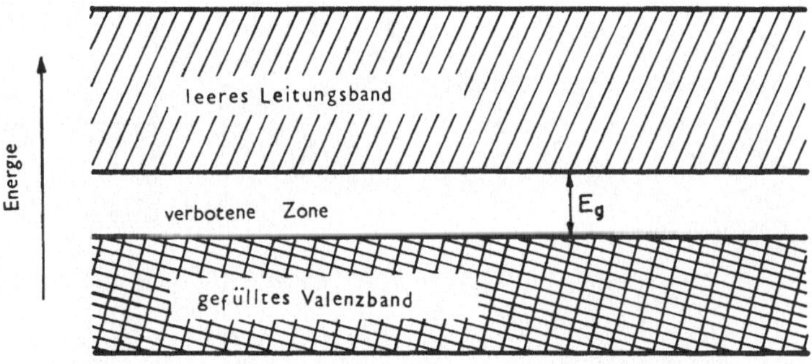

Abb. 2.2. Schema der Bänderstruktur eines Halbleiters

Der Transport des elektrischen Stromes wird einerseits durch diese angeregten Elektronen in der Leitungszone besorgt, anderseits durch die sog. „Löcher", die die angeregten Elektronen in den ursprünglichen Valenz-Energieniveaus zurücklassen. Diese Löcher haben eine positive effektive Ladung. Springt ein Elektron aus dem Nachbaratom in eine freigewordene Stelle (in ein „Loch") hinein, so ist dieser Vorgang einer Wanderung des Loches in entgegengesetzter Richtung äquivalent. In der Valenzzone wird der elektrische Strom somit durch diese positiven Ladungsträger überführt. Man unterscheidet zwei Arten von Halbleitern: reine Halbleiter, auch Eigenleiter genannt, und Halbleiter mit Beimengungen, sog. Störstellenhalbleiter. Bei den Eigenleitern reicht eine thermische Anregung aus, um die Valenzelektronen in die Leitungszone zu heben, bei den Störstellenhalbleitern tragen hauptsächlich die Verunreinigungsspuren zu ihrer Leitfähigkeit bei.

Ist die Beimengung ein Elektronendonator (im Falle von Germanium und Silicium die Elemente der 5. Gruppe, z. B. Arsen oder Antimon), so wird ein neues Energieniveau gerade unter dem Leitungsband gebildet (s. Abb. 2.3 A). Die Energiedifferenz zwischen dem niedrigsten Niveau des Leitungsbandes und diesem neuen Niveau bezeichnet man mit E_d. Dabei gilt, daß diese Größe beträchtlich kleiner ist als die Breite der verbotenen Zone E_g. Die Elektronen aus diesem Band gehen deshalb leicht in das Leitungsband über, und sie stellen daher den überwiegenden Beitrag zur Leitfähigkeit des Halbleiters dar. Da die Ladungsträger in diesem Fall die Elektronen sind, also negativ geladene Partikel, werden diese Halbleiter n-Leiter genannt.

Ist hingegen die Beimengung ein Elektronenakzeptor (in unserem Falle die Elemente der 3. Gruppe), so liegt das neue Energieband unmittelbar über dem Valenzband (s. Abb. 2.3 B). Die Elektronen aus dem Valenzband gehen leicht in dieses neue Band über und lassen Löcher (Lücken) zurück. Diese Löcher sind die Hauptladungsträger in den Halbleitern vom p-Typ, den sog. p-Leitern (die Löcher sind positiv geladen).

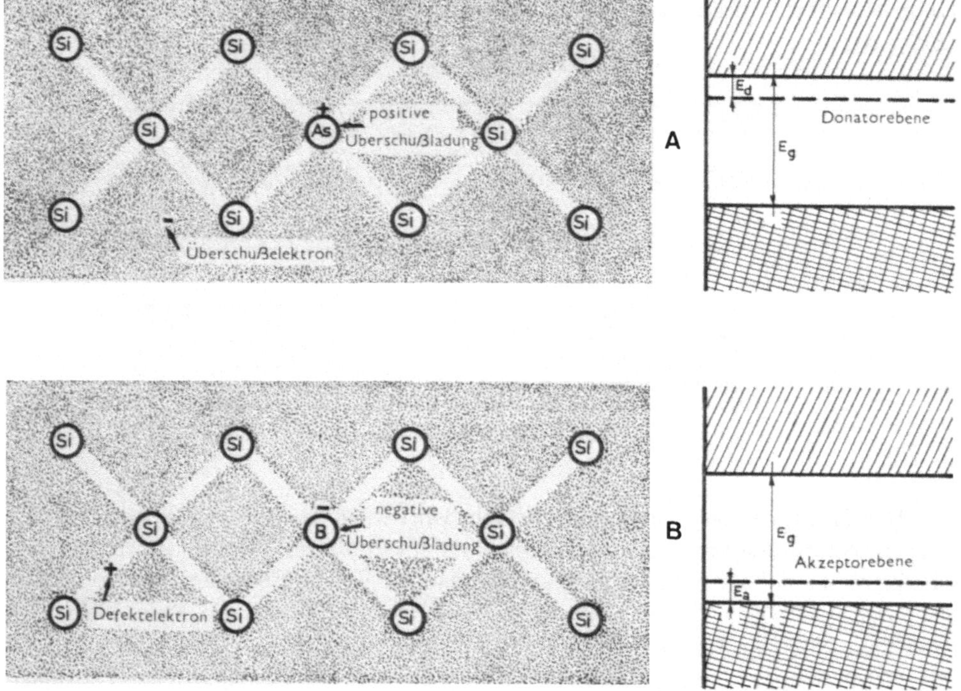

Abb. 2.3. Schema eines Silicium-Halbleiters. $A = n$-Typ, das überschüssige Elektron stammt vom As-Atom; $B = p$-Typ, das positive Loch entsteht durch den Übergang eines Elektrons auf das Boratom, wodurch dessen Bindungselektronen zu einer geschlossenen Schale aufgefüllt werden

Der Widerstand der Halbleiter ist im Vergleich zu dem der Metalle verhältnismäßig groß, denn die Stromleitung wird durch die Zuführung von Aktivierungsenergie bedingt. Die Leitfähigkeit der Halbleiter nimmt mit steigender Temperatur zu.

Ionenleitung (elektrolytische Leitung) des elektrischen Stromes liegt bei Elektrolytlösungen, Schmelzen, festen Elektrolyten, kolloidalen Systemen und bei ionisierten Gasen vor. Ihre Leitfähigkeit ist im Vergleich zu der der metallischen Leiter gering, mit zunehmender Temperatur wächst sie, da der gegen die Ionenbewegung wirkende Widerstand des viskosen Mediums mit wachsender Temperatur sinkt. Da die Überführung der Ladung mit einem Stofftransport verbunden ist, unterliegen die Leiter mit Ionenleitfähigkeit bei Stromdurchgang Veränderungen.

22.2. Leitfähigkeit von Elektrolyten

Wir beschränken uns auf den Fall eines (festen oder flüssigen) Elektrolyten bei den geläufigen Laboratoriumsbedingungen (d. h. in Abwesenheit von starken äußeren elektrischen Feldern). In diesem Fall kann für den Elektrolyten (außer im Gebiet der Phasengrenze, s. Abschn. 34) die Elektroneutralitätsbedingung benützt werden:

$$\sum_i z_i\, c_i = 0, \tag{22.1}$$

wobei c_i die Konzentration der Ionen im Elektrolyten und z_i ihre Ladungen sind. Die Stromdichte $\vec{j}$, die durch die Gln. (21.16) und (21.17) definiert ist, wird durch das *Faradaysche Gesetz*

$$\vec{j} = \sum_i z_i\, F\, \vec{J_i} \tag{22.2}$$

bestimmt, wobei F die Faraday-Konstante und $\vec{J_i}$ die Flußdichte der i-ten Komponente des Systems ist. In dieser Form bringt das Faradaysche Gesetz zum Ausdruck, daß der Transport der elektrisch geladenen Materie und der Transport der elektrischen Ladung, d. h. des elektrischen Stromes, äquivalent sind.

Die generalisierte Kraft der elektrolytischen Ladungsübertragung (Migration) ist eine dem Gradienten des chemischen Potentials analoge Größe, nämlich der Gradient der elektrischen Energie, bezogen auf die Mengeneinheit des Stoffes. Diese Größe definiert man als das Produkt aus der Ladung eines Moles des Stoffes, $z_i\, F$, und der Feldstärke des elektrischen Feldes, grad φ. Ähnlich wie bei der Formulierung der Gl. (21.14) erhält man die Beziehung

$$(\vec{J_i})_{\text{Migr}} = -\, u_i\, c_i\, z_i\, F\ \text{grad}\ \varphi, \tag{22.3}$$

wo u_i die Beweglichkeit der i-ten Komponente darstellt, die durch die Gln. (23.3) und (23.4) definiert ist. Die Größe

$$U_i = |\, z_i\, |\, F\, u_i \tag{22.4}$$

bezeichnet man als die *elektrolytische Beweglichkeit*. Setzt man aus Gl. (22.3) in (22.2) ein und vergleicht man die resultierende Beziehung mit der Gl. (21.17), so erhält man für die *spezifische Leitfähigkeit*

$$\varkappa = \sum_i z_i^2\, F^2\, u_i\, c_i = \sum_i |\, z_i\, |\, F\, U_i\, c_i. \tag{22.5}$$

Die spezifische Leitfähigkeit ist also in verdünnten Lösungen eine lineare Funktion der Konzentration der Komponenten und die Proportionalitätskonstanten (dividiert durch $|\, z_i\, |$) bezeichnet man als die (individuellen) Ionenleitfähigkeiten

$$\lambda_i = |\, z_i\, |\, F^2\, u_i = F\, U_i. \tag{22.6}$$

Es sei eine Lösung betrachtet, in der ein einziger starker Elektrolyt in der Konzentration c aufgelöst ist, der aus ν_+ Kationen B^{z+} der Konzentration c_+ und ν_- Anionen A^{z-} der Konzentrationen c_- besteht. Offensichtlich gilt

$$\nu_+\, z_+ = \nu_-\, |\, z_-\, | \tag{22.7}$$

und

$$c = c_+/\nu_+ = c_-/\nu_-. \tag{22.8}$$

Nach Einsetzen in (22.5) erhält man

$$\varkappa = z_+^2\,F^2\,u_+\,\nu_+\,c + z_-^2\,F^2\,\nu_-\,u_-\,c =$$
$$= (z_+\,u_+ + \mid z_- \mid u_-)\,z_+\,\nu_+\,F^2\,c =$$
$$= (z_+\,u_+ + \mid z_- \mid u_-)\mid z_- \mid \nu_-\,F^2\,c = \qquad (22.9)$$
$$= (U_+ + U_-)\,z_+\,\nu_+\,F\,c = (U_+ + U_-)\mid z_- \mid \nu_-\,F\,c.$$

Die Größe

$$(U_+ + U_-)\,z_+\,\nu_+\,F = (U_+ + U_-)\mid z_- \mid \nu_-\,F = \qquad (22.10)$$
$$= \varkappa/c = \Lambda$$

nennt man die *molare Leitfähigkeit* des Elektrolyten.

Bei den Leitern erster Klasse ist das spezifische Leitvermögen eine Konstante, die die Fähigkeit des betrachteten Materials, den elektrischen Strom bei einer bestimmten Temperatur und Spannung zu leiten, charakterisiert. Bei den Elektrolytlösungen hängt die spezifische Leitfähigkeit jedoch von der Konzentration ab und ist keine Materialkonstante. Aus diesem Grunde wird der Quotient $\Lambda = \varkappa/c$ eingeführt. Man wird aber aus dem Weiteren sehen, daß erst der Grenzwert der molaren Leitfähigkeit bei der Konzentration Null die Konstante ist, die die Fähigkeit des Elektrolyten, den elektrischen Strom in der Lösung zu leiten, charakterisiert. Die Grundeinheit für die molare Leitfähigkeit ist $\Omega^{-1}\,\mathrm{m}^2\,\mathrm{mol}^{-1}$. Dementsprechend wird $\varkappa$ in $\Omega^{-1}\,\mathrm{m}^{-1}$ und c in $\mathrm{mol}\cdot\mathrm{m}^{-3}$ ausgedrückt. Oft werden auch die Einheiten $\Omega^{-1}\,\mathrm{cm}^2\,\mathrm{mol}^{-1}$ gebraucht. Drückt man gleichzeitig $\varkappa$ in $\Omega^{-1}\,\mathrm{cm}^{-1}$ und die molare Konzentration wie üblich in $\mathrm{mol}\cdot\mathrm{dm}^{-3}$ aus, so muß die Gl. (22.10) in folgender Form angesetzt werden

$$\Lambda = \frac{1000\,\varkappa}{c}. \qquad (22.11)$$

Bei den numerischen Werten der molaren Leitfähigkeit muß man sich klarmachen, für welches Teilchen die Stoffmenge in Mol angegeben ist. Oft wird nämlich der Bruchteil der Leitfähigkeit angeführt, der einem Mol chemischer Äquivalente entspricht. Z. B. für Schwefelsäure kann die Konzentration c als „Normalität" ausgedrückt werden, d. h. es wird das Teilchen $1/2\,H_2SO_4$ in Betracht gezogen. Es liegt auf der Hand, daß dann $\Lambda\,(H_2SO_4) = 2\,\Lambda\,(1/2\,H_2SO_4)$ ist. Manchmal wird dafür auch der Begriff „Äquivalentleitfähigkeit" Λ^* benützt, der durch die Beziehung

$$\Lambda^* = \frac{\Lambda}{z_+\,\nu_+} = \frac{\Lambda}{\mid z_- \mid \nu_-} = (U_+ + U_-)\,F = \lambda_+ + \lambda_- \qquad (22.12)$$

definiert ist. Hierin sind λ_+ und λ_- die Ionenleitfähigkeiten des Kations und des Anions [s. Gl. (22.6)].

Es ist offensichtlich, daß in unserem Beispiel für Schwefelsäure $\Lambda^*\,(H_2SO_4) =$ $= \Lambda\,(1/2\,H_2SO_4) = 1/2\,\Lambda\,(H_2SO_4)$ ist.

Die *Überführungszahl* t_i gibt an, wie groß der Beitrag des i-ten Ions zur gesamten spezifischen Leitfähigkeit $\varkappa$ ist, also

$$t_i = \frac{z_i^2\,F^2\,u_i\,c_i}{\varkappa} = \frac{z_i^2\,F^2\,u_i\,c_i}{\sum\limits_{j} z_j^2\,F^2\,u_j\,c_j} = \frac{\mid z_i \mid F\,U_i\,c_i}{\sum \mid z_j \mid F\,U_j\,c_j}. \qquad (22.13)$$

Für einen Einzelelektrolyten gilt allerdings

$$t_+ = \frac{U_+}{U_+ + U_-} = \frac{\lambda_+}{\lambda_+ + \lambda_-}, \qquad t_- = \frac{U_-}{U_+ + U_-} = \frac{\lambda_-}{\lambda_+ + \lambda_-}. \tag{22.14}$$

Für die Lösung eines schwachen Elektrolyten von der Gesamtkonzentration c, der in ν_+ Kationen und ν_- Anionen dissoziiert ist und dessen Dissoziationsgrad α beträgt, gilt im Hinblick auf die Gln. (22.9) und (22.12)

$$\begin{aligned} \varkappa &= \alpha \, (U_+ + U_-) \, z_+ \, \nu_+ \, F \, c = \alpha \, (U_+ + U_-) \, | \, z_- \, | \, \nu_- \, F \, c, \\ \Lambda &= \alpha \, (U_+ + U_-) \, z_+ \, \nu_+ \, F \quad = \alpha \, (U_+ + U_-) \, | \, z_- \, | \, \nu_- \, F, \\ \Lambda^* &= \quad (U_+ + U_-) \, F. \end{aligned} \tag{22.15}$$

In idealen Lösungen starker Elektrolyte ist die Leitfähigkeit unabhängig von der Konzentration. In idealen Lösungen schwacher Elektrolyte wird die Abhängigkeit der molaren Leitfähigkeit von der Gesamtkonzentration durch die Konzentrationsabhängigkeit des Dissoziationsgrades festgelegt.

Die realen Lösungen verhalten sich bei großer Verdünnung ähnlich wie die idealen. Die Äquivalentleitfähigkeit bei der Grenzverdünnung bezeichnet man mit Λ^{*0}. Es ist somit

$$\Lambda^{*0} = F \, (U_+{}^0 + U_-{}^0) = \lambda_+{}^0 + \lambda_-{}^0. \tag{22.16}$$

Diese Gleichung gilt für starke und schwache Elektrolyte, denn bei Grenzverdünnung ist $\alpha = 1$. Die Größen $\lambda_i{}^0 = F \, U_i{}^0$ bedeuten die molaren Leitfähigkeiten der Einzelionen bei unendlicher Verdünnung. Für eine Lösung, die eine beliebige Anzahl von Ionensorten enthält, gilt die sog. Kohlrauschsche Regel von der unabhängigen Ionenwanderung: Bei Grenzverdünnung leiten alle Ionen unabhängig voneinander den elektrischen Strom; die Gesamtleitfähigkeit der Lösung setzt sich additiv aus den Beiträgen der einzelnen Ionen zusammen.

Für endliche Verdünnungen gilt zwar ebenfalls Gl. (22.5), aber die Beweglichkeiten U_i haben andere Werte als bei unendlicher Verdünnung, weil sich die Ionen bei ihrer Bewegung durch elektrostatische Kräfte beeinflussen. Aus diesem Grunde ist sowohl die Ionenleitfähigkeit λ_i als auch die Gesamtleitfähigkeit noch konzentrationsabhängig, obwohl die Einführung dieser Größen zum Ziel hatte, einen bereits konzentrationsunabhängigen Parameter zu gewinnen. Infolge der interionischen Wechselwirkungen ist die spezifische Leitfähigkeit nur bei kleinen Konzentrationen direkt proportional zur Konzentration. Bei höheren Konzentrationen ist sie niedriger, als der Konzentration entspräche. Dementsprechend sinkt auch die molare Leitfähigkeit. Beispiele für die Konzentrationsabhängigkeit der molaren Leitfähigkeit starker Elektrolyte sind in Abb. 2.4 angeführt. Man sieht, daß die molare Grenzleitfähigkeit nicht einmal bei sehr niedrigen Konzentrationen erreicht wird.

Mit der Konzentrationsabhängigkeit der elektrischen Leitfähigkeit befaßt sich ein spezieller Teil der Theorie der starken Elektrolyte (s. Abschn. 22.3). Für sehr niedrige Konzentrationen stellte Kohlrausch empirisch die Gültigkeit der folgenden Gleichung fest

$$\Lambda = \Lambda^0 - k \, \sqrt{c} \tag{22.17}$$

(k ist eine empirische Konstante). Die Beziehung zwischen Λ und $c^{1/2}$ ist demnach linear (Abb. 2.4).

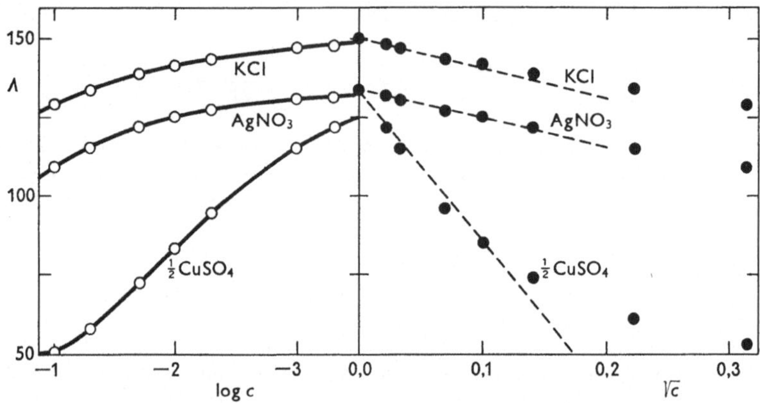

Abb. 2.4. Abhängigkeit der molaren Leitfähigkeit Λ ($\Omega^{-1} \cdot cm^2 \cdot mol^{-1}$) von der Konzentration c ($mol \cdot dm^{-3}$). Die gestrichelten Geraden entsprechen der Gl. (22.30); experimentelle Punkte nach Conway, S. 141—142

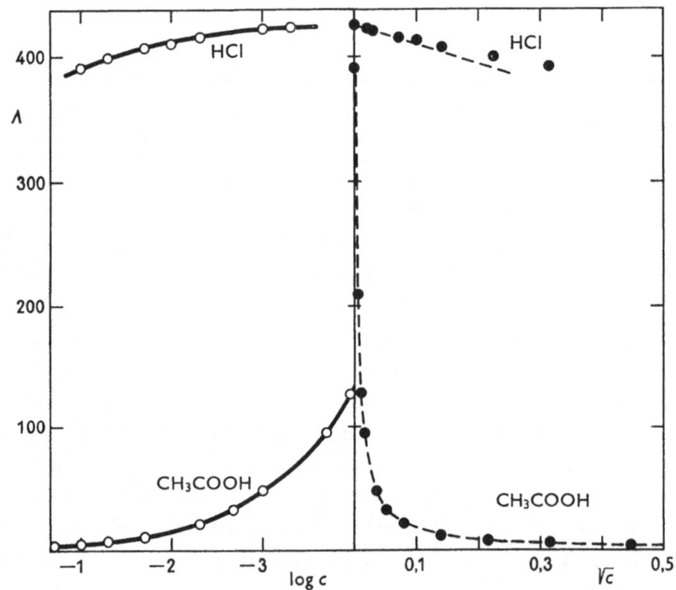

Abb. 2.5. Abhängigkeit der molaren Leitfähigkeit Λ ($\Omega^{-1} \cdot cm^2 \cdot mol^{-1}$) von der Konzentration c ($mol \cdot dm^{-3}$). Die gestrichelten Kurven entsprechen den Gln. (22.30) bzw. (22.33); experimentelle Punkte für HCl nach Conway, S. 141, für CH₃COOH nach Robinson-Stokes, S. 339

Bei den schwachen Elektrolyten kommt der Effekt der interionischen Wechselwirkungen relativ weniger zur Geltung, weil die Ionen wegen der unvollständigen und manchmal sehr geringen Dissoziation in verhältnismäßig kleinen Konzentrationen vorliegen. Deshalb kann man im Einklang mit der klassischen (Arrheniusschen) Theorie der schwachen Elektrolyte die Konzentrationsabhängigkeit der molaren Leitfähigkeit in erster Näherung auf die Konzentrationsabhängigkeit des Dissoziationsgrades α zurückführen. Setzt man die Beziehung für den Dissoziationsgrad

$$\alpha \approx \Lambda/\Lambda^0 \qquad (22.18)$$

Tabelle 2.1. *Molare Leitfähigkeiten* $(\Omega^{-1}\,\mathrm{cm}^2\,\mathrm{mol}^{-1})$ *und Diffusionskoeffizienten* $(\mathrm{cm}^2\,\mathrm{s}^{-1})$ *verschiedener Ionen in wäßrigen Lösungen bei unendlicher Verdünnung für 25 °C* [λ^0 nach Robinson und Stokes, S. 463, D^0 berechnet aus Gl. (23.48)]

Kation	λ_+^0	$D^0 \cdot 10^5$	Anion	λ_-^0	$D^0 \cdot 10^5$
H^+	$349,8_1$	9,31	OH^-	198,3	5,28
Li^+	$38,6_8$	1,03	F^-	55,4	1,48
Na^+	50,10	1,33	Cl^-	76,35	2,03
K^+	73,50	1,96	Br^-	78,14	2,08
Rb^+	$77,8_1$	2,07	I^-	$76,8_4$	2,05
Cs^+	$77,2_6$	2,06	N_3^-	69	1,84
Ag^+	$61,9_0$	1,65	NO_3^-	71,46	1,90
Tl^+	74,7	1,99	ClO_3^-	64,6	1,72
NH_4^+	$73,5_5$	1,96	BrO_3^-	$55,7_4$	1,48
$CH_3NH_3^+$	$58,7_2$	1,56	IO_3^-	$40,5_4$	1,08
$(CH_3)_2NH_2^+$	$51,8_7$	1,38	ClO_4^-	$67,3_6$	1,79
$(CH_3)_3NH^+$	$47,2_5$	1,26	IO_4^-	$54,5_5$	1,45
$(CH_3)_3(C_6H_5)N^+$	$34,6_5$	0,92	ReO_4^-	$54,9_7$	1,46
$CH_2OH \cdot CH_2NH_3^+$	$42,2_3$	1,12	HCO_3^-	$44,5_0$	1,18
$1/2\ Be^{2+}$	45	0,60	$Formiat^-$	$54,5_9$	1,45
$1/2\ Mg^{2+}$	$53,0_5$	0,71	$Acetat^-$	$40,9_0$	1,09
$1/2\ Ca^{2+}$	59,50	0,79	$Bromacetat^-$	$39,2_2$	1,04
$1/2\ Sr^{2+}$	$59,4_5$	0,79	$Chloracetat^-$	$42,2_0$	1,12
$1/2\ Ba^{2+}$	$63,6_3$	0,85	$Cyanacetat^-$	$43,4_2$	1,16
$1/2\ Cu^{2+}$	53,6	0,71	$Fluoracetat^-$	$44,3_9$	1,18
$1/2\ Zn^{2+}$	52,8	0,70	$Jodacetat^-$	$40,6_0$	1,08
$1/2\ Co^{2+}$	55	0,73	$Propionat^-$	35,8	0,95
$1/2\ Pb^{2+}$	69,5	0,92	$Butyrat^-$	32,6	0,87
$1/3\ La^{3+}$	69,7	0,62	$Benzoat^-$	$32,3_8$	0,86
$1/3\ Ce^{3+}$	69,8	0,62	$Pikrat^-$	30,39	0,81
$1/3\ Pr^{3+}$	69,6	0,62	$1/2\ SO_4^{2-}$	$80,0_2$	1,06
$1/3\ Nd^{3+}$	69,4	0,62	$1/2\ C_2O_4^{2-}$	$74,1_5$	0,99
$1/3\ Sm^{3+}$	68,5	0,61	$1/2\ CO_3^{2-}$	69,3	0,92
$1/3\ Eu^{3+}$	67,8	0,60	$1/3\ Fe(CN)_6^{3-}$	100,9	0,90
$1/3\ Gd^{3+}$	67,3	0,60	$1/3\ P_3O_9^{3-}$	83,6	0,74
$1/3\ Dy^{3+}$	65,6	0,58	$1/4\ Fe(CN)_6^{4-}$	100,5	0,76
$1/3\ Ho^{3+}$	66,3	0,59	$1/4\ P_4O_{12}^{4-}$	93,7	0,62
$1/3\ Er^{3+}$	65,9	0,58	$1/4\ P_2O_7^{4-}$	95,9	0,64
$1/3\ Tm^{3+}$	65,4	0,58	$1/5\ P_3O_{10}^{5-}$	109	0,58
$1/3\ Yb^{3+}$	65,6	0,58			

in die Gleichung für die scheinbare Dissoziationskonstante K' ein, so erhält man die Relation

$$K' = \frac{\alpha^2 c}{1-\alpha} \approx \frac{\Lambda^2 c}{\Lambda^0\,(\Lambda^0-\Lambda)}, \qquad (22.19)$$

die das *Ostwaldsche Verdünnungsgesetz* genannt wird. Diese Formel dient in geeignet linearisierter Form zur Berechnung der Größen K' und Λ^0 aus den gemessenen Werten von Λ und c. Die gewonnenen Dissoziationskonstanten sind allerdings nicht die thermodynamischen Konstanten. Letztere können durch ein kompliziertes Verfahren aus den Leitfähigkeitsmessungen ermittelt werden (s. Abschn. 22.62). Ein Beispiel für die Konzentrationsabhängigkeit der molaren Leitfähigkeit wird in Abb. 2.5 an Essigsäure in Gegenüberstellung zu Salzsäure gezeigt.

Die molare Grenzleitfähigkeit Λ^0 starker Elektrolyte kann man direkt messen, indem man die molare Leitfähigkeit Λ des betreffenden Elektrolyten bis

Tabelle 2.2. *Molare Leitfähigkeiten verschiedener Ionen in wäßrigen Lösungen bei unendlicher Verdünnung (Ω^{-1} cm^2 mol^{-1}) bei verschiedenen Temperaturen (nach Robinson-Stokes, S. 465)*

Ion	Temperatur °C								
	0	5	15	18	25	35	45	55	100
H$^+$	225	250,1	300,6	315	349,8$_1$	397,0	441,4	483,1	630
OH$^-$	105	—	—	171	198,3	—	—	—	450
Li$^+$	19,4	22,7$_6$	30,2$_0$	32,8	38,6$_8$	48,0$_0$	58,0$_4$	68,7$_4$	115
Na$^+$	26,5	30,3$_0$	39,7$_7$	42,8	50,10	61,5$_4$	73,7$_3$	86,8$_8$	145
K$^+$	40,7	46,7$_5$	59,6$_6$	63,9	73,50	88,2$_1$	103,4$_9$	119,2$_9$	195
Rb$^+$	43,9	50,1$_3$	63,4$_4$	66,5	77,8$_1$	92,9$_1$	108,5$_5$	124,2$_5$	—
Cs$^+$	44	50,0$_3$	63,1$_6$	67	77,2$_6$	92,1$_0$	107,5$_3$	123,6$_6$	—
Cl$^-$	41,0	47,5$_1$	61,4$_1$	66,0	76,35	92,2$_1$	108,9$_2$	126,4$_0$	212
Br$^-$	42,6	49,2$_5$	63,1$_5$	68,0	78,1$_4$	94,0$_3$	110,6$_8$	127,8$_6$	—
I$^-$	41,4	48,5$_7$	62,1$_7$	66,5	76,8$_4$	92,3$_9$	108,6$_4$	125,4$_4$	—

zu hohen Verdünnungen verfolgt und Extrapolationsbeziehungen des Typs (22.31) benutzt. Die molaren Leitfähigkeiten λ_i (und somit auch λ_i^0) sind der direkten Messung nicht zugänglich. Man kann sie jedoch aus den meßbaren Überführungszahlen berechnen (s. Abschn. 22.5) und aus ihnen mit Hilfe theoretischer Extrapolationsbeziehungen (22.27), die im folgenden Abschnitt erörtert werden, die Grenzwerte berechnen. Prinzipiell genügt es, mit diesem Vorgang λ_i^0 für eine einzige Ionenart zu berechnen; die molare Grenzleitfähigkeit der übrigen Ionen ermittelt man hierauf aus den Leitfähigkeiten der Elektrolyte bei Grenzverdünnung und aus der bekannten Grenzleitfähigkeit einer Ionenart durch bloße Subtraktion. Man hat z. B. die Grenzleitfähigkeit des Kaliumions gemessen. Für die Grenzleitfähigkeit des Natriumions gilt dann offensichtlich $\lambda_{\mathrm{Na}^+}^0 = \Lambda_{\mathrm{NaCl}}^0 - \Lambda_{\mathrm{KCl}}^0 + \Lambda_{\mathrm{K}^+}^0$. Die Werte der Ionengrenzleitfähigkeiten in wäßrigen Lösungen sind für einige Ionenarten in Tab. 2.1 und 2.2 wiedergegeben.

22.3. Theorie der Konzentrationsabhängigkeit der molaren Leitfähigkeit

Der Einfluß der interionischen Kräfte auf die Wanderungsgeschwindigkeit der Ionen ist von zweierlei Art. Der *elektrophoretische Effekt* (Abb. 2.6) beruht darauf, daß die Ionen je nach ihrer Ladung in oder entgegen der Richtung des elektrischen Feldes wandern, während sich die Ionenwolke in entgegengesetztem

Sinn bewegt als das Ion, das von ihr umgeben wird. Da das benachbarte Lösungsmittel von den Ionen mitgeschleppt wird, kommt es zu einer gegenseitigen Bremsung beider Bewegungen.

Im Falle einer sehr verdünnten Lösung kann man sich die Bewegung der Ionenwolke in Koordinatenrichtung als die Bewegung einer Kugel vom Radius

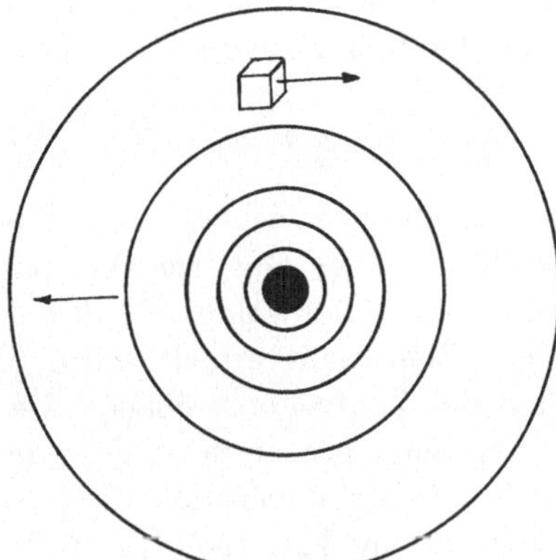

Abb. 2.6. Elektrophoretischer Effekt. Das Ion bewegt sich entgegengesetzt zur Ionenwolke

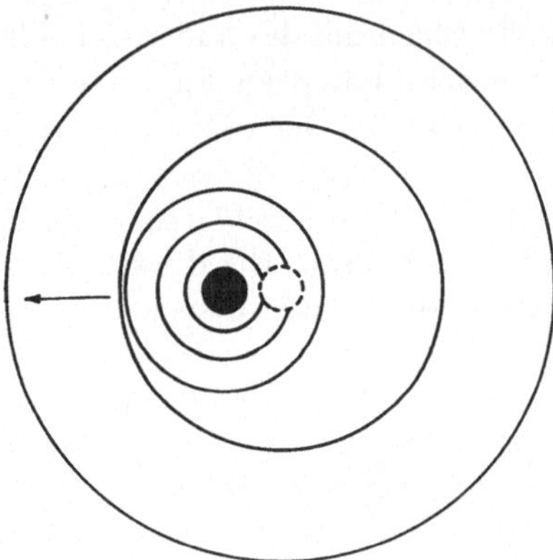

Abb. 2.7. Relaxationseffekt. Die Ionenwolke erneuert sich bei der Bewegung des Ions innerhalb einer endlichen Zeit, weshalb die Lage des Ions nicht mit dem Mittelpunkt der Ionenwolke übereinstimmt

der Ionenwolke [vgl. Gl. (13.19)] durch ein Medium der Viskosität η unter der Einwirkung der elektrischen Kraft $z_i\,e\,E_x$ denken. Darin ist E_x die elektrische Feldstärke und z_i die Ladung des Ions, das von der Ionenwolke umgeben wird. Die Bewegungsgeschwindigkeit der Ionenatmosphäre kann unter diesen Voraussetzungen mit Hilfe des Stokesschen Gesetzes [Gl. (23.55)] durch nachstehende Gleichung ausgedrückt werden

$$v_x = \frac{z_i\,e\,E_x\,\varkappa}{6\,\pi\,\eta}.\tag{22.20}$$

Die elektrolytische Beweglichkeit der Ionenwolke um das i-te Ion läßt sich dann durch den Ausdruck definieren

$$U_{ai} = \frac{z_i\, e\, \varkappa}{6\,\pi\,\eta} = \frac{z_i\, F\, \varkappa}{6\,\pi\, N_A\, \eta}. \tag{22.21}$$

Diese Größe kann mit der Bremskraft identifiziert werden, die die entgegengesetzt gerichtete Bewegung der Ionenwolke auf die Bewegung des Ions ausübt, also

$$-\Delta U_i = z_i\, F\, \varkappa / 6\,\pi\, N_A\, \eta. \tag{22.22}$$

Der *Relaxationseffekt* [genauer bezeichnet der *Effekt der Relaxationszeit* (Abb. 2.7)] hat seinen Grund in einer gewissen Verspätung (Relaxation), mit welcher die Kugelsymmetrie der Ionenwolke um das durch die Wirkung des elektrischen Feldes bewegte Zentralion erneut wird. Das Verschwinden der Ionenwolke nach Entfernen des Zentralions, ebenso wie ihr Wiederaufbau, ist eine Exponentialfunktion der Zeit; praktisch sind beide Vorgänge schon nach dem Doppelten der sog. Relaxationszeit beendet, die je nach der Konzentration des Elektrolyten die Größenordnung von 10^{-7} bis 10^{-9} s hat. Bewegt sich das Zentralion infolge der Einwirkung eines äußeren elektrischen Feldes, so stellen sich Asymmetrien in der Lage des Zentralions in bezug auf den Mittelpunkt der Ionenwolke ein. Das Zeitmittel der Kraftwirkung der Ionenwolke auf das Zentralion ist deshalb nicht gleich Null. Zum äußeren elektrischen Feld tritt das Relaxationsfeld hinzu, dessen Kraft gegen die des äußeren Feldes gerichtet ist. Obwohl die Relaxationszeit um mehrere Potenzen kleiner ist als die Zeit, in welcher das Zentralion durch den Radius der Ionenatmosphäre hindurchwandert, kommt der Einfluß der Relaxationszeit deshalb deutlich zur Geltung, weil die Feldstärke des durch die Ionenwolke gebildeten elektrischen Feldes größer ist als die des äußeren elektrischen Feldes. Aus diesem Grunde wirken auch kleine Änderungen in der Symmetrie der Ionenwolke merklich gegen den Einfluß des äußeren Feldes.

Die mathematische Behandlung des Relaxationseffektes geht von der Theorie der interionischen elektrostatischen Kräfte und von der hydrodynamischen Gleichung der Strömungskontinuität aus. Sie stellt den schwierigsten Teil der Theorie der starken Elektrolyte dar. Hier werden nur die Hauptergebnisse angeführt.

Die erste Näherungsberechnung wurde von Debye und Hückel und nach diesen von Onsager durchgeführt, der für die relative Relaxationsfeldstärke $\Delta E/E$ in der sehr verdünnten Lösung eines Einzelelektrolyten den Ausdruck erhielt

$$-\frac{\Delta E}{E} = \frac{|z_+ z_-|\, F^2}{12\,\pi\, N_A\, \varepsilon\, R\, T} \cdot \frac{q\, \varkappa}{1 + \sqrt{q}}, \tag{22.23}$$

in welchem

$$q = \frac{|z_+ z_-|}{z_+ + |z_-|} \cdot \frac{\lambda_+{}^0 + \lambda_-{}^0}{|z_-|\,\lambda_+{}^0 + z_+\,\lambda_-{}^0} \tag{22.24}$$

ist. Für valenzsymmetrische Elektrolyte ist $q = 1/2$.

Die Ionenleitfähigkeit wird im Idealfall durch das Produkt $F\, U_i{}^0$ festgelegt. Die wirkliche Ionenbeweglichkeit unterscheidet sich jedoch infolge des elektrophoretischen Effektes um ΔU_i von der idealen und beträgt $U_i^0 + \Delta U_i$. Im Realfall ist weiter das elektrische Feld nicht nur durch das äußere Feld E, sondern überdies noch durch das Relaxationsfeld ΔE gegeben und beträgt infolgedessen $E + \Delta E$. Dadurch wird die Leitfähigkeit (die auf die Einheit der äußeren Feldstärke E bezogen ist) um das $[(E + \Delta E)/E]$-fache erhöht. Unter Berücksichtigung beider Effekte erhält man also für die Ionenleitfähigkeiten

$$\lambda_+ = F\,(U_+^0 + \Delta U_+)\left(1 + \frac{\Delta E}{E}\right), \quad \lambda_- = F\,(U_-^0 + \Delta U_-)\left(1 + \frac{\Delta E}{E}\right), \qquad (22.25)$$

und für das Äquivalentleitvermögen Λ^* des Elektrolyten ergibt sich

$$\Lambda^* = F\,(U_+^0 + \Delta U_+ + U_-^0 + \Delta U_-)\left(1 + \frac{\Delta E}{E}\right) \approx$$
$$\approx F\left[(U_+^0 + U_-^0)\left(1 + \frac{\Delta E}{E}\right) + \Delta U_+ + \Delta U_-\right]. \qquad (22.26)$$

Man setzt $F\,U_+^0 = \lambda_+^0$, $F\,U_-^0 = \lambda_-^0$ bzw. $F\,(U_+^0 + U_-^0) = \Lambda^{*0}$ ein. Weiter wird für ΔU_+ und ΔU_- aus den Gln. (22.22) substituiert. Bei größeren Konzentrationen benützt man für beide Effekte gewöhnlich die Ausdrücke (22.22) und (22.23), die im Nenner durch den Term $(1 + \varkappa a)$ ergänzt sind [vgl. Gl. (13.35)]. Man erhält dann folgende Gleichungen:

$$\lambda_+ = \lambda_+^0 - \left(\lambda_+^0 \frac{|z_+ z_-|\,F^2}{12\,\pi\,N_A\,\varepsilon\,R\,T} \cdot \frac{q}{1 + \sqrt{q}} + \frac{z_+\,F^2}{6\,\pi\,N_A\,\eta}\right)\frac{\varkappa}{1 + \varkappa a},$$
$$\lambda_- = \lambda_-^0 - \left(\lambda_-^0 \frac{|z_+ z_-|\,F^2}{12\,\pi\,N_A\,\varepsilon\,R\,T} \cdot \frac{q}{1 + \sqrt{q}} + \frac{z_-\,F^2}{6\,\pi\,N_A\,\eta}\right)\frac{\varkappa}{1 + \varkappa a}, \qquad (22.27)$$
$$\Lambda^* = \Lambda^{*0} - \left(\Lambda^{*0} \frac{|z_+ z_-|\,F^2}{12\,\pi\,N_A\,\varepsilon\,R\,T} \cdot \frac{q}{1 + \sqrt{q}} + \frac{(z_+ + |z_-|)\,F^2}{6\,\pi\,N_A\,\eta}\right)\frac{\varkappa}{1 + \varkappa a}.$$

Die Beziehungen (22.27) können in der Form geschrieben werden (z. B. für Λ^*)

$$\Lambda^* = \Lambda^{*0} - (B_1\,\Lambda^{*0} + B_2) \cdot \frac{\sqrt{I}}{1 + B\,a\,\sqrt{I}}, \qquad (22.28)$$

worin

$$B_1 = \frac{|z_+ z_-|\,F^3\,q}{3\,\pi\,N_A\,(2\,\varepsilon\,R\,T)^{3/2}\,(1 + \sqrt{q})},$$

$$(22.29)$$

$$B_2 = \frac{(z_+ + |z_-|)\,F^3}{6\,\pi\,N_A\,\eta} \cdot \frac{\sqrt{2}}{\sqrt{\varepsilon\,R\,T}}$$

ist. Die Werte der Konstanten B_1 und B_2 sind für wäßrige Lösungen und verschiedene Temperaturen in Tab. 2.3 angeführt. Die Gültigkeit der Gl. (22.28) konnte für 1—1-wertige Elektrolyte bis zu Konzentrationen von 0,1 M erwiesen werden.

Vernachlässigt man in den Gln. (22.27) und (22.28) das Produkt $\varkappa\,a$, bzw. $B\,a\,\sqrt{I}$, so erhält man das sog. Onsagersche Grenzgesetz

$$\Lambda^* = \Lambda^{*0} - \Lambda^{*0}\,\frac{|\,z_+ z_-\,|\,F^2}{12\,\pi\,N_A\,\varepsilon\,R\,T}\cdot\frac{q\,\varkappa}{1+\sqrt{q}} - \frac{(z_+ + |\,z_-\,|)\,F^2\,\varkappa}{6\,\pi\,N_A\,\eta}, \qquad (22.30)$$

d. h. für $z_+ = z_- = 1$

$$\Lambda^* = \Lambda^{*0} - (B_1\,\Lambda^{*0} + B_2)\,\sqrt{c}. \qquad (22.31)$$

Von seiner Gültigkeit für die Leitfähigkeit der Lösungen, sei es auch sehr verdünnter, kann man dasselbe sagen, was bereits für die Gültigkeit der Debye-Hückelschen Grenzbeziehung angeführt wurde (s. Abb. 2.4, gestrichelte Gerade).

Tabelle 2.3. *Konstanten der Gleichung* (22.28)
(nach Robinson und Stokes, S. 468; für Λ in Ω^{-1} cm^2 mol^{-1} und I in mol dm^{-3})

°C	B_1	B_2	°C	B_1	B_2
0	0,2211	29,82	50	0,2416	100,4
5	0,2227	35,23	55	0,2443	109,2
10	0,2243	41,00	60	0,2470	118,5
15	0,2261	47,18	65	0,2499	127,8
18	0,2271	51,07	70	0,2529	137,6
20	0,2280	53,73	75	0,2560	147,7
25	0,2300	60,65	80	0,2593	158,1
30	0,2321	67,91	85	0,2627	168,7
35	0,2343	75,52	90	0,2662	179,6
40	0,2366	83,46	95	0,2698	190,8
45	0,2391	91,72	100	0,2736	202,2

Das Onsagersche Grenzgesetz stimmt offensichtlich mit der empirischen Beziehung von Kohlrausch (22.17) überein.

Durch das Verhältnis der molaren Leitfähigkeit bei endlicher und bei unendlicher Verdünnung wird der Leitfähigkeitskoeffizient γ_Λ definiert,

$$\frac{\Lambda^*}{\Lambda^{*0}} = \gamma_\Lambda. \qquad (22.32)$$

Seinen theoretischen Ausdruck erhält man, wenn man das Verhältnis der Leitfähigkeiten aus den Gln. (22.27) oder (22.28) ausdrückt.

Für schwache Elektrolyte hat das Onsagersche Grenzgesetz die Form

$$\Lambda^* = \alpha\,[\Lambda^{*0} - (B_1\,\Lambda^{*0} + B_2)\,\sqrt{(\alpha\,c)}]. \qquad (22.33)$$

Für das Verhältnis Λ^*/Λ^{*0} gilt hierauf

$$\Lambda^*/\Lambda^{*0} = \alpha\,\gamma_\Lambda. \qquad (22.34)$$

Die Beziehung (22.34) stellt die exaktere Formulierung der Arrheniusschen Näherungsformel (22.18) dar. Die Gültigkeit der Gl. (22.33) wird durch das Beispiel in Abb. 2.5 illustriert.

22.4. Wien- und Debye-Falkenhagen-Effekt

Die Leitfähigkeiten starker Elektrolyte sind bei schwachen elektrischen Feldern (der Größenordnung von 10^4 V m^{-1}) unabhängig von der Feldstärke. Bei hohen Feldstärken (um 10^7 V m^{-1} herum) konnte Wien jedoch einen deutlichen Anstieg des Leitvermögens beobachten (vgl. Abb. 2.8). Dieser *erste Wien-Effekt* wächst mit steigender Konzentration und Wertigkeit der Ionen des Elektrolyten und strebt mit wachsender elektrischer Feldstärke einem Grenzwert zu. Ursache dieser Erscheinung sind die großen Geschwindigkeiten der Ionen, die eine Um-

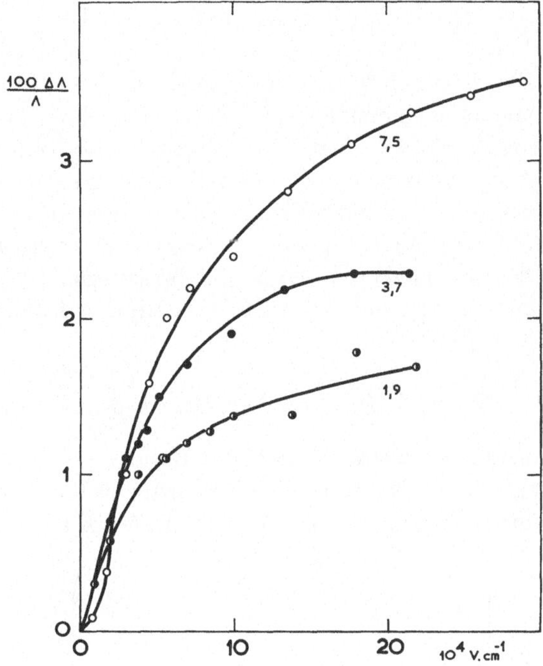

Abb. 2.8. Wien-Effekt in einer Lösung von $Li_3Fe(CN)_6$. Die Konzentrationen sind bei den Kurven in mol $\cdot$ dm^{-3} angegeben [M. Wien: Ann. Physik [5] **1**, 400 (1929)]

gruppierung der Ionenatmosphäre während ihrer Bewegung unmöglich machen. Die Ionenwolke kann deshalb nicht aufgebaut werden, und sowohl der elektrophoretische als auch der Relaxationseffekt fallen weg.

In Lösungen schwacher Elektrolyte wird ebenfalls eine Erhöhung der Leitfähigkeit beobachtet. Dieser sog. *zweite Wien-Effekt* (oder *Dissoziationsfeldeffekt*) entsteht durch den Einfluß des elektrischen Feldes auf die Dissoziation der schwachen Elektrolyte. Vom kinetischen Gesichtspunkt hat z. B. das Gleichgewicht zwischen einer schwachen Säure HA, ihrem Anion A$^-$ und dem Hydroniumion H_3O^+ dynamischen Charakter

$$HA + H_2O \overset{k_d}{\underset{k_r}{\rightleftarrows}} H_3O^+ + A^-. \tag{22.35}$$

Hierin ist k_d die Geschwindigkeitskonstante der Dissoziation, k_r die der Rekombination des Anions mit dem Hydroniumion. Durch ihren Quotienten wird der Dissoziationskonstante der schwachen Säure festgelegt

$$K_A = k_d/k_r. \tag{22.36}$$

Die Bindung zwischen dem Wasserstoffatom und dem Anion ist überwiegend von elektrostatischer Natur, so daß das Säuremolekül in gewissem Maß den Charakter eines Ionenpaares hat. Wie Onsager gezeigt hat, wächst die Dissoziationsgeschwindigkeit eines Ionenpaars unter dem Einfluß eines äußeren elektrischen Feldes, wogegen seine Bildungsgeschwindigkeit durch das Feld nicht beeinflußt wird. Deshalb wächst k_d infolge des Feldes und somit auch K_A. Ein schwacher Elektrolyt ist also bei hoher Feldstärke stärker dissoziiert, und sein Leitvermögen wird größer.

Debye und Falkenhagen haben vorausgesagt, daß die Ionenwolke die der Bewegung des Zentralions entsprechende asymmetrische Konfiguration nicht annehmen kann, wenn die Frequenz des Wechselfeldes vergleichbar mit der reziproken Relaxationszeit der Ionenwolke ist. Diese Erscheinung (*Debye-Falkenhagen-Effekt*) konnte auch tatsächlich bei Frequenzen um 1 MHz und höher beobachtet werden, wo die Molarleitfähigkeit schließlich etwas niedrigere Werte als Λ^0 annimmt. Die Ursache dieses Leitfähigkeitsanstiegs liegt im Verschwinden des Relaxationseffektes, während der elektrophoretische Effekt seinen Einfluß behält.

22.5. Die Überführungszahlen

Die Überführungszahlen werden durch die Beziehungen (22.13) und (22.14) definiert. Zur anschaulichen Deutung dieser Begriffe wollen wir die in Abb. 2.9 dargestellte experimentelle Einrichtung betrachten. Im Kathoden- und Anoden-

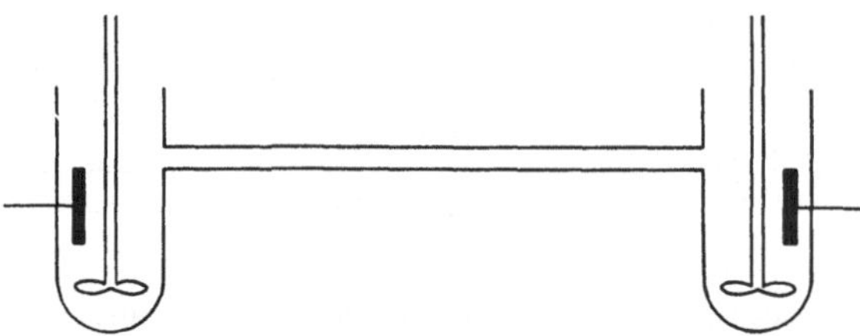

Abb. 2.9. Schematische Darstellung einer Apparatur zur Messung der Überführungszahlen auf Grund der Konzentrationsabnahmen an den Elektroden

raum wird die Konzentration des Elektrolyten homogen gehalten. Das Verbindungsrohr ist eng, so daß die in ihm enthaltene Elektrolytmenge vernachlässigbar ist gegenüber den Mengen in den Elektrodenräumen. Das elektrische Feld ist in ihm homogen verteilt, und bei genügend großer elektrischer Spannung wird der Stofftransport nur durch die Ionenwanderung besorgt. Geht durch diese Elektrolysezelle die Ladung Q hindurch, so werden an der Kathode $Q/z_+ F$ Mole Kationen und an der Anode $Q/|z_-| F$ Mole Anionen abgeschieden. Aus dem Kathodenraum wandern $Q\, t_-/|z_-| F$ Mole Anionen in den Anodenraum und in entgegengesetzter Richtung $Q\, t_+/z_+\, F$ Mole Kationen. Insgesamt verschwinden also im Kathodenraum $(\Delta\, n_+)_K = Q\, t_-/z_+\, F$ Mole Kationen und $(\Delta\, n_-)_K = Q\, t_-/|\,z_-\,|\, F$ Mole Anionen und im Anodenraum $(\Delta\, n_+)_A = Q\, t_+/z_+\, F$ Mole Kationen und $(\Delta\, n_-)_A = Q\, t_+/|\,z_-\,|\, F$ Mole Anionen. Da offensichtlich zwischen der Stoffmenge der Kationen n_+, bzw. der Anionen n_-, und der Menge des Salzes n die Beziehungen $n_+ = |\,z_-\,|\,n$ und $n_- = z_+\, n$ gelten, kann man für die Abnahmen des Salzes $\Delta\, n_K = Q\, t_-/z_+\,|\,z_-\,|\, F$ und $\Delta\, n_A = Q\, t_+/z_+\,|\,z_-\,|\, F$ setzen. Die Abnahme der Salzmenge im Kathodenraum wird also durch die Überführungszahl des Anions beeinflußt und umgekehrt die Abnahme der Salzmenge im Anodenraum durch die Überführungszahl des Kations. Es gilt offensichtlich

$$t_+ = \frac{\Delta\, n_A}{\Delta\, n_K + \Delta\, n_A}, \quad t_- = \frac{\Delta\, n_K}{\Delta\, n_K + \Delta\, n_A}. \tag{22.37}$$

Durch Messen der Konzentrationsabnahmen des Salzes in den Elektrodenräumen können also die Überführungszahlen ermittelt werden.

Im Hinblick auf die Relation $\lambda_i = F\, U_i$ gilt für einen starken Elektrolyten

$$t_+ = \frac{\lambda_+}{\lambda_+ + \lambda_-} = \frac{\lambda_+}{\Lambda^*}, \quad t_- = \frac{\lambda_-}{\lambda_+ + \lambda_-} = \frac{\lambda_-}{\Lambda^*} \tag{22.38}$$

und für einen schwachen Elektrolyten

$$t_+ = \frac{\alpha\,\lambda_+}{\Lambda^*}, \quad t_- = \frac{\alpha\,\lambda_-}{\Lambda^*}. \tag{22.39}$$

Diese Gleichungen benutzt man zur Ermittlung der Ionenleitfähigkeiten.

Die Überführungszahl des Ions hängt also von den Beweglichkeiten beider Ionen (gegebenenfalls aller anwesenden Ionen) des Elektrolyten ab. Sie ist also kein Parameter des isolierten Ions, sondern charakterisiert es im gegebenen Elektrolyten. Beispiele der Überführungszahlen sind in Tab. 2.4 zu finden.

Wie aus Tab. 2.4 ersichtlich ist, hängen die Überführungszahlen auch von der Konzentration des Elektrolyten ab. Aus den experimentellen Daten lassen sich folgende Regeln ableiten: 1. liegt die Überführungszahl in der Nähe von 0,5, so hängt sie nur geringfügig von der Konzentration ab; 2. ist die Überführungszahl des Kations kleiner als 0,5, so sinkt sie mit wachsender Konzentration (gleichzeitig steigt $t_- > 0{,}5$ mit zunehmender Konzentration); 3. ist $t_+ > 0{,}5$, so wächst die Überführungszahl mit steigender Konzentration (gleichzeitig sinkt $t_- < 0{,}5$).

Diese Abhängigkeiten lassen sich theoretisch erfassen, wenn man die Überführungszahl durch die Beziehung (22.38) ausdrückt und für die molare Leitfähigkeit aus den Gln. (22.25) und (22.26) einsetzt. Der Relaxationsterm $1 + (\Delta\, E/E)$ hebt sich auf, und für die Überführungszahl erhält man

$$t_+ = \frac{\lambda_+}{\Lambda^*} = \frac{\lambda_+{}^0 - [z_+\, B_2\,\sqrt{I}\,/\,(z_+ + |\,z_-\,|)\,(1 + \varkappa\, a)]}{\Lambda^{0*} - B_2\,\sqrt{I}\,/\,(1 + \varkappa\, a)}. \tag{22.40}$$

Die Konstante B_2 hat hier die gleiche Bedeutung wie in Gl. (22.29).

Von der Gültigkeit dieser Gleichung kann dasselbe gesagt werden wie von den analogen Gleichungen für die Leitfähigkeit: sie gilt ausgezeichnet für 1—1-

wertige Elektrolyte bis zu Konzentrationen der Größenordnung von 10°. Die aus den gemessenen Überführungszahlen berechneten Ionendurchmesser a stehen in gutem Einklang mit den Werten, die aus den experimentell ermittelten Aktivitätskoeffizienten erhalten wurden. Für die übrigen Elektrolyttypen bewährt sich Gl. (22.40) weitaus schlechter, auch bei Konzentrationen von 0,005 M. Nach Gl. (22.40) kann man aus den gemessenen Werten von Λ und t die Ionenleitfähigkeiten berechnen bzw. bei bekanntem Λ^0 direkt die Ionengrenzleitfähigkeit λ_i^0.

Tabelle 2.4. *Kationen-Überführungszahlen in wäßrigen Lösungen bei 25 °C für verschiedene Konzentrationen c* (mol · dm^{-3}). Relative Genauigkeit $\pm$ 0,02% (nach Conway, S. 165—166)

Elektrolyt	c					
	0	0,01	0,02	0,05	0,10	0,20
HCl	0,8209	0,8251	0,8266	0,8292	0,8314	0,8337
CH_3COONa	0,5507	0,5537	0,5550	0,5573	0,5594	0,5610
CH_3COOK	0,6427	0,6498	0,6523	0,6569	0,6609	—
KNO_3	0,5072	0,5084	0,5087	0,5093	0,5103	0,5120
NH_4Cl	0,4909	0,4907	0,4906	0,4905	0,4907	0,4911
KCl	0,4906	0,4902	0,4901	0,4899	0,4898	0,4894
KI	0,4892	0,4884	0,4883	0,4882	0,4883	0,4887
KBr	0,4849	0,4833	0,4832	0,4831	0,4833	0,4841
$AgNO_3$	0,4643	0,4648	0,4652	0,4664	0,4682	—
NaCl	0,3963	0,3918	0,3902	0,3876	0,3854	0,3821
LiCl	0,3364	0,3289	0,3261	0,3211	0,3168	0,3112
$CaCl_2$	0,4380	0,4264	0,4220	0,4140	0,4060	0,3953
1/2 Na_2SO_4	0,386	0,3848	0,3836	0,3829	0,3828	0,3828
1/2 K_2SO_4	0,479	0,4829	0,4848	0,4870	0,4890	0,4910
1/3 $LaCl_3$	0,477	0,4625	0,4576	0,4482	0,4375	0,4233
1/4 $K_4Fe(CN)_6$	—	0,515	0,555	0,604	0,647	—
1/3 $K_3Fe(CN)_6$	—	—	—	0,475	0,491	—

Die Überführungszahlen können mit mehreren Methoden gemessen werden: nach der Methode von Hittorf, nach der Methode der Grenzflächenverschiebung und mit Hilfe von Konzentrationsketten mit Flüssigkeitspotential (vgl. Abschnitt 32.1).

Die *Hittorfsche Methode* beruht auf der Messung der Konzentrationsänderungen, die bei der Elektrolyse an der Anode und Kathode auftreten. Diese Änderungen werden mit einer empfindlichen Analysenmethode verfolgt, z. B. konduktometrisch bei geeignet gestaltetem Meßgefäß. Aus den Gesamtänderungen des Elektrolytgehalts im Anoden- und Kathodenraum berechnet man die Überführungszahlen nach den Beziehungen (22.37).

Bei der *Methode der wandernden Grenzfläche* erzeugt man in der Meßzelle (Abb. 2.10) eine scharfe Grenzfläche zwischen zwei Elektrolyten, die eine gemeinsame und eine verschiedene Ionenart haben (z. B. KCl und NaCl für die Messung von t_{K^+}, KCl und KNO_3 für die Messung von t_{Cl^-}). Der eine Elektrolyt ist der Meßelektrolyt von der Konzentration c, der andere ein Hilfselektrolyt, der sog.

Indikator. In die Lösungen auf den verschiedenen Seiten der Grenzfläche sind Elektroden eingetaucht, an die eine Spannung angelegt wird. Ist die elektrische Ladung, die durch die Lösung transportiert wird, gleich Q und verschiebt sich die Grenzfläche um die Länge l im Gefäß vom Querschnitt A, so gilt für die Überführungszahl die Beziehung $t = l\,A\,c\,F/Q$. Scharfe Grenzflächen lassen sich auf verschiedene Weise erhalten; manchmal kann man einen der beiden Elektrolyte durch anodische Auflösung einer geeigneten Elektrode herstellen (z. B. durch Auflösen einer mit KCl-Lösung überschichteten Cadmiumelektrode entsteht die scharfe Grenzfläche $CdCl_2/KCl$). Die untere Lösung muß eine größere Dichte

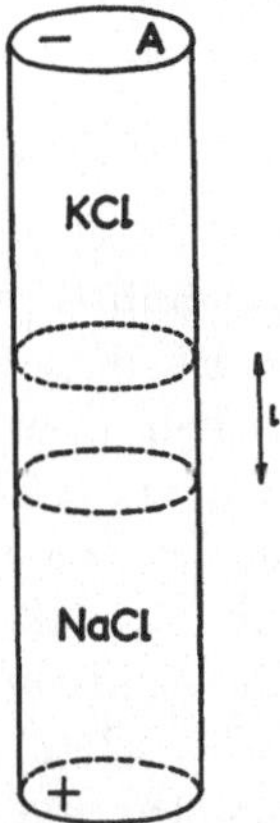

Abb. 2.10. Elektrolytverteilung in der Meßzelle bei der Messung der Überführungszahlen nach der Methode der wandernden Grenzfläche

haben als die obere. Passende Dichten können durch Zugeben eines Nichtelektrolyten erzielt werden. Damit die einmal scharfe Grenzfläche während des Versuches nicht verwischt wird, bringt man die Lösung mit den zu messenden Ionen näher zu derjenigen Elektrode unter, zu der die Grenzfläche wandern wird, und die Lösung mit den Indikatorionen weiter weg von ihr. Der Indikator wird so gewählt, daß $U_{\text{Ind}} < U_{\text{Meß}}$, $t_{\text{Ind}} < t_{\text{Meß}}$, $c_{\text{Ind}} < c_{\text{Meß}}$ ist. Dann herrscht in der Lösung mit dem Indikator ein größeres Potentialgefälle als in der Lösung mit den zu messenden Ionen. Wenn sich also eines der zu messenden Ionen infolge der Diffusion vorübergehend verspätet, so wird seine Bewegung durch das größere Potentialgefälle beschleunigt, und das Ion kehrt in die Grenzfläche zurück (dasselbe gilt entsprechend modifiziert auch für die Indikatorionen). Die Verschiebung der Grenzfläche wird im Falle farbiger Ionen visuell verfolgt, bei farblosen Ionen refraktometrisch.

Durch Bestimmen der Konzentrationsänderungen in den Elektrodenräumen erhält man nur dann die richtigen Überführungszahlen, wenn die Ionen in der wäßrigen Lösung nicht hydratisiert sind. Sind sie hydratisiert, so führen sie Wassermoleküle mit, die sie bei ihrer Abscheidung an der Elektrode im Elektrodenraum zurücklassen. Die gemessenen Elektrolytabnahmen an den Elektroden sind also größer (bzw. kleiner), als dem bloßen Stromtransport entspräche. Entfallen auf das Kation n_+ und auf das Anion n_- Wassermoleküle, so werden

beim Transport der 1 F entsprechenden Ladungsmenge zur Elektrode W Mole
Wasser mitgeführt

$$W = n_+\, t_+ - n_-\, t_-. \tag{22.41}$$

Ist das Kation stärker hydratisiert, so ist diese Menge positiv, ist die Hydratation
des Anions stärker, so ist sie negativ, das Wasser wird zur Anode übergeführt.
Die aus den gemessenen Konzentrationsänderungen berechneten Überführungszahlen, die durch die Mitführung der Hydrathülle der Ionen belastet sind, werden
gelegentlich als die *Hittorfschen Überführungszahlen* (t_x') bezeichnet, die auf diese
Überführung korrigierten nennt man die *wahren Überführungszahlen* (t). Zwischen
beiden besteht der folgende Zusammenhang:

$$t_+ = t_+' + \frac{c\,W}{55{,}5\, z_+\, \nu_+}\,; \quad t_- = t_-' - \frac{c\,W}{55{,}5\, |z_-|\, \nu_-}\,. \tag{22.42}$$

Wird das Wasser zur Anode übergeführt, so ist $W < 0$, $t_+ < t_+'$ und $t_- > t_-'$,
wird es zur Kathode mitbewegt, so ist $W > 0$, $t_+ > t_+'$ und $t_- < t_-'$. Die Messung der wahren und der Hittorfschen Überführungszahlen läßt sich zur Bestimmung der Solvatation der Ionen verwenden. Man kann den Wert von W
experimentell ermitteln, indem man der Lösung einen Nichtelektrolyten zusetzt
(z. B. Saccharose), von dem man annimmt, daß er im elektrischen Feld nicht wandert, und nach der Elektrolyse die Änderungen seiner Konzentration in den
Elektrodenräumen mißt. Wie aus Gl. (22.42) zu sehen ist, kann man aus der
Kenntnis der wahren Überführungszahlen und der mitgeführten Wassermenge W
nicht die absolute Solvatationszahl der einzelnen Ionen ermitteln, sondern nur
den relativen Wert in bezug auf eine bestimmte Annahme (z. B. daß das Bromidion
nicht hydratisiert ist).

Mitunter ergibt die Messung anomale Überführungszahlen, die größer als
Eins oder negativ sind. Die Ursache dafür ist die Bildung von Komplexionen.
Sie hat zur Folge, daß das Metall in einem komplexen Anion gebunden ist, das
sich zur Anode bewegt. So erhält man z. B. in einer 0,5 M CdI$_2$-Lösung die Überführungszahlen $t_{Cd^{2+}} = -0{,}12$ und $t_{I^-} = +1{,}12$, da das Ion CdI_4^{2-} gebildet
wird.

22.6. Konduktometrie

22.61. Prinzip der Leitfähigkeitsmessung von Elektrolytlösungen

Der Widerstand von Leitern zweiter Klasse wird mit der gleichen Brückenmethode gemessen wie bei den Leitern erster Klasse. In der Regel verwendet
man dazu Wechselstrom, und zwar um eine Polarisation der Elektroden zu vermeiden (s. Kap. 5). Dies bringt jedoch gewisse technische Schwierigkeiten mit
sich, die mit der Notwendigkeit verbunden sind, die kapazitiven und induktiven
Komponenten des Widerstandes zu kompensieren, und weiter mit der Möglichkeit, daß der Strom durch Kapazitätsverbindungen zwischen Stromkreis und
Erde hindurchfließen kann; auch die Wechselwirkung starker Magnetfelder bewirkt Induktionseffekte. Gleichstrom kann man nur dann benützen, wenn sich
für das gegebene System eine geeignete nichtpolarisierbare Elektrode auffinden
läßt (vgl. Abschn. 32). Bei den geläufigen Messungen wird deshalb die Hör-

schallfrequenz benutzt, bei der die Quellspannung meist die Größenordnung von einigen Volt hat.

Das Wesen der Brückenmethode ist eine Wheatstonesche Brücke, deren

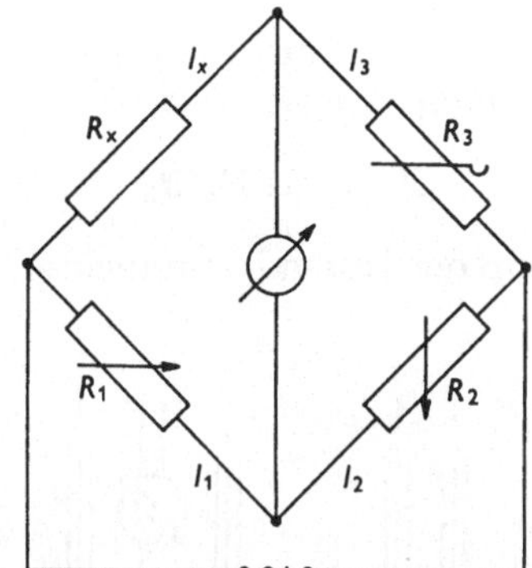

Abb. 2.11. Wheatstonesche Brücke

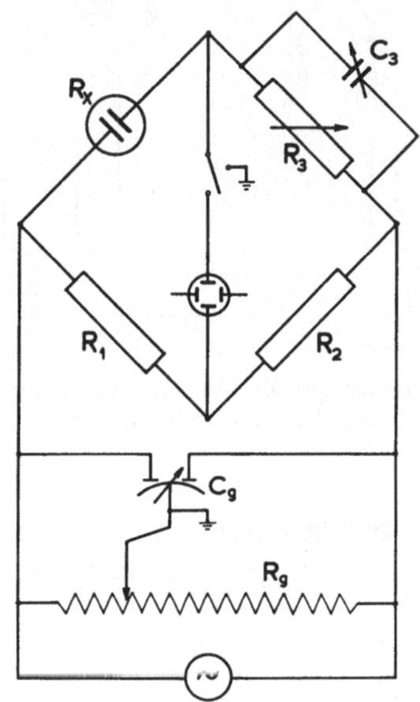

Abb. 2.12. Leitfähigkeitsbrücke für Präzisionsmessungen. Bezeichnung der Grundelemente wie in Abb. 2.11. R_1, R_2 (1 kΩ) und R_3 sind Widerstände mit minimaler Kapazität; der variable Luftkondensator C_2 eliminiert den kapazitiven Effekt der Zelle; durch die Erdung des Systems wird der Einfluß der Streurückkopplung ausgeschaltet; alle Bauelemente sind abgeschirmt
(nach C. A. Hampel: The Encyclopedia of Electrochemistry)

Schaltschema in Abb. 2.11 angeführt ist. Der zu messende Widerstand R_x wird in eine Brücke mit den bekannten Widerständen R_1, R_2, R_3 geschaltet. Zeigt das Nullinstrument Stromlosigkeit an, so ist die Brücke ausgeglichen; nach dem zweiten Kirchhoffschen Gesetz der Stromverzweigung gilt

$$R_x\, I_x = R_1\, I_1, \quad R_3\, I_3 = R_2\, I_2 \tag{22.43}$$

und nach dem ersten

$$I_x = I_3, \quad I_1 = I_2, \tag{22.44}$$

denn durch den Zweig der Meßeinrichtung fließt bei Gleichgewicht an der Brücke kein Strom. Aus diesen Gleichungen folgt

$$R_x = R_1\, R_3/R_2. \tag{22.45}$$

Dieses Schema ist das Prinzip der laufend gebrauchten Geräte.

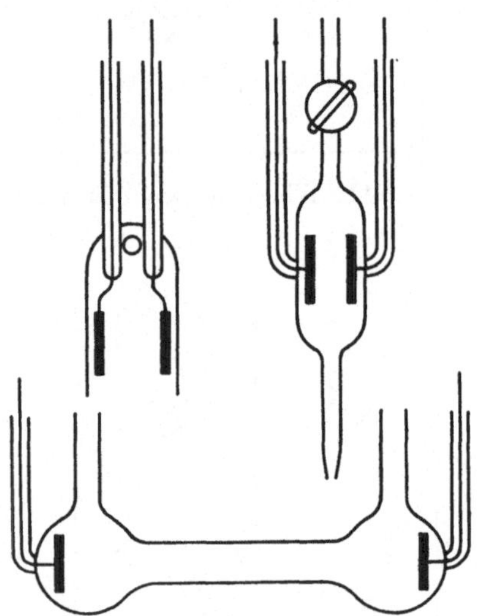

Abb. 2.13. Verschiedenartige Zellen zur Messung der Leitfähigkeit von Elektrolytlösungen

Die Präzisionsmeßgeräte haben meistens eine Sinusspannungsquelle und eine elektronische Nullanzeige. Um die Streurückkopplung zu beseitigen, sind die Elemente möglichst symmetrisch angeordnet. Ein Beispiel eines solchen Gerätes ist in Abb. 2.12 wiedergegeben. Die Brückenzweige MD und DC sind identisch, so daß der Widerstand MB direkt den Widerstand des Leitfähigkeitsgefäßes angibt, wenn die Widerstände und Kapazitäten an der Hauptbrücke und an den Hilfsstromkreisen ausgeglichen sind (die letzteren kompensieren die Erdströme, die zwischen den geerdeten Teilen der Brücke entstehen).

Zur Messung füllt man die Lösung des Elektrolyten in die Leitfähigkeitszelle ein, die durch ein Glasgefäß mit eingeschmolzenen Platinelektroden dargestellt wird. Diese Zellen haben die verschiedenste Form, je nach dem Zweck, dem die Messung dient. Beispiele geeignet gestalteter Zellen sind in Abb. 2.13 gezeigt. Die Elektroden sind mit Platinschwarz überzogen, um eine Polarisation der Elektroden auszuschließen und um den Einfluß der Elektrodenkapazität auf die Impedanz der Elektrode zu vermindern.

In der beschriebenen Weise mißt man den Widerstand des mit der Lösung gefüllten Gefäßes, der auch von der Gestalt des Gefäßes abhängt. Zur Ermittlung der spezifischen Leitfähigkeit der Lösung geht man von der Proportionalität aus

$$1/R = C\,\varkappa. \tag{22.46}$$

Der Koeffizient C wird als die *Widerstandskonstante* (auch Widerstandskapazität) bezeichnet. Man bestimmt sie durch Messen des Widerstandes des Gefäßes, das mit der Lösung eines Elektrolyten von bekanntem spezifischem Leitvermögen gefüllt ist. Dazu benutzt man Kaliumchloridlösungen entsprechend Tab. 2.5. Für Präzisionsmessungen werden die Eichlösungen durch Wägen hergestellt und auf Vakuum reduziert. Das Wasser wird sorgfältig von elektrisch leitenden Stoffen gereinigt. Sog. *Leitfähigkeitswasser* hat ein spezifisches Leitvermögen der

Tabelle 2.5. *Spezifische Leitfähigkeit $\varkappa$ von KCl-Standardlösungen.* g Gramm KCl pro 1000 g Lösung auf Vakuum reduziert, molare Konzentration c in mol $\cdot$ dm^{-3} bei 18 °C

c	g	$\varkappa$, $\Omega^{-1} \cdot$ cm^{-1}		
		0 °C	18 °C	25 °C
1	71,1352	0,06520$_8$	0,09788$_6$	0,11139$_7$
0,1	7,41913	0,0071414	0,0111722	0,0128623
0,01	0,745263	0,00077402	0,00122112	0,0014094

Größenordnung von 10^{-6} Ω^{-1} m^{-1}. Das Erreichen einer solchen Reinheit erfordert besondere Sorgfalt.

Bei jeder Leitfähigkeitsmessung verdünnter Lösungen subtrahiert man die Leitfähigkeit des Wassers von derjenigen der Lösung, um das Leitvermögen des Elektrolyten selbst zu erhalten. Die Voraussetzung der Additivität beider Leitfähigkeiten, die bei der so durchgeführten Korrektion gemacht wird, ist jedoch im Hinblick auf die Hydratation der Ionen nicht ganz genau erfüllt. Man begeht dabei also einen gewissen Fehler, dessen Größe von der Konzentration des Elektrolyten abhängt. Auf diesen Fehler ist auch die geringfügige Abhängigkeit der Widerstandskonstante des Gefäßes von der Konzentration der verwendeten Standardlösung zurückzuführen. Um ihn so weit als möglich zu eliminieren, verwendet man zur Eichung des Leitfähigkeitsgefäßes eine Standardlösung, die größenordnungsmäßig die gleiche Konzentration wie die zu messenden Lösungen hat.

22.62. *Konduktometrische Bestimmung der Dissoziationskonstanten*

Der Dissoziationsgrad eines schwachen Einzelelektrolyten kann mit Hilfe der Gln. (22.33) und (22.34) ermittelt werden, aus denen sich die Beziehung ergibt

$$\gamma_\Lambda\,\Lambda^{*0} = \Lambda^{*0} - k\,\sqrt{(\alpha\,c)}. \tag{22.47}$$

Die Berechnung wird durch schrittweise Näherung durchgeführt. Zunächst berechnet man aus der Gleichung $\alpha = \Lambda^{*}/\Lambda^{*0}$ den Dissoziationsgrad für eine bestimmte Konzentration, setzt ihn in die Gl. (22.47) ein und errechnet den Leitfähigkeitskoeffizienten. Diesen setzt man in die Gl. (22.34) ein, berechnet den neuen Wert von α und setzt ihn wiederum in die Gl. (22.47) ein. Diesen Vorgang wiederholt man so lange, bis sich die Werte von α nicht mehr ändern.

Die Dissoziationskonstanten einsättiger Säuren und Basen ermittelt man mit Hilfe der Extrapolationsgleichung

$$\log K = \log K' + 2 \log \gamma_\pm = \log K' - 2 A \sqrt{(\alpha c)}. \tag{22.48}$$

Die durch die Konzentrationen ausgedrückte scheinbare Dissoziationskonstante K' berechnet man mit Hilfe des in der beschriebenen Weise erhaltenen Dissoziationsgrades. Durch Auftragen von $\log K'$ gegen $\sqrt{(\alpha c)}$ gewinnt man eine Gerade, deren Schnittpunkt auf der $\log K'$-Achse den Wert von $\log K$ angibt.

Aus den konduktometrischen Messungen läßt sich auch das scheinbare Löslichkeitsprodukt berechnen. Die gesättigte Lösung eines schwerlöslichen Salzes kann als so verdünnt betrachtet werden, daß ihre molare Leitfähigkeit durch die Summe der Ionengrenzleitfähigkeiten gegeben ist. Aus den Gln. (22.11) und (22.16) und aus der Definition des Löslichkeitsproduktes folgt dann die Gleichung

$$\nu_+ z_+ (\lambda_+^0 + \lambda_-^0) = 1000 \, \varkappa / \overset{\vee}{\sqrt{}}(P'/\nu_+^{\nu_+} \nu_-^{\nu_-}), \tag{22.49}$$

aus der mit Hilfe der gemessenen spezifischen Leitfähigkeit das Löslichkeitsprodukt P' gewonnen werden kann.

23. Diffusion und Migration in Elektrolytlösungen

23.1. Zeitverlauf der Diffusion

Zunächst wollen wir die *Diffusion von Nichtelektrolyten* behandeln, denn die Diffusion der Elektrolyte ist, wie im nachfolgenden Abschnitt (23.2) gezeigt wird, ein komplizierterer Prozeß, der im wesentlichen unter Beteiligung von zwei Transporterscheinungen abläuft, der einfachen Diffusion und der Migration. Die Diffusion eines Nichtelektrolyten vollzieht sich jedoch in identischer Weise wie die Diffusion eines Elektrolyten, der in geringer Konzentration in der Lösung eines Leitsalzes vorliegt (vgl. Abschn. 23.3).

Um den Verlauf der Diffusion zu erfassen (d. h. die Abhängigkeit der Konzentration des diffundierenden Stoffes von der Zeit und den Raumkoordinaten), kann man nicht unmittelbar von den Gln. (21.11) und (21.12) ausgehen, sondern man muß eine Differentialgleichung gewinnen, in der die Konzentration c eine abhängige Variable und die Zeit und die Raumkoordinaten unabhängige Variablen sind. Man geht deshalb von der Gl. (21.5) bzw. (21.10) aus, wo man $\rho \equiv c$ setzt, und setzt in sie aus der Gl. (21.11) bzw. (21.12) ein. Das Ergebnis ist das sog. *zweite Ficksche Gesetz*, das die Form einer partiellen Differentialgleichung hat

$$\frac{\partial c}{\partial t} = D \frac{\partial^2 c}{\partial x^2}, \tag{23.1}$$

bzw.

$$\frac{\partial c}{\partial t} = D \, \mathrm{div} \, \mathrm{grad} \, c = D \, \nabla^2 c. \tag{23.2}$$

Darin ist ∇^2 der Laplace-Operator, der z. B. im kartesischen Koordinatensystem die Gestalt $\nabla^2 = (\partial^2/\partial x^2) + (\partial^2/\partial y^2) + (\partial^2/\partial z^2)$ hat.

Selbstverständlich reicht die partielle Differentialgleichung der Diffusion allein nicht aus, um das betrachtete Diffusionsproblem zu lösen; es ist notwendig, das System durch weitere Beziehungen zu charakterisieren, die das Modell des betrachteten Experimentes definieren. Diese Beziehungen sind die Anfangsbedingungen, die in unserem Falle die Konzentrationsverhältnisse zu Beginn des Diffusionsprozesses charakterisieren. Die Werte der Konzentrationen oder der Materieflüsse (die den Konzentrationsgradienten direkt proportional sind) an den Grenzflächen des gesamten Systems oder der Einzelphasen werden durch die Randbedingungen beschrieben.

Zur Illustrierung werden wir uns mit dem einfacheren Fall der Diffusion beschäftigen, der durch die partielle Differentialgleichung (23.1) beschrieben wird; man bezeichnet ihn auch als den Fall der *linearen Diffusion*. Aus der Voraussetzung, daß die Lösung des diffundierenden Stoffes verdünnt ist, folgt, daß der Diffusionskoeffizient unabhängig von der Konzentration des diffundierenden Stoffes ist. Das System sei durch ein unendlich langes, auf der einen Seite (für $x = 0$) begrenztes Rohr dargestellt, das zu Beginn mit einer Lösung der Konzentration c^0 gefüllt ist. Die Diffusion wird dadurch hervorgerufen, daß der gelöste Stoff an der Fläche $x = 0$ sehr rasch entfernt wird (z. B. durch Fällung oder durch eine schnelle heterogene chemische Reaktion bzw. eine Elektrodenreaktion). In großen Entfernungen von dieser Ebene ($x \to \infty$) bleibt die Anfangskonzentration c^0 erhalten. Die Anfangs- und Randbedingungen lauten deshalb

$$x > 0, \quad t = 0 : c = c^0, \tag{23.3}$$

$$x = 0, \quad t > 0 : c = 0, \tag{23.4}$$

$$x \to \infty, \, t \geqq 0 : c = c^0. \tag{23.5}$$

Durch Lösen der Differentialgleichung (23.1) gemeinsam mit den Anfangs- und Randbedingungen (23.3)—(23.5) erhält man die folgende Beziehung (vgl. Anhang A)

$$c\,(x, t) = c^0 \, \mathrm{erf}\, [x/(2\, D^{\frac{1}{2}}\, t^{\frac{1}{2}})], \tag{23.6}$$

wo das Fehlerintegral (error function) $\mathrm{erf}\, y$ durch die Gleichung in Tab. A 3, S. 328, definiert wird.

Abb. 2.14 veranschaulicht die Konzentrationsverteilung. Wie aus Gl. (23.6) zu erkennen ist, ist c/c^0 in jedem Punkt von der Konzentration unabhängig und lediglich eine Funktion des Abstandes von der Bezugsebene, der Zeit und des Diffusionskoeffizienten.

Der Materiefluß durch die Bezugsebene wird durch den Konzentrationsgradienten für $x = 0$ bestimmt. In unserem Falle ist der Konzentrationsgradient

$$\frac{\partial c}{\partial x} = \frac{c^0}{(\pi\, D\, t)^{\frac{1}{2}}} \exp\left(-\frac{x^2}{4\, D\, t}\right) \tag{23.7}$$

und der Konzentrationsgradient in der Bezugsebene

$$\left(\frac{\partial c}{\partial x}\right)_{x=0} = c^0 \, (\pi \, D \, t)^{-\frac{1}{2}}. \tag{23.8}$$

Aus dieser Gleichung folgt, daß der momentane Materiefluß mit wachsender Zeit sinkt, wobei der Transportvorgang unbegrenzt lange abläuft.

Legt man durch den Koordinatenursprung eine Tangente an die Kurven auf

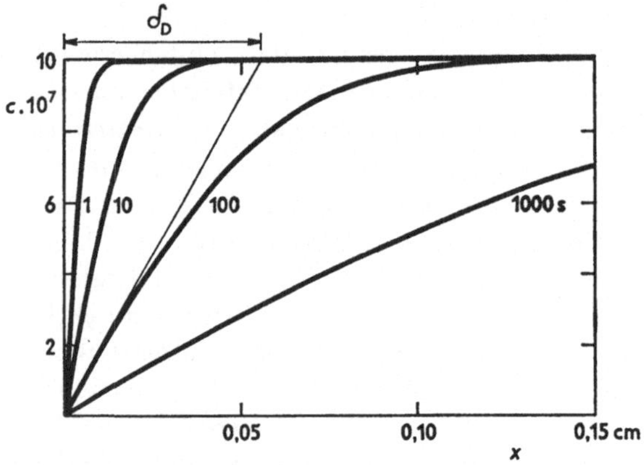

Abb. 2.14. Konzentrationsverteilung bei linearer Diffusion und $c = 0$ in der Ebene $x = 0$. Berechnet nach Gl. (23.6) für $D = 10^{-5} \, \mathrm{cm^2 \cdot s^{-1}}$, $c^0 = 10^{-6} \, \mathrm{mol \cdot cm^{-3}}$. Die Zeit t ist bei jeder Kurve angegeben, die Dicke der Diffusionsschicht δ_D ist für $t = 100$ s eingezeichnet

Abb. 2.14, dann hat ihr Schnittpunkt mit der Geraden $c = c^0$ folgenden Abstand von der c-Achse

$$\delta_D = (\pi \, D \, t)^{\frac{1}{2}}. \tag{23.9}$$

Die Größe δ_D wird die *Dicke der Diffusionsschicht* genannt. In unserem Fall ist sie ein Maß für das Gebiet der Lösung, das durch die Diffusion erschöpft worden ist (im allgemeinen charakterisiert sie überhaupt den Bereich der Konzentrationsänderung, die durch Diffusion [oder konvektive Diffusion] verursacht wurde).

Ein anderes Diffusionsmodell ist die lineare Diffusion mit vorgegebenem Konzentrationsgradienten an der Bezugsebene, also mit vorgegebenem Materiefluß durch die Bezugsebene. Dieser Typ des Diffusionstransportes hat hauptsächlich bei den Elektrodenvorgängen Bedeutung (s. Abschn. 53). Bei der Lösung dieses Problems interessiert uns in erster Reihe die Konzentration an der Bezugsebene. Im einfachsten Fall ist der Materiefluß konstant, so daß die Randbedingung (23.4) durch die Gleichung

$$x = 0, \quad t > 0 : D\frac{\partial c}{\partial x} = K \tag{23.10}$$

ersetzt wird.

Die resultierende Konzentrationsverteilung (Abb. 2.15) ist durch nachstehende Gleichung gegeben (vgl. Anhang A)

$$c = c^0 - \frac{2\,K\,t^{\frac{1}{2}}}{D^{\frac{1}{2}}\,\pi^{\frac{1}{2}}} \exp\left(-\frac{x^2}{4\,D\,t} + \frac{K}{D}\,x\,\mathrm{erfc}\ \frac{x}{2\,(D\,t)^{\frac{1}{2}}} \right). \tag{23.11}$$

Das komplementäre Fehlerintegral erfc y ist in Tab. A 2, S. 327 definiert. Für die Konzentration c^* an der Bezugsebene gilt

$$c^* = c^0 - 2\,K\,t^{\frac{1}{2}}\,(\pi\,D)^{-\frac{1}{2}}. \tag{23.12}$$

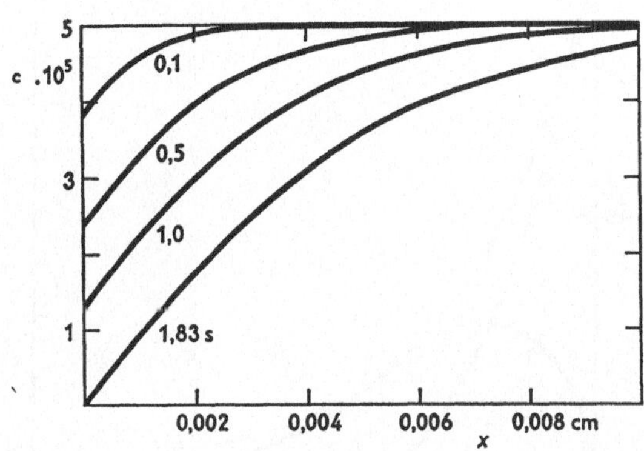

Abb. 2.15. Konzentrationsverteilung bei linearer Diffusion und konstantem Konzentrationsgradienten in der Ebene $x = 0$ ($\partial c/\partial x = K/D$). Berechnet nach Gl. (23.11) für $K = 10^{-2}\,\mathrm{mol}\cdot\mathrm{cm}^{-2}\cdot\mathrm{s}^{-1}$, $D = 10^{-5}\,\mathrm{cm}^2\cdot\mathrm{s}^{-1}$, $c^0 = 5\cdot10^{-5}\,\mathrm{mol}\cdot\mathrm{cm}^{-3}$ ($\tau = 1,9$ s)

Aus dieser Gleichung ist sofort erkennbar, daß nach Verstreichen der Zeit

$$t \equiv \tau = \pi\,D\,(c^0/2\,K)^2 \tag{23.13}$$

die Konzentration an der Bezugsebene auf Null sinkt. Bei den Bedingungen dieses Modells kann der Diffusionsprozeß nicht mehr weiter fortschreiten (die Konzentration würde negative Werte annehmen), und der Prozeß ist dadurch zeitlich begrenzt. Die Zeit wird die Übergangszeit (transition time) genannt.

Es sei der Fall betrachtet, daß der Materiefluß nicht konstant, sondern eine periodische Funktion der Zeit ist, z. B. eine Sinusfunktion. Die Randbedingung (23.4) nimmt dann die Gestalt an

$$x = 0, \quad t > 0 : D\,\partial c/\partial x = K \sin \omega\, t, \tag{23.14}$$

wobei ω die Kreisfrequenz ist. Die Lösung für die Konzentration c^* im Punkt $x = 0$ lautet

$$c^* = c^0 - \frac{K}{\sqrt{(\pi\,D)}} \left(\sin \omega\, t \int_0^t \vartheta^{-\frac{1}{2}} \cos \omega\, \vartheta\, \mathrm{d}\,\vartheta - \cos \omega\, t \int_0^t \vartheta^{-\frac{1}{2}} \sin \omega\, \vartheta\, \mathrm{d}\,\vartheta \right). \tag{23.15}$$

Für große Zeitwerte strebt sie jedoch einer einfachen periodischen Zeitfunktion zu (vgl. Anhang A)

$$c^* = c^0 - \frac{K}{(2\,D\,\omega)^{\frac{1}{2}}}\,(\sin \omega\, t - \cos \omega\, t). \tag{23.16}$$

Die Konzentrationsverteilung hat für große t-Werte die Gestalt

$$c = c^0 - \frac{K}{(2\,D\,\omega)^{\frac{1}{2}}} \exp\left[-x\left(\frac{\omega}{2\,D}\right)^{\frac{1}{2}}\right] \cdot$$

$$\cdot \left\{\sin\left[\omega\,t - x\left(\frac{\omega}{2\,D}\right)^{\frac{1}{2}}\right] - \cos\left[\omega\,t - x\left(\frac{\omega}{2\,D}\right)^{\frac{1}{2}}\right]\right\} \qquad (23.17)$$

(s. Abb. 2.16).

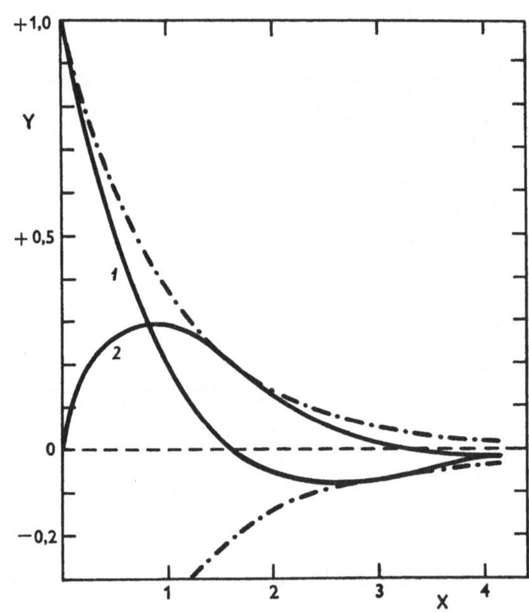

Abb. 2.16. Periodisch veränderlicher Materiefluß. Verlauf des der Konzentrationsabweichung proportionalen dimensionslosen Parameters $Y = n\,F\,(c^0 - c)\,(D\,\omega)^{1/2}\,K^{-1}$ in Abhängigkeit von dem dimensionslosen Parameter $X = x\,(\omega/2\,D)^{1/2}$. 1: $\omega\,t = 2\,k\,\pi + (3\,\pi/4)$; 2: $\omega\,t = 2\,k\,\pi + (\pi/4)$ (k ist eine positive ganze Zahl); die strichpunktierten Kurven zeigen die maximalen Konzentrationsabweichungen

Läuft an der Bezugsebene eine heterogene chemische oder eine elektrochemische Reaktion ab, durch die der gelöste Stoff verbraucht (bzw. gebildet) wird, so wird der Materiefluß im Punkt $x = 0$ der Reaktionsgeschwindigkeit gleich sein. Unter der Voraussetzung, daß die Reaktionsgeschwindigkeit direkt proportional zur Konzentration an der Bezugsebene ist, muß man die Randbedingung (23.4) durch die Gleichung

$$x = 0, \quad t > 0 : D\,\partial c/\partial c = k\,c \qquad (23.18)$$

ersetzen, in der k (Einheit m s^{-1} bzw. cm s^{-1}) die Geschwindigkeitskonstante der Reaktion ist. In diesem Falle interessiert uns gewöhnlich der Materiefluß im Punkt $x = 0$, der folgenden Wert hat (s. Anhang A)

$$D\left(\frac{\partial c}{\partial x}\right)_{x=0} = k\,c^0 \exp(k^2\,t/D)\,\mathrm{erfc}\left(k\,t^{\frac{1}{2}}/D^{\frac{1}{2}}\right). \qquad (23.19)$$

Die Abhängigkeit des Flusses durch die Bezugsebene von den dimensionslosen Parametern $k^2 t/D$ und $k\, t^{1/2}\, D^{1/2}$ ist in Abb. 2.17 gezeigt.

Ein anderes Modell, das die Grundlage der Methoden für die Bestimmung der Diffusionskoeffizienten darstellt, ist die lineare Diffusion im unbegrenzten Raum. Diesem Modell entspricht z. B. die Diffusion in einem langen vertikalen Rohr, das im unteren Teil mit einer Lösung der Konzentration c_1 und im oberen Teil mit einer Lösung der Konzentration c_2 gefüllt ist. Die Bezugsebene ist identisch mit der Grenzfläche beider Lösungen in der Anfangslage. Das Rohr ist so

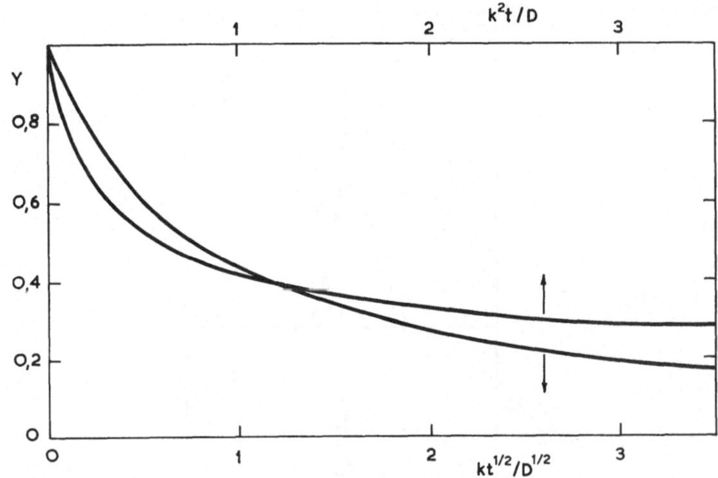

Abb. 2.17. Verlauf der Gleichung (23.19). $Y = D\,(\partial c/\partial x)_{x=0} \cdot (1/k\, c^0)$.
Nach Gerischer und Vielstich

lang, daß an seinen Enden ($x \to \infty$, $x \to -\infty$) während des Vorganges keine Konzentrationsänderungen auftreten. Der Diffusionsvorgang wird durch die Differentialgleichung (23.1) beschrieben mit folgenden Anfangs- und Randbedingungen

$$x > 0, \qquad t = 0 : c = c_2$$
$$x < 0, \qquad t = 0 : c = c_1 \qquad\qquad (23.20)$$
$$x \to +\infty,\, t \geqq 0 : c = c_2$$
$$x \to -\infty,\, t \geqq 0 : c = c_1.$$

Offensichtlich ist die Konzentration für $x = 0$ konstant und gleich dem Wert $(c_1 + c_2)/2$. Mit Hilfe der Transformation $c' = c - (c_1 + c_2)/2$ überführt man diesen Fall in das durch die Anfangs- und Randbedingungen (23.3) bis (23.5) beschriebene Problem, so daß die Lösung lautet

$$c = \frac{1}{2}\{(c_1 + c_2) - (c_1 - c_2)\, \mathrm{erf}\,[x/2\,\sqrt{(D\,t)}]\} \qquad (23.21)$$

(s. Abb. 2.18 A). Der Konzentrationsgradient ist durch die Beziehung

$$\partial c/\partial x = -\frac{1}{2}\,(c_1 - c_2)/(\pi\, D\, t)^{\frac{1}{2}}\, \exp\,[-x^2/(4\, D\, t)] \qquad (23.22)$$

gegeben. Sie hat unmittelbare Bedeutung für einige experimentelle Methoden, die auf der Messung von Größen basieren, die dem Konzentrationsgradienten direkt proportional sind (s. Abb. 2.18 B).

Ein anderes Modell, auf dem ebenfalls eine Bestimmung der Diffusionskoeffizienten begründet ist, ist die lineare Diffusion im begrenzten Raum. Dieser wird durch ein Rohr der Länge l dargestellt, das mit einer Lösung der Konzentration c_0 gefüllt ist. Das eine Ende des Rohres ($x = 0$) ist verschlossen (der Materiefluß in diesem Punkt ist also Null), während das andere Ende ($x = l$)

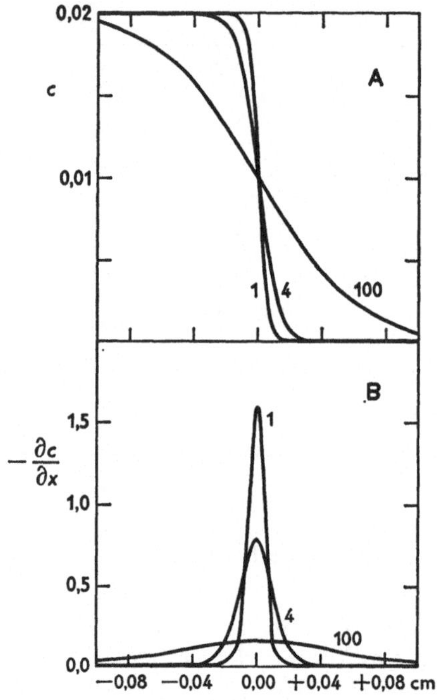

Abb. 2.18. Verlauf der Gleichungen (23.21) und (23.22) für verschiedene t-Werte (bei den Kurven in Sekunden angegeben). Berechnet für $c_1 = 0,02$ mol $\cdot$ cm^{-3}, $c_2 = 0$, $D = 1,25 \cdot 10^{-5}$ cm$^2 \cdot$ s^{-1}

mit dem reinen Lösungsmittel umspült wird, so daß die Konzentration dort Null ist. Das System der Anfangs- und Randbedingungen lautet

$$
\begin{aligned}
0 < x < l, \quad t &= 0 : c = c^0 \\
x = 0, \quad t &> 0 : \partial c / \partial x = 0 \\
x = l, \quad t &> 0 : c = 0.
\end{aligned}
\tag{23.23}
$$

Die Lösung hat die Gestalt einer Fourier-Reihe

$$
c/c^0 = \sum_{n=0}^{\infty} A_n \exp \left(- \frac{\pi^2 (2n+1)^2 D t}{4 l^2} \right) \cos \frac{\pi (2n+1) x}{2 l}, \tag{23.24}
$$

in welcher die Fourier-Koeffizienten durch die Relation gegeben sind

$$
A_n = 4 x (-1)^n / \pi (2n+1). \tag{23.25}
$$

Betrachten wir noch den Fall eines Rohrs der Länge l, in welchem sich eine Lösung von der ursprünglichen Konzentration c_2 befindet und dessen eine Ende ($x = 0$) von einer Lösung der Konzentration c_1 und das andere ($x = l$) von einer Lösung der Konzentration c_2 umspült wird. Wir werden uns zum Unterschied von den vorangehenden Fällen für den Fall des stationären Zustandes interessieren, der durch die Beziehung

$$\partial c / \partial t = 0 \qquad (23.26)$$

für $t \to \infty$ charakterisiert wird. Die Randbedingungen für die gewöhnliche Differentialgleichung

$$D \frac{\mathrm{d}^2 c}{\mathrm{d} x^2} = 0 \qquad (23.27)$$

sind

$$
\begin{aligned}
x &= 0 : c = c_1 \\
x &= l \ : c = c_2.
\end{aligned}
\qquad (23.28)
$$

Die Lösung dieses Systems lautet

$$c = c_1 + (c_2 - c_1)\, x/l. \qquad (23.29)$$

Der Materiefluß im stationären Zustand J_{st} ist [in jedem Punkt des Systems konstant

$$J_{\mathrm{st}} = D\,(c_1 - c_2)/l. \qquad (23.30)$$

Als Beispiel für die Diffusion in einem anderen als einem linearen Raum wählen wir die *sphärische Diffusion*. Betrachten wir eine Kugel, die sich in einer Lösung befindet, die sich nach allen Richtungen von ihrer Oberfläche ins Unendliche ausdehnt. Die Konzentration des gelösten Stoffes an der Oberfläche der Kugel wird konstant gehalten (z. B. $c = 0$), während die ursprüngliche Konzentration in der Lösung verschieden ist ($c = c^0$). In diesem Fall verschieben sich die Flächen, die durch die Punkte mit gleicher Konzentration führen, in Richtung von der Kugeloberfläche weg und wachsen. Dadurch wird die Verarmung in der Umgebung der Kugel, die z. B. durch einen zeitbedingten Abfall des Konzentrationsgradienten dargestellt wird, teilweise kompensiert.

In der Differentialgleichung der Diffusion (23.2) ist es vorteilhaft, den Laplace-Operator in sphärischen Polarkoordinaten auszudrücken. Da die Konzentrationsverteilung ausschließlich eine Funktion des Abstandes von der Kugelmitte ist, ist es nicht nötig, die Differentialquotienten nach φ und ϑ in Erwägung zu ziehen (vgl. Anhang A). Die resultierende partielle Differentialgleichung lautet

$$\frac{\partial c}{\partial t} = D \left[\frac{1}{r^2} \frac{\partial}{\partial r} \left(r^2 \frac{\partial c}{\partial r} \right) \right] = D \left(\frac{\partial^2 c}{\partial r^2} + \frac{2}{r} \frac{\partial c}{\partial r} \right), \qquad (23.31)$$

$$
\begin{aligned}
r &> r_0, & t &= 0 : c = c^0, \\
r &= r_0, & t &> 0 : c = 0, \\
r &\to \infty, & t &\geqq 0 : c = c^0,
\end{aligned}
$$

worin r_0 der Radius der Kugel ist.

Die vollständige Lösung dieses Systems (s. Abb. 2.19) ist durch die Gleichung gegeben (vgl. Anhang A)

$$c\,(r, t) = c^0 \left[1 - \frac{r_0}{r} \, \mathrm{erfc} \left(\frac{r - r_0}{2\,\sqrt{(D\,t)}} \right) \right]. \tag{23.32}$$

Für die Diffusion zur sphärischen Elektrode ist der stationäre Zustand charakteristisch (23.26). In diesem Falle reduziert sich Gl. (23.31) zu

$$\frac{\partial^2 c}{\partial\,r^2} + \frac{2}{r} \frac{\partial\,c}{\partial\,r} = 0. \tag{23.33}$$

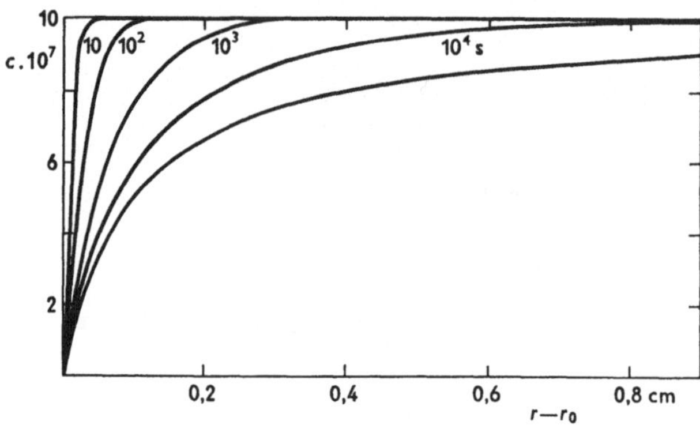

Abb. 2.19. Konzentrationsverteilung bei der Diffusion zu einer Kugelfläche. Berechnung nach Gl. (23.32) für $c^0 = 10^{-6}\,\mathrm{mol} \cdot \mathrm{cm}^{-3}$, $D = 10^{-5}\,\mathrm{cm}^2 \cdot \mathrm{s}^{-1}$, $r_0 = 0,1\,\mathrm{cm}$; t ist bei den Kurven angegeben; die untere Kurve entspricht dem stationären Zustand, d. h. der Gl. (23.34)

Durch Auflösen dieser gewöhnlichen Differentialgleichung erhält man die Beziehung für die stationäre Konzentrationsverteilung

$$c = c^0 \, (1 - r_0/r). \tag{23.34}$$

Der Materiefluß an der Kugeloberfläche im stationären Zustand, J_{st}, ist durch die Relation gegeben

$$J_{\mathrm{st}} = D \, (\partial\,c/\partial\,r)_{r=r_0} = D \, c^0/r_0. \tag{23.35}$$

Der zeitabhängige Materiefluß an der Kugeloberfläche, d. h. der Fluß vor der Einstellung des stationären Zustandes, wird aus Gl. (23.32) erhalten

$$J_{r=r_0} = c^0 \, [\sqrt{(D/\pi\,t)} + D/r_0] = J_{\mathrm{lin}} + J_{\mathrm{st}}, \tag{23.36}$$

worin J_{lin} der Materiefluß im Falle der linearen Diffusion ist.

23.2. Gleichzeitiger Ablauf von Diffusion und Migration

Es sei eine verdünnte Elektrolytlösung betrachtet, die s Komponenten (Nichtelektrolyte und verschiedene Ionenarten) enthält; in dieser Lösung mögen weiter Konzentrationsgradienten der Komponenten und ein elektrisches Feld vorhanden sein. Die Flußgleichung für die i-te Komponente ergibt sich dann aus der Vereinigung der Beziehungen (21.12) und (22.3)

$$\vec{J_i} = - u_i \, (R\,T \,\text{grad}\, c_i + c_i\, z_i\, F \,\text{grad}\, \varphi). \tag{23.37}$$

Diese Relation läßt sich auch in der Form ansetzen

$$\vec{J_i} = - u_i\, c_i \,\text{grad}\, \widetilde{\mu}_i, \tag{23.38}$$

in der der Gradient des elektrochemischen Potentials, $\widetilde{\mu}_i$, als Triebkraft der gleichzeitig ablaufenden Diffusion und Migration auftritt,

$$\widetilde{\mu}_i = \mu_i + z_i\, F\, \varphi. \tag{23.39}$$

Eine eingehendere Auslegung des Begriffes des elektrochemischen Potentials s. in Abschn. 31.1.

In Hinblick auf die Beziehungen (21.15) und (22.4) kann man Gl. (23.37) auf folgende Gestalt bringen

$$\vec{J_i} = - D_i \,\text{grad}\, c_i - (z_i/|\,z_i\,|)\, U_i\, c_i \,\text{grad}\, \varphi, \tag{23.40}$$

gegebenenfalls für den Fall des nur auf die Koordinate x bezogenen Transports

$$J_i = - D_i \,\text{d}\, c_i/\text{d}\, x - (z_i/|\,z_i\,|)\, U_i\, c_i \,\text{d}\, \varphi/\text{d}\, x. \tag{23.41}$$

Diese Beziehungen werden als die *Nernst-Planckschen Gleichungen* bezeichnet.

Setzt man für $\vec{J_i}$ aus Gl. (23.40) in das Faradaysche Gesetz (22.2) ein, so erhält man die Gleichung

$$\vec{j} = - \sum_i z_i\, F\, D_i \,\text{grad}\, c_i - \sum_i |\,z_i\,|\, F\, U_i\, c_i \,\text{grad}\, \varphi, \tag{23.42}$$

die man mit Hilfe der Beziehung für die spezifische Leitfähigkeit (22.5) folgendermaßen umformt

$$\vec{j} = - \sum_i z_i\, F\, D_i \,\text{grad}\, c_i - \varkappa \,\text{grad}\, \varphi. \tag{23.43}$$

Der Gradient des elektrischen Potentials wird also durch die Summe von zwei Ausdrücken festgelegt

$$\text{grad}\, \varphi = - \vec{j}/\varkappa - \sum_i z_i\, F\, D_i \,\text{grad}\, c_i/\varkappa = \text{grad}\, \varphi_{\text{Ohm}} + \text{grad}\, \varphi_{\text{Diff}}. \tag{23.44}$$

Der erste von ihnen wird der *Ohmsche Potentialgradient* genannt, der für den Ladungstransport durch ein beliebiges Medium charakteristisch ist. Er entsteht nur dann, wenn tatsächlich durch das Medium ein elektrischer Strom fließt. Der zweite Ausdruck ist der Gradient des *Diffusionspotentials*, der lediglich bei der Ladungsübertragung in Elektrolyten auftritt. Er entsteht dadurch, daß sich die verschiedenen Teilchenarten mit unterschiedlicher Geschwindigkeit bewegen. Hätten sie die gleichen Beweglichkeiten, so käme das elektrische Diffusionspotential nicht zustande. Zum Unterschied vom Ohmschen elektrischen Potential hängt das elektrische Diffusionspotential nicht direkt mit dem Stromdurchgang durch den Elektrolyten zusammen und verschwindet also nicht, wenn kein Strom fließt.

Verwendet man die Relation (21.10) analog wie beim Herleiten der Gl. (23.2), so erhält man aus Gl. (23.40)

$$\partial c_i/\partial t = D_i \nabla^2 c_i + U_i \, (z_i/|z_i|) \, (c_i \nabla^2 \varphi + \operatorname{grad} \varphi \operatorname{grad} c_i). \qquad (23.45)$$

Die Größe $\nabla^2 \varphi$ ist durch die Poisson-Gleichung (13.10) gegeben, und mit Rücksicht auf die Elektroneutralitätsbedingung (22.1), deren Gültigkeit bei den Bedingungen der Elektrolyse näherungsweise angenommen werden kann, gilt also $\nabla^2 \varphi = 0$. Aus Gl. (23.45) ergibt sich somit

$$\partial c_i/\partial t = D_i \nabla^2 c_i + U_i \, (z_i/|z_i|) \operatorname{grad} \varphi \operatorname{grad} c_i. \qquad (23.46)$$

23.3. Der Diffusionskoeffizient in Elektrolytlösungen

Wie im vorangehenden Abschnitt gezeigt worden ist, wird in Elektrolytlösungen schon allein durch die Wirkung der Diffusion ein Gradient des elektrischen Potentials gebildet. Es sei angenommen, daß durch die Lösung kein elektrischer Strom fließt und daß in ihr keine Konvektion stattfindet. Dann lautet die Nernst-Plancksche Gleichung

$$\vec{J}_i = -D_i \operatorname{grad} c_i - (z_i/|z_i|) \, U_i \, c_i \operatorname{grad} \varphi_{\text{Diff}}. \qquad (23.47)$$

Aus den Relationen (21.15) und (22.4) leitet man die *Nernst-Einsteinsche Gleichung* ab

$$U_i = |z_i| \, F \, (R\,T)^{-1} \, D_i. \qquad (23.48)$$

Es muß bemerkt werden, daß diese Beziehung nur in verdünnten Lösungen gilt. Setzt man aus Gl. (23.48) in Gl. (23.47) ein, so erhält man die Relation

$$\vec{J}_i = -[D_i \operatorname{grad} c_i + (D_i \, z_i \, F/R\,T) \, c_i \operatorname{grad} \varphi_{\text{Diff}}]. \qquad (23.49)$$

Für den Fall eines Einzelelektrolyten ergibt sich aus den Ausdrücken (23.49) und (22.2) für $\vec{j} = 0$ und aus den Beziehungen (22.7) und (22.8) die Gleichung

$$-\operatorname{grad} \varphi_{\text{Diff}} = \frac{R\,T\,(D_+ - D_-)}{F\,c\,(z_+ D_+ - z_- D_-)} \operatorname{grad} c, \qquad (23.50)$$

in welcher D_+ und D_- die Diffusionskoeffizienten der Kationen und der Anionen sind.

Für den gesamten Materiefluß des Elektrolyten gilt

$$\vec{J} = J_+/\nu_+ + J_-/\nu_- \qquad (23.51)$$

und somit im Hinblick auf die Beziehung (22.7)

$$\vec{J} = -\frac{D_+ D_- \, (\nu_+ + \nu_-)}{\nu_- D_+ + \nu_+ D_-} \operatorname{grad} c. \qquad (23.52)$$

Die Diffusion eines Einzelelektrolyten (eines „Salzes") wird demnach charakterisiert durch den effektiven Diffusionskoeffizienten

$$D_{\text{eff}} = \frac{D_+ D_- (\nu_+ + \nu_-)}{\nu_- D_+ + \nu_+ D_-} \,. \tag{23.53}$$

Ersetzt man die Diffusionskoeffizienten durch die elektrolytischen Beweglichkeiten nach Gl. (23.48), so erhält man die *Nernst-Hartleysche Formel*

$$D_{\text{eff}} = \frac{R\,T}{F} \frac{U_+ U_- (\nu_+ + \nu_-)}{\nu_+ z_+ (U_+ + U_-)} \,. \tag{23.54}$$

Es wäre zu erwarten, daß sich für weniger verdünnte Lösungen aus der Beziehung (23.54) mit Hilfe der Korrekturglieder für U_+ und U_- nach der Debye-Hückel-Onsagerschen Theorie der Elektrolytleitfähigkeit theoretisch ein Ausdruck für den effektiven Diffusionskoeffizienten herleiten lassen sollte. Experimentell konnte jedoch gezeigt werden, daß dieser Vorgang nicht auf die richtige Beschreibung der Konzentrationsabhängigkeit des Diffusionskoeffizienten führt. Bei der Diffusion ändert sich die Ionenbeweglichkeit weitaus weniger mit der Konzentration als beim elektrolytischen Ladungstransport in einem äußeren elektrischen Felde. Der Einfluß der Konzentration auf die Beweglichkeit kann dabei hemmend, null oder beschleunigend sein, je nach der Art des Salzes (in einem äußeren elektrischen Feld übt zunehmende Konzentration stets nur einen hemmenden Einfluß auf die Ionenbeweglichkeit aus). Dieser Unterschied zwischen beiden Transportphänomenen ist auf folgende Erscheinungen zurückzuführen. Beim elektrolytischen Ladungstransport bewegen sich die umgekehrt geladenen Ionen in entgegengesetzter Richtung, weshalb sich beide Ionenarten gegenseitig hemmen. Bei der Diffusion wandern dagegen Kationen und Anionen in der gleichen Richtung, so daß die schnelleren durch die langsameren gebremst, aber die langsameren durch die schnelleren beschleunigt werden. Der elektrophoretische Effekt, der durch das Mitreißen der Lösung, und somit auch des Zentralions durch die Ionenwolke, verursacht wird, hat hier also eine andere Größe. Der Relaxationseffekt fehlt hier völlig, denn die Symmetrie der Ionenwolke wird durch die Diffusionsbewegung nicht gestört.

Im Falle der Diffusion von Ionen, die sich in niedriger Konzentration im Überschuß eines Leitsalzes befinden, kommt es zu einer Unterdrückung des Gradienten des elektrischen Diffusionspotentials. Wie aus Gl. (23.44) erkennbar ist, hängt die Größe grad φ_{Diff} von der spezifischen Leitfähigkeit der Lösung ab, die durch das Leitsalz genügend erhöht sein kann, so daß der Gradient des elektrischen Diffusionspotentials vernachlässigbar wird. Unter diesen Umständen gilt für die Diffusion des betrachteten Ions das einfache Ficksche Gesetz (21.11) und (21.12), wobei der Diffusionskoeffizient von der Konzentration des Leitsalzes abhängt.

Eine analoge Situation tritt bei der sog. *Selbstdiffusion* ein. Zu dieser Art der Diffusion kommt es bei ungleichmäßiger Vertretung der Isotopen eines der Elektrolytbestandteile an verschiedenen Orten der Lösung, obgleich die Gesamtkonzentration des Elektrolyten überall konstant ist. Nimmt man an, daß alle Isotopen ein und desselben Ions denselben Diffusionskoeffizienten haben, dann

Tabelle 2.6. *Diffusionskoeffizienten* $D \cdot 10^6$ cm$^2 \cdot$ s^{-1} *aus polarographischen und chronocoulometrischen Messungen bei verschiedenen Leitsalzkonzentrationen* c (mol $\cdot$ dm^{-3}), 25 °C (unter jedem Ion ist das Leitsalz angegeben; nach J. Heyrovský, J. Kůta: Principles of Polarography, Academic Press, New York 1966)

Ion	Ag$^+$	Tl$^+$			Pb^{2+}		Cd^{2+}	
c	KNO$_3$	KNO$_3$	KCl	NaCl	KNO$_3$	KCl	KNO$_3$	KCl
0,01	15,85				8,76	8,99		8,15
0,1	15,32	18,2	17,4	17,7	8,28	8,67	6,90	7,15
1,0	15,46	16,5	15,7	15,0	0,02	9,20	6,81	7,90
3,0			13,5	9,2		8,14		7,90

Ion	Zn^{2+}			IO$_3^-$		Fe(CN)$_6^{4-}$	Fe(CN)$_6^{3-}$
c	KNO$_3$	KCl	NaOH	KCl	NaCl	KCl	KCl
0,01	6,6	6,76					7,84
0,1	6,38	6,73	6,54	10,15	10,01	6,50	7,62
1,0	6,2	7,23	5,13	9,89	8,92	6,32	7,63
3,0		7,69	4,18	9,36	7,24	6,2	7,36

Tabelle 2.7. *Diffusionskoeffizienten* (cm$^2 \cdot$ s$^{-1} \cdot$ 10^{-5}) *von Elektrolyten in wäßrigen Lösungen bei verschiedenen Konzentrationen* c (mol $\cdot$ dm^{-3}; nach Robinson und Stokes, S. 513)

Elektrolyt	°C	c						
		0	0,001	0,002	0,003	0,005	0,007	0,010
LiCl	25	1,366	1,345	1,337	1,331	1,323	1,318	1,312
NaCl	25	1,610	1,585	1,576	1,570	1,560	1,555	1,545
KCl	20	1,763	1,739	1,729	1,722	1,708	—	1,692
KCl	25	1,993	1,964	1,954	1,945	1,934	1,925	1,917
KCl	30	2,230	—	—	2,174	2,161	2,152	2,144
RbCl	25	2,051	—	2,011	2,007	1,995	1,984	1,973
CsCl	25	2,044	2,013	2,000	1,992	1,978	1,969	1,958
LiNO$_3$	25	1,336	—	—	1,296	1,289	1,283	1,276
NaNO$_3$	25	1,568	—	1,535	—	1,516	1,513	1,503
KClO$_4$	25	1,871	1,845	1,841	1,829	1,829	1,821	1,790
KNO$_3$	25	1,928	1,899	1,884	1,879	1,866	1,857	1,846
AgNO$_3$	25	1,765	—	—	1,719	1,708	1,698	—
MgCl$_2$	25	1,249	1,187	1,169	1,158	—	—	—
CaCl$_2$	25	1,335	1,263	1,243	1,230	1,213	1,201	1,188
SrCl$_2$	25	1,334	1,269	1,248	1,236	1,219	1,209	—
BaCl$_2$	25	1,385	1,320	1,298	1,283	1,265	—	—
Li$_2$SO$_4$	25	1,041	0,990	0,974	0,965	0,950	—	—
Na$_2$SO$_4$	25	1,230	1,175	1,160	1,147	1,123	—	—
Cs$_2$SO$_4$	25	1,569	1,489	1,454	1,437	1,420	—	—
MgSO$_4$	25	0,849	0,768	0,740	0,727	0,710	—	—
ZnSO$_4$	25	0,846	0,748	0,733	0,724	0,705	—	—
LaCl$_3$	25	1,293	1,175	1,145	1,126	1,105	1,084	—
K$_4$Fe(CN)$_6$	25	1,468	—	—	1,213	1,183	—	—

findet zwar eine Diffusion der einzelnen Isotopen statt, aber es stellt sich kein Gradient des elektrischen Diffusionspotentials ein, so daß die Diffusion wiederum durch das einfache Ficksche Gesetz beschrieben wird.

Die Diffusionskoeffizienten der Einzelionen bei unendlicher Verdünnung können aus den Ionenleitfähigkeiten mit Hilfe der Gln. (22.6), (22.12) und (23.48) berechnet werden. Einige Beispiele sind in Tab. 2.1 wiedergegeben. Die Diffusionskoeffizienten von Einzelionen in Gegenwart eines überschüssigen Leitsalzes werden in der Regel durch elektrochemische Methoden bestimmt, z. B. durch Polarographie oder Chronocoulomerie (s. Abschn. 54). Beispiele so ermittelter Diffusionskoeffizienten sind in Tab. 2.6 zusammengestellt. Tab. 2.7 zeigt die Konzentrationsabhängigkeit der Diffusionskoeffizienten verschiedener Salze in wäßrigen Lösungen.

Die experimentellen Methoden für das Studium der Diffusion sind auf Messungen im stationären und nichtstationären Zustand begründet. Bei den stationären Methoden wird der Ablauf der Diffusion durch geeignete Versuchsanordnung so gelenkt, daß $\partial c/\partial t = 0$ ist. Der Diffusionsfluß J und der Konzentrationsgradient $\partial c/\partial x$ werden direkt gemessen, und den Diffusionskoeffizienten D berechnet man aus dem ersten Fickschen Gesetz, aber ohne die Annahme zu machen, daß D konstant sei. Bei den nichtstationären Methoden ändern sich alle Parameter des Diffusionsflusses mit der Lage und der Zeit, weshalb man Gleichungen verwenden muß, die man durch Integration des zweiten Fickschen Gesetzes bei den der benutzten Versuchsanordnung entsprechenden Grenzbedingungen erhalten hat.

23.4. Molekulare Theorie der Ionenbeweglichkeiten

In diesem Abschnitt werden wir uns mit der Beweglichkeit der Ionen in verdünnten Lösungen beschäftigen. Die Beweglichkeit der Teilchen ist von grundsätzlicher Bedeutung für die Theorie der Transportvorgänge, da sie sowohl die Größe des Diffusionskoeffizienten nach Gl. (21.15) als auch die elektrolytische Beweglichkeit nach Gl. (22.4) festlegt.

Für die Geschwindigkeit der Bewegung eines kugelförmigen Teilchens vom Radius r_i durch ein viskoses Medium mit dem Viskositätskoeffizienten η gilt das *Stokessche Gesetz*

$$v = f_i/(6\,\pi\,\eta\,r_i), \tag{23.55}$$

wobei f_i die auf das Teilchen einwirkende Kraft ist. Im Falle der Diffusion entspricht der Materiefluß der Geschwindigkeit; man kann nämlich mit Hilfe einer ähnlichen Überlegung wie im Falle des Konvektionsflusses Gl. (21.19) die Beziehung

$$(J_i)_{\text{Diff}} = c_i\,v_{\text{Diff}} \tag{23.56}$$

ableiten, in der v_{Diff} die Diffusionsgeschwindigkeit ist.

In Gl. (23.55) ist f_i die auf ein Einzelteilchen wirkende Kraft, während in den Gln. (21.13) bzw. (21.14) d μ/d x bzw. grad μ die Kraft ist, die auf 1 Mol der Teilchen einwirkt. Es muß deshalb z. B. geschrieben werden

$$f_i = \text{grad } \mu_i/N_A. \tag{23.57}$$

Nach Einsetzen aus Gl. (23.57) in (23.55) und hieraus in (23.56) erhält man

$$(J_i)_{\text{Diff}} = \operatorname{grad} \mu_i / (6 \pi \eta r_i N_A). \tag{23.58}$$

Der Diffusionskoeffizient ergibt sich zu

$$D_i = R T / (6 \pi \eta r_i N_A), \tag{23.59}$$

und für die elektrolytische Beweglichkeit folgt

$$U_i = |z_i| F / (6 \pi \eta r_i N_A). \tag{23.60}$$

Diese Ableitung setzt u. a. Kugelgestalt des Teilchens voraus, das sich in der gleichen Weise wie ein makroskopischer Körper durch die Flüssigkeit bewegt. In Wirklichkeit setzt sich jedoch nach Eyring die Diffusionsbewegung in der Flüssigkeit aus Sprüngen des diffundierenden Teilchens aus einer Gleichgewichtslage in eine benachbarte zusammen. Damit ein solcher Sprung überhaupt zustande kommen kann, muß sich in der Flüssigkeit ein „Loch" bilden, d. h. eine leere Gleichgewichtsstelle in der Nähe des Teilchens. Einen ähnlichen Mechanismus hat auch der Viskositätsfluß — in beiden Fällen ist die Aktivierungsenergie identisch mit derjenigen der „Loch"-Bildung in der Flüssigkeit. Daraus ergibt sich die Abhängigkeit des Diffusionskoeffizienten vom Viskositätskoeffizienten. Für Teilchen, die eine mit den Lösungsmittelmolekülen vergleichbare Größe haben, wird die Gl. (23.55) in der Eyringschen Theorie durch den Koeffizienten $2 r_i$ anstatt $6 \pi r_i$ erfüllt. Im Falle größerer Teilchen kann jedoch kein einfacher Sprung in die benachbarte Lage vorausgesetzt werden, und der Koeffizient in Gl. (23.55) nimmt nach Eyring höhere Werte an. Den Versuchsdaten genügt allerdings die Beziehung besser, die auf der Stokesschen Gleichung basiert (23.55) (was jedoch kein Beweis für ihre Richtigkeit ist; wie in vielen ähnlichen Fällen, entspricht die vereinfachte Theorie nur deshalb besser den Versuchsergebnissen, weil sich verschiedene Einflüsse, die von ihr nicht respektiert werden, gegenseitig aufheben).

Da sich die Radien der hydratisierten Ionen nicht merklich unterscheiden, bewegen sich die Diffusionskoeffizienten der Einzelionen im Bereich von 5×10^{-10} bis 2×10^{-9} m² s⁻¹ und ihre elektrolytischen Beweglichkeiten im Bereich von 2×10^{-8} bis 10^{-7} m² s⁻¹ V⁻¹. Eine Ausnahme bilden die Ionen H^+ (bzw. H_3O^+) und OH^-. Ähnlich haben die $H_3SO_4^+$- und HSO_4^--Ionen in Lösungen von konzentrierter Schwefelsäure eine 50- und 100mal größere Beweglichkeit als die übrigen Ionen. Diese Erscheinung wird darauf zurückgeführt, daß die Lyonium- und Lyationen nicht durch die Flüssigkeit wandern müssen, sondern sich durch Protonenaustausch zwischen benachbarten Lösungsmittelmolekülen „bewegen" (sog. Grotthussche Deutung des Ladungstransportes). Es muß erwähnt werden, daß Grotthus (1809) in seiner Theorie der elektrolytischen Zersetzung noch nichts von Ionen wußte, sondern annahm, daß der Wasserstoff- und Sauerstofftransport in der Lösung bei der Elektrolyse des Wassers durch abwechselndes Zerreißen der Wassermoleküle unter gegenseitiger Verschiebung der gebildeten Wasserstoff- und Sauerstoffteilchen und Rückbilden der Wassermoleküle vor sich geht.

Nach den heutigen Vorstellungen verhält sich das Proton beim Transfer zwischen zwei benachbarten Molekülen (s. Abb. 2.20) als quantenmechanisches

Teilchen, und die eigentliche Übertragung erfolgt durch einen Tunnel durch den Wall der potentiellen Energie zwischen dem Anfangs- und dem Endzustand des Systems $H_3O^+ + H_2O \rightarrow H_2O + H_3O^+$. Eine Tunnelübertragung kann allerdings nur dann stattfinden, wenn beide Teilchen günstig zueinander gedreht sind. Die Aktivierungsenergie der Protonenübertragung hängt deshalb von der Rotationsenergie des Wassermoleküls ab.

Da der Fluiditätskoeffizient ζ (der Reziprokwert des Viskositätskoeffizienten η) gemäß der Arrheniusschen Beziehung von der Temperatur abhängt,

$$\zeta = A \exp\left(-B/T\right), \tag{23.61}$$

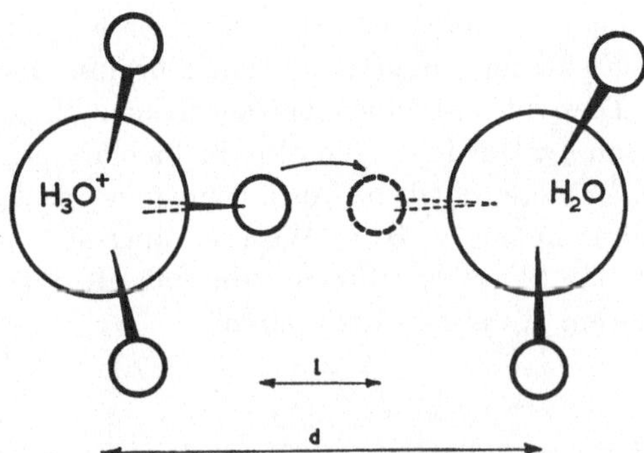

Abb. 2.20. Modell für den Protonenübergang zwischen H_3O^+-Ion und H_2O-Molekül (nach Conway); d bedeutet den Abstand zwischen den Mittelpunkten der Sauerstoffatome, l die Länge des Tunnelungsüberganges des Protons

kann man auf Grund der Relationen (23.59) und (23.60) eine analoge Abhängigkeit für den Diffusionskoeffizienten und für die elektrolytischen Beweglichkeiten und folglich auch für die molare Leitfähigkeit erwarten. In der Praxis verwendet man jedoch meistens nur empirische Beziehungen zur Interpolation der direkt gemessenen Daten. Die Werte der Leitfähigkeiten von Salzen und Ionen für verschiedene Temperaturen sind in Tabellen zusammengestellt (s. Tab. 2.2). Mitunter werden die Temperaturabhängigkeiten in Form von Potenzreihen ausgedrückt, z. B.

$$\lambda_t{}^0 = \lambda_{18}{}^0 \left[1 + k_1\,(t-18) + k_2\,(t-18)^2\right], \tag{23.62}$$

worin k_1 und k_2 empirische Konstanten sind.

Der *Einfluß des Lösungsmittels* auf die Ionenbeweglichkeiten kommt im Hinblick auf Gl. (23.60) durch zwei Effekte zum Ausdruck. Es sind dies der Einfluß der Viskositätsänderung und der Einfluß der Änderung des Ionenradius infolge der verschiedenen Solvatation der Teilchen. Unter der Voraussetzung, daß sich der effektive Ionenradius in einer Reihe von Lösungen mit unterschiedlicher Viskosität nicht ändert und keine Assoziation der Ionen zustande kommt, gilt für diese Reihe die *Waldensche Regel*

$$D_i\,\eta = \text{const} \tag{23.63}$$

resp.

$$\Lambda\,\eta = \text{const.} \tag{23.64}$$

Ein kontinuierlicher Übergang zwischen elektrolytischer und metallischer Leitfähigkeit ist bei Alkalimetallen zu beobachten, die in flüssigem Ammoniak, in gewissen Aminen oder in anderen protophilen Lösungsmitteln aufgelöst sind. Diese blauen bis bronzefarbenen Lösungen bestehen bei niedrigen Metallkonzentrationen aus Metallionen und solvatisierten Elektronen, die die charakteristische blaue Farbe verursachen. Die Elektronen sind in Hohlräumen des Lösungsmittels eingefangen. Die Lösung weist die Eigenschaften eines Elektrolyten auf. Bei höheren Metallkonzentrationen kommt es zur Bildung von Ionenpaaren. Gleichzeitig werden auch diamagnetische Dimeren gebildet, die aus zwei Metallionen und zwei Elektronen bestehen, die ähnliche Eigenschaften haben wie die Dimeren der Alkalimetallatome in der Gasphase. Bei noch höheren Konzentrationen ($> 0,5$ M) kommt es schließlich zu einer Überlappung der Wellenfunktionen der einzelnen Elektronen, und die Lösung beginnt metallisches Leitvermögen aufzuweisen. Dies ist mit einer beträchtlichen Erhöhung der molaren Leitfähigkeit verbunden ($\approx 10^2\,\Omega^{-1}\,\mathrm{m}^2\,\mathrm{mol}^{-1}$ in 3molarer Lösung des Metalls). Solvatisierte Elektronen treten auch in Lösungsmitteln mit anderen Eigenschaften auf, als wir erwähnt haben (z. B. in Wasser), aber sie sind dort sehr unbeständig, weil sie mit den Wasserstoffionen oder mit dem Lösungsmittel unter Bildung von molekularem Wasserstoff reagieren.

24. Diffusion in einer strömenden Flüssigkeit

24.1. Grundelemente der Hydrodynamik

Erhebliche Bedeutung für das Studium der Kinetik der Elektrodenvorgänge und für das Gebiet der Technologie haben in der Elektrochemie die Prozesse, bei denen Stoff- und Ladungstransport in einem strömenden Elektrolyten stattfinden. Sind keine Konzentrationsgradienten vorhanden, so wird der Transport allein durch die Migration kontrolliert; der Einfluß der Konvektion kommt nicht zur Geltung. Bemerkenswerte Eigenschaften hat der zweite Fall, wo sich beim Transportvorgang Konzentrationsgradienten einstellen; ist der durch die Migration besorgte Transport vernachlässigbar (z. B. bei genügender Konzentration eines Leitsalzes), so wird der Transport durch die Diffusion in der strömenden Flüssigkeit, die sog. konvektive Diffusion, kontrolliert.

Im vorliegenden Abschnitt werden wir uns überwiegend mit Vorgängen beschäftigen, die im stationären Zustand ablaufen, also in dem Zustand, in welchem $\partial c_i/\partial t = 0$ ist. Wir werden weiter annehmen, daß sich die Flüssigkeit als Ganzes entweder in Ruhe oder in gleichmäßiger Bewegung befindet und daß sie inkompressibel ist. Die Inkompressibilität der Flüssigkeit, die sich mit der Geschwindigkeit v bewegt, wird durch die Beziehung charakterisiert

$$\operatorname{div} \vec{v} = 0. \tag{24.1}$$

Zu Änderungen ihrer Geschwindigkeit kommt es erst in der Umgebung ihrer Grenzfläche mit der festen Phase oder mit einer anderen Flüssigkeit. Diese Geschwindigkeitsänderung wird dadurch bewirkt, daß die Moleküle der Flüssigkeit, die sich in direktem Kontakt mit der festen Phase befinden, dieselbe Geschwindigkeit haben wie die feste Phase. Ihre Geschwindigkeit ist also z. B. null, wenn die feste Phase ruht und die Flüssigkeit in Bewegung ist. Die Viskositätskräfte wirken auf die Flüssigkeitsschichten ein, die von der Phasengrenzfläche weiter entfernt sind, und so kommt eine Geschwindigkeitsverteilung in der Lösung zustande, die für den Fall einer festen Platte, die von einer Flüssigkeit umströmt wird, in Abb. 2.21 veranschaulicht ist. Die aus dem Koordinatenursprung an die Kurve gelegte Tangente, die die Beziehung zwischen der Geschwindigkeitskomponente v_x in paralleler Richtung zur Platte und dem Plattenabstand y darstellt, schneidet die Gerade $v_x = V_0$ im Punkt, dessen Entfernung von der

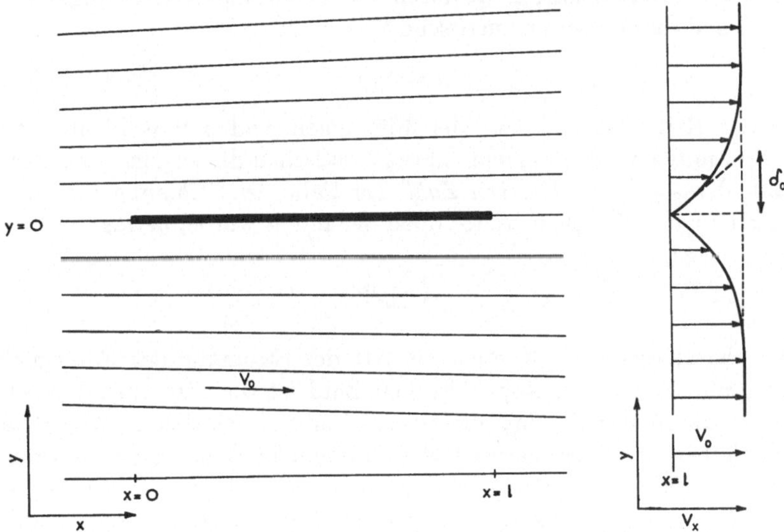

Abb. 2.21. Strömung einer Flüssigkeit längs einer dünnen Platte (nach Lewitsch)

Geraden $v_x = 0$ gleich δ_0 ist. Die Größe δ_0 nennt man die Dicke der *hydrodynamischen* oder der *Prandtlschen Schicht*. Es muß betont werden, daß δ_0 eine Funktion des Abstandes l von der Frontkante der Platte ist. Mit wachsendem l nimmt die Größe δ_0 zu; die Flüssigkeit bewegt sich auch in senkrechter Richtung zur Platte, und zwar von der Platte weg mit der Geschwindigkeit v_y.

Findet eine Diffusion zur Oberfläche der Platte statt, so reicht die Bewegung der Flüssigkeit in der hydrodynamischen Schicht aus, um in größeren Entfernungen von der Plattenoberfläche die ursprüngliche, im Inneren der Lösung herrschende Konzentration c^0 aufrechtzuerhalten. Nur in einer dünnen Schicht innerhalb der Prandtlschen Schicht, deren effektive Dicke δ ist, kommt es zu einem Abfall der Konzentration auf den Wert c^*, der der unmittelbaren Umgebung der Phasengrenzfläche entspricht und durch deren Eigenschaften bestimmt wird (z. B. beim Transport zur Elektrode durch ihr Elektrodenpotential — s. Abschn. 53). Die Größe δ wird die Dicke der *Nernstschen Diffusionsschicht* genannt. Für ein stationäres Konzentrationsgefälle in unmittelbarer Umgebung der Phasengrenzfläche gilt

$$(\partial c / \partial y)_{y=0} = \frac{c^0 - c^*}{\delta}. \tag{24.2}$$

Nernst, der sich um das Jahr 1900 mit der Theorie der heterogenen Reaktionen befaßte, nahm an, daß beim Strömen einer Flüssigkeit entlang einer Phasengrenzfläche eine Flüssigkeitsschicht an der Oberfläche der festen Phase haften bleibt, die sich nicht bewegt. In dieser Schicht stellt sich ein stationärer Konzentrationsgradient in dem begrenzten, sich nicht bewegenden Raum ein [s. Gln. (23.27) bis (23.30)]. In Wirklichkeit hat der Diffusionsvorgang infolge der Geschwindigkeitsverteilung in der hydrodynamischen Schicht überall den Charakter konvektiver Diffusion.

Die Strömung in der Nähe der Phasengrenzfläche wird durch die Dimensionen des Systems charakterisiert, d. h. durch die Bewegungsgeschwindigkeit V_0 der Flüssigkeit und durch ihre kinematische Viskosität

$$\nu = \eta/\rho, \tag{24.3}$$

worin η der Reibungskoeffizient der Flüssigkeit und ρ ihre Dichte ist. Diese Größen sind miteinander in einem charakteristischen dimensionslosen Parameter verknüpft, der sog. *Reynoldsschen Zahl*. Im Falle der Strömung um eine ebene Platte der Länge l, die schon weiter oben behandelt wurde, beträgt sie

$$\frac{l\,V_0}{\nu} = Re. \tag{24.4}$$

Ihr Wert charakterisiert u. a. auch die Art der Strömung der Flüssigkeit. Für nicht zu große Werte der Reynoldsschen Zahl ist die Strömung *laminar*. Das bedeutet in unserem Fall, daß die Geschwindigkeit stationär ist und daß ihr Verlauf zwischen der Phasengrenzfläche und dem Lösungsinneren in senkrechter Richtung zur Phasengrenzfläche eine monotone Funktion der Entfernung ist. Für große Re-Werte wird die Strömung somit *turbulent*, die Bewegung der Flüssigkeit ist chaotisch, und es kommt zu örtlichen Geschwindigkeitspulsionen. Die Theorie der turbulenten Strömung gehört zu den sehr schwierigen Abschnitten der theoretischen Physik.

Der kritische Wert der Reynoldsschen Zahl, die den Übergang von der laminaren zur turbulenten Strömung charakterisiert, hängt beträchtlich von der Natur des Systems ab. Z. B. für den Fall einer Flüssigkeit, die eine glatte, ebene Platte umströmt, ist der kritische Wert der Reynoldsschen Zahl $Re \approx 1{,}5 \times 10^3$. Dieser Wert läßt sich jedoch durch Anschließen verschiedener Hindernisse an die Phasengrenzfläche oder durch Aufrauhen der Oberfläche erheblich herabsetzen.

Für die Dicke der Prandtlschen Schicht gilt in diesem Fall

$$\delta_0 \approx \sqrt{\frac{\nu\,l}{V_0}} = \frac{l}{\sqrt{Re}}. \tag{24.5}$$

24.2. Allgemeine Eigenschaften der konvektiven Diffusion

Für den Materiefluß bei der konvektiven Diffusion gilt die durch Vereinigung der Gln. (21.12) und (21.19) entstandene Beziehung

$$\vec{J} = \vec{J}_{\text{Diff}} + \vec{J}_{\text{Konv}} = -D \operatorname{grad} c + c\,\vec{v}. \tag{24.6}$$

Mit Hilfe der Gl. (21.10) für $\rho \equiv c$ und im Hinblick auf die Beziehung (24.1) erhält man

$$\frac{\partial c}{\partial t} = D \nabla^2 c - \vec{v}\,\mathrm{grad}\,c, \qquad (24.7)$$

gegebenenfalls für den stationären Zustand

$$D \nabla^2 c - \vec{v}\,\mathrm{grad}\,c = 0. \qquad (24.8)$$

In kartesischen Koordinaten lautet diese Gleichung

$$D\left(\frac{\partial^2 c}{\partial x^2} + \frac{\partial^2 c}{\partial y^2} + \frac{\partial^2 c}{\partial z^2}\right) - \left(v_x \frac{\partial c}{\partial x} + v_y \frac{\partial c}{\partial y} + v_z \frac{\partial c}{\partial z}\right) = 0. \qquad (24.9)$$

Nach Einführen der dimensionslosen Parameter

$$X = x/l, \quad Y = y/l, \quad Z = z/l \qquad (24.10)$$

$$V_x = v_x/V_0, \quad V_y = v_y/V_0, \quad V_z = v_z/V_0 \qquad (24.11)$$

$$C = c/c^0 \qquad (24.12)$$

erhält man aus Gl. (24.9) die Relation

$$V_x \frac{\partial C}{\partial X} + V_y \frac{\partial C}{\partial Y} + V_z \frac{\partial C}{\partial Z} = \frac{D}{l V_0}\left(\frac{\partial^2 C}{\partial X^2} + \frac{\partial^2 C}{\partial Y^2} + \frac{\partial^2 C}{\partial Z^2}\right). \qquad (24.13)$$

Der Ausdruck

$$\frac{l V_0}{D} = Pe \qquad (24.14)$$

wird die *Pécletzahl* genannt. Der Quotient aus der Pécletschen und der Reynoldsschen Zahl

$$Pe/Re = \nu/D = Sc \qquad (24.15)$$

wird als die *Schmidtsche Zahl* bezeichnet. Für die meisten Flüssigkeiten gilt offensichtlich $Sc \gg 1$ (z. B. für Wasser bei den üblichen Bedingungen ist $Sc \approx 10^3$). Weil die hydrodynamische Schicht an der Phasengrenze nur dann gebildet wird, wenn $Re \gg 1$ ist, muß die Pécletzahl immer viel größer als 1 sein. Da erwartet werden kann, daß sich die Werte der ersten und der zweiten Ableitung der Konzentration nach den Koordinaten nicht um mehrere Potenzen unterscheiden werden, wird man auch bei nicht großen Bewegungsgeschwindigkeiten der Flussigkeit annehmen können, daß am äußeren Rand, und sogar ziemlich tief im Inneren der hydrodynamischen Schicht, die rechte Seite der Gl. (24.13) praktisch gleich Null ist. Die resultierende Gleichung

$$V_x \frac{\partial C}{\partial X} + V_y \frac{\partial C}{\partial Y} + V_z \frac{\partial C}{\partial Z} = 0 \qquad (24.16)$$

hat offensichtlich die Lösung $C = 1$.

Unmittelbar bei der Phasengrenzfläche hat jedoch der dimensionslose Konzentrationsparameter einen von Eins verschiedenen Wert, $C = c^*/c^0$. Da gleichzeitig die Bewegungsgeschwindigkeit der Flüssigkeit in der hydrodynamischen Schicht in Richtung zur Phasengrenzfläche sinkt, läßt sich ein Flüssigkeitsgebiet in der Nähe der Phasengrenzfläche auffinden, wo man bereits nicht mehr die rechte Seite der Gl. (24.13) vernachlässigen kann und in der folglich die konvektive Diffusion zur Geltung kommt. Das ist eben die Diffusionsgrenzschicht oder die Nernstsche Diffusionsschicht mit der Dicke δ.

Der Wert von δ kann nach Lewitsch für den Fall einer Flüssigkeit, die eine ebene Platte umströmt, aus der Näherungsbeziehung

$$\delta/\delta_0 \approx (D/\nu)^{1/3} = Sc^{-1/3} \tag{24.17}$$

abgeschätzt werden. In wäßriger Lösung ist also in diesem Fall $\delta \approx \delta_0/10$.

24.3. Konvektive Diffusion zu einer rotierenden Scheibe

Da die rotierende Scheibe eine sehr nützliche Einrichtung für zahlreiche elektrochemische Forschungen ist, benutzen wir im vorliegenden Abschnitt den von Lewitsch gelösten Fall der konvektiven Diffusion zur rotierenden Scheibe als Beispiel für diese Transportart. Betrachten wir eine Scheibe in der Ebene $x - z$, die um die y-Achse mit der Winkelgeschwindigkeit ω rotiert (s. Abb. 2.22). Ist der Radius der Scheibe genügend größer als die Dicke der hydrodynamischen Schicht, so kann die Änderung der Strömung am Rande der Scheibe vernachlässigt werden. Die Lösung des hydrodynamischen Teils des Problems, die v. Kármán und Cochrane erarbeitet haben, zeigt, daß die Dicke der hydrodynamischen Schicht keine Funktion des Abstandes von der Scheibenmitte ist; ihr Wert beträgt

$$\delta_0 = 3{,}6 \, (\nu/\omega)^{\frac{1}{2}}. \tag{24.18}$$

Für die Bewegungsgeschwindigkeit der Flüssigkeit in senkrechter Richtung zur Scheibenoberfläche gilt

$$v_y = - 0{,}51 \, \omega^{3/2} \, \nu^{-1/2} \, y^2. \tag{24.19}$$

Wir werden annehmen, daß der Konzentrationsgradient in senkrechter Richtung zur Scheibenoberfläche viel größer ist als in radialer Richtung. Die Gl. (24.9) reduziert sich dann zur Beziehung

$$v_y \, \mathrm{d} c/\mathrm{d} y = D \, \mathrm{d}^2 c/\mathrm{d} y^2. \tag{24.20}$$

Die Randbedingungen sind

$$y = 0 \; : c = c^*$$
$$y \to \infty : \mathrm{d} c/\mathrm{d} y = 0, \; c = c^0.$$

Die Lösung dieses Problems lautet (vgl. Anhang A)

$$(\mathrm{d} c/\mathrm{d} y)_{y=0} = 0{,}62 \, D^{-1/3} \, \nu^{-1/6} \, \omega^{1/2} \, (c^0 - c^*). \tag{24.21}$$

Die Dicke der Nernstschen Diffusionsschicht [s. Gl. (24.2)] ist somit $\delta = 1{,}61 \, D^{1/3} \, \nu^{1/6} \, \omega^{-1/2}$.

24.4. Nichtstationäre konvektive Diffusion zur wachsenden Kugel

Die polarographische Methode (s. Abschn. 54) ist auf der Anwendung einer Quecksilbertropfelektrode begründet. Der Transport zu dieser Elektrode hat den Charakter einer konvektiven Diffusion, die jedoch nicht bei stationären Bedingungen abläuft. Die Konvektion wird durch das Wachsen der Elektrode verursacht, das eine radiale Bewegung der Lösung in Richtung zur Oberfläche der Elektrode bewirkt. Wir werden annehmen, daß die Tropfelektrode eine ideale

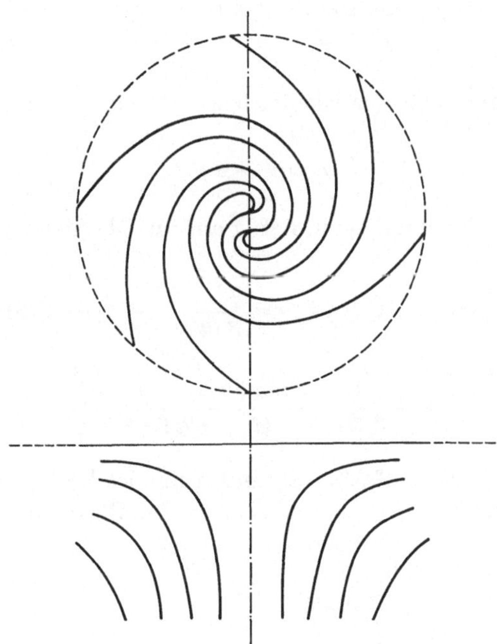

Abb. 2.22. Strömung einer Flüssigkeit an der Oberfläche einer rotierenden Scheibe; oben Seitenansicht, unten Ansicht in Richtung der Rotationsachse (nach Lewitsch)

Kugel ist, deren Volumen sich in der Zeiteinheit um den Wert $m/\rho = 4\,\pi\,a^3/3$ vergrößert, wobei m die Masse des in 1 s hindurchgeflossenen Quecksilbers, ρ dessen Dichte und a der Radius zur Zeit $t = 1$ s ist. Zur Zeit t ist der Radius des Tropfens $r_0 = a\,t^{1/3}$. Betrachten wir einen Punkt im Abstand r von der Elektrodenmitte. Die durch diesen Punkt hindurchgehende konzentrische Kugel hat das Volumen $V = 4\,\pi\,r^3/3$. Bewegt sich der betrachtete Punkt der Lösung, weil ihn die wachsende Elektrode mit der Geschwindigkeit $v = \mathrm{d}\,r/\mathrm{d}\,t$ wegdrückt, so gilt

$$\mathrm{d}\,V/\mathrm{d}\,t = 4\,\pi\,r^2\,v = (4/3)\,\pi\,a^3. \tag{24.22}$$

Die gesuchte Geschwindigkeit der Konvektion ist also

$$v = a^3/(3\,r^2). \tag{24.23}$$

Der Transport zur wachsenden kugelförmigen Elektrode in Gegenwart eines Grundelektrolyten wird durch eine Gleichung beschrieben, die man erhält, wenn man in Gl. (24.7) den Laplace-Operator durch den Ausdruck substituiert, der für die Beschreibung der Diffusion zur kugelförmigen Elektrode verwendet wurde (23.31), und für die Konvektionsgeschwindigkeit die Beziehung (24.23) einsetzt. Die resultierende partielle Differentialgleichung lautet

$$\frac{\partial c}{\partial t} = D \left(\frac{\partial^2 c}{\partial r^2} + \frac{2}{r} \cdot \frac{\partial c}{\partial r} \right) - \frac{a^3}{3 r^2} \cdot \frac{\partial c}{\partial r} \tag{24.24}$$

$$
\begin{aligned}
r &> 0, \quad t = 0 : c = c^0; \\
r &= r_0, \quad t > 0 : c = c^*; \\
r &\to \infty, \quad t > 0 : c = c^0.
\end{aligned}
$$

Der Normalenabstand von der Elektrodenoberfläche, x, ist durch die Beziehung gegeben

$$x = r - a\, t^{1/3}. \tag{24.25}$$

Für die relative Geschwindigkeit in bezug auf die Oberfläche, v', gilt hierauf

$$v' = a^3 / (3\, r^2) - (1/3)\, a\, t^{-2/3} = \frac{a^3}{3\, (a\, t^{1/3} + x)^2} - (1/3)\, a\, t^{-2/3} =$$

$$= - \frac{a}{3\, t^{2/3}} \cdot \frac{(2\, x/a\, t^{1/3}) + (x/a\, t^{1/3})^2}{(1 + x/a\, t^{1/3})^2}. \tag{24.26}$$

Ilkovič führte eine vereinfachte Formulierung des Problems mit der Annahme durch, daß die Dicke der Diffusionsschicht an der Elektrode, die die Größenordnung $(D\, t)^{1/2}$ hat, wesentlich kleiner ist als der Radius der Elektrode. Er zog deshalb nur solche x-Werte in Betracht, für die $x/(a\, t^{1/3}) \ll 1$ ist. Dadurch reduziert sich die Gl. (24.26) zur Gestalt

$$v' \approx - \frac{2\, x}{3\, t}. \tag{24.27}$$

Führen wir in Gl. (24.24) die Transformation (24.25) durch und vernachlässigen wir den zweiten Term der rechten Seite, der den sphärischen Charakter der Diffusion zur Tropfelektrode zum Ausdruck bringt, so erhalten wir die Beziehung

$$\frac{\partial c}{\partial t} = D \frac{\partial^2 c}{\partial x^2} + \frac{2\, x}{3\, t} \cdot \frac{\partial c}{\partial x}. \tag{24.28}$$

Da die Diffusionsgleichung in den Koordinaten t, x die Diffusion in bezug auf die bewegliche Elektrodenoberfläche beschreibt, tritt in ihr die relative Konvektionsgeschwindigkeit in bezug auf diese Oberfläche auf, nämlich die Größe v'. Die Anfangs- und Randbedingungen beziehen wir auf $x > 0$ und auf $x = 0$. Die Lösung dieses Problems (vgl. Anhang A) lautet

$$D \left(\frac{\partial c}{\partial x} \right)_{x = 0} = (c^0 - c^*) \sqrt{\left(\frac{7\, D}{3\, \pi\, t} \right)} = \sqrt{\left(\frac{7}{3} \right)} J_{\text{lin}}, \tag{24.29}$$

worin J_{lin} der Materiefluß im Falle der linearen Diffusion ist [vgl. Gl. (23.8)]. Die Vergrößerung der Transportgeschwindigkeit durch die Konvektion wird durch den Koeffizienten $(7/3)^{1/2}$ ausgedrückt. Dieses Ergebnis ist allerdings nur eine Approximierung, die auf der bei der Formulierung der Gleichung (24.28) gemachten Vereinfachung basiert. Eine vollständige Lösung der Gl. (24.24) wurde von Koutecký in Form einer Potenzreihe gebracht. Für praktische Zwecke hat ihre Lösung die Gestalt

$$J = \sqrt{\left(\frac{7}{3}\right)}\, J_{\text{lin}}\, (1 + 1{,}04\, a^{-1}\, D^{1/2}\, t^{1/6}). \qquad (24.30)$$

3. Gleichgewichte in heterogenen elektrochemischen Systemen

Treten zwei verschiedene Phasen miteinander in Berührung, so wird zwischen ihnen ein Gebiet mit spezifischen Eigenschaften, die sog. *Grenzschicht*, ausgebildet, was oft auch mit einer Neuverteilung der elektrischen Ladung verbunden ist. Die Species, die die elektrische Ladung tragen, können nämlich entweder aus einer Phase in die andere übergehen (Elektronen aus einem Metall in das andere, Ionen aus dem Kristallgitter eines Metalls oder Salzes in die Lösung und umgekehrt, Ionen aus einer Lösung in die andere) oder sie können in verschiedenem Maß in der Grenzschicht angehäuft (sorbiert) werden (Ionen, Dipolmoleküle). Dadurch werden die Einzelphasen elektrisch aufgeladen, und in der Grenzschicht kommt es zur Bildung einer sog. elektrischen Doppelschicht. Je nach der Art der in Kontakt stehenden Phasen unterscheidet man vier Typen der Ladungsverteilung zwischen ihnen: 1. Durchtritt der Ladung durch die Grenzschicht, 2. ungleiche Adsorption von Ionen mit entgegengesetzter Ladung, 3. Adsorption und Orientierung von Dipolmolekülen, 4. Deformierung und Polarisation von Atomen und Molekülen im inhomogenen Kraftfeld der Grenzschicht.

Selbstverständlich können mehrere der erwähnten Erscheinungen gleichzeitig in ein und derselben Grenzschicht auftreten, so daß die Struktur der elektrischen „Doppelschicht" auch aus mehreren verschiedenen Schichten zusammengestellt sein kann.

Die erste der genannten vier Arten der Ladungsverteilung stellt den Hauptbeitrag zu den in den galvanischen Zellen auftretenden Potentialdifferenzen dar. Die Grenzschicht in den galvanischen Zellen besteht nämlich aus Phasen, zwischen denen entweder ein Übergang von Elektronen (zwei Metalle, Metall-Lösung) oder ein Übergang von Ionen (Metall-Lösung, Metall-Metallverbindung-Lösung u. ä.) möglich ist. Die weiteren drei Typen der Ladungsverteilung haben wesentliche Bedeutung in Grenzschichten ohne Metallphasen, und sie spielen auch bei den sog. elektrokinetischen Erscheinungen eine wichtige Rolle.

31. Thermodynamik der Elektrodengleichgewichte

31.1. Phasengleichgewichte geladener Teilchen

Ein elektrochemisches System, das zumindest aus zwei Phasen besteht, von denen die eine (die sog. *Elektrode*) ein Leiter erster und die andere ein Leiter zweiter Klasse ist, wird als *Halbzelle* bezeichnet. Unter dem Begriff Elektrode wird jedoch gelegentlich auch das gesamte System verstanden, in welchem sich ein Elektrodenvorgang abspielen kann. Die Elektrodenreaktion ist eine Reaktion zwischen den Komponenten der Phasen, deren Resultat ein Durchtritt der elektrischen Ladung durch die Phasen ist. Haben zwei Elektroden einen gemeinsamen Elektrolyten oder sind ihre Elektrolyte miteinander in Kontakt, so entsteht eine *galvanische Zelle* (auch Kette oder Element genannt). Zwischen den Elektroden der Zelle kann eine elektrische Potentialdifferenz gemessen werden. Die Potentialdifferenz, die wir an den Elektroden der Zelle messen, ist jedoch nicht die Differenz der Potentiale zwischen den verschiedenen Metallen der beiden Elektroden, sondern zwischen den an die Elektroden angeschlossenen Kontakten, die aus ein und demselben Metall bestehen. Wir müssen nämlich beide Elektroden durch irgendeinen metallischen Leiter mit dem Meßgerät verbinden, und auch im Gerät selbst wird der Stromkreis durch ein Metall geschlossen. Diese Erscheinung ist prinzipieller Natur und nicht die Folge einer mangelhaften Meßanordnung. Entladet man die Zelle über den Widerstand R durch den Strom I, so wird das Produkt $R\,I$ die *Zellenspannung* (auch *Klemmenspannung*) genannt. Befindet sich die Zelle im Gleichgewichtszustand ($I = 0$), so spricht man von ihrer *elektromotorischen Kraft* (*EMK*). Der elektromotorischen Kraft wird übereinkunftsmäßig ein bestimmtes Vorzeichen gegeben, je nachdem, wie das graphische Schema (Symbol) der Zelle formuliert wird (s. im weiteren).

Die elektromotorische Kraft der Zelle setzt sich aus mehreren Potentialdifferenzen zusammen. Allgemein müssen in der Zelle folgende Potentialdifferenzen in Betracht gezogen werden: zwei an den Grenzflächen der beiden festen Phasen mit den Flüssigkeiten, eine an der Grenzfläche der beiden Flüssigkeiten und eine an der Grenzfläche der beiden Metalle. Jede dieser Potentialdifferenzen an den Phasengrenzen, mit Ausnahme der Potentialdifferenz an der Grenzfläche beider Flüssigkeiten (vgl. Abschn. 42), kann einen bestimmten Gleichgewichtswert annehmen, wenn beide benachbarten Phasen wenigstens einen gemeinsamen Ladungsträger (Ionen oder Elektronen) auszutauschen vermögen. Dann stellt sich nämlich ein gewisses Gleichgewicht in der Verteilung der gemeinsamen Ladungsträger zwischen beiden Phasen ein.

Das Gleichgewicht für die Verteilung ungeladener Teilchen zwischen zwei Phasen wird durch die Gleichheit ihrer *chemischen Potentiale* in beiden Phasen festgelegt. Dabei ist das chemische Potential (sein negativ genommener Wert) das Maß der Arbeit, die man bei sonst konstanten Bedingungen aufwenden müßte, um ein Mol der ungeladenen Teilchen aus dem Innern der betrachteten Phase reversibel in den Gaszustand von unendlicher Verdünnung zu überführen, wohin man — allerdings rein konventionsmäßig — den Nullpunkt der Skala der chemischen Potentiale verlegt hätte.

Um aus dem Inneren der betrachteten Phase ein Mol geladener Teilchen herauszuholen und es in den Zustand unendlicher Verdünnung zu überführen, muß man nicht nur Arbeit zur Überwindung der chemischen Bindungskräfte, sondern auch zur Überwindung der elektrischen Kräfte aufwenden. Das Maß der entsprechenden Arbeit ist die Größe $-\tilde{\mu}$, die (mit umgekehrtem Vorzeichen) von Guggenheim als das *elektrochemische Potential* bezeichnet wurde.

Allgemein kann man das elektrochemische Potential nicht in einen chemischen und einen elektrischen Anteil zerlegen, weil die chemischen Wechselwirkungen des

Teilchens mit seiner Umgebung ebenfalls elektrischer Natur sind. Trotzdem ist es jedoch üblich, das elektrochemische Potential durch nachstehende Beziehung zu definieren

$$\tilde{\mu} = \mu + z\,F\,\varphi. \tag{31.1}$$

In dieser Gleichung drückt der zweite Term die rein elektrostatische Arbeit aus, die geleistet werden muß, um die Ladung $z\,F$ aus unendlicher Entfernung im Vakuum unendlich langsam in das Innere der betrachteten Phase, d. h. an einen Ort mit dem elektrischen Potential φ, zu bringen. Übertragen wird dabei nur die elektrische Ladung, keineswegs das Materieteilchen, an das sie gebunden sein könnte. Das Verhältnis dieser Arbeit zur übertragenen Ladung ist gleich dem *inneren elektrischen Potential* φ der Phase.

Das elektrische Feld der chemischen Bindungskräfte trägt nicht zum inneren Potential bei, sein Beitrag ist im chemischen Potential μ enthalten. Das innere elektrische Potential kann aus zwei Anteilen zusammengesetzt sein. Vor allem kann die betrachtete Phase eine überschüssige elektrische Ladung haben, die z. B. künstlich von außen zugeführt wurde. Dem elektrischen Feld dieser Ladung entspricht das *äußere elektrische Potential* ψ. Das äußere elektrische Potential eines Leiters wird definiert als der Grenzwert des Verhältnisses w/q für $q \to 0$, wobei w die Arbeit ist, die verrichtet werden muß, um die Ladung q im Vakuum aus unendlicher Entfernung unendlich langsam bis zu einem Punkt in der Nähe der Oberfläche des Leiters zu bringen. Dieser Punkt muß außerhalb der Reichweite der sog. Bildkräfte liegen, die durch die Induktion fiktiver Ladungen in der Metalloberfläche entstehen, wenn sich ihr ein geladenes Teilchen nähert. Das von diesem Punkt weiter in das Innere der betrachteten Phase transportierte Teilchen muß das Potentialgefälle der elektrischen Doppelschichten an der Oberfläche der Phase überwinden. Diese Komponente des inneren Potentials ist gleich der *elektrischen Oberflächenpotentialdifferenz* χ. Die elektrische Oberflächenpotentialdifferenz wird definiert als der Grenzwert des Verhältnisses w'/q für $q \to 0$, wobei w' die Arbeit ist, die zur Übertragung der Ladung q vom Ort, für den das äußere elektrische Potential ψ definiert ist, in das Phaseninnere aufgewendet werden muß. Es gilt also $\varphi = \psi + \chi$ (diese Gleichung ist die Definition des inneren elektrischen Potentials φ). Die Gl. (31.1) kann somit in folgender Form hingeschrieben werden

$$\tilde{\mu} = \mu + z\,F\,\psi + z\,F\,\chi. \tag{31.2}$$

Für ungeladene Teilchen ist $z = 0$ und $\tilde{\mu} = \mu$. Das erste Glied in Gl. (31.2) ist also das chemische Potential der geladenen Teilchen in der betrachteten Phase. Man muß sich jedoch vor Augen halten, daß auch das chemische Potential elektrische Komponenten enthält, die zum Beispiel mit dem Einfluß der Ionenwolke auf das hervorgehobene Teilchen zusammenhängen (vgl. Abschn. 13.1). Der Term μ erfaßt die Arbeit, die zur Überwindung aller Kräfte außer denen erforderlich ist, die mit den Größen ψ und χ verbunden sind.

Bringen wir zwei Phasen α und β in Kontakt, die eine gemeinsame Sorte durchtrittsfähiger Teilchen i haben, dann ist das Maß ihrer Tendenz, aus der Phase α in die Phase β überzugehen, im Falle ungeladener Teilchen die Differenz $\mu_{i,\alpha} - \mu_{i,\beta}$, bei geladenen Teilchen die Differenz $\tilde{\mu}_{i,\alpha} - \tilde{\mu}_{i,\beta}$. Bei Gleichgewicht gilt für ungeladene Teilchen $\mu_{i,\alpha} = \mu_{i,\beta}$, für geladene Teilchen wird hingegen die Gleichgewichtsbedingung durch die Gleichheit

$$\tilde{\mu}_{i,\alpha} = \tilde{\mu}_{i,\beta} \tag{31.3}$$

festgelegt.

Ähnlich wie beim chemischen Potential muß auch bei anderen thermodynamischen Funktionen im Falle geladener Teilchen die elektrische Energie berücksichtigt werden. Für die innere Energie U und die Gibbssche freie Energie G des Systems gilt z. B.

$$d\,\tilde{U} = T\,d\,S - p\,d\,V + \Sigma\,\mu_i\,d\,n_i + z_i\,F\,\varphi\,d\,q, \tag{31.4}$$

$$d\,\tilde{G} = -S\,d\,T + V\,d\,p + \Sigma\,\mu_i\,d\,n_i + z_i\,F\,\varphi\,d\,q. \tag{31.5}$$

Im Phasengleichgewicht geladener Teilchen stellt sich eine gewisse Differenz zwischen den inneren und den äußeren Potentialen ein, die durch die Gleichungen erfaßt wird

$$\Delta\,\varphi = \varphi_\beta - \varphi_\alpha = (\mu_{i,\alpha} - \mu_{i,\beta})/z_i\,F, \tag{31.6}$$

$$\Delta\,\psi = \Delta\,\varphi - \Delta\,\chi. \tag{31.7}$$

Es sei bemerkt, daß bei den geladenen Teilchen ein weitaus geringerer Teilchentransport aus einer Phase in die andere genügt, um das Phasengleichgewicht zu erreichen, als bei den ungeladenen, da durch die entstehende Potentialdifferenz $\varphi_\beta - \varphi_\alpha$ die ursprüngliche Übergangstendenz viel schneller vermindert wird als durch die Änderung der ursprünglichen chemischen Potentiale. Die Differenz der inneren elektrischen Potentiale der Phasen, $\varphi_\alpha - \varphi_\beta$, wird auch das *Galvani-Potential* und analog die Differenz der äußeren elektrischen Potentiale, $\psi_\alpha - \psi_\beta$, das *Voltapotential* genannt.

Die erwähnte Beziehung (31.6) für die Potentialdifferenz der Grenzschicht gilt für jede beliebige Gleichgewichtskoexistenz von zwei Phasen mit einem gemeinsamen durchtrittsfähigen Ladungsträger, also für den Kontakt von zwei Metallen (die gemeinsame Species sind hier die Elektronen), ebensogut wie für die reversiblen Elektrodentypen. Je nach der Art der reversiblen Elektroden sind die gemeinsamen Ladungsträger Kationen ($ZnSO_4 \mid Zn$—Kationenelektrode erster Art), Anionen ($Pt, Cl_2 \mid HCl$—Anionenelektrode erster Art), Kationen in der einen Grenzschicht und Anionen in der anderen ($KCl \mid AgCl\ (s)$, Ag—Elektrode zweiter Art) oder Elektronen ($Fe^{3+}, Fe^{2+} \mid Pt$—Redoxelektrode); im letzten Fall ist die Anwesenheit freier Elektronen in der Lösung eine formale (vgl. Abschnitt 32.3). Für die Potentialdifferenz an der Grenzfläche von zwei Lösungen mit demselben Lösungsmittel kann keine Gleichgewichtsbeziehung aufgestellt werden, da sich an einer solchen Grenzfläche infolge der Diffusion kein Gleichgewicht einstellt (vgl. Abschn. 42).

Die chemischen Potentiale können entweder alle eine Funktion der Konzentration sein (z. B. beim Amalgam eines Metalls, das in die Lösung der Ionen desselben Metalls eintaucht), oder es ist nur eines von ihnen eine Funktion der

Konzentration, und zwar dasjenige, das sich auf die Lösung bezieht (z. B. $\mu_{i,\alpha}$). Dann ist nach Gl. (31.7)

$$\Delta\varphi = \varphi_\beta - \varphi_\alpha = (\mu_{i,\alpha}{}^0 + R\,T \ln a_{i,\alpha} - \mu_{i,\beta})/z_i\,F =$$
$$= \Delta\varphi^0 + (R\,T/z\,F)\ln a_{i,\alpha}. \tag{31.8}$$

Die Differenz der inneren Potentiale kann nicht gemessen werden, wenn es sich um zwei verschiedene Phasen handelt. Durch Anschließen eines Meßinstrumentes (z. B. eines Potentiometers mit Nullanzeige bei der Kompensationsmethode) bilden wir zwei Phasengrenzen aus und messen die algebraische Summe der drei Potentialdifferenzen an den drei Grenzflächen; wir messen also immer die *Differenz der inneren Potentiale an den Enden von zwei chemisch gleichen Zuleitungen.* Meßbar sind die Differenzen der äußeren Potentiale $\Delta\psi$ und die Differenz der sog. realen Potentiale $\Delta\alpha$ zwischen zwei Phasen; das *reale Potential* α wird durch die Beziehung definiert

$$\alpha = \mu + z\,F\,\chi. \tag{31.9}$$

Das elektrochemische Potential kann also auch durch die Gleichung

$$\tilde{\mu} = \alpha + z\,F\,\psi \tag{31.10}$$

ausgedrückt werden.

Der negative Wert des realen Potentials der Elektronen, $-\alpha_e$, wird die Austrittsarbeit der Elektronen genannt. Man muß sich vor Augen halten, daß es sich immer um die Messung der Differenz zwischen zwei Zuständen handelt. Da wir jedoch in einen der beiden Zustände konventionsmäßig den Wert Null verlegen (wie wir schon erwähnt haben, ist es ein Punkt in unendlicher Entfernung von allen Leitern), so sagen wir, daß die Größen α und ψ meßbar sind, als ob es sich um ihre Absolutwerte handelte. Das innere Potential ist jedoch im Sinne eines solchen „absoluten" Wertes nicht meßbar, aber auch seine Differenz zwischen zwei verschiedenen Phasen ist es nicht. Es ist nur in einem einzigen Fall der Messung zugänglich, und zwar als die Differenz der inneren Potentiale von zwei chemisch gleichen Phasen. In diesem Fall gilt nämlich

$$\Delta\varphi = \Delta\tilde{\mu}_i/z_i\,F, \tag{31.11}$$

denn die „chemischen" Anteile des elektrochemischen Potentials sind in diesem Fall gleich. Potentiometrisch messen wir eben die Differenz $\Delta\varphi$ für den durch Gl. (31.11) ausgedrückten Fall (vgl. Abschn. 33).

Das elektrochemische Potential eines Elektrons in einem Metall oder in einem Halbleiter ist ebenfalls gleich der *Energie des Ferminiveaus* ε_F

$$\tilde{\mu}_e = \varepsilon_F\,N_A. \tag{31.12}$$

Die Auffüllung der Niveaus mit Elektronen wird durch die Fermifunktion bestimmt

$$f(\varepsilon) = \left(1 + \exp\frac{\varepsilon - \varepsilon_F}{k\,T}\right)^{-1}, \tag{31.13}$$

und das Ferminiveau ist dasjenige, das die Wahrscheinlichkeit hat, gerade zur Hälfte aufgefüllt zu werden.

Das äußere elektrische Potential ψ wird durch die Überschußladung der Phase bestimmt. Handelt es sich um eine Phase der Gestalt einer Kugel vom Radius a mit der überschüssigen elektrischen Ladung q, so kann das äußere Potential durch die Beziehung $\psi = q/4\pi\varepsilon_0 a$ ausgedrückt werden. Der Potentialverlauf im elektrischen Feld um diese Kugel wird durch den Quotienten q/r festgelegt, in welchem

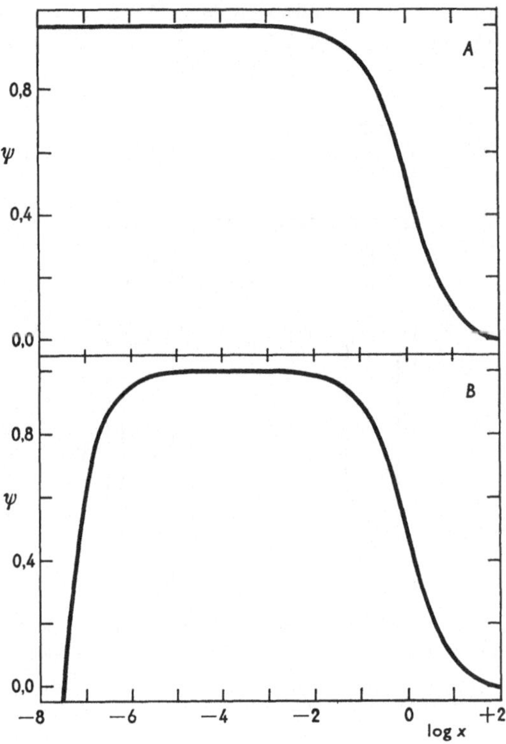

Abb. 3.1. Verlauf des Potentials ψ (V) als Funktion des Abstandes x (cm) von einem kugelförmigen Leiter mit dem Radius 1 cm, der die Ladung von $1{,}11 \cdot 10^{-8}$ C trägt. A = ohne Einfluß von Bildkräften, B = bei Beeinflussung durch die Bildkräfte eines Teilchens mit der Ladung von $1{,}6 \cdot 10^{-15}$ C (Parsons, MAE 1, S. 108)

r der Abstand von der Kugelmitte ist. Im Falle einer Phase, in der keine anderen elektrischen Kräfte vorhanden wären als diejenigen, die ihre Quelle im Überschuß der elektrischen Ladung haben, würde das Verhältnis q/r den Potentialverlauf im elektrischen Feld um die Kugel vom größten bis zum kleinsten Abstand erfassen. Dieser Fall ist in Abb. 3.1 illustriert. Es ist zu erkennen, daß angefangen von Abständen der Größenordnung 10^{-3} cm nach kleineren Entfernungen hin das Potential praktisch gleich dem an der Oberfläche der Kugel ist, d. h. $\psi = q/4\pi\varepsilon_0 a$. Im Falle einer realen Phase überlagern sich über dieses Potential weitere Komponenten, die mit den kurzreichenden Wechselwirkungen zusammenhängen. Es ist dies zum Beispiel das Potential, das vom Spiegelbild des geladenen Teilchens in der Phase herrührt, wenn diese Phase die Eigenschaften eines idealen

Leiters hat; der Potentialverlauf für diesen Fall ist in Abb. 3.1 veranschaulicht.
Neben diesen sog. Bildeinflüssen können Dipolwechselwirkungen, Dispersions-
kräfte zwischen den Partikeln und der Oberfläche der Kugel u. ä. zur Geltung
kommen. Auch in diesem Fall existiert ein Entfernungsgebiet, in welchem das
Potential in der Nähe der Phase praktisch gleich dem Potential $\psi = q/4\,\pi\,\varepsilon_0\,a$ ist. In
dem in Abb. 3.1 B dargestellten Fall beträgt dieser Abstand 10^{-3} bis 10^{-5} cm.
Transportieren wir also eine elektrische Einheitsladung unendlich langsam aus
unendlicher Entfernung zur Oberfläche eines Leiters bis auf einen Abstand, der
sehr klein ist im Vergleich zu den Dimensionen des betrachteten Leiters (bei

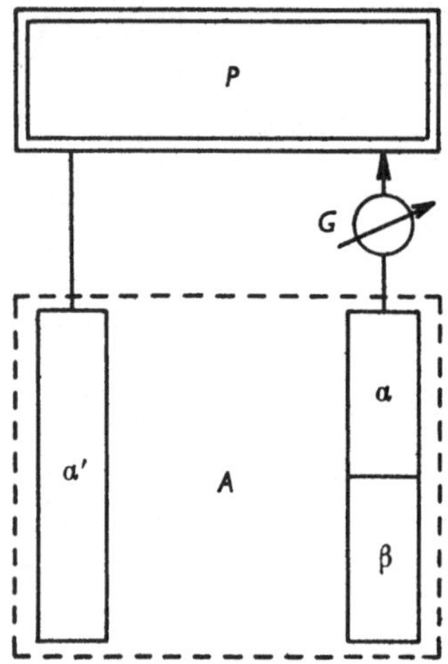

Abb. 3.2. Schema der Messung der äußeren Potentialdifferenz mit der Methode des
schwingenden Kondensators nach Thomson

cm-Ausmaßen des Leiters beträgt dieser Abstand etwa 10^{-4} cm), so verrichten
wir eine Arbeit, die definitionsgemäß gleich dem äußeren elektrischen Potential
ψ ist.

Die Größen $\Delta\,\psi$ und $\Delta\,\alpha$ werden die eine mit Hilfe der anderen gemessen.
Berühren sich nämlich zwei Phasen α und β, die ein gemeinsames Teilchen haben
(Index i), so gilt im Gleichgewicht $\tilde{\mu}_{i,\alpha} = \tilde{\mu}_{i,\beta}$, also $\Delta\,\alpha = -\,z_i\,F\,\Delta\,\psi$. Zur
Messung dieser Größen benutzt man am häufigsten die Methode des schwingen-
den Kondensators sowie thermionische, kalorimetrische und photoelektrische
Methoden.

Das Prinzip der *Methode des schwingenden Kondensators*, die in ihrer ursprünglichen Anordnung von Thomson vorgeschlagen wurde, ist in Abb. 3.2 wiedergegeben. Der Raum A zwischen den Metallphasen α, α' und β ist mit einem
unter geringfügigem Druck stehenden inerten Gas gefüllt. Die Phasen α und β
berühren sich unmittelbar. Die Phasen α und α' sind chemisch identisch. Da sie
vom gleichen Medium umgeben werden, ist $\chi_\alpha = \chi_{\alpha'}$, und sowohl die chemischen
Potentiale als auch die Austrittsarbeiten der Elektronen aus diesen beiden Pha-
sen sind einander gleich, d. h. $\mu_{e,\alpha} = \mu_{e,\alpha'}$; $\alpha_{e,\alpha} = \alpha_{e,\alpha'}$.

Die äußeren Potentiale der Phasen α' und β sind verschieden. Dies kommt dadurch zum Ausdruck, daß bei Änderungen der Abstände zwischen α' und β oder bei Ionisation der Gasatome im Raum A (z. B. durch radioaktive Bestrahlung) durch das Galvanometer G ein Strom fließt. Dieser Strom kann durch eine vom Potentiometer P abgezweigte Spannung U kompensiert werden, für die gilt

$$U = \varphi_\alpha - \varphi_{\alpha'} = -\frac{1}{F}\left(\tilde{\mu}_{e,\alpha} - \mu_{e,\alpha'}\right).$$ (31.14)

Weiter gilt bei Gleichgewicht einerseits $\psi_{\alpha'} = \psi_\beta$, andererseits $\tilde{\mu}_{e,\alpha} = \tilde{\mu}_{e,\beta}$ (die letzte Gleichung drückt die Bedingung für das Gleichgewicht der Elektronen in den Phasen α und β aus). Aus diesen Beziehungen erhalten wir durch Substitution

$$U = F^{-1}\left(\alpha_{e,\alpha} - \alpha_{e,\beta}\right) = \psi_\alpha - \psi_\beta.$$ (31.15)

Die gemessene Kompensationsspannung U gibt also einerseits die Differenz der Austrittsarbeiten der Elektronen, andererseits die Differenz der äußeren elektrischen Potentiale der beiden sich berührenden Phasen α und β an.

Die Oberflächen der Phasen müssen rein sein (was eine der größten experimentellen Schwierigkeiten der Methode darstellt), sonst würden sich die χ-Werte und somit auch die Austrittsarbeiten der Elektronen ändern. Eine Verunreinigung zwischen den sich berührenden Phasen α und β ist gleichbedeutend mit dem Anschluß einer neuen Phase (γ). Fließt der Strom I und hat diese Phase den Widerstand R, so wird im System eine neue Potentialdifferenz $R\,I$ ausgebildet.

Im Gleichgewichtszustand hat die Anwesenheit der Phase γ jedoch keinen Einfluß auf die Meßergebnisse, weil immer $\tilde{\mu}_{e,\alpha} = \tilde{\mu}_{e,\beta} = \tilde{\mu}_{e,\gamma}$ gilt. Ähnlich wird die resultierende Gleichung auch nicht durch die Tatsache beeinflußt, daß die Zuleitungen und Wicklungen am Potentiometer nicht aus demselben Metall bestehen wie die Phase α bzw. α'. In Gegenwart der neuen Phase γ zwischen den Phasen α, bzw. α', und dem Potentiometer gilt $\tilde{\mu}_{e,\alpha} = \tilde{\mu}_{e,\gamma/\alpha}$ und $\tilde{\mu}_{e,\alpha'} = \tilde{\mu}_{e,\gamma/\alpha'}$. Es ist nicht schwer, sich zu überzeugen, daß die Gl. (31.15) auch in diesem Fall ihre Gültigkeit behält.

In ähnlicher Weise mißt man die Differenz der äußeren Potentiale zwischen einem Metall und der Lösung eines Elektrolyten. Im Schema der Abb. 3.2 wird nun die Phase β die Elektrolytlösung bedeuten, die sich im Kontakt mit der metallischen Phase α befindet. Es gilt wiederum, daß $\mu_{e,\alpha} = \mu_{e,\alpha'}$, $\psi_{\alpha'} = \psi_\beta$ ist. U wird wieder durch die Gl. (31.14) ausgedrückt, aber $\tilde{\mu}_{e,\alpha} \neq \tilde{\mu}_{e,\beta}$, denn die durchtrittsfähigen Teilchen zwischen den Phasen α und β sind nicht die Elektronen, sondern die Metallionen M^{z+}. Es gilt also

$$\tilde{\mu}_{+,\alpha} = \tilde{\mu}_{+,\beta}.$$ (31.16)

Der Index $+$ bezieht sich auf die Metallkationen. In der Phase α gilt jedoch formal die Relation

$$\mu_{M,\alpha} = \tilde{\mu}_{+,\alpha} + z_+ \tilde{\mu}_{e,\alpha}.$$ (31.17)

Hier bezieht sich der Index M auf die Atome des Metalls. Durch einen analogen Vorgang wie im vorangegangenen Fall erhalten wir

$$U = \alpha_{e,\alpha}/F - (\mu_{M,\alpha} - \alpha_{+,\beta})/(z_+ F) = \psi_\alpha - \psi_\beta. \qquad (31.18)$$

Die abgezweigte Spannung U gibt also die Differenz der äußeren elektrischen Potentiale zwischen dem Metall und der mit ihm in Kontakt stehenden Lösung an.

Die *thermionische Methode* basiert auf der thermischen Emission von Elektronen in einer Diode. Die bei höheren Temperaturen aus dem Metall emittierten Elektronen werden von einer netzförmigen Elektrode aufgefangen, die gegenüber

Tabelle 3.1. *Austrittsarbeit der Elektronen* (α_e) *aus verschiedenen Metallen*
(nach Parsons, MAE 1, S. 118)

Metall	$-\alpha_e$, eV	Methode
Ba	$2{,}39 \pm 0{,}05$	Kontaktpotential gegen W
Co	$4{,}41 \pm 0{,}10$	thermionisch
Fe	$4{,}48 \pm 0{,}06$	thermionisch (unterhalb des Überganges $\beta \to \gamma$)
Fe	$4{,}21 \pm 0{,}05$	thermionisch (oberhalb des Überganges $\beta \to \gamma$)
Mg	$3{,}67 \pm 0{,}02$	photoelektrisch
Mo	$4{,}20 \pm 0{,}02$	thermionisch
Ni	$4{,}61 \pm 0{,}05$	thermionisch
K	$2{,}26 \pm 0{,}02$	photoelektrisch
Ag	$4{,}33 \pm 0{,}05$	Kontaktpotential gegen Ba
Ta	$4{,}19 \pm 0{,}02$	thermionisch
W	$4{,}49 \pm 0{,}02$	photoelektrisch
Zn	$4{,}28 \pm 0{,}02$	Kontaktpotential gegen Ba
U	$3{,}27 \pm 0{,}05$	thermionisch

der Metalloberfläche untergebracht und auf ein hohes positives Potential aufgeladen ist. Der Sättigungsstrom der Diode, I_s, gehorcht der Richardsonschen Gleichung

$$I_s = A\, T^2 \exp\left(-\alpha_e/R\,T\right). \qquad (31.19)$$

Aus der Temperaturabhängigkeit des Stromes I_s kann die Austrittsarbeit $-\alpha_e$ ermittelt werden.

Die *kalorimetrische Methode* beruht auf der Messung der Energie, die dem Metall zugeführt werden muß, um eine stationäre Elektronenemission aufrechtzuerhalten. Ein Metall in Form eines Drahtes wird auf eine hohe Temperatur aufgeheizt. In der Regel treten keine Elektronen aus ihm aus, bevor die Anode eingeschaltet wird. Bei ihrem Einschalten kommt es plötzlich zur Emission von Elektronen und zu einem Temperaturabfall infolge des Energieverbrauchs zur Verdampfung der Elektronen. Die Differenz zwischen der Energie, die zur Erhitzung des Drahtes auf eine bestimmte Temperatur mit und ohne Emission erforderlich ist, gibt die Austrittsarbeit der Elektronen aus dem betrachteten Metall bei dieser Temperatur an.

Die *photoelektrische Methode* ist auf dem lichtelektrischen Effekt begründet. Für die kinetische Energie der Elektronen, die bei Bestrahlung eines Metalls mit

Licht der Frequenz ν emittiert werden, gilt die Einsteinsche Gleichung

$$\frac{1}{2} m v^2 = h \nu - h \nu_0 = h \nu - (-\alpha_e)/N_A, \qquad (31.20)$$

in der ν_0 die Grenzfrequenz ist, unterhalb der keine Photoemission stattfindet. Das Produkt dieser Frequenz mit der Planckschen Konstante h gibt die auf ein Elektron bezogene Austrittsarbeit an. Man kann sie also bestimmen, indem man durch kontinuierliche Änderung der Wellenlänge des Lichtes, mit welchem das Metall bestrahlt wird, die Grenzfrequenz ermittelt.

Beispiele für die auf ein Elektron bezogenen Austrittsarbeiten aus verschiedenen Metallen sind in Tab. 3.1 angeführt.

31.2. Die elektromotorische Kraft einer galvanischen Zelle

Eine galvanische Zelle (Kette, Element) ist ein System, das elektrische Arbeit auf Kosten einer Energieänderung des Systems leisten kann, die eintritt, wenn in ihm chemische oder Konzentrationsänderungen ablaufen. (Es existieren allerdings auch weitere galvanische Zellen, die auf anderen Prozessen als den genannten beruhen. Bedeutung haben die thermogalvanischen Zellen [Thermoelemente], die auf dem Wärmetransport begründet sind. Mit ihnen wollen wir uns aber in diesem Buch nicht befassen; s. den auf S. 339 zitierten Artikel von Agar.)

Wir wollen zum Beispiel metallisches Kupfer und metallisches Zink in der Lösung von Kupferionen betrachten. Das Kupfer wird aus der Lösung durch das Zink verdrängt, das in die Lösung übergeht; am Zink scheidet sich metallisches Kupfer ab. Die gesamte Änderung der Enthalpie wird in Wärme umgesetzt. Ordnen wir den Versuch jedoch so an, daß wir einen Zinkstab in eine Lösung von Zinkionen und einen Kupferstab in eine Lösung von Kupferionen tauchen und beide Lösungen in Kontakt bringen (z. B. über eine poröse Wand, damit sie sich nicht vermischen), dann wird das Zink nur dann in die Lösung der Zinkionen übergehen und das Kupfer sich aus der Lösung der Kupferionen abscheiden, wenn wir beide Metalle von außen durch einen Leiter verbinden und so den Stromkreis der Zelle schließen. Die Zelle kann dabei im äußeren Teil des Stromkreises elektrische Arbeit leisten. Bei der ersten Versuchsanordnung ist ein reversibler Ablauf des Vorganges ausgeschlossen, bei der zweiten Anordnung ist er möglich, falls jedoch auch die übrigen Reversibilitätsbedingungen erfüllt sind (vgl. im weiteren).

Im reversiblen Fall wird die gesamte Änderung der Gibbsschen freien Energie bei der in der Zelle ablaufenden Reaktion in elektrische Arbeit umgesetzt, im irreversiblen Fall ist die geleistete Arbeit kleiner oder null. Damit die Zelle reversibel arbeiten könne, müssen zwei Forderungen erfüllt werden, nämlich *stoffliche und energetische Reversibilität.*

Schaltet man in den äußeren Teil des Stromkreises der Zelle eine äußere Spannung ein (die man z. B. von einem Potentiometer abzweigt), die gegen die Spannung der Zelle gerichtet ist, dann muß der chemische Vorgang nach derselben Reaktion entweder nach rechts oder nach links ablaufen, je nachdem, ob die äußere Spannung kleiner oder größer als die Gleichgewichtsspannung (elektromotorische Kraft) der Zelle ist. Dies ist die Forderung der stofflichen Reversibilität.

Energetische Reversibilität wird dann erreicht, wenn man für den Ablauf der Reaktion in der einen Richtung dieselbe Menge an elektrischer Arbeit zuführen muß, die man gewinnt, wenn sich die Reaktion im gleichen Umfang in der umgekehrten Richtung vollzieht.

Reversibles Arbeiten der Zelle setzt voraus, daß in ihr keine Vorgänge ablaufen, die nicht mit dem Stromfluß verbunden sind. Ein elektrochemischer Vorgang, der nicht immer mit dem Durchgang von Strom verbunden ist, ist die Auflösung eines Metalls in einer Säure (z. B. Zink in Schwefelsäure in der Volta-Zelle) oder die Auflösung von Gasen in Elektrolytlösungen (z. B. in der Chlorknallgaszelle, die aus einer Wasserstoff- und einer Chlorelektrode zusammengesetzt ist, lösen sich Wasserstoff und Chlor auf, und in der Lösung kann auch ohne Stromdurchgang Chlorwasserstoff gebildet werden; diese Reaktion ist jedoch kinetisch stark gehemmt). Ein anderer Vorgang, der in der Zelle ohne Stromfluß gewöhnlich ablaufen kann, ist die Diffusion. In der sog. Konzentrationszelle (vgl. Abschn. 32) kann nicht nur durch den Stromdurchgang, sondern auch ohne Stromfluß allein durch die Diffusion ein Konzentrationsausgleich zwischen beiden Lösungen bewirkt werden.

Die genannten Vorgänge dürfen auch nicht in der offenen Zelle ablaufen, d. h. wenn keine äußere elektrisch leitende Verbindung zwischen den Elektroden besteht. In einer solchen Zelle muß sich ein bestimmtes Gleichgewicht einstellen, das durch intensive Gleichgewichtsbedingungen in analoger Weise ausgedrückt werden kann, wie die Phasen- und chemischen Gleichgewichte in Systemen, die durchwegs elektroneutrale Komponenten enthalten.

Auch der Durchgang einer endlichen Strommenge bedeutet zwangsläufig einen gewissen Grad an energetischer Irreversibilität, denn die elektrische Arbeit wird einerseits am inneren Widerstand der Zelle, andererseits in den äußeren Teilen des Stromkreises in Joulesche Wärme umgewandelt; außerdem läuft der Elektrodenvorgang mit sog. Überspannung ab (vgl. Kap. 5). Die Zelle arbeitet deshalb nur bei vernachlässigbarem Strom reversibel, d. h. wenn sich die Differenz zwischen der kompensierenden äußeren Spannung und der elektromotorischen Kraft der Zelle Null nähert.

Es sei darauf hingewiesen, daß wir von der Reversibilität der galvanischen Zelle vom thermodynamischen Gesichtspunkt gesprochen haben. In der Elektrochemie spricht man mitunter von „reversiblen Elektroden" in etwas anderem Sinne, wie wir im Abschn. 32 näher auseinandersetzen werden.

Die galvanische Zelle wird mit Hilfe von chemischen Symbolen veranschaulicht und ihre graphische Darstellung als *Zellensymbol* bezeichnet. Bei wäßrigen Lösungen führt man die gelösten Stoffe und ihre Konzentrationen an, bei nichtwäßrigen Lösungen noch das Lösungsmittel. Zum Beispiel die durch das Zellensymbol

$$\text{Zn, Hg (12\%)} \mid \text{ZnSO}_4 \text{ (ges.), Hg}_2\text{SO}_4 \text{ (ges.)} \mid \text{Hg} \qquad (31.21)$$

dargestellte Zelle besteht aus einer Zinkamalgamelektrode und einer Quecksilberelektrode, der gemeinsame Elektrolyt ist eine gesättigte Lösung von Zink- und Quecksilbersulfat.

Wie schon erwähnt, wird die *elektromotorische Kraft* (*EMK*) der Zelle durch die Potentialdifferenz zwischen den aus dem gleichen Material bestehenden Endphasen (Polen) festgelegt. Man formuliert deshalb das Zellensymbol so, daß die chemisch gleichen metallischen Phasen am Rand zu stehen kommen. Beim Daniell-Element hat man zum Beispiel folgende Möglichkeiten:

$$1 \quad 2 \quad 3 \quad 4 \quad 1'$$
$$Zn \mid Zn^{2+} \mid Cu^{2+} \mid Cu \mid Zn \tag{a}$$

$$1 \quad 2 \quad 3 \quad 4 \quad 1'$$
$$Cu \mid Cu^{2+} \mid Zn^{2+} \mid Zn \mid Cu \tag{b}$$

Die Wahl der Schreibweise (a) oder (b) ist nicht vorgeschrieben, aber es hängt von ihr das Vorzeichen der elektromotorischen Kraft der Zelle ab, denn diese wird immer so definiert, daß vom elektrischen Potential der rechts stehenden letzten Phase (1') das Potential der links stehenden letzten Phase (1) subtrahiert wird. Für die beiden angeführten Zellensymbole des Daniell-Elements gilt also $E_a = - E_b$.

Im vorliegenden Abschnitt werden wir uns nur mit „chemischen" Zellen befassen, in denen die elektrische Energie durch eine chemische Umwandlung erzeugt wird.

Die in der Zelle ablaufende Reaktion (die sog. *Zellenreaktion*) ist die Summe der an beiden Elektroden stattfindenden Reaktionen. Man kann sie ebenfalls in zwei Weisen aufschreiben, und zwar nach der Phasenreihenfolge im Zellensymbol so, daß beim Reaktionsablauf von links nach rechts die positive Ladung in der dargestellten Zelle ebenfalls von links nach rechts übergeführt wird

$$Cu^{2+} + Zn \quad \rightarrow Cu \quad + Zn^{2+} \tag{c}$$
$$Cu \quad + Zn^{2+} \rightarrow Cu^{2+} + Zn \tag{d}$$

Die Gleichung (c) entspricht also dem Zellensymbol (a), die Gleichung (d) dem Symbol (b).

Der Ladungsfluß wird einerseits durch chemische Kräfte bewirkt, die durch die Affinität der in der Zelle ablaufenden Reaktionen beschrieben werden, andererseits durch elektrische Kräfte, deren Maß die elektrische Potentialdifferenz zwischen den Elektroden ist. Die Affinität der Reaktion wird festgelegt durch die Summe der chemischen Potentiale aller an der Reaktion beteiligten Stoffe, multipliziert mit den entsprechenden stöchiometrischen Faktoren. Sie ist durch die Abnahme der Gibbsschen freien Energie des Systems $- \Delta G$ gegeben. Das Vorzeichen der Affinität hängt allerdings von der Richtung ab, in welcher die Reaktion hingeschrieben wird. Für die Reaktionen (c) und (d) gilt

$$- \Delta G_c = + \Delta G_d. \tag{31.22}$$

Läuft die Zellenreaktion in dem Einheitsumfang ab, so wird die Ladung $n\,F$ übergeführt, die einem ganzen Vielfachen der Faraday-Konstante entspricht. Der Faktor n ergibt sich aus der Stöchiometrie der Reaktion. Er ist die Anzahl der Elementarladungen, die bei einem elementaren Reaktionsschritt transportiert werden [z. B. $n = 2$ für die Reaktion (c) bzw. (d)]. Das Produkt $n\,F\,E$ ist die Arbeit, die mit der im Einheitsumfang ablaufenden Reaktion verbunden ist; im thermodynamischen Gleichgewicht ist sie gleich der Affinität dieser Reaktion. Es gilt folglich

$$E_a = - \Delta G_c/nF, \quad E_b = - \Delta G_d/nF. \tag{31.23}$$

Hält man sich vor Augen, daß bei $(- \Delta G_c) > 0$ $(- \Delta G_d) < 0$ ist, so erkennt man, daß das Vorzeichen der elektromotorischen Kraft von der Richtung abhängt, in welcher man das Zellensymbol aufschreibt, und somit auch von der Richtung, in welcher die Reaktion hingeschrieben wird. Die elektromotorische Kraft ist positiv, wenn die Zellenreaktion und das Zellensymbol so formuliert sind, daß die Reaktionsgleichung dem spontanen Reaktionsablauf entspricht (die Reaktion würde bei Kurzschließen der Zelle von selbst ablaufen). Die Zelle (a) hat also eine positive elektromotorische Kraft, die Zelle (b) eine negative.

Es sei eine galvanische Zelle betrachtet, die aus einer Wasserstoff- und einer Silber-Silberchlorid-Elektrode zusammengesetzt ist:

$$\text{Pt} \mid \text{H}_2 \mid \text{HCl}\,(c) \mid \text{AgCl}\,(s) \mid \text{Ag} \mid \text{Pt}. \tag{31.24}$$

In dieser Zelle müssen Platin, Silber, der gasförmige Wasserstoff, das feste Silberchlorid und die Lösung als selbständige Phasen aufgefaßt werden. Zur Ermittlung der elektromotorischen Kraft müssen die Kontakte aus dem gleichen Material bestehen, weshalb man an die Silberelektrode noch einen Platinkontakt anschließt. Wie man am Ende des vorliegenden Abschnittes sehen wird, hängt die elektromotorische Kraft der Zelle wiederum nicht vom Material der Zuleitungsdrähte ab, so daß z. B. auch Kupferdrähte verwendet werden könnten. In der Lösung sind außer den Cl^-- und H_3O^+-Ionen (im weiteren werden wir nur H^+ schreiben) noch Ag^+-Ionen in geringer, der gesättigten Lösung des Silberchlorids in Salzsäure entsprechender Konzentration vorhanden. Wir haben also die Phasenfolge (in Klammern sind die Teilchen angeführt, die in der Phase enthalten sind):

$$\begin{array}{ccccccc} 1 & 2 & 3 & 4 & 5 & 1' \\ \text{Pt}\,(e) \mid & \text{H}_2 \mid & \text{Lösung}\,(\text{H}^+,\,\text{Cl}^-,\,\text{Ag}^+) \mid & \text{AgCl}\,(\text{Ag}^+,\,\text{Cl}^-) \mid & \text{Ag}\,(\text{Ag}^+,\,e) \mid & \text{Pt}\,(e). \end{array} \tag{31.25}$$

Mit den in Gebrauch stehenden Elektroden werden wir uns eingehender im Abschn. 32 beschäftigen. Vorläufig genügt es uns, daß eine solche Zelle elektrische Energie liefern kann, da in ihr spontan die Reaktion

$$\frac{1}{2}\,\text{H}_2\,(2) + \text{AgCl}\,(4) \to \text{H}^+\,(3) + \text{Cl}^-\,(3) + \text{Ag}\,(5) \tag{31.26}$$

abläuft. Die elektromotorische Kraft E ist durch die Differenz der inneren Potentiale der Phasen 1 und $1'$ gegeben:

$$E = \varphi\,(1') - \varphi\,(1). \tag{31.27}$$

Wird diese elektromotorische Kraft durch eine äußere gleich große Gegenspannung kompensiert, so fließt kein Strom, und das System befindet sich im Gleichgewicht. Für die Phasengleichgewichte der durchtrittsfähigen Teilchen gilt

$$\tilde{\mu}_{\text{Cl}^-,3} = \tilde{\mu}_{\text{Cl}^-,4}; \quad \tilde{\mu}_{\text{Ag}^+,4} = \tilde{\mu}_{\text{Ag}^+,5}; \quad \tilde{\mu}_{e,1'} = \tilde{\mu}_{e,5}. \tag{31.28}$$

Es seien die Beziehungen

$$\mu_{AgCl,4} = \tilde{\mu}_{Ag^+,4} + \tilde{\mu}_{Cl^-,4}; \quad \mu_{Ag,5} = \tilde{\mu}_{Ag^+,5} + \tilde{\mu}_{e,5} \tag{31.29}$$

eingeführt. (Die chemischen Potentiale des Ag und AgCl haben nur formale Bedeutung.)

Für die Elektrodenreaktion des Wasserstoffes

$$2\,H^+\,(3) + 2\,e\,(1) \rightleftarrows H_2\,(2) \tag{31.30}$$

gilt

$$2\,\tilde{\mu}_{H^+,3} + 2\,\tilde{\mu}_{e,1} = \mu_{H_2,2}. \tag{31.31}$$

Alle elektrochemischen Potentiale zerlegen wir nach Gl. (31.1) in die Terme mit chemischem Potential und in die Terme mit innerem elektrischen Potential und berechnen aus den Gln. (31.28) bis (31.31) die Differenz (31.27). Wir erhalten

$$F\,E = -\,\mu_{H^+,3} - \mu_{Cl^-,3} - \mu_{Ag,5} + \mu_{AgCl,4} + \frac{1}{2}\,\mu_{H_2,2}. \tag{31.32}$$

Man sieht, daß die rechte Seite dieser Gleichung die Affinität der Reaktion (31.26) darstellt. Fließt bei der stöchiometrisch ablaufenden Reaktion mit den stöchiometrischen Faktoren ν_i die Ladungsmenge $n\,F$ durch die Zelle, so gilt allgemein

$$-\,\Delta G = -\sum_i \nu_i\,\mu_i = n\,F\,E. \tag{31.33}$$

Die galvanische Zelle gibt an ihre Umgebung elektrische Arbeit ab, wenn sie einen äußeren Widerstand überwindet. Im reversiblen Fall nähert sich die Differenz zwischen der äußeren Spannung und der elektromotorischen Kraft Null. Im Grenzwert unterscheiden sich beide Größen folglich nur durch das Vorzeichen. Deshalb wird die an die Umgebung gelieferte elektrische Arbeit durch den Ausdruck $n\,F\,E = -\,\Delta G$ definiert, d. h. durch die Abnahme der Gibbsschen freien Energie des Systems.

Aus Gl. (31.33) erkennt man, daß die elektromotorische Kraft der Zelle nur durch die Affinität der betreffenden Reaktion festgelegt wird. Sie hängt also allein vom Charakter derjenigen Metalle ab, die sich in direktem Kontakt mit den Lösungen befinden. Im weiteren werden wir deshalb die Zuleitungen im Zellensymbol nicht angeben.

Im Hinblick auf Gl. (31.33) kann für das Produkt $n\,F\,E$ die Gibbs-Helmholtzsche Gleichung

$$n\,F\,E = -\,\Delta H + n\,F\,T \left(\frac{\partial E}{\partial T}\right)_{p,\ \text{Zusammensetzung}} \tag{31.34}$$

benutzt werden. Kennt man die Temperaturabhängigkeit der elektromotorischen Kraft der Zelle, so kann man die Wärmetönung ΔH berechnen, die die Reaktion hätte, wenn sie außerhalb der Zelle abliefe. Zellen, die eine positive elektromotorische Kraft E und einen negativen Temperaturquotienten $\partial E/\partial T$ haben, geben bei einem reversiblen Vorgang außer elektrischer Energie noch die Wärmemenge

$$- T \, \Delta S = - n \, F \left(\frac{\partial E}{\partial T} \right)_{p, \text{Zusammensetzung}}$$

ab, denn es ist dann $(- \Delta H) > (n \, F \, E)$; Zellen, bei denen sowohl E als auch $\partial E / \partial T$ positiv ist, werden der Umgebung Wärme entziehen.

31.3. Das Elektrodenpotential

Die Gl. (31.33) kann weiter umgeformt werden. Wir wollen wieder die Zelle (31.24) als konkreten Fall betrachten, d. h. wir werden direkt die Gleichung (31.32) umgestalten. Für den Druck des Wasserstoffes wählen wir 1 atm; weiter werden wir den Zustand des metallischen Silbers, des festen Silberchlorids und des gasförmigen Wasserstoffes unter dem Einheitsdruck als Standardzustand betrachten, d. h. wir setzen $\mu_{H_2,2} \, (p = 1) = \mu^0_{H_2}$, $\mu_{Ag,5} = \mu^0_{Ag}$ und $\mu_{AgCl,4} = \mu^0_{AgCl}$. Da weiter gilt $\mu_{H^+} = \mu^0_{H^+} + R \, T \ln a_{H^+}$ und $a_{H^+} \, a_{Cl^-} = a^2_{\pm, HCl}$ ist, können wir schreiben

$$F \, E = - \mu^0_{H^+} - \mu^0_{Cl^-} - 2 \, R \, T \ln a_{\pm, HCl} - \mu^0_{Ag} + \mu^0_{AgCl} + \frac{1}{2} \, \mu^0_{H_2}. \tag{31.35}$$

Indem wir die Konstante

$$F \, E^0 = - \mu^0_{H^+} - \mu^0_{Cl^-} - \mu^0_{Ag} + \mu^0_{AgCl} + \frac{1}{2} \, \mu^0_{H_2} \tag{31.36}$$

einführen, erhalten wir

$$E = E^\circ - \frac{2 \, R \, T}{F} \ln a_{\pm, HCl}. \tag{31.37}$$

Der Term $E^0 = - \Delta G^0 / n \, F$ stellt die elektromotorische Kraft einer Zelle dar, bei der sich sämtliche Komponenten im Standardzustand befinden. D. h. in der Elektrolytlösung haben alle Ionen, die die elektrochemischen Potentiale bestimmen, die Aktivität Eins und die Gase den Druck von 1 atm; der Zustand der festen Phasen wird ebenfalls als Standardzustand gewählt; $- \Delta G^0$ ist also die Standardaffinität der Reaktion (31.26).

Die elektromotorische Kraft der Zelle zerlegt man gewöhnlich in zwei Anteile (vorläufig bezeichnen wir sie mit π) und ordnet jeden von ihnen einer der Elektroden zu. Die Gl. (31.35) kann also beispielsweise folgendermaßen umgeschrieben werden:

$$E = \pi_{AgCl/Ag} - \pi_{H^+/H} = \pi^0_{AgCl/Ag} - (R \, T / F) \ln a_{Cl^-} -$$
$$- \pi^0_{H^+/H} - (R \, T / F) \ln a_{H^+}. \tag{31.38}$$

Die Größen π^0 enthalten die chemischen Standardpotentiale der Ionen, gegebenenfalls der Gase, und die chemischen Potentiale der festen Phasen.

Die in Gl. (31.38) durchgeführte Zerlegung der Gleichgewichtsspannungen in zwei Glieder ist willkürlich: die Ausdrücke π, resp. π^0, beziehen sich auf beide Elektroden; sie enthalten eine beliebige und unbestimmbare, für beide Elektroden gleiche Konstante, die jedoch beim Subtrahieren der Ausdrücke wegfällt. Eine mögliche Zerlegung beruht darin, daß man die dem System der Wasserstoffelektrode zugehörigen chemischen Potentiale in einem Term, $\pi'_{H^+/H}$, und die dem System der Silberchloridelektrode entsprechenden in einem zweiten Term, $\pi'_{AgCl/Ag}$, zusammenfaßt. Die Zerlegung kann auch so durchgeführt werden, daß man die Summe aller Potentialdifferenzen zwischen dem einen Pol und der Lösung der einen Elektrode zuordnet und sie im Term $\pi''_{H^+/H}$ zusammenfaßt, die Summe aller Potentialdifferenzen zwischen dem zweiten Pol und der Lösung der zweiten Elektrode zuschreibt und sie im Term $\pi''_{AgCl/Ag}$ erfaßt. Für die Wasserstoffelektrode erhält man

$$F\,\pi'_{H^+/H} = \mu_{H^+} - \frac{1}{2}\,\mu_{H_2}, \tag{31.39}$$

$$F\,\pi''_{H^+/H} = F\,(\varphi_p - \varphi_{Pt}) + F\,(\varphi_{Pt} - \varphi_l) =$$
$$= \mu_{e,p} + \mu_{H^+} - \frac{1}{2}\,\mu_{H_2}. \tag{31.40}$$

Der Index p kennzeichnet die Zuleitung zur Elektrode, der Index l die Lösung. Analoge Ausdrücke würde man für die Silberchloridelektrode erhalten. Man sieht, daß in beiden Fällen die Differenz der Ausdrücke π', resp. π'', für beide Elektroden dieselbe Größe ergibt, d. h. den Wert E aus Gl. (31.38). Der Term $\mu_{e,p}$ hebt sich in der Differenz der Ausdrücke π'' auf (die Zuleitungen sind chemisch identisch); dies illustriert wiederum die Tatsache, daß die elektromotorische Kraft einer galvanischen Zelle nicht vom Material der Endpole abhängt.

Man muß sich vor Augen halten, daß keine der beiden Zerlegungen, d. h. weder π' noch π'', identisch ist mit der Potentialdifferenz zwischen dem Elektrodenmetall und der Lösung, $\varphi_m - \varphi_l$. Diese ist eine Art von Galvani-Potentialdifferenz, die der Messung nicht zugänglich ist. Man ist deshalb übereingekommen, relative Werte in einer bestimmten Skala so zu definieren, daß sie eindeutig meßbar seien. Diese Werte werden als die Elektrodenpotentiale bezeichnet.

Das *Elektrodenpotential* wird als die elektromotorische Kraft einer Zelle definiert, in der die eine Elektrode die betrachtete und die andere eine geeignete *Bezugselektrode* ist. Als Bezugselektrode wird allgemein die *Standard-Wasserstoffelektrode* (SWE) für die gegebene Temperatur gewählt. Die Standardwasserstoffelektrode ist eine unter dem Druck von 1 atm gesättigte Wasserstoffelektrode, die in eine Lösung mit der Hydroniumionenaktivität Eins eintaucht. Da das Elektrodenpotential die elektromotorische Kraft ist, wird kein neues Symbol dafür eingeführt, man benutzt das Symbol E. Eine entsprechende Spezifizierung, falls es zu Mißverständnissen kommen könnte, wird mit Hilfe von Indices durchgeführt.

Das *Standardpotential* wird in der Wasserstoffskala als der Wert der elektromotorischen Kraft einer Zelle definiert, die aus einer Standard-Wasserstoffelektrode und der zu messenden Elektrode bei Standardbedingungen zusammengesetzt ist. Es wird durch das Symbol E^0 bezeichnet.

Nach der internationalen Übereinkunft über das Vorzeichen des Elektrodenpotentials (die sog. Stockholmer Konvention) wird die Wasserstoffelektrode immer links geschrieben. So ist z. B. das Potential der Silberchloridelektrode die EMK der Zelle

$$\text{Pt, } H_2 \text{ (1 atm)} \mid H_3O^+ \,(a = 1) \mid \text{HCl-Lösung} \mid AgCl \mid Ag, \tag{31.41}$$

während es nach dieser Konvention nicht zulässig ist, die elektromotorische Kraft der umgekehrt aufgeschriebenen Zelle

$$\text{Ag} \mid \text{AgCl} \mid \text{HCl-Lösung} \mid \text{H}_3\text{O}^+ \ (a = 1) \mid \text{H}_2 \ (1 \ \text{atm}), \text{Pt} \qquad (31.42)$$

als das Elektrodenpotential der Silber-Silberchlorid-Elektrode zu bezeichnen.

Es sei noch bemerkt, daß in einigen älteren amerikanischen Lehrbüchern die Elektrodenpotentiale mit umgekehrten Vorzeichen definiert werden, als der internationalen Konvention entspricht.

Mitunter werden die Elektrodenpotentiale auch auf andere Elektroden als die Standardwasserstoffelektrode bezogen. Zu diesen Zwecken benutzt man z. B. eine Wasserstoffelektrode, die in eine Lösung der gleichen Hydroniumionenaktivität eintaucht, wie sie die untersuchte Elektrode hat, oder eine Quecksilber-(II)-oxid-Elektrode mit der gleichen Hydroxidionenaktivität wie die der untersuchten Elektrode. Oft wird auch eine gesättigte oder normale Kalomelelektrode gebraucht und dergleichen mehr. Besteht diesbezüglich keine völlige Eindeutigkeit, so ist es angebracht, gemeinsam mit den verwendeten Einheiten auch die benutzte Bezugselektrode anzugeben. So bedeutet z. B. die Angabe 76 mV (NKE), daß die untersuchte Elektrode ein auf die Normalkalomelelektrode bezogenes Elektrodenpotential von $+ 76$ mV hat.

Die elektromotorische Kraft einer Zelle wird aus den Elektrodenpotentialen (die selbstverständlich für beide Elektroden in der Skala ein und derselben Bezugselektrode ausgedrückt sind) einfach als die Differenz zwischen dem Potential der im Zellensymbol rechts hingeschriebenen Elektrode vom Potential der links aufgezeichneten Elektrode berechnet (,,*rechts minus links*''):

$$E_{\text{Zelle}} = E_{\text{rechte El.}} - E_{\text{linke El.}} \qquad (31.43)$$

Die dem Elektrodenpotential entsprechende Reaktion ist die Reaktion der betrachteten Ionen mit dem Wasserstoff, also in der Zelle (31.41) ist es die Reaktion

$$\text{AgCl} + \text{H}_2 + \text{H}_2\text{O} \rightarrow \text{Ag} + \text{Cl}^- + \text{H}_3\text{O}^+. \qquad (31.44)$$

Sie wird jedoch oft als Reaktion mit den Elektronen formuliert (d. h. als die Halbzellenreaktion)

$$\text{AgCl} + e \rightarrow \text{Ag} + \text{Cl}^-. \qquad (31.45)$$

Der Begriff ,,Halbzellenreaktion'' muß also vom Begriff ,,Elektrodenreaktion'', der im Kap. 5 eingeführt wird, unterschieden werden.

Die Einführung des Begriffes Elektrodenpotential hat folgenden thermodynamischen Sinn: Die Größe E^0 charakterisiert die Zelle im Standardzustand und hängt also mit der Standardänderung der Gibbsschen freien Energie $- \Delta G^0 = n F E^0$ zusammen. Die Standardänderung der Gibbsschen Energie (und ähnlich die Standardreaktionswärme) wird gewöhnlich nicht für jede Reaktion gesondert gemessen, sondern man berechnet sie aus den für einen bestimmten Reaktionstyp — der Bildung der Verbindungen aus den Elementen — gewonnenen Werten, d. h. aus der Differenz zwischen den Gibbsschen Standardbildungsenergien der Reaktionsprodukte und der Ausgangsstoffe. Ähnlich kann man die E^0-Werte immer für einen bestimmten in der galvanischen Zelle ablaufenden Reaktionstyp messen, nämlich für die Reaktion des betrachteten Ions mit dem

Wasserstoff unter Standardbedingungen. Durch Subtrahieren der E^0-Werte für zwei Elektroden einer beliebigen Zelle erhält man den Standard-EMK-Wert (analog wie in der chemischen Thermodynamik berechnet man die Standard-reaktionswärme mit Hilfe des Heßschen Gesetzes aus den Standardbildungs-wärmen). Bei Kenntnis der mittleren Ionenaktivitäten in der betrachteten Zelle kann man dann auch den aktuellen (also Nicht-Standard-) Wert der elektro-motorischen Kraft E berechnen; umgekehrt läßt sich aus dem E^0-Wert und dem gemessenen Wert von E die mittlere Aktivität errechnen.

Es sei noch bemerkt, daß in der angeführten Definition des Elektroden-potentials die Forderung der Eliminierung der vorhandenen Flüssigkeitspoten-tiale miteinbezogen ist.

Für eine Halbzelle, die Ionen der Wertigkeit z enthält, die an der Elektrode abgeschieden werden, kann man allgemein schreiben

$$E = E^0 + (R\,T/z\,F)\ln a. \tag{31.46}$$

Diese Beziehung, die in der Elektrochemie außergewöhnliche Bedeutung hat, wird die *Nernstsche Gleichung* genannt. Die Größe z bedeutet die Zahl der Elementarladungen des elektrodenaktiven Teilchens unter Berücksichtigung des Vorzeichens. Oft wird die Nernstsche Gleichung in der Form

$$E = E^0 \pm (R\,T/n\,F)\ln a \tag{31.47}$$

angesetzt, worin n die Zahl der Elektronen bedeutet, die bei der Halbzellen-reaktion (siehe S. 142) eines Ions ausgetauscht werden. Das positive Vorzeichen gilt für den Fall, daß das elektrodenaktive Ion ein Kation ist, das negative für aktive Anionen.

Mit der Berechnung der Absolutwerte der Elektrodenpotentiale auf Grund verschiedener, mit Modellvorstellungen arbeitender Gedankengänge haben sich eine Reihe von Autoren beschäftigt. Diese Überlegungen enthalten Modell-An-nahmen und geben so Anlaß zu verschiedenen Einwänden. Sie führen zu groben Abschätzungen der Potentialwerte. Diese Gedankengänge haben zur Aufgabe, die Energiebilanz des Übergangs der Atome aus dem Metall in den Ionenzustand im betrachteten Lösungsmittel möglich zu machen. Als Unterlage dient ihnen ein Vorgang, der in vier Teilprozesse zerlegt werden kann (die Änderung der Gibbsschen Energie wird approximierend mit der Änderung der Enthalpie identi-fiziert): 1. man verdampft 1 Mol Metallatome, wobei die Änderung der Enthalpie gleich der Sublimationswärme ΔH_{Subl} ist; die Atome im Gaszustand werden ionisiert, der Wärmeeffekt ist annähernd gleich dem Ausdruck $I_{\text{Me}}\,z\,e$, wobei I_{Me} die Summe der Ionisationspotentiale ist (wenn das Metall eine höhere Wer-tigkeit als Eins hat); die gasförmigen Metallionen überführt man in das Lösungs-mittel, die Enthalpieänderung ist dabei annähernd gleich der Gibbsschen Solva-tationsenergie $\Delta G_{s,i}$; 4. die bei der Ionisation gebildeten Elektronen führt man zurück in das Metall, die Enthalpieänderung ist gleich dem negativen Wert der Austrittsarbeit α_e. Für den gesamten Prozeß haben wir also $\Delta G \approx \Delta H_{\text{Subl}} -$ $- \Delta G_{s,i} + I_{\text{Me}}\,F + \alpha_e$. Könnten wir die einzelnen Terme auf der rechten Seite dieser Gleichung berechnen, so wären wir imstande, aus dem bekannten ΔG-

Wert die Differenz $\varphi^{(m)} - \varphi^{(l)}$ zu bestimmen. Die Größen ΔH_{Subl}, I_{Me}, α_e sind meßbar. Die Solvatationsenergie kann aus der Lösungswärme und der Gitterenergie ermittelt werden, allerdings für den Elektrolyten als Ganzes, keineswegs für die Einzelionen. Man kann jedoch die Solvatationsenergie des Ions mit Hilfe der Bornschen Gleichung (12.7) berechnen. Nach dieser Beziehung wurden die Solvatationsenergien von Einzelionen berechnet, sie sind jedoch mit Fehlern behaftet infolge von Ungenauigkeiten in der Abschätzung der Ionenradien, in der Voraussetzung über die Konstanz der Dielektrizitätskonstante in der Umgebung des Ions u. a. m.

Eine Beziehung für das Elektrodenpotential kann auch aus kinetischen Vorstellungen hergeleitet werden. Diese Ableitung wird in Abschn. 52 durchgeführt.

32. Reversible Elektroden

In der Elektrochemie hat man den Begriff der reversiblen Elektrode eingeführt, während man vom thermodynamischen Gesichtspunkt nur von der Reversibilität eines Vorganges sprechen kann, wie wir dies bereits im Abschn. 31.2 getan haben. Unter einer reversiblen Elektrode versteht man in der Elektrochemie eine solche, an der sich das Gleichgewicht des betreffenden umkehrbaren Elektrodenprozesses einstellt, und zwar mit einer für die praktischen Verwendungszwecke ausreichenden Geschwindigkeit. Stellt sich das Gleichgewicht zwischen Metall und Lösung langsam ein, so nimmt die Elektrode erst nach langer Zeit ein definiertes Potential an, und man kann sie deshalb nicht zur Messung verschiedener thermodynamischer Größen, wie der Reaktionsaffinität, der Ionenaktivität in der Lösung u. ä., verwenden. Am häufigsten hat man es hier mit Elektroden zu tun, die ein Mischpotential aufweisen (vgl. Abschn. 58).

Dieses Gleichgewicht ist also eigentlich das Verteilungsgleichgewicht der gemeinsamen geladenen Teilchensorte zwischen Metall und Lösung. Beide Phasen müssen also irgendein gemeinsames Teilchen besitzen. Ihre chemischen Potentiale in beiden Phasen legen dann die Größe der Potentialdifferenz zwischen dem Metall und der Lösung fest. Aus dem Begriff der reversiblen Elektrode wird also der Grenzfall ausgeschlossen, in welchem die Konzentration der das Elektrodenpotential bestimmenden Teilchen in der einen Phase null ist (s. Abschn. 34).

Das Elektrodenpotential kann immer in einen nur von der Temperatur abhängigen Term, der keine Funktion der aktuellen Verhältnisse ist (Ionenaktivität, Gasdruck), und in einen von den variablen Parametern abhängigen Term zerlegt werden. Der erste Term hat die Bedeutung des Elektrodenpotentials bei Einheitsaktivität der Ionen, gegebenenfalls bei Einheitsdruck des Gases, und wird, wie schon erwähnt, das Standardpotential genannt.

Im weiteren wollen wir uns mit den grundlegenden Elektroden befassen, die als reversibel betrachtet werden können, und mit einigen ihrer Zellenkombinationen. Die reversiblen Elektroden werden in vier Gruppen unterteilt:

1. *Elektroden erster Art.* Hierher gehören die Kationenelektroden (Metall-, Amalgamelektroden und von den Gaselektroden die Wasserstoffelektrode), an denen sich ein Gleichgewicht zwischen den elektroneutralen Teilchen (z. B. den Metallatomen) und den zugehörigen Kationen in der Lösung einstellt, und die

Anionenelektroden, an denen sich ein Gleichgewicht zwischen den elektroneutralen Teilchen und den Anionen ausbildet.

2. *Elektroden zweiter Art*. Dies sind Elektroden, die aus drei Phasen zusammengesetzt sind. Das Metall ist mit einer Schicht seines schwerlöslichen Salzes bedeckt und taucht in eine Lösung mit Anionen dieses Salzes ein. In der Lösung ist ein Salz mit denselben Anionen vorhanden. Dank der doppelten Grenzschicht stellt sich hier ein Gleichgewicht zwischen den Atomen des Metalls und den Anionen in der Lösung ein, das durch zwei Teilgleichgewichte vermittelt wird: zwischen dem Metall und dem Kation des schwerlöslichen Salzes und zwischen dem Anion in der festen Phase des schwerlöslichen Salzes und dem Anion in der Lösung.

3. *Redox-Elektroden*. Ein indifferentes Metall (am häufigsten Pt, gegebenenfalls Au, manchmal Hg) taucht in eine Lösung, die zwei verschiedene Oxidationsstufen ein und desselben Stoffes enthält. Das Gleichgewicht besorgen hier die Elektronen, deren Konzentration in der Lösung lediglich hypothetisch ist und deren elektrochemisches Potential in der Lösung durch die entsprechende Kombination der elektrochemischen Potentiale der reduzierten und der oxidierten Form ausgedrückt wird, was dann einem definierten Energieniveau der Elektronen in der Lösung entspricht. Von den Elektroden erster Art unterscheiden sie sich nur dadurch, daß beide Oxidationsstufen veränderliche Konzentrationen haben können, während bei den Elektroden erster Art die eine Oxidationsstufe durch das Elektrodenmaterial dargestellt wird.

4. *Ionenselektive Elektroden*, die auf Membranpotentialen beruhen. Sie werden im Kap. 4 eingehender behandelt.

32.1. *Elektroden erster Art*

Die Elektroden erster Art werden in Kationen- und Anionenelektroden unterteilt. Ist ein an eine geeignete Metall- oder Halbleiteroberfläche sorbiertes Gas Bestandteil der Elektrode, so spricht man von einer Gaselektrode. Bei den Amalgamelektroden liegt das Metall in Form eines Amalgams vor. In diesen Fällen hängt das Elektrodenpotential auch vom Druck des Gases bzw. von der Aktivität des Metalls im Amalgam ab.

Das Potential einer *Kationenelektrode* erster Art ist durch die Nernstsche Gleichung in der Form

$$E = E^0 + \frac{R\,T}{z_+\,F} \ln a_+ \tag{32.1}$$

gegeben. Darin ist z_+ die Zahl der Elektronen, die zur Reduktion eines Ions des Metalls erforderlich sind, d. h. die Wertigkeit der Metallionen in der Lösung. Beispiele solcher Elektroden sind: Zink in der Lösung von Zinkionen, Kupfer in der Lösung von Kupfer(II)-Ionen, Silber in der Lösung von Silberionen.

Durch die Kombination von zwei stofflich gleichen Zellen, die sich nur in der Konzentration der Lösung unterscheiden, entsteht eine sog. *Konzentrationszelle* (auch Konzentrationskette genannt). Zum Beispiel

$$\text{Ag} \mid \text{AgNO}_3 \ (m_1) \mid \text{AgNO}_3 \ (m_2) \mid \text{Ag}. \tag{32.2}$$

Wie zu sehen ist, kommt es in dieser Zelle zur Ausbildung einer Phasengrenze zwischen zwei Elektrolyten, einer sog. *Flüssigkeitsgrenzfläche*, auf die wir eingehend in Abschn. 42 zurückkommen werden. Der weitere Vorgang bei der Herleitung der elektromotorischen Kraft einer Konzentrationszelle hat nur quasithermodynamischen Charakter. Wir wollen die Energiebilanz für den Durchgang der $1\,F$ entsprechenden Ladung durch die Zelle für den Fall $m_2 > m_1$ durchführen. An der Kathode (positiver Pol der Zelle) scheidet sich 1 Mol Silberionen ab, an der Anode wird 1 Mol Silberionen aufgelöst, durch die Flüssigkeitsgrenzfläche werden t_+ Mole Silberionen aus der Konzentration m_1 in die Konzentration m_2 und t_- Mole Nitrationen in entgegengesetzter Richtung übergeführt. Die resultierende Änderung ist der Übergang von $1-t_+ = t_-$ Molen des $AgNO_3$-Elektrolyten aus der Konzentration m_2 in die Konzentration m_1. Für diese Reaktion gilt

$$- \Delta G = t_- \, R\,T \ln \frac{a_{+,1}\, a_{-,1}}{a_{+,2}\, a_{-,2}}\,, \tag{32.3}$$

und für die elektromotorische Kraft ergibt sich

$$E = \frac{-\Delta G}{F} = t_- \frac{R\,T}{F} \ln \frac{a_{+,1}\, a_{-,1}}{a_{+,2}\, a_{-,2}} =$$
$$= \frac{R\,T}{F} \ln \frac{a_{+,1}}{a_{+,2}} - \left[t_+ \frac{R\,T}{F} \ln \frac{a_{+,1}}{a_{+,2}} - t_- \frac{R\,T}{F} \ln \frac{a_{-,1}}{a_{-,2}} \right]. \tag{32.4}$$

Aus der letzten Umformung der Gl. (32.4) erkennen wir, daß die elektromotorische Kraft einer *Konzentrationszelle mit Überführung*, d. h. einer Zelle mit Wanderung der Ionen durch die Flüssigkeitsgrenze, aus der Differenz der entsprechenden Elektrodenpotentiale und aus dem Flüssigkeitspotential $\Delta\,\varphi_L$ zusammengesetzt ist. Wird das Flüssigkeitspotential durch eine der in Abschn. 42 angeführten Weisen eliminiert, so erhalten wir eine *Konzentrationszelle ohne Überführung*, und ihre elektromotorische Kraft wird allein durch die Differenz des Kathoden- und Anodenpotentials festgelegt. Konzentrationszellen ohne Überführung können durch Verwendung von Amalgamelektroden oder von Elektroden zweiter Art in exakterer Weise realisiert werden, als durch die erwähnte Eliminierung des Flüssigkeitspotentials.

Bei den *Amalgamelektroden* ist das Metall im Quecksilber aufgelöst, so daß nicht nur die Konzentration der Metallkationen in der Lösung, sondern auch die des Metalls im Amalgam variabel ist. Für das Potential einer Amalgamelektrode gilt

$$E = E^0 + \frac{R\,T}{z\,F} \ln \frac{a_+}{a}\,, \tag{32.5}$$

wobei a die Aktivität des Metalls im Amalgam und a_+ die Aktivität seiner Ionen in der Lösung ist. Durch Kombination von zwei Amalgamelektroden mit gleicher Kationenaktivität in der Lösung und verschiedener Aktivität des Metalls im Amalgam erhält man eine andere Art von Konzentrationszelle, z. B.

$$\text{K, Hg}\,(a_1) \mid \text{KCl}\,(m) \mid \text{K, Hg}\,(a_2)$$
$$E = (R\,T/F) \ln\,(a_1/a_2). \tag{32.6}$$

Ist $a_1 > a_2$, dann löst sich bei Kurzschließen der Zelle das Kalium an der linken Elektrode auf und geht an der rechten Elektrode in das Amalgam über. Mit Hilfe von Amalgamelektroden können auch für so reaktive Metalle, wie es die Alkalimetalle sind, unter gewissen Bedingungen reversible Elektroden realisiert werden.

Die theoretisch wichtigste Kationenelektrode erster Art ist die *Wasserstoff-elektrode*. Sie ist eine Gaselektrode, an der sich ein Gleichgewicht zwischen dem Wasserstoff und den Wasserstoffionen in der Lösung einstellt, das durch eine mit Platinschwarz überzogene Platinelektrode vermittelt wird. Der Überzug wird durch elektrolytische Abscheidung von Platin aus einer sauren Lösung von Platin(IV)-chlorid gewonnen und mit gasförmigem Wasserstoff unter bestimmtem (gewöhnlich atmosphärischem) Druck p_{H_2} gesättigt. Das Platinschwarz hat zweierlei Funktion. Einerseits katalysiert es das Gleichgewicht $H_2 \rightleftarrows 2\,H$, andererseits stellt es durch seine große spezifische Oberfläche das Vorhandensein einer ausreichenden Menge von Wasserstoff an der Elektrode sicher. Der Wasserstoff muß sorgfältig von Schwefel-, Arsen- und Phosphorverbindungen gereinigt werden, die den Platinkatalysator vergiften.

Das Potential der Wasserstoffelektrode ist in der Wasserstoffskala gleich der elektromotorischen Kraft der Zelle, die aus der betrachteten Wasserstoffelektrode (p_{H_2}, $a_{H_3O^+}$) und einer Standardwasserstoffelektrode ($p_{H_2} = 1$ atm, $a_{H_3O^+} = 1$) zusammengesetzt ist. Diese Größe berechnet man nach Gl. (31.33) aus der Affinität der betreffenden Zellenreaktion, die in der Richtung der Reduktion der Wasserstoffionen an der betrachteten Wasserstoffelektrode hingeschrieben wird:

$$\frac{1}{2}\,H_2\,(1\text{ atm}) + H_3O^+\,(a_{H_3O^+}) \rightarrow \frac{1}{2}\,H_2\,(p_{H_2}) + H_3O^+\,(a_{H_3O^+} = 1),$$

$$-\Delta G = \left(\mu_{H_3O^+} - \frac{1}{2}\,\mu_{H_2}\right) - \left(\mu^0_{H_3O^+} - \frac{1}{2}\,\mu^0_{H_2}\right). \tag{32.7}$$

Nach Zerlegen der chemischen Potentiale μ in die Standardterme und in die die Aktivität bzw. den Druck enthaltenden Terme erhält man nach Einsetzen in Gl. (31.33)

$$E_{H^+/H} = -\frac{R\,T}{F}\,\ln\sqrt{p_{H_2}} + \frac{R\,T}{F}\,\ln a_{H_3O^+}. \tag{32.8}$$

Das Standardpotential der Wasserstoffelektrode, d. h. der Wert des Potentials bei $p_{H_2} = 1$ atm und $a_{H_3O^+} = 1$, wurde, wie wir schon erwähnt haben, übereinkunftsmäßig gleich Null gewählt. Aus Gl. (32.8) ersieht man, daß bei zehnfacher Erhöhung der Wasserstoffionenaktivität das Potential der Wasserstoffelektrode bei 25 °C um $2{,}303\,R\,T/F = 0{,}0591$ V steigt. Wird der Wasserstoffdruck auf das Zehnfache erhöht, so sinkt das Potential um $2{,}303 \cdot R\,T/2\,F = 0{,}0295$ V. Schwankungen des Wasserstoffdruckes in den Grenzen von 720 bis 800 mm Hg entsprechen Potentialänderungen von $+\,0{,}68$ bis $-\,0{,}65$ mV; diese Änderungen sind bei vielen Messungen vernachlässigbar.

Im weiteren werden wir wie üblich in den Ausdrücken für die Potentiale einfachheitshalber a_{H^+} anstatt $a_{H_3O^+}$ schreiben.

Die Standard-Wasserstoffelektrode kann nicht exakt realisiert werden, aber aus der erwähnten konventionellen Wahl von $E^0_{H^+/H} = 0$ ergibt sich die Möglichkeit, durch geeignete Verarbeitung der gemessenen Daten die Standardpotentiale von Einzelelektroden in der Wasserstoffskala zu berechnen (vgl. Abschnitt 32.41). Der Vollständigkeit halber erwähnen wir, daß die ursprünglich von Nernst eingeführte Definition eine andere war; sie betraf eine Wasserstoffelektrode, die unter dem Druck von 1 atm gesättigt war und in eine Lösung von 1 M H_2SO_4 tauchte, in der Einheitskonzentration der Wasserstoffionen (d. h. 1 mol $\cdot$ dm^{-3}) angenommen wurde. In älteren Lehrbüchern und Tabellenwerken sind die Elektrodenpotentiale auf diesen Nullwert bezogen. Zur Unterscheidung bezeichnet man heute diese älteren Werte als die „Normalpotentiale" zum Unterschied von den neueren „Standard-Elektrodenpotentialen", die auf die Aktivität 1 bezogen sind.

Die Wasserstoffelektrode gehört zu den Elektroden, die zur pH-Messung geeignet sind. Verbindet man eine unter Einheitsdruck gesättigte Wasserstoffelektrode mit einer anderen, sog. Bezugselektrode, so erhält man für die elektromotorische Kraft dieser Zelle (im Zellensymbol schreiben wir die Bezugselektrode links) den Ausdruck

$$E = E_{H^+/H} - E_{Bez} = \frac{2{,}303\,R\,T}{F} \log a_{H^+} - E_{Bez}, \qquad (32.9)$$

und für den pH-Wert ergibt sich

$$pH = - \frac{(E + E_{Bez})\,F}{2{,}303\,R\,T}. \qquad (32.10)$$

Auf Grund der Gl. (32.10) könnten wir den Eindruck gewinnen, daß der pH-Wert, also die Aktivität einer Ionenart, genau meßbar sei. In Wirklichkeit ist das nicht der Fall. Auch wenn wir das Flüssigkeitspotential eliminieren, müssen wir den Wert von E_{Bez} kennen, und bei seiner Bewertung wird stets die Annahme gemacht, daß die Aktivitätskoeffizienten nur von der gesamten Ionenstärke und keineswegs von der Ionenart abhängen. Wir arbeiten also mit den mittleren Aktivitäten und den mittleren Aktivitätskoeffizienten der Elektrolyte. Diese für die Ermittlung des Wertes von E_{Bez} gemachte Annahme beeinflußt natürlich auch den nach Gl. (32.10) ermittelten pH-Wert. Die potentiometrische pH-Bestimmung ist also eine komplizierte Angelegenheit; sie wird in den Abschnitten 33.2 und 43.43 gesondert behandelt.

Die Wasserstoffelektrode eignet sich im gesamten pH-Bereich zur Messung der pH-Werte. Man kann sie jedoch nicht in reduzierenden oder oxidierenden Medien sowie in Gegenwart von Stoffen gebrauchen, die als Katalysatorgifte auf das Platinschwarz wirken. Eine Vergiftung der Elektrode macht sich dadurch bemerkbar, daß die Elektrode ein anderes Potential annimmt, als der Nernstschen Gleichung entspricht, und daß dieses Potential schwankt. Die eigentliche Ursache dieser Erscheinung ist ein Abfall der Geschwindigkeit der Reaktion (32.7) und eine Erniedrigung des entsprechenden sog. Austauschstromes an der Wasserstoffelektrode (vgl. Abschn. 52.1 und 56).

Eine Vergiftung der Elektrode ist allerdings nicht auf den ersten Blick offenbar. Wenn man im voraus nicht einmal näherungsweise weiß, was für ein Potentialwert zu erwarten ist, so kann man aus den gemessenen Werten leicht falsche Schlüsse ziehen im guten Glauben, daß sie richtig seien. Es empfiehlt sich daher, Parallelmessungen mit zwei, oder noch besser mit drei, Wasserstoffelektroden durchzuführen. Auch wenn es gleichzeitig zur Vergiftung aller drei Elektroden kommen sollte, wird die Abweichung des Potentials vom richtigen Wert bei jeder anders und die Streuung der gemessenen Werte auffallend groß sein.

Tabelle 3.2. *Standard-Elektrodenpotentiale gegen die Chlor-Bezugselektrode in eutektischen Schmelzen* [nach R. W. Laity, J. Chem. Educ. **39**, 67 (1962)]

System	$- E^0$, V		
	H_2O, 25 °C	KCl—NaCl, 450 °C	KCl—LiCl, 450 °C
Mn^{2+}/Mn	2,54	2,135	2,065
Cd^{2+}/Cd	1,763	1,535	1,532
Tl^+/Tl	1,696		1,586
Co^{2+}/Co	1,637	1,277	1,207
Pb^{2+}/Pb	1,486	1,352	1,317
Cu^+/Cu	0,830	1,145	1,007
Ag^+/Ag	0,560	0,905	0,853

Tabelle 3.3. *Standardpotentiale von Elektroden erster Art* (nach Kortüm, S. 297)

Elektrode	E^0, V	Elektrode	E^0, V	Elektrode	E^0, V
Li^+/Li	— 3,01	Fe^{2+}/Fe	— 0,44	Hg_2^{2+}/Hg	+ 0,798
Rb^+/Rb	— 2,98	Cd^{2+}/Cd	— 0,402	Ag^+/Ag	+ 0,799
Cs^+/Cs	— 2,92	In^{3+}/In	— 0,336	Au^{3+}/Au	+ 1,42
K^+/K	— 2,92	Tl^+/Tl	— 0,335		
Ba^{2+}/Ba	— 2,92	Co^{2+}/Co	— 0,27		
Sr^{2+}/Sr	— 2,89	Ni^{2+}/Ni	— 0,23	Se^{2-}/Pt, Se	— 0,78
Ca^{2+}/Ca	— 2,84	In^+/In	— 0,203	S^{2-}/Pt, S	— 0,51
Na^+/Na	— 2,713	Sn^{2+}/Sn	— 0,141	OH^-/Pt, O_2	+ 0,401
Mg^{2+}/Mg	— 2,38	Pb^{2+}/Pb	— 0,126	I^-/Pt, I_2	+ 0,536
Be^{2+}/Be	— 1,70	Cu^{2+}/Cu	+ 0,34	Br^-/Pt, Br_2	+ 1,066
Al^{3+}/Al	— 1,66	Cu^+/Cu	+ 0,52	Cl^-/Pt, Cl_2	+ 1,358
Zn^+/Zn	— 0,763	Te^{4+}/Te	+ 0,56	F^-/Pt, F_2	+ 2,85

Die Wasserstoffelektrode wird in Gefäßen der verschiedensten Formen realisiert, je nach den Erfordernissen des gegebenen Versuches. Eingehenderes über die Messung ist in praktischen Handbüchern zu finden.

Das Potential einer *Anionenelektrode* erster Art ist durch die Beziehung

$$E = E^0 + \frac{RT}{z_- F} \ln a_- \qquad (32.11)$$

gegeben, in der z_- die Zahl der Elektronen ist, die zur Reduktion eines Atoms des betreffenden Stoffes erforderlich sind, d. h. die Wertigkeit des betreffenden Anions ($z_- < 0$). Die Gleichung enthält oft noch ein Glied, das den Einfluß des Gasdruckes berücksichtigt, wenn es sich um eine Anionen-Gaselektrode erster Art handelt.

Die *Chlorelektrode* enthält gasförmiges Chlor im Platinschwarz und Chloridionen in der Lösung. Ihr Potential wird durch die Gleichung

$$E_{Cl/Cl^-} = E^0_{Cl/Cl^-} + \frac{RT}{F} \ln \sqrt{p_{Cl_2}} - \frac{RT}{F} \ln a_{Cl^-} \tag{32.12}$$

festgelegt. Die Chlorelektrode verhält sich reversibel, d. h. das Elektrodengleichgewicht stellt sich schnell ein. In geringem Umfang laufen hier aber auch Nebenreaktionen ab: der Angriff des Platins durch das Chlor und die Reaktion zwischen Chlor und Wasser ($Cl_2 + H_2O \rightleftarrows HClO + H^+ + Cl^-$); die letztere kann jedoch durch ein genügend saures Medium zurückgedrängt werden.

In Chloridschmelzen wird die Chlorelektrode (mit Graphit statt Platin) als Bezugselektrode benutzt (s. Tab. 3.2).

Anionenelektroden erster Art werden in der Praxis selten verwendet; weitaus geeignetere Elektroden, die sich Anionen gegenüber reversibel verhalten, sind die Elektroden zweiter Art.

Die Standardpotentiale einiger Elektroden erster Art sind in Tab. 3.3 angeführt.

32.2. Elektroden zweiter Art

Die Beziehung für das Potential einer Elektrode zweiter Art in der Wasserstoffskala kann aus der Affinität der Reaktion hergeleitet werden, die in der Zelle mit der Standardwasserstoffelektrode abläuft. Zum Beispiel für die Silber-Silberchlorid-Elektrode gilt

$$Pt, H_2 \text{ (1 atm)} \mid H^+ (a = 1) \mid KCl \text{ }(m), AgCl \text{ }(s) \mid Ag, \tag{32.13}$$

$$\frac{1}{2} H_2 + AgCl \rightarrow Ag + H^+ + Cl^-, \tag{32.14}$$

$$E_{AgCl/Ag} = E^0_{AgCl/Ag} - (RT/F) \ln a_{Cl^-}. \tag{32.15}$$

Zum gleichen Ausdruck gelangt man, wenn man die Elektrode zweiter Art als eine Elektrode erster Art auffaßt, in der jedoch die Aktivität der Metallkationen durch das Löslichkeitsprodukt des betreffenden schwerlöslichen Salzes bestimmt wird:

$$E_{AgCl/Ag} = E^0_{Ag^+/Ag} + \frac{RT}{F} \ln a_{Ag^+} =$$

$$= \left[E^0_{Ag^+/Ag} + \frac{RT}{F} \ln P_{AgCl} \right] - \frac{RT}{F} \ln a_{Cl^-} = \tag{32.16}$$

$$= E^0_{AgCl/Ag} - \frac{RT}{F} \ln a_{Cl^-}.$$

Hierbei ist

$$E^0_{AgCl/Ag} = E^0_{Ag^+/Ag} + \frac{RT}{F} \ln P_{AgCl}. \tag{32.17}$$

Aus dieser Gleichung ist ersichtlich, daß man aus den bekannten Standardpoten tialen der Silber- und der Silberchloridelektrode das Löslichkeitsprodukt des Silberchlorids berechnen kann.

Zur Gruppe der Elektroden zweiter Art gehören die *Silberchlorid-*, die *Silberbromid-* und die *Silberjodidelektroden*, weiter die *Kalomelelektrode*

$$KCl\,(m)\mid Hg_2Cl_2\,(s)\mid Hg, \quad E_{Hg_2Cl_2/Hg} = E_{Hg_2Cl_2/Hg}^0 - (R\,T/F)\ln a_{Cl^-}, \quad (32.18)$$

Tabelle 3.4. *Temperaturabhängigkeit des Standardpotentials der Silber-Silberchlorid-Elektrode* (Genauigkeit $\pm$ 0,05 mV; nach Conway, S. 297)

°C	E^0, V	°C	E^0, V
0	0,23634	35	0,21563
5	0,23392	40	0,21200
10	0,23126	45	0,20821
15	0,22847	50	0,20437
20	0,22551	55	0,20035
25	0,22239	60	0,19620
30	0,21912		

Tabelle 3.5. *Standardpotentiale von Elektroden zweiter Art* (nach Conway, S. 294)

Elektrode	E^0, V	Elektrode	E^0, V
$PbSO_4$, SO_4^{2-}/Pb, Hg	$-0,351$	Hg_2Br_2, Br^-/Hg	$+0,140$
AgI, I^-/Ag	$-0,152$	AgCl, Cl^-/Ag	$+0,222$
AgBr, Br^-/Ag	$+0,071$	Ag_2Cl_2, Cl^-/Hg	$+0,268$
HgO, OH^-/Hg	$+0,098$	Hg_2SO_4, SO_4^{2-}/Hg	$+0,615$

die *Quecksilber(I)-sulfatelektrode*

$$K_2SO_4\,(m)\mid Hg_2SO_4\,(s)\mid Hg, \quad E_{Hg_2SO_4/Hg} = E_{Hg_2SO_4/Hg}^0 - \frac{R\,T}{2\,F}\ln a_{SO_4^{2-}} \quad (32.19)$$

und die *Quecksilber(II)-oxidelektrode*

$$KOH\,(m)\mid HgO\,(s)\mid Hg, \quad E_{HgO/Hg} = E_{HgO/Hg}^0 - \frac{R\,T}{F}\ln a_{OH^-}. \quad (32.20)$$

Die letztgenannte liefert kein völlig reproduzierbares Potential, es stellt sich erst nach etwa zwei Tagen ein.

Die genannten Elektroden, insbesondere die Silberchlorid-, die Kalomel- und die Quecksilber(I)-sulfat-Elektrode, finden als Bezugselektroden Verwendung. Am häufigsten von ihnen wird die Kalomelelektrode benutzt, da sie ein konstantes und gut reproduzierbares Potential hat. Man realisiert sie in Gefäßen der verschiedensten Form. Auf den Boden des Gefäßes gibt man Quecksilber, in das man einen Platinkontakt eintaucht. Das Quecksilber überschichtet man mit einer Paste, die man durch Verreiben von Kalomel, Quecksilber und einem Tropfen Kaliumchloridlösung der gewünschten Konzentration erhalten hat. Auf die Paste gießt man dann die entsprechende Kaliumchloridlösung. Die verschiedenen Kalomelelektroden haben bei 25 °C folgende Potentiale (Conway, S. 294):

$$0,1 \text{ M KCl} \mid Hg_2Cl_2\,(s) \mid Hg \qquad 0,3335 \text{ V}$$
$$1 \text{ M KCl} \quad \mid Hg_2Cl_2\,(s) \mid Hg \qquad 0,2810 \text{ V}$$
$$\text{KCl\,(ges.)} \mid Hg_2Cl_2\,(s) \mid Hg \qquad 0,2420 \text{ V}$$

Für exakte Messungen ist die Silber-Silberchlorid-Elektrode am besten geeignet. Die Temperaturabhängigkeit des Standardpotentials der Silber-Silberchlorid-Elektrode ist in Tab. 3.4 angeführt. Die Standardpotentiale einiger Elektroden zweiter Art sind in Tab. 3.5 wiedergegeben.

32.3. Redoxelektroden

Die Reduktions-Oxidations-Elektroden, kurz Redoxelektroden genannt, werden durch Edelmetalle dargestellt (Pt, Au, Hg), die in die Lösung eines in zwei verschiedenen Oxidationsstufen vorliegenden Stoffes tauchen. Das Metall vermittelt hier nur den Elektronenaustausch zwischen beiden Formen.

32.31. Redoxelektrodenpotentiale

Die Gleichung für das Potential einer Redoxelektrode kann analog wie bei den vorangegangenen Elektrodentypen hergeleitet werden. Wir wollen eine Zelle betrachten, in der die eine Elektrode eine Redoxelektrode ist (die reduzierte Form sei mit Red, die oxidierte mit Ox bezeichnet) und die zweite Elektrode von einer Standard-Wasserstoff-Elektrode dargestellt wird. Für die Berechnung der EMK dieser Zelle, die mit dem Potential der Redoxelektrode in der Wasserstoffskala identisch ist, gehen wir von folgender Gleichung aus

$$\frac{1}{2} H_2\,(1 \text{ atm}) + \frac{1}{n} Ox \rightarrow H^+\,(a_{H3O} = 1) + \frac{1}{n} Red, \qquad (32.21)$$

$$-\Delta G = \left(\frac{1}{2}\mu^0_{H2} + \frac{1}{n}\mu_{Ox}\right) - \left(\mu^0_{H^+} + \frac{1}{n}\mu_{Red}\right). \qquad (32.22)$$

Darin ist n die Zahl der Elektronen, die zur Reduktion eines Teilchens der oxidierten Form erforderlich ist. Analog zur Gl. (31.47) ergibt sich dann für das Redoxpotential

$$E = E^0 + \frac{RT}{nF} \ln \frac{a_{Ox}}{a_{Red}}. \qquad (32.23)$$

Diese Gleichung konnte experimentell von Peters bestätigt werden und wird mitunter auch nach ihm benannt.

Handelt es sich z. B. um das System Fe^{3+}—Fe^{2+}, so kann man die Reaktion (32.21) und den Ausdruck für das Potential (32.23) in folgender Weise aufschreiben:

$$\frac{1}{2} H_2\,(1 \text{ atm}) + Fe^{3+} \rightarrow H^+\,(a_{H^+} = 1) + Fe^{2+}, \qquad (32.24)$$

$$E_{Fe^{3+}/Fe^{2+}} = E^0_{Fe^{3+}/Fe^{2+}} + \frac{RT}{F} \ln \frac{a_{Fe^{3+}}}{a_{Fe^{2+}}}. \qquad (32.25)$$

Reagiert das primär an der Elektrode gebildete Teilchen noch mit dem Lösungsmittel oder mit dessen Ionen, so treten im Ausdruck für das Potential weitere Aktivitäten auf, wie es z. B. bei der Chinhydronelektrode der Fall ist (Abschn. 32.34).

Aus den Gln. (32.21) und (32.22) folgt das scheinbar überraschende Resultat, daß das Elektrodenpotential einer Redoxelektrode unabhängig ist von der Natur des „indifferenten" Metalls, an welchem es sich einstellt. Im Hinblick darauf, daß das gemeinsame Teilchen der Elektrode und des Elektrolyten das Elektron ist (vgl. S. 129), könnte es den Anschein haben, daß das chemische Potential des Elektrons in der Elektrode den Wert des Standardpotentials beeinflussen sollte. Aber mit Rücksicht darauf, daß die elektromotorische Kraft durch die Differenz zwischen den inneren Potentialen der chemisch identischen Metallkontakte festgelegt wird, verschwinden die chemischen Potentiale des Elektrons aus der endgültigen Beziehung, ähnlich wie es bei der Berechnung der EMK in Abschn. 31.2 der Fall war.

Ein Maß für das Reduktions- bzw. Oxidationsvermögen der Stoffe ist ihr Standardpotential. Ist $E_1^0 > E_2^0$, so ist das System 1 ein stärkeres Oxidationsmittel als das System 2 (ähnlich wäre — falls es sich um Metalle handeln sollte — das Metall 1 edler als das Metall 2). In einer Lösung, in der ursprünglich $a_{Red,1} = a_{Ox,1}$ und $a_{Red,2} = a_{Ox,2}$ gilt, wird sich also ein Gleichgewicht einstellen, in welchem $a_{Red,1} > a_{Ox,1}$ und $a_{Red,2} < a_{Ox,2}$ ist. Sind an der Halbzellenreaktion, die sich an einer Redoxelektrode abspielt, Wasserstoffionen beteiligt, so entspricht das Standardpotential E^0 dem Fall pH $= 0$. Der Einfluß des pH-Wertes auf das Gleichgewicht der Halbzellenreaktion läßt sich mit Hilfe der Größe E_H^0 ausdrücken, die die Summe aus dem Standardpotential und den die pH-Abhängigkeit des Redoxpotentials ausdrückenden Größen darstellt. Die Beziehung für das Redoxpotential nimmt dann die Form der Gl. (32.23) an, aber E^0 ist durch die Größe E_H^0 ersetzt. Da E_H^0 bei verschiedenen Redoxsystemen oft in unterschiedlicher Weise vom pH abhängt, kann man durch Variieren des pH-Wertes die gegenseitige Reihenfolge ihres Oxidationsvermögens ändern.

In der analytischen Chemie ist man oft vor die Notwendigkeit gestellt, die Redox-Eigenschaften gegebener Systeme ohne Kenntnis der Aktivitätskoeffizienten und bei Bedingungen zu charakterisieren, die sich einigermaßen von den Standardbedingungen unterscheiden. Dazu hat man die sog. formalen Potentiale eingeführt, die mit Hilfe der Konzentration definiert sind. Die in der Literatur angeführten Definitionen sind nicht ganz einheitlich; die folgenden scheinen die passendsten zu sein: Das *formale Potential* ist das Potential, das eine Elektrode annimmt, die in eine Lösung taucht, in der alle in der Nernstschen Gleichung für die betrachtete Elektrode auftretenden Teilchen in Einheitskonzentration vorliegen; sein Wert hängt von der Gesamtzusammensetzung der Lösung ab. Enthält also die Lösung noch weitere Partikel, die in der Nernstschen Gleichung nicht figurieren (Leitsalz, Pufferkomponenten u. ä.), so muß man beim Angeben des formalen Potentials ihre Konzentration genau mitanführen. Handelt es sich um Redoxelektroden, so genügt es, wenn das Konzentrationsverhältnis der oxidierten und der reduzierten Form des betrachteten Redoxsystems gleich Eins ist (wobei empfohlen wird, daß die Konzentrationen der oxidierten und der reduzierten Form selbst nicht zu niedrig seien). Treten in der Nernstschen Gleichung neben der oxidierten und reduzierten Form noch andere Teilchen auf, so müssen sie in der Konzentration Eins vorliegen. Am häufigsten sind es Wasserstoffionen. Ist die Konzentration irgendeiner der in der Nernstschen Gleichung auftretenden Teilchenart nicht gleich Eins, so muß man ihren Wert genau angeben, und in diesem Fall spricht man vom scheinbaren formalen Potential.

Die Gleichung (32.23) kann mit Hilfe des Oxidationsgrades α ausgedrückt werden, wenn man die Konzentrationen mit den Aktivitäten identifiziert:

$$E_{\mathrm{Ox/Red}} = E^0_{\mathrm{Ox/Red}} + (R\,T/n\,F) \ln\left[\alpha/(1-\alpha)\right]. \tag{32.26}$$

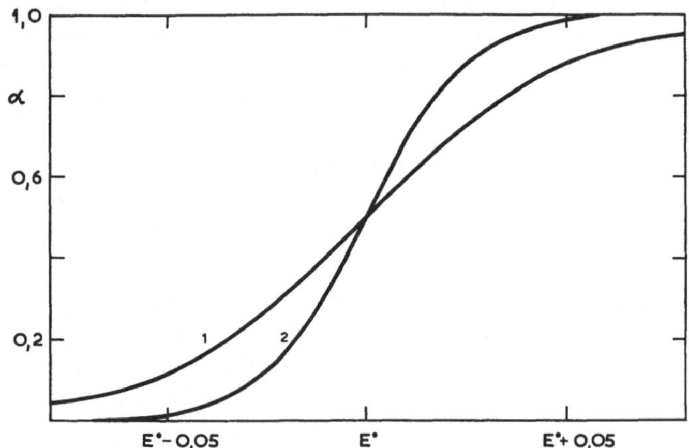

Abb. 3.3. Oxidationsgrad α in Abhängigkeit vom Redoxpotential $E_{\mathrm{Ox,Red}}$. Berechnet nach Gl. (32.26) für $n = 1$ und 2

In Abb. 3.3 ist diese Gleichung graphisch dargestellt. Durch Differentiation des Potentials E nach α erhält man im Punkt $\alpha = 1/2$

$$\left(\frac{\mathrm{d}\,E}{\mathrm{d}\,\alpha}\right)_{\alpha=0,5} = \frac{4\,R\,T}{n\,F} \;;\quad \left(\frac{\mathrm{d}^2\,E}{\mathrm{d}\,\alpha^2}\right)_{\alpha=0,5} = 0. \tag{33.27}$$

Die Neigung der im Wendepunkt an die Kurve gelegten Tangente, wo $\alpha = 1/2$, ist also der Elektronenzahl n umgekehrt proportional. Die E-α-Kurven sind den Titrationskurven (pH — α) schwacher Säuren oder Basen analog. Bei den Neutralisationskurven charakterisiert die Neigung $\mathrm{d}\alpha/\mathrm{d}\mathrm{pH}$ die Pufferkapazität der Lösung, bei den Kurven für die Redoxpotentiale charakterisiert der Differentialquotient $\mathrm{d}\alpha/\mathrm{d}\,E$ die Redoxkapazität des Systems. Ist in Puffern $\alpha = 1/2$, so sind die durch Änderungen von α herbeigeführten pH-Änderungen am kleinsten. Ist in Redoxsystemen $\alpha = 1/2$, so sind die durch Änderungen von α verursachten Potentialänderungen ebenfalls minimal (das System ist gut „ausgeglichen").

Aus Gl. (32.26) erkennt man, daß in den Fällen, wo überhaupt keine oxidierte (reduzierte) Form in der Lösung anwesend wäre, das Potential Absolutwerte annehmen würde, die über alle Grenzen hinauswüchsen. Diese Extremwerte gehen jedoch in endliche Werte über, wenn im System eine Spur der anderen Form erscheint. Dies tritt allerdings immer infolge einer Wechselwirkung zwischen dem System und dem Lösungsmittel ein.

Die Abhängigkeit des Redoxpotentials vom Verhältnis der oxidierten und der reduzierten Form wird bei den potentiometrischen Titrationen ausgenützt. Bei den

Tabelle 3.6. *Standardpotentiale von Redoxsystemen* (nach Conway, S. 304)

Elektrodenvorgang	E^0, V
$Cr^{3+} + e \rightarrow Cr^{2+}$	$-0,41$
$Ti^{3+} + e \rightarrow Ti^{2+}$	$-0,37$
$Co(CN)_6^{3-} + e \rightarrow Co(CN)_6^{4-}$	$-0,83$
$V^{3+} + e \rightarrow V^{2+}$	$-0,20$
$TiO^{2+} + 2\,H^+ + e \rightarrow Ti^{3+} + H_2O$	$0,10$
$Sn^{4+} + 2\,e \rightarrow Sn^{2+}$	$0,154$
$Cu^{2+} + e \rightarrow Cu^+$	$0,167$
$VO^{2+} + 2\,H^+ + e \rightarrow V^{3+} + H_2O$	$0,314$
$PtCl_6^{2-} + 2\,e \rightarrow PtCl_4^{2-} + 2\,Cl^-$	$0,72$
$Fe(CN)_6^{0} + e \rightarrow Fe(CN)_6^{4-}$	$0,356$
$H_3AsO_4 + 2\,H^+ + 2\,e \rightarrow H_3AsO_3 + H_2O$	$0,559$
$I_3^- + 2\,e \rightarrow 3\,I^-$	$0,535$
$Fe^{3+} + e \rightarrow Fe^{2+}$	$0,771$
$2\,Hg^{2+} + 2\,e \rightarrow Hg_2^{2+}$	$0,905$
$HIO + H^+ + 2\,e \rightarrow I^- + H_2O$	$0,99$
$V(OH)_4^+ + 2\,H^+ + e \rightarrow VO^{2+} + 3\,H_2O$	$1,000$
$Tl^{3+} + 2\,e \rightarrow Tl^+$	$1,25$
$PdCl_6^{2-} + 2\,e \rightarrow PdCl_4^{2-} + 2\,Cl^-$	$1,288$
$Cr_2O_7^{2-} + 14\,H^+ + 6\,e \rightarrow 2\,Cr^{3+} + 7\,H_2O$	$1,36$
$HBrO + H^+ + 2\,e \rightarrow Br^- + H_2O$	$1,33$
$MnO_2 + 4\,H^+ + 2\,e \rightarrow Mn^{2+} + 2\,H_2O$	$1,236$
$ClO_4^- + 8\,H^+ + 8\,e \rightarrow Cl^- + 4\,H_2O$	$1,35$
$PbO_2 + 4\,H^+ + 2\,e \rightarrow Pb^{2+} + 2\,H_2O$	$1,456$
$ClO_3^- + 6\,H^+ + 6\,e \rightarrow Cl^- + 3\,H_2O$	$1,45$
$HClO + H^+ + 2\,e \rightarrow Cl^- + 3\,H_2O$	$1,50$
$Mn^{3+} + e \rightarrow Mn^{2+}$	$1,51$
$Ce^{4+} + e \rightarrow Ce^{3+}$	$1,610$
$PbO_2 + 4\,H^+ + SO_4^- + 2\,e \rightarrow PbSO_4 + 2\,H_2O$	$1,685$
$H_2O_2 + 2\,H^+ + 2\,e \rightarrow 2\,H_2O$	$1,77$
$Co^{3+} + e \rightarrow Co^{2+}$	$1,842$

entsprechenden Kurven wird anstelle von α das Volumen des zugegebenen Titrationsmittels aufgetragen.

Die Standardpotentiale einiger Redoxsysteme sind in Tab. 3.6 wiedergegeben.

32.32. *Additivität der Elektrodenpotentiale, Disproportionierung*

Die Elektrodenpotentiale werden durch die Affinitäten der Halbzellenreaktionen festgelegt. Da die Affinitäten Änderungen der thermodynamischen Zustandsfunktion darstellen, sind sie additive Größen. Die Affinität einer gegebenen Reaktion kann man durch Linearkombination der Affinitäten einer Gesamtheit

von anderen Reaktionen gewinnen, die vom gleichen Anfangs- in denselben Endzustand wie die direkte Reaktion führen. Das Prinzip der Linearkombination
muß also auch für die Elektrodenpotentiale gültig sein. Die Elektrodenoxidation
eines Metalls in eine höhere Oxidationsstufe der Wertigkeit $z_{+,2}$ kann man
sich zusammengesetzt denken aus der Oxidation in die niedrigere Oxidations-
stufe $z_{+,1}$ und aus der weiteren Oxidation $z_{+,1} \rightarrow z_{+,2}$. Die Affinitäten der entsprechenden Reduktionsprozesse werden durch die Elektrodenpotentiale fest-
gelegt, die wir mit E_{2-0}, E_{1-0} und E_{2-1} bezeichnen:

$$E_{2-0} = \frac{-\Delta G_{2-0}}{z_{+,2}\, F}, \quad E_{1-0} = \frac{-\Delta G_{1-0}}{z_{+,1}\, F}, \quad E_{2-1} = \frac{-\Delta G_{2-1}}{(z_{+,2} - z_{+,1})\, F}. \tag{32.28}$$

Im Hinblick auf die Additivität der Affinitäten $-\Delta G_{2-0} = -\Delta G_{2-1} - \Delta G_{1-0}$
gilt offensichtlich

$$(z_{+,2} - z_{+,1})\, E_{2-1} = z_{+,2}\, E_{2-0} - z_{+,1}\, E_{1-0}. \tag{32.29}$$

Diese, mitunter als *Luthersche Beziehung* bezeichnete Gleichung, die es möglich
macht, die Redoxpotentiale aus den entsprechenden Potentialen der Elektroden
erster Art zu berechnen, ist eine Analogie des Heßschen thermochemischen
Gesetzes.

Die Gültigkeit der Gl. (32.29) ist allerdings nicht allein auf den Fall beschränkt,
wo die niedrigste Oxidationsstufe ein Metall ist. Wir wollen die Reaktionen

$$\mathrm{A} + e \rightleftarrows \mathrm{B}, \quad \mathrm{B} + e \rightleftarrows \mathrm{C} \tag{32.30}$$

betrachten. Ihre Summe ist eine Reaktion, die als *Disproportionierung* bezeichnet wird (für den Fall eines Metalls und seiner zwei Oxidationsstufen wurde
manchmal auch die Bezeichnung Dismutation gebraucht)

$$2\,\mathrm{B} \rightleftarrows \mathrm{A} + \mathrm{C}, \quad K = a_\mathrm{A}\, a_\mathrm{C}/a_\mathrm{B}^2. \tag{32.31}$$

Taucht eine indifferente Elektrode in eine Lösung der Formen A, B, C ein, so
nimmt sie das den beiden Gleichgewichten (32.30) entsprechende Potential an

$$E = E^0_{\mathrm{A,\,B}} + \frac{R\,T}{F} \ln \frac{a_\mathrm{A}}{a_\mathrm{B}} = E^0_{\mathrm{B,\,C}} + \frac{R\,T}{F} \ln \frac{a_\mathrm{B}}{a_\mathrm{C}}. \tag{32.32}$$

Sind wir von einer Lösung der Form C der Konzentration c_0 ausgegangen, der
wir ein Oxidationsmittel zugesetzt haben, so können wir den gesamten Oxidations-
grad mit $\beta = (2\,[\mathrm{A}] + [\mathrm{B}])/c_0$ ausdrücken. Identifizieren wir die Konzentrationen
mit den Aktivitäten, so können wir für das Potential mit Hilfe von β schreiben

$$E = \frac{1}{2}(E^0_{\mathrm{A,\,B}} + E^0_{\mathrm{B,\,C}}) + \frac{R\,T}{2\,F} \ln \frac{\beta}{2 - \beta} +$$
$$+ \frac{R\,T}{2\,F} \ln \frac{\beta - 1 \pm \sqrt{[(\beta - 1)^2 + 4\,\beta\,(2 - \beta)\,K]}}{-\beta + 1 \pm \sqrt{[(\beta - 1)^2 + 4\,\beta\,(2 - \beta)\,K]}}. \tag{32.33}$$

Diese Abhängigkeit ist in Abb. 3.4 graphisch dargestellt. Für die vollständige
Disproportionierung, d. h. bei $K \gg 1$, erhalten wir die übliche Abhängigkeit für
$n = 2$. Mit sinkendem K ändert sich die $\beta - E$-Kurve, und bei $K = 1/4$ nimmt

sie die Gestalt der für $n = 1$ geläufigen Kurve an. Für kleine K erscheinen auf der Kurve drei Wendepunkte. Dieser Fall tritt häufig bei den organischen Chinonen ein. Die Form B wird dann *Semichinon* genannt.

Ein typisches Beispiel für ein anorganisches Redoxsystem ist das Gleichgewicht zwischen metallischem Kupfer und Kupfer(II)-ionen. Die Disproportionierungskonstante ist hier groß, die Lösung der Cu^+-Ionen ist sehr unbeständig.

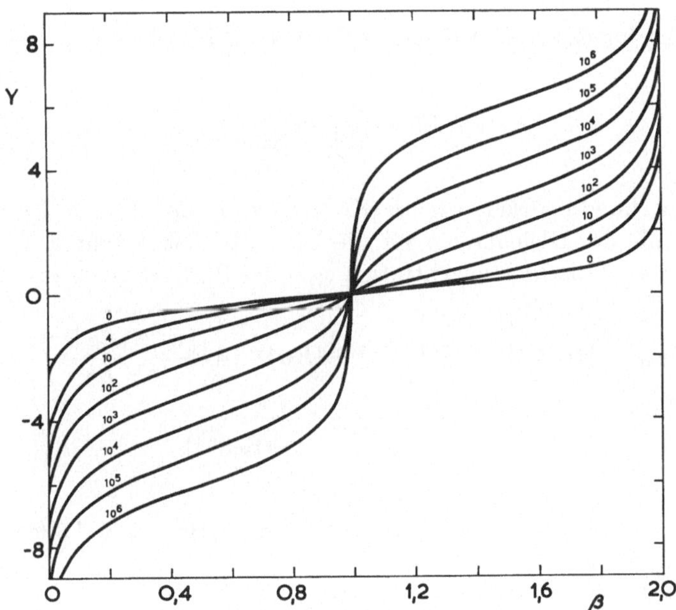

Abb. 3.4. Verlauf des Redoxpotentials bei der Semichinonbildung. Berechnung nach Gl. (32.33), $y = (2\,F/3{,}303\,R\,T)\,(E - 1/2\,E_{B,A} - 1/2\,E_{C,B})$, der Wert von $1/K$ ist bei den Kurven angegeben

In Gegenwart von Ammoniak werden die Kupfer(I)-ionen jedoch in einen Komplex gebunden, die Konstante K wird kleiner und die E—β-Kurve weist drei Wendepunkte auf.

32.33. *Die Chinhydronelektrode*

Das Redoxsystem der Chinhydronelektrode wird durch Chinhydron gebildet, das in der Lösung in ein Molekül Chinon und ein Molekül Hydrochinon zerfällt. Die Chinhydronelektrode ist ein Beispiel für eine kompliziertere organische Redoxelektrode, deren Potential durch die Komponenten der Lösung (in diesem Fall H_3O^+) beeinflußt wird. Wir wollen das Chinonmolekül mit Ox und das Hydrochinonmolekül mit H_2Red bezeichnen. Die Halbzellenreaktion

$$Ox + 2\,e \rightleftarrows Red^{2-} \tag{32.34}$$

wird von Reaktionen zwischen dem Hydrochinon-Anion Red^{2-} und dem Lösungsmittel begleitet. Das Hydrochinon ist nämlich eine schwache zweibasige Säure mit den Dissoziationskonstanten:

$$H_2Red \rightleftarrows HRed^- + H^+, \quad K_1' = \frac{[H^+][HRed^-]}{[H_2Red]},$$

$$HRed^- \rightleftarrows Red^{2-} + H^+, \quad K_2' = \frac{[H^+][Red^{2-}]}{[HRed^-]}. \tag{32.35}$$

Die Gleichung für das Elektrodenpotential hat im Fall der Chinhydronelektrode die Gestalt

$$E_{Ch} = E^{0'} + \frac{RT}{2F} \ln \frac{[Ox]}{[Red^{2-}]} \tag{32.36}$$

In dieser Gleichung drücken wir die Konzentration des Anions der reduzierten Form mit Hilfe der Gleichungen für die Dissoziationskonstanten und der Gleichung für die analytische Konzentration c_{Red} des Hydrochinons aus

$$c_{Red} = [H_2Red] + [HRed^-] + [Red^{2-}] = \frac{[H^+]^2[Red^{2-}]}{K_1'K_2'} +$$

$$+ \frac{[H^+][Red^{2-}]}{K_2'} + [Red^{2-}]. \tag{32.37}$$

Es ergibt sich somit, daß $[Red^{2-}] = c_{Red} K_1' K_2'/([H^+]^2 + K_1'[H^+] + K_1'K_2')$ ist, und hieraus folgt

$$E_{Ch} = E^{0'} + \frac{RT}{2F} \ln \frac{[Ox]}{c_{Red}} - \frac{RT}{2F} \ln K_1'K_2' +$$

$$+ \frac{RT}{2F} \ln ([H^+]^2 + K_1'[H^+] + K_1'K_2'). \tag{32.38}$$

Da im Chinhydron $[Ox] = c_{Red}$ ist, ist der zweite Term auf der rechten Seite dieser Gleichung gleich Null, den ersten und dritten fassen wir in einer gemeinsamen Konstante $E_{Ch}^{0'}$ zusammen. Der vierte Term vereinfacht sich je nach dem pH-Gebiet:

1. In saurem Medium gilt $[H^+]^2 \gg K_1'K_2' + K_1'[H^+]$, so daß

$$E_{Ch} = E_{Ch}^{0'} - \frac{2{,}303\,RT}{F} \text{pH}. \tag{32.39}$$

2. Ist $K_1'[H^+] \gg [H^+]^2 + K_1'K_2'$, so gilt

$$E_{Ch} = E_{Ch}^{0'} + \frac{RT}{2F} \ln K_1' - \frac{2{,}303\,RT}{2F} \text{pH}. \tag{32.40}$$

3. Im stark alkalischen Gebiet gilt $K_1' K_2' \gg K_1' [H^+] + [H^+]^2$, die Dissoziation ist vollständig und das Potential ist pH-unabhängig:

$$E_{Ch} = E_{Ch}^{0'} + \frac{RT}{2F} \ln K_1' K_2'. \qquad (32.41)$$

Tragen wir also E_{Ch} in Abhängigkeit vom pH-Wert auf (Abb. 3.5), so erhalten wir eine Kurve mit drei linearen Teilen (der zweite ist wenig deutlich), deren

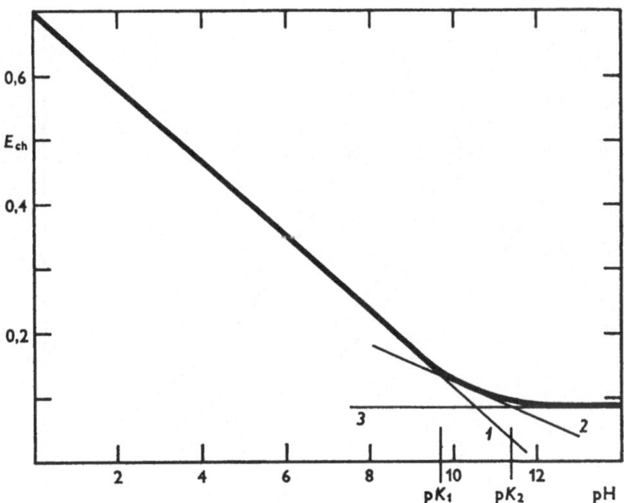

Abb. 3.5. pH-Abhängigkeit des Potentials der Chinhydronelektrode E_{Ch} (V). Die Gerade 1 entspricht der Gl. (32.39), 2 der Gl. (32.40) und 3 der Gl. (32.41)

Neigungen 0,0591, 0,0295 und 0 (25 °C) betragen. Die Schnittpunkte von stets zwei benachbarten extrapolierten linearen Teilen geben die Werte von $p K_1'$ und $p K_2'$ an, wie aus dem Vergleich der Gln. (32.39) bis (32.41) hervorgeht (vgl. Abb. 3.5).

Die Chinhydronelektroden wurden früher vielfach zur pH-Messung verwendet, und zwar bis zu pH 7, wo die Näherung gemäß Gl. (33.39) benutzt werden kann, so daß

$$pH = -\frac{(E - E_{Ch}^{0'} + E_{Ref})F}{2,303\,RT} \qquad (32.42)$$

gilt. In stärker alkalischem Medium wird das Hydrochinon durch den Luftsauerstoff oxidiert, weshalb sich die Elektrode in diesem Gebiet nicht zur pH-Messung eignet. Es ist einleuchtend, daß die Chinhydronelektrode in einem oxidierenden oder reduzierenden Medium ebenfalls nicht gebraucht werden kann. Die Messung ist einfach: man taucht in die Lösung eine Platinspirale ein und schüttet ohne zu wägen Chinhydron zu, bis eine gesättigte Lösung entsteht (Chinhydron ist wenig löslich). Durch die Chinhydronzugabe wird allerdings die weitere Verwendbarkeit der Untersuchungslösung beeinträchtigt.

Beispiele für die pH-Abhängigkeit des Potentials von anderen organischen Systemen sind in Abb. 3.6 angeführt.

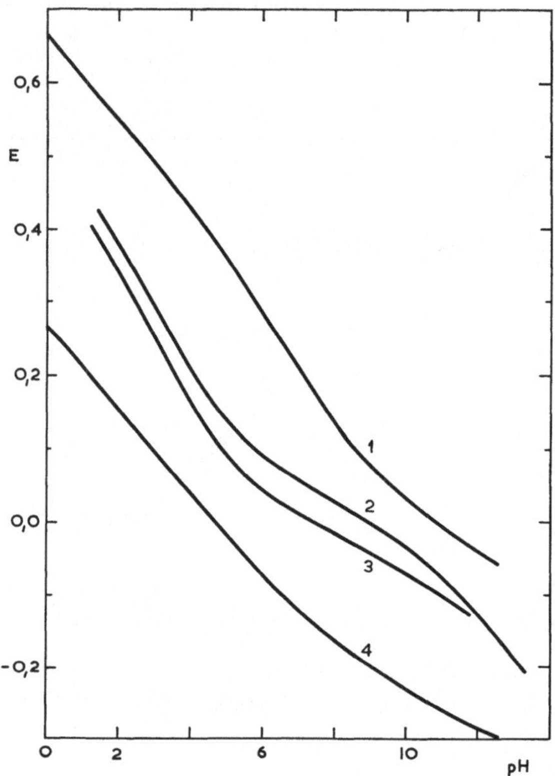

Abb. 3.6. pH-Abhängigkeit des Redoxpotentials E (V) beim Konzentrationsverhältnis [Red]/[Ox] = 1; 1 = 2,6-Dibromphenolindophenol, 2 = Lauths Violett, 3 = Methylenblau, 4 = Indigocarmin (nach Michaelis)

32.4. Das Standard-Elektrodenpotential

32.41. Standardpotentiale und Gleichgewichtskonstanten

Der Zusammenhang zwischen dem Standardpotential und der Gleichgewichtskonstante der Zellenreaktion ist aus der bereits angeführten Beziehung $- \Delta G = n F E$ und aus der aus der Thermodynamik bekannten Relation $\Delta G = \Delta G^0 + R T \ln \Pi \, a_i{}^{\nu_i}$ zu erkennen [vgl. Gl. (31.33)]

$$E = E^0 - \frac{R T}{n F} \ln \Pi \, a_i{}^{\nu_i}. \tag{32.43}$$

Die stöchiometrischen Koeffizienten ν_i sind für die Produkte positiv und für die Ausgangsstoffe negativ. Da $-\Delta G^0 = R T \ln K$ ist, gilt offensichtlich

$$E^0 = \frac{R T}{n F} \ln K. \qquad (32.44)$$

Die Kenntnis der Standard-EMK der Zellen macht es also möglich, die Gleichgewichtskonstanten zu berechnen, und umgekehrt. Die Standard-EMK der Zelle kann mit Hilfe der Standard-Elektrodenpotentiale ausgedrückt werden

$$E^0 = E_2{}^0 - E_1{}^0 = \frac{R T}{n F} \ln K, \qquad (32.45)$$

wobei der Index 1 die Elektrode kennzeichnet, die im Zellensymbol links steht.

Haben wir allgemein eine Zelle mit zwei Metallkationen-Elektroden erster Art, bei denen die Metalle Me_I und Me_{II} die Wertigkeiten z_1 und z_2 haben, dann läuft beim Durchgang der Ladung $z_1 z_2 F$ durch die Zelle die Reaktion

$$z_2\, Me_I + z_1\, Me_{II}{}^{z_2+} \rightleftarrows z_2\, Me_I{}^{z_1+} + z_1\, Me_{II} \qquad (32.46)$$

ab, und für die Standard-EMK E^0 dieser Zelle gilt

$$E^0 = \frac{R T}{z_1 z_2 F} \ln K = -\frac{R T}{z_1 z_2 F} (a_2{}^{z_1}/a_1{}^{z_2})_e. \qquad (32.47)$$

Der Index e betont, daß es sich um die Aktivitäten beim Gleichgewichtszustand in der Mischung außerhalb der Zelle handelt.

Aus Gl. (32.47) ist ersichtlich, daß mit zunehmender Differenz zwischen beiden Standardpotentialen auch die Gleichgewichtskonstante der gegebenen Reaktion wächst, d. h. die Ionen des Metalls Me_{II} um so vollständiger durch die Ionen Me_I aus der Lösung verdrängt werden. Die Reihe der Standardpotentiale (die sog. Spannungsreihe) gibt also die Reihenfolge an, in welcher ein Metall die Ionen eines anderen reduziert. Üblicherweise wird diese Gesetzmäßigkeit durch den Satz formuliert: ein Metall mit niedrigerem Standardpotential verdrängt ein Metall mit höherem Standardpotential. Allgemein kann jedoch nicht gesagt werden, daß ein Metall mit höherem Standardpotential niemals ein Metall mit kleinerem Standardpotential verdrängen kann. Als Beispiel sei Kupfer und Zink betrachtet. Taucht man in eine Lösung von Kupfer(II)-ionen metallisches Zink ein, so scheidet sich in beträchtlichem Maß Kupfer am Zink ab, denn $E^0_{Cu2+/Cu} >$ $> E_{Zn2+/Zn}$. Taucht man in eine Lösung von Zinkionen metallisches Kupfer ein, so kommt es ebenfalls zu einer geringfügigen Abscheidung von Zink, denn zu Beginn ist $a_{Cu2+} = 0$. Um die Bedeutung der Differenz der Standardpotentiale zu illustrieren, sei eine Lösung betrachtet, in der anfangs beide Ionen gleichzeitig in gleichen Aktivitäten (z. B. 1) anwesend sind. Wird in eine solche Lösung von beispielsweise Cu^{2+}- und Zn^{2+}-Ionen metallisches Zink eingetaucht, so scheidet sich das Kupfer am Zink ab. Taucht man umgekehrt in diese Lösung metallisches Kupfer, so findet keine Reaktion statt. Was von der Verdrängung eines Metalls durch ein anderes gesagt wurde, gilt auch von der Abscheidung eines Metalls durch Wasserstoff und umgekehrt.

Die Standard-Elektrodenpotentiale werden im wesentlichen auf drei Weisen ermittelt: 1. Durch Extrapolation der elektromotorischen Kraft der Zelle auf die Ionenstärke Null, 2. durch Berechnung aus den thermodynamischen Daten, 3. mittels der analytisch bestimmten Gleichgewichtskonstante der Zellenreaktion. Die einzelnen Standardpotentiale kann man aus den Daten geeignet zusammengestellter Zellen berechnen. Die Zellen werden dabei so zusammengesetzt, daß keine Flüssigkeitspotentiale entstehen. So geht man z. B. im Falle der Silber-Silberchlorid-Elektrode von der Zelle aus

$$\text{Pt, H}_2 \ (1 \text{ atm}) \mid \text{HCl}(m) \mid \text{AgCl}(s) \mid \text{Ag}, \tag{32.48}$$

deren elektromotorische Kraft durch die Gleichung

$$E = E_{\text{AgCl/Ag}} - E_{\text{H}^+/\text{H}} = E^0_{\text{AgCl/Ag}} - \frac{RT}{F} \ln \left(a_{\text{H}^+} a_{\text{Cl}^-} \right) \tag{32.49}$$

gegeben ist. Die Ionenaktivitäten ersetzt man durch das Produkt aus der Konzentration und dem Aktivitätskoeffizienten. Man verwendet den mittleren Aktivitätskoeffizienten des Chlorwasserstoffes und drückt ihn mit Hilfe des Debye-Hückelschen Grenzgesetzes aus. Nach Umformen erhält man

$$E + \frac{2 \cdot 2{,}203 \, RT}{F} \log m_{\text{HCl}} = E^0_{\text{AgCl/Ag}} + \frac{2{,}303 \, RT}{F} \cdot 2 \, \text{A} \, \sqrt{m_{\text{HCl}}}. \tag{32.50}$$

Trägt man den Wert der linken Seite von Gl. (32.50) gegen $\sqrt{m_{\text{HCl}}}$ auf, so gibt der Abschnitt auf der Ordinatenachse das Standardpotential an.

Bei der Silberelektrode läßt sich eine Flüssigkeitsgrenzfläche nicht vermeiden, wie es beim vorangehenden Fall möglich war. Man wählt deshalb eine Zelle mit möglichst einfacher Flüssigkeitsgrenzfläche:

$$\text{Hg} \mid \text{Hg}_2\text{Cl}_2(s) \mid \text{KCl} \ (0{,}1 \text{ M}) \mid \text{KNO}_3 \ (0{,}1 \text{ M}) \mid \text{AgNO}_3 \ (0{,}1 \text{ M}) \mid \text{Ag}. \tag{32.51}$$

Beide Flüssigkeitspotentiale berechnet man z. B. nach Gl. (42.11) und zieht sie von der elektromotorischen Kraft der betrachteten Zelle ab. Das Potential der Kalomelelektrode in der 0,1 M KCl-Lösung ermittelt man aus dem Standardpotential der Kalomelelektrode und aus dem mittleren Aktivitätskoeffizienten $\gamma_{\pm}$ von 0,1 M KCl. Das Standardpotential der Silberelektrode berechnet man aus der Nernstschen Gleichung, wobei man die Aktivitätskoeffizienten der Silberionen wiederum durch den mittleren Aktivitätskoeffizienten von 0,1 M AgNO$_3$ ersetzt, den man sich jedoch aus anderen Messungen verschaffen kann. Der Ersatz des Ionenaktivitätskoeffizienten durch den mittleren Aktivitätskoeffizienten ist in allen Fällen dieses Typs unvermeidlich.

32.42. *Standardpotentiale in nichtwäßrigen Medien*

Es seien die Zellen

$$\text{Ag} \mid \text{Rb} \mid \text{Rb}^+ \ (a = 1), \ \text{Cl}^- \ (a = 1) \mid \text{AgCl}(s) \mid \text{Ag} \tag{32.52 a}$$

betrachtet, die zwei verschiedene Lösungsmittel haben (Indices I und II). Die Zellenreaktion für das Lösungsmittel I kann wie folgt angesetzt werden

$$\text{Rb}(s) + \text{AgCl}(s) \to (\text{Rb}^+)_{\text{I}} + (\text{Cl}^-)_{\text{I}} + \text{Ag}(s). \tag{32.52 b}$$

In ähnlicher Weise wie bei der Herleitung des Bornschen Zyklus (Abschn. 12) läßt sich für die Teilschritte der Reaktion (32.52 b) schreiben

$$\mathrm{Rb}(s) + \mathrm{AgCl}(s) \rightarrow \mathrm{Rb}(g) + \mathrm{Cl}(g) + \mathrm{Ag}, \tag{32.53}$$

$$\mathrm{Rb}(g) + \mathrm{Cl}(g) \rightarrow \mathrm{Rb}^+(g) + \mathrm{Cl}^-(g), \tag{32.54}$$

$$\mathrm{Rb}^+(g) + \mathrm{Cl}^-(g) \rightarrow (\mathrm{Rb}^+)_\mathrm{I} + (\mathrm{Cl}^-)_\mathrm{I}. \tag{32.55}$$

Nur der Schritt (32.55), die Solvatation der Ionen, ist in den Lösungen verschiedener Lösungsmittel verschieden. Der Unterschied zwischen den Standard-EMK der Zellen mit den Lösungsmitteln I und II ist also durch die Differenz der Gibbsschen Energien der Solvatation der Ionen Rb^+ und Cl^- gegeben,

$$E_\mathrm{II}{}^0 - E_\mathrm{I}{}^0 = - F\left[(\Delta G^0_{s,\mathrm{Rb}^+})_\mathrm{II} - (\Delta G^0_{s,\mathrm{Rb}^+})_\mathrm{I} + \right.$$
$$\left. + (\Delta G^0_{s,\mathrm{Cl}^-})_\mathrm{II} - (\Delta G^0_{s,\mathrm{Cl}^-})_\mathrm{I}\right]. \tag{32.56}$$

Da das Rubidiumion einen großen Radius hat, aber dabei wenig deformierbar ist, hat Pleskow die Annahme gemacht, daß das Rubidiumion in allen Lösungsmitteln die gleiche Solvatationsenergie habe, d. h. daß $(\Delta G^0_{s,\mathrm{Rb}^+})_\mathrm{II} - (\Delta G^0_{A,\mathrm{Rb}^+})_\mathrm{I}$ für alle Lösungsmittelpaare gleich Null sei. Die Differenz $E_\mathrm{II}{}^0 - E_\mathrm{I}{}^0$ gibt also den Unterschied an, der zwischen den Standardpotentialen der Silberchloridelektrode in den Lösungsmitteln II und I besteht, $(E^0_{\mathrm{AgCl,Ag}})_\mathrm{II} - (E^0_{\mathrm{AgCl,Ag}})_\mathrm{I}$. Heute wird öfter anstatt der Rubidiumelektrode die Ferrocinium-Ferrocen-Redoxelektrode benutzt, bei der angenommen wird, daß die oxidierte und die reduzierte Form in gleicher Weise solvatisiert ist. Durch Messen der elektromotorischen Kräfte von Zellen vom Typ (32.52 a) können dann mit Hilfe der Gl. (32.56) die Werte der Standardpotentiale in nichtwäßrigen Medien gewonnen und Spannungsreihen aus ihnen zusammengestellt werden. Ein Beispiel ist in Tab. 3.7, S. 168, gegeben. Obwohl es sich um eine grobe Näherung handelt, stimmen die Werte in dieser Tabelle doch qualitativ mit der Wirklichkeit überein. So ist zum Beispiel Wasserstoff in protogenen Lösungsmitteln „edler" als im Wasser und in protophilen weniger „edel", Silber und Kupfer verhalten sich in $\mathrm{CH_3CN}$ weniger edel als in Wasser (Komplexbildung) usw.

33. Potentiometrie

Die Potentiometrie ist eine Methode zur Ermittlung verschiedener physikalisch-chemischer Größen und zur quantitativen Bestimmung von Stoffen auf Grund der Messung der elektromotorischen Kraft einer Zelle. Auf potentiometrischem Wege kann man die Aktivitätskoeffizienten, den pH-Wert, die Dissoziationskonstanten und die Löslichkeitsprodukte, die Standardaffinitäten chemischer Reaktionen, in einfacheren Fällen auch die Überführungszahlen bestimmen u. a. m. In der analytischen Chemie wird die Potentiometrie zur maßanalytischen oder direkten Bestimmung der Komponenten von Elektrolyten herangezogen.

33.1. Prinzip der Messung elektromotorischer Kräfte

Das Elektrodenpotential, und somit auch die elektromotorische Kraft einer galvanischen Zelle, haben den Charakter thermodynamischer Gleichgewichtsgrößen. Die Spannung der Zelle muß deshalb im Gleichgewichtszustand gemessen werden, d. h. ohne Stromdurchgang. Die zu messende elektromotorische Kraft muß durch eine bekannte äußere Potentialdifferenz kompensiert werden. Die Messung der elektromotorischen Kraft einer Zelle beruht also auf dem Auffinden einer solchen Potentialdifferenz, durch welche die zu messende Potentialdifferenz genau kompensiert wird, so daß kein Strom fließt. Das Schaltprinzip der Kom-

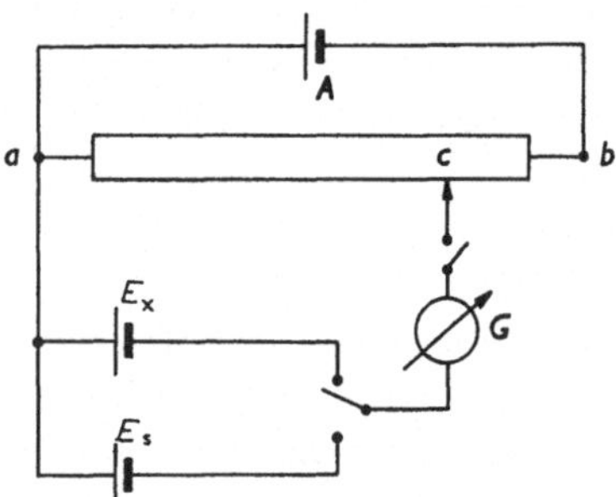

Abb. 3.7. Poggendorffsche Kompensationsmethode

pensationsgeräte ist auf dem sog. *Poggendorffschen Kompensationsverfahren* begründet. Die konkreten Geräte können allerdings ziemlich kompliziert sein.

An einen homogenen Widerstandsdraht (Abb. 3.7 zwischen den Punkten $a—b$) wird die Spannung eines Akkumulators A angelegt. Einen Teil dieser Spannung zwischen dem einen Ende des Drahtes und dem Schleifkontakt c zweigt man in einen zweiten Stromkreis ab, in welchem sich die zu messende Zelle E_x und ein Galvanometer G befindet, das als Nullinstrument dient. In den Stromkreis ist weiter ein Stromschlüssel eingeschaltet. Der Kontakt c wird so lange verschoben, bis das Galvanometer Stromlosigkeit anzeigt. Dann ist die abgezweigte Spannung gleich der elektromotorischen Kraft der Zelle.

Die an den Potentiometerdraht angelegte Spannung wird mit Hilfe einer Standardzelle E_s (in der Regel ein Weston-Element) nach dem gleichen Kompensationsvorgang geeicht. Hat der Schleifkontakt bei Brückengleichgewicht für die Spannungen U_x und U_s die Lagen c_x bzw. c_s, so gilt $U_x/U_s = \overline{a\,c_x}/\overline{a\,c_s}$, wobei $\overline{a\,c_x}$ und $\overline{a\,c_s}$ die Abstände zwischen a und c_x bzw. a und c_s auf dem Potentiometerdraht sind.

Mit Präzisionskompensatoren kann man die Genauigkeit der EMK-Messung auf 0,01 mV steigern. Oft kommt man aber mit geringeren Genauigkeiten aus. Zum Beispiel bei der pH-Messung mittels einer Glaselektrode entspricht eine Potentialänderung von ca. 60 mV einer pH-Einheit. Genügt für die pH-Messung eine Genauigkeit von $\pm$ 0,05, so muß die Genauigkeit des Potentiometers $\pm$ 3 mV betragen u. ä.

Heute werden überwiegend *elektronische Geräte mit Festkörperbestandteilen* verwendet. Die elektromotorische Kraft kann auch mit Hilfe eines Transistor-Voltmeters nach dem Kompensationsverfahren gemessen werden. In dem in Abb. 3.7 angeführten Schema wird dabei das Galvanometer durch einen Verstärker und ein Zeigergerät ersetzt. Eine zweite Möglichkeit ist die Messung des geringfügigen Stromes, der bei Kurzschließen der Zelle über einen großen äußeren Widerstand fließt. Typische Geräte dieser Art bestehen aus drei Teilen. Der erste Teil ist der Eingangskreis, der im wesentlichen die Aufgabe der Impedanzwandlung hat. Hier werden in der Regel Feldeffekt-Transistor- oder Kapazitätsdioden-Eingänge benutzt. Den zweiten Teil bildet ein Leistungsverstärker, der die Anwendung eines Zeigerinstrumentes mit großem Leistungsverbrauch ermöglicht.

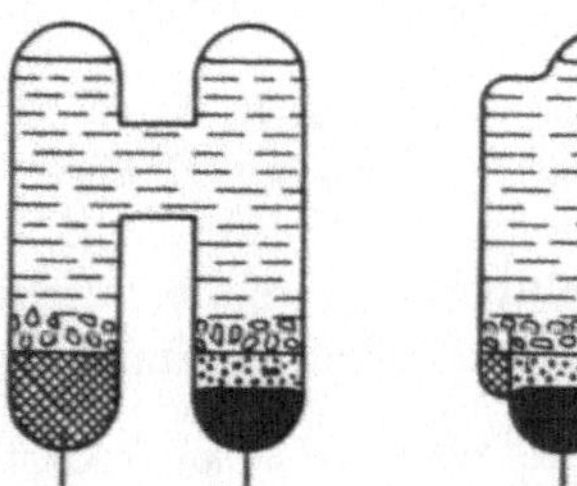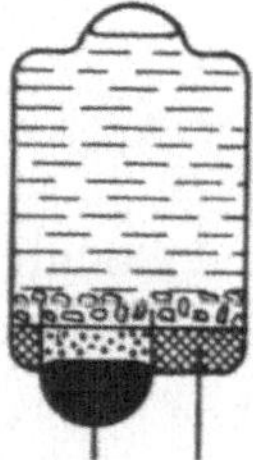

Abb. 3.8. Verschiedene Ausführungen des Weston-Elementes

Je nachdem, ob die (mit Hilfe eines Wechselspannungsverstärkers) gemessene elektromotorische Kraft im Eingangskreis moduliert wurde (Gleichspannungsverstärker), wird in den zweiten Teil noch eine elektronische Demodulationsschaltung eingereiht, die die verstärkte Wechselspannung phasenrichtig gleichschaltet. Der dritte Teil ist dann die eigentliche Anzeigevorrichtung, die entweder aus einem Zeiger- oder einem Digitalinstrument besteht.

Als Spannungsnormal wird ein *Weston-Element* benutzt, das wir deshalb hier besprechen wollen. Soll eine Zelle als Normalelement dienen, so wird von ihr verlangt, daß sie bei möglichst einfacher Herstellung aus leicht in der geforderten Reinheit zugänglichen Chemikalien im stromlosen Zustand eine definierte, konstante und wenig temperaturabhängie EMK habe. Die Anforderungen an den Wirkungsgrad, die Leistung u. ä., die an die als elektrische Energiequellen verwendeten Zellen gestellt werden, fallen hier natürlich weg. Die Elektroden der Standardzelle dürfen durch die Ströme, die durch die Zelle fließen, wenn das Meßinstrument noch nicht genau auskompensiert ist, nicht polarisiert werden.

Das Weston-Element besteht aus einer Quecksilber(I)-sulfat-Elektrode und aus einer Amalgamelektrode:

$$\text{Hg} \mid \text{Hg}_2\text{SO}_4(s) \mid 3\,\text{CdSO}_4 \cdot 8\,\text{H}_2\text{O (ges.)} \mid \text{Cd, Hg (12,5 Gew\% Cd)}. \tag{33.1}$$

Meistens wird es in der in Abb. 3.8 schematisch veranschaulichten Weise realisiert. Seine Gleichgewichtsspannung beträgt bei 20 °C 1,01830 V. Für die Spannung des Weston-Elements gilt bei der Temperatur t °C im Bereich von 0 bis 40 °C die Gleichung

$$E_t = E_{20} - 4{,}06 \cdot 10^{-5}\,(t - 20) - 9{,}5 \cdot 10^{-7}\,(t - 20)^2 + 10^{-8}\,(t - 20)^3. \tag{33.2}$$

33.2. pH-Messung

Die potentiometrische Messung physiko-chemischer Größen, wie der Dissoziationskonstanten, der Aktivitätskoeffizienten und somit auch des pH-Wertes, wird von einem grundsätzlichen und nicht exakt lösbaren Problem begleitet: Die potentiometrischen Messungen führen zu den Werten der mittleren Aktivitäten bzw. der mittleren Aktivitätskoeffizienten, keineswegs zu den individuellen Ionenwerten. Auch im einfachen Fall einer Zelle ohne Flüssigkeitsgrenzfläche

$$\text{Zn} \mid \text{ZnCl}_2(m) \mid \text{AgCl}(s) \mid \text{Ag} \tag{33.3}$$

enthält die Gleichung für die elektromotorische Kraft

$$E = E^0_{\text{AgCl/Ag}} - \frac{R\,T}{F} \ln a_{\text{Cl}^-} - E^0_{\text{Zn}^{2+}/\text{Zn}} - \frac{R\,T}{2\,F} \ln a_{\text{Zn}^{2+}} =$$

$$= E^0_{\text{AgCl/Ag}} - E^0_{\text{Zn}^{2+}/\text{Zn}} - \frac{3\,R\,T}{2\,F} \ln a_{\pm,\,\text{ZnCl}_2} \tag{33.4}$$

neben den Konstanten und Standardtermen die mittlere Aktivität $a^3_{\pm,\,\text{ZnCl}_2} = a_{\text{Zn}^{2+}} \cdot a^2_{\text{Cl}^-}$. Bei den Konzentrationsketten, zum Beispiel bei

$$\text{Ag} \mid \text{AgCl}(s) \mid \text{KCl}(m_1) \mid \text{KCl}(m_2) \mid \text{AgCl}(s) \mid \text{Ag}, \tag{33.5}$$

treten zwar im Ausdruck für die elektromotorische Kraft

$$E = (R\,T/F) \ln (a_{\text{Cl}^-,1}/a_{\text{Cl}^-,2}) + \Delta\,\varphi_\text{L} \tag{33.6}$$

die Ionenaktivitäten auf, aber der Term $\Delta\,\varphi_\text{L}$ ist weder der exakten Messung noch der Berechnung zugänglich, wenn keine Annahmen über die Ionenbeweglichkeiten gemacht werden (vgl. Abschn. 42).

Auch die EMK der Zelle

$$\text{Ag} \mid \text{AgCl}(s) \mid \text{Puffer, KCl}(m) \mid \text{H}_2, \text{Pt}, \tag{33.7}$$

die zur pH-Messung geeignet ist, ist durch einen Ausdruck gegeben, der die mittlere Aktivität enthält

$$E = -E^0_{\text{AgCl/Ag}} + \frac{R\,T}{F} \ln a_{\text{H}_3\text{O}^+} + \frac{R\,T}{F} \ln a_{\text{Cl}^-} =$$

$$= -E^0_{\text{AgCl/Ag}} + \frac{R\,T}{F} \ln a_{\text{H}_3\text{O}^+}\, m_{\text{Cl}^-}\, \gamma_{\text{Cl}^-}. \tag{33.8}$$

Zur Ermittlung des pH-Wertes des benutzten Puffers formen wir die Gl. (33.8) um

$$\log m_{\text{Cl}^-} = -\log (a_{\text{H}_3\text{O}^+}\, \gamma_{\text{Cl}^-}) + (F/2{,}303\,R\,T)\,(E + E^0_{\text{AgCl/Ag}}). \tag{33.9}$$

Wir messen die E-Werte für verschiedene m_{Cl^-} und durch lineare Extrapolation dieser Beziehung in semilogarithmischen Koordinaten auf $m_{\text{Cl}^-} = 0$, wo $\gamma_{\text{Cl}^-} = 1$ ist, erhalten wir den Wert von $-\log (a_{\text{H}_3\text{O}^+}\, \gamma_{\text{Cl}^-})_0$, wobei der Index 0 kennzeichnet, daß $m_{\text{KCl}} \to 0$. Zur Berechnung von $(\gamma_{\text{Cl}^-})_0$ benutzt man eine von den Beziehungen der Debye-Hückelschen Theorie (in derjenigen Näherung, die zur Ermittlung von E^0 verwendet wurde, s. Abschn. 32). Der so gewonnene pH-Wert ist mit dem Fehler der zur Berechnung von γ_{Cl^-} benutzten Approximierung behaftet. Auch wenn dieser Fehler in verdünnten Lösungen klein sein kann, handelt es sich bei den so gewonnenen pH-Werten doch um operationelle Daten, die nicht mit den „absoluten" durch Gl. (16.2) definierten pH-Werten identifiziert werden können. Diese letztgenannten absoluten pH-Werte sind jedoch prinzipiell der Messung unzugänglich, so daß wir uns lediglich mit den auf verschiedenen Annahmen begründeten operationellen Verfahren befriedigen müssen. Das beschriebene Meßverfahren ist allerdings wegen seiner Langwierigkeit für die geläufige Praxis nicht gebrauchbar. Zur üblichen pH-Messung wird vielmehr statt der Wasserstoffelektrode allgemein die Glaselektrode benutzt. Näheres über die pH-Messung mit dieser Elektrode s. S. 225.

Die in der angeführten Weise gewonnenen pH-Werte geben Auskunft über die Aktivität der Hydroniumionen. Durch einen analogen Vorgang in *nichtwäßrigen Lösungsmitteln* würde man die entsprechenden Informationen über die Aktivität der betreffenden Lyoniumionen erhalten. Die Aktivität der Lyoniumionen ist jedoch nicht maßgebend für die Acidität der Lösungen in der absoluten Skala, da die Bindung des Protons an das Solvensmolekül in verschiedenen Lösungsmitteln verschieden fest ist. Aus diesem Grunde sind zwei verschiedene Lösungsmittel mit gleicher Lyoniumionenaktivität unterschiedliche Protonendonatoren, und ihre „Acidität" ist folglich verschieden. Wie im Abschn. 16.2 bereits gesagt wurde, kann die Acidität von Lösungen mit verschiedenen Lösungsmitteln mit Hilfe eines den Lösungsmitteln gemeinsamen Teilchens verglichen werden, d. h. mittels der Aktivität der isolierten Protonen. Das Gleichgewicht zwischen den isolierten Protonen und den Lyoniumionen SH^+ in der Reaktion $H^+ + S \rightleftarrows SH^+$ ist fast vollständig nach rechts verschoben. So wurde z. B. für die Affinität des H_2O-Moleküls in der Gasphase zum Proton der Wert von 182 kcal/mol gefunden; aus ihm ergibt sich für die Konzentration der isolierten Protonen in reinem Wasser bei 100 °C ein Wert von größenordnungsmäßig 10^{-107} mol/l. Obwohl in der flüssigen Phase also praktisch keine freien Protonen existieren, kann ihnen eine bestimmte Aktivität zugeschrieben werden, die durch die Aktivität der Lyoniumionen und durch die Konstante $K_S = a_{H^+}/a_{SH^+}$ festgelegt wird. Die Konstanten K_S haben für verschiedene Lösungsmittel unterschiedliche Werte.

Das Potential der Wasserstoffelektrode wird primär durch die Aktivität der isolierten Protonen bestimmt, die allerdings eindeutig mit der Aktivität der Lyoniumionen zusammenhängt. Hat man zwei verschiedene Lösungsmittel, z. B. H_2O und S, mit den Lyoniumionenaktivitäten 1, dann haben die entsprechenden Aktivitäten der isolierten Protonen in beiden Lösungsmitteln nicht den gleichen Wert, und aus diesem Grunde sind auch die beiden Standardpotentiale nicht gleich. Ihre Differenz läßt sich durch die Beziehung ausdrücken:

$$E^0_{H^+/H}(H_2O) - E^0_{H^+/H}(S) = (R\,T/F)\ln a_{H^+}(H_2O) - (R\,T/F)\ln a_{H^+}(S) =$$
$$= (R\,T/F)\ln (K_{H_2O}/K_S) \qquad (33.10)$$

[für die Aktivität der isolierten Protonen können die Werte der Gleichgewichtskonstanten aus den Beziehungen $K_{H_2O} = a_{H^+}(H_2O)/a_{H_3O^+}$ und $K_S = a_{H^+}(S)/a_{SH^+}$ benutzt werden, denn die Aktivitäten der Lyoniumionen wurden gleich Eins gewählt]. Kennt man also die Differenz der Standardpotentiale der Wasserstoffelektrode, so kann man das Verhältnis der Konstanten K_{H_2O}/K_S ermitteln. Wählt man $K_{H_2O} = 1$ (d. h. als Standardzustand der isolierten Protonen wird eine wäßrige Lösung mit der Hydroniumionenaktivität Eins gewählt), so berechnet man die Konstante K_S und hieraus zu jedem a_{SH^+}-Wert den Wert von a_{H^+} (S). Die Differenz $E^0_{H^+/H}$ (H_2O) — $E^0_{H^+/H}$ (S) kann nur dann bestimmt werden, wenn es eine Bezugselektrode gibt, deren Potential in den verschiedenen Lösungsmitteln den gleichen Wert hat, d. h. wenn die Solvatationsenergie des betreffenden Ions in den verschiedenen Lösungsmitteln gleich groß ist. Als eine solche Elektrode wird z. B. die Rubidiumelektrode betrachtet. In der Skala der Rubidiumelektrode können dann die Standardelektrodenpotentiale in verschiedenen Lösungsmitteln bestimmt werden (Tab. 3.7).

Tabelle 3.7. *Standardpotentiale, bezogen auf die Rubidiumelektrode* (V) *in verschiedenen Lösungsmitteln* (nach Kortüm, S. 302)

Elektrode	H_2O	CH_3OH	CH_3CN	HCOOH	N_2H_4	NH_3
Li^+/Li	— 0,03	— 0,16	— 0,06	— 0,03	— 0,19	— 0,35
Rb^+/Rb	0	0	0	0	0	0
Cs^+/Cs	+ 0,06		+ 0,01	— 0,01		— 0,02
K^+/K	+ 0,06		+ 0,01	+ 0,10	— 0,01	— 0,05
Ca^{2+}/Ca	+ 0,14		+ 0,42	+ 0,25	+ 0,10	+ 0,29
Na^+/Na	+ 0,27	+ 0,21	+ 0,30	+ 0,03	+ 0,18	+ 0,08
Zn^{2+}/Zn	+ 2,22	+ 2,20	+ 2,43	+ 2,40	+ 1,60	+ 1,40
Cd^{2+}/Cd	+ 2,58	+ 2,51	+ 2,70	+ 2,70	+ 1,91	+ 1,73
Tl^+/Tl	+ 2,64	+ 2,56				
Pb^{2+}/Pb	+ 2,85	+ 2,74	+ 3,05	+ 2,73	+ 2,36	+ 2,25
H^+/H_2	+ 2,98	+ 2,94	+ 3,17	+ 3,45	+ 2,01	+ 1,93
Cu^{2+}/Cu	+ 3,32	+ 3,28	+ 2,79	+ 3,31		+ 2,36
Cu^+/Cu	+ 3,50		+ 2,89		+ 2,23	+ 2,34
Hg_2^{2+}/Hg	+ 3,78	+ 3,68		+ 3,63		
Ag^+/Ag	+ 3,78	+ 3,70	+ 3,40	+ 3,62	+ 2,78	+ 2,76
Hg^{2+}/Hg_2^{2+}	+ 3,84		+ 3,42			+ 2,68
I^-/I_2	+ 3,52	+ 3,30	+ 3,24	+ 3,42		+ 3,38
Br^-/Br_2	+ 4,04	+ 3,83	+ 3,64	+ 3,97		+ 3,76
Cl^-/Cl_2	+ 4,34	+ 4,16	+ 3,75	+ 4,22		+ 3,96

33.3. *Messung der Aktivitätskoeffizienten*

Auf potentiometrischem Wege können die mittleren Aktivitätskoeffizienten gemessen werden, und zwar gewöhnlich mit Hilfe von Konzentrationszellen ohne oder mit Überführung. Es sei z. B. die folgende Zelle betrachtet:

$$Ag \mid AgCl(s) \mid KCl(m_1) \mid K, Hg \mid KCl(m_2) \mid AgCl(s) \mid Ag. \tag{33.11}$$

In dieser Zelle wird das Silber an der Anode aufgelöst und durch die Chloridionen als Silberchlorid ausgefällt, die Kaliumionen gehen vermittels des Amalgams in die zweite Lösung über. Dort dissoziiert das Silberchlorid, und die Silberionen scheiden sich an der Kathode als metallisches Silber ab. Die resultierende Reaktion ist eine Überführung des KCl aus der Lösung mit größerer Konzentration in die weniger konzentrierte. Die elektromotorische Kraft der Zelle wird somit durch nachstehende Gleichung festgelegt:

$$E = \frac{2\,R\,T}{F} \ln \frac{a_{\pm,1}}{a_{\pm,2}}. \tag{33.12}$$

Darin ist $a_{\pm}{}^2 = a_{K^+}\, a_{Cl^-}$ die mittlere Aktivität des KCl. Die Gl. (33.11) kann wie folgt umgeformt werden

$$\frac{2\,R\,T}{F}\ln a_{\pm,1} = \frac{2\,R\,T}{F}\ln a_{\pm,2} + E = \frac{2\,R\,T}{F}\ln m_{\pm,2} + \frac{2\,R\,T}{F}\ln \gamma_{\pm,2} + E. \qquad (33.13)$$

Man hält die Konzentration der Lösung 1 konstant und mißt E für verschiedene Konzentrationen der Lösung 2. Den Ausdruck $(2\,R\,T/F)\ln m_{\pm,2} + E$ trägt man in Abhängigdeit von $m_{\pm,2}$ in ein Diagramm ein. Der Wert der Ordinate im Punkt $m_{\pm,2} = 0$ gibt den Wert von $(2\,R\,T/F)\ln (a_{\pm})_1$ an, weil in diesem Punkt

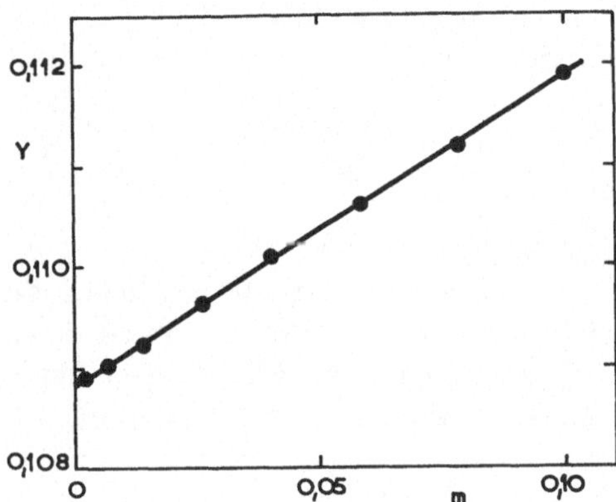

Abb. 3.9. Extrapolation zur Ermittlung des mittleren Aktivitätskoeffizienten von NaCl nach Gl. (33.17). $Y = \log\left[\gamma_{\pm}/(\gamma_{\pm})_0\right] + A\,\sqrt{m}/(1 + a\,B\,\sqrt{m})$; $A = 0{,}5107$, $a\,B = 1{,}350$ (Robinson-Stokes, S. 204)

$\ln (\gamma_{\pm})_2 = 0$ ist. Kennt man nun den Wert von $a_{\pm,1}$, so kann man mit Gl. (33.12) an Hand der Erniedrigung von E die aktuelle mittlere Aktivität des Elektrolyten bei beliebiger Konzentration berechnen.

Für Konzentrationszellen mit Überführung, die aus Kationenelektroden und Lösungen bestehen, die sich nur um dm in der Konzentration unterscheiden, gilt

$$d E = \frac{2\,R\,T}{F}\, t_- \, d \ln a_{\pm} = \frac{2\,R\,T}{F}\, t_- \,(d \ln m + d \ln \gamma_{\pm}). \qquad (33.14)$$

Die Überführungszahl t_- ist eine Funktion der Konzentration; dies kann durch die Gleichung $t_-^{-1} = t_0^{-1} + \delta$ respektiert werden, wo t_0 der Wert der Überführungszahl t_- bei einer bestimmten Konzentration c_0 und δ eine Funktion der Konzentration ist. Indem man diesen Ausdruck in Gl. (33.14) einsetzt und $d \ln \gamma_{\pm}$ explizit ausdrückt, erhält man für einen binären Elektrolyten

$$d \ln \gamma_{\pm} = \frac{F}{2\,t_0\,R\,T}\, d E - d \ln m + \frac{F}{2\,R\,T}\,\delta \cdot d E. \qquad (33.15)$$

Für den endgültigen Konzentrationsunterschied zwischen beiden Lösungen gewinnt man die entsprechende Beziehung zwischen E, $a_{\pm}$ und t_- durch Integration der Gl. (33.15)

$$\log \frac{\gamma_{\pm}}{(\gamma_{\pm})_0} = \frac{F\,E}{2{,}303 \cdot 2\,t_0\,R\,T} - \log \frac{m}{m_0} + \frac{F}{2\,R\,T} \int\limits_0^E \delta\,\mathrm{d}\,E. \qquad (33.16)$$

Kennt man also die Überführungszahl t_- in Abhängigkeit von der Konzentration und mißt man E bei verschiedenem m, so kann man das Integral auf der rechten Seite der Gl. (33.16) graphisch auswerten und das Verhältnis $\gamma_{\pm}/(\gamma_{\pm})_0$ berechnen. Durch Auftragen von $\log \gamma_{\pm}/(\gamma_{\pm})_0$ gegen $\sqrt{m}$ gewinnt man durch Extrapolation nach $m = 0$, wo $\gamma_{\pm} = 1$ ist, den mittleren Aktivitätskoeffizienten $(\gamma_{\pm})_0$ bei der gewählten Konzentration m_0. Exakter ist jedoch die Anwendung von Gl. (13.40), die nach Umformen für $z_+ = -z_- = 1$ auf die Beziehung führt

$$\log \frac{\gamma_{\pm}}{(\gamma_{\pm})_0} + \frac{A\,\sqrt{m}}{1 + a\,B\,\sqrt{m}} = 2\,b\,(m - m_0) \cdot \frac{A\,\sqrt{m_0}}{1 + a\,B\,\sqrt{m_0}}. \qquad (33.17)$$

Im Hinblick darauf, daß m_0 eine Konstante ist, liefert die linke Seite dieser Gleichung in Abhängigkeit von m eine Gerade, durch deren Extrapolation der exakte Wert von $(\gamma_{\pm})_0$ gewonnen wird. Ein Beispiel für NaCl ist in Abb. 3.9 veranschaulicht (zur Messung wurden zwei Silberchlorid-Elektroden mit NaCl-Lösung verwendet).

33.4. Messung der Dissoziationskonstanten

Die Dissoziationskonstanten ermittelt man entweder ohne Messung des pH-Wertes aus den elektromotorischen Kräften von Zellen ohne Flüssigkeitsgrenzfläche, oder man bestimmt sie aus potentiometrischen pH-Messungen. In jedem Fall müssen Voraussetzungen über die Aktivitätskoeffizienten getroffen werden, und die gemessenen Konstanten sind in diesem Sinne wiederum übereinkunftsmäßige Werte. Selbstverständlich muß darauf geachtet werden, daß die Konventionen über die Konstanten und das pH konsistent seien.

Im ersten Fall wollen wir die Zelle

$$\text{Pt, H}_2\ (1\ \text{atm})\ |\ \text{HA}\ (m_1),\ \text{NaA}\ (m_2),\ \text{NaCl}\ (m_3)\ |\ \text{AgCl}\ (s)\ |\ \text{Ag}$$

betrachten; für ihre elektromotorische Kraft gilt (statt H_3O^+ werden wir einfachheitshalber H^+ schreiben)

$$E = E^0_{\text{AgCl/Ag}} - (R\,T/F)\ \ln\,(a_{\text{H}^+}\,a_{\text{Cl}^-}). \qquad (33.18)$$

Die Dissoziationskonstante K_A der Säure HA ist durch die Gleichung

$$K_A = \frac{a_{\text{H}^+}\,a_{\text{A}^-}}{a_{\text{HA}}} = \frac{m_{\text{H}^+}\,m_{\text{A}^-}}{m_{\text{HA}}}\,\frac{\gamma_{\text{H}^+}\,\gamma_{\text{A}^-}}{\gamma_{\text{HA}}} = K_A{}'\,\frac{\gamma_{\text{H}^+}\,\gamma_{\text{A}^-}}{\gamma_{\text{HA}}} \qquad (33.19)$$

gegeben, wo die scheinbare Dissoziationskonstante K_A' z. B. konduktometrisch ermittelt werden kann. Für die einzelnen Konzentrationen gilt

$$m_{Cl^-} = m_3,$$

$$m_{HA} = m_1 - (m_{H^+} - m_{OH^-}) = m_1 - m_{H^+} + \frac{K_W}{m_{H^+}}, \qquad (33.20)$$

$$m_{A^-} = m_2 + m_{H^+} - m_{OH^-} - m_2 + m_{H^+} + \frac{K_W}{m_{H^+}},$$

so daß

$$K_A' = m_{H^+} \left(m_2 + m_{H^+} - \frac{K_W}{m_{H^+}} \right) \bigg/ \left(m_1 - m_{H^+} + \frac{K_W}{m_{H^+}} \right). \qquad (33.21)$$

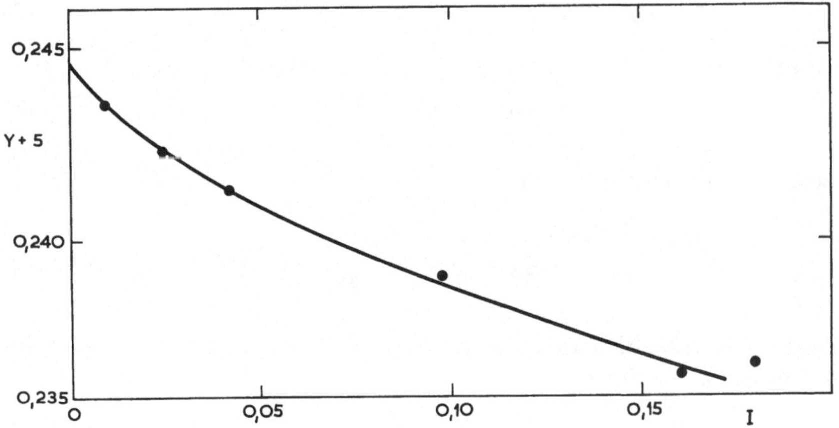

Abb. 3.10. Extrapolation zur Ermittlung der thermodynamischen Dissoziationskonstante von Essigsäure nach Gl. (33.22). Y bedeutet die linke Seite dieser Gleichung (Versuchsdaten nach MacInnes, S. 204)

Setzt man für die Aktivität a_{H^+} aus Gl. (33.19) in die Gl. (33.20) ein, so erhält man nach Umformen

$$\frac{F\,(E - E^0_{AgCl/Ag})}{2{,}303\,R\,T} + \log \frac{m_{HA}\,m_{Cl^-}}{m_{A^-}} = -\log \frac{\gamma_{HA}\,\gamma_{Cl^-}}{\gamma_{A^-}} - \log K_A. \qquad (33.22)$$

Die Konzentration im zweiten Term auf der linken Seite dieser Gleichung drückt man mit Hilfe der bekannten analytischen Konzentrationen m_1, m_2, m_3 und der Konzentration m_{H^+} aus, die man aus der scheinbaren Dissoziationskonstante nach Gl. (33.19) berechnet. Man mißt E mehrmals für das gleiche Verhältnis m_1/m_2 und verschiedene Natriumchloridkonzentrationen m_3. Dann trägt man den Ausdruck auf der linken Seite der Gl. (33.22) gewöhnlich gegen $\sqrt{I}$ auf und extrapoliert die Abhängigkeit auf die Ionenstärke Null. Dadurch erhält man auf der Ordinatenachse den Wert von $-\log K_A$ (s. Abb. 3.10).

Im zweiten Fall kombiniert man eine in die Lösung der zu messenden Säure tauchende Wasserstoffelektrode mit einer Bezugselektrode mittels einer Salzbrücke, titriert die Säure mit einer starken Base und mißt nach jeder Titriermittelzugabe den pH-Wert. Um die richtigen Werte für die Dissoziationskonstanten zu gewinnen, die mit den nach dem ersten Verfahren gewonnenen übereinstimmen, muß man die Bezugselektrode mitsamt der Salzbrücke mit Hilfe von Standardpuffern eichen.

Ist die Konzentration der zugegebenen Base m_b (die sich während der Titration ändert) und die analytische Konzentration der Säure m_a, so gilt

$$m_a = m_{HA} + m_{A^-}; \quad m_b + m_{H^+} = m_{A^-} + m_{OH^-}. \tag{33.23}$$

Berechnet man aus der Gleichung für die Dissoziationskonstante a_{H^+} und setzt für m_{HA} und m_{A^-} aus den Gln. (33.23) ein, so erhält man

$$a_{H^+} = K_A \frac{m_a - m_b - m_{H^+} + m_{OH^-}}{m_b + m_{H^+} - m_{OH^-}} \frac{\gamma_{HA}}{\gamma_{A^-}}. \tag{33.24}$$

Bezeichnet man

$$m_b + m_{H^+} - m_{OH^-} = m_{A^-} = B, \tag{33.25}$$

so gewinnt man nach Umformen

$$\mathrm{pH} = \mathrm{p}K_A + \log \frac{B}{m_a - B} + \log \frac{\gamma_{A^-}}{\gamma_{HA}}. \tag{33.26}$$

Für die Aktivitätskoeffizienten benutzt man die Gleichung aus der Debye-Hückelschen Theorie in der Form

$$\log \frac{\gamma_{A^-}}{\gamma_{HA}} = -A \sqrt{I} + C I, \tag{33.27}$$

so daß

$$A \sqrt{I} - \log \frac{B}{m_a - B} + \mathrm{pH} = p K_a + C I. \tag{33.28}$$

Während der Titration mißt man den pH-Wert, berechnet B und I und trägt dann den Ausdruck auf der linken Seite der Gl. (33.28) gegen die Ionenstärke auf; durch Extrapolation auf die Ionenstärke Null erhält man als Abschnitt auf der Ordinatenachse den Wert von $p K_A$.

Bei der Berechnung von B nach Gl. (33.25) macht man von folgenden Approximationen Gebrauch: bis zu pH 4 vernachlässigt man m_{OH^-}, im Gebiet von pH 5 bis zu pH 9 wird die Differenz $m_{H^+} - m_{OH^-}$ vernachlässigt und von pH 10 ab vernachlässigt man m_{H^+}. Die Konzentration m_{OH^-} berechnet man annähernd als K_W/m_{H^+}, die Konzentration m_{H^+} als a_{H^+}/γ_{H^+} und γ_{H^+} ermittelt man aus der einfachen Debye-Hückelschen Grenzbeziehung. Die Ionenstärke, in der die Konzentrationen der Kationen der Base, der Hydroniumionen, der Anionen der zu messenden Säure und der Hydroxidionen auftreten, drückt man im Hinblick auf die Elektroneutralitätsbedingung als die Summe $I = m_b + m_{H^+}$ aus. Man muß wiederum die Methode der schrittweisen Näherung verwenden.

34. Die elektrochemische Doppelschicht

34.1. Allgemeine Eigenschaften der elektrochemischen Doppelschicht

An der Grenzfläche von zwei Phasen bildet sich ein Gebiet aus, in welchem die elektrische Feldstärke einen von Null verschiedenen Wert hat. Die Ursache für die Ausbildung des elektrischen Feldes ist die Überschußladung der anwesenden elektrisch geladenen Teilchen — der Ionen, Elektronen und orientierten Dipole. Das Gebiet, in welchem die Überschußladungen vorhanden sind, wird die *elektrochemische Doppelschicht* genannt. (Man findet oft auch die Bezeichnung elektrische, elektrolytische, Elektrodendoppelschicht, in der englischen Literatur electrical double-layer, electrode double-layer.)

Durch die Gegenwart der elektrischen Ladungen in dieser Grenzschicht wird dort die Oberflächenspannung beeinflußt. Ist dabei eine der betrachteten Phasen ein Metall und die andere eine Elektrolytlösung, so wird die Gesamtheit der die Änderungen der Oberflächenspannung begleitenden Erscheinungen als *Elektrokapillarität* bezeichnet.

Die Ausbildung elektrochemischer Doppelschichten in der Grenzschicht ist eine ganz allgemeine Erscheinung. Wir wollen uns aber zunächst mit der Grenzfläche Elektrode-Elektrolytlösung befassen. Wenn wir eine Elektrode durch die Ladung $Q^{(m)}$ aufladen, so verteilt sich diese Ladung gleichmäßig auf ihrer Grenzfläche mit der Lösung. Ragt die Elektrode teilweise aus der Lösung heraus und befindet sich ein Teil ihrer Oberfläche auch in Kontakt mit der Luft, so ist der Ladungsanteil, der auf die Berührungsfläche mit der Luft entfällt, vernachlässigbar, da diese Grenzfläche eine geringfügige Kapazität hat. Der durchaus überwiegende Ladungsanteil sitzt auf der Grenzfläche Metall-Lösung.

Die Überschußladung im Metall $Q^{(m)}$ muß in der Lösung durch eine gleich große Ladung, aber mit entgegengesetztem Vorzeichen, ausgeglichen werden. Diese Ladung wird durch elektrostatische Kräfte aus der Lösung angezogen. Es gilt also die allgemeine Beziehung

$$q^{(m)} + q^{(l)} = 0, \tag{34.1}$$

worin $q^{(m)}$ die auf die Flächeneinheit der Grenzschicht elektrodenseitig entfallende Ladungsdichte und $q^{(l)}$ die Oberflächenladungsdichte im lösungsseitigen Teil der Doppelschicht ist. Es muß ins Auge gefaßt werden, daß die Überschußladung in die Grenzschicht hinein zerstreut ist und somit den Charakter einer Raumladung hat. Dies tritt vor allem an der Lösungsseite ein, während die Metallseite auch in Molekulardimensionen den Charakter eines Plattenkondensators hat. Ist jedoch die Elektrode ein Halbleiter, so ist die Überschußladung auch in Richtung zum Elektrodeninneren verstreut. Die Raumladungsdichte $\rho(x)$, wobei x der Abstand von der Elektrode ist, steht mit der Flächenladungsdichte nach der Gaußschen Beziehung im Zusammenhang:

$$q^{(l)} = \int_0^\infty \rho(x)\,\mathrm{d}x. \tag{34.2}$$

Die Grenzen dieses Integrals sind dadurch gegeben, daß man die Lösung als einen einseitig unbegrenzten Halbraum auffassen kann. Die Raumladung in der Doppelschicht erstreckt sich nämlich bis auf den Abstand x, der die Größenordnung von 10^0 bis 10^1 Å, nur in sehr verdünnter Lösung von einigen Hundert Å hat. Die Oberflächenladung wird in der Regel in $\mu\,C \cdot cm^{-2}$ ausgedrückt.

Im einfachen Fall einer bloßen elektrischen Anziehung können sich die Ionen der Elektrolyten bis auf den durch ihre primären Solvatationshüllen festgelegten Abstand nähern, wobei sich zwischen der Elektrode und den solvatisierten Ionen eine monomolekulare Lösungsmittelschicht befindet. Die Ebene, die durch die Mitten der Ionen führt, die sich infolge der Einwirkung der elektrostatischen Kräfte in maximaler Annäherung befinden, wird die *äußere Helmholtz-Fläche* genannt. Das Lösungsgebiet zwischen der äußeren Helmholtz-Fläche und der Elektrodenoberfläche bezeichnet man als die Helmholtz-Schicht oder als den starren Anteil der Doppelschicht. Die Größen, die sich auf die äußere Helmholtz-Fläche beziehen, werden in der Regel durch ein Symbol mit dem Index 2 gekennzeichnet.

Die elektrostatischen Kräfte vermögen die Ionen jedoch nicht im minimalen Abstand von der Elektrode festzuhalten, weil sie durch die Wärmebewegung dauernd von der Elektrode fortgewirbelt werden. Es kommt so zur Ausbildung eines diffusen Anteils der Doppelschicht, der sich zwischen der äußeren Helmholtz-Fläche und dem Lösungsinneren erstreckt. Wirken auf die Ionen nur elektrostatische Kräfte ein, so befindet sich die gesamte Ladung $Q^{(l)}$ in dieser *diffusen Doppelschicht* (s. Abb. 3.11).

Die Ionen werden jedoch sehr oft nicht nur durch elektrostatische, sondern auch durch van der Waalssche, gegebenenfalls durch chemische Kräfte an die Elektrodenoberfläche gebunden — adsorbiert (bei den Anionen ist dies die Regel, wenn die Elektrode positiv geladen ist). Durch die sog. *spezifische Adsorption*, d. h. durch die Adsorption einer Ionensorte, wird aber die Ladung auf der Lösungsseite vergrößert und übersteigt den Wert $q^{(m)}$, der der Ladung der Elektrode beim gegebenen Elektrodenpotential entspricht, d. h. beim Potential der betrachteten Elektrode in bezug auf die verwendete Bezugselektrode. Diese Erhöhung wird durch eine Änderung der Ladung im diffusen Teil der Doppelschicht ausgeglichen. Die durch die Mitten der adsorbierten Ionen hindurchgelegte Ebene wird die *innere Helmholtz-Fläche* genannt (mit dem Index 1 bezeichnet). Die Adsorption hängt von den Eigenschaften der Ionen und vom Elektrodenmaterial ab und wird überdies durch die Größe des elektrischen Potentials an der inneren Helmholtz-Fläche beeinflußt.

Einige Ionen (z. B. $ClO_4{}^-$, I^-; vgl. Abschn. 12) stören die Tetraederstruktur des Wassers. Die freie Energie der Lösung sinkt, wenn sich diese Ionen an der Oberfläche ansammeln. Zu ihrer Anreicherung kommt es sowohl an der Grenzfläche Elektrode-Lösung als auch an der Grenzfläche Lösung-Luft.

Analog wie die Ionen häufen sich auch ungeladene Lösungskomponenten an der Oberfläche der Lösung an, wenn sie weniger polar als das Lösungsmittel sind. In der Grenzschicht Elektrode-Lösung wird die Adsorption dieser Stoffe auch durch die Wirkung des in der Doppelschicht herrschenden elektrischen Feldes auf ihre Dipole beeinflußt. Die Stoffe, die in der Grenzschicht infolge anderer Kräfte als der elektrostatischen angehäuft werden, nennt man *oberflächen-* oder *grenzflächenaktive Stoffe* (mitunter werden sie auch als *kapillaraktive Substanzen* oder als *Tenside* bezeichnet — englisch surfactants).

Zur Herleitung der Grundbeziehungen zwischen den die elektrochemische

Doppelschicht charakterisierenden Größen muß noch die Vorstellung der *ideal polarisierbaren Elektrode* eingeführt werden. Die reversiblen Elektroden, die wir bisher in diesem Kapitel besprochen haben, zeichnen sich dadurch aus, daß ihr

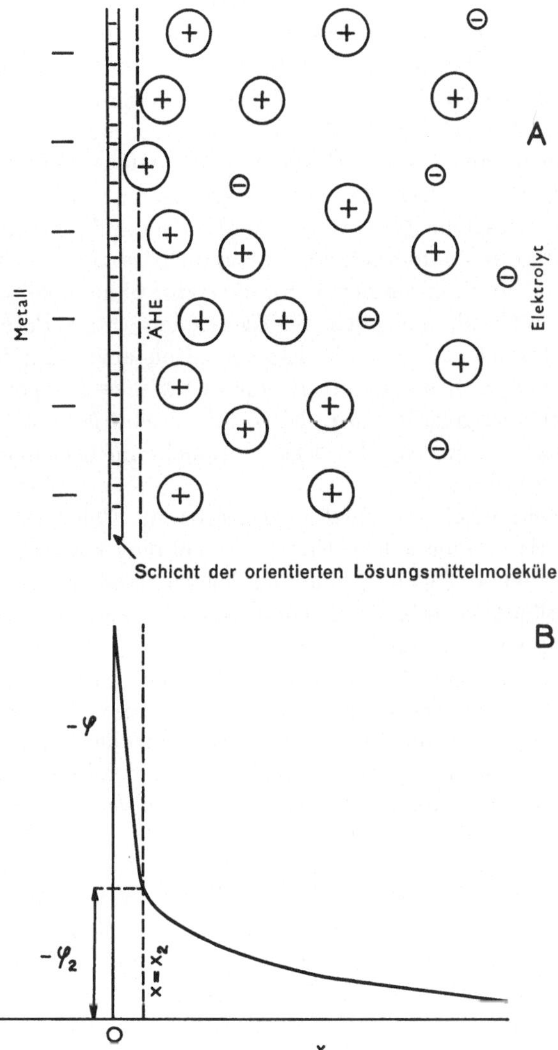

Abb. 3.11. Elektrochemische Doppelschicht an der Grenzfläche Metall-Elektrolytlösung. A = schematische Darstellung der Struktur, B = Verlauf des elektrischen Potentials in der Doppelschicht; ÄHE bedeutet die äußere Helmholtz-Fläche. φ_2 ist die Potentialdifferenz zwischen ÄHF und dem Lösungsinneren; die Kreise stellen die solvatisierten Ionen dar

Gleichgewichtspotential bei gegebener Temperatur und gegebenem Druck eindeutig durch die Zusammensetzung der Lösung und der Elektrode, d. h. durch die betreffenden Aktivitäten, festgelegt wird. Fließt durch eine ideal reversible

Elektrode eine Ladung, so werden Vorgänge ausgelöst, durch die das ursprüngliche Gleichgewicht sofort wiederhergestellt wird; in diesem Sinne ist eine solche Elektrode ideal unpolarisierbar. Demgegenüber vermag eine ideal polarisierbare Elektrode beliebige Potentialdifferenzen gegen die Bezugselektrode anzunehmen, je nach der Spannung der äußeren Quelle, und diese Potentialdifferenz auch nach Abschalten der Spannungsquelle beizubehalten. Wir werden diese Potentialdifferenz auch als Elektrodenpotential bezeichnen. Ähnlich wie die EMK einer reversiblen chemischen Zelle ist sie eine Gleichgewichtsgröße, wie im Abschn. 34.2 gezeigt werden soll. Zum Unterschied von der galvanischen Zelle können wir das Potential einer ideal polarisierbaren Elektrode durch Änderung ihrer Ladung variieren, ohne die Elektrode aus dem Gleichgewichtszustand zu bringen. Diese Elektrode hat also um einen Freiheitsgrad mehr als eine Elektrode, deren Potential durch die Lösungszusammensetzung bestimmt wird. Eine ideal polarisierbare Elektrode gleicht einem vollkommenen Kondensator ohne Ableitung.

Es liegt auf der Hand, daß auch die Elektroden, deren Potential durch die Ionenaktivitäten festgelegt wird, die Eigenschaften eines Kondensators haben (allerdings mit Ableitung), da an ihnen eine elektrische Doppelschicht von bestimmter Kapazität aufgebaut wird. Diese Eigenschaften machen sich jedoch nur dann bemerkbar, wenn sich die Elektrode nicht im Gleichgewicht befindet, d. h. wenn ein Strom fließt.

Eine andere Definition der ideal polarisierbaren Elektrode geht von ihrer Realisierung aus: Es ist eine solche Elektrode, bei der entweder überhaupt kein Austausch von geladenen Teilchen zwischen der Elektrode und der Lösung stattfindet, oder er verläuft — falls er thermodynamisch möglich ist — infolge der großen Aktivierungsenergie sehr langsam.

Grahame führt eine Quecksilberelektrode in der Lösung von 1 M KCl als geeignetes Beispiel einer praktisch ideal polarisierbaren Elektrode an. Beim Potential — 0,556 V (gegen die Normal-Kalomelelektrode) kommen die Reaktionen $2\,\mathrm{Hg} \rightleftarrows \mathrm{Hg}^{2+} + 2\,\mathrm{e}$; $\mathrm{K}^+ + \mathrm{Hg} + \mathrm{e} \rightleftarrows \mathrm{K}$, Hg und $2\,\mathrm{Cl}^- \rightleftarrows \mathrm{Cl}_2 + 2\,\mathrm{e}$ in Betracht. Die entsprechende Konzentration der Quecksilber(I)-ionen in der Lösung beträgt jedoch 10^{-36} M, die des Kaliums im Quecksilber 10^{-45} M und der Partialdruck des Chlors 10^{-56} atm. Es ist klar, daß so geringfügige Mengen das Elektrodenpotential nicht real beeinflussen können. Die weitere mögliche Reaktion $2\,\mathrm{H}_2\mathrm{O} + 2\,\mathrm{e} \rightleftarrows \mathrm{H}_2 + 2\,\mathrm{OH}^-$, der der verhältnismäßig hohe Wasserstoffpartialdruck von $1{,}6 \cdot 10^{-5}$ atm entspricht, läuft beim angeführten Potential infolge der großen Überspannung des Wasserstoffes praktisch überhaupt nicht ab. Die genannte Elektrode erfüllt also ausgezeichnet die Bedingung, daß zwischen Elektrode und Lösung kein Übergang von Ladungsträgern stattfinde.

Im Realfall ist es meistens sehr schwierig, die Bedingung zu erfüllen, daß die Elektrodenladung nach Abschalten der äußeren Spannungsquelle stabil bleibe. Eine negativ geladene Elektrode entlädt sich z. B. dadurch, daß an ihr Verunreinigungsspuren, wie Metallionen oder Sauerstoff, reduziert werden.

34.2. Elektrokapillarität

Die *Oberflächenspannung* an der Phasengrenzfläche ist die Kraft, die auf die Längeneinheit in der Oberfläche der Phasengrenze einwirkt; sie wirkt einer Vergrößerung der Phasengrenzfläche entgegen. Diese Kraft hängt von der Zusammensetzung beider Phasen ab, die maßgebend ist für die Anreicherung der Komponenten in der Grenzschicht. Die thermodynamische Analyse dieses Problems ist von Gibbs durchgeführt worden. Den Darlegungen in diesem Abschnitt liegt jedoch die von Guggenheim durchgeführte theoretische Behandlung des Problems zugrunde.

Die Schicht an der Phasengrenze kann man als eine gesonderte Phase der Dicke h auffassen. Von den homogenen Phasen unterscheidet sie sich nur dadurch, daß zum Einfluß des Druckes noch der Einfluß der Oberflächenspannung γ hinzutritt. Haben wir eine rechteckige Fläche mit den Seiten h (senkrecht zur Grenzschicht) und l (parallel zur Grenzschicht), so ist die auf sie einwirkende Kraft nicht gleich dem Produkt $p\,h\,l$ (wie es bei einer Fläche im Inneren der Lösung der Fall wäre), sondern gleich $p\,h\,l - \gamma\,l$. Vergrößern wir das Volumen der Grenzschicht $V^{(\sigma)}$ um d $V^{(\sigma)}$, indem wir die Dicke der Grenzschicht um d h vergrößern, dann vergrößert sich auch die Fläche $A = V^{(\sigma)}/h$ um d A. Die damit verbundene Gesamtarbeit W besteht aus der Volumenarbeit, die zur Vergrößerung der Dicke der Grenzschicht erforderlich ist, und aus der Volumen- und Oberflächenarbeit, die zur Vergrößerung der Fläche aufgewendet werden muß.

$$W^{(\sigma)} = -p\,A\,\mathrm{d}\,h + (-p\,h + \gamma)\,\mathrm{d}\,A =$$
$$= -p\,\mathrm{d}\,V^{(\sigma)} + \gamma\,\mathrm{d}\,A. \tag{34.3}$$

Im Hinblick auf diese Formulierung der Volumenarbeit wird es notwendig, eine andere Definition für die Enthalpie der Phasengrenzfläche durchzuführen, die vom üblichen Ausdruck für eine homogene Phase abweicht. Diese Definitionsbeziehung lautet

$$H^{(\sigma)} = U^{(\sigma)} + p\,V^{(\sigma)} - \gamma\,A, \tag{34.4}$$

wobei $U^{(\sigma)}$ die innere Grenzflächenenergie ist. Für das Differential der Gibbsschen Grenzflächenenergie gilt dann

$$\mathrm{d}\,G^{(\sigma)} = \mathrm{d}\,(H^{(\sigma)} - T\,S^{(\sigma)}) =$$
$$= -S^{(\sigma)}\,\mathrm{d}\,T + V^{(\sigma)}\,\mathrm{d}\,p - A\,\mathrm{d}\,\gamma + \sum_{=0}^{s} \mu_i\,\mathrm{d}\,n_i^{(\sigma)}, \tag{34.5}$$

worin $n_i^{(\sigma)}$ die Menge der i-ten Komponente des Systems in der Phase σ in mol und s die Gesamtzahl der Komponenten ist. Die entsprechende Gibbs-Duhemsche Gleichung hat dann die Form

$$-S^{(\sigma)}\,\mathrm{d}\,T + V^{(\sigma)}\,\mathrm{d}\,p - A\,\mathrm{d}\,\gamma - \sum_{i=0}^{s} n_i^{(\sigma)}\,\mathrm{d}\,\mu_i = 0. \tag{34.6}$$

Durch Einführen der Oberflächenkonzentrationen der Komponenten

$$\Gamma_i{}^* = n_i^{(\sigma)}/A \tag{34.7}$$

erhält man aus Gl. (35.6) nach Umformen

$$\mathrm{d}\,\gamma = -\frac{S^{(\sigma)}}{A}\,\mathrm{d}\,T + h\,\mathrm{d}\,p - \sum_{i=0}^{s} \Gamma_i{}^*\,\mathrm{d}\,\mu_i. \tag{34.8}$$

Diese Beziehung wird die *Gibbssche Adsorptionsgleichung* genannt.

Es ist oft vorteilhaft (z. B. bei verdünnten Lösungen), die Adsorption der Komponenten in bezug auf die überwiegende Komponente, z. B. das Lösungsmittel, auszudrücken. Wir wollen die Komponente, die unter s Bestandteilen überwiegt, mit dem Index Null bezeichnen und den Fall betrachten, bei dem $\mathrm{d}\,p = \mathrm{d}\,T = 0$ ist. Im Lösungsinneren gilt dann die Gibbs-Duhemsche Gleichung $\Sigma\, n_i\,\mathrm{d}\,\mu_i = 0$, so daß

$$-\mathrm{d}\,\mu_0 = \sum_{i=1}^{s} \frac{n_i}{n_0}\,\mathrm{d}\,\mu_i\,. \tag{34.9}$$

Die Summe in Gl. (35.6) können wir folgendermaßen umschreiben:

$$\sum_{i=0}^{s} \Gamma_i{}^*\,\mathrm{d}\,\mu_i = \sum_{i=1}^{s} \Gamma_i{}^*\,\mathrm{d}\,\mu_i + \Gamma_0{}^*\,\mathrm{d}\,\mu_0 = \sum_{i=1}^{s} \left(\Gamma_i{}^* - \frac{n_i}{n_0}\,\Gamma_0{}^*\right)\mathrm{d}\,\mu_i. \tag{34.10}$$

Der *Oberflächenüberschuß* an der Komponente i gegenüber dem Bestandteil 0 sei mit Γ_i bezeichnet,

$$\Gamma_i = \Gamma_i{}^* - \frac{n_i}{n_0}\,\Gamma_0{}^*\,, \tag{34.11}$$

und die Gibbssche Adsorptionsgleichung geht über in die Form:

$$\mathrm{d}\,\gamma = -\,\Sigma\,\Gamma_i\,\mathrm{d}\,\mu_i. \tag{34.12}$$

In sehr verdünnten Lösungen, wo $n_0 \gg n_i$ ist, wird $\Gamma_i \approx \Gamma_i{}^*$.

Im Falle, daß die sich adsorbierenden Teilchen eine elektrische Ladung tragen, hängt die partielle molare Gibbssche Energie der geladenen Komponente vom inneren elektrischen Potential der betrachteten Phase ab. Es wird deshalb notwendig, in den vorangehenden Gleichungen statt der chemischen Potentiale der Komponenten die elektrochemischen Potentiale zu setzen. Die Gibbssche Adsorptionsgleichung nimmt dann die Form an

$$\mathrm{d}\,\gamma = -\,\Sigma\,\Gamma_i\,\mathrm{d}\,\tilde{\mu}_i. \tag{34.13}$$

Die Oberflächenspannung ist deshalb vom Potential der ideal polarisierbaren Elektrode abhängig. Zur Herleitung dieser Abhängigkeit sei eine Zelle betrachtet, die von einer ideal polarisierbaren Elektrode aus dem Metall M und von einer unpolarisierbaren Bezugselektrode zweiter Art gebildet wird; die letztere möge aus dem gleichen Metall bestehen, das mit einer Schicht eines schwerlöslichen Salzes MA bedeckt ist. Das Anion A^- ist Bestandteil des Elektrolyten der Zelle. Die Größen, die sich auf die erste Elektrode beziehen, seien mit dem oberen Index (m) bezeichnet, die die Bezugselektrode betreffenden Größen mit dem Index (m'); der Index (l) möge wie vorher die Lösung kennzeichnen. Für den Fall, daß zwischen den Elektronen und den M^+-Ionen in der Metallphase Gleichgewicht herrscht, kann die Gl. (34.13) auf die Form gebracht werden

$$\mathrm{d}\,\gamma = -\,\Gamma_e\,\mathrm{d}\,\tilde{\mu}_e{}^{(m)} - \Gamma_{M^+}\,\mathrm{d}\tilde{\mu}_{M^+}{}^{(m)} - \Sigma\,\Gamma_i\,\mathrm{d}\,\mu_i{}^{(l)} - F\,\Sigma\,\Gamma_i\,z_i\,\mathrm{d}\,\varphi^{(l)}. \tag{34.14}$$

Die EMK der Zelle E und das Potential der Bezugselektrode $E^{(m')}$ sind durch die Beziehungen gegeben

$$E = -\frac{1}{F}\,(\tilde\mu_e{}^{(m)} - \tilde\mu_e{}^{(m')}) = E_p - E^{(m')},$$

$$E^{(m')} = E^{0(m)} - \frac{R\,T}{F}\,\ln a_A{}^{-\,(l)} = E^{0(m')} - \frac{1}{F}\,(\mu_A{}^{-\,(l)} - \mu_A{}^{-\,0(l)}), \qquad (34.15)$$

wobei E_p das Elektrodenpotential der polarisierbaren Elektrode in der Wasserstoffskala ist. Die Oberflächenladungsdichten werden durch die Beziehungen ausgedrückt

$$q^{(m)} = (\Gamma_{M^+} - \Gamma_e)\,F,$$
$$q^{(l)} = -\,q^{(m)} = F\,\Sigma\,z_i\,\Gamma_i. \qquad (34.16)$$

In der Metallphase gilt $\mu_M{}^{(m)} = \tilde\mu_{M^+}{}^{(m)} + \tilde\mu_e{}^{(m)}$ und in der Phase des unlöslichen Salzes MA $\mu_{MA}{}^{(s)} = \tilde\mu_{M^+}{}^{(s)} + \tilde\mu_A{}^{-\,(s)}$. Da $\mu_M{}^{(m)}$ und $\mu_{MA}{}^{(s)}$ Konstanten sind, und da bei Gleichgewicht $\tilde\mu_A{}^{-\,(s)} = \tilde\mu_A{}^{-\,(l)}$, $\tilde\mu_{M^+}{}^{(s)} = \tilde\mu_{M^+}{}^{(m')}$ ist, ergibt sich

$$\mathrm{d}\,\tilde\mu_{M^+}{}^{(m)} + \mathrm{d}\,\tilde\mu_e{}^{(m)} = 0,$$

$$\mathrm{d}\,\tilde\mu_A{}^{-\,(l)} + \mathrm{d}\,\tilde\mu_{M^+}{}^{(m')} = \mathrm{d}\,\mu_A{}^{-\,(l)} - F\,\mathrm{d}\,\varphi^{(l)} - \mathrm{d}\,\tilde\mu_e{}^{(m')} = 0. \qquad (34.17)$$

Die Gl. (34.14) kann mit Hilfe der Gln. (34.16) und (34.17) auf die Gestalt gebracht werden

$$\mathrm{d}\,\gamma = \frac{q^{(m)}}{F}\,(\mathrm{d}\,\tilde\mu_e{}^{(m)} - \mathrm{d}\,\tilde\mu_e{}^{(m')} + \mathrm{d}\,\mu_A{}^{-\,(l)}) - \Sigma\,\Gamma_i\,\mathrm{d}\,\mu_i{}^{(l)}. \qquad (34.18)$$

Aus den Gln. (34.15) ist weiter zu erkennen, daß $(\mathrm{d}\,\tilde\mu_e{}^{(m)} - \mathrm{d}\,\tilde\mu_e{}^{(m')})/F = -\,\mathrm{d}\,E_p + \mathrm{d}\,E^{(m')}$ und $\mathrm{d}\,E^{(m')} = -\,\mathrm{d}\,\mu_A{}^{-\,(l)}/F$ ist. Für die Abhängigkeit der Oberflächenspannung vom Elektrodenpotential erhält man somit die Beziehung

$$\mathrm{d}\,\gamma = -\,q^{(m)}\,\mathrm{d}\,E_p - \Sigma\,\Gamma_i\,\mathrm{d}\,\mu_i{}^{(l)}, \qquad (34.19)$$

die als die *Gibbs-Lippmann-Gleichung* bezeichnet wird.

Die Abhängigkeit der Oberflächenspannung vom Potential wird die Elektrokapillarkurve genannt. Sie ist in der Regel eine konvexe Kurve, die an die Gestalt einer Parabel erinnert (vgl. Abb. 3.12). Die erste Ableitung dieser Kurve ist gleich der *Oberflächenladungsdichte*

$$-\left(\frac{\partial\,\gamma}{\partial\,E_p}\right)_{p,\,T,\,\mu i} = -q^{(m)}. \qquad (34.20)$$

Ein wichtiger Punkt der Elektrokapillarkurve ist ihr Maximum. Beim Potential des elektrokapillaren Maximums ist offensichtlich mit Rücksicht auf Gl. (34.20) $q^{(m)} = 0$. Dieses Potential wird deshalb auch das *Nulladungspotential* genannt und mit E_Z bezeichnet. Früher wurde dieses Potential als das Potential des elektrokapillaren Nullpunktes bezeichnet; dieser Ausdruck ist nicht geeignet, denn das Potential E_Z hängt mit der Nulladung $q^{(m)}$ und keineswegs mit dem Nullpotential zusammen. In Tab. 3.8 sind die Werte des Nulladungspotentials für verschiedene Metalle angegeben. Es muß betont werden, daß der Großteil der Untersuchungen auf dem Gebiet der Elektrokapillarität an der Grenzfläche Quecksilber/Elektrolyt durchgeführt worden ist.

Die zweite Ableitung der Elektrokapillarkurve gibt die sog. *differentielle Kapazität C* der Elektrode an.

$$-\left(\frac{\partial^2\,\gamma}{\partial\,E_p{}^2}\right)_{p,T,\mu_i} = \left(\frac{\partial\,q^{(m)}}{\partial\,E_p}\right)_{p,T,\mu_i} = C. \tag{34.21}$$

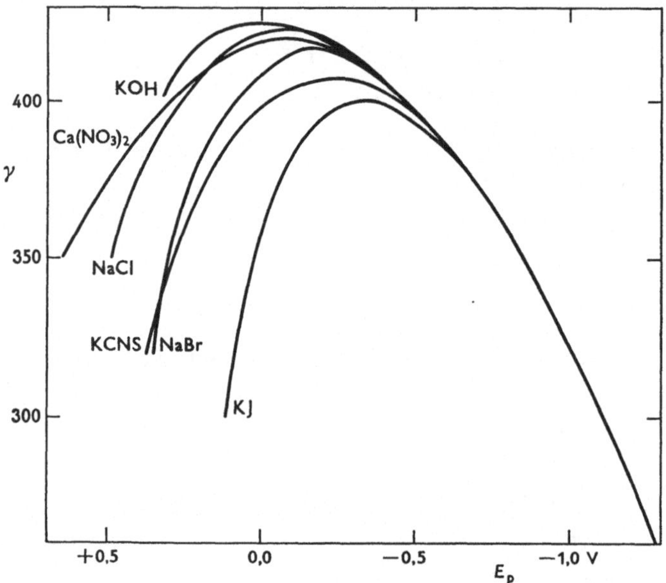

Abb. 3.12. Elektrokapillarkurven in Lösungen verschiedener Elektrolyte der Konzentration von 0,1 mol · dm^{-3} bei 18 °C; Oberflächenspannung γ in dyn · cm^{-1}, das Potential E ist auf das Potential des elektrokapillaren Maximums in einem oberflächenaktiven Elektrolyten (KF) bezogen [D. C. Grahame: Chem. Revs. **41**, 441 (1947)])

Diese Größe ist allgemein eine Funktion des Elektrodenpotentials. Weiter wird auch der Begriff der *integralen Kapazität K* eingeführt

$$K = \frac{q^{(m)}}{E_p - E_Z} = \frac{1}{E_p - E_Z} \int\limits_{E_Z}^{E_p} C\,\mathrm{d}\,E. \tag{34.22}$$

Die differentielle Kapazität ist durch die Neigung der Tangente an die Potentialabhängigkeit der Elektrodenladungsdichte bestimmt, während die integrale Kapazität in einem bestimmten Punkt dieser Abhängigkeit durch die Neigung seines aus dem Punkt $E = E_Z$ geführten Radiusvektor festgelegt wird.

Im Falle von Lösungen einfacher Elektrolyte können aus der Messung der Oberflächenspannung die Oberflächenüberschüsse der Ionen ermittelt werden.

Es sei ein valenzsymmetrischer Elektrolyt BA ($z_+ = |z_-| = z$) betrachtet. In diesem Fall hat die Gibbs-Lippmannsche Gleichung die Form

$$- \mathrm{d}\,\gamma = q^{(m)}\,\mathrm{d}\,E_p + \Gamma_{A^-}\,\mathrm{d}\,\mu_{A^-}{}^{(l)} + \Gamma_{B^+}\,\mathrm{d}\,\mu_{B^+}{}^{(l)}. \tag{34.23}$$

Weiter gilt

$$q^{(l)} = z\,F\,(\Gamma_{B^+} - \Gamma_{A^-}) = -q^{(m)}. \tag{34.24}$$

Durch Einsetzen dieser Gleichung in Gl. (34.23) erhält man mit Rücksicht auf

Tabelle 3.8. *Nulladungspotentiale, bezogen auf die Standard-Wasserstoffelektrode*
[nach A. N. Frumkin: Svensk Kemisk Tidskrift **77**, 6 (1965)]

Elektrode	E_Z, V	Elektrolyt	Meßmethode
PbO_2	1,8	5 mM H_2SO_4	Minimum der diff. Kapazität
Au	0,3	1 M $NaClO_4$ + 5 mM $HClO_4$	Adsorption org. Stoffe
C (aktiv.)	0,07	0,5 M Na_2SO_4 + 5 mM H_2SO_4	Adsorption von Ionen
Pt (H)	0,11 bis 0,17	0,5 M Na_2SO_4 + 5 mM H_2SO_4	Adsorption von Ionen
Pt (H)	0,12	0,025 mM H_2SO_4	elektrokinetisches Potential
Cu	0,05	0,1 M NaOH	Kontaktwinkel
Hg	— 0,19	0,01 M NaF	Elektrokapillarität
Hg	— 0,19	0,01 M NaF	Minimum der diff. Kapazität
Fe	— 0,37	5 mM H_2SO_4	Minimum der diff. Kapazität
Sn	— 0,46	1 mM $KClO_4$	Minimum der diff. Kapazität
Ga	— 0,61	1 M $NaClO_4$ + 0,1 M $HClO_4$	Elektrokapillarität
Tl/Hg (41,5%)	— 0,65	0,5 M Na_2SO_4	Elektrokapillarität
In/Hg	— 0,65	0,5 M Na_2SO_4 + 5 mM H_2SO_4	Elektrokapillarität
Pb	— 0,64	0,5 mM K_2SO_4	Minimum der diff. Kapazität
Ag	— 0,7	0,5 mM Na_2SO_4	Minimum der diff. Kapazität
Tl	— 0,82	1 mM KCl	Minimum der diff. Kapazität
Cd	— 0,9	1 mM KCl	Minimum der diff. Kapazität
Na/Hg (0,3%)	— 1,85	0,05 M $N(CH_3)_4I$ + 0,1 M NaOH	Paschen-Elektrode

die Beziehung $\mathrm{d}\,\mu_{B^+}{}^{(l)} + \mathrm{d}\,\mu_{A^-}{}^{(l)} = R\,T\,\mathrm{d}\ln a_{B^+} \cdot a_{A^-} = R\,T\ln a_{\pm}{}^2$ den Ausdruck

$$- \mathrm{d}\,\gamma = q^{(m)}\left(\mathrm{d}\,E_p + \frac{1}{F}\,\mathrm{d}\,\mu_{A^-}{}^{(l)}\right) + \Gamma_{B^+}\,(\mathrm{d}\,\mu_{B^+}{}^{(l)} + \mathrm{d}\,\mu_{A^-}{}^{(l)}) =$$

$$= q^{(m)}\,\mathrm{d}\,E_A + R\,T\,\Gamma_{B^+}\,\mathrm{d}\ln a_{\pm}{}^2. \tag{34.25}$$

Darin ist E_A das Potential der vollkommen polarisierbaren Elektrode in bezug auf das Potential der bezüglich der Anionen A^- reversiblen Bezugselektrode, die sich in der zu untersuchenden Lösung befindet,

$$E_A = E_p - [E_{MA,A} - (R\,T/F)\ln a_{A^-}].$$

Für den Überschuß Γ_{B^+} gilt folglich

$$\Gamma_{B^+} = - \frac{1}{R\,T}\left(\frac{\partial\,\gamma}{\partial\ln a_{\pm}{}^2}\right)_{E_A}. \tag{34.26}$$

Auf diese Weise kann man also aus den für eine Reihe von Elektrolytkonzentrationen gemessenen Oberflächenspannungen die Oberflächenüberschüsse der Ionen gewinnen. Die Messungen erfordern hohe Genauigkeit und sind oft mit experimentellen Schwierigkeiten verbunden. Man zieht es deshalb vor, den Oberflächenüberschuß aus der Konzentrationsabhängigkeit der differentiellen Kapa-

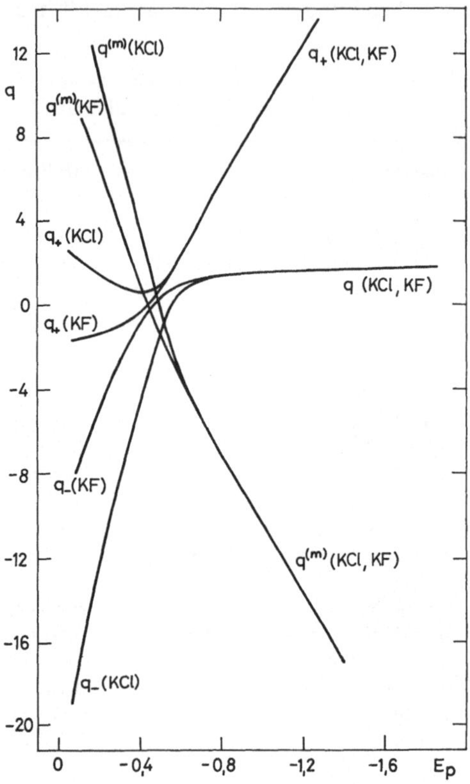

Abb. 3.13. Oberflächenladung $q^{(m)}$ (μ C $\cdot$ cm^{-2}) einer Quecksilberelektrode in Abhängigkeit von ihrem Potential E_p (V gegen die ges. KE) in 0,1 M KCl und 0,1 M KF; $q_+ = F\,\Gamma_+$ und $q_- = F\,\Gamma_-$ sind die den Kationen und Anionen zugehörenden Oberflächenüberschußladungen (nach Grahame)

zität zu bestimmen. Mit Hilfe der Beziehung von Cauchy erhält man aus der Gibbs-Lippmannschen Gleichung (34.25)

$$\frac{1}{R\,T} \cdot \frac{\partial\, q^{(m)}}{\partial \ln a_\pm^{\,2}} = \frac{\partial\, \Gamma_{B^+}}{\partial\, E_A}\,,$$

$$\frac{1}{R\,T} \cdot \frac{\partial^2\, q^{(m)}}{\partial\, E_A \cdot \partial \ln a_\pm^{\,2}} = \frac{1}{R\,T}\frac{\partial\, C}{\partial \ln a_\pm^{\,2}} = \frac{\partial^2\, \Gamma_{B^+}}{\partial\, E_A^{\,2}}\,. \tag{34.27}$$

Hieraus gewinnt man durch zweifache Integration nach E_A die Werte des Überschusses Γ_{B^+}, zur Berechnung muß man aber den Wert dieses Überschusses und den Wert der ersten Ableitung d Γ_{B^+}/d E_A für ein bestimmtes Potential kennen.

Diesen Wert bestimmt man z. B. durch Messung der Oberflächenspannung, insbesondere beim Potential des elektrokapillaren Maximums. Bei der Bestimmung der Oberflächenüberschüsse in Lösungen von Alkalimetallsalzen geht man oft von der Voraussetzung aus, daß bei Potentialen, die genügend negativer als das des Ladungsnullpunktes sind, die Elektrodendoppelschicht diffusen Charakter hat ohne spezifische Adsorption irgendeiner Komponente des Elektrolyten. Zur Ermittlung von Γ_{B^+} und d Γ_{B^+}/d E_A wird dann die Theorie der diffusen elektrochemischen Doppelschicht herangezogen (vgl. Abschn. 34.31).

Bei den praktischen Messungen wird die differentielle Kapazität gegen eine Bezugselektrode bestimmt, die mit dem zu untersuchenden Elektrolyten und

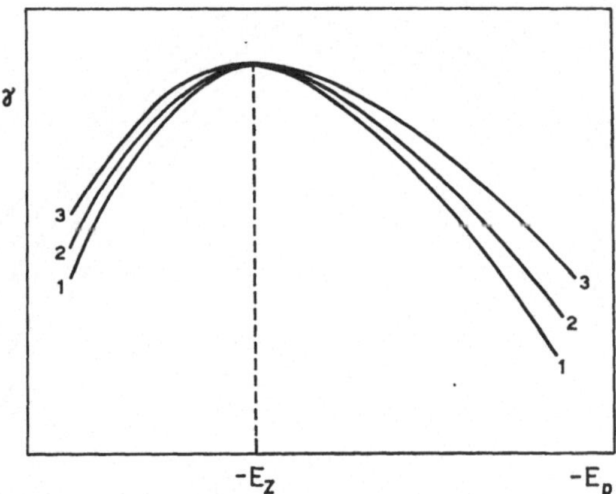

Abb. 3.14. Elektrokapillarkurven in verschieden konzentrierten KF-Lösungen;
1 = 1 M, 2 = 0,1 M, 3 = 0,01 M

einer ideal polarisierbaren Elektrode mittels einer Salzbrücke verbunden ist. Die gemessenen Werte werden dann auf die Anionen-Bezugselektrode durch Hinzuzählen von $R\,T/F$ ln $a_{\pm}{}^2$ zum Wert E_p umgerechnet. Beispiele für die gemessenen Oberflächenüberschüsse eines Elektrolyten, der nicht adsorbiert wird (KF), und eines, der adsorbiert wird (KCl), sind in Abb. 3.13 wiedergegeben. Es ist zu sehen, daß bei Potentialen $E_p < -0{,}8$ V (vs. NKE) die Kurven der betreffenden Oberflächenüberschüsse für beide Elektrolyte zusammenfallen. Dies weist darauf hin, daß sich beide Salze in diesem Elektrodenpotentialgebiet identisch verhalten (es kommt bereits nicht mehr zur Adsorption der Chloridionen, so daß die Doppelschicht diffusen Charakter hat).

Grundsätzliche Bedeutung hat die Größe $\partial\,\gamma/\partial$ ln $a_{\pm}{}^2$ beim Potential des elektrokapillaren Maximums. Da in diesem Fall die Oberflächenladung der Elektrode gleich Null ist, verschwindet ihre elektrostatische Wirkung auf die Ionen. Deshalb hat dieser Differentialquotient, wenn keine spezifische Ionenadsorption stattfindet, den Wert Null, und an der Elektrode bildet sich kein Oberflächenüberschuß an Ionen aus. Dies gilt vor allem für die Ionen der Alkali- und Erdalkalimetalle und unter den Anionen für das Fluoridion (s. Abb. 3.14) und das Hydroxidion. Sulfat-, Nitrat- und Perchlorationen sind sehr schwach oberflächenaktiv. Die übrigen Ionen setzen in größerem oder geringerem Maß die Oberflächenspannung im Maximum der Elektrokapillarkurve herab (s. Abb. 3.12, 3.15).

Im Falle spezifischer Adsorption gilt

$$- (1/R\,T)\,(\partial\,\gamma/\partial\ln a_{\pm}{}^{2})_{E_p=E_Z} = \Gamma_{\mathrm{A}^-} + \Gamma_{\mathrm{B}^+} = \Gamma_{\mathrm{Salz}}, \qquad (34.28)$$

wobei Γ_{Salz} der Oberflächenüberschuß beider Elektrolytkomponenten ist. Die eine von ihnen kann dabei spezifisch adsorbiert werden, während die andere den entsprechenden Ladungsüberschuß durch ihren Überschuß an Ladung in der diffusen Doppelschicht kompensiert.

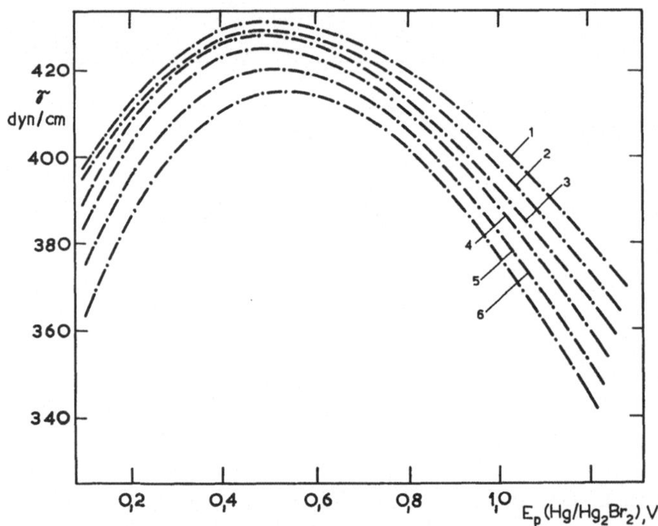

Abb. 3.15. Elektrokapillarkurven in verschieden konzentrierten NaBr-Lösungen: 1 — 0,01 M, 2 — 0,03 M, 3 — 0,1 M, 4 — 0,3 M, 5 — 1 M, 6 — 3 M [M. A. V. Devanathan, P. Peries: Trans. Faraday Soc. **50**, 1236 (1954)]

34.3. Theorie des Aufbaus der elektrochemischen Doppelschicht

Die im vorangegangenen Abschnitt auseinandergesetzte thermodynamische Theorie der Elektrokapillarität bietet einige quantitative Aussagen über die elektrochemische Doppelschicht. Zur weiteren Aufklärung der Eigenschaften der Doppelschicht muß man jedoch von Vorstellungen über ihre Struktur und von den statistischen Gesetzmäßigkeiten ausgehen.

34.31. Diffuser Anteil der Doppelschicht

Von der äußeren Helmholtz-Fläche in die Lösung hinein breitet sich der diffuse Anteil der Doppelschicht aus, dessen theoretische Behandlung von Gouy und Chapman stammt. Das innere elektrische Potential $\varphi^{(l)}$ im Lösungsinneren betrachten wir als Null, das Potential in der äußeren Helmholtz-Fläche bezeichnen wir mit φ_2. Für die Raumladung in der diffusen Doppelschicht gilt die Poissonsche Gleichung

$$\operatorname{div}\vec{D} = -\rho, \qquad (34.29)$$

worin $\vec{D}$ die durch das Produkt aus der Dielektrizitätskonstante der Lösung und der elektrischen Feldstärke grad φ gegebene elektrische Verschiebung ist. Ist ε keine Funktion der Koordinaten und handelt es sich um ein lineares Problem (d. h. wenn das Potential φ, die Ladungsdichte ρ und die Konzentration der Ionen c_i im Gebiet des diffusen Teils der Doppelschicht nur eine Funktion der auf die äußere Helmholtz-Fläche senkrechten Koordinate x ist), so gilt weiter

$$\mathrm{div\ grad}\ \varphi = \frac{\mathrm{d}^2\,\varphi}{\mathrm{d}\,x^2} = -\frac{\rho}{\varepsilon}\,. \tag{34.30}$$

Die Raumladungsdichte wird durch die Summe der Ladungen aller anwesenden Ionen festgelegt

$$\rho = \sum_i (c_i)_\varphi\, z_i\, F. \tag{34.31}$$

Im Gleichgewicht gilt weiter $(\tilde{\mu}_i)_\varphi = (\tilde{\mu}_i)_{\rho=0}$; ersetzt man in erster Näherung die Aktivitäten durch die Konzentrationen, so ist

$$\mu_i{}^0 + R\,T \ln (c_i)_{\varphi=0} = \mu_i{}^0 + R\,T \ln (c_i)_\varphi + z_i\,F\,\varphi,$$
$$(c_i)_\varphi = (c_i)_{\varphi=0} \exp\,(-z_i\,F\,\varphi/R\,T). \tag{34.32}$$

Setzt man für $(c_i)_\varphi$ aus Gl. (34.32) in Gl. (34.31) ein und hieraus für ρ in Gl. (34.30), so erhält man die Differentialgleichung

$$\frac{\mathrm{d}^2\,\varphi}{\mathrm{d}\,x^2} = -\,(1/\varepsilon) \sum (c_i)_{\varphi=0}\, z_i\, F \exp\,(-z_i\,F\,\varphi/R\,T) \tag{34.33}$$

mit den Randbedingungen $\mathrm{d}\,\varphi/\mathrm{d}\,x = 0$, $\varphi = 0$ für $x \to \infty$. Diese Differentialgleichung läßt sich nach Multiplizieren beider Seiten mit $\mathrm{d}\,\varphi/\mathrm{d}\,x$ leicht lösen. Durch Integration in den Grenzen von 0 bis $\mathrm{d}\,\varphi/\mathrm{d}\,x$ und von 0 bis φ gewinnt man [die Konzentration im Lösungsinneren bezeichnen wir weiter mit c_i anstatt $(c_i)_{\varphi=0}$]:

$$\frac{\mathrm{d}\,\varphi}{\mathrm{d}\,x} = \sqrt{\left\{\frac{2\,R\,T}{\varepsilon} \sum_i c_i\, [\exp\,(-z_i\,F\,\varphi/R\,T) - 1]\right\}}$$
$$\left(\frac{\mathrm{d}\,\varphi}{\mathrm{d}\,x}\right)_{x=x_2} = \sqrt{\left\{\frac{2\,R\,T}{\varepsilon} \sum_i c_i\, [\exp\,(-z_i\,F\,\varphi_2/R\,T) - 1]\right\}}. \tag{34.34}$$

Unter Anwendung des Gaußschen Satzes

$$\left(\frac{\mathrm{d}\,\varphi}{\mathrm{d}\,x}\right)_{x=x_2} = \frac{q_\mathrm{d}}{\varepsilon} \tag{34.35}$$

ergibt sich für die Ladung q_d, die in einer Säule vom Querschnitt Eins im diffusen Teil der Doppelschicht enthalten ist,

$$q_\mathrm{d} = \int\limits_{x=x_2}^{\infty} \rho\,\mathrm{d}\,x = \sqrt{\{2\,\varepsilon\,R\,T \sum_i c_i\, [\exp\,(-z_i\,F\,\varphi_2/R\,T) - 1]\}}. \tag{34.36}$$

Wendet man die angeführte Gleichung auf die Lösung eines valenzsymmetrischen Einzelelektrolyten an ($z_+ = - z_- = z$), so bekommt man

$$\frac{d\varphi}{dx} = \sqrt{\left\{\left(\frac{2\,R\,T\,c}{\varepsilon}\right)\left[\exp\left(-\frac{z\,F\,\varphi}{R\,T}\right) - 2 + \exp\left(\frac{z\,F\,\varphi}{R\,T}\right)\right]\right\}} =$$

$$= -\sqrt{\left(\frac{2\,R\,T\,c}{\varepsilon}\right)\left[\exp\left(\frac{z\,F\,\varphi}{2\,R\,T}\right) - \exp\left(-\frac{z\,F\,\varphi}{2\,R\,T}\right)\right]} =$$

$$= -\sqrt{\left(\frac{8\,R\,T\,c}{\varepsilon}\right)}\,\sinh\left(\frac{z\,F\,\varphi}{2\,R\,T}\right),$$

$$q_{\mathrm{d}} = -\sqrt{(8\,\varepsilon\,R\,T\,c)} \cdot \sinh\left(\frac{z\,F\,\varphi_2}{2\,R\,T}\right). \tag{34.37}$$

Für Wasser und die Temperatur von 25 °C ergibt sich nach Einsetzen der Konstanten die Beziehung $q_{\mathrm{d}} = -11{,}72\,\sqrt{c} \cdot \sinh\,(19{,}46\,z\,\varphi_2)\,\mu\,C \cdot \mathrm{cm}^{-2}$, wo c in $\mathrm{mol\,dm^{-3}}$ ausgedrückt wird. Die Größe q_{d} gibt die Gesamtladung an 1 cm² im diffusen Teil der Doppelschicht an. Wenn keine spezifische Adsorption stattfindet, d. h. wenn keine Ionen im starren Teil der Doppelschicht vorliegen, ist $q_{\mathrm{d}} = q^{(l)} = -q^{(m)}$.

Die differentielle Kapazität des diffusen Teils der Doppelschicht wird durch die Beziehung $C_{\mathrm{d}} = -d\,q_{\mathrm{d}}/d\,\varphi_2$ definiert. Aus den Gln. (34.37) erhält man durch die in dieser Definition angedeuteten Differentiation den Ausdruck

$$C_{\mathrm{d}} = -\frac{d\,q_{\mathrm{d}}}{d\,\varphi_2} = \frac{z\,F}{R\,T}\,\sqrt{(2\,\varepsilon\,R\,T\,c)}\,\cosh\left(\frac{z\,F\,\varphi_2}{2\,R\,T}\right). \tag{34.38}$$

Der gesamte Potentialsprung zwischen der Elektrode und dem Lösungsinneren setzt sich aus zwei Anteilen zusammen: aus der Differenz $\varphi^{(m)} - \varphi_2$ zwischen dem Elektrodenmetall und der äußeren Helmholtz-Fläche und aus dem Unterschied $\varphi_2 - \varphi^{(l)}$ zwischen der äußeren Helmholtz-Fläche und dem Lösungsinneren (s. Abb. 3.11). Für die gesamte differentielle Kapazität der Doppelschicht, C, gilt also im Falle, daß die spezifische Adsorption Null ist, wo $q_{\mathrm{d}} = -q^{(m)}$ ist,

$$\frac{1}{C} = \frac{d\,(\varphi^{(m)} - \varphi^{(l)})}{d\,q^{(m)}} = \frac{d\,(\varphi^{(m)} - \varphi_2)}{d\,q^{(m)}} + \frac{d\,(\varphi_2 - \varphi^{(l)})}{d\,q^{(m)}} = \frac{1}{C_{\mathrm{k}}} + \frac{1}{C_{\mathrm{d}}}. \tag{34.39}$$

Hierin ist C_{k} die differentielle Kapazität des starren Teils der elektrochemischen Doppelschicht.

Die differentielle Gesamtkapazität kann einerseits direkt gemessen (s. Abschn. 34.4), andererseits aus Gl. (34.39) berechnet werden, da $d\,(\varphi^{(m)} - \varphi^{(l)}) = d\,E_p$ ist. Die differentielle Kapazität des diffusen Teils der Doppelschicht, C_{d}, kann nach Gl. (34.38) berechnet werden, in die man für das Potential φ_2 aus Gl. (34.37) einsetzt. Da in Abwesenheit einer spezifischen Adsorption $q_{\mathrm{d}} = -q^{(m)}$ gilt, ist das Potential φ_2 durch die Beziehung gegeben

$$\varphi_2 = \frac{2\,R\,T}{z\,F}\,\sinh^{-1}\left[q^{(m)}\,\sqrt{\left(\frac{1}{8\,\varepsilon\,R\,T\,c}\right)}\right]. \tag{34.40}$$

Abb. 3.16 stellt die Beziehung zwischen φ_2 und $E - E_Z$ für verschiedene Elektrolytkonzentrationen dar.

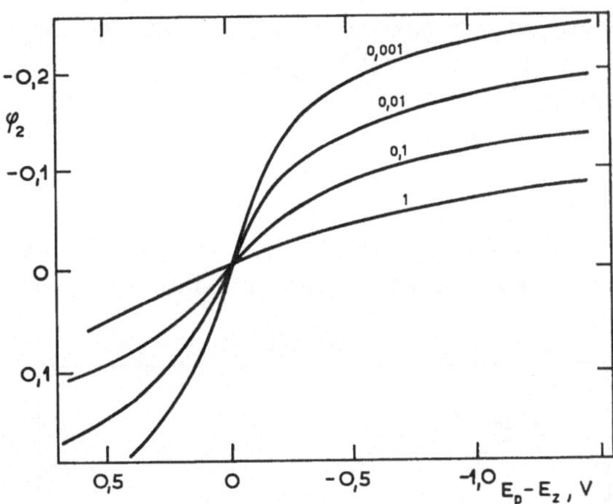

Abb. 3.16. Potentialdifferenz im diffusen Teil der Doppelschicht φ_2 (V) in Abhängigkeit von der Potentialdifferenz $E_p - E_Z$ (V) bei verschiedenen KF-Konzentrationen (bei den Kurven in mol · dm⁻³ angegeben) (R. Parsons: AE 1, 1)

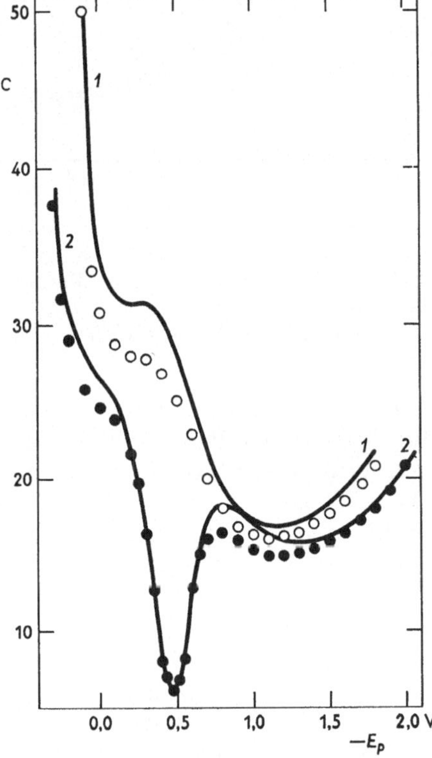

Abb. 3.17. Abhängigkeit der differentiellen Kapazität C (μ F · cm⁻²) des Quecksilbers vom Potential E_p (V gegen die NKE); ○ 0,916 M, ● 0,001 M NaF. Die durchgezogenen Kurven entsprechen der Berechnung nach den Gln. (34.38) und (34.39), und zwar Kurve 1 für C_k, Kurve 2 für $C = (1/C_k + 1/C_d)^{-1}$ [D. C. Grahame: J. Amer. Chem. Soc. **76**, 4819 (1954)]

Die Ladungsdichte an der Elektrode, $q^{(m)}$, ermittelt man gewöhnlich nach der Gl. (34.20); sie kann auch direkt gemessen werden (s. Abschn. 34.4). Die differentielle Kapazität des starren Teils der Doppelschicht, C_k, läßt sich bei bekannten Werten von C und C_d aus Gl. (34.39) berechnen. Aus den Experimenten geht hervor, daß die Größe C_k in oberflächeninaktiven Elektrolyten eine Funktion des an die Elektrode angelegten Potentials, jedoch keine Funktion der Konzentration des inaktiven Elektrolyten ist. Kennt man also den Wert von C_k für eine Konzentration, so kann man mit ihm die gesamte differentielle

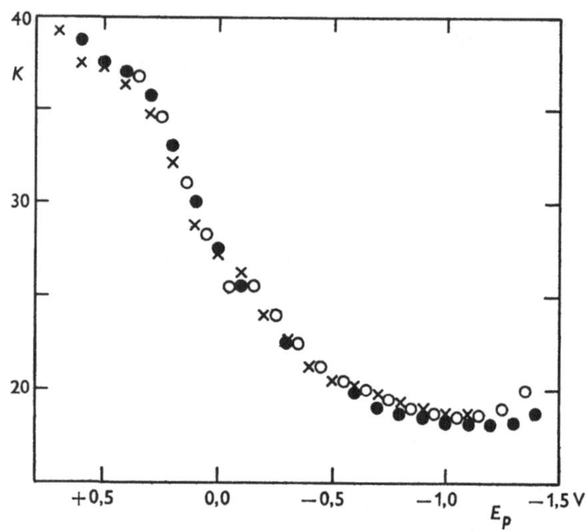

Abb. 3.18. Werte der integralen Kapazität K (μ F $\cdot$ cm^{-2}) von Quecksilber in 0,5 M Na$_2$SO$_4$ nach verschiedenen Methoden: $\circ$ direkte Messung, $\times$ aus den Elektrokapillarkurven, $\bullet$ aus der differentiellen Kapazität. Das Potential E ist auf das Nullladungspotential in einem kapillarinaktiven Elektrolyten bezogen [D. C. Grahame: Chem. Revs. **41**, 441 (1947)]

Kapazität C für eine beliebige Konzentration des oberflächeninaktiven Elektrolyten berechnen und die berechneten Werte mit den gemessenen vergleichen. Dieser Vergleich dient zur Prüfung der Theorie der diffusen Doppelschicht. Beispiele für die theoretischen und experimentellen Kapazitätskurven für den kapillarinaktiven (nichtadsorbierbaren) Elektrolyten NaF sind in Abb. 3.17 wiedergegeben. Offensichtlich ist auch bei der Konzentration von 0,916 M der Wert von C_d nicht genügend groß, um $C \approx C_k$ setzen zu können.

Die integralen Kapazitäten der einzelnen Doppelschichtgebiete werden nach Gl. (34.22) durch die Beziehungen definiert: $K = q^{(m)}/(\varphi^{(m)} - \varphi^{(l)})$, $K_k = = q^{(m)}/(\varphi^{(m)} - \varphi_2)$ und $K_d = q^{(m)}/\varphi_2$. Sie sind miteinander durch eine der Gl. (35.39) analoge Beziehung verknüpft. Die Größen K_d und K_k können berechnet werden, die integrale Gesamtkapazität kann entweder direkt (vgl. Abschn. 34.4) oder mit Verwendung der Elektrokapillarkurven gemessen werden, oder man gewinnt sie durch Integration der differentiellen Kapazität nach Gl. (34.22). Die mit verschiedenen Methoden gewonnenen Werte der integralen Kapazitäten sind in Abb. 3.18 gegenübergestellt.

Aus Gl. (34.38) geht hervor, daß die differentielle Kapazität der diffusen Doppelschicht, C_d, bei $\varphi_2 = 0$, d. h. bei $E = E_Z$, ein Minimum durchläuft. Wie aus der Beziehung (34.39) und aus Abb. 3.17 zu erkennen ist, kommt die differentielle Kapazität der diffusen Doppelschicht, C_d, in entscheidendem Maß im Wert der differentiellen Gesamtkapazität C bei niedrigen Elektrolytkonzentrationen zum Ausdruck. Auch auf der C—E-Kurve erscheint deshalb bei diesen Bedingungen ein Kapazitätsminimum, und zwar wiederum beim Potential $E = E_Z$. Den Wert von E_Z kann man also aus dem Wert des Minimums von C bei kleiner Elektrolytkonzentration (10^{-3} M und niedriger) ermitteln.

34.32. *Starrer Teil der Doppelschicht*

Findet keine spezifische Adsorption statt, so wird der Raum zwischen der äußeren Helmholtz-Fläche und der Oberfläche der Elektrode von einer monomolekularen Lösungsmittelschicht ausgefüllt. Die Solvensmoleküle sind orientiert, weshalb die Dielektrizitätskonstante erheblich herabgesetzt ist. Die Ionen bilden jedoch keine zusammenhängende Schicht aus, wie Helmholtz angenommen hatte, sondern sind diffus zerstreut. Die äußere Helmholtz-Fläche stellt also nur die Grenze für ihre maximale Annäherung an die Elektrodenoberfläche dar. Da die Ionen durch den Einfluß des Potentials, das vom elektrokapillaren Maximum nach beiden Seiten hin wächst, stärker angezogen werden, kommt es zu einer Kompression des starren Teils der Doppelschicht, die wiederum eine Erhöhung der Kapazität zur Folge hat. Die relative Dielektrizitätskonstante des Wassers, das eine Art Hydratationshülle um die Elektrode herum bildet, ist klein — sie hat etwa den Wert 6. Wie aus Abb. 3.17 zu erkennen ist, entsteht bei einem etwas positiveren Potential als das des elektrokapillaren Maximums auf der Potentialabhängigkeit der differentiellen Kapazität ein Maximum (in der angelsächsischen Literatur als „hump" — „Buckel" bezeichnet). Dieses Kapazitätsmaximum führt man darauf zurück, daß die Orientierung der Wassermoleküle beim Potential des Kapazitätsmaximums minimal ist und die Dielektrizitätskonstante somit einen maximalen Wert hat; bei positiveren Potentialen ist der Dipol des Wassers mit seinem negativen (Sauerstoff-)Ende zur Elektrodenoberfläche orientiert, bei negativeren Potentialen mit seinem positiven Ende. Die Nichtübereinstimmung zwischen dem Potential des Kapazitätsmaximums und dem des elektrokapillaren Maximums wird offenbar durch eine schwache chemische Wechselwirkung zwischen den Wassermolekülen und der Elektrodenoberfläche verursacht.

Die Mehrzahl der Ionen werden spezifisch adsorbiert, d. h. sie dringen in den starren Teil der Doppelschicht ein und treten in direkten Kontakt mit der Elektrode. Die auffallendste Folge dieser Erscheinung ist die Erniedrigung und die Verschiebung des Maximums der Elektrokapillarkurve, und zwar bei der Adsorption von Anionen nach negativeren Werten (vgl. Abb. 3.15), bei der Adsorption von Kationen nach positiveren Werten.

Durch Anwenden der thermodynamischen Theorie der Doppelschicht und der Theorie der diffusen Doppelschicht können wir die Ladungsdichte q_1 der adsorbierten Ionen bestimmen, d. h. der Ionen an der inneren Helmholtz-Fläche, und das bei der spezifischen Adsorption an der äußeren Helmholtz-Fläche herrschende Potential φ_2 ermitteln.

Für die Ladungsdichte der spezifisch adsorbierten Ionen (wir werden annehmen, daß die Anionen spezifisch adsorbiert sind, während sich die Kationen nur in der diffusen Doppelschicht befinden) gilt für einen valenzsymmetrischen Elektrolyten ($z_+ = -z_- = z$)

$$q_1 = -z\,F\,(\Gamma_{A^-} - \Gamma_{A^-,d}) = -z\,F\,\Gamma_{A^-,1}, \tag{34.41}$$

wobei $\Gamma_{A^-,d}$ die Oberflächenkonzentration der Anionen im diffusen Teil der Doppelschicht bedeutet. Die Ladung der spezifisch adsorbierten Anionen verstärkt oder verringert je nach ihrem Vorzeichen die Ladung $q^{(m)}$ des metalli-

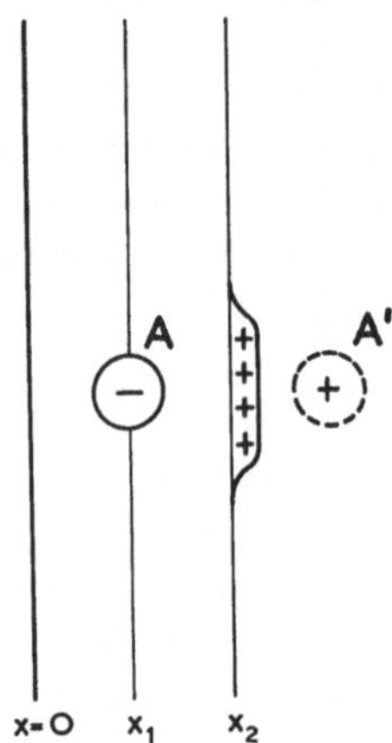

Abb. 3.19. Das adsorbierte Anion A verursacht einen Überschuß an positiver Ladung an der äußeren Helmholtz-Fläche, der als das Spiegelbild A′ dieses Anions dargestellt werden kann; die Spiegelungsebene ist identisch mit der äußeren Helmholtz-Fläche

schen Teils der Doppelschicht. Die resultierende Ladung, die durch die Summe $q_1 + q^{(m)}$ festgelegt wird, übt hierauf einen elektrostatischen Einfluß auf die diffuse Doppelschicht aus; es kann also geschrieben werden

$$q_1 + q^{(m)} = -q^{(d)}. \tag{34.42}$$

Die Gleichung (34.37) geht somit über in

$$q_1 + q^{(m)} = \sqrt{(8\,\varepsilon\,R\,T\,c)}\,\sinh\left(\frac{z\,F\,\varphi_2}{2\,R\,T}\right), \tag{34.43}$$

und die Gl. (34.40) lautet

$$\varphi_2 = \frac{2\,R\,T}{z\,F}\,\sinh^{-1}\left[(q_1 + q^{(m)})/\sqrt{(8\,\varepsilon\,R\,T\,c)}\right]. \tag{34.44}$$

Die adsorbierten Ionen (es mögen Anionen sein) befinden sich an der inneren Helmholtz-Fläche. Für die Verteilung des elektrischen Potentials in der starren Doppelschicht muß eine *nichtkontinuierliche (diskrete) Ladungsstruktur*, keineswegs eine kontinuierliche Ladungsverteilung, angenommen werden, wie Essin, Erschler und Grahame zeigen konnten.

Unter dieser Voraussetzung influenzieren die adsorbierten Ladungen eine positive Bildladung im Elektrolyten durch sog. Spiegelung an der äußeren Helmholtz-Fläche (Abb. 3.19). Auf diese Weise kommt es im starren Teil der Doppelschicht zu einer annähernd linearen Abhängigkeit des elektrischen Potentials vom Metalloberflächenabstand. Der Abstand zwischen der inneren und der äußeren Helmholtz-Fläche sei mit x_{1-2} und der Abstand zwischen der Metalloberfläche und der äußeren Helmholtz-Fläche mit x_2 bezeichnet. Für das sog. Mikropotential, d. h. für die Potentialdifferenz zwischen der inneren und der äußeren Helmholtz-Fläche, $\varphi_1 - \varphi_2$, im einfachen Fall des elektrokapillaren Maximums, wo der Einfluß der Ladung auf die Elektrode wegfällt, gilt angenähert

$$\varphi_1 - \varphi_2 = \frac{x_{1-2}}{x_2}\,(\varphi^{(m)} - \varphi_2). \tag{34.45}$$

Auf Grund der erwähnten Vorstellung über die lineare Abhängigkeit des elektrischen Potentials im gesamten starren Teil der Doppelschicht haben die genannten Autoren für den Fall, daß $q^{(m)} = 0$ ist, folgenden Ausdruck für $\varphi^{(m)} - \varphi_2$ hergeleitet:

$$\varphi^{(m)} - \varphi_2 = q_1\,x_{1-2}/\varepsilon_{\mathrm{k}}. \tag{34.46}$$

Darin ist ε_{k} die Dielektrizitätskonstante in der starren Doppelschicht, die sich von derjenigen der Lösung unterscheidet. Für $\varphi_1 - \varphi_2$, bzw. φ_1, also durch Einsetzen aus Gl. (34.45) in Gl. (34.46), erhält man

$$\varphi_1 - \varphi_2 = \frac{q_1}{\varepsilon_{\mathrm{k}}}\,\frac{x_{1-2}^2}{x_2}\,,$$

$$\varphi_1 = \frac{q_1}{\varepsilon_{\mathrm{k}}}\,\frac{x_{1-2}^2}{x_2} + \varphi_2\,. \tag{34.47}$$

Maßgebend für die Adsorption der Ionen ist das Potential der inneren Helmholtz-Fläche, φ_1, während die mit wachsender Konzentration der adsorbierten Anionen stattfindende Verschiebung von E_Z nach negativeren Werten identisch ist mit dem gesamten Wert von $\varphi^{(m)}$. Das elektrokapillare Maximum verschiebt sich deshalb mit zunehmender Anionenkonzentration schneller nach negativeren Werten, als aus der früheren Theorie hervorginge, die auf der Vorstellung basierte, daß die Ladung der adsorbierten Anionen kontinuierlich auf der Elektrodenoberfläche verteilt sei (Stern 1925). Unter dieser Voraussetzung würde $\varphi^{(m)} = \varphi_1$ gelten.

Nach Erschler tritt im Ausdruck für das elektrochemische Potential der an der inneren Helmholtz-Fläche adsorbierten Ionen das Potential φ_1 auf. Drückt man dieses elektrochemische Potential durch die Gleichung

$$\bar{\mu}_{i,1} = \mu_i{}^0 + R\,T \ln \Gamma_{i,1} + \Delta\,G^0_{\mathrm{Ads}} + z_i\,F\,\varphi_1 \tag{34.48}$$

aus und vergleicht es mit dem elektrochemischen Potential derselben Ionensorte im Lösungsinneren (die Aktivität der Ionen in der Lösung ist a_i, das Potential $\varphi^{(l)}$ wird wiederum gleich Null gesetzt), so erhält man die Gleichung der Adsorptionsisotherme

$$\Gamma_{i,1} = a_i \exp\left(-\,\Delta\,G^0_{\mathrm{Ads}}/R\,T\right) \cdot \exp\left(-\,z_i\,F\,\varphi_1/R\,T\right). \tag{34.49}$$

Hier ist die Größe $\Delta G^0_{\mathrm{Ads}}$ die Änderung der Gibbsschen Standardenergie bei der durch die spezifischen Adsorptionskräfte bewirkten Adsorption. Diese Größe kann man in erster Näherung als unabhängig von der Aktivität der adsorbierten Ionen betrachten; allgemein ist $\Delta G^0_{\mathrm{Ads}}$ eine Funktion der Ladung der Elektrode. In unserem Fall, wo bei der vorgegebenen Elektrodenladung $E = E_Z$ und $q^{(m)} = 0$ ist, ist die Änderung jedoch konstant. Für die Oberflächendichte der adsorbierten Ladung q_1 kann im Falle adsorbierbarer Anionen mit der Ladung $z_- = -1$ geschrieben werden

$$q_1 = - F \, \Gamma_{-,1} = K \, a_- \exp\left(- F \, \varphi_1 / R \, T\right). \tag{34.50}$$

Durch Logarithmieren der Gl. (34.50) und Differentiation nach $\ln a_-$ erhalten wir

$$\left(\frac{\partial \ln |q_1|}{\partial \ln a_-}\right)_{q^{(m)}} = 1 + \frac{F}{R\,T}\left(\frac{\partial \varphi_1}{\partial \ln a_-}\right)_{q^{(m)}}, \tag{34.51}$$

$$\left(\frac{\partial \varphi_1}{\partial \ln a_-}\right)_{q^{(m)}} = -\frac{R\,T}{F}\left[1 - \left(\frac{\partial \ln |q_1|}{\partial \ln a_-}\right)\right]_{q^{(m)}}. \tag{34.52}$$

Aus Gl. (34.52) berechnen wir das Potential φ_1 im Punkt des elektrokapillaren Maximums

$$\varphi_1 = \frac{R\,T}{F}\int\left[\left(\frac{\partial \ln |q_1|}{\partial \ln a_-}\right)_{q^{(m)}} - 1\right]\mathrm{d}\ln a_-. \tag{34.53}$$

Die Integrationskonstante wird aus der Bedingung bestimmt, daß für den Grenzwert des Ausdruckes $\partial \ln |q_1| / \partial \ln a_-$, wo $a_- \to 0$ und $q_1 \to 0$, $\varphi_1 = \varphi_2$ ist [vgl. Gl. (34.47)].

Vernachlässigt man in den Gl. (34.45) bis (34.47) einfachheitshalber φ_2 (was bei höheren Elektrolytkonzentrationen getan werden kann), so gilt

$$\varphi_1 \approx \frac{x_{1-2}}{x_2}\,\varphi^{(m)}, \quad q_1 = \frac{\varepsilon_k}{x_{1-2}}\,\varphi^{(m)}. \tag{34.54}$$

Durch Einsetzen in Gl. (34.50) ergibt sich

$$\varphi^{(m)} = - K' \, a_- \exp\left(\frac{F\,x_{1-2}}{R\,T\,x_2}\,\varphi^{(m)}\right), \tag{34.55}$$

wobei $K' = x_{1-2}\,K/\varepsilon_k$ ist. Hieraus folgt

$$\frac{\partial \varphi^{(m)}}{\partial \log a_-} = - \frac{2{,}303\,R\,T}{F}\,\frac{x_2}{x_{1-2}} \left/ \left(1 - \frac{R\,T}{F}\,\frac{x_2}{x_{1-2}}\,\frac{1}{\varphi^{(m)}}\right)\right. . \tag{34.56}$$

Wie bereits angeführt, identifiziert man die Größe $\varphi^{(m)}$ mit der Potentialverschiebung des elektrokapillaren Maximums bei der Adsorption oberflächenaktiver Ionen. Für größere Werte dieser Verschiebung ($\varphi^{(m)} \gg R\,T/F$) gilt

$$\frac{\partial \varphi^{(m)}}{\partial \log a_-} \approx - \frac{2{,}303\,R\,T}{F}\,\frac{x_2}{x_{1-2}} < - \frac{2{,}303\,R\,T}{z\,F}. \tag{34.57}$$

Tatsächlich konnten Essin und Markov im Falle der Adsorption von Jodiden eine Verschiebung des elektrokapillaren Maximums von $\partial\,\varphi^{(m)}/\partial\log a_- \approx$ $\approx -100\,\mathrm{mV}$ feststellen, was mit dieser Theorie im Einklang steht.

Bei Potentialen, die von dem des elektrokapillaren Maximums verschieden sind, werden die elektrischen Eigenschaften der starren Doppelschicht sowohl durch die Ladung der adsorbierten Ionen als auch durch die Eigenladung der Elektrode bestimmt. Das einfachste Modell dieses Systems ist dasjenige, das eine unabhängige Wirkung beider genannten Ladungsarten annimmt. Die Größe $\varphi^{(m)} - \varphi_2$ kann dann in zwei Anteile zerlegt werden, $(\varphi^{(m)} - \varphi_2)_{q^{(m)}}$ und $(\varphi^{(m)} - \varphi_2)_{q_1}$, von denen jeder nur eine Funktion der zugehörigen Ladung ist

$$\varphi^{(m)} - \varphi_2 = (\varphi^{(m)} - \varphi_2)_{q^{(m)}} + (\varphi^{(m)} - \varphi_2)_{q_1}. \tag{34.58}$$

Beide Potentialunterschiede können mit Hilfe der betreffenden Ladungen und zwei integralen Kapazitäten ausgedrückt werden

$$\varphi^{(m)} - \varphi_2 = \frac{q^{(m)}}{(K_\mathrm{k})_{q^{(m)}}} + \frac{q_1}{(K_\mathrm{k})_{q_1}}. \tag{34.59}$$

Aus den experimentellen Messungen geht hervor, daß die Größe $(K_\mathrm{k})_{q^{(m)}}$ eine Funktion der Ladung $q^{(m)}$, aber keine Funktion der Konzentration und der Zusammensetzung des Elektrolyten ist. Die Größe $(K_\mathrm{k})_{q_1}$ hat in Lösungen verschiedener Elektrolyte unterschiedliche Werte ($70\,\mu\mathrm{F/cm^2}$ in Jodidlösungen, $120\,\mu\mathrm{F/cm^2}$ in Chloridlösungen).

34.33. *Adsorption neutraler Teilchen in der Doppelschicht*

In der Grenzschicht werden neutrale Stoffe adsorbiert, die weniger polar als das Lösungsmittel sind, und weiter solche, die die Tendenz haben, mit der Oberfläche der Metallelektrode in eine chemische Wechselwirkung zu treten, wie z. B. Substanzen, die Schwefel in ihrem Molekül enthalten (Thioharnstoff u. ä.). Der Einfluß der Adsorption auf die einzelnen elektrokapillaren Größen kann am anschaulichsten an Hand des Unterschiedes dieser Größen für den ursprünglichen (Grund-)Elektrolyten und für denselben Elektrolyten in Gegenwart oberflächenaktiver Substanzen erläutert werden. In Abb. 3.20 sind diese Abhängigkeiten für die Oberflächenspannung, die Oberflächenladung der Elektrode und die differentielle Kapazität schematisch dargestellt, und schließlich ist in ihr auch die Potentialabhängigkeit des Oberflächenüberschusses wiedergegeben. Wie zu sehen ist, kommt es bei genügend positiven oder bei genügend negativen Potentialen zu einer vollständigen Desorption des oberflächenaktiven Stoffes von der Elektrode. Das starke elektrische Feld bewirkt nämlich, daß die weniger polaren Teilchen des oberflächenaktiven Stoffes durch die polaren Lösungsmittelmoleküle verdrängt werden. Die Desorptionspotentiale werden namentlich auf den Kurven für die differentielle Doppelschichtkapazität durch auffallende Maxima charakterisiert.

Das Adsorptionsgebiet ist bei Molekülen mit kleinem Dipol symmetrisch um das Potential des elektrokapillaren Maximums verteilt. Findet jedoch eine Chemisorptionswechselwirkung zwischen einem Ende des Dipols (z. B. des Schwefels im Thioharnstoff) und der Elektrode statt, so wird das Adsorptionsgebiet in negativer oder positiver Richtung vom elektrokapillaren Maximum wegverschoben.

Die grundlegende Größe für das Studium der Adsorption ist der Oberflächenüberschuß des oberflächenaktiven Stoffes. Bei der Ausbildung eines monomolekularen Filmes des adsorbierten Stoffes wird der Maximalwert des Oberflächenüberschusses Γ_{max} bei vollständiger Besetzung der Grenzschicht erreicht. Die wichtige Größe der relativen Bedeckung Θ (der sog. Bedeckungsgrad) wird definiert durch die Beziehung

$$\Theta = \Gamma/\Gamma_{max}. \tag{34.60}$$

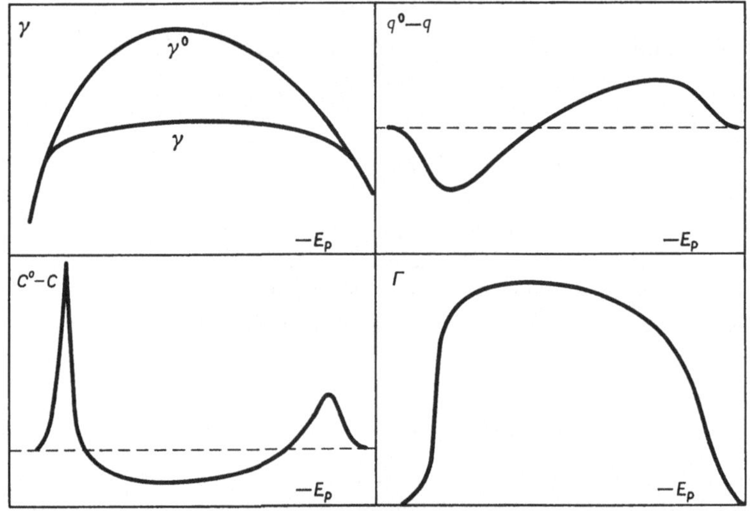

Abb. 3.20. Schematische Darstellung der Abhängigkeit der Größen γ, q, C, Γ vom Potential der Quecksilberelektrode E_p; der Index ^{0} bezieht sich auf einen kapillarinaktiven Elektrolyten (R. Parsons: AE 1, 1)

Die Tatsache, daß die elektrokapillaren Größen gegen Bezugswerte im Grundelektrolyten gemessen werden, läßt sich auch in der Formulierung der Gibbs-Lippmannschen Gleichung zum Ausdruck bringen. Bezeichnet man die Größen, die sich auf den Grundelektrolyten beziehen, mit einem Strich, und diejenigen, die den untersuchten oberflächenaktiven Stoff betreffen, mit dem Index 1, so erhält man

$$d\,(\gamma' - \gamma) = d\,\pi = -\,(q'^{(m)} - q^{(m)})\,d\,E - \sum_{i=1}^{s} (\Gamma_i' - \Gamma_i)\,d\,\mu_i^{(l)} + \\ + \Gamma_1\,d\,\mu_1^{(l)}. \tag{34.61}$$

Hierin ist $\pi = \gamma' - \gamma$ der sog. Oberflächendruck des adsorbierten oberflächenaktiven Stoffes. Er ist die auf die Längeneinheit einwirkende Kraft, die bestrebt ist, die Fläche der Grenzschicht zu vergrößern, und somit der Oberflächenspannung entgegenwirkt. Aus Gl. (34.61) kann die Gibbssche Adsorptionsisotherme abgeleitet werden

$$\Gamma_1 = \left(\frac{\partial \pi}{\partial \mu_1}\right)_{T,p,E,\mu_i \neq \mu_1}, \tag{34.62}$$

die für verdünnte Lösungen die Form hat

$$\Gamma_1 = \frac{c_1}{R\,T}\left(\frac{\partial\,\pi}{\partial\,c_1}\right)_{T,p,E,\mu_i \neq \mu_1}. \tag{34.63}$$

Mit Hilfe der Beziehung (34.63) können wir die Funktion $\Gamma_1 = \Gamma_1\,(c_1)$ bestimmen, die die Adsorptionsisotherme des betreffenden oberflächenaktiven Stoffes darstellt. Durch Einsetzen für c_1 in die Gibbssche Adsorptionsisotherme und Integrieren der so erhaltenen Differentialgleichung gewinnen wir die Zustandsgleichung des monomolekularen Filmes, $\Gamma_1 = \Gamma_1\,(\pi)$.

Die einfachste Adsorptionsisotherme ist die dem Henryschen Gesetz entsprechende Isotherme (*lineare Adsorptionsisotherme*)

$$\Gamma_1 = \beta\,c_1, \tag{34.64}$$

worin β der Adsorptionskoeffizient ist. Durch Einsetzen in Gl. (34.63) und Integration erhält man die Zustandsgleichung des idealen Oberflächengases

$$\pi = R\,T\,\Gamma_1. \tag{34.65}$$

In der *Langmuirschen Isotherme* wird die begrenzte Zahl an freien Plätzen für den an der Oberfläche adsorbierten Stoff berücksichtigt

$$\Gamma_1 = \frac{\beta'\,c_1\,\Gamma_{\max}}{1 + \beta'\,c_1}\ \text{oder}\ \beta'\,c_1 = \frac{\Theta}{1 - \Theta}. \tag{34.66}$$

Voraussetzung für die Anwendung der Langmuirschen Adsorptionsisotherme ist, daß sich die adsorbierten Moleküle nicht gegenseitig beeinflussen. Diese Bedingung ist bei der Adsorption an Elektroden nur ganz ausnahmsweise erfüllt. Die gegenseitige Beeinflussung der Moleküle im adsorbierten Film wird in der *Frumkinschen Adsorptionsisotherme* berücksichtigt

$$\beta'\,c_1 = \frac{\Theta}{1 - \Theta}\,\exp\,(-\,a\,\Theta). \tag{34.67}$$

Der Wechselwirkungskoeffizient a hat einen positiven Wert, wenn sich die Moleküle gegenseitig anziehen und die Adsorption dadurch erleichtert wird, er ist negativ, wenn sich die Moleküle gegenseitig abstoßen. Wie zu erkennen ist, stellt die Langmuirsche Adsorptionsisotherme den besonderen Fall der Frumkinschen Adsorptionsisotherme für $a = 0$ dar, und beide gehen für geringe Oberflächenbedeckung ($\Theta \to 0$) in die lineare Adsorptionsisotherme über.

Der Adsorptionskoeffizient β, bzw. β', ist eine Funktion der Adsorptionsaffinität im Falle, daß sich die Moleküle nicht gegenseitig beeinflussen und daß die Adsorption ohne Einschränkung erfolgt, d. h. bei sehr geringer Elektrodenbedeckung. Dieser Zusammenhang wird ausgedrückt durch die Beziehung

$$\beta = \exp\,(-\,\Delta\,G^0_{\text{Ads}}/R\,T). \tag{34.68}$$

Die Gibbssche Standardadsorptionsenergie $-\,\Delta\,G^0_{\text{Ads}}$ ist eine Funktion des Elektrodenpotentials. Im einfachsten Fall kann man sich die Adsorption eines neutralen Stoffes als den Ersatz eines Dielektrikums von größerer Dielektrizitätskonstante (des Lösungsmittels) durch ein Dielektrikum von kleinerer Dielektrizitätskonstante (der oberflächenaktive Stoff) in einem durch die Elektrodendoppelschicht dargestellten Plattenkondensator denken. Auf Grund dieses Modells haben Frumkin und Butler eine theoretische Beziehung für die Potentialabhängigkeit von $- \Delta G^0_{Ads}$ hergeleitet

$$- \Delta G^0_{Ads} = (\Delta G^0_{Ads})_{max} - a\,(E_p - E_{max})^2. \qquad (34.69)$$

Darin ist E_{max} das Potential, bei welchem $- \Delta G^0_{Ads}$ den Höchstwert hat. Durch Einsetzen für $- \Delta G^0_{Ads}$ in Gl. (35.68) erhält man

$$\beta = \beta_0 \exp\left[- a\,(E_p - E_{max})^2 / R\,T\right]. \qquad (34.70)$$

Aus dieser Potentialabhängigkeit der Gibbsschen Standardadsorptionsenergie kann die Bildung der Maxima auf den Kurven der differentiellen Kapazität in der folgenden Weise hergeleitet werden

$$\left(\frac{\partial\,q^{(m)}}{\partial\,\mu_1}\right)_{E,\mu_i \neq \mu_1} = \left(\frac{\partial\,\Gamma_1}{\partial\,E_p}\right)_{\mu_i}. \qquad (34.71)$$

Hieraus ergibt sich durch Differentiation nach E_p

$$\left(\frac{\partial\,C}{\partial\,\mu_1}\right)_{E,\mu_i \neq \mu_1} = \left(\frac{\partial^2\,\Gamma_1}{\partial\,E_p^2}\right)_{\mu_i}. \qquad (34.72)$$

Im einfachsten Fall der linearen Adsorptionsisotherme erhält man

$$\frac{1}{R\,T} \cdot \frac{\partial\,C}{\partial\,c_1} = \frac{\partial^2\,\beta}{\partial\,E_p^2}. \qquad (34.73)$$

Nach Integration in den Grenzen $c_1 = 0$ bis $c_1 = c$ gewinnt man die Beziehung

$$\frac{1}{R\,T}\,(C - C') = \frac{\partial^2\,\beta}{\partial\,E_p^2}\,c, \qquad (34.74)$$

worin C' die differentielle Elektrodenkapazität für $c_1 = 0$ ist. Die Abhängigkeit der Kapazität C von der Konzentration und vom Elektrodenpotential wird durch die Größe $\partial^2\,\beta / \partial\,E^2$ festgelegt, die im Hinblick auf Gl. (35.70) durch die Beziehung

$$\frac{\partial^2\,\beta}{\partial\,E_p^2} = \beta\,[4\,a^2\,(E_p - E_{max})^2 / (R\,T)^2 - a/R\,T] \qquad (34.75)$$

gegeben ist.

Wie zu erkennen ist, ist in einem gewissen Bereich der symmetrisch um E_{max} verteilten Elektrodenpotentiale $\partial^2\,\beta / \partial\,E_p^2 < 0$, und ein Anstieg von c führt somit einen Abfall der Kapazität herbei. Wie weiter aus Gl. (34.75) folgt, hat die die Potentialabhängigkeit der differentiellen Kapazität ausdrückende Kurve (vgl. Abb. 3.21) zwei Maxima, deren Höhe direkt proportional zur Konzentration des oberflächenaktiven Stoffes ist (unter der Voraussetzung, daß die Adsorptionsisotherme linear ist). Im Bereich dieser Maxima finden beträchtliche Änderungen in den Oberflächenüberschüssen mit Veränderung des Elektrodenpotentials statt. Deswegen kann sich oft das Gleichgewicht zwischen dem adsorbierten und dem gelösten Stoff im Elektrolyten nicht genügend schnell einstellen, und es kommt zu einer Diffusion infolge der entstehenden Konzentrationsunterschiede. Dies ist die Ursache, warum die Höhen der Adsorptions- und Desorptionsmaxima oft von der Frequenz des zur Messung der differentiellen Kapazität verwendeten Wechselstromes abhängen. Die Gleichgewichtswerte müssen durch Extrapolation auf die Frequenz Null gewonnen werden.

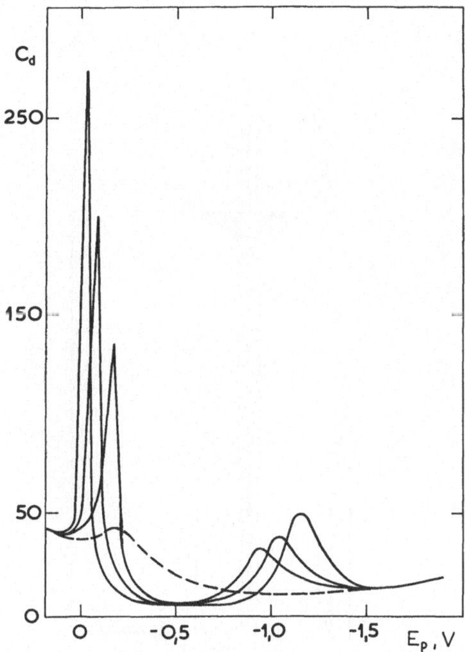

Abb. 3.21. Differentielle Kapazität C_d (μ F $\cdot$ cm^{-2}) als Funktion von E_p (V gegen die NKE) für eine Quecksilberelektrode in 0,5 M Na$_2$SO$_4$ bei folgenden Konzentrationen von t-C$_5$H$_{11}$OH: 1 = 0, 2 = 0,01 M, 3 = 0,02 M, 4 = 0,04 M; 450 Hz [B. B. Damaskin: Electrochim. Acta **9**, 231 (1964)]

34.4. Methoden zum Studium der elektrochemischen Doppelschicht

Direkt meßbar von den die elektrochemische Doppelschicht betreffenden Größen sind die Oberflächenspannung γ und das Potential des elektrokapillaren Maximums, E_Z, die differentielle Doppelschichtkapazität C und die Oberflächenladungsdichte $q^{(m)}$. Die Messung der letztgenannten Größe erfordert eine außergewöhnliche Reinheit der zu untersuchenden Lösungen. Die überwiegende Mehrzahl aller Messungen ist mit Quecksilber durchgeführt worden.

Zur Messung der Oberflächenspannung des Quecksilbers hat Lippmann das *Kapillarelektrometer* eingeführt (Abb. 3.22). Eine etwas konische Kapillare, die mit Quecksilber gefüllt ist, wird in das Gefäß eingetaucht, das die zu untersuchende Lösung enthält. Das Gewicht der Quecksilbersäule von der Höhe h wird durch die Oberflächenspannung gemäß der Laplace-Gleichung kompensiert

$$p = 2\,\gamma/r \approx h\,\varrho_{Hg}\,g. \tag{34.76}$$

Hierin ist p der hydrostatische Druck am Ort des Quecksilbermeniskus, r der Radius der Kapillare, ρ_{Hg} die Dichte des Quecksilbers und g die Erdbeschleunigung. Die Bezugselektrode wird mittels einer Salzbrücke an den Elektrolyten angeschlossen. Beide Elektroden werden mit einer geeigneten äußeren Spannungsquelle verbunden. Mit Hilfe eines Mikroskops stellt man die Lage des Meniskus in der Kapillare genau ein. Ändert man die angelegte Spannung, so kommt es zu einer Änderung der Oberflächenspannung der Elektrode. Die Änderung der Lage des Meniskus gleicht man dabei durch Ändern der Höhe h aus.

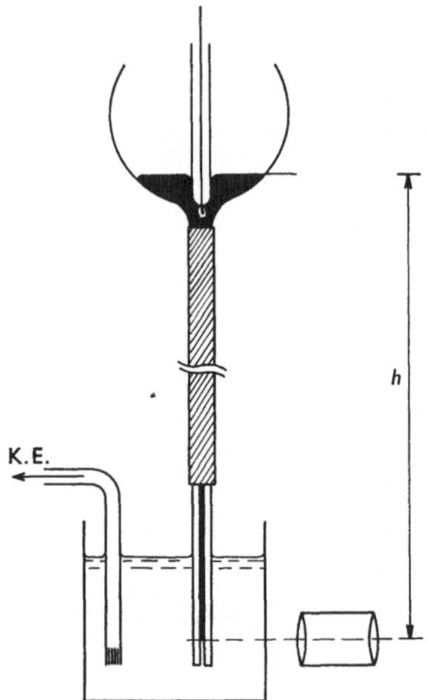

Abb. 3.22. Schema des Lippmannschen Kapillarelektrometers; K. E. bedeutet die Zuleitung zur Kalomelelektrode

Eine weitere Methode zur Messung der Oberflächenspannung des Quecksilbers ist von Kučera eingeführt worden. Die Apparatur ist dem Lippmannschen Kapillarelektrometer analog, die Höhe h der Säule ist jedoch so groß, daß das Quecksilber aus der Kapillare austropft. Die Quecksilbertropfen werden aufgefangen und gewogen. Vor dem Abtropfen wird der Quecksilbertropfen an der Kapillarenmündung vom Radius r durch die Kraft $2\,\pi\,r\,\gamma$ gehalten. Er fällt dann ab, wenn seine Masse m eine solche Größe erreicht, daß sein Gewicht in der Lösung gleich der Kraft $2\,\pi\,r\,\gamma$ wird:

$$m\,(1 - \rho_{L\ddot{o}sung}/\rho_{Hg})\,g = 2\,\pi\,r\,\gamma, \tag{34.77}$$

wobei $\rho_{L\ddot{o}sung}$ die Dichte der Lösung ist. Diese Gleichung gilt zwar nicht genau, nichtsdestoweniger kann die Tropfenwägung als relative Methode benutzt werden, da das korrigierte Gewicht eine eindeutige Funktion der Oberflächenspannung ist. Die Meßvorrichtung muß unter Bedingungen geeicht werden, bei denen die Oberflächenspannung bekannt ist. Manchmal wird anstatt des Tropfengewichts die mittlere Tropfendauer gemessen, d. h. die Zeit zwischen dem Abtropfen von zwei aufeinanderfolgenden Tropfen, weil die Ausströmungsgeschwindigkeit des Quecksilbers aus der Kapillare leicht bestimmt werden kann.

Bei festen Metalloberflächen wird die *Kontaktwinkel-Methode* benutzt. Haftet eine Gasblase an einer Metalloberfläche, so sind die einzelnen Zwischenoberflächenspannungen in der in Abb. 3.23 gezeigten Weise verteilt. Im Gleichgewicht gilt $\gamma_{gs} = \gamma_{ls} + \gamma_{gl} \cos \vartheta$, wobei ϑ der Kontaktwinkel ist.

Die Größe γ_{ls} ist eine Funktion des Elektrodenpotentials, die Größe γ_{gl} ist überhaupt nicht von ihm abhängig und die Größe γ_{gs} sollte nicht von ihm abhängen, wenn die Oberfläche unter der Gasblase trocken wäre. Da in dieser Anordnung immer eine Spur von Feuchtigkeit vorhanden ist, ändert sich auch γ_{gs} einigermaßen mit dem Potential, aber wesentlich weniger als γ_{ls}. Je weiter das Potential der Elektrode von dem des elektrokapillaren Maximums entfernt

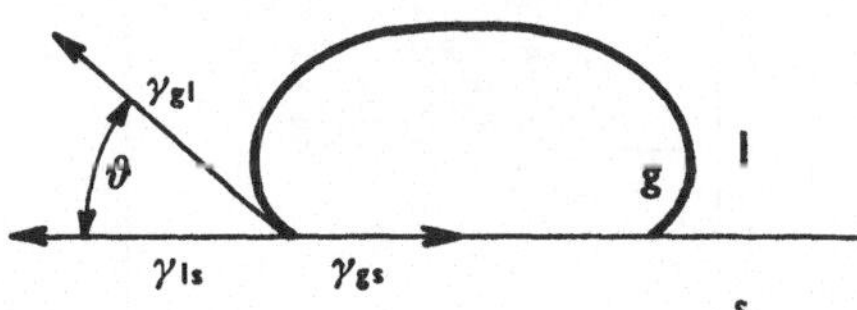

Abb. 3.23. Kontaktwinkel an der Grenzfläche feste Phase-Flüssigkeit-Gas

ist, um so stärker sinkt γ_{ls}, der Kontaktwinkel ϑ verringert sich infolgedessen und $\cos \vartheta$ steigt an. Der Absolutwert von γ_{ls} kann mit dieser Methode offensichtlich nicht bestimmt werden, aber sie eignet sich wenigstens zur Bestimmung von E_Z.

Die differentielle Kapazität kann vor allem mit der *Brückenmethode* gemessen werden, wie erstmals von Wien vorgeschlagen wurde. Die ersten exakten Versuche mit dieser Methode haben Proskurnin und Frumkin durchgeführt. Die Meßeinrichtung ist von Grahame vervollkommnet worden, der eine Quecksilbertropfelektrode benutzt hat, die im Inneren eines kugelförmigen Netzes aus platiniertem Platin untergebracht war. Diese Elektrode hat im Vergleich zum Quecksilbertropfen eine große Kapazität, die folglich bei der Messung nicht zur Geltung kommt, da es sich um zwei in Serie geschaltete Kapazitäten handelt. Bei diesem System wird die Kapazitatskomponente gemessen. Da die Ausströmungsgeschwindigkeit des Quecksilbers bekannt ist, ist auch die Elektrodenfläche A (cm²) in jedem Augenblick bekannt

$$A = 0{,}85 \, m^{2/3} \, t^{2/3}. \tag{34.78}$$

Hierin ist m die Ausströmungsgeschwindigkeit des Quecksilbers ($g\,s^{-1}$) und t die Zeit, die seit dem Beginn der Tropfenbildung verstrichen ist. Die Kapazität des Systems ist dieser Fläche proportional. Die Kapazitätsbrücke wird so eingestellt, daß es während der Tropfendauer zum Ausgleich der Brücke kommt. Der Augenblick, in welchem es zum Brückenausgleich kommt, wird durch eine elektrische Stoppuhr registriert. Aus diesem Wert berechnet man die momentane Fläche der Elektrode, und mit Hilfe dieser Größe und den Brückenangaben wird hierauf

die differentielle Kapazität der Elektrode ermittelt. Das Schema der Grahameschen Meßvorrichtung ist in Abb. 3.24 wiedergegeben.

Eine direkte Messung der Oberflächenladung der Elektrode ist z. B. mit Hilfe
des polarographischen Ladungsstromes möglich. Beim Anwachsen der Quecksilbertropfelektrode vergrößert sich ihre Kapazität, und folglich auch ihre Ladung.
Die Ladung, die bei konstantem Potential E der Elektrode zugeführt werden
muß, führt zur Bildung des sog. *Ladungs-* (Kapazitäts- oder Kondensator-)

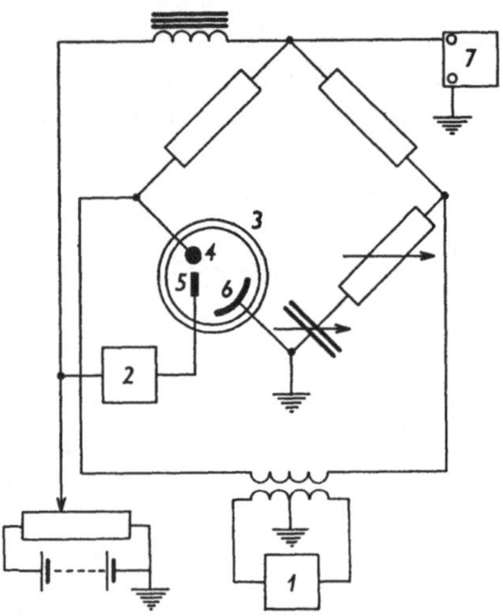

Abb. 3.24. Schema der Grahameschen Meßvorrichtung zur Bestimmung der differentiellen Doppelschichtkapazität. 1 = Tongenerator, 2 = Potentiometer, 3 = Elektrolysegefäß, 4 = Meßelektrode, 5 = Kalomelelektrode, 6 = Hilfselektrode, 7 = Verstärker

stromes. Der Momentanwert dieses Stromes ist mit Rücksicht auf Gl. (35.78)
durch die Beziehung gegeben

$$I_c = q^{(m)} \, \mathrm{d} A / \mathrm{d} t + A \, \mathrm{d} q^{(m)} / \mathrm{d} t. \tag{34.79}$$

In den meisten anorganischen Elektrolyten ist bei konstantem Potential
$q^{(m)}$ von der Zeit unabhängig, und für die momentane Ladung der Elektrode gilt
daher

$$Q^{(m)}(t) = \int\limits_0^t I_c \, \mathrm{d} t = 0{,}85 \, m^{2/3} \, t^{2/3} \, q^{(m)}. \tag{34.80}$$

Das Potential des elektrokapillaren Maximums kann natürlich direkt aus der
Elektrokapillarkurve ermittelt werden. Eine andere Methode ist von Paschen
vorgeschlagen worden. Bei ihr läßt man einen Quecksilberstrom in eine von
Verunreinigungen und Sauerstoff sorgfältig befreite Lösung einfließen. Man mißt
das Potential dieser Quecksilberelektrode, die nicht genug Zeit hatte, um sich
durch irgendeine Elektrodenreaktion aufzuladen. Die Methode von Paschen ist
besonders für verdünnte Lösungen geeignet.

Die Oberflächenüberschüsse der Lösungskomponenten können aus den elektrokapillaren Messungen mit Hilfe der Gibbs-Lippmannschen Gleichung [s. Gln.

(34.24) bis (34.27)], gegebenenfalls mit Hilfe der Gibbsschen Adsorptionsisotherme (34.63) ermittelt werden. Für das Studium der Adsorption oberflächenaktiver Stoffe, namentlich organischer Substanzen mit größerem Molekulargewicht, sind nicht-thermodynamische Methoden vorgeschlagen worden. Nach Frumkin kann man für die Oberflächenladung der Elektrode in einem genügend weit vom Desorptionspotential entfernten Gebiet den Ansatz machen

$$q = q_0 (1 - \Theta) + q_{max}. \tag{34.81}$$

Hierbei ist q_0 die Oberflächenladung im leeren Grundelektrolyten, q_{max} die Oberflächenladung bei vollständiger Bedeckung der Elektrode mit einer monomolekularen Schicht des oberflächenaktiven Stoffes und Θ der durch Gl. (34.60) definierte Bedeckungsgrad. Aus Gl. (34.81) erhält man durch Differentiation nach E_p die Beziehung

$$C = C_0 (1 - \Theta) + C_{max} - q_0 \, \mathrm{d} \, \Theta / \mathrm{d} \, E_p. \tag{34.82}$$

Darin ist C_0 die differentielle Kapazität im leeren Grundelektrolyten und C_{max} diejenige bei vollständiger Bedeckung der Oberfläche durch den oberflächenaktiven Stoff. Da man in einem genügend weit vom Desorptionspotential entfernten Potentialgebiet $\mathrm{d} \, \Theta / \mathrm{d} \, E_p = 0$ setzen kann, ergibt sich der Bedeckungsgrad zu

$$\Theta = \frac{C - C_0}{C_{max} - C_0}. \tag{34.83}$$

Andere Methoden, die auf kinetischen Messungen der Oberflächenüberschüsse begründet sind, wollen wir im Abschn. 56 besprechen.

34.5. Die elektrochemische Doppelschicht an der Phasengrenze Halbleiter/Elektrolyt

Zum Unterschied von der Phasengrenze Metall-Elektrolyt ist die Konzentration der Ladungsträger in der Halbleiterphase sehr niedrig, und die Dielektrizitätskonstante hat einen endlichen Wert. Unter diesen Bedingungen bilden sich an der Phasengrenzfläche zwei diffuse Doppelschichten aus: die eine im Elektrolyten und die andere im Halbleiter (s. Abb. 3.25). Die Ionen, die das Elektrolytgebiet der Doppelschicht bilden, können sich der Elektrodenoberfläche bis auf den Abstand der äußeren Helmholtz-Fläche annähern. Zwischen dieser Ebene und der Oberfläche des Halbleiters besteht der Potentialunterschied φ_k, so daß die gesamte Galvani-Potentialdifferenz zwischen dem Inneren des Halbleiters und dem des Elektrolyten durch die Summe $\varphi_2 + \varphi_k + \varphi_2'$ festgelegt wird, wobei φ_2 die Potentialdifferenz in der diffusen Doppelschicht im Elektrolyten und φ_2' diejenige im Halbleiter ist. Auf der Oberfläche des Halbleiters können sich auch Oberflächenenergieniveaus bilden. Die weitere elektrische Potentialdifferenz, die der Ladung dieser Energieniveaus zugehört, trägt zum Potentialunterschied im starren Teil der Doppelschicht bei.

34.6. Elektrokinetische Erscheinungen

Eine spezifische Adsorption von Ionen kann sehr leicht auch an der Phasengrenzfläche zwischen einem nichtleitenden Feststoff und einer Elektrolytlösung stattfinden. Die Oberfläche der festen Phase — auch wenn sie keine Elektrode ist — ist mit adsorbierten Ionen bedeckt, die die innere Helmholtz-Fläche bilden. Die Ladung der Ionen an dieser Fläche wird in der Lösung durch die Überschußladung der entgegengesetzt geladenen Ionen kompensiert. Diese Überschußladung ist je nach der Lösungskonzentration mehr oder weniger diffus von der

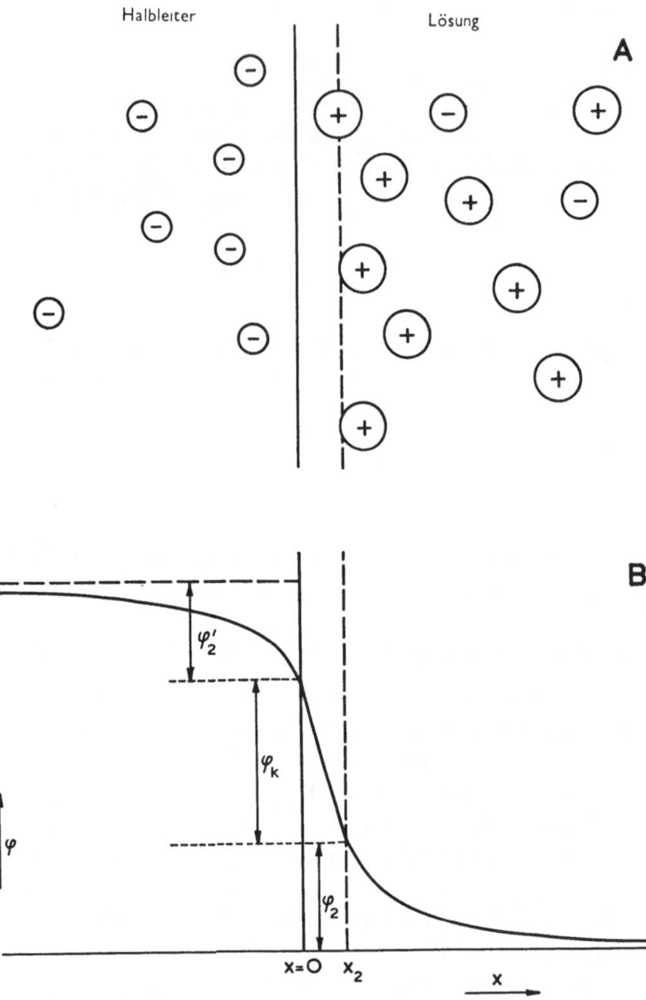

Abb. 3.25. Elektrochemische Doppelschicht an der Phasengrenzfläche Halbleiter-Elektrolyt. A = schematische Darstellung der Struktur, B = Verlauf des elektrischen Potentials

Oberfläche der festen Phase nach dem Lösungsinneren hin zerstreut. Die entgegengesetzt geladenen Ionen vermögen sich an die Elektrode bis auf den Abstand der äußeren Helmholtz-Fläche zu nähern, und die Ladung im Raum zwischen dieser Fläche und dem Lösungsinneren kann sich mit der Lösung bewegen. Ihre Gegenwart bedingt die Existenz der sog. elektrokinetischen Erscheinungen. Den Potentialunterschied zwischen der äußeren Helmholtz-Fläche und dem

Lösungsinneren bezeichnen wir wiederum mit φ_2, das Potential in der Lösung in genügender Entfernung von der Oberfläche der festen Phase wählen wir wie früher gleich Null. Die Potentialdifferenz zwischen der äußeren Helmholtz-Fläche und dem Lösungsinneren wird oft das elektrokinetische Potential genannt und mit dem Buchstaben ζ bezeichnet. Wir werden diese früher oft verwendete Bezeichnung jedoch nicht einführen.

Man unterscheidet vier elektrokinetische Erscheinungen: die *Elektrophorese*, die *Elektroosmose*, das *Strömungspotential* und das *Sedimentationspotential*. Am anschaulichsten ist das Zustandekommen des elektroosmotischen Flusses.

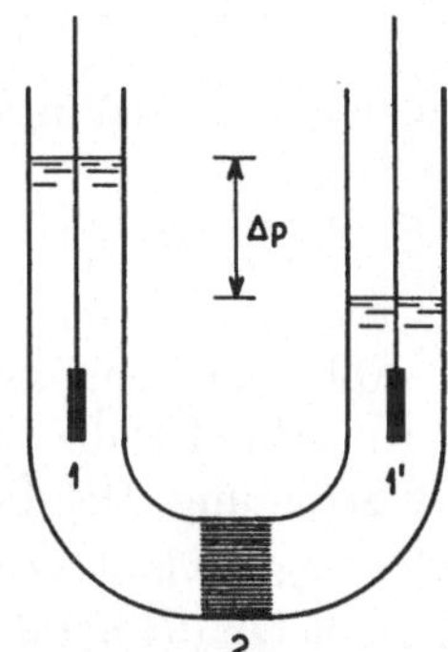

Abb. 3.26. Vorrichtung zur Messung des elektroosmotischen Druckes. 1,1′ = Elektroden, 2 = poröser Stopfen; Δp ist der osmotische Druck

Wir wollen die Oberfläche einer festen Phase betrachten, die sich im Kontakt mit einer verdünnten Elektrolytlösung befindet. An der Oberfläche der festen Phase werden gewöhnlich die Anionen spezifisch adsorbiert, deren Ladung durch die der Kationen in der Lösung, $\int_{x_2}^{\infty} \rho \, \mathrm{d}x$, kompensiert wird. Legen wir an das System ein elektrisches Feld mit zur Oberfläche parallelem Potentialgefälle E an, so wird die Ladung ρ durch die Kraft $E\rho$ gezwungen, sich in Feldrichtung zu bewegen. Gemeinsam mit ihr wird auch die gesamte Lösung in Bewegung versetzt. Die Geschwindigkeit der Bewegung wird stationär, sobald die Kraft $E\rho$ den gleichen Wert wie die innere Reibung $\eta \, (\mathrm{d}^2 v/\mathrm{d}x^2)$ erreicht (hierbei ist η der Reibungskoeffizient der Lösung und x der Abstand von der Oberfläche). Da die Ladung durch die Poissonsche Gleichung $-\rho/\varepsilon = \mathrm{d}^2\varphi/\mathrm{d}x^2$ gegeben ist, erhalten wir bei stationärer Strömung die Beziehung

$$\eta \, \mathrm{d}^2 v/\mathrm{d}x^2 = - E \, \varepsilon \, \mathrm{d}^2 \varphi/\mathrm{d}x^2. \tag{34.84}$$

Die Randbedingungen dieser Differentialgleichung lauten:

$$x = x_2: \quad \varphi = \varphi_2, \quad v = 0$$
$$x \to \infty: \quad \varphi = 0, \quad \mathrm{d}\varphi/\mathrm{d}x = 0, \; \mathrm{d}v/\mathrm{d}x = 0. \tag{34.85}$$

Nach Integration erhalten wir die sog. *Helmholtz-Smoluchowski-Gleichung*

$$v = E \, \varepsilon \, \varphi_2/\eta. \tag{34.86}$$

Hier bedeutet v die Geschwindigkeit im Lösungsinneren, wo $\varphi = 0$ gilt.

Wir wollen uns nun denken, daß die betrachtete Oberfläche durch die Oberfläche des Kapillarensystems in einem porösen Stopfen gebildet sei, der den Kathoden- vom Anodenraum trennt (s. Abb. 3.26). Das poröse Medium können wir durch ein System von parallelen Kapillaren der Länge L und dem Durchschnittsradius $\bar r$ ersetzen. In diesem Fall ist $E = U/L$ (U ist die elektrische Spannung an den Enden der Kapillaren); für den elektrischen Widerstand in einer Kapillare gilt $R_1 = L/\varkappa \pi r = U/I_1 = E L/I_1$ ($\varkappa$ ist hier die spezifische Leitfähigkeit der Lösung, I_1 der durch eine Kapillare fließende elektrische Strom). Die Gl. (34.86) hat also für lineare Durchflußgeschwindigkeit (cm/s) der Lösung durch eine Kapillare die Form

$$v = \varepsilon\, \varphi_2\, I_1/\pi\, \bar r^2\, \varkappa\, \eta \tag{34.87}$$

oder für die Volumengeschwindigkeit w (cm³/s) in n Kapillaren

$$w = v\, \pi\, \bar r^2\, n = \varepsilon\, \varphi_2\, I/\varkappa\, \eta, \tag{34.88}$$

wobei $I = n\, I_1$ der Gesamtstrom ist.

Fließt durch das Rohr auf Abb. 3.26 eine solche Lösungsmenge, daß das Niveau in dem einen Raum steigt, so verhindert die Lösungssäule durch ihren hydrostatischen Druck Δp die weitere Strömung. Der Überdruck Δp entspricht nach der Poiseuilleschen Gleichung der Geschwindigkeit $w = n\, \pi\, \bar r^4\, \Delta p/8\, \eta\, L$; hieraus ergibt sich durch Vergleichen mit Gl. (34.88) die Beziehung

$$\Delta p = \frac{8\, \varepsilon\, L}{n\, \pi\, \varkappa\, \bar r^4}\, \varphi_2\, I. \tag{34.89}$$

Der Überdruck Δp wird in Analogie zur Osmose der elektroosmotische Druck genannt. In der Praxis verwendet man die Elektroosmose zur Entwässerung poröser Stoffe (z. B. von Torf) und zur Beschleunigung der Filtration in den sog. elektroosmotischen Filterpressen.

Ist umgekehrt die Elektrolytlösung in einer Küvette untergebracht, aus der sie nicht ausfließen kann, und die feste Phase in Form von kolloidalen Teilchen anwesend, so kommt nach Anlegen eines elektrischen Feldes eine Relativbewegung beider Phasen zustande, so daß sich die Teilchen mit der Geschwindigkeit v bewegen. Diese Erscheinung wird Elektrophorese genannt. Die Kraft, die auf ein kugelförmiges kolloidales Teilchen vom Radius r im Potentialgefälle E einwirkt, ist $4\, \pi\, \varepsilon\, r\, E\, \varphi_2$. Der Widerstand des Mediums ist durch die Stokessche Gleichung gegeben und beträgt $6\, \pi\, \eta\, r\, v$. Bei stationärer Bewegung sind beide Kräfte einander gleich, und für die sog. elektrophoretische Beweglichkeit v/E gilt in erster Näherung

$$v/E = 2\, \varepsilon\, \varphi_2/3\, \eta. \tag{34.90}$$

In den weiteren Approximationen müssen Korrekturen auf die Leitfähigkeitseffekte (Relaxations- und elektrophoretischer Effekt) und auf die Teilchengestalt eingeführt werden. Die Geschwindigkeit der elektrophoretischen Bewegung hängt also von der Lösungszusammensetzung, von den Oberflächeneigenschaften der Teilchen und gegebenenfalls von der Eigenladung der Teilchen ab. Handelt es sich um ampholytische Partikel, so hängt sie auch merklich vom pH ab, denn in diesem Falle gewinnen die Teilchen eine eigene Ladung durch die Dissoziation, die eine Funktion des pH-Wertes ist. Dies ist das Wesen der von Tiselius ausgearbeiteten elektrophoretischen Analyse, die namentlich für Biopolymere geeignet ist. Bei vorgegebenem pH-Wert sind z. B. verschiedene Proteine unterschiedlich ionisiert und haben verschiedene Beweglichkeiten. Die ursprünglich einzige scharfe Grenzfläche zwischen der Lösung eines Proteingemisches in einem geeigneten Puffer und der reinen Pufferlösung teilt sich im elektrischen Feld in mehrere Grenzflächen auf, die den verschieden beweglichen Komponenten entsprechen. Die Elektrophorese macht es möglich, ein Proteingemisch ohne störende chemische Eingriffe zu analysieren. Die experimentellen Methoden zur Ermittlung der Lage der Grenzfläche bei dieser sog. klassischen oder freien Elektrophorese sind die gleichen wie beim Studium der Diffusion (s. Abschn. 23.1). Außerdem kann die Elektrophorese so durchgeführt werden, daß man einen geeigneten porösen Träger, z. B. Filtrierpapier, mit einem reinen Puffer tränkt und die zu untersuchende Lösung darauf in Form eines Flecks oder eines Streifens aufträgt. Die Auswertungsmethoden sind dann den in der Chromatographie benutzten analog. Die Elektrophorese kann auch zur präparativen Trennung von Gemischbestandteilen, zur Konzentrierung feiner Suspensionen u. ä. verwendet werden.

In den beiden vorangegangenen Fällen wurde durch den Einfluß eines elektrischen Feldes eine Relativbewegung von zwei Phasen herbeigeführt. Die beiden verbleibenden elektrokinetischen Erscheinungen stellen die Umkehrung der beiden ersten nach dem Le Chatelier-Brownschen Prinzip dar: Wird durch den Einfluß eines elektrischen Feldes eine Bewegung verursacht, so muß infolge der Bewegung ein elektrisches Feld entstehen (bei Vorhandensein eines elektrokinetischen Potentials). Das Strömungspotential tritt an den Enden eines porösen Mediums auf, durch welches eine Elektrolytlösung gepreßt wird. Bei der Bewegung von Teilchen, die eine elektrische Doppelschicht durch eine Elektrolytlösung mitführen (z. B. durch die Einwirkung eines Gravitations- oder Zentrifugalfeldes), wird an den Enden der Lösung ein Potentialunterschied gebildet, das sog. Sedimentationspotential.

4. Membranen- und Bioelektrochemie

41. Elektrochemische Membranen

In diesem Kapitel werden wir uns mit den Erscheinungen an der Grenzfläche von zwei Elektrolyten befassen, die einmal den Charakter von Gleichgewichten haben, ein andermal mit einer Ladungsübertragung zwischen beiden Phasen verbunden sind. Die Ladungsträger sind jedoch ausschließlich Ionen, keineswegs Elektronen oder Löcher. Der einfachste Fall liegt dann vor, wenn es sich um flüssige Elektrolyte mit identischen Lösungsmitteln und verschiedenen Ionenkonzentrationen handelt. An einer solchen Phasengrenzfläche, deren Struktur verschiedenartigen Charakter haben kann (vgl. Abschn. 42), bildet sich ein Flüssigkeitsgrenzflächenpotential aus (kurz auch Flüssigkeitspotential genannt). Die Lage ist oft verwickelter, wenn man es mit Grenzflächen zwischen Elektrolyten von ganz verschiedener Natur zu tun hat, wie z. B. mit Lösungen von Ionen in miteinander nicht mischbaren Lösungsmitteln, mit Grenzflächen zwischen festen und flüssigen Elektrolyten u. ä. Diese Systeme vereinfachen sich etwas in besonderen Fällen, wo ein flüssiger oder fester Elektrolyt zwischen zwei flüssigen Elektrolyten ähnlicher Zusammensetzung eine Schicht bildet, die als elektrochemische Membran bezeichnet wird. Zum Unterschied von der Physik, wo mit dem Ausdruck Membran (lat. *membrana* = Pergament) eine elastische zweidimensionale Platte bezeichnet wird, versteht man in der Elektrochemie darunter ein dünnes Gebilde, das zwei Phasen trennt, aber wenigstens für einige ihrer Komponenten durchlässig ist. Ist die Membran für alle Bestandteile des Systems in gleichem Maß permeabel (in diesem Falle sprechen wir lieber von einem Diaphragma), so beruht ihr einziger Einfluß auf das System darin, daß sie ein rasches Vermischen der Komponenten beider Phasen verhindert. Befindet sich das System nicht im Gleichgewichtszustand, aber jede der beiden flüssigen Phasen ist für sich selbst im Gleichgewicht, so kann die Anwesenheit einer Membran einen Unterschied im osmotischen Druck zwischen beiden Flüssigkeiten herbeiführen. Eine Membran, die nicht für alle Ionenarten gleich durchlässig ist, wird als semipermeabel bezeichnet.

Eine wichtige Eigenschaft der elektrochemischen Membranen besteht darin, daß sie die Ausbildung einer elektrischen Potentialdifferenz zwischen beiden Lösungen veranlaßt, die als *Membranpotential* $\Delta \varphi_M$ bezeichnet wird.

$$\varphi_2 - \varphi_1 = \Delta \varphi_M \tag{41.1}$$

$$\begin{array}{c|c|c}
 & \overset{d}{\longleftrightarrow} & \\
\text{Lösung 1} & \text{Membran} & \text{Lösung 2} \\
\varphi_1 & x = p \qquad x = q & \varphi_2
\end{array}$$

Ähnlich wie bei der Berechnung der elektromotorischen Kraft einer galvanischen Zelle (vgl. Abschn. 31.2) wird das Potential der linken Randphase vom Potential der rechten Randphase abgezogen.

Je nach der Struktur unterscheidet man homogene und heterogene elektrochemische Membranen. Bei den homogenen Membranen beteiligt sich die gesamte Membran an der Ionenüberführung, bei den heterogenen ist die aktive Komponente entweder in einem geeigneten Träger verankert (bei festen Membranen) oder in ein Diaphragma eingesogen, oder sie bildet den Füllstoff eines polymeren Filmes.

Wie sich gezeigt hat, haben auch die Zellmembranen den Charakter elektrochemischer Membranen. Das Studium der Erscheinungen, die mit dem Ionentransport durch diese Membranen verbunden sind, stellt einen bedeutenden Teil des Forschungsgegenstandes der Bioelektrochemie dar.

42. Flüssigkeitsgrenzflächenpotentiale

An der Phasengrenze von zwei Elektrolytlösungen verschiedener chemischer Zusammensetzung oder verschiedener Konzentrationen sind Konzentrationsgradienten vorhanden, die eine Diffusion der Bestandteile der Phasengrenze bewirken. Da es sich um die Diffusion von geladenen Teilchen handelt, bildet sich bei ungleicher Diffusionsgeschwindigkeit der verschiedenen Ionen in der Flüssigkeit ein Diffusionspotentialgefälle aus (vgl. Abschn. 23.2).

Die Diffusion, die die Ursache für die Ausbildung des Flüssigkeitspotentials darstellt, ist ein Vorgang, der nicht mit Hilfe einer äußeren Kompensationsspannung reversibel durchgeführt werden kann, und deshalb gehört die Darlegung der Flüssigkeitspotentiale nicht in das Kap. 3 (über die Gleichgewichte). Die Diffusion ist jedoch ein sehr langsamer Prozeß. Aus diesem Grunde erfährt die Struktur der Grenzfläche zwischen beiden Lösungen und der Wert des Flüssigkeitspotentials während der kurzen Zeit, in welcher die elektromotorische Kraft der galvanischen Zelle gemessen wird, praktisch keine Änderung. Im weiteren Stadium nach der Ausbildung des durch die Diffusion bewirkten Flüssigkeitspotentials kann also die Diffusion in erster Näherung vernachlässigt werden. Die Bewegung der Ionen durch die mit dem Flüssigkeitspotential behaftete Phasengrenze ist mit einer gewissen Änderung der Gibbsschen freien Energie verbunden. Sie kann mit Hilfe des Flüssigkeitspotentials ausgedrückt werden, wenn man die in der Zelle ablaufende Reaktion in dem Sinne „reversibel" lenkt, daß eine kompensierende Spannung benutzt wird. Durch einen so „reversibel" geleiteten Vorgang wird die Diffusion nicht unterdrückt, sie bleibt ein irreversibler Begleitprozeß, aber wir vernachlässigen sie im Hinblick auf ihre Langsamkeit. Aus diesen quasithermodynamischen Vorstellungen kann ebenfalls ein Ausdruck für das Flüssigkeitspotential hergeleitet werden, der sowohl mit der kinetisch abgeleiteten Relation als auch mit den gemessenen Werten der Flüssigkeitspotentiale im Einklang steht. Diese Übereinstimmung berechtigt in gewissem Maß die Anwendung der Gleichgewichtstheorie.

Die Lösungen können sich entweder direkt berühren (dann muß allerdings durch passende Versuchsanordnung dafür gesorgt werden, daß keine Vermischung durch Konvektion zustande kommt — siehe im weitern), oder sie können durch ein Diaphragma mit genügend großen Poren getrennt sein. Eine solche Membran kann eine Glasfritte, eine keramische Platte u. a. m. sein; eine derartige Membran ist für alle Komponenten des Systems durchlässig (permeabel) und verhindert nur mechanisch ihre Vermischung. Das System besteht also aus zwei Lösungen, in denen die Konzentration überall konstant ist, und aus einer Flüssigkeitsgrenzschicht, wo es zur Diffusion kommt. Dieses Gebiet hat nach dem Schema (41.1) die Dicke $d = q - p$. Das Flüssigkeitspotential $\Delta \varphi_\mathrm{L}$ ist gegeben durch die Beziehung

$$\Delta \varphi_\mathrm{L} = \varphi_2 - \varphi_1 = \int\limits_1^2 \left(\frac{\partial \varphi}{\partial x}\right) \mathrm{d}\, x. \tag{42.1}$$

Im Gebiet zwischen den Punkten p und q kommt es zur Diffusion der aufgelösten Elektrolyte; deshalb wird $\Delta \varphi_\mathrm{L}$ auch das Diffusionspotential genannt. Für die Materieflüsse der Einzelkomponenten gilt im Falle einer verdünnten Lösung [s. Gl. (23.37) und die folgenden]

$$J_i = - u_i\, R\, T\, (\mathrm{d}\, c_i/\mathrm{d}\, x) - z_i\, F\, u_i\, c_i\, (\mathrm{d}\, \varphi/\mathrm{d}\, x). \tag{42.2}$$

Den Flüssen der geladenen Teilchen ($z_i \neq 0$) entsprechen die elektrischen Teilstromdichten

$$j_i = z_i\, F\, J_i = - z_i\, u_i\, F\, R\, T\, (\mathrm{d}\, c_i/\mathrm{d}\, x) - z_i{}^2\, F^2\, u_i\, c_i\, (\mathrm{d}\, \varphi/\mathrm{d}\, x). \tag{42.3}$$

Ist an das System keine äußere Spannung angelegt, so ist der elektrische Gesamtstrom bzw. die gesamte durch die Phasengrenze hindurchfließende Stromdichte Null

$$j = \sum_i j_i = 0, \tag{42.4}$$

woraus sich nach Substitution aus Gl. (42.3) ergibt

$$\mathrm{d}\, \varphi/\mathrm{d}\, x = - (R\, T/F)\, \Sigma\, z_i\, u_i\, (\mathrm{d}\, c_i/\mathrm{d}\, x)/\Sigma\, z_i{}^2\, u_i\, c_i. \tag{42.5}$$

Durch Einsetzen aus der Definition der Überführungszahl $t_i = z_i{}^2\, u_i\, c_i/\Sigma\, z_j{}^2\, u_j\, c_j$ [s. Gl. (22.13)] und Umformen folgt aus den Beziehungen (42.1) und (42.5)

$$\Delta \varphi_\mathrm{L} = - (R\, T/F) \int\limits_1^2 \Sigma_i\, (t_i/z_i)\, \mathrm{d} \ln c_i, \tag{42.6}$$

wo sich die Integrationsgrenzen auf die Zusammensetzung der beiden sich berührenden Lösungen beziehen.

Der Wert des Integrals in der letzten Gleichung hängt davon ab, was für Funktionen der Koordinate x alle c_i und t_i sind. Im einfachsten Fall, wo sich auf beiden Seiten der Phasengrenze die Lösung desselben Einzelelektrolyten befindet, sind die Überführungszahlen für verdünnte Lösungen unabhängig von der Konzentration: $t_+ = z_+\, u_+/(z_+\, u_+ - z_-\, u_-)$, $t_- = - z_-\, u_-/(z_+\, u_+ - z_-\, u_-)$ (wir haben die Elektroneutralitätsbedingung $\nu_+ z_+ = - \nu_- z_-$ und die stöchiometrische Bedingung $c_+ = \nu_+\, c$, $c_- = \nu_-\, c$ benutzt). Es ist somit

$$\Delta \varphi_\mathrm{L} = - (R\, T/F)\, [(t_+/z_+) + (t_-/z_-)] \ln (c_2/c_1). \tag{42.7}$$

Für einen valenzsymmetrischen Elektrolyten ($z_+ = -z_- = z$) vereinfacht sich die letzte Gleichung noch zu

$$\Delta\,\varphi_L = -(R\,T/F)\,(t_+ - t_-)\,\ln\,(c_2/c_1). \qquad (42.8)$$

Ist $u_+ < u_-$, d. h. $t_+ = u_+/(u_+ + u_-) < 1/2$ und $t_- > 1/2$, so ist $\Delta\,\varphi_L > 0$, und auf der Seite der verdünnten Lösung wird die negative Ladung überwiegen (das Anion diffundiert schneller). Für $u_+ > u_-$ ist $\Delta\,\varphi_L < 0$, und natürlich für $u_+ = u_-$, $t_+ = t_- = 1/2$ wird $\Delta\,\varphi_L = 0$.

In komplizierteren Fällen muß eine Voraussetzung über die Konzentrationsverteilung an der Grenzfläche zwischen beiden Lösungen eingeführt werden. Die meistbenutzte ist die Vorstellung von Henderson, der angenommen hat, daß sich die Konzentration zwischen den Punkten p und q linear mit x ändert

$$c_{i,x} = c_{i,p} + (c_{i,q} - c_{i,p})\,x/d. \qquad (42.9)$$

Sie entspricht also dem Modell der Flüssigkeitsgrenze, bei dem gleichmäßige Vermischung beider Lösungen angenommen wird. Unter dieser Voraussetzung führt die Integration der Gl. (42.6) zur Relation

$$\Delta\,\varphi_L = -\frac{R\,T}{F}\,\frac{\Sigma\,z_i\,u_i\,(c_{i,q} - c_{i,p})}{\Sigma\,z_i^2\,u_i\,(c_{i,q} - c_{i,p})}\,\ln\,\frac{\Sigma\,z_i^2\,u_i\,c_{i,q}}{\Sigma\,z_i^2\,u_i\,c_{i,p}}. \qquad (42.10)$$

Im einfachsten Fall mit Einzelelektrolyten auf beiden Seiten der Grenzfläche geht die Gl. (42.10) in (42.7) über.

Ein weiterer Fall ist der, bei welchem sich auf beiden Seiten der Grenzfläche jeweils ein uni-univalenter Elektrolyt befindet, wobei beide Elektrolyte ein gemeinsames Ion und die gleiche Konzentration haben. Dann geht die Hendersonsche Beziehung (42.10) in die Lewis-Sargentsche Gleichung über, die z. B. für ein gemeinsames Kation lautet

$$\Delta\,\varphi_L = +(R\,T/F)\ln\frac{u_+ + u_{-,2}}{u_+ + u_{-,1}} = (R\,T/F)\ln\,(\Lambda_2/\Lambda_1). \qquad (42.11)$$

Die Verifikation wurde an einer Reihe von uni-univalenten Elektrolyten im Konzentrationsbereich von 0,01 M bis 0,1 M durchgeführt. Bei der Berechnung ging man entweder nach Gl. (42.7) oder nach Gl. (42.11) vor, je nachdem, welche Kombination von Lösungen gewählt worden war. Beispiele der gemessenen und berechneten Werte sind in Tab. 4.1 wiedergegeben. Es ist zu sehen, daß die Übereinstimmung sehr gut ist.

Weitere Beiträge zur Theorie des Flüssigkeitsgrenzflächenpotentials haben Planck und Schlögl gebracht. Ihre Lösung basiert auf gewissen Modellvorstellungen über die Diffusion in der Flüssigkeitsgrenzschicht. Sie sind also exakter als das Modell der gleichmäßigen Vermischung, aber die resultierenden Gleichungen haben keine geschlossene Form. Zur Abschätzung der Werte von $\Delta\,\varphi_L$ wird immer noch am häufigsten die Hendersonsche Gleichung verwendet, die mit dem Experiment gut übereinstimmende Resultate liefert.

Mißt man die elektromotorische Kraft einer Zelle, in der eine Flüssigkeitsgrenzfläche vorhanden ist (sog. Zelle mit Überführung), und will man diesen Wert korrigieren, d. h. das Potential $\Delta\,\varphi_L$ eliminieren, so genügt es, den aus einer der angeführten Gleichungen berechneten Wert von der gemessenen elektromotorischen Kraft abzuziehen. Dies ist aus folgendem Beispiel einleuchtend. Es sei nachstehende Zelle betrachtet

$$\overset{1}{\text{Ag}} \mid \overset{2}{\text{AgNO}_3} \ (c_1) \mid \overset{3}{\text{AgNO}_3} \ (c_2) \mid \overset{4}{\text{Ag}}. \tag{42.12}$$

Die elektromotorische Kraft, die wir messen, besteht aus drei Termen:

$$E_{\text{exp}} = (\varphi_{\text{Ag},4} - \varphi_3) + (\varphi_3 - \varphi_2) - (\varphi_{\text{Ag},1} - \varphi_2) \tag{42.13}$$

Tabelle 4.1. *Vergleich der gemessenen und der berechneten Werte der Potentiale $\Delta \varphi_L$ (mV)*

Lösung 1	Lösung 2	$\Delta \varphi_{L(\text{exp})}$	$\Delta \varphi_{L(\text{theor})}$
0,1 M HCl	0,1 M KCl	— 26,78	— 28,52
		— 33,08	— 33,38
0,1 M KCl	0,1 M NaCl	— 6,42	— 4,86
0,1 M NaCl	0,1 M NH_4Cl	+ 4,21	+ 4,81
0,01 M HCl	0,01 M KCl	— 25,73	— 27,48
0,01 M KCl	0,01 M NaCl	— 5,65	— 4,54

(die Standardterme heben sich in der Differenz der Elektrodenpotentiale der Silberelektroden auf). Es ist somit

$$E_{\text{korr}} = E_4 - E_1 = E_{\text{exp}} - \Delta \varphi_L. \tag{42.14}$$

Die Flüssigkeitsgrenzfläche wird in verschiedener Weise realisiert, je nachdem, ob man das Flüssigkeitspotential messen oder eliminieren will. Soll das Flüssigkeitspotential gemessen werden, so ist man bestrebt, reproduzierbare Werte dadurch zu erzielen, daß man die Grenzfläche in einer passenden, definierten Weise herstellt. Bei der sog. Flüssigkeitsverbindung mit beschränkter Diffusion wird der Diffusionsvorgang auf ein poröses Diaphragma beschränkt, das beide Lösungen voneinander abtrennt. Realisiert man eine scharfe Grenzfläche zwischen beiden Lösungen mit nachfolgender gegenseitiger Diffusion der Lösungskomponenten, z. B. durch Umdrehen eines Hahnes, so spricht man von einer Verbindung mit freier Diffusion. Mit diesen beiden Fällen hat man es am häufigsten bei den potentiometrischen Messungen zu tun. Schwieriger zu verwirklichen, aber am besten reproduzierbar, ist eine Flüssigkeitsverbindung durch eine strömende Grenzfläche (Abb. 4.1). Beide Lösungen läßt man mit der gleichen kleinen Geschwindigkeit in ein waagrechtes Rohr einströmen (die spezifisch schwerere unten, die leichtere oben), so daß die Grenzfläche immerwährend erneuert wird. Mitunter läßt man beide Lösungen gegeneinander in einen durch ein dünnes Glimmerblättchen getrennten Raum einfließen. Die Trennwand ist mit einer Öffnung versehen, in welcher sich die Grenzfläche ausbildet. Man kann auch beide Lösungen direkt in einem dünnen Strahl gegeneinander spritzen. Die Flüssigkeitsverbindung mit strömender Grenzfläche entspricht am besten dem Planckschen Modell.

Bei den potentiometrischen Messungen, bei denen nicht direkt das Flüssigkeitspotential bestimmt werden soll, wie z. B. bei der pH-Messung, den potentiometrischen Titrationen u. ä., ist man bestrebt, die Diffusionspotentiale praktisch zu eliminieren, d. h. sie auf den kleinstmöglichen Wert hinabzudrücken. Dies wird mit einer sog. Salzbrücke erzielt, über die man die beiden Lösungen verbindet. Sie besteht aus einem Rohr von geeigneter Gestalt, das auf beiden Seiten durch ein poröses Material verschlossen und gewöhnlich mit einer gesättigten Lösung von Kaliumchlorid gefüllt ist. Ist die Gegenwart von Chloridionen unerwünscht, so wird Ammoniumnitrat anstatt Kaliumchlorid verwendet. Die Zwischenschaltung solcher Salzbrücken hat folgende theoretische Begründung:

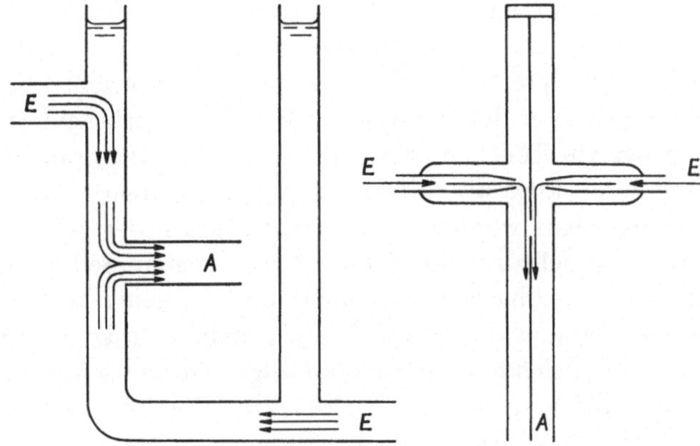

Abb. 4.1. Verschiedene Anordnungen zur Realisierung einer Flüssigkeitsgrenzfläche. A = Abfluß, E = Zuleitung zu den Elektroden

die Ionen der Brückenlösung liegen in großem Überschuß gegenüber denen in den Elektrodenräumen vor, weshalb sie den Ladungstransport durch beide Phasengrenzen nahezu allein besorgen; Kationen und Anionen der Brückenlösung haben annähernd die gleichen Überführungszahlen. Die beiden neu entstandenen Diffusionspotentiale sind deshalb klein und gegeneinander gerichtet, so daß das resultierende Diffusionspotential vernachlässigbar ist. An der Grenzfläche von 0,1 und 0,01 M HCl beträgt z. B. das Diffusionspotential etwa 40 mV. Schaltet man eine Salzbrücke mit gesättigter Kaliumchloridlösung dazwischen, so sinkt das Diffusionspotential auf der Seite der verdünnteren Lösung auf etwa 3 mV, auf der Seite der konzentrierteren auf etwa 5 mV. Das resultierende Potential von ca. 2 mV ist bei vielen potentiometrischen Messungen nicht störend.

Ein weniger geläufiges Verfahren zur Herabsetzung der Diffusionspotentiale ist die Zugabe eines indifferenten Elektrolyten in wesentlich größerer Konzentration als die der Ionen in beiden Lösungen. In diesem Falle wird nahezu der gesamte Ladungstransport durch die Phasengrenze durch den indifferenten Elektrolyten besorgt, und da die Konzentration seiner Ionen in beiden Lösungen die gleiche ist, ist das Diffusionspotential sehr klein. Diese Methode hat den Nachteil, daß der Überschuß des indifferenten Elektrolyten die Aktivität der potentialbestimmenden Ionen beeinflußt.

43. Membranpotentiale

43.1. Donnan-Potentiale

Im vorangegangenen Abschnitt haben wir den Fall betrachtet, bei welchem die Phasengrenze zwischen zwei Elektrolytlösungen für alle Komponenten vollkommen durchlässig ist, gleichgültig, ob sich die Flüssigkeiten direkt oder über eine poröse Wand, d. h. über eine permeable Membran, in Berührung befinden. Wir wollen nun den zweiten Extremfall ins Auge fassen, bei welchem die Phasengrenze für einige Ionen vollkommen undurchlässig ist, d. h. die Lösungen sind durch eine semipermeable Membran getrennt. In einem solchen System stellt sich, zum Unterschied von dem vorangegangenen, schließlich ein thermodynamisches Gleichgewicht ein, analog wie z. B. in einem Osmometer.

Wir mögen also zwei Lösungen mit gemeinsamem Solvens haben, die Elektrolyte und Nichtelektrolyte in jeweils verschiedener Konzentration enthalten. Nachdem die Lösungen über die Membran in Berührung gebracht wurden, findet eine Diffusion derjenigen Teilchen statt, die durch die Membran hindurchgehen können (wir werden sie kurz als diffusionsfähig bezeichnen). Aber in dem sich einstellenden Gleichgewicht werden die Konzentrationen der gelösten Ionen (der diffusionsfähigen und nichtdiffusionsfähigen) auf beiden Seiten der Membran verschieden sein, und die Phasengrenze wird zum Sitz einer bestimmten Potentialdifferenz, die das Donnan-Potential, $\Delta \varphi_D$, genannt wird. Die Drücke in beiden Lösungen sind im Gleichgewichtszustand allgemein verschieden.

Wir wollen den diffusionsfähigen Nichtelektrolyten mit dem Index n, das diffusionsfähige Kation bzw. Anion mit den Indexen $+$ und $-$ und das Lösungsmittel, das gewöhnlich diffusionsfähig ist, mit dem Index 0 kennzeichnen. Die Lösungen seien mit 1 und 2 bezeichnet. Die Gleichgewichtsbedingungen lauten

$$\mu_{n,1}\,(T,\,p_1) = \mu_{n,2}\,(T,\,p_2),\qquad(43.1)$$

$$\tilde{\mu}_{i,1}\,(T,\,p_1) = \tilde{\mu}_{i,2}\,(T,\,p_2)\qquad(43.2)$$

(für das nichtdiffusionsfähige Ion können wir keine analogen Gleichungen ansetzen, denn es vermag die Membran nicht zu passieren, und es kann nicht von der Einstellung seiner „Gleichgewichts"-Konzentration gesprochen werden).

Nun können wir mit verschiedener Genauigkeit vorgehen. Am häufigsten zieht man verdünnte Lösungen in Betracht, wo $p_1 = p_2$ gesetzt werden kann. In diesem Fall setzen wir in den Gln. (43.1) und (43.2) die üblichen Ausdrücke für die chemischen und elektrochemischen Potentiale ein und erhalten für den diffusionsfähigen Nichtelektrolyten

$$R\,T \ln\,(a_{n,2}/a_{n,1}) = 0,\qquad(43.3)$$

d. h. $a_{n,1} = a_{n,2}$, wie übrigens zu erwarten war. Dasselbe gilt für das Lösungsmittel, $a_{0,1} = a_{0,2}$, das ebenfalls diffusionsfähig ist. Für das diffusionsfähige Kation erhalten wir

$$R\,T \ln\,(a_{+,2}/a_{+,1}) + z_+\,F\,(\varphi_2 - \varphi_1) = 0\qquad(43.4)$$

und für das diffusionsfähige Anion

$$R\,T \ln\,(a_{-,2}/a_{-,1}) + z_-\,F\,(\varphi_2 - \varphi_1) = 0.\qquad(43.5)$$

Aus den Gln. (43.4) und (43.5) ergibt sich durch Eliminieren der Terme mit den elektrischen Potentialen

$$(a_{+,2}/a_{+,1})^{1/z_+} = (a_{-,2}/a_{-,1})^{1/z_-} = \lambda \tag{43.6}$$

oder konkret für einwertige, zweiwertige usw. Kationen und Anionen

$$\frac{a_{+,2}}{a_{+,1}} = \left(\frac{a_{2+,2}}{a_{2+,1}}\right)^{\frac{1}{2}} = \left(\frac{a_{3+,2}}{a_{3+,1}}\right)^{\frac{1}{3}} = \ldots = \frac{a_{-,1}}{a_{-,2}} = \left(\frac{a_{2-,1}}{a_{-,2}}\right)^{\frac{1}{2}} = \left(\frac{a_{3-,1}}{a_{3-,2}}\right)^{\frac{1}{3}} = \ldots = \lambda. \tag{43.7}$$

Die Konstante λ wird der Donnan-Verteilungskoeffizient genannt.

Bei der exakteren Lösung der Gleichgewichtsbedingungen (43.1) und (43.2) muß berücksichtigt werden, daß der Standardterm μ^0 vom Druck abhängt, der in beiden Lösungen verschieden ist. Für diesen Term schreiben wir

$$\mu^0\,(T,\,p) = \mu^*\,(T,\,p) + \int\limits_0^p v\,d\,p, \tag{43.8}$$

worin μ^* der Grenzwert von μ^0 bei $p \to 0$ und v das Molvolumen der Komponente im Standardzustand beim Druck p ist. Betrachtet man das Volumen v als druckunabhängig (bei noch exakteren Berechnungen wird lineare Abhängigkeit angenommen), so erhält man

$$\mu^0\,(T,\,p) = \mu^*\,(T) + v\,p. \tag{43.9}$$

Man überzeugt sich leicht, daß man bei diesem Vorgang Gleichungen erhält, deren linke Seite die gleiche ist wie bei den Gln. (43.3)—(43.5), aber deren rechte Seite nicht Null, sondern gleich $v_n\,(p_1 - p_2)$ oder $v_+\,(p_1 - p_2)$ oder $v_-\,(p_1 - p_2)$ ist. Unter diesen Umständen sind auch die Aktivitäten der Nichtelektrolyte an beiden Seiten der Membran nicht gleich, sondern es gilt für sie

$$a_{n,1}/a_{n,2} = (a_{0,1}/a_{0,2})^r, \tag{43.10}$$

wobei $r = v_n/v_0$ ist.

Für das Donnan-Potential erhält man aus den Gln. (43.4) und (43.5)

$$\Delta\,\varphi_D = \varphi_2 - \varphi_1 = -\,(R\,T/F)\,\ln\,\lambda. \tag{43.11}$$

Die Donnan-Potentiale enthalten die Einzelionenaktivitäten und sind nicht genau meßbar. Im Konzentrationsbereich, in welchem die Debye-Hückelsche Grenzbeziehung gilt, kann man die Ionenaktivitäten durch die mittleren Aktivitäten ersetzen. Um die Membranpotentiale zu messen, stellt man eine Zelle mit einer semipermeablen Membran zusammen, die die Lösungen 1 und 2 abtrennt

$$\text{Ag} \mid \text{AgCl, ges. KCl} \mid \text{Lösung 1} \mid \text{Lösung 2} \mid \text{ges. KCl, AgCl} \mid \text{Ag.} \tag{43.12}$$

Ihre elektromotorische Kraft ist durch die Summe des Membranpotentials und der beiden Flüssigkeitspotentiale gegeben, wobei die letzteren gewöhnlich vernachlässigt werden können.

Aus Gl. (43.11) ist zu erkennen, daß das Donnan-Potential nur durch die Ionenaktivitäten in beiden Lösungen festgelegt wird. Würde man nach Gleichgewichtseinstellung die Membran entfernen, ohne dabei die Konzentrationsverteilung zu stören, so bliebe das Potential $\Delta\,\varphi_D$ an der Berührungsfläche beider Lösungen bestehen. Die Membran war also nur dazu notwendig, damit diese Konzentrationsverteilung überhaupt zustande kommen konnte.

Die Tatsache, daß die Potentiale $\Delta \varphi_L$ und $\Delta \varphi_D$ Grenzfälle des Membranpotentials $\Delta \varphi_M$ darstellen, ist auch aus den abgeleiteten Gleichungen ersichtlich. Zur Illustrierung sei das einfache System eines valenzsymmetrischen Einzelelektrolyten betrachtet. Ist die Membran für das Kation und für das Anion durchlässig, so ist $\Delta \varphi_M = \Delta \varphi_L$, und letzteres ist durch die Gl. (42.8) gegeben. Ist sie für das Anion völlig unpassierbar und für das Kation völlig passierbar, so ist $t_- = 0$ und $t_+ = 1$, die Gl. (42.8) geht in (43.11) über und $\Delta \varphi_M = \Delta \varphi_L$.

43.2. Das Potential einer permselektiven Membran

Zur Ableitung der Ausdrücke für die Übergangsfälle muß man sich eine Vorstellung über die Ursachen machen, warum die Membran für eine bestimmte Ionenart undurchlässig ist. Kann ein Ion die Membran deshalb nicht passieren, weil es groß ist im Vergleich zu den Porenweiten der Membran, so handelt es sich um einen reinen Donnan-Grenzfall (z. B. für die makromolekularen Protein-Anionen ist geeignet behandeltes Cellophan nicht durchlässig, wogegen anorganische Ionen hindurchtreten können). Oft ist jedoch die Membran für Kationen oder Anionen aus dem Grunde selektiv undurchlässig, daß an der Oberfläche der Poren Ladungen eines bestimmten Vorzeichens fixiert sind (sog. *Festionen*). Bei den nichtleitenden Materialien wird dies durch die Anwesenheit einer elektrischen Doppelschicht verursacht (vgl. Abschn. 34), deren starrer Teil an der Oberfläche der festen Phase festhaftet. Diese Ladung wird in der Lösung durch die Gegenwart entgegengesetzt geladener Ionen kompensiert, die den diffusen Teil der Doppelschicht bilden. Die Dicke der diffusen Doppelschicht kann in Abhängigkeit von der Konzentration die Molekulardimensionen überschreiten. Ist nun die Dicke des diffusen Teils der Doppelschicht in den Poren wesentlich kleiner als die Abmessungen der Poren, dann übt die Anwesenheit der Festionen keinen grundsätzlichen Einfluß auf die Durchlässigkeit der Membran für die Ionen aus. Ist sie jedoch mit dem Porenradius vergleichbar, so wird die Membran semipermeabel. Die Ionen, die eine den Festionen entgegengesetzte Ladung tragen, die sog. *Gegenionen*, können passieren, während die Ionen mit gleichnamiger Ladung nicht hindurchdringen können (s. Abb. 4.2).

Als Beispiel sei eine Membran mit negativ geladenen Festionen gewählt, deren Konzentration in der Membran mit c_x bezeichnet werde. Die Membran möge Lösungen des gleichen 1,1wertigen Elektrolyten in den Konzentrationen c_1 und c_2 trennen. Beide Membranflächen [$x = p$ und $x = q$ im Schema (41.1)] verhindern den Durchgang der Anionen, und es bilden sich an ihnen die Donnan-Potentiale $\Delta \varphi_{D,1} = \varphi_p - \varphi_1$ und $\Delta \varphi_{D,2} = \varphi_2 - \varphi_q$ aus. Im Inneren der Membran entsteht das Flüssigkeitspotential $\Delta \varphi_L = \varphi_q - \varphi_p$, das durch die Diffusion der Kationen bedingt wird. Es gilt somit

$$\Delta \varphi_M = \Delta \varphi_{D,2} + \Delta \varphi_L + \Delta \varphi_{D,1}. \tag{43.13}$$

Die Bedingung des Donnan-Gleichgewichtes (43.6) führt zu den Relationen

$$\begin{aligned}
c_{+,p} \cdot c_{-,p} &= c_{+,1} \cdot c_{-,1} = c_1^2, \\
c_{+,q} \cdot c_{-,q} &= c_{+,2} \cdot c_{-,2} = c_2^2.
\end{aligned} \tag{43.14}$$

(Wir vernachlässigen einfachheitshalber die Aktivitätskoeffizienten; man darf nicht vergessen, daß die Membran für die Anionen nicht ganz undurchlässig ist, so daß weder $c_{-,p}$ noch $c_{-,q}$ gleich Null ist.) Diese Relationen, gemeinsam mit den Elektroneutralitätsbedingungen in der Membran,

$$c_{+,p} = c_{-,p} + c_x,$$
$$c_{+,q} = c_{-,q} + c_x, \tag{43.15}$$

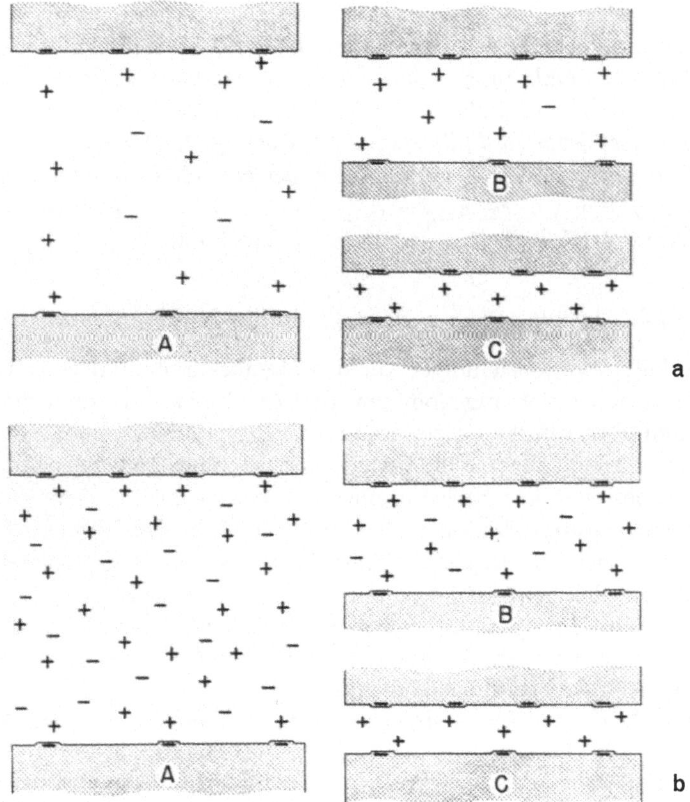

Abb. 4.2. Vertretung der Kationen und Anionen in verschieden großen Poren einer Kationenaustauschermembran. a = kleinere, b = größere Elektrolytkonzentrationen; A, B, C = abnehmender Porenradius. Nach K. Sollner

führen zu den Ausdrücken für die Konzentrationen in den Membranoberflächen

$$c_{+,p} = \left(\frac{1}{4}c_x{}^2 + c_1{}^2\right)^{1/2} + \frac{1}{2}c_x,$$

$$c_{+,q} = \left(\frac{1}{4}c_x{}^2 + c_2{}^2\right)^{1/2} + \frac{1}{2}c_x,$$

$$c_{-,p} = \left(\frac{1}{4}c_x{}^2 + c_1{}^2\right)^{1/2} - \frac{1}{2}c_x, \tag{43.16}$$

$$c_{-,q} = \left(\frac{1}{4}c_x{}^2 + c_2{}^2\right)^{1/2} - \frac{1}{2}c_x.$$

Die Ausdrücke (43.16) setzen wir in die Hendersonsche Gleichung (42.10) ein und berechnen $\Delta \varphi_L$. Aus der Donnan-Gleichung errechnen wir beide Beiträge von $\Delta \varphi_D$. Für das Membranpotential ergibt sich dann aus der Beziehung (43.13)

$$\Delta \varphi_M = \frac{RT}{F} \left[\ln \frac{c_{+,q} \cdot c_1}{c_{-,p} \cdot c_2} - \frac{u_+ - u_-}{u_+ + u_-} \ln \frac{(u_+ + u_-)\, c_{+,q} - u_- \cdot c_x}{(u_+ + u_-)\, c_{+,p} - u_- \cdot c_x} \right] \quad (43.17)$$

Donnan-Term   Henderson-Term

Diese Gleichung geht in den Grenzfällen in die früher hergeleiteten Beziehungen über: Ist die Membran für das Anion vollkommen undurchlässig, so ist einerseits $c_{-,p} = c_{-,q} = 0$, andererseits $u_- = 0$, und das Membranpotential wird durch den Donnan-Term $(RT/F)\ln(c_1/c_2)$ festgelegt. Ist hingegen die Membran für das Kation und das Anion vollkommen permeabel, so ist einerseits $c_x = 0$, andererseits $c_{+,q} = c_{-,q} = c_2$, $c_{+,p} = c_{-,p} = c_1$, und $\Delta \varphi_M$ wird nur durch den Henderson-Term $-(RT/F)(t_+ - t_-)\ln(c_2/c_1)$ bestimmt.

43.3. Ionenaustauscher, Anwendung der Membranprozesse

Beim Herleiten der Beziehungen für das Membranpotential einer permselektiven Membran haben wir angenommen, daß die Ionen von ihr nicht in bezug auf ihren chemischen Charakter, sondern nur nach dem Vorzeichen ihrer Ladung unterschieden werden. Die realen permselektiven Membranen sind gewöhnlich heterogen und bestehen aus Körnern eines Polymeren mit in einem ungeladenen Polymerfilm eingebauten Festionen. Sie sind jedoch in der Regel bevorzugt für eine bestimmte Ionenart permeabel, d. h. sie weisen eine sog. Ionenselektivität auf. Ein Material, das befähigt ist, eine bestimmte Ionensorte gegen eine andere auszutauschen, wird Ionenaustauscher genannt. Die Verwendung von Ionenaustauschern in permselektiven Membranen stellt allerdings nur eine ihrer zahlreichen praktischen Anwendungsmöglichkeiten dar.

Man unterscheidet die Ionenaustauscher je nachdem, ob die ionogenen Gruppen in ihnen fixiert (Festionen in kristallinen Stoffen, in Gläsern und synthetischen Polymeren) oder beweglich sind (bei den flüssigen Ionenaustauschern). Im vorliegenden Abschnitt beschränken wir uns auf die Besprechung der Eigenschaften von Ionenaustauschern, die auf synthetischen Polymeren basieren. Die permselektiven Membranen, die auf ihnen begründet sind, haben Bedeutung für die Elektrodialyse und für die elektrochemischen Stromquellen. Ionenaustauscher dieser Art sind im wesentlichen Polyelektrolyte, die befähigt sind, verschiedene Ionen aus der Lösung mit unterschiedlicher Affinität zu binden. Bildet die funktionelle Gruppe des Austauschers nach der Ionisierung ein Anion (z. B. die Gruppe $-SO_3H$), so spricht man von einem Kationenaustauscher, kurz Katex genannt. Im umgekehrten Fall [z. B. wenn die Gruppe $-N(CH_3)_2$ vorliegt] hat man es mit einem Anionenaustauscher — Anex — zu tun. Enthält der Austauscher Gruppen beider Art, so handelt es sich um einen amphoteren Ionenaustauscher (ist die funktionelle Gruppe des Austauschers einer Reduktion oder Oxidation befähigt, so bezeichnet man ihn als einen Elektronenaustauscher).

Wenn die funktionellen Gruppen durchwegs von einer Ionenart besetzt sind (z. B. H^+- oder Cl^--Ionen), so sagt man, daß sich der Ionenaustauscher in einem bestimmten Arbeitszyklus befindet (H-Zyklus oder Cl-Zyklus). Gibt man einen Ionenaustauscher, der in einem bestimmten Zyklus vorliegt, in eine Lösung, die Ionen enthält, zu denen er eine größere Affinität hat als zu den ursprünglich gebundenen, so fängt er die neuen Ionen auf und sendet an ihrer Stelle die ursprünglichen Ionen in die Lösung. Nach Entfernen der festen Phase erhält man eine Lösung, in der die Ionen ausgetauscht sind.

Chemisch betrachtet, handelt es sich hier um räumlich vernetzte Polymere oder Polykondensate, deren lineare Ketten durch Querbindungen verknüpft sind. Sehr verbreitet sind z. B. die Ionenaustauscher auf der Basis von Polystyrol, das in Gegenwart von Divinylbenzol polymerisiert worden war. Als stark saure Gruppe wird am häufigsten die Gruppe —SO_3H, als schwach saure die Gruppe —COOH verwendet. Stark basisch ist die Gruppe —$R_1R_2R_3N^+$, schwach basisch sind die Gruppen —NH_2, NHR, —NR_1R_2 und —NH—.

In Berührung mit einer wäßrigen Phase quillt der Ionenaustauscher, und zwar um so stärker, je größer sein Vernetzungsgrad ist. Die Quellung wird auch durch die Anwesenheit von Elektrolyten beeinflußt.

Hat man zum Beispiel einen Kationenaustauscher mit den funktionellen Gruppen E^-, so kann man die Austauschreaktion

$$y\, E_z^-\, M^{z+} + z\, N^{y+} \rightleftarrows z\, E_y^-\, N^{y+} + y\, M^{z+} \tag{43.18}$$

zwischen den Kationen M^{z+} und N^{y+} durch folgende Konstante charakterisieren

$$K_a = \frac{a_{N,e}^z\, a_{M,l}^y}{a_{M,e}^y\, a_{N,l}^z} = \frac{m_{N,e}^z\, m_{M,l}^y}{m_{M,e}^y\, m_{N,l}^z}\, \frac{\gamma_{N,e}^z\, \gamma_{M,l}^y}{\gamma_{M,e}^y\, \gamma_{N,l}^z} = K_m\, \frac{\gamma_{N,e}^z\, \gamma_{M,l}^y}{\gamma_{M,e}^y\, \gamma_{N,l}^z}. \tag{43.19}$$

Hierbei kennzeichnet der Index e die Phase des Austauschers, l die Phase der Lösung. Die Aktivitätskoeffizienten der Einzelionen können nicht ermittelt werden, aber ihr Verhältnis in der Lösung ist bestimmbar (z. B. aus den elektromotorischen Kräften der Zellen), ihr Verhältnis im Ionenaustauscher läßt sich hingegen nur schwierig bestimmen. Aus diesem Grunde wird der Koeffizient K' eingeführt (einfachheitshalber werden wir im weiteren den Fall betrachten, in welchem $z = y = 1$ ist):

$$K' = K_m\, \frac{\gamma_{M,l}}{\gamma_{N,l}} = K_a\, \frac{\gamma_{M,e}}{\gamma_{N,e}}. \tag{43.20}$$

Dieser Koeffizient (mitunter auch die Konstante K_m) wird gelegentlich als Selektivitätskoeffizient bezeichnet. Seine Inkonstanz führt man zum Teil auf den Einfluß der Aktivitätskoeffizienten zurück. Der Selektivitätskoeffizient hängt vor allem von der Gegenwart anderer Ionen in der Lösung, von der Austauschkapazität und vom Vernetzungsgrad des Austauschers ab. Seine Werte sind für verschiedene Systeme gemessen worden, und aus den Ergebnissen lassen sich einige Schlüsse ziehen: Bei den stark sauren Kationenaustauschern steigt die Affinität zu den Ionen in den Reihen: $Li^+ < H^+ < Na^+ < K^+ \approx NH_4^+ <$ $< Rb^+ < Cs^+ < Ag^+ < Tl^+$ und $Be^{2+} < Mn^{2+} < Mg^{2+} \approx Zn^{2+} < Cu^{2+} \approx Ni^{2+} <$ $< Co^{2+} < Ca^{2+}$, bei den stark basischen Anionenaustauschern in der Reihe $F^- < HCO_3^- < Cl^- < HSO_3^- < Br^- < NO_3^- < I^- < ClO_4^-$. Kennt man die

Selektivitätskoeffizienten für die Ionenpaare L—M und M—N ($K_{L,M}$ und $K_{M,N}$), so kann man den Koeffizienten für das Paar L—N auf Grund der Beziehung $K_{L,N} = K_{L,M} \cdot K_{M,N}$ abschätzen. Je größer der Selektivitätskoeffizient ist, um so ausgeprägter hängt K_m vom Beladungsgrad ab. Die Tendenz, ein Ion zu binden, ist um so größer, je mehr der Austauscher mit einem anderen Ion gesättigt ist. Ein Ausnahmsverhalten weisen die Ionen H^+ und Ag^+ und Austauscher mit großem Vernetzungsgrad auf.

In der Elektrochemie und für die elektroanalytischen Methoden gewinnen die sog. ionenselektiven Elektroden immer mehr an Bedeutung. Diese auf Membranpotentialen begründeten Elektroden werden im Abschn. 43.4 besprochen.

Die Membrangleichgewichte werden in der Eiweißforschung und bei der Untersuchung anderer Polyelektrolyte ausgenützt, und zwar zur Entfernung anorganischer Ionen durch Dialyse. Am häufigsten wird die sog. *Membranhydrolyse* durchgeführt, durch welche die Proteine ohne chemische Eingriffe in die saure Form übergeführt werden können. Diese Hydrolyse findet statt, wenn die Lösung eines Salzes NaR mit nichtdiffusionsfähigem Anion R^- gegen reines Wasser dialysiert wird. Die Natriumionen diffundieren in das Wasser, und infolge der Elektroneutralitätsbedingung diffundieren auch die durch die Dissoziation des Wassers entstandenen Hydroxidionen. Die überschüssigen Wasserstoffionen werden hierauf an das Anion der schwachen Säure R^- gebunden. Es seien zwei gleiche Lösungsvolumina (I) und (II) betrachtet und die Konzentrationen im Anfangs- und Endzustand folgendermaßen bezeichnet:

	(I)	(II)
Ausgangszustand	$[Na^+] = c$, $[R^-] = c$	$[Na^+] = 0$
Gleichgewicht	$[Na^+] = c - x$, $[R^-] = c$	$[Na^+] = [OH^-] = x$
	$[H^+] = x$.	

Im Gleichgewicht gilt nach Gl. (43.6)

$$(c - x)\, K_w/x = x^2, \tag{43.21}$$

und daraus folgt

$$x \approx (K_w\, c)^{1/3}. \tag{43.22}$$

Man sieht, daß die Menge an Natriumionen, die bis zur Gleichgewichtseinstellung aus der Proteinlösung verschwindet, nicht groß ist. Läßt man aber durch den Raum II mehrere Stunden lang reines Wasser durchfließen, so kann eine zufriedenstellende Hydrolyse erreicht werden.

Wird der Durchgang der Ionen durch die Membran durch Anlegen eines elektrischen Feldes beschleunigt, so bezeichnet man einen solchen Vorgang als *Elektrodialyse*.

Ein wichtiges Einsatzgebiet der permselektiven Membranen ist die elektrodialytische Entsalzung. Der Elektrodialysator (s. Abb. 4.3) ist in Zellen unterteilt, die abwechselnd durch Kationen- und Anionenaustauschermembranen getrennt sind. Beim Durchgang eines positiven Stromes sammelt sich der Elektrolyt (in unserem Fall NaCl) in den Zellen an, die in der Stromrichtung zuerst durch eine Kationen- und danach durch eine Anionenaustauschmembran getrennt sind. Aus den Zellen, die in der Stromrichtung zuerst durch eine Anionen- und dann durch eine Kationenaustauschermembran getrennt sind, wird dagegen das NaCl entfernt. Der Elektrodialysator ist als Durchflußgerät konstruiert, und auf diese Weise wird die zugeleitete Salzlösung in ein Salzkonzentrat und in entsalztes Wasser aufgetrennt.

43.4. Ionenselektive Elektroden

Diese Art der analytischen Sensoren ist auf permselektiven Membranen begründet, die eine ausgeprägte Selektivität für eine bestimmte Ionenart aufweisen.

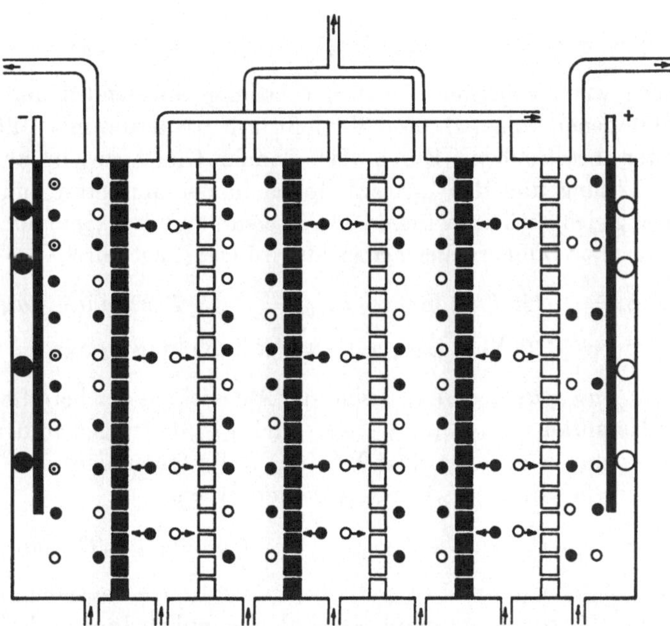

Abb. 4.3. Schematische Darstellung der elektrodialytischen Entsalzung von Wasser. ● Natriumionen, ○ Chloridionen, ■ Kationenaustauschermembran, ▢ Anionenaustauschermembran, ● Wasserstoffbläschen, ○ Chlorbläschen. Nach K. Fischbeck

Diese Eigenschaft macht es möglich, die Aktivität des zu bestimmenden Ions durch eine einzige Messung zu ermitteln, d. h. durch direkte Potentiometrie (zum Unterschied von der sonst in der analytischen Chemie üblichen potentiometrischen Titration). Je nach der Natur der Membran teilt man sie in Systeme mit Festionenmembranen und in Systeme mit flüssigen Membranen ein. Die charakteristischen Eigenschaften dieser Elektroden seien am Beispiel einer Elektrode mit Festionenmembran (fixed-site membrane) aufgezeigt.

43.41. Elektroden mit Festionenmembran

Zur Herleitung des Ausdruckes für das Potential der Membran eines solchen Elektrodentyps sei eine Anionenaustauschermembran betrachtet, die zwei Lösungen voneinander trennt, die die Kationen B$^+$ und K$^+$ in verschiedenen Konzentrationen enthalten. Diese Ionen gehen in die Membran über, die eine bestimmte

Zahl von Stellen besitzt, an denen sie gebunden werden und als sog. Gegenionen fungieren können. Ihre Ladung wird durch die fixierten Anionen in der Membran kompensiert. Beide gebundenen Kationensorten diffundieren in der Membran mit verschiedenen Geschwindigkeiten u_B und u_K. Man hat also das System

Membran

$$B^+ (a_{B,1}), K^+ (a_{K,1}) \mid B^+ (C_B), K^+ (C_K) \mid B^+ (a_{B,2}), K^+ (a_{K,2}).$$
1   p q 2

Das Membranpotential $\Delta \varphi_M$ ist aus drei elektrischen Potentialdifferenzen zusammengesetzt:

$$\Delta \varphi_M = \varphi_2 - \varphi_1 = (\varphi_2 - \varphi_q) + (\varphi_q - \varphi_p) + (\varphi_p - \varphi_1). \qquad (43.23)$$

Das Gleichgewicht zwischen den in der Lösung anwesenden und den in der Membran gebundenen Ionen B^+ und K^+ läßt sich wiederum mit Hilfe von zwei Gleichgewichten beschreiben: Durch das Donnan-Gleichgewicht zwischen den Ionen in der Lösung und den „freien" Ionen in der Membran und durch das Ionenaustauschgleichgewicht zwischen den „freien" und den „gebundenen" Ionen in der Membran. Das Donnan-Gleichgewicht wird festgelegt durch die Gleichungen

$$\varphi_2 - \varphi_q = - (R\,T/F) \ln (a_{B,2}/a_{B,q}) = - (R\,T/F) \ln (a_{K,2}/a_{K,q}),$$
$$\varphi_p - \varphi_1 = (R\,T/F) \ln (a_{B,1}/a_{B,p}) = (R\,T/F) \ln (a_{K,1}/a_{K,p}). \qquad (43.24)$$

Die Größen $a_{B,p}$, $a_{B,q}$, $a_{K,p}$ und $a_{K,q}$ sind die Aktivitäten der betreffenden freien Ionen in der Membran und $a_{B,1}$, $a_{B,2}$, $a_{K,1}$ und $a_{K,2}$ diejenigen in den Lösungen 1 und 2. Das Austauschgleichgewicht B^+ (frei) $\rightleftarrows$ B^+ (gebunden) und K^+ (frei) $\rightleftarrows$ K^+ (gebunden) beschreiben wir mit Hilfe der Brüche

$$K_B = C_{B,p}/a_{B,p} = C_{B,q}/a_{B,q}, \quad K_K = C_{K,p}/a_{K,p} = C_{K,q}/a_{K,q}. \qquad (43.25)$$

Hier sind $C_{K,p}$, $C_{K,q}$, $C_{B,p}$ und $C_{B,q}$ die Konzentrationen der gebundenen Ionen in der Membran (für die Membranphase wird gewöhnlich Idealverhalten vorausgesetzt, und die Aktivitäten werden mit den Konzentrationen identifiziert; die Summe von C_B und C_K ist konstant). Das Verhältnis K_B/K_K ist die Konstante der Austauschreaktion B^+ (frei) $+$ K^+ (gebunden) $\rightleftarrows$ B^+ (gebunden) $+$ K^+ (frei).

Die Potentialdifferenz im Inneren der Membran, $\varphi_q - \varphi_p$, ist das Diffusionspotential, das wir aus den Nernst-Planckschen Gleichungen ermitteln

$$J_B = - u_B\,R\,T\,(\mathrm{d}\,C_B/\mathrm{d}\,x) - u_B\,C_B\,F\,(\mathrm{d}\,\varphi/\mathrm{d}\,x),$$
$$J_K = - u_K\,R\,T\,(\mathrm{d}\,C_K/\mathrm{d}\,x) - u_K\,C_K\,F\,(\mathrm{d}\,\varphi/\mathrm{d}\,x). \qquad (43.26)$$

Da wir annehmen, daß durch die Membran kein elektrischer Strom fließt und daß die Beweglichkeit der Anionen im Inneren der Membran Null ist, gilt $J_B + J_K = 0$, so daß

$$R\,T\,\mathrm{d}\,(u_B\,C_B + u_K\,C_K)/\mathrm{d}\,x + (u_B\,C_B + u_K\,C_K)\,F\,(\mathrm{d}\,\varphi/\mathrm{d}\,x) = 0. \qquad (43.27)$$

Durch Integration in den Grenzen von $x = p$ bis $x = q$ erhalten wir

$$\varphi_q - \varphi_p = - \frac{R\,T}{F} \ln \frac{u_B\,C_{B,q} + u_K\,C_{K,q}}{u_B\,C_{B,p} + u_K\,C_{K,p}}. \qquad (43.28)$$

Durch Einsetzen aus den Gln. (43.24) und (43.28) in die Gl. (43.23) und Umformen mit Hilfe von (43.25) ergibt sich für das Membranpotential die Beziehung

$$\Delta\,\varphi_M = -\frac{R\,T}{F}\ln\frac{u_B\,K_B\,a_{B,2} + u_K\,K_K\,a_{K,2}}{u_B\,K_B\,a_{B,1} + u_K\,K_K\,a_{K,1}}\,. \tag{43.29}$$

Dividiert man den Bruch in Gl. (43.29) im Zähler und Nenner durch das Produkt $u_B\,K_B$ und bezeichnet man den Quotienten

$$u_K\,K_K/u_B\,K_B = K_{B,K}, \tag{43.30}$$

so erhält man die sog. *Nikolsky-Eisenmansche Gleichung*

$$\Delta\,\varphi_M = -\frac{R\,T}{F}\ln\frac{a_{B,2} + K_{B,K}\,a_{K,2}}{a_{B,1} + K_{B,K}\,a_{K,1}}\,. \tag{43.31}$$

Die Konstante $K_{B,K}$ heißt die *Selektivitätskonstante* der Membran für die Ionen K^+ in bezug auf die Ionen B^+. Ist nämlich diese Konstante groß und das Verhältnis $a_{K,1}/a_{B,1}$ nicht allzu klein, so gilt bei konstanten Werten von $a_{B,2}$ und $a_{K,2}$ für $\Delta\,\varphi_M$ die Relation

$$\Delta\,\varphi_M = K_1 + \frac{R\,T}{F}\ln a_{K,1} \quad (K_{B,K} \gg a_{B,1}/a_{K,1}), \tag{43.32}$$

wobei $K_1 = (R\,T/F)\ln\,[K_{B,K}/(a_{B,2} + K_{B,K}\,a_{K,2})]$ ist. Das Potential $\Delta\,\varphi_M$ wird also durch die K^+-Ionen in der Lösung 1 festgelegt (die Membran ist spezifisch für diese Ionen), und die Abhängigkeit von $\Delta\,\varphi_M$ von log $a_{K,1}$ hat die „Nernstsche Neigung" 2,303 $R\,T/F$. Ist umgekehrt die Selektivitätskonstante klein und das Verhältnis $a_{K,1}/a_{B,1}$ nicht allzu groß, so gilt analog

$$\Delta\,\varphi_M = K_2 + \frac{R\,T}{F}\ln a_{B,1} \quad (K_{B,K} \ll a_{B,1}/a_{K,1})\,. \tag{43.33}$$

und die Membran ist spezifisch für die Ionen B^+.

Manchmal wird noch die Selektivitätskonstante der Membran für die Ionen B^+ gegenüber den Ionen K^+ als $K_{K,B} = 1/K_{B,K}$ eingeführt, und dann hat die Gleichung (43.31) die Form

$$\Delta\,\varphi_M = -\frac{R\,T}{F}\ln\frac{a_{K,2} + K_{K,B}\,a_{B,2}}{a_{K,1} + K_{K,B}\,a_{B,1}}\,. \tag{43.34}$$

Die kommerziell erzeugten Elektroden sind so angeordnet, daß nur die eine Oberfläche der Membran der Einwirkung der zu messenden Lösung ausgestellt wird. Die Membran ist in der Regel am Ende eines Kunststoffrohres befestigt, in welchem sich eine zweite Lösung mit einer geeigneten Ableitelektrode (z. B. eine Kalomel-, eine Silberchloridelektrode u. ä.) befinden (Abb. 4.4). Innenlösung der Elektrode und Ableitelektrode bleiben bei allen Messungen die gleichen. In der gesamten elektromotorischen Kraft der Zelle, die aus der zu messenden Lösung mit der in sie eingetauchten ionenselektiven Elektrode und einer äußeren Bezugselektrode besteht, tritt dann ein Term auf, der die Aktivität der zu bestimmenden Ionen enthält, und ein konstanter Term, der die Potentialsprünge

an allen Phasengrenzen außer an der Phasengrenze äußere Membranoberfläche/
zu untersuchende Lösung erfaßt.

Der konstante Term erfaßt also die Phasengrenzen: auf der Seite der Meßelektrode:

Innere Oberfläche der Membran- elektrode	Innenlösung der Membran- elektrode	Lösung der inneren Bezugs- elektrode	Metall der inneren Bezugs- elektrode	Zuleitung

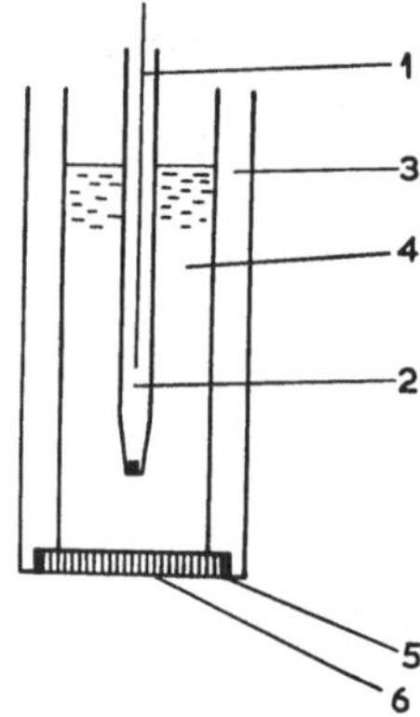

Abb. 4.4. Skizze einer ionenselektiven Elektrode mit fester Membran. 1 = innere
Elektrode, 2 = Lösung der inneren Elektrode, 3 = Mantel, 4 = innere Lösung,
5 = Kitt, 6 = Membran

und auf der Seite der äußeren Bezugselektrode:

Zuleitung	Metall der äußeren Bezugs- elektrode	Lösung der äußeren Bezugs- elektrode	zu unter- suchende Lösung

Dieser konstante Term muß durch Eichung bestimmt werden, da er augen-
scheinlich für jede konkrete Elektrode einen anderen Wert hat.

Die festen Membranen bestehen aus einem strukturbeständigen Netzwerk
bestimmter Ionen, in das entgegengesetzt geladene Ionen eintreten, deren Aktivität das Potential bestimmt. Die Membran kann entweder homogen sein (Einkristall, Glas, polykristalliner Preßkörper), oder sie ist heterogen, wobei der
kristalline Stoff in die Matrix eines geeigneten Polymeren (z. B. Siliconkautschuk
oder PVC) eingebaut ist. Die Gleichung, die das Potential bestimmt, ist der
Gl. (43.31) analog.

Die Silberhalogenidelektroden werden aus AgCl, AgBr und AgCl hergestellt.
In der Membran kommt kein Flüssigkeitspotential zustande, denn der Ladungstransport wird dort durch die Ag^+-Ionen besorgt, deren Konzentration überall
die gleiche ist. Sie finden zur Bestimmung der Ionen Cl^-, Br^-, I^-, CN^- in den
verschiedensten anorganischen, organischen und biologischen Materialien Verwendung.

Die Lanthanfluorid-Elektrode wird zur Bestimmung von F^--Ionen in neutralen und sauren Medien benutzt.

Die Silbersulfid-Elektroden gehören zu den verläßlichsten Elektroden dieses Typs, und sie werden zur Bestimmung der Ionen S^{2-}, Ag^+ und Hg^{2+} herangezogen.

Elektroden aus einem Gemisch von Sulfiden zweiwertiger Metalle und Ag_2S werden zur Bestimmung von Pb^{2+}, Cu^{2+} und Cd^{2+} eingesetzt.

43.42. Die Glaselektrode

Die Glaselektrode ist die älteste und bisher meistbenutzte der Elektroden mit Festionenmembran. Wegen ihrer Wichtigkeit wollen wir sie gesondert besprechen.

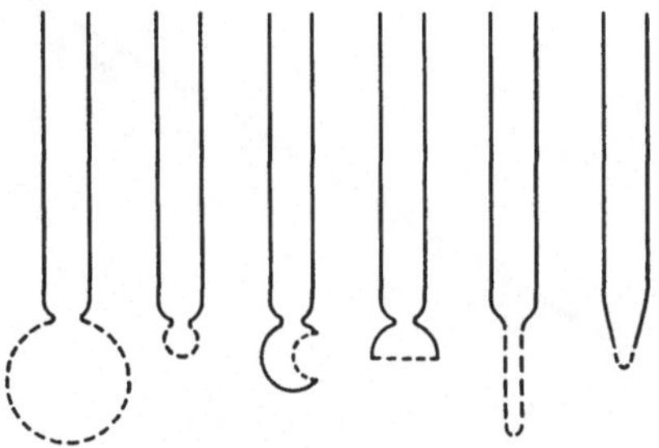

Abb. 4.5. Verschiedene Ausführungsformen der Glaselektrode
(die Membran ist gestrichelt eingezeichnet)

Die Glaselektrode besteht aus einem Glasrohr, das am Ende zu einer dünnen Membran ausgeblasen ist (Beispiele verschiedener Formen der Glaselektrode sind in Abb. 4.5 wiedergegeben). Sie ist mit einer Lösung gefüllt, die bei den Messungen nicht geändert wird (Acetatpuffer, Salzsäure), und in diese Lösung ist eine Bezugselektrode eingetaucht (Silberchlorid- oder Kalomelelektrode). Dieses gesamte System wird bei der Messung gemeinsam mit einer anderen Bezugselektrode (Kalomelelektrode) in die zu untersuchende Lösung getaucht. Für das Potential der Glaselektrode gegen die Bezugselektrode in einem bestimmten pH-Bereich gilt hierauf

$$E = E_0 + \frac{RT}{F} \ln a_{H_3O^+}. \qquad (43.35)$$

Die Konstante E_0 muß durch Eichung mit einem Puffer von bekanntem pH-Wert bestimmt werden (s. Tab. 1.10).

Die Ansichten über das Wesen der Funktion der Glaselektrode haben sich allmählich entwickelt. Als die richtige Deutung wird heute die Vorstellung betrachtet, daß sich an der Glasoberfläche Austauschreaktionen abspielen, also die Vorstellung, daß es sich um eine Membranelektrode vom Ionenaustauschertyp handelt. Das Glas wird durch ein festes Silicatskelett gebildet, in welchem die Kationen der Alkalimetalle verhältnismäßig recht beweglich sind. An der Oberfläche können sie beim Kontakt mit der Lösung gegen andere Kationen aus der

Lösung ausgetauscht werden, namentlich gegen Wasserstoffionen. An der Oberfläche eines Natriumglases läuft z. B. die folgende Reaktion ab

$$\text{Na}^+\,(\text{Glas}) + \text{H}^+\,(\text{Lösung}) \rightleftarrows \text{H}^+\,(\text{Glas}) + \text{Na}^+\,(\text{Lösung}), \qquad (43.36)$$

die durch die Ionenaustauschgleichgewichtskonstante K_a charakterisiert wird.

Diese Vorstellungen wurden von Dole, Nikolsky und Eisenman bearbeitet. Sie gelangten zu den gleichen Relationen, die für pH 1 bis 10 identisch mit der Gl. (43.35) sind und die im alkalischen Gebiet auftretenden Abweichungen von dieser Gleichung gut erfassen. Im alkalischen Gebiet sind nämlich die gemessenen

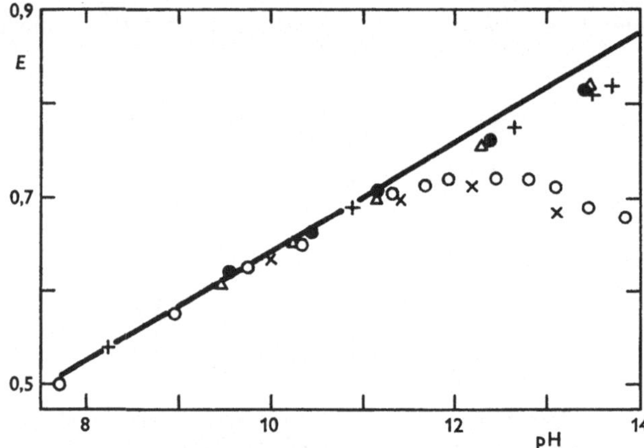

Abb. 4.6. Potential einer Glaselektrode aus Natriumglas (72% SiO_2, 8% CaO, 20% Na_2O) in Abhängigkeit vom pH für verschiedene Kationen: $\times$ Li$^+$, $\bigcirc$ Na$^+$, $+$ K$^+$, $\bullet$ Rb$^+$, $\triangle$ Cs$^+$ [experimentelle Daten nach S. I. Sokolow, A. G. Passynskij: Zh. fiz. khim. **3**, 131 (1932)]; die Gerade mit der Neigung von 56 mV pro pH-Einheit entspricht der Gl. (43.37)

Potentiale niedriger als die der Gl. (43.35) genügenden Werte. Der Unterschied zwischen dem gemessenen Potential und dem nach Gl. (43.35) berechneten wird der Alkalifehler der Glaselektrode genannt. Er hängt von der Glassorte und von der Kationenart in der Lösung ab. Diese Abhängigkeit ist vom Gesichtspunkt der erwähnten Vorstellung begreiflich. Das Kation des Glases kann durch Wasserstoff oder durch ein anderes gleich großes oder kleineres Kation als das des Glases ersetzt werden. Je kleiner das Kation des Glases ist, um so weniger Ionenarten außer Wasserstoff vermögen es zu ersetzen und um so größer muß die Konzentration dieser Kationen in der Lösung sein, damit sie in merklichem Maß in die Oberfläche eintreten. Den kleinsten Alkalifehler weisen die aus Lithiumglas hergestellten Elektroden auf. Bei gegebener Glassorte ist der Fehler in LiOH-Lösungen am größten, in NaOH-Lösungen kleiner usw. (vgl. Abb. 4.6).

Durch einen analogen Vorgang wie beim Herleiten der Gl. (43.31) erhalten wir für die Glaselektrode, an deren Oberfläche die Austauschreaktion (43.36) abläuft, die Beziehung

$$E = E_0 + \frac{RT}{F} \ln\left(a_{\text{H}^+} + K_{\text{H}^+,\text{Na}^+}\, a_{\text{Na}^+}\right). \qquad (43.37)$$

In der Konstante E_0 sind konstante Terme erfaßt, die den inneren Teil der Glaselektrode betreffen.

1. Ist $a_{H^+} \gg K_{H^+, Na^+}\, a_{Na^+}$, was in saurem oder neutralem Medium der Fall ist oder wenn keine Na^+-haltigen Elektrolyte anwesend sind, so gilt offensichtlich die Gl. (43.35).

2. Ist $a_{H^+} \ll K_{H^+, Na^+}\, a_{Na^+}$, was in der Regel in alkalischem Medium eintritt, so gilt

$$E = E_0' + \frac{R\,T}{F} \ln a_{Na^+}. \tag{43.38}$$

Die Elektrode ist in diesem Fall spezifisch für Natriumionen, ihr Potential ist pH-unabhängig.

Für den Alkalifehler erhalten wir durch Subtrahieren der Gln. (43.37) und (43.35)

$$\Delta E = \frac{R\,T}{F} \ln \frac{a_{H^+} + K_{H^+, Na^+}\, a_{Na^+}}{a_{H^+}}. \tag{43.39}$$

Man sieht, daß der Alkalifehler entsprechend der Theorie mit sinkender Acidität oder mit steigender Aktivität des Alkalimetallions wächst.

Das zur Herstellung einer Glaselektrode vorgesehene Glas muß einen geringen Widerstand haben, ein kleines Asymmetriepotential aufweisen (um reproduzierbare Meßwerte zu liefern), einen niedrigen Alkalifehler besitzen (um die Elektrode in einem möglichst breiten pH-Bereich verwenden zu können) und darf sich nicht merklich auflösen (damit sich in der Schicht um die Elektrode kein anderer pH-Wert als in der ursprünglichen Lösung einstellt). Diese Forderungen sind in gewissem Maß gegensätzlich. So haben zum Beispiel die Lithiumgläser einen kleinen Alkalifehler, aber sie lösen sich verhältnismäßig stark auf. Als Beispiele für die prozentuelle Zusammensetzung von Gläsern, die zur Herstellung von Elektroden geeignet sind, können das Glas Corning 015 mit 72% SiO_2, 6% CaO, 22% Na_2O oder Lithiumglas mit 72% SiO_2, 6% CaO, 22% Li_2O dienen.

Gläser, die eine Beimengung von Aluminiumoxid und gegebenenfalls anderer dreiwertiger Metalle enthalten, weisen eine bedeutende Selektivität für Alkalimetallionen auf, und zwar oft bis ins saure pH-Gebiet. Beträchtliche Verbreitung hat eine Glaselektrode gefunden, die gegenüber Natriumionen empfindlich, aber wenig selektiv für Wasserstoff- und Kaliumionen ist. Die Zusammensetzung ihres Glases beträgt 11 Mol% Na_2O, 18 Mol% Al_2O_3 und 71 Mol% SiO_2. Bei pH 11 ist ihre Selektivitätskonstante für Natriumionen gegenüber Kaliumionen $K_{K^+, Na^+} \approx 2{,}8 \cdot 10^3$.

Hinweise für den Umgang mit der Glaselektrode sind in den diesbezüglichen praktischen Handbüchern zu finden.

43.43. pH-Messung mit der Glaselektrode

Das in Abschn. 33.2 beschriebene Verfahren zur pH-Messung ist wegen seiner Langwierigkeit für die geläufige Praxis nicht brauchbar. Außerdem wird die Wasserstoffelektrode für Routinemessungen nicht verwendet. Wird, wie es üblich ist, eine Glaselektrode benutzt, so enthält der Ausdruck für die elektromotorische Kraft der aus der Glas- und einer Bezugselektrode zusammengesetzten Zelle gegenüber der Gl. (32.8) überdies noch den konstanten Term aus der Gl. (43.35), von dem wir gesagt haben, daß er durch Eichung gewonnen werden muß, und weiter einen Term, der das Flüssigkeitspotential an der Grenzfläche zwischen der Bezugselektrode und der zu messenden Lösung erfaßt.

Aus diesem Grunde ist eine *praktische pH-Skala* definiert worden. In der beschriebenen Weise hat man einige Lösungen von verschiedener Acidität durchgemessen (s. Tab. 1.10), die im Labor leicht und reproduzierbar hergestellt werden können. Die durch Extrapolation gewonnenen pH-Werte hat man hierauf diesen Lösungen übereinkunftsmäßig zugeschrieben. Auf diese Weise wurde eine praktische Skala gewonnen, die sich der absoluten sehr nähert, aber nicht ganz identisch mit ihr ist. Bei der Messung geht man dann so vor: In die zu untersuchende Lösung von pH_X taucht man die Glaselektrode und die Bezugselektrode ein und mißt E_X. Mit denselben Elektroden mißt man hierauf E_S für den Standard, den man so gewählt hat, daß sein pH_S dem erwarteten pH_X möglichst naheliegt, oder man mißt besser E_1 und E_2 für zwei Standards, deren pH_1 und pH_2 beiderseits möglichst nahe bei pH_X liegen.

Hat man einen Standard benutzt, so rechnet man nach der Gleichung

$$pH_X = pH_S + \frac{2{,}303\,R\,T}{F}\,(E_X - E_S). \tag{43.40}$$

Bei Verwendung von zwei Standardlösungen führt man die Rechnung nach der Formel für die lineare Interpolation durch

$$pH_X = pH_1 + \frac{E_X - E_1}{E_2 - E_1}\,(pH_2 - pH_1). \tag{43.41}$$

Beide Vorgänge enthalten die Voraussetzung, daß die pH-Abhängigkeit von E der betrachteten Zelle im Bereich von pH_S—pH_X bzw. von pH_1—pH_2 linear sei, und die Voraussetzung, daß das Flüssigkeitspotential bei der Bezugselektrode unabhängig sei von der Zusammensetzung der zu messenden Lösung.

43.44. *Elektroden mit flüssigen Membranen*

Flüssige Membranen werden durch ein Lösungsmittel realisiert, in welchem ein Ionenaustauscher aufgelöst ist. Zu diesem Zweck wird ein poröser Träger (Glasfritte oder eine poröse Platte aus einem synthetischen Polymeren, wie Teflon, Polyvinylchlorid, Dacron u. ä.) mit dem Lösungsmittel getränkt. Die Platte wird am Ende eines Rohres befestigt (Abb. 4.7). Das Lösungsmittel muß unvermischbar mit Wasser sein und eine große Viskosität haben (damit es nicht aus der Membran ausfließt). Es muß weiter einen niedrigen Dampfdruck haben (damit es nicht verdampft) und eine verhältnismäßig hohe Dielektrizitätskonstante (damit keine übermäßige Ionenassoziation stattfinden kann). Der gelöste Ionenaustauscher bildet entweder mit den zu untersuchenden Ionen mehr oder weniger dissoziierte Ionenverbindungen aus, oder er ist eine elektroneutrale Verbindung, die mit den zu untersuchenden Ionen einen Komplex eingeht, der im benutzten Lösungsmittel beständig ist.

Die Theorie der Elektroden mit einem aufgelösten, ionisierten Ionenaustauscher ist gegenüber dem Fall der festen Ionenaustauscher dadurch verwickelter, daß die Diffusionspotentiale in der Membran im Hinblick auf die Dissoziationsprozesse in der Membran einen komplizierteren Charakter haben. Die resultierenden Gleichungen ähneln wiederum der Relation (43.31), die Selektivitätskonstanten enthalten jedoch außer den Gleichgewichtskonstanten der Austauschreaktionen und den Beweglichkeiten der Ionen in der Membran noch die Dissoziationskonstanten der Ionenverbindungen oder der Ionenpaare in der Membran.

Als Lösungsmittel hat sich in den handelsüblichen Ca^{2+}-selektiven Elektroden Dioctylphenylphosphonat bewährt. Die Austauscherionen sind in der Regel Ionen des Typs $(RO)_2PO_2^-$, wo R C_8H_{17} bis $C_{16}H_{33}$ ist (für Ca^{2+}, Mg^{2+} und andere zweiwertige Kationen), oder Ionen vom Typ $Ni(o\text{-phenanthrolin})_3^{2+}$ bzw. Tetra-

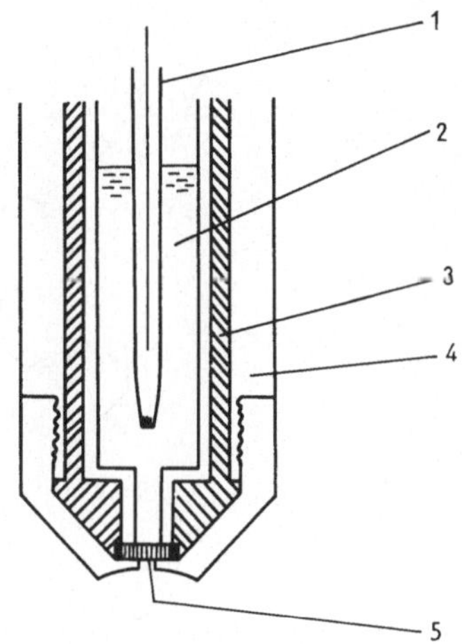

Abb. 4.7. Skizze einer ionenselektiven Elektrode mit flüssiger Membran. 1 = Silber-Silberchloridelektrode, 2 = innere Lösung, 3 = Ionenaustauscherlösung, 4 = Mantel, 5 = Membran

alkylammoniumionen mit langen Alkylketten (für einige Anionen). Die Bestimmung wird jedoch durch eine Reihe von Ionen gestört.

Membranen mit elektroneutralen cyclischen Komplexbildnern (für diese Stoffe wird hier die Bezeichnung Ionenträger benutzt) eignen sich sehr gut für die Bestimmung von Alkalimetallionen, insbesondere von K^+. Gelöste Ionenträger sind makrocyclische Stoffe (Depsipeptide, Makrotetrolide, Polyäther), die komplexbildende Eigenschaften aufweisen. In den Komplex werden vor allem Kalium- und Ammoniumionen gebunden, und die kommerziell entwickelten Elektroden sind eben für diese Kationen selektiv.

Die größte Bedeutung kommt dem cyclischen Antibiotikum Valinomycin zu, das in seiner chemischen Zusammensetzung ein Depsipeptid ist (die Kette ist aus Aminosäuremolekülen und α-Hydroxyfettsäuren zusammengesetzt, s. Abb. 4.8). Dieser Stoff bildet verhältnismäßig feste Komplexe mit Kalium und viel schwächere mit Natrium. Dieser Unterschied ist durch die Ausmaße der Hohlräume im Inneren der cyclischen Struktur verursacht, die gerade den Dimensionen des nichthydratisierten Kaliumions entsprechen. Für diesen und die übrigen Stoffe ist es charakteristisch, daß die hydrophilen polaren Gruppen in die Hohlräume hineingewendet sind, so daß sie an der Komplexbildung teilnehmen, während die hydrophoben lipophilen Kohlenwasserstoffgruppen die äußere Hülle des Komplexes bilden und so seine Auflösung in nichtpolaren Lösungsmitteln ermöglichen. Die flüssige Membran aus einer Lösung von Valinomycin in Diphenyläther bildet die Grundlage der ionenselektiven Elektrode für Kaliumionen mit vernachlässigbarer Selektivität gegenüber Natriumionen.

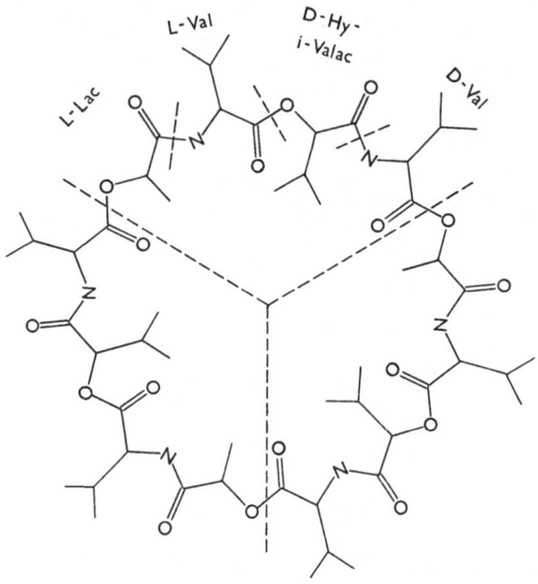

L-Lac
L-Val
D-Hy-
i-Valac
D-Val

Abb. 4.8. Strukturformel des Valinomycins

43.45. Eichung der ionenselektiven Elektroden

Wie wir bereits mehrmals betont haben, sind die Aktivitätskoeffizienten der Einzelionen der Messung unzugänglich. Ihre Werte werden jedoch zu verschiedenen Zwecken benötigt, zum Beispiel für die Eichung ionenselektiver Elektroden. Es ist deshalb wiederum notwendig, eine konventionelle Skala der Ionenaktivitäten auf Grund geeignet gewählter Standards zu definieren. Diese Definition muß allerdings konsistent mit der Definition der konventionellen Skala der Hydroniumionenaktivität sein, d. h. mit der Definition der praktischen pH-Skala. Ebenso müssen die einzelnen Skalen für die verschiedenen Ionen untereinander konsistent sein, d. h. sie müssen die Beziehung zwischen der experimentell zugänglichen mittleren Aktivität des Elektrolyten und den definierten Aktivitäten des Kations und Anions erfüllen [ganz allgemein ist dies die Gl. (11.10)]. Bei der Messung von pH_S der Aciditätsstandards wurden die extrapolierten Werte des Aktivitätskoeffizienten des Chloridions verwendet, und deshalb ist der folgende Vorgang zur Eichung ionenselektiver Elektroden vorgeschlagen worden:

Kationenselektive Elektroden werden mittels der vollständig dissoziierten Chloride dieser Kationen geeicht, anionenselektive Elektroden mittels der Natriumsalze der betreffenden Anionen. Mit dem am Anfang dieses Abschnittes beschriebenen Verfahren sind einige Elektrolyte durchgemessen worden. Mit Hilfe der für die Definition der praktischen pH-Skala gewonnenen Werte von γ_{Cl^-} und der gemessenen Werte von a_+ hat man die Ionenaktivitäten berechnet und diese dann übereinkunftsmäßig den Lösungen zugeschrieben. Dadurch hat man die konventionellen Aktivitätsskalen dieser Ionen gewonnen. In Tab. 4.2 sind drei solcher Standardlösungen angeführt; in dieser Tabelle ist z. B. p Na = — log a_{Na} u. ä.

Tabelle 4.2. *Konventionelle Standardlösungen für die Definition der Ionenaktivitäten* [nach R. C. Bates, M. Alfenaar: Ion-Selective Electrodes (Red. R. A. Durst), Washington 1969, S. 202]

Elektrolyt	Molalität mol · kg^{-1}	pNa	pCa	pCl	pF
NaCl	0,001	3,015		3,015	
	0,01	2,044		2,044	
	0,1	1,108		1,110	
	1,0	0,160		0,204	
NaF	0,001	3,015			3,105
	0,01	2,044			2,048
	0,1	1,108			1,124
CaCl$_2$	0,000333		3,530	3,191	
	0,00333		2,653	2,220	
	0,0333		1,883	1,286	
	0,333		1,105	0,381	

44. Bioelektrochemie

Zu den Forschungsgegenständen der Bioelektrochemie gehören die elektrischen Erscheinungen an den Zellmembranen und ihren synthetischen Modellen, die mit einem Ladungstransport durch diese Membranen verbunden sind, weiter die elektrochemische Oxidation und Reduktion biologisch wichtiger Stoffe sowie ihre Adsorption an Elektroden, die elektrochemische Analyse in biologischen Systemen mit besonderer Betonung der Systeme in vivo und schließlich die Gewinnung neuer elektrochemischer Sensoren auf bioanalogem Prinzip. Im engeren Sinne des Wortes wird nur das erste der aufgezählten Themen in die Bioelektrochemie eingereiht, und mit ihm wollen wir uns auch im vorliegenden Abschnitt befassen.

44.1. Ruhe- und Aktionspotential

Die Ausbildung einer elektrischen Potentialdifferenz zwischen dem Inneren und dem Äußeren der Zelle (mitunter auch bioelektrisches Potential genannt) wird durch die Ionenaustauschereigenschaften der Zellmembran verursacht. Diese Membran besteht nach Danielli und Davson aus einer bimolekularen Schicht von Phospholipiden (in der Regel Ester des Glycerols mit langkettigen Fettsäuren

und Phosphorsäure, an die ein Äthanolamin, wie z. B. Cholin, gebunden ist).
Zu beiden Seiten dieser Membran befindet sich eine Schicht von adsorbiertem
Protein. Nach Green dringen die Proteinmoleküle auch durch die Phospholipid-
schicht hindurch. Die Ausbildung des bioelektrischen Potentials, das besonders
für die Nervenzellen (Neuronen, vgl. Abb. 4.9) und die Muskelzellen charakteristisch ist, hängt mit den unterschiedlichen Permeabilitäten für das Natrium- und

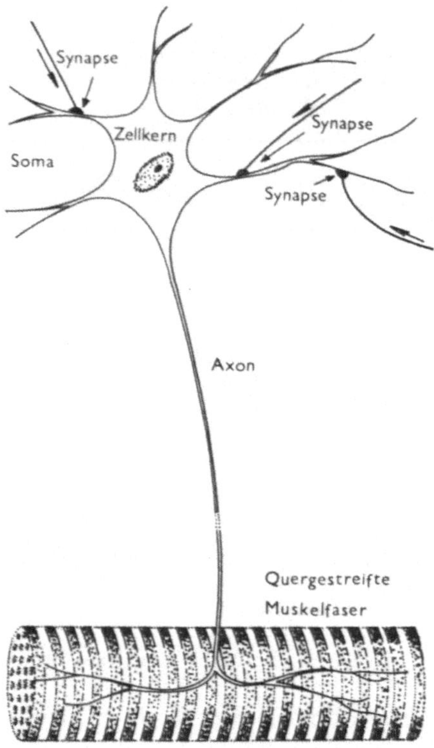

Abb. 4.9. Zelle eines motorischen Nervs (schematische Darstellung)

Kaliumion zusammen. Das Natriumion wird überdies durch einen chemischen
Prozeß aus dem Inneren der Zelle in den Intercellularraum transportiert, dessen
Mechanismus bis jetzt nicht aufgeklärt ist (sog. Natriumpumpe). Infolgedessen
wird das Innere der Zellen beträchtlich an Kaliumionen angereichert. So enthält
z. B. die Nervenfaser, oder das Axon (Abb. 4.9), eines Tintenfisches 0,05 M Na$^+$,
0,4 M K$^+$, 0,04 bis 0,1 M Cl$^-$, 0,27 M Isäthionat und 0,075 M Asparaginsäure-
Anion, während die Intercellularflüssigkeit 0,46 M Na$^+$, 0,01 M K$^+$ und 0,054 M Cl$^-$
enthält.

Grundlegende Untersuchungen über die elektrische Nervenreizung sind von
Hodgkin und Huxley an dem riesigen Axon eines Tintenfisches durchgeführt
worden, das Dicken bis zu 1 mm erreicht. Die Versuchsanordnung ist in Abb. 4.10
wiedergegeben. Das Membranpotential wird mit zwei identischen Bezugselektroden gemessen, z. B. mit Silber-Silberchlorid-Elektroden, die durch Salzbrücken

mit gesättigter KCl-Lösung an die zu untersuchenden Flüssigkeiten angeschlossen sind. Ist das Axon nicht gereizt, so hat das Membranpotential φ (innen) — φ (außen) einen Wert von etwa — 90 mV. Sobald die Zelle durch kleine recht-

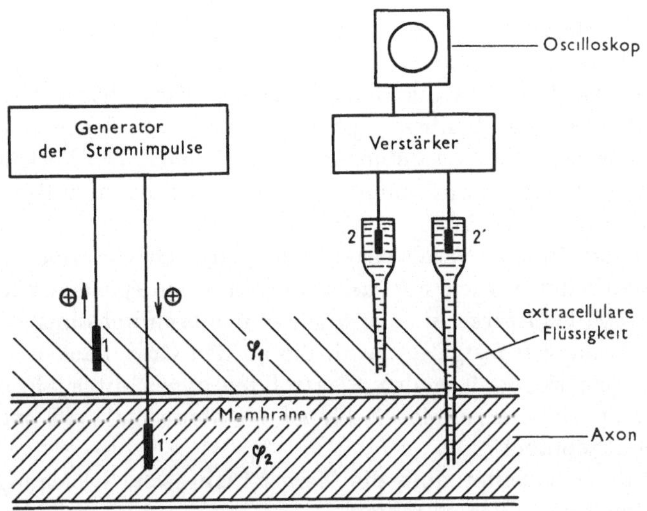

Abb. 4.10. Schema der Versuchsanordnung zur Messung des Membranpotentials einer durch Stromimpulse gereizten Nervenfaser (Axons) (nach B. Katz). 1 = reizauslösende Elektroden, 2 = Meßelektroden

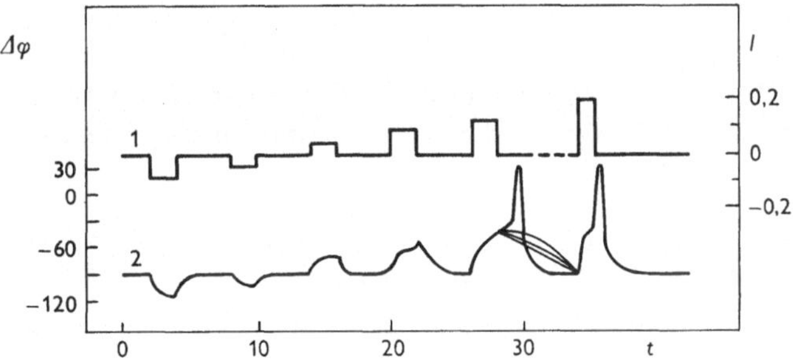

Abb. 4.11. Zeitabhängigkeit der Reizimpulse (1) und des Membranpotentials (2). Die steilen Peaks des Membranpotentials charakterisieren die Entstehung des Aktionspotentials. Rechte Skala Stromstärke I in A, linke Skala Potential $\Delta\varphi$ in mV, Zeit t in ms. (Nach B. Katz)

eckige Stromimpulse gereizt wird, tritt eine Änderung des Membranpotentials ein, die der Größe des Reizimpulses ungefähr proportional ist (s. Abb. 4.11). Fließt ein Strom aus dem Inneren der Zelle hinaus, so vergrößert sich der Absolutwert des Membranpotentials, und es kommt zu einer Hyperpolarisation der Membran. Ein in entgegengesetzter Richtung fließender Strom hat eine depolarisierende Wirkung, der Absolutwert des Potentials sinkt. Sobald der Depolarisationspuls einen bestimmten „Schwellenwert" überschreitet, kommt es zu einem plötzlichen Anstieg des Potentials (Abb. 4.11, Kurve 2). Das charakteristische Potentialmaximum wird das Aktionspotential genannt, und seine Höhe ist bereits unabhängig von einer weiteren Vergrößerung des Reizimpulses. Wird der Nerv durch „Unterschwellen"-Stromimpulse gereizt, so wird eine Änderung des Membranpotentials herbeigeführt, die schon in geringer Entfernung vom Ort der Reizung (höchstens 2 mm) abklingt. Das Aktionspotential, das durch den Schwellen- oder einen stärkeren Stromimpuls ausgelöst wird, bewirkt eine weitere Reizung der umgebenden Membran, die wiederum ein Aktionspotential hervorruft, das sich so entlang des gesamten Axons fortpflanzt. Die Fortpflanzung des Impulses entlang des Axons wird durch die isolierenden Myelinhüllen unterstützt, die sich um die Axonen winden.

Die Theorie des Ruhepotentials der Axonmembran ist von Goldman, Hodgkin und Katz ausgearbeitet worden. Sie basiert auf der grundlegenden Voraussetzung, daß die elektrische Feldstärke in einer dünnen Membran konstant sei, so daß sie nur durch die Ladungen festgelegt wird, die an den Grenzflächen zwischen der Membran und dem sie berührenden Elektrolyten angehäuft sind. Im Hinblick auf die große Kapazität einer solchen dünnen Membran ($\approx 1 \, \mu \, \mathrm{F \, cm^{-2}}$) ist diese Voraussetzung akzeptabel.

Diese Annahme bedeutet, daß die Nernst-Plancksche Gleichung (42.2) für das Potential im Innern der Membran

$$\varphi \, (x) = \Delta \, \varphi_\mathrm{M} \, x/d \tag{44.1}$$

und die Konzentration C_i in der Membran gelöst wird, wobei die Randbedingungen lauten

$$\begin{aligned} x = p: \quad & C_i = C_{i,p}, \\ x = q: \quad & C_i = C_{i,q}. \end{aligned} \tag{44.2}$$

$\Delta \, \varphi_\mathrm{M}$ ist das Membranpotential und d die Dicke der Membran. Unter der Voraussetzung, daß der Materiefluß der i-ten Komponente J_i keine Funktion von x ist, erhalten wir leicht die Lösung

$$C_i \, (x) = - \frac{J_i \, d}{u_i \, z_i \, F \, \Delta \, \varphi_\mathrm{M}} + \left(C_{i,p} + \frac{J_i \, d}{u_i \, z_i \, F \, \Delta \, \varphi_\mathrm{M}} \right) \exp \left(- \frac{z_i \, F \, \Delta \, \varphi_\mathrm{M} \, x}{R \, T \, d} \right) \tag{44.3}$$

Hieraus gewinnen wir für $C_i \, (x) = C_{i,q}$ die Goldmansche Gleichung

$$J_i = \frac{u_i \, z_i \, F \, \Delta \, \varphi_\mathrm{M}}{d} \cdot \frac{C_{i,q} - C_{i,p} \exp \left(- \dfrac{z_i \, F \, \Delta \, \varphi_\mathrm{M}}{R \, T} \right)}{\exp \left(- \dfrac{z_i \, F \, \Delta \, \varphi_\mathrm{M}}{R \, T} \right) - 1} \cdot \tag{44.4}$$

Offensichtlich geht diese Gleichung für das Membranpotential Null ($\Delta \, \varphi_\mathrm{M} \to 0$) in die Gleichung für die Diffusion im stationären Zustand (23.30) über.

Es sei nun der Fall der Membran eines Axons betrachtet, wo in einer gewissen Vereinfachung ohne Durchgang eines elektrischen Stromes Kalium-, Natrium- und Chloridionen durch die Membran hindurchtreten. Allgemein gilt

$$\Sigma \, j_i = 0, \tag{44.5}$$

wobei j_i die elektrischen Stromdichten sind, die dem Transport der einzelnen Ionenarten durch die Membran zugehören. Im gegebenen Fall ergibt sich aus Gl. (44.5)

$$J_{K^+} + J_{Na^+} - J_{Cl^-} = 0. \qquad (44.6)$$

Nach Einsetzen aus Gl. (44.4) erhalten wir

$$\frac{u_{K^+} C_{K^+,q} + u_{Na^+} C_{Na^+,q} - (u_{K^+} C_{K^+,p} + u_{Na^+} C_{Na^+,p}) \exp\left(-\frac{F \Delta \varphi_M}{R T}\right)}{\exp\left(-\frac{F \Delta \varphi_M}{R T}\right) - 1} +$$

$$+ \frac{u_{Cl^-} \left[C_{Cl^-,q} - C_{Cl^-,p} \exp\left(\frac{F \Delta \varphi_M}{R T}\right) \right]}{\exp\left(\frac{F \Delta \varphi_M}{R T}\right) - 1} = 0. \qquad (44.7)$$

Aus dieser Gleichung ergibt sich die Relation

$$\Delta\varphi_M = \frac{R T}{F} \ln \frac{C_{K^+,p} + (u_{Na^+}/u_{K^+})\, C_{Na^+,p} + (u_{Cl^-}/u_{K^+})\, C_{Cl^-,q}}{C_{K^+,q} + (u_{Na^+}/u_{K^+})\, C_{Na^+,q} + (u_{Cl^-}/u_{K^+})\, C_{Cl^-,p}}. \qquad (44.8)$$

Es sei nun angenommen, daß zwischen den Ionen in der Lösung und den Ionen in der Membran Verteilungsgleichgewicht herrscht

$$C_{i,p} = k_i\, c_{i,1},$$
$$C_{i,q} = k_i\, c_{i,2}, \qquad (44.9)$$

wobei k_i die Verteilungskoeffizienten zwischen der Lösung und der Membran sind. Weiter sei der Begriff der Permeabilität der Membran für das i-te Ion eingeführt

$$P_i = \frac{u_i\, k_i}{d}. \qquad (44.10)$$

Durch Einsetzen aus den Gln. (44.9) und (44.10) in die Gl. (44.8) erhalten wir dann die Goldman-Hodgkin-Katzsche Gleichung für das Ruhepotential

$$\Delta \varphi_M = \frac{R T}{F} \ln \frac{c_{K^+,1} + (P_{Na^+}/P_{K^+})\, c_{Na^+,1} + (P_{Cl^-}/P_{K^+})\, c_{Cl^-,2}}{c_{K^+,2} + (P_{Na^+}/P_{K^+})\, c_{Na^+,2} + (P_{Cl^-}/P_{K^+})\, c_{Cl^-,1}}. \qquad (44.11)$$

Der Ruhewert des Membranpotentials kann annähernd mit Hilfe der Gleichung (44.11) unter der Voraussetzung gedeutet werden, daß die Durchlässigkeit für das Kaliumion wesentlich größer ist als für Na$^+$ und Cl$^-$, so daß die Abweichung vom einfachen Donnan-Potential nicht allzu groß ist. Dabei wird angenommen, daß die Natriumionen, die dauernd von außen in das Innere der Zelle eindringen, aus der Zelle hinaus durch einen Mechanismus transportiert werden, der keinen direkten Einfluß auf das Membranpotential ausübt.

Die Änderung des Membranpotentials, die einen starken Reizimpuls begleitet, setzt einen bisher unbekannten Mechanismus in Tätigkeit, durch den die Durchlässigkeit der Membran für die Natriumionen stark erhöht wird, und es kommt zu einer Umkehrung des Verhältnisses $P\,(\mathrm{Na^+})/P\,(\mathrm{K^+})$. In der Gl. (44.11) kann dann die Durchlässigkeit für die Kaliumionen vernachlässigt werden, und das Membranpotential erreicht praktisch den Wert $\Delta\,\varphi_\mathrm{M} = (R\,T/F)\ln\,[c_{\mathrm{Na^+}}\,(\text{außen})/c_{\mathrm{Na^+}}\,(\text{innen})]$. Die Erhöhung der Permeabilität für die Natriumionen ist jedoch nur kurzzeitig, und das Membranpotential kehrt rasch auf den ursprünglichen Wert zurück.

44.2. Steuerung biologischer Prozesse durch Membranpotentiale

Schon im Jahre 1891 sprach W. Ostwald die Vermutung aus, „. . . daß nicht nur die Ströme in Muskeln und Nerven, sondern auch namentlich die rätselhaften Wirkungen der elektrischen Fische durch die Eigenschaften der halbdurchlässigen Membranen ihre Erklärung finden werden". [Z. phys. Chemie 6, 71 (1891)]. Wie die weitere Entwicklung der Physiologie und der Membran-Elektrochemie gezeigt hat, kommt den Vorgängen an den Zellmembranen eine noch viel breitere Bedeutung zu; sie greifen eigentlich in alle grundlegenden Lebensfunktionen ein: in Stoffwechsel, Informationsübertragung, Wachstum und Bewegung. Im vorliegenden Abschnitt wollen wir dies durch einige Beispiele illustrieren.

Einer der fundamentalen Stoffwechselprozesse ist die Akkumulation Gibbsscher Energie, die durch die Oxidation von Kohlenstoffsubstrat bei der Zellatmung gewonnen wird. Er basiert auf der Reaktion von Adenosindiphosphat (ADP) mit Phosphation unter Bildung von Adenosintriphosphat (ATP), bei der eine energiereiche (makroergische) Polyphosphatbindung entsteht. Dieser Vorgang, der als oxidative Phosphorylierung bezeichnet wird, läuft an den Membranen der Mitochondrien ab, Organellen, die im Inneren der Zelle untergebracht sind. Das Mitochondrion hat zwei Membranen, von denen die innere den Innenraum des Mitochondrions, den sog. Matrixraum, abschließt. Der Raum zwischen der inneren und der äußeren Membran des Mitochondrions wird Intracristaeraum genannt, weil sich die Innenmembran durch Falten (Cristae) in den Matrixraum einstülpt.

Die Mitchellsche Theorie der oxidativen Phosphorylierung geht von der Grundvoraussetzung aus, daß die Gibbssche Energie, die der Oxidation des Substrates durch den Sauerstoff zugehört, in Form von elektrischer Energie akkumuliert wird, die mit der Differenz des elektrischen Potentials zwischen dem Matrix- und dem Intracristaeraum verbunden ist. Die Ausbildung dieses Potentialunterschiedes hängt zusammen mit dem aktiven Transport des Protons aus dem Matrix- in den Intracristaeraum über die quer durch die Membran „vektoriell" untergebrachte Enzymkette (d. h. mit dem Transport in Richtung des wachsenden Konzentrationsgradienten). Die so gewonnene elektrische Energie wird zur ATP-Synthese beim Rücktransport des Protons ausgenützt.

Eine bemerkenswerte Erscheinung ist die Entkopplung der oxidativen Phosphorylierung, bei der die Zellatmung zwar abläuft, aber kein ATP synthetisiert wird. Diese Entkopplung erfolgt in Gegenwart verschiedener Stoffe, u. a. auch der cyclischen Verbindungen, von denen wir in Abschn. 43.44 gesprochen haben, die alle eine antibiotische Funktion haben. Die akkumulierte elektrische Energie kann nämlich auch für den Transport von anderen Ionen als der Protonen ausgenützt werden, z. B. der Alkalimetallionen, insbesondere von K^+, wenn es in einem geeigneten Komplex gebunden ist, der sich in der inneren Lipoidschicht der Membran des Mitochondrions auflösen kann. Der Transport von K^+-Ionen aus dem Matrixraum in den Intracristaeraum in Richtung des Gradienten ihres elektrochemischen Potentials führt zur Aufhebung der elektrischen Potentialdifferenz, ohne daß es zur Synthese von ATP käme.

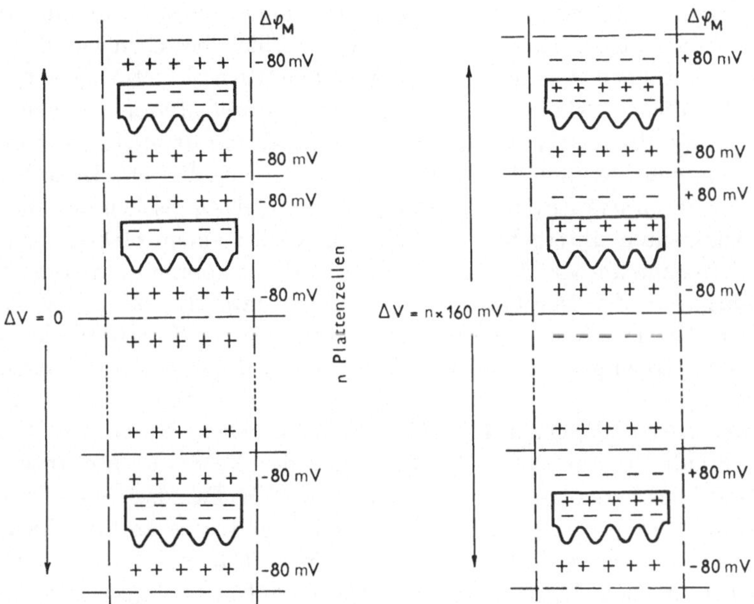

Abb. 4.12. Schaltschema der elektrischen Plattenzellen eines Zitteraals. A = im ungereizten Zustand haben die obere (glatte) inervierte Membran und die untere (gefaltete) nichtinervierte Membran der Plattenzelle ein Ruhepotential von — 80 mV. Infolge der Serienschaltung heben sich diese Potentiale gegenseitig auf, und das elektrische Organ des Fisches weist nach außen hin keine Spannung auf. B = bei der Reizung macht sich an der inervierten Membran das Aktionspotential geltend, das einen dem Ruhepotential annähernd entgegengesetzten Wert hat. Aktions- und Ruhepotential addieren sich also, und am elektrischen Organ bildet sich infolge der großen Zahl der Plattenzellen ein starker Spannungsimpuls aus

Das grundlegende Informationselement — die Fortpflanzung des elektrischen Impulses im Nerv — ist bereits im vorangegangenen Abschnitt diskutiert worden. Es muß noch erwähnt werden, daß auch die Sinnesleistungen ihre Grundlage in den Membranpotentialen haben. So z. B. besteht die stäbchenförmige Photorezeptorzelle aus dem äußeren Segment, das zahlreiche stabförmige Bläschen enthält, aus dem inneren Segment mit dem Kern und den Mitochondrien und aus der Synapse, die den Photorezeptor mit der bipolaren Nervenzelle (d. h. einer Zelle mit zwei Axonen) verbindet. Der Sehpurpur Rhodopsin bildet einen wesentlichen Teil des Membranmaterials der stäbchenförmigen Bläschen. Die Absorption eines Lichtquants durch ein Rhodopsinmolekül löst einen Ionenaustauschprozeß aus, der mit dem passiven Eindringen von Na^+-Ionen in das Innere der Rezeptorzelle (d. h. in Richtung des sinkenden elektrochemischen Potentials) und mit der Ausbildung eines Aktionspotentials verbunden ist, durch das die Synapse gereizt wird. Der Lichtimpuls wird durch diesen Prozeß verstärkt und durch die Nervenfaser weitergeleitet.

Die Bewegung und weitere Tätigkeiten der höheren Organismen sind an die Muskeln gebunden; die grundlegende Struktureinheit des Muskels ist die Muskelfaser. Sie besteht aus der Oberflächenmembran, dem sarcoplasmatischen Reticulum und den Myofibrillen. Die äußere Membran der Muskelfaser ist in das sarcoplasmatische Reticulum durch Quertubuli eingestülpt, an die die Ausläufer der Nervenfaser angeschlossen sind. Die Myofibrillen bestehen aus den parallel angeordneten dünnen Filamenten, die aus dem Eiweiß Actin aufgebaut sind, und aus den dicken Filamenten, die aus dem Eiweiß Myosin gebildet werden. Ihre Bewegung, die das Wesen der Muskelkontraktion darstellt, erfordert einen Energieverbrauch, der mit der ATP-Hydrolyse verbunden ist. Diese Bewegung wird jedoch durch das Eiweiß Troponin gehemmt, das zwischen den dicken und dünnen Filamenten untergebracht ist. Wenn es bei einem elektrischen Impuls zur Depolarisation an der Membran der Nervenfaser kommt, so findet auch eine Depolarisation an der Membran der Quertubuli statt, die mit einem Transport von Ca^{2+} in das Innere der Nervenfaser verbunden ist. Durch Wechselwirkung zwischen den Calciumionen und dem Troponin wird der Kontraktionsmechanismus ausgelöst.

Die elektrischen Fische (Zitteraal und Zitterrochen) waren schon mehr als zwei Jahrhunderte Gegenstand des Interesses der Naturwissenschaftler. In der ersten Hälfte des vergangenen Jahrhunderts hielt M. Faraday einen Zitteraal im Laboratorium der Royal Institution in London und wies an ihm die Identität der „tierischen" Elektrizität mit der aus einem Galvani-Element oder durch Reibung gewonnenen Elektrizität nach. Die verhältnismäßig starken Entladungen (beim Zitteraal bildet sich zwischen Kopf und Schwanz an der Luft eine elektrische Potentialdifferenz von 600 V aus) werden von einem elektrischen Organ generiert, das z. B. beim Zitteraal etwa 4/5 des gesamten Körpers einnimmt. Das elektrische Organ besteht aus Plattenzellen (in einer Anzahl von bis zu 6000 — vgl. Abb. 4.12), in welchen sich die Konzentrationen der K^+- und Na^+-Ionen denen im Axon nähern. Innerviert sind nur die oberen Seiten der Platten. Ist der Fisch nicht gereizt, so bildet sich längs der gesamten Membran der Plattenzelle das gleiche Ruhepotential aus, und das elektrische Organ des Fisches ist keine elektrische Spannungsquelle. Bei der Reizung wird nur an der oberen Seite ein Aktionspotential ausgelöst, während die untere Seite in Ruhe bleibt. Das elektrische Organ nimmt deshalb den Charakter einer Batterie von Zellen in Serienschaltung an (jede mit einer elektromotorischen Kraft von bis zu 150 mV) und vermag so eine hohe Gesamtspannung zu erreichen.

5. Prozesse in heterogenen elektrochemischen Systemen

51. Grundbegriffe und Definitionen

Ein von zwei Elektroden im Medium eines Elektrolyten gebildetes System wird *Elektrolysezelle* genannt. Bei dieser Gelegenheit wollen wir uns vor Augen halten, daß zwischen den Begriffen „galvanische Zelle" und „Elektrolysezelle" eigentlich kein wesentlicher Unterschied besteht. In der geläufigen Ausdrucksweise versteht man gewöhnlich unter dem Begriff „galvanische Zelle" intuitiv entweder ein System im Gleichgewicht oder ein solches, das elektrische Arbeit an seine Umgebung abliefern kann. Mit dem Begriff „Elektrolysezelle" meint man hierauf ein System, dem aus der Umgebung Energie zugeführt wird, damit sich die gewünschten chemischen Umwandlungen vollziehen. In Wirklichkeit kann das gegebene System jedoch beide Funktionen vertreten, je nach dem Wert der elektrischen Potentialdifferenz zwischen den Elektroden.

Ist das Ergebnis des Vorganges an der betrachteten Elektrode der Übergang eines Elektrons aus der Elektrode in den Elektrolyten oder einer positiven Ladung aus dem Elektrolyten in die Elektrode, so wird der entsprechende elektrische Strom als *kathodischer Strom* (I_k) definiert. Die zugehörige Reaktion bezeichnet man als kathodische oder Reduktionsreaktion. Im umgekehrten Fall, beim Übergang einer positiven Ladung aus der Elektrode in den Elektrolyten oder eines Elektrons aus dem Elektrolyten in die Elektrode, spricht man vom *anodischen Strom* (I_a) und bezeichnet diesen Vorgang als anodische bzw. Oxidationsreaktion. Dadurch sind gleichzeitig auch die Begriffe *Kathode* und *Anode* definiert. Mit anderen Worten, die Kathode ist diejenige Elektrode, durch die aus einem äußeren Stromkreis eine negative Ladung in ein Gleichgewichtssystem eintritt (ähnlich wie bei einer Elektronenröhre die Kathode die Elektrode ist, die Elektronen emittiert). Die Funktion der Kathode wird im betrachteten System also von derjenigen Elektrode übernommen, an der die Reduktion stattfindet. So wird zum Beispiel im Daniell-Element (s. Abschn. 31.2) die Kupferelektrode zur Kathode, wenn die Zelle Arbeit verrichtet. Ist in diesem System dagegen die äußere elektrische Spannung größer als die Gleichgewichtsspannung, so fließt der Strom in umgekehrter Richtung. Die Zinkelektrode wird nun zur Kathode, an der die Zinkionen reduziert werden. Nach der Konvention der Internationalen Union für Reine und Angewandte Chemie (IUPAC) wird der anodische Strom als positiv und der kathodische als negativ betrachtet.

Die Oberfläche der Elektrode, die makroskopisch durch eine glatte Fläche ohne merkbare Unebenheiten charakterisiert ist, besteht in der Regel aus zahlreichen Stufen und anderen mikroskopischen Unregelmäßigkeiten. Die *wahre* (*physikalische*) *Oberfläche* der Elektrode ist also gewöhnlich größer als die *geometrische* (*makroskopische*). Üblicherweise wird die Stromdichte als der durch die geometrische Oberfläche der Elektrode dividierte Strom definiert. Das Verhältnis der wahren und der geometrischen Oberfläche nennt man den *Rauhigkeitsfaktor* (roughness-factor).

Fließt durch die Elektrode ein elektrischer Strom, so kommt es im System zu Änderungen, die mit den durch den Stromdurchgang ausgelösten Prozessen zusammenhängen. Diese Prozesse sind sowohl chemischer als auch physikalischer Natur und werden in ihrer Gesamtheit als *Elektrodenvorgang* bezeichnet. Der elektrochemische Hauptprozeß im Reaktionsgeschehen des Elektrodenvorganges ist der unmittelbare Austausch geladener Teilchen zwischen Elektrode und Lösung. Im Hinblick auf die Kinetik und den Mechanismus des Elektrodenvorganges verwendet man für ihn die Bezeichnung *Durchtrittsreaktion* (auch *Ladungstransfer-* bzw. *Elektrodenreaktion*), im Unterschied zum Terminus Halbzellenreaktion (s. S. 142). Die Stoffe, die direkt an der Durchtrittsreaktion teilnehmen, nennt man elektroaktiv. Sie können in der Lösung oder im Elektrodenmaterial sowohl löslich als auch unlöslich sein.

Eine Klassifikation der Durchtrittsreaktionen kann nach verschiedenen Kriterien vorgenommen werden. Nach der Natur der Ausgangsstoffe und der Produkte der Durchtrittsreaktion unterscheidet man folgende Grundtypen:

A. Reduktionsprozesse, bei denen die Elektrode als Kathode fungiert:

1. Reduktion von Ionen oder Komplexen zu niedrigeren Oxidationsstufen, Reduktion von anorganischen oder organischen Molekülen; die reduzierte Form verbleibt dabei in der Lösung.

2. Abscheidung von Ionen oder Komplexen an der Elektrode unter Bildung einer metallischen oder gasförmigen Phase bzw. eines Amalgams.

3. Reduktion von unlöslichen Verbindungen oder Oberflächenfilmen unter Bildung einer Metallphase oder eines Amalgams, gegebenenfalls einer unlöslichen Phase anderer Zusammensetzung.

B. Oxidationsprozesse, bei denen die Elektrode als Anode fungiert:

1. Oxidation von Ionen, Komplexen oder Molekülen zu einer höheren, löslichen, gegebenenfalls gasförmigen Oxidationsstufe.

2. Oxidation des Elektrodenmaterials unter Bildung löslicher Ionen oder Komplexe.

3. Oxidation des Elektrodenmaterials unter Bildung anodischer unlöslicher Filme oder Oxidation unlöslicher Filme bzw. anderer unlöslicher Substanzen zu unlöslichen Stoffen in höherer Oxidationsstufe.

Von den aufgezählten Durchtrittsreaktionen bilden stets zwei — eine Oxidations- und eine Reduktionsreaktion — ein Paar, d. h. eine reversible Durchtrittsreaktion (z. B. Abscheidung eines Metallions in ein Amalgam und die Ionisierung des Amalgams unter Bildung von Metallionen in der Lösung).

Eine grundsätzlichere Klassifizierung berücksichtigt den Charakter des

Ladungstransfers zwischen der Elektrode und dem elektroaktiven Stoff. Hier kann man drei Gruppen von Durchtrittsreaktionen abgrenzen:

1. Transfer eines Elektrons oder Defektelektrons (Loches) zwischen der Elektrode und dem elektroaktiven Stoff.

2. Transfer eines Metallions aus der Lösung in die Elektrode oder umgekehrt.

3. Emission von Elektronen aus der Elektrode in die Lösung unter Bildung solvatisierter Elektronen und nachfolgende Reaktion zwischen dem solvatisierten Elektron und einem in der Lösung anwesenden Elektronenfänger (scavenger) (Lösungsmittel, anderer Elektronenakzeptor).

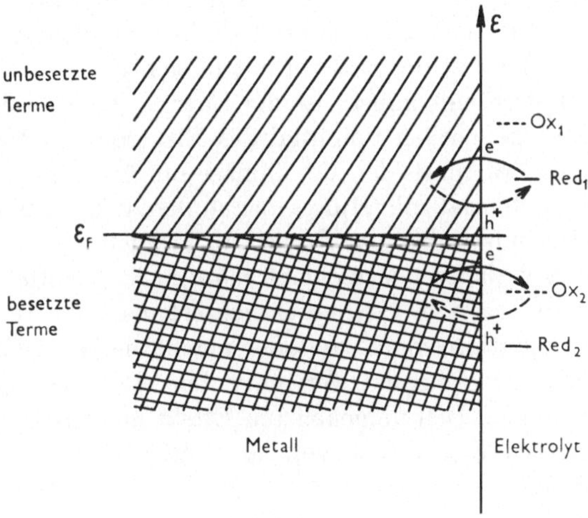

Abb. 5.1. Schema eines Oxidationsprozesses (oben) und eines Reduktionsprozesses (unten) an einer Metallelektrode. Nach H. Gerischer

Diese Prozesse haben charakteristische Eigenschaften, wenn sie an metallischen oder Halbleiterelektroden ablaufen und wenn sich die an ihnen teilnehmenden Partner (elektroaktive Stoffe und Elektronen bzw. Defektelektronen in der Elektrode) im Grund- oder angeregten Zustand befinden.

Grundbedingung für den Transfer eines Elektrons oder Lochs von der Elektrode auf den elektroaktiven Stoff ist im Falle der Reduktion eines an der äußeren Helmholtz-Fläche anwesenden elektroaktiven Stoffes (Ox), daß dieser ein Elektronenakzeptor sei. Es muß in ihm also ein unbesetzter Term existieren, der befähigt ist, ein Elektron aus der Elektrode aufzunehmen. Der entsprechende Donator-Quantenzustand des Elektrons in der Elektrode muß annähernd die gleiche Energie wie der unbesetzte Term im Stoff Ox haben (Näheres s. S. 260). Ähnliche Bedingungen gelten auch im Falle, daß die Reduktion mit Lochmechanismus abläuft, d. h. durch den Transfer eines Defektelektrons aus dem elektroaktiven Stoff in die Elektrode.

Umgekehrt muß im Falle eines Oxidationsvorganges der elektroaktive Stoff (Red) den Charakter eines Elektronendonators haben. Es muß in ihm ein besetzter Term mit solcher Energie existieren, daß sie dem unbesetzten Quantenzustand in der Elektrode entspricht.

Eine Redox-Durchtrittsreaktion kann also durch folgendes Schema dargestellt werden:

$$\text{Red} + [\text{unbesetzter Term}] \rightleftarrows \text{Ox}^+ + [\text{besetzter Term}]^-.$$

Diese Situation ist in Abb. 5.1 für eine *Metallelektrode* veranschaulicht. Der besetzte Term im Stoff Red_1 hat eine solche Energie, daß ihr der unbesetzte Term in der Elektrode entspricht. Die Oxidation kann sich also vollziehen (entweder vermittels des Elektrons e^- oder des Lochs h^+). Umgekehrt hat der unbesetzte Term des Stoffes Ox_1 eine zu hohe Energie, und es entspricht ihr keiner der besetzten Terme in der Elektrode, weil alle unter dem Ferminiveau ε_F liegen, während die Energie des unbesetzten Terms des Stoffes Ox_1 beträchtlich ober diesem Niveau liegt. Die Reduktion kann deshalb praktisch nicht ablaufen. Bei den Stoffen Ox_2 und Red_2 ist der Sachverhalt umgekehrt.

Wie wir auf S. 130 gezeigt haben, ist die Energie des Ferminiveaus ε_F identisch mit dem elektrochemischen Potential des Elektrons im Metall. Durch eine Änderung des inneren Potentials der Metallphase um $\Delta\varphi$ (die man erzielt, indem man das Elektrodenpotential mit Hilfe einer äußeren Spannungsquelle um den Wert $\Delta E = \Delta\varphi$ verändert) kann man also ε_F in Richtung nach höheren oder niedrigeren Energien verlagern. Verschiebt man ε_F in Richtung zum Wert der Energie des besetzten Terms in Ox_1, so erleichtert man die Reduktion von Ox_1 und erschwert die Oxidation von Red_1 (oder macht sie gegebenenfalls praktisch unmöglich, wenn man ε_F genügend weit über den Wert des unbesetzten Terms in Red_1 hinausverschiebt). Den umgekehrten Effekt auf das Redoxsystem Red_2, Ox_2 erreicht man durch Erniedrigen von ε_F in Richtung zum Wert des unbesetzten Terms in Red_2.

Bei *Halbleiterelektroden* ist der Sachverhalt relativ komplizierter. Im Unterschied zu den Metallelektroden, wo die Donator- und Akzeptorzustände in einem einzigen Energieband konzentriert sind, können sich hier an der Durchtrittsreaktion sowohl die Elektronen aus dem Leitfähigkeitsband als auch die Löcher aus dem Valenzband beteiligen. Wie wir bereits im Abschn. 34.5 erwähnt haben, bildet sich an einer Halbleiterelektrode auch im Inneren der Elektrode eine diffuse elektrochemische Doppelschicht aus, und der Wert der Potentialdifferenz in dieser Doppelschicht, φ_2', beeinflußt die Konzentration der Ladungsträger und die Größe der Potentialdifferenz zwischen der Elektrodenoberfläche und der äußeren Helmholtzebene und somit die Geschwindigkeit der Durchtrittsreaktion (vgl. Abschn. 52.3). Bei Elektroden, die aus Eigenhalbleitern oder aus Halbleitern mit geringem Beimengungsgehalt bestehen, kann diese Potentialdifferenz sogar den überwiegenden Teil der Gesamtpotentialdifferenz zwischen dem Inneren des Halbleiters und der Lösung darstellen.

An der Durchtrittsreaktion an einer Halbleiterelektrode können sich manchmal auch überwiegend die Minoritäts-Ladungsträger beteiligen (z. B. die Löcher an einem Halbleiter vom n-Typ); in diesen Fällen kann der Transport dieser Minoritäts-Ladungsträger zur Elektrodenoberfläche der geschwindigkeitsbestimmende Schritt sein.

Bei den Halbleitern liegt das Ferminiveau in der verbotenen Zone (s. Abb. 2.3), wo keine Elektronenenergieniveaus existieren können. Darauf beruht der wesentliche Unterschied zwischen dem Verhalten von Metall- und von Halbleiterelektroden. Sofern es nicht zur Degenerierung der Elektronenzustände an der Oberfläche des Halbleiters kommt, kann sich das dem Ferminiveau naheliegende Gebiet (wo sich der Ladungsaustausch zwischen einer Metallelektrode und der Lösung hauptsächlich abspielt) in der Nähe des Gleichgewichtspotentials überhaupt nicht am Ladungstransfer zwischen der Elektrode und dem elektroaktiven Stoff in der Lösung beteiligen. Die Geschwindigkeit der Durchtrittsreaktion ist deshalb in der Nähe des Gleichgewichtspotentials viel kleiner als unter den gleichen Bedingungen an einer Metallelektrode.

Betrachten wir nun den Fall, daß der Elektronendonator infolge der *Absorp-*

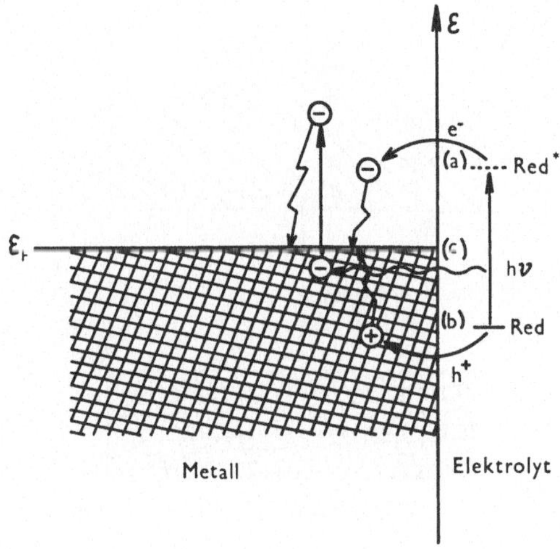

Abb. 5.2. Schema der Durchtrittsreaktion an einer Metallelektrode, an der ein Stoff teilnimmt, der sich infolge der Absorption eines Lichtquants im angeregten Zustand befindet. Es findet kein Ladungstransfer statt. Nach H. Gerischer

tion eines Lichtquants h ν in den angeregten Zustand Red* übergeführt wird. In Abb. 5.2 ist der Fall veranschaulicht, daß der Elektronenterm des Donators im Grundzustand unter dem Ferminiveau der Elektronen in der Metallelektrode liegt, während er nach der Absorption eines Lichtquants einen Wert ober diesem Niveau hat, so daß es zur Oxidation des Donators kommen kann (Schritt a). Das in die Elektrode übergeführte Elektron verliert seine Energie durch Wechselwirkung mit der Umgebung. Außer diesem Prozeß sind noch zwei weitere Alternativen möglich. Durch die Anregung des Elektrons im Donator entsteht gleichzeitig ein unbesetzter Elektronenterm unterhalb des Ferminiveaus, in welchen ein Elektron aus der Elektrode übergehen kann (Schritt b). Das in der Elektrode entstandene Loch kompensiert den Übergang des angeregten Elektrons in die Elektrode, und das Resultat ist, daß zwischen der Elektrode und der Lösung kein Strom fließt. Die zweite Möglichkeit ist die direkte Übertragung der Anregungsenergie des Donators auf die Elektrode (Schritt c). Dadurch kommt es zur Anregung des Elektrons im Metall und zur nachfolgenden Dissipation seiner Energie. Da die Prozesse *b* und *c* mit großer Wahrscheinlichkeit ablaufen, hat die Überführung des Elektronendonators in den angeregten Zustand praktisch keinen Einfluß auf den Verlauf der Durchtrittsreaktion. Bei der Anregung des Elektronenakzeptors ist der Sachverhalt analog.

Anders ist die Situation an einer Halbleiterelektrode. Hier schließt der Charakter der Elektrode eine Konkurrenzreaktion zur Übergabe des Elektrons an die Elektrode aus (s. Abb. 5.3). In der Abbildung ist der Fall schematisch veranschaulicht, daß die Breite der unbesetzten Zone (Bandlücke) größer ist als die Anregungsenergie des Elektronendonators in der Lösung. Eine direkte Übertragung des Elektrons auf die Elektrode ist unmöglich, da dort keine geeigneten anregbaren Zustände zur Verfügung stehen. Liegt überdies der Grundterm des

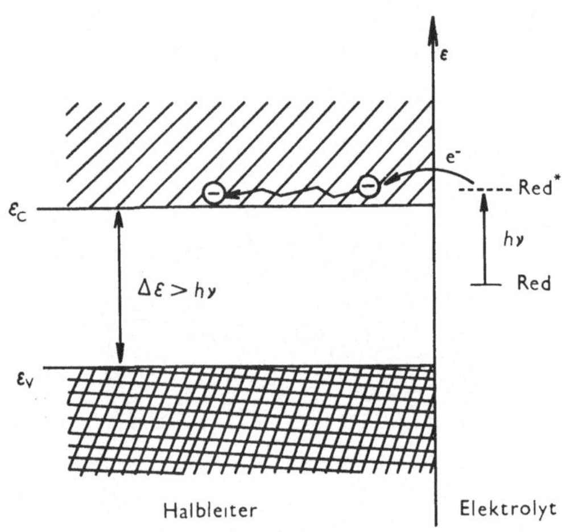

Abb. 5.3. Schema der Durchtrittsreaktion an einer Halbleiterelektrode, an der ein elektroaktiver Stoff teilnimmt, der sich infolge der Aufnahme eines Lichtquants im angeregten Zustand befindet. ε_c und ε_v sind die Grenzenergien des Leitfähigkeits- und des Valenzbandes, $\Delta\varepsilon$ ist die Breite der Bandlücke. Nach H. Gerischer

Donators, der bei der Anregung entleert wird, oberhalb des Valenzbandes, so ist auch der umgekehrte Prozeß ausgeschlossen, d. h. die Injektion eines Defektelektrons in die reduzierte Form. Der einzige resultierende Vorgang ist also die Injektion eines Elektrons aus Red* in die Elektrode. Bei der Anregung eines Elektronenakzeptors ist die Situation analog.

Die Überführung eines Metallions aus der Lösung in das Gitter des Metalls (gegebenenfalls des Amalgams) ist einer der möglichen Mechanismen bei der *Metallabscheidung*. Diese Fälle sind im Abschnitt 57.1 eingehend erörtert worden.

Die *Emission von Elektronen aus der Elektrode in die Lösung* läuft bei stark negativen Elektrodenpotentialen ab. In einigen Lösungsmitteln werden stabile solvatisierte Elektronen gebildet (in Ammoniak, in einigen Aminen, Amiden und Äthern — vgl. Abschn. 23.4), und in der Lösung entsteht in der Umgebung der Elektrode eine charakteristisch gefärbte Schicht (blau in flüssigem Ammoniak, dunkelblau in Hexamethylphosphoramid u. ä.). Die solvatisierten Elektronen vermögen Reduktionen zu realisieren, die durch direkten Elektronentransfer aus der Elektrode auf das Reaktans nicht durchführbar sind (z. B. die Reduktion des Benzolkerns). In wäßrigen Lösungen sind die solvatisierten Elektronen äußerst unbeständig.

Die Elektronenemission in die Lösung wird durch Lichteinwirkung auf die Elektrode beschleunigt. Bei der Absorption eines Lichtquants durch die Elektrode wird ein Elektron mit niedrigerer oder dem Ferminiveau naher Energie in ein unbesetztes höheres Niveau überführt. Die maximale erreichbare Energie liegt um $h\nu$ höher als die Energie des Ferminiveaus. Die Elektronen, die sich in unmittelbarer Nähe der Elektrodenoberfläche befinden und einen ausreichenden Impuls haben, können dann in den Elektrolyten emittiert werden. Infolge der Polarisationswechselwirkungen zwischen dem Elektron und dem Lösungsmittel liegt die Energieschwelle bei der Emission in die Lösung beträchtlich niedriger als bei der ins Vakuum, weshalb hier die Elektronenemission durch Photonen von wesentlich niedrigerer Energie ausgelöst werden kann.

Die Anwesenheit von Konzentrationsgradienten der elektroaktiven Stoffe in der Elektrodenumgebung, das Vorhandensein eines elektrischen Feldes und schließlich die Einwirkung mechanischer Kräfte geben Anlaß zu *Transportvorgängen*, über die wir in Kap. 2 gesprochen haben. Der Satz von der Äquivalenz des Materieflusses geladener Teilchen und des elektrischen Stromes [Gl. (22.2)] stellt dabei die allgemeine Formulierung des *Faradayschen Gesetzes* dar. In der klassischen Formulierung betrifft dieses Gesetz einen Spezialfall, nämlich den Materiefluß durch die Grenzschicht Elektrode/Lösung. Das Faradaysche Gesetz spricht dann von der Äquivalenz zwischen der Stoffausbeute der Durchtrittsreaktion und der hindurchgegangenen Ladung:

1. Die durch die Elektrolyse umgewandelte Stoffmenge ist der durchgegangenen Ladung proportional.

2. Die durch die gleiche Ladungsmenge umgewandelten Massen verschiedener Stoffe verhalten sich wie die chemischen Äquivalente dieser Stoffe.

Der elektrische Strom, der mit einer chemischen Umwandlung verbunden ist, wird Faradayscher Strom genannt, zum Unterschied vom Nicht-Faradayschen Strom, der zur Aufladung der Elektrodendoppelschicht verbraucht wird.

Es sei die Durchtrittsreaktion einer Metallabscheidung betrachtet

$$M^{z+} + z\,e \to M. \tag{51.1}$$

Fließt durch die Lösung während der Zeit t ein kathodischer Strom I, so geht die Ladung $I\,t$ hindurch, die dem Gesamtdurchgang von $-I\,t/F$ mol Elektronen entspricht. Ist die Molmasse des Metalls M, so wird die Gesamtmenge abgeschieden

$$M = -\frac{I\,t}{z\,F}. \tag{51.2}$$

Diese Beziehung ergibt sich direkt aus Gl. (22.2) für einen Einzelstoff, wenn man $z_i = z$ und $I = j\,A$ setzt, wobei A die Fläche der Elektrode ist.

Läuft an den Elektroden keine Nebenreaktion ab, die am Gesamtstrom partizipierte, so kann das Faradaysche Gesetz nicht nur zur Messung der hindurchgegangenen Ladung (in sog. Coulometern, vgl. Abschn. 54.5), sondern auch zur Definition der Einheit des elektrischen Stromes und sogar zur Bestimmung der Avogadroschen Konstante benutzt werden.

Können sich zwischen den Elektrolytbestandteilen *chemische Reaktionen* abspielen, so tritt häufig der Fall ein, daß sie sich im stromlosen Zustand in einem chemischen Gleichgewicht befinden, aber ihre Bildung bzw. ihr Verschwinden während des Elektrodenvorganges den Ablauf chemischer Reaktionen auslöst, die eine Erneuerung des Gleichgewichtes anstreben. Die elektroaktiven Stoffe treten in der Regel dann in die Durchtrittsreaktion ein, wenn sie sich der Elektrode bis auf den Abstand der äußeren Helmholtz-Fläche genähert haben. Mitunter ist es jedoch notwendig, daß sie zuerst *adsorbiert* werden. Auch die Adsorption der Produkte der Durchtrittsreaktion übt einen Einfluß auf sie aus und wirkt oft hemmend. Manchmal werden auch elektroinaktive Lösungsbestandteile adsorbiert, was eine Änderung der Struktur der elektrochemischen Doppelschicht, eventuell eine Blockierung der Elektrodenoberfläche und somit eine Veränderung der Geschwindigkeit des Elektrodenvorganges zur Folge hat. Elektroaktive Stoffe können auch durch Oberflächenreaktionen der adsorbierten Substanzen gebildet werden. Schließlich bei den Prozessen, die mit der Bildung einer festen Phase verbunden sind, z. B. bei der kathodischen Abscheidung von Metallen, spielt die Kinetik des *Kristallisationsvorganges* eine Rolle.

Beim Elektrodenvorgang muß man die *Gesamtreaktion* („*Bruttoreaktion*") vom wahren Mechanismus des Elektrodenprozesses unterscheiden. So zum Beispiel wird an zahlreichen Metallelektroden beim Durchgang eines kathodischen Stromes molekularer Wasserstoff abgeschieden, so daß die Gesamtreaktion

$$2\,H_3O^+ + 2\,e = H_2 + 2\,H_2O \tag{51.3}$$

abläuft. Bei der Elektrodenreduktion von Aldehyden und Ketonen werden oft die dimeren Hydroxoderivate — Pinakone — gebildet:

$$2\,C_6H_5 \cdot CHO + 2\,e + 2\,H^+ = C_6H_5 \cdot CHOH \cdot CHOH \cdot C_6H_5. \tag{51.4}$$

Bei der Abscheidung von Cadmium in Amalgam aus einer Cadmium(II)-cyanidlösung vollzieht sich die Bruttoreaktion

$$Cd(CN)_4{}^{2-} + 2\,e = Cd + 4\,CN^-. \tag{51.5}$$

Die so formulierten Reaktionsschemen geben jedoch nur wenig Auskunft über den wirklichen Ablauf der Reaktionen, d. h. sie sagen nichts aus über die Teilprozesse, aus denen sie zusammengesetzt sind. Die Gesamtheit dieser Teilprozesse wird der *Mechanismus des Elektrodenvorganges* genannt. Im erstgenannten Fall kommt es an manchen Elektroden zur Abscheidung des adsorbierten Wasserstoffatoms, die von einer sog. Rekombinationsreaktion gefolgt wird:

$$\begin{aligned} H_3O^+ + e &= H\,(ads.) + H_2O, \\ 2\,H\,(ads.) &= H_2. \end{aligned} \tag{51.6}$$

(Es sind allerdings auch andere Mechanismen dieses Vorganges möglich, wie wir im Abschn. 57.2 aufzeigen werden.) Im zweiten Fall läuft unter bestimmten Bedingungen (pH, Spannung) an einer Quecksilberelektrode die Reduktion ab:

$$\begin{aligned} C_6H_5 \cdot CHO + H^+ &= C_6H_5 \cdot C^+HOH, \\ C_6H_5 \cdot C^+HOH + e &= C_6H_5 \cdot \overset{\cdot}{C}HOH, \\ 2\,C_6H_5 \cdot \overset{\cdot}{C}HOH &= C_6H_5 \cdot CHOH \cdot CHOH \cdot C_6H_5. \end{aligned} \tag{51.7}$$

Analog ist der Sachverhalt bei der Abscheidung von Cadmium aus seinem Cyanidkomplex an einer Quecksilberelektrode. In einer Lösung, die Cyanidionen in der Konzentration von 1 mol dm^{-3} enthält, ist praktisch ausschließlich der Komplex $Cd(CN)_4{}^{2-}$ anwesend. Dieser selbst ist nicht befähigt, an der Durchtrittsreaktion teilzunehmen, und so kommt es in einem bestimmten Potentialbereich zur Abscheidung aus dem Komplex $Cd(CN)_2$, dessen Gleichgewichtskonzentration in der Lösung gering ist. Das Reaktionsschema kann in diesem Fall folgendermaßen aufgeschrieben werden:

$$Cd(CN)_4{}^{2-} = Cd(CN)_3{}^- + CN^- = Cd(CN)_2 + 2\,CN^-,$$
$$Cd(CN)_2 + 2\,e = Cd(Hg) + 2\,CN^-. \tag{51.8}$$

Aus den geschilderten Fällen ist zu erkennen, daß die Reaktionen an der Elektrode in einer komplizierteren Weise ablaufen, als es aus den einfachen Bruttoschemas der Elektrodenvorgänge den Anschein hätte. Sehr oft nehmen Stoffe, die die Ausgangskomponenten in der Gesamtreaktion darstellen, nicht direkt an der Durchtrittsreaktion teil, sondern andere Substanzen, die sich mit ihnen in einem chemischen Gleichgewicht befinden.

Ein noch allgemeinerer Fall tritt ein, wenn die Bruttoreaktion durch mehrere Durchtrittsreaktionen vermittelt wird. Als Beispiel sei die Reduktion von Chinon (Q) an einer Platinelektrode angeführt. Dieser Prozeß läuft bei pH < 5 nach dem folgenden Schema ab:

$$\begin{aligned}
H^+ \; &+\; Q \; = HQ^+ \\
HQ^+ &+\; e \; = HQ \\
H^+ \; &+\; HQ = H_2Q^+ \\
H_2Q^+ &+\; e \; = H_2Q
\end{aligned} \tag{51.9}$$

Hier kommen zwei chemische Gleichgewichte zur Geltung, aber außerdem findet ein sukzessiver Ladungstransfer statt. Das Produkt der ersten Durchtrittsreaktion unterliegt noch einer weiteren Durchtrittsreaktion.

Auf dem Gebiet der elektrochemischen Kinetik wird der Begriff *Elektrodenpotential in einem verallgemeinerten Sinn* gebraucht. Er bezeichnet die elektrische Potentialdifferenz zwischen zwei identischen Metallzuleitungen, von denen die erste an die zu untersuchende Elektrode (die Meß- oder Testelektrode) und die zweite an eine Standard-Bezugselektrode angeschlossen ist, wobei die Ohmsche Differenz des elektrischen Potentials zwischen diesen Elektroden (vgl. Abschn. 54.1) eliminiert wird.

Fließt durch eine Elektrolysezelle oder durch eine galvanische Kette ein Strom, dann nehmen die Potentiale jeder der Elektroden Werte an, die von den Gleichgewichtswerten, die die Elektroden in demselben System ohne Stromdurchgang haben sollten, abweichen. Diese Erscheinung wird *Polarisation der Elektroden* genannt. Im Falle, daß bei vorgegebener Stromdichte an der Elektrode eine einzige Durchtrittsreaktion abläuft, kann man als Maß der Polarisation die sog. *Überspannung* definieren. Die Überspannung η ist gleich dem Elektrodenpotential E bei den vorgegebenen Bedingungen, vermindert um den Wert des der betrachteten Durchtrittsreaktion entsprechenden Gleichgewichtspotentials $E_{\text{Gleichgew.}}$

$$\eta = E - E_{\text{Gleichgew.}} \tag{51.10}$$

Der Wert des Gleichgewichtspotentials ist allerdings oft nicht gut definiert (z. B. wenn das Produkt der Durchtrittsreaktion ein Zwischenprodukt ist, das mit einer bestimmten Geschwindigkeit durch chemische Folgereaktionen in ein oder mehrere Endprodukte umgewandelt wird). Des öfteren stellt sich das Gleichgewichtspotential überhaupt nicht ein, so daß häufig von den berechneten Gleichgewichtswerten ausgegangen werden muß.

Es muß auch daran erinnert werden, daß bei zahlreichen Elektroden in verschiedenen Lösungen das Ruhepotential der Elektrode, d. h. das Elektrodenpotential im stromlosen Zustand, kein thermodynamisches Gleichgewichtspotential, sondern ein *Mischpotential* ist, wie im Abschn. 58 eingehender besprochen werden soll.

Die Ursache der Polarisation ist die geringe Geschwindigkeit eines der Teilprozesse des gesamten Elektrodenvorganges. Ist der geschwindigkeitsbestimmende Vorgang ein Transportprozeß, so spricht man von Konzentrationspolarisation, ist er eine Durchtrittsreaktion, von Durchtrittspolarisation usw. In dieser Weise wird oft auch eine Klassifizierung der Elektrodenvorgänge vorgenommen.

Die elektrochemische Kinetik ist Bestandteil der allgemeinen chemischen Kinetik und hat ein analoges Ziel: den Mechanismus des Elektrodenvorganges aufzuklären und seinen Zeitverlauf quantitativ zu beschreiben. Gewöhnlich ist das Studium in mehrere Etappen gegliedert. Das erste Ziel ist die Auffindung des Reaktionsweges, d. h. die Ermittlung des Mechanismus der Durchtrittsreaktion und der Teilprozesse, die den gesamten Elektrodenvorgang bilden. Die zweite Aufgabe besteht darin, den langsamsten Prozeß aufzufinden, der die Gesamtgeschwindigkeit des Vorganges und somit auch die Stromstärke bestimmt. Die übrigen, schnelleren Vorgänge kommen dann nur als Gleichgewichtsprozesse zur Geltung (z. B. chemische oder Durchtrittsreaktionen) oder sie sind vernachlässigbar (z. B. die konvektive Diffusion bei einer sehr langsamen Durchtrittsreaktion, wo die entstehenden Konzentrationsgradienten durch Rühren der Lösung beseitigt werden).

52. Geschwindigkeit der Durchtrittsreaktion

52.1. Phänomenologische Theorie

Es sei die einfache Durchtrittsreaktion betrachtet

$$\text{Ox} + z\,\text{e} \underset{k_{\text{Ox}}}{\overset{k_{\text{Red}}}{\rightleftharpoons}} \text{Red}. \tag{52.1}$$

Die Geschwindigkeit der Oxidationsreaktion (d. h. die Stoffmenge, die in der Zeiteinheit an der Flächeneinheit oxidiert wurde) wird durch die Beziehung beschrieben

$$v_{\text{Ox}} = k_{\text{Ox}}\,c_{\text{Red}} \tag{52.2}$$

und die Geschwindigkeit der Reduktionsreaktion durch die Relation

$$v_{\text{Red}} = k_{\text{Red}}\,c_{\text{Ox}}. \tag{52.3}$$

Die oxidierte und die reduzierte Form kann im Elektrolyten aufgelöst, aber sie kann auch eine feste Phase sein (Metall, unlösliche Verbindung). In diesem zweiten Fall bleiben die Konzentrationen solcher elektroaktiver Stoffe konstant und werden konventionsmäßig gleich Eins sein. Die reduzierte Form kann auch in der Elektrode als Metallamalgam aufgelöst sein.

Die Geschwindigkeit der Durchtrittsreaktion ist — so wie bei jeder anderen chemischen Reaktion — durch die Reaktionsgeschwindigkeitskonstante festgelegt, die die Proportionalität zwischen der Geschwindigkeit und den Konzentrationen der reagierenden Stoffe zum Ausdruck bringt. Da die Durchtrittsreaktion ein heterogener Prozeß ist, haben diese Konstanten bei Vorgängen erster Ordnung die Einheiten von m s^{-1} oder cm s^{-1}.

Ähnlich wie bei den chemischen Reaktionen kann man für die Geschwindigkeitskonstante der Durchtrittsreaktion die Arrheniussche Beziehung ansetzen

$$k_{\mathrm{Ox}} = P_{\mathrm{Ox}} \exp\left(- \Delta \widetilde{H}_{\mathrm{Ox}}/R\,T\right), \tag{52.4}$$

$$k_{\mathrm{Red}} = P_{\mathrm{Red}} \exp\left(- \Delta \widetilde{H}_{\mathrm{Red}}/R\,T\right). \tag{52.5}$$

P_{Ox} und P_{Red} bedeuten Präexponentialfaktoren, die nicht vom Elektrodenpotential abhängen. $\Delta \widetilde{H}_{\mathrm{Ox}}$ und $\Delta \widetilde{H}_{\mathrm{Red}}$ sind die Aktivierungsenergien (genau gesagt Aktivierungsenthalpien) der Oxidations- (anodischen) und der Reduktions- (kathodischen) Durchtrittsreaktion, $[\Delta \widetilde{H}_{\mathrm{Ox}}] = [\Delta \widetilde{H}_{\mathrm{Red}}] = \mathrm{J/mol}$. Die Tilde bringt die Tatsache zum Ausdruck, daß sie von der elektrischen Potentialdifferenz zwischen der Elektrode und der Lösung, $\Delta \varphi = \varphi^{(m)} - \varphi^{(l)}$, abhängen. Machen wir den Ansatz, daß dieser Wert bis auf eine Konstante mit dem Elektrodenpotential übereinstimmt, $\Delta \varphi = E + \mathrm{const.}$, ist die Aktivierungsenergie vom Elektrodenpotential abhängig. Wie die Experimente zeigen (S. 252), ist die Geschwindigkeit der Durchtrittsreaktion eine Exponentialfunktion des Elektrodenpotentials, wobei die Geschwindigkeit der kathodischen (Reduktions-)Durchtrittsreaktion in Richtung nach negativen Werten des Elektrodenpotentials wächst, wogegen die anodische (Oxidations-)Durchtrittsreaktion mit wachsendem Elektrodenpotential (d. h. in positiver Richtung) zunimmt. Diese Abhängigkeit der Geschwindigkeit der Durchtrittsreaktion vom Elektrodenpotential kommt in einer einfachen Potentialabhängigkeit der Aktivierungsenergie zum Ausdruck. So gilt für die Aktivierungsenergie der kathodischen Durchtrittsreaktion

$$\Delta \widetilde{H}_{\mathrm{Red}} = \Delta H^{0}_{\mathrm{Red}} \mid \alpha\,z\,F\,E, \tag{52.6}$$

worin α eine Konstante ist, die der *Durchtrittsfaktor* genannt wird.

Die Potentialabhängigkeit der Aktivierungsenergie der anodischen Durchtrittsreaktion leiten wir in der folgenden Weise ab. Aus der Definition der Geschwindigkeit der Durchtrittsreaktion folgt, daß der anodischen Durchtrittsreaktion die Teilstromdichte

$$j_{\mathrm{Ox}} = z\,F\,k_{\mathrm{Ox}}\,c_{\mathrm{Red}} \tag{52.7}$$

und der kathodischen Durchtrittsreaktion die Stromdichte

$$j_{\mathrm{Red}} = -\,z\,F\,k_{\mathrm{Red}}\,c_{\mathrm{Ox}} \tag{52.8}$$

zugehört.

Die gesamte Stromdichte, die durch die Flächeneinheit der Elektrode fließt, ist durch folgenden Ausdruck gegeben

$$j = j_{Ox} + j_{Red} = z\,F\,(k_{Ox}\,c_{Red} - k_{Red}\,c_{Ox}).\qquad(52.9)$$

Im stromlosen Zustand ($j = 0$) ist das System im Gleichgewicht, aber die Durchtrittsreaktionen laufen ab. Das Elektrodengleichgewicht hat also, ähnlich wie die chemischen Gleichgewichte, dynamischen Charakter. Bei Gleichgewichtsbedingungen gilt somit

$$k_{Ox}\,c_{Red} = k_{Red}\,c_{Ox} > 0.\qquad(52.10)$$

Setzen wir in diese Gleichung aus den Gln. (52.4), (52.5) und (52.6) ein, so erhalten wir

$$P_{Ox}\exp\left(-\frac{\Delta\widetilde{H}_{Ox}}{RT}\right)c_{Red} = P_{Red}\exp\left(-\frac{\Delta H^0_{Red} + \alpha\,z\,F\,E}{RT}\right)c_{Ox},\qquad(52.11)$$

und nach kleinerer Umformung ergibt sich

$$\alpha\,E - \frac{\Delta\widetilde{H}_{Ox}}{z\,F} = -\frac{\Delta H^0_{Red}}{z\,F} + \frac{RT}{z\,F}\ln\frac{P_{Red}}{P_{Ox}} + \frac{RT}{z\,F}\ln\frac{c_{Ox}}{c_{Red}}.\qquad(52.12)$$

Für das Gleichgewichtspotential gilt jedoch die Nernst-Peterssche Gleichung 32.23)

$$E = E^0 + \frac{RT}{z\,F}\ln\frac{a_{Ox}}{a_{Red}} = E^0 + \frac{RT}{z\,F}\ln\frac{\gamma_{Ox}\,c_{Ox}}{\gamma_{Red}\,c_{Red}}.\qquad(52.13)$$

Diese Gleichung wird von den Beziehungen (52.4) und (52.5) dann erfüllt, wenn

$$\Delta\widetilde{H}_{Ox} = \Delta H^0_{Ox} - (1 - \alpha)\,z\,F\,E\qquad(52.14)$$

und

$$P_{Red}/P_{Ox} = P^0_{Red}/P^0_{Ox}\,(\gamma_{Ox}/\gamma_{Red})\qquad(52.15)$$

ist, wobei P^0_{Ox} und P^0_{Red} die Präexponentialfaktoren der Durchtrittsreaktionen bei Grenzverdünnung sind. Es gilt offensichtlich $0 < \alpha < 1$. Für das Standardpotential erhalten wir weiter die Beziehung

$$E^0 = \frac{\Delta H^0_{Ox} - \Delta H^0_{Red}}{z\,F} + \frac{RT}{z\,F}\ln\frac{P^0_{Red}}{P^0_{Ox}}.\qquad(52.16)$$

Die Elektrodenvorgänge bei Grenzverdünnung sind jedoch bis jetzt noch von niemandem studiert worden, und es wird deshalb in der weiteren Darstellung vorteilhaft sein, mit dem Begriff des formalen Standardpotentials $E^{0'}$ zu arbeiten (s. S. 153), das auf die vorgegebene Zusammensetzung des indifferenten Elektrolyten bezogen ist. Für diese Größe gilt

$$E^{0'} = \frac{\Delta H^0_{Ox} - \Delta H^0_{Red}}{z\,F} + \frac{RT}{z\,F}\ln\frac{P_{Red}}{P_{Ox}}.\qquad(52.17)$$

Ist das System beim formalen Standardpotential im Gleichgewicht, so gilt $c_{Ox} = c_{Red}$ [s. Gl. (52.10)] und somit

$$k_{Ox} = k_{Red} = k^0.\qquad(52.18)$$

Tabelle 5.1. *Geschwindigkeitskonstanten k^0 und Durchtrittsfaktoren* α [nach den von R. Tamamushi für die elektrochemische Kommission der IUPAC bearbeiteten Tabellen und nach N. Tanaka, R. Tamamushi: Electrochim. Acta **9**, 963 (1964)]

System	Elektrolyt	Elektrode	°C	$k^0 \cdot cm \cdot s^{-1}$	α	Methode
Ag^+/Ag	1 M $HClO_4$	Ag		$0,025 \pm 0,005$	$0,26 \pm 0,02$	Chronopotentiometrie
$Cd^{2+}/Cd(Hg)$	1 M $NaClO_4$	Hg	25	$0,46 \pm 0,04$	$0,32 \pm 0,03$	Faradaysche Gleichrichtung
$Cd^2/Cd(Hg)$	0,9 M $NaClO_4$	Hg	25	0,45	0,15	Faradaysche Impedanz
Ce^{4+}/Ce^{3+}	1 M H_2SO_4	Pt		$3,7 \times 10^{-4}$	0,21	stationäre Polarisationskurve
$Co(NH_3)_6^{3+}/Co(NH_3)_6^{2+}$	7 M NH_3, 1 M NH_4Cl	Pt	25	$5,25 \times 10^{-4}$	0,58	stationäre Polarisationskurve
$Cr(II)/Cr(III)$	0,5 M $NaClO_4$ (pH = 3,4)	Hg	25	7×10^{-6}	$0,53 \pm 0,01$	Polarographie
Fe^{3+}/Fe^{2+} *	0,5 M H_2SO_4	Pt	25	$2,4 \times 10^{-3}$	0,36	turbulente rotierende Elektrode
$Fe(CN)_6^{3-}/Fe(CN)_6^{4-}$	0,5 M K_2SO_4	Graphit	20	6×10^{-3}	0,50	stationäre Polarisationskurve
Hg_2^{2+}/Hg	1 M $HClO_4$	Hg(l)	25	$0,019 \pm 0,002$	$0,32 \pm 0,02$	coulostatische Methode
Hg^{2+}/Hg	45% $HClO_4$	Hg(l)	— 38,8	0,050	0,3	Faradaysche Impedanz
Hg^{2+}/Hg	45% $HClO_4$	Hg(s)	— 38,8	0,043	0,3	Faradaysche Impedanz
$K^+/K(Hg)$	1 M $N(CH_3)_4OH$	Hg	20	0,1		Faradaysche Impedanz
$Na^+/Na(Hg)$	1 M $N(CH_3)_4OH$	Hg	20	0,4		Faradaysche Impedanz
$Pb^{2+}/Pb(Hg)$	1 M $HClO_4$	Hg		1,0	0,55	Faradaysche Impedanz
$Tl^+/Tl(Hg)$	1 M $NaClO_4$	Hg	22	1,2	0,69	Faradaysche Gleichrichtung
V^{3+}/V^{2+}	0,01 M $HClO_4$ 1 M $HClO_4$	Hg	25	$3,6 \times 10^{-3}$	0,54	Faradaysche Impedanz
$Zn^{2+}/Zn(Hg)$	0,5 M $NaNO_3$	Hg	25	2×10^{-4}	0,26	Polarographie
$Zn^{2+}/Zn(Hg)$	0,1 M $NaNO_3$	Hg	22	$1,3 \times 10^{-5}$		Polarographie
$Zn^{2+}/Zn(Hg)$	0,05 M $(C_2H_5)_4NCl$ 1 M KI	Hg	20	7×10^{-2}		Faradaysche Impedanz

* Siehe Abb. 5.6.

Die Größe k^0 heißt die *Standardkonstante der Durchtrittsreaktion*. Mit Rücksicht auf die Gln. (52.4), (52.5), (52.6) und (52.14) gilt

$$k^0 = P_{Ox} \exp\left[-\frac{\Delta H_{Ox}^0 - (1-\alpha)\, z\, F\, E^{0\prime}}{R\, T}\right] =$$
$$= P_{Red} \exp\left(-\frac{\Delta H_{Red}^0 + \alpha\, z\, F\, E^{0\prime}}{R\, T}\right). \tag{52.19}$$

Setzen wir aus diesen Gleichungen in die Beziehungen (52.4) und (52.5) mit Berücksichtigung der Gln. (52.6) und (52.14) für $P_{Ox} \exp(-\Delta H_{Ox}^0/R\, T)$ und $P_{Red} \exp(-\Delta H_{Red}^0/R\, T)$ ein, so erhalten wir die Gleichung für die Abhängigkeit der Geschwindigkeitskonstanten vom Elektrodenpotential

$$k_{Ox} = k^0 \exp\left[(1-\alpha)\, z\, F\, (E-E^{0\prime})/R\, T\right], \tag{52.20}$$

$$k_{Red} = k^0 \exp\left[-\alpha\, z\, F\, (E-E^{0\prime})/R\, T\right]. \tag{52.21}$$

Setzen wir aus diesen zwei Relationen in (52.7) ein, so ergibt sich die *grundlegende Gleichung der elektrochemischen Kinetik*

$$j = z\, F\, k^0 \left\{\exp\left[(1-\alpha)\, z\, F\, (E-E^0)/R\, T\right] c_{Red} - \right.$$
$$\left. - \exp\left[-\alpha\, z\, F\, (E-E^{0\prime})/R\, T\right] c_{Ox}\right\}. \tag{52.22}$$

Die Durchtrittsreaktion wird außer durch die thermodynamische Größe $E^{0\prime}$ noch durch zwei kinetische Größen charakterisiert: durch den Durchtrittsfaktor α und durch die Geschwindigkeitskonstante k^0. Diese beiden Größen reichen oft zur vollständigen Beschreibung der Durchtrittsreaktion aus, unter der Voraussetzung, daß sie im betrachteten Potentialbereich konstant sind. In Tab. 5.1 sind einige Werte von k^0 wiedergegeben.

Ist die Konstante k^0 klein, so vollzieht sich die Durchtrittsreaktion nur bei Potentialen, die erheblich vom Standardpotential entfernt sind. Unter diesen Umständen läuft praktisch nur eine von beiden Durchtrittsreaktionen ab. Man spricht von einer nur in einer Richtung verlaufenden, nichtumkehrbaren, oder irreversiblen Durchtrittsreaktion.

Wie schon erwähnt wurde, fließen im Gleichgewicht durch die Elektrode zwei sich gegenseitig aufhebende Teilströme, deren Absolutwert als Austauschstrom bezeichnet wird. Die Austauschstromdichte j_0 kann bei beliebigem Gleichgewichtspotential ausgedrückt werden als Funktion der Aktivitäten der oxidierten und der reduzierten Form des elektroaktiven Stoffes. Im Hinblick auf Gl. (52.16) gilt

$$\frac{j_0}{z\, F} = c_{Ox}\, k^0 \exp\left[-\alpha\, z\, F\, (E-E^{0\prime})/R\, T\right] =$$
$$= c_{Red}\, k^0 \exp\left[(1-\alpha)\, z\, F\, (E-E^{0\prime})/R\, T\right]. \tag{52.23}$$

Setzen wir für $E-E^0$ aus der Nernst-Petersschen Gleichung (32.23) ein, so erhalten wir

$$j_0 = z\, F\, k^0\, c_{Ox}^{1-\alpha}\, c_{Red}^{\alpha}. \tag{52.24}$$

Aus der Abhängigkeit von j_0 von c_{Ox} oder c_{Red} können wir den Durchtrittsfaktor α bestimmen.

Oft ist es vorteilhaft, die Stromdichte als Funktion der Überspannung, $\eta = E - E_{\text{Gleichgew.}}$, [vgl. Gleichung (51.10)] und der Austauschstromdichte auszudrücken. Wir setzen deshalb in (52.22) für k^0 aus (52.24) ein und substituieren $E - E^{0'}$ durch den Ausdruck

$$E - E^{0'} = \eta + (R\,T/z\,F) \ln c_{\text{Ox}}/c_{\text{Red}}. \tag{52.25}$$

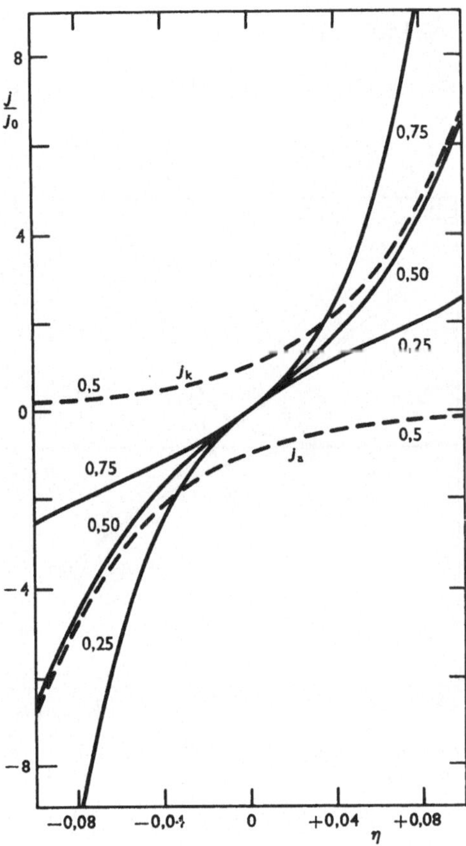

Abb. 5.4. Verhältnis der Stromdichte j und der Austauschstromdichte j_0 als Funktion der Überspannung [vgl. Gl. (52.26)]; $2{,}3\,R\,T/F = 60$ mV, die Werte des Durchtrittsfaktors α sind bei jeder Kurve angegeben. Die gestrichelten Kurven entsprechen den Teilstromdichten [Gln. (52.7), (52.8), (52.20) und (52.21)] für $\alpha = 1/2$. Nach K. Vetter

Das Ergebnis ist die Gleichung

$$j = j_0 \left\{ \exp\left[(1 - \alpha)\,z\,F\,\eta/R\,T\right] - \exp\left(-\alpha\,z\,F\,\eta/R\,T\right) \right\} \tag{52.26}$$

(vgl. Abb. 5.4). Ist die Überspannung klein ($\eta \ll R\,T/z\,F$), so können wir in den Exponentialfunktionen nach Reihenentwicklung alle Glieder außer die ersten zwei vernachlässigen und erhalten somit

$$j = -j_0\,F\,\eta/R\,T. \tag{52.27}$$

Die Beziehung $j - E$ oder $j - \eta$ wird die *Polarisationskurve* genannt.

Die Größe des Austauschstromes ist maßgebend für die Abweichung des Elektrodenpotentials vom Gleichgewichtswert bei Durchgang eines äußeren Stromes. Je größer die Abweichung ist, um so langsamer ist die Durchtrittsreaktion. Aus Gl. (52.26) folgt

$$\left(\frac{\partial j}{\partial \eta}\right)_{\eta \to 0} = \frac{j_0\, F}{R\, T}.$$

$$(52.28)$$

Der Kehrwert dieses Differentialquotienten

$$R_\mathrm{P} = R\, T / F\, j_0$$

$$(52.29)$$

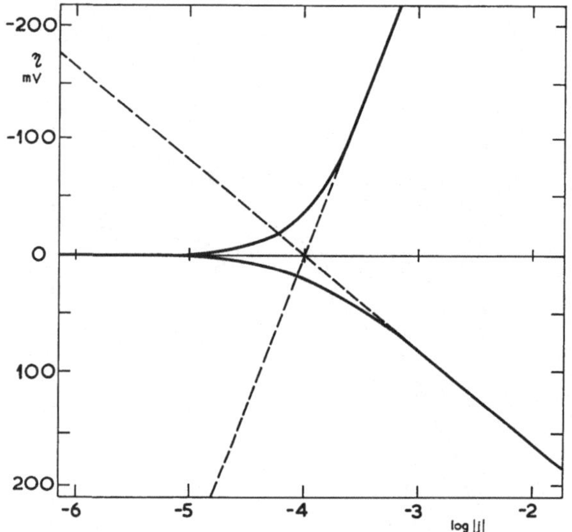

Abb. 5.5. Tafel-Diagramme für die kathodische und für die anodische Stromdichte im Falle von $\alpha = 0{,}25$ und $j_0 = 10^{-4}$ A

hat die Dimension eines Widerstandes; man nennt ihn *Polarisationswiderstand* beim Gleichgewichtspotential. Dieser Widerstand ist auf die Flächeneinheit der Elektrode bezogen.

Trägt man die Überspannung gegen den dekadischen Logarithmus des Absolutwertes der Stromdichte auf, so erhält man das sog. *Tafel-Diagramm* (s. Abb. 5.5). Das experimentell gewonnene Tafel-Diagramm ist in Abb. 5.6 dargestellt. Die sehr gute Übereinstimmung der experimentellen Daten mit der Theorie erweist die Richtigkeit der Grundvoraussetzung, daß die Geschwindigkeitskonstanten der Durchtrittsreaktionen Exponentialfunktionen des Elektrodenpotentials sind.

Für größere Überspannungen ($|\eta| \gg R\, T/F$) werden die beiden Äste der resultierenden Kurve praktisch identisch mit den Asymptoten. Unter diesen Umständen kann man in Gl. (52.26) entweder den ersten oder den zweiten Term in der geschweiften Klammer auf der rechten Seite vernachlässigen. Dann nimmt die Durchtrittsreaktion den erwähnten nichtumkehrbaren oder irreversiblen Charakter an. Die Polarisationskurve ist dann durch die Tafel-Gleichung beschrieben.

$$\eta = a + b \log |j|. \tag{52.30}$$

Die Größen a und b sind für einen anodischen Vorgang festgelegt durch die Beziehungen

$$a = -\frac{2{,}3\,R\,T}{(1-\alpha)\,z\,F} \log j_0, \tag{52.31}$$

$$b = \frac{2{,}3\,R\,T}{(1-\alpha)\,z\,F}, \tag{52.32}$$

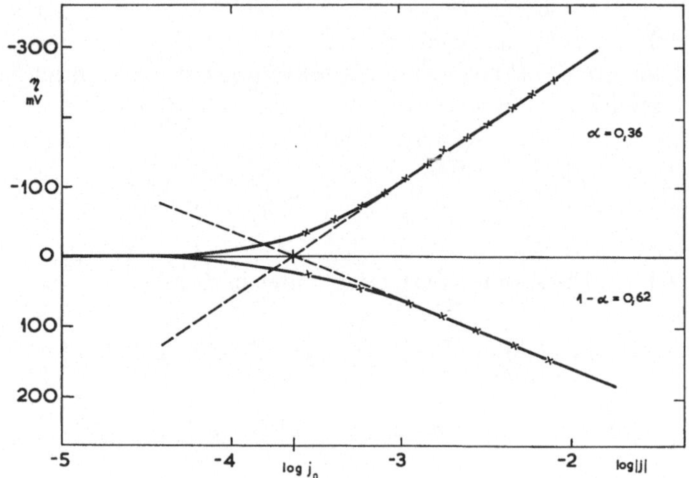

Abb. 5.6. Tafel-Diagramm für die Durchtrittsreaktion $Fe^{3+} + e = Fe^{2+}$ an einer Platinelektrode. Elektrolyt $c_{Fe^{2+}} = c_{Fe^{3+}} = 0{,}98$ mM in $0{,}5$ M H_2SO_4, $t = 20\ °C$. Nach Z. Samec und J. Weber

für einen kathodischen Vorgang durch die Ausdrücke

$$a = \frac{2{,}3\,R\,T}{\alpha\,z\,F} \log j_0,$$

$$b = -\frac{2{,}3\,R\,T}{\alpha\,z\,F}. \tag{52.33}$$

Aus den Größen a und b bestimmen wir den Austauschstrom j_0 und den Durchtrittsfaktor α.

Bei Durchtrittsreaktionen mit irreversiblem Charakter ist uns der Wert des Standardpotentials $E^{0\prime}$ sehr oft unbekannt. Wir können also die Überspannung η nicht bestimmen und benutzen deshalb die Tafel-Gleichung als Operationsformel in der Gestalt

$$E = a + b \log |j|. \tag{52.34}$$

Oft ist es vorteilhaft, statt dieser Gleichung die für einen irreversiblen Vorgang umgeformte Beziehung (52.22) zu verwenden; sie lautet für einen kathodischen Prozeß

$$j = - z\,F\,k^0 \exp\left[-\alpha\,z\,F\,(E - E^{0\prime})/R\,T\right] c_{\mathrm{Ox}} =$$
$$= - z\,F\,k_{\mathrm{konv}} \exp\left(-\alpha\,z\,F\,E/R\,T\right). \tag{52.35}$$

Die Größe $k_{\mathrm{konv}} = k^0 \exp(\alpha\,z\,F\,E^{0\prime}/R\,T)$ ist der Wert der Geschwindigkeitskonstante der Durchtrittsreaktion beim Potential der Standardbezugselektrode. Wir werden sie als *konventionelle Geschwindigkeitskonstante* der Durchtrittsreaktion bezeichnen. Wir bestimmen sie z. B. durch Extrapolation der Beziehung (52.34) auf den Wert $E = 0$, weil dann

$$k_{\mathrm{konv}} = - (j)_{E=0}/z\,F\,c_{\mathrm{Ox}} \tag{52.36}$$

ist.

Vorläufig haben wir nur Durchtrittsreaktionen erster Ordnung in Erwägung gezogen, an denen sich eine oxidierte und eine reduzierte Komponente beteiligt. Nun wollen wir die Gleichung für die Geschwindigkeit einer Durchtrittsreaktion formulieren, an der s oxidierte und s' reduzierte Komponenten in den Reaktionsordnungen $\nu_1 \ldots \nu_s$, $\nu_1' \ldots \nu_s''$ teilnehmen

$$\sum_{i=1}^{s} \nu_i\,\mathrm{A}_i + z\,\mathrm{e} \underset{k_{\mathrm{Ox}}}{\overset{k_{\mathrm{Red}}}{\rightleftarrows}} \sum_{i=1}^{s'} \nu_i'\,\mathrm{B}_i. \tag{52.37}$$

Die der Gl. (52.22) analoge Beziehung lautet in diesem Fall

$$j = z\,F\,k^0 \left\{ \prod_{i=1}^{s} c_i'^{\nu_i'} \exp\left[(1 - \alpha)\,z\,F\,(E - E^{0\prime})/R\,T\right] - \right.$$
$$\left. - \prod_{i=1}^{s'} c_i^{\nu_i} \exp\left[-\alpha\,z\,F\,(E - E^{0\prime})/R\,T\right] \right\}, \tag{52.38}$$

wobei c_i die Konzentrationen der Stoffe A_i und c_i' die Konzentrationen von B_i sind. Im Falle irreversibler Reaktionen können wir aus der Konzentrationsabhängigkeit der Stromdichte bei konstantem Potential die Reaktionsordnung der betrachteten Komponente bestimmen, z. B. für einen kathodischen Vorgang mit Hilfe der Beziehung

$$\left(\frac{\partial \log(-j)}{\partial \log c_i'}\right)_{E,\,c_{j\neq i}'} = \nu_i'. \tag{52.39}$$

Durch einen ähnlichen Vorgang wie beim Herleiten der Gl. (52.26) erhalten wir wiederum dieselbe Beziehung, wo jedoch die Austauschstromdichte gegeben ist durch die Gleichung

$$j_0 = z\,F\,k^0 \left(\prod_{i=1}^{s} c_i^{\nu_i}\right)^{1-\alpha} \left(\prod_{i=1}^{s'} c_i'^{\nu_i'}\right)^{\alpha}. \tag{52.40}$$

Wir empfehlen, die Bedeutung der allgemeinen Beziehung vom Typ der Gl. (52.38) nicht allzu sehr zu überschätzen, da sowohl die Zahl der Komponenten als auch der Wert der Reaktionsordnung praktisch nie die Zahl 2 überschreiten. Es muß auch darauf aufmerksam gemacht werden, daß alle Beziehungen unter der Voraussetzung abgeleitet wurden, daß die reagierenden Stoffe entweder überhaupt nicht oder nur sehr schwach gemäß der linearen Adsorptionsisotherme adsorbiert werden.

Einen wichtigen Faktor in der Kinetik der Elektrodenvorgänge stellen die chemischen Gleichgewichte in der Lösung dar, bei denen sich die Ausgangsstoffe zwar nicht direkt an der Durchtrittsreaktion beteiligen, aber elektroaktive Produkte bilden. Ein typisches Beispiel hierfür ist das Protonierungsgleichgewicht

$$A + H_3O^+ \rightleftarrows AH^+ + H_2O, \tag{52.41}$$

das durch die Dissoziationskonstante von AH^+ charakterisiert wird

$$K = \frac{c_A \cdot c_{H_3O^+}}{c_{AH^+}}. \tag{52.42}$$

Wir wollen annehmen, daß der Stoff AH^+ an der irreversiblen Durchtrittsreaktion

$$AH^+ + e \rightarrow AH \tag{52.43}$$

teilnimmt. Die Stromdichte ist dann gegeben durch die Beziehung [vgl. (52.35)]

$$j = - F\, k_{\text{konv}} \exp\left(- \alpha\, F\, E/R\, T\right) c_{AH^+} =$$
$$= - F\, k_{\text{konv}} \exp\left(- \alpha\, F\, E/R\, T\right) c_{H_3O^+}\, c/(K + c_{H_3O^+}), \tag{52.44}$$

worin $c = c_A + c_{AH^+}$ ist. Wenn $c_{H_3O} \ll K$ und somit $c_{AH^+} \ll c_A$ ist, geht Gl. (52.44) über in

$$j = - F\, k_{\text{konv}} \exp\left(- \alpha\, F\, E/R\, T\right) c_{H_3O^+}\, c/K. \tag{52.45}$$

Die Gesamtreaktionsordnung beträgt also 2.

Die Existenz des Austauschstromes konnte von Pleskow und Miller sehr anschaulich durch Versuche mit markierten Atomen nachgewiesen werden. Die genannten Autoren arbeiteten mit einer Lösung, in der die Metallionen durch das radioaktive Isotop des gewählten Metalles markiert worden waren. Die Lösung befand sich im Kontakt mit dem verdünnten, nichtmarkierten Amalgam desselben Metalls. An der Amalgamelektrode lief (ohne äußere Spannung) eine Durchtrittreaktion ab, durch die die markierten Ionen aus der Lösung gegen die unmarkierten aus dem Amalgam ausgetauscht wurden. Die Geschwindigkeit, mit welcher sich das markierte Isotop im Amalgam anreicherte, und ihre Abhängigkeit von der Lösungs- und Amalgamkonzentration standen im vollen Einklang mit den hergeleiteten Beziehungen. Die Versuche wurden unter intensiver Rührung durchgeführt, um den Einfluß der Diffusion auf die Geschwindigkeit des Elektrodenvorganges einzuschränken.

Durchtrittsreaktionen, bei denen die oxidierte Form mehr als ein Elektron aufnimmt, laufen wahrscheinlich als eine Folge von Einelektronen-Schritten ab. Als Beispiel sei die zweielektronige Reaktion des Stoffes A_1 angeführt, der nach dem Transfer von zwei Elektronen in den Stoff A_3 übergeht, wobei der Reaktionsweg über das unbeständige Zwischenprodukt A_2 führt

$$A_1 + e \underset{k_{\text{Ox},1}}{\overset{k_{\text{Red},1}}{\rightleftarrows}} A_2, \tag{52.46}$$

$$A_2 + e \underset{k_{\text{Ox},2}}{\overset{k_{\text{Red},2}}{\rightleftarrows}} A_3. \tag{52.47}$$

Die Durchtrittsreaktion (52.46) ist charakterisiert durch das entsprechende Standardelektrodenpotential $E_1^{0\prime}$, durch ihre Standardgeschwindigkeitskonstante k_1^0 und durch den Durchtrittsfaktor α_1, die Reaktion (52.47) durch die analogen Größen $E_2^{0\prime}$, k_2^0 und α_2. Wenn wir die Geschwindigkeitskonstanten der Durchtrittsreaktionen, die eine Funktion des Potentials sind, in derselben Weise wie in den Gln. (52.46) und (52.47) kennzeichnen und die Konzentrationen der Stoffe A_1, A_2 und A_3 mit c_1, c_2 und c_3 bezeichnen, gilt für die Stromdichte j die Relation

$$\frac{F}{j} = k_{\mathrm{Red},1}\, c_1 + k_{\mathrm{Red},2}\, c_2 - k_{\mathrm{Ox},1}\, c_2 - k_{\mathrm{Ox},2}\, c_3. \qquad (52.48)$$

Die Konzentration des unbeständigen Zwischenproduktes A_2 drücken wir aus auf Grund der Bedingung des stationären Zustandes

$$\frac{\mathrm{d}\,c_2}{\mathrm{d}\,t} = 0 = k_{\mathrm{Red},1}\, c_1 - k_{\mathrm{Red},2}\, c_2 - k_{\mathrm{Ox},1}\, c_2 + k_{\mathrm{Ox},2}\, c_3. \qquad (52.49)$$

Nach Substitution von c_2 in Gl. (52.48) erhalten wir

$$\frac{j}{2\,F} = \frac{k_{\mathrm{Red},1}\, k_{\mathrm{Red},2}}{k_{\mathrm{Red},2} + k_{\mathrm{Ox},1}}\, c_1 - \frac{k_{\mathrm{Ox},1}\, k_{\mathrm{Ox},2}}{k_{\mathrm{Red},2} + k_{\mathrm{Ox},1}}\, c_3. \qquad (52.50)$$

Wir werden annehmen, daß in einem bestimmten Potentialbereich die Bedingung gilt

$$k_{\mathrm{Ox},1} \ll k_{\mathrm{Red},2}. \qquad (52.51)$$

Dies bringt die Tatsache zum Ausdruck, daß die Reaktion (52.46) der geschwindigkeitsbestimmende Schritt des gesamten Vorganges ist. Nach Vernachlässigen von $k_{\mathrm{Ox},1}$ in den Nennern von Gl. (52.50) und nach Einsetzen von

$$\begin{aligned}
k_{\mathrm{Red},1} &= k_1^0 \exp\left[-\alpha_1\, F\,(E - E_1^{0\prime})/R\,T\right], \\
k_{\mathrm{Red},2} &= k_2^0 \exp\left[-\alpha_2\, F\,(E - E_2^{0\prime})/R\,T\right], \\
k_{\mathrm{Ox},1} &= k_1^0 \exp\left[(1 - \alpha_1)\, F\,(E - E_1^{0\prime})/R\,T\right], \\
k_{\mathrm{Ox},2} &= k_2^0 \exp\left[(1 - \alpha_2)\, F\,(E - E_2^{0\prime})/R\,T\right],
\end{aligned} \qquad (52.52)$$

erhalten wir die Gleichung

$$\frac{j}{2\,F} = k_1^0 \left\{\exp\left[-\alpha_1\, F\,(E - E_1^{0\prime})/R\,T\right] c_1 - \right.$$

$$\left. - \exp\left[(1 - \alpha_1)\, F\,(E - E_1^{0\prime})/R\,T\right] \cdot \exp\left[F\,(E - E_2^{0\prime})/R\,T\right] c_3\right\}. \qquad (52.53)$$

Setzen wir nun die neuen Konstanten ein

$$E^{0\prime} = (E_1^{0\prime} - E_2^{0\prime})/2; \quad k^0 = k_1^0 \exp\left[\alpha\, F\,(E^{0\prime} - E_2^{0\prime})/R\,T\right]; \quad \alpha = \alpha_1/2, \qquad (52.54)$$

so führen wir die Gl. (52.53) in die Relation (52.22) für $z = 2$ über. Ein ähnliches Resultat würden wir erhalten, wenn die Reaktion (52.47) für die Geschwindigkeit des gesamten Vorganges maßgebend wäre. Wie zu erkennen ist, kann unter Voraussetzung der Gültigkeit von (52.49) und (52.51) der Fall der sukzessiven Elektronenaufnahme formal die gleiche Strom-Potential-Abhängigkeit liefern wie der Fall des direkten Mehrelektronen-Transfers.

Dies tritt sehr häufig bei irreversiblen Mehrelektronen-Durchtrittsreaktionen auf. Der geschwindigkeitsbestimmende Vorgang ist hier oft der erste Schritt, bei dem z. B. ein Elektron aufgenommen wird. Die übrigen, mit der Aufnahme weiterer Elektronen verbundenen Reaktionen sind dagegen sehr schnell, und die Geschwindigkeit der Rückreaktion (hier der Oxidationsreaktion) ist vernachlässigbar. In diesem Fall ergibt sich aus Gl. (52.53) die Beziehung

$$j = z \, F \, k_1{}^0 \exp\left[-\alpha_1 \, F \, (E - E_1{}^{0\prime})/R \, T\right] c_1. \tag{52.55}$$

Das gesamte Faradaysche Äquivalent der Durchtrittsreaktion ist dann z, das Exponentialglied der Geschwindigkeitskonstante der Durchtrittsreaktion hat hingegen die einer Einelektronenreaktion entsprechende Gestalt. Ist uns der Wert von $E_1{}^{0\prime}$ nicht bekannt, so führen wir wiederum die konventionelle Geschwindigkeitskonstante der Durchtrittsreaktion ein, $k_{\mathrm{konv}} = k_1{}^0 \exp(\alpha \, F \, E_1{}^{0\prime}/R \, T)$. Somit können wir die Gl. (52.55) auf die Gestalt bringen

$$j = z \, F \, k_{\mathrm{konv}} \exp(-\alpha_1 \, F \, E/R \, T) \, c_1. \tag{52.56}$$

Diese Gleichung bringt die Tatsache zum Ausdruck, daß in der Bruttoreaktion für 1 Mol der Substanz z Mole Elektronen verbraucht werden, aber die Strom-Potential-Abhängigkeit einer Einelektronenreaktion entspricht.

Für die Theorie der Durchtrittsreaktion und für das Studium des Einflusses, den die Struktur der reagierenden Stoffe auf die Geschwindigkeit der Durchtrittsreaktion ausübt, hat die Bestimmung ihrer *Aktivierungsenergie* erhebliche Bedeutung. Dabei muß die Tatsache respektiert werden, daß die Geschwindigkeit der Durchtrittsreaktion vom Elektrodenpotential abhängt. Wie wir sehen werden, existieren deshalb mehrere Arten dieser Aktivierungsenergien. Wir berechnen sie in der einfachsten Weise, z. B. für einen irreversiblen kathodischen Vorgang bei konstantem Elektrodenpotential, mit Hilfe der Relationen (52.5), (52.6) und (52.8)

$$\left(\frac{\partial \ln j}{\partial T}\right)_E = \frac{\Delta H_{\mathrm{Red}}^0 + \alpha \, z \, F \, E}{R \, T^2} = \frac{\Delta H_1}{R \, T^2}. \tag{52.57}$$

Diese scheinbar einfache Beziehung ist in Wirklichkeit nur eine konventionelle. Wir müssen uns nämlich vor Augen halten, daß sich der Wert des Elektrodenpotentials, wenn wir verschiedene Standardbezugselektroden zu seiner Definition benutzen, bei verschiedenen Temperaturen nicht nur um eine additive Konstante unterscheidet, sondern auch um das Produkt aus der Temperatur und dem Temperaturkoeffizienten dieser additiven Konstante. In vielen Fällen interessiert uns jedoch an sich nicht der Wert der Aktivierungsenergie bei konstantem Potential, ΔH_1, sondern sein Zuwachs $\Delta\Delta H_1$, der die Änderung der Aktivierungsenergie zwischen zwei Gliedern angibt, beispielsweise in einer homologen Reihe elektroaktiver Stoffe (s. S. 320). Diese Größe ist unabhängig vom Elektrodenpotential, wenn der Durchtrittskoeffizient α für den Elektrodenvorgang in der untersuchten Stoffgruppe konstant ist. Es gilt dann direkt

$$\Delta\left(\frac{\partial \ln |j|}{\partial T}\right)_E = \frac{\Delta\Delta H_{\mathrm{Red}}^0}{R \, T^2} = \frac{\Delta\Delta H_1}{R \, T^2}. \tag{52.58}$$

Die Standardaktivierungsenergie der Durchtrittsreaktion, ΔH_0, ist definiert durch die Beziehung

$$\left(\frac{\partial \ln k^0}{\partial T}\right)_{E=E^0} = \frac{\Delta H_0}{R\,T^2}. \tag{52.59}$$

Aus den Relationen (52.19) folgt

$$\left(\frac{\partial \ln k^0}{\partial T}\right)_{E=E^0} = \frac{\Delta H_{\mathrm{Ox}}^0 - (1-\alpha)\,z\,F\,E^{0\prime}}{R\,T^2} = \frac{\Delta H_{\mathrm{Red}}^0 + \alpha\,z\,F\,E^{0\prime}}{R\,T^2}. \tag{52.60}$$

Nach Eliminierung von $E^{0\prime}$ aus dieser Gleichung erhält man

$$\Delta H_0 = \alpha\,\Delta H_{\mathrm{Ox}}^0 + (1-\alpha)\,\Delta H_{\mathrm{Red}}^0. \tag{52.61}$$

Die dritte Art ist die Aktivierungsenergie bei konstanter Überspannung $(\eta \gg R\,T/F)$, die definiert ist durch die Beziehung

$$\left(\frac{\partial \ln |j|}{\partial T}\right)_{\eta} = \frac{\Delta H_2}{R\,T^2}. \tag{52.62}$$

Für einen anodischen Vorgang ist sie gegeben durch die aus den Gln. (52.24), (52.26), (52.59) und (52.62) folgende Beziehung

$$\Delta H_2 = \Delta H_0 - (1-\alpha)\,z\,F\,\eta, \tag{52.63}$$

für einen kathodischen Vorgang durch die Relation

$$\Delta H_2 = \Delta H_0 + \alpha\,z\,F\,\eta. \tag{52.64}$$

52.2. Molekulartheorie

Den ersten Versuch, die Abhängigkeit der Geschwindigkeit der Durchtrittsreaktion vom Elektrodenpotential zu erklären, stellt die Arbeit von J. A. V. Butler über die Metallabscheidung dar. Butler nahm an, daß der Transfer eines Metallions zur Elektrode mit einer Zunahme der potentiellen Energie des Systems verbunden ist, wie in Abb. 5.7 gezeigt wird. Der Anstieg der potentiellen Energie wird durch den Anwuchs der Wechselwirkungsenergie Ion-Dipol verursacht, wenn das Ion aus seiner Hydrathülle „hinausgezogen" wird. Diese Kräfte müssen umgekehrt überwunden werden, wenn das Metallion aus der Elektrode, wo es durch Gitterkräfte festgehalten wird, in die Lösung übergeht. Dabei steigt wiederum die potentielle Energie des Systems an. Der Schnittpunkt dieser beiden Kurven gibt die Höhe der Energiebarrieren $\Delta G_{\mathrm{Ox},0}^{\ddagger}$ und $\Delta G_{\mathrm{Red},0}^{\ddagger}$ an, durch die die Geschwindigkeitskonstante der Durchtrittsreaktion festgelegt wird nach der Beziehung

$$k_{\mathrm{Ox}} = \exp\left(-\Delta G_{\mathrm{Ox},0}^{\ddagger}/R\,T\right), \tag{52.65}$$

$$k_{\mathrm{Red}} = \exp\left(-\Delta G_{\mathrm{Red},0}^{\ddagger}/R\,T\right). \tag{52.66}$$

Ändert sich die elektrische Potentialdifferenz zwischen der Elektrode und der Lösung um den Wert $\Delta\varphi$, so äußert sich dies im Kurvenverlauf für das Metallion durch eine Verschiebung nach größeren ΔG-Werten um den Betrag $z_+\,F\,\Delta\varphi$, wobei z_+ die Ladung des Ions bedeutet. Die Höhe der Energiebarriere vergrößert sich für den kathodischen Prozeß um $\alpha\,z_+\,F\,\Delta\,\varphi$, für den anodischen wird sie um $(1-\alpha)z_+\,F\,\Delta\,\varphi$ verringert. Was für Folgen diese Änderung der elektrischen Potentialdifferenz für die Geschwindigkeit der Durchtrittsreaktion haben wird, bedarf bereits keiner weiteren Erklärung, ähnlich wie der Vorgang, auf Grund dessen die Gl. (52.22) aus dem so formulierten Problem hergeleitet werden kann.

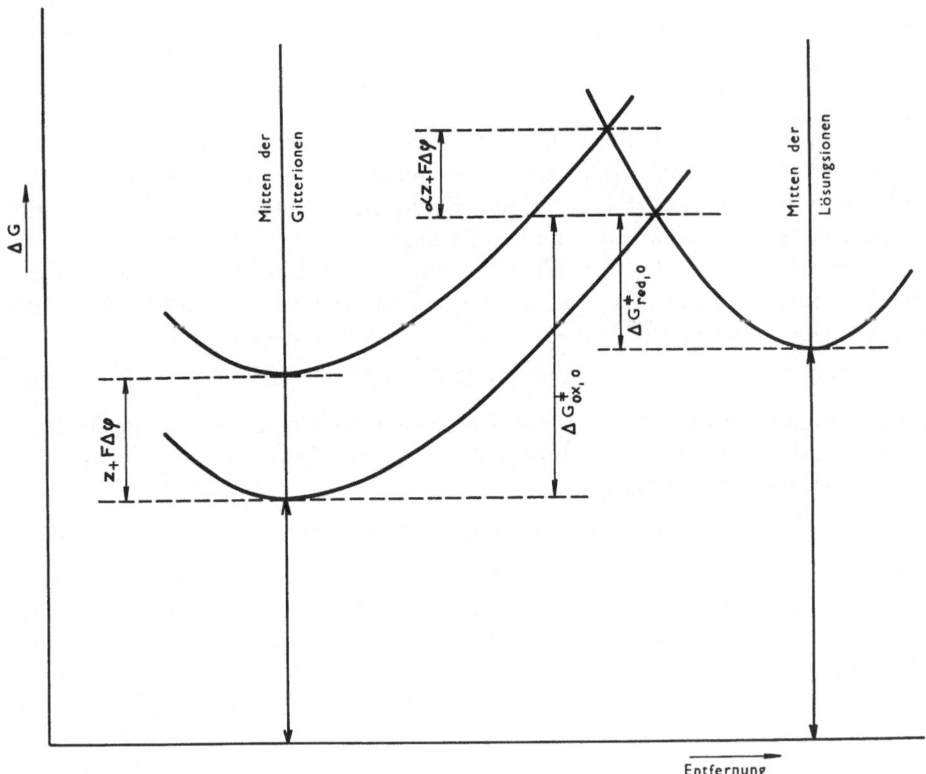

Abb. 5.7. Potentielle Energie eines elektrochemischen Systems als Funktion des Abstandes des reagierenden Teilchens von der Oberfläche der Elektrode. Nach J. A. V. Butler

Auf einem ähnlichen Prinzip basiert die Theorie der Reduktion des Wasserstoffions nach J. Horiuti und M. Polányi. Die Rolle des Metallatoms im Gitter der Elektrode spielt hier das Wasserstoffatom an der Elektrodenoberfläche.

Die zweite Gruppe der Theorien der Durchtrittsreaktion wird von der quasithermodynamischen Betrachtung dieses Problems dargestellt (es handelt sich gewissermaßen um eine phänomenologische Theorie, so daß sie eigentlich nicht in den Abschn. 52.1 gehörte, aber zur Gegenüberstellung aller theoretischen Behandlungen wollen wir sie in diesen Abschnitt mit einbeziehen). Die Reaktionsenthalpie der Durchtrittsreaktion (52.1) ist gegeben durch die Beziehung

$$\Delta\tilde{H} = \Delta H_0 + z\,F\,\Delta\,\varphi, \tag{52.67}$$

wo $\Delta \varphi$ die elektrische Potentialdifferenz zwischen der Elektrode und der Lösung ist. Frumkin hat zur Herleitung der Aktivierungsenthalpie der Durchtrittsreaktion die Brønstedsche Relation für Reaktionen in homologen Reihen der Reaktanten benutzt. Nach dieser Relation ist der Zuwachs der Aktivierungsenergie von Reaktionen, an denen sich nacheinander zwei beliebige Glieder der Reihe beteiligen, direkt proportional zum Zuwachs der zugehörigen Reaktionsenthalpien. Im Falle einer Durchtrittsreaktion realisieren wir die Änderung der Reaktionsenthalpie durch bloße Änderung der elektrischen Potentialdifferenz zwischen der Elektrode und der Lösung. Für die Aktivierungsenergie der Durchtrittsreaktion gilt folglich

$$\Delta \widetilde{H}_{\text{Red}} = \Delta H^{0'}_{\text{Red}} + \alpha \Delta \widetilde{H} = \Delta H^{0}_{\text{Red}} + \alpha z F \Delta \varphi. \tag{52.68}$$

Prinzipiell sehr ähnlich ist der Zutritt von Eyring, der von seiner Theorie der absoluten Reaktionsgeschwindigkeiten ausgeht. Die Gibbssche Energie des aktivierten Komplexes ist eine lineare Funktion der elektrischen Potentialdifferenz zwischen der Elektrode und der Lösung.

Zu wesentlich exakteren Schlüssen sind die Arbeiten gelangt, die sich mit dem Studium des einfachen Transfers eines Elektrons aus der Elektrode auf das Ion A^{n+} gemäß der nachstehenden Gleichung befaßt haben

$$A^{n+} + e \rightleftarrows A^{(n-1)+}. \tag{52.69}$$

Dieser Vorgang ist analog der Austauschreaktion zwischen zwei in verschiedenen Oxidationsstufen vorliegenden Ionen, die auf dem Elektronentransfer zwischen den reagierenden Ionen beruht

$$A^{*n+} + A^{(n-1)+} \rightleftarrows A^{*(n-1)+} + A^{n+}. \tag{52.70}$$

Die beiden reagierenden Ionen können wir voneinander unterscheiden, weil das erste Ion auf beiden Seiten der Gl. (52.70) ein radioaktives Isotop ist. Der Elektronentransfer zwischen der Elektrode und dem Ion A^{n+} erfolgt durch Tunnelübergang. Dieser Gedanke wurde von R. W. Gurney in rudimentärer Form in die Theorie der Elektrodenvorgänge eingeführt und ist von R. Marcus und H. Gerischer weiter durchgearbeitet worden. Das Problem der Durchtrittsreaktion mit einfachem Elektronentransfer wurde schließlich von W. G. Lewitsch und R. R. Dogonadse gelöst. Wir wollen ihre Theorie hier in vereinfachter Form darlegen.

Der Ablauf der Reaktion (52.69) beruht auf dem Übergang eines Elektrons aus dem Energieniveau im Metall in das dem gleichen Energiewert entsprechende Niveau im Ion A^{n+}. Eine analoge Situation tritt bei der Oxidation des Ions $A^{(n-1)+}$ ein. Bei diesen Vorgängen ist eine Anregung des Elektrons in der Elektrode (bei Reaktionsablauf von links nach rechts) oder im Ion $A^{(n-1)+}$ (bei umgekehrtem Reaktionsablauf) nicht erforderlich, weil sich der Tunnelübergang des Elektrons mit Aufwand einer weitaus geringeren Energie vollzieht.

Die Durchtrittsreaktion (52.69) ist adiabatisch, d. h. die Bewegungen des Elektrons und des Mediums (Solvens) laufen unabhängig voneinander ab. Während des eigentlichen Elektronendurchtritts finden keine Änderungen in den Lagen der Atomkerne statt. Es kommt weder zur Lösung noch zur Bildung von chemischen Bindungen, noch zu einer Adsorption. In erster Näherung wird das Lösungsmittel als strukturloses Dielektrikum betrachtet.

Die Durchtrittsreaktion zerfällt in vier Stadien:

1. Annäherung des Ions A^{n+} an die Elektrode bis auf den Abstand, bei welchem es zum Tunnelübergang kommen kann, d. h. bis auf 2—4 Å.

2. Fluktuation der sekundären Solvatationshüllen, die in erster Näherung durch die dielektrische Polarisation charakterisiert werden. Dadurch kann die sekundäre Solvatationshülle des Ions A^{n+} den lokalen Polarisationswert annehmen, der dem Produkt der Durchtrittsreaktion $A^{(n-1)+}$ entspricht. Dieser Vorgang ist temperaturabhängig.

3. Temperaturunabhängiger Tunneldurchtritt des Elektrons.

4. Wegführung des Ions $A^{(n-1)+}$ von der Elektrode.

Beim Elektronentransfer hat das Stadium 2 die größte Bedeutung für die Aktivierungsenergie. Der eigentliche Durchtritt der Elektronen läuft viel schneller ab als die Reorganisation des Lösungsmittels und stellt nicht den geschwindigkeitsbestimmenden Schritt dar.

Die Geschwindigkeit des Transfers des Elektrons der Energie $\varepsilon - e \, \varphi^{(m)}$ auf das Ion A^{n+}, das sich im Abstand x von der Elektrode befindet, ist gegeben durch das Produkt $f(\varepsilon) \, \rho(\varepsilon) \cdot W(x, \varepsilon)$. In diesem Ausdruck bedeutet $f(\varepsilon)$ die Fermi-Verteilungsfunktion (31.13), $\rho(\varepsilon)$ die Dichte der Energieniveaus im Metall, die durch den mittleren Wert $\langle \rho \rangle$ approximiert werden kann, und $W(x, \varepsilon)$ die Wahrscheinlichkeit des Tunnelübergangs des Elektrons der Energie ε auf den Abstand x. Diese Größe ist gegeben durch die Relation

$$W(x, \varepsilon) = A \exp\left(- \varepsilon^{\neq}/k \, T\right). \tag{52.71}$$

Darin ist $\varepsilon^{\neq}$ die Aktivierungsenergie der Überführung eines einzigen Elektrons und A eine Konstante.

Lewitsch und Dogonadse haben die Größe $\varepsilon^{\neq}$ ausgedrückt durch die Relation

$$\varepsilon^{\neq} = (\Delta \, h_e + \Delta \, h_p)^2/4 \, \Delta \, h_p. \tag{52.72}$$

Hierin ist $\Delta \, h_e$ die Differenz zwischen den Enthalpien der reagierenden Stoffe im Anfangsstadium der Durchtrittsreaktion (Energie des Ions A^{n+} und des Elektrons) und in ihrem Endzustand (Energie des Ions $A^{(1-n)+}$). $\Delta \, h_p$ ist die Änderung der Enthalpie, die mit der die Durchtrittsreaktion begleitenden Änderung der dielektrischen Polarisation verbunden ist.

Die Größe $\Delta \, h_e$ können wir mit Hilfe eines geeigneten zyklischen Vorganges bestimmen. Ein Elektron der Energie $\varepsilon - e \, \Delta \, \varphi(x)$ wird ins Vakuum übergeführt, wo es mit dem Ion A^{n+} reagiert. Die Energie dieses Ions in der Lösung ist gegeben durch seine Solvatationsenthalpie $h_{s,n}$. Die Reaktion im Vakuum hat einen Energiegewinn zur Folge, der gleich dem negativen Wert des Ionisationspotentials des Ions $A^{(n-1)+}$ ist. Das Produkt der Reaktion, das Ion $A^{(n-1)+}$, wird dann in die Umgebung der Elektrode übergeführt, wo seine Energie gleich der Solvatationsenergie $h_{s,n-1}$ ist. Der Gesamtwert $\Delta \, h_e$ wird also festgelegt durch den Ausdruck

$$\Delta \, h_e = - I^{(n-1)} + e \, \Delta \, \varphi(x) + h_{s,n-1} - h_{s,n} - \varepsilon, \tag{52.73}$$

in welchem $I^{(n-1)}$ das Ionisationspotential des Ions $A^{(n-1)+}$ im Vakuum ist.

Die Energie, die mit der Polarisationsänderung Δh_p verbunden ist, ist viel größer als Δh_e; es kann deshalb der Ansatz gemacht werden

$$\varepsilon^{\ddagger} \approx \frac{1}{4}\Delta h_p + \frac{1}{2}\Delta h_e = \frac{1}{4}\Delta h_p - \frac{1}{2}I^{(n-1)} + \frac{1}{2}\Delta h_s - \frac{1}{2}\varepsilon + \frac{1}{2}e\,\Delta\varphi(x). \qquad (52.74)$$

Das reagierende Teilchen ist so situiert, daß im Raum zwischen der äußeren Helmholtz-Fläche und der Oberfläche der Elektrode keine Partikel vorhanden sind. Die Abhängigkeit des elektrischen Potentials vom Abstand von der Elektrodenoberfläche wird in deren Umgebung allein durch die lineare Potentialänderung im starren Teil der Doppelschicht charakterisiert; die weitere Potentialänderung in der diffusen Doppelschicht vernachlässigen wir (die exaktere Formulierung siehe im Abschn. 52.3). Die elektrische Potentialdifferenz, die sich auf das Gebiet bezieht, in welchem sich die reagierenden Teilchen befinden, ist gleich der Potentialdifferenz zwischen der Elektrode und der Lösung, $\Delta\varphi(x) = = \Delta\varphi$. Deshalb können wir für die Größe $W(x,\varepsilon)$ den Ansatz machen

$$W(x,\varepsilon) = W(\varepsilon) = A\exp\left[\left(\frac{1}{4}\Delta h_p - \frac{1}{2}I^{(n-1)} + \frac{1}{2}\Delta h_s - \frac{1}{2}\varepsilon + \frac{1}{2}e\,\Delta\varphi\right)/kT\right]. \qquad (52.75)$$

Die Teilchen, die an der Durchtrittsreaktion teilnehmen können, liegen in der Schicht der Dicke δ, in die das Elektron durch Tunnelübergang überspringen kann. Diese Dicke beträgt 1—3 Å. Die Konzentration der Ionen A^{n+} ist in diesem Gebiet c_{Ox}. Die Geschwindigkeit der Durchtrittsreaktion (in mol m^{-2} s^{-1}), an der Elektronen der Energie ε teilnehmen, wird festgelegt durch die Geschwindigkeit des Elementarprozesses (d. h. des Transfers eines Elektrons auf ein Ion) dividiert durch die Avogadro-Konstante und multipliziert mit der Zahl der Mole in der Schicht der Dicke δ, also

$$v_{\mathrm{Red}}(\varepsilon) = f(\varepsilon)\,\langle\rho\rangle\,W(\varepsilon)\,c_{\mathrm{Ox}}\,\delta\,N_A^{-1}. \qquad (52.76)$$

Die Gesamtgeschwindigkeit der Durchtrittsreaktion, an der Elektronen von beliebiger Energie teilnehmen, ist gegeben durch die Beziehung

$$v_{\mathrm{Red}} = \int f(\varepsilon)\,W(\varepsilon)\,\mathrm{d}\varepsilon\,\langle\rho\rangle\,c_{\mathrm{Ox}}\,\delta\,N_A^{-1} =$$

$$= A\,\delta\,\pi\,k\,T\,\langle\rho\rangle\,N_A^{-1}\exp(\varepsilon_{\mathrm{F}}/2\,k\,T)\exp\left[\left(-\frac{1}{4}\Delta h_p + \frac{1}{2}I^{(n-1)} - \frac{1}{2}\Delta h_s\right)/k\,T\right]\exp(-F\,\Delta\varphi/2\,R\,T)\,c_{\mathrm{Ox}}. \qquad (52.77)$$

Darin ist $f(\varepsilon)$ die Fermi-Funktion [Gl. (31.13)] und ε_{F} die Energie des Ferminiveaus.

Aus dieser Gleichung berechnen wir hierauf die kathodische Teilstromdichte nach der Beziehung (52.8). Wie zu erkennen ist, ergibt sich aus der theoretischen Ableitung für einen einfachen Elektronentransfer der Wert des Durchtrittsfaktors zu $\alpha = 1/2$. In der Nähe dieses Wertes bewegen sich auch die meisten experimentell gewonnenen Werte dieser Größe. Eine analoge Relation bekämen wir auch für die anodische Stromdichte.

Die Vorstellung des Tunnelüberganges wurde von Dogonadse, Kusnezow und Lewitsch auch zur Erklärung des Elementarschrittes bei der Wasserstoffabscheidung herangezogen. Das Hydroniumion reagiert dabei mit dem Elektron unter Bildung eines an der Elektrode adsorbierten Wasserstoffatoms

$$H_3O^+ + e \to H_{ads} + H_2O. \tag{52.78}$$

Hier findet ein Tunnelübergang von zwei quantenmechanischen Partikeln statt, des Protons und des Elektrons. Die Geschwindigkeit der Durchtrittsreaktion hängt vor allem von folgenden Größen ab: von der Energie des Ferminiveaus des Elektrons im Metall und der des Protons im Hydroniumion im Wasser, von der Energie der Reorganisation des Lösungsmittels [Differenz zwischen der durch die Produkte der Reaktion (52.78) und durch das Ion H_3O^+ bewirkten dielektrischen Polarisation] und von der Adsorptionsenergie des Wasserstoffatoms an der Elektrode ΔH_{ads}. Die grundlegende Beziehung (für Überspannungen, die weder allzu klein noch allzu groß sind) lautet

$$j_{Red} = A \exp\left(-\frac{FE}{2RT}\right) \exp\left(-\frac{\Delta H_{ads}}{2RT}\right) c_{H_3O^+}. \tag{52.79}$$

In letzter Zeit ist auch eine Theorie für eine Durchtrittsreaktion ausgearbeitet worden, bei der es zu einer Änderung der Koordinaten eines schweren reagierenden Teilchens kommt, bei dem ein Tunnelübergang ausgeschlossen ist. In diesem Fall können die resultierenden Werte des Durchtrittsfaktors erheblich von 1/2 abweichen.

Die umrissenen Theorien berücksichtigen nur die Grundzüge des Elementarvorganges der Durchtrittsreaktion und sind nur in einer sehr begrenzten Zahl von Fällen zur Interpretation der experimentellen Daten geeignet. Weitaus öfter endet die Analyse der Versuchsergebnisse mit der Ermittlung der Werte von k^0 und αz [vgl. Gl. (52.22)]. In den meisten Fällen begnügt man sich jedoch mit der Bestimmung von k_{konv} und αz [vgl. Gl. (52.35)], oder man ermittelt die entsprechenden Konstanten der Tafel-Gleichung (52.34) sowie die Reaktionsordnung der Durchtrittsreaktion in bezug auf den elektroaktiven Stoff nach Gl. (52.39).

52.3. Einfluß der Struktur der elektrochemischen Doppelschicht auf die Geschwindigkeit der Durchtrittsreaktion

Die Durchtrittsreaktion läuft in dem Gebiet ab, in welchem sich infolge der Ladung der Elektrode ein elektrisches Feld ausgebildet hat. Dieses elektrische Feld, das durch die Verteilung des elektrischen Potentials als Funktion des Abstandes von der Elektrodenoberfläche charakterisiert wird (s. Abschn. 34.31), beeinflußt sowohl die Konzentrationen der reagierenden Stoffe als auch den Wert der Aktivierungsenergie der Durchtrittsreaktion.

Das einfachste Modell für die Beeinflussung der Durchtrittsreaktion durch die Struktur der Elektrodendoppelschicht ist von Frumkin aufgestellt worden. Nach dieser Vorstellung nehmen an der Durchtrittsreaktion diejenigen Partikel teil, die sich der Elektrode auf den kleinstmöglichen Abstand ohne Adsorption genähert, d. h. die äußere Helmholtz-Fläche erreicht haben. Die Konzentrationen der reagierenden Teilchen in diesem Abstand von der Elektrode, c'_{Ox} und c'_{Red}, sind festgelegt durch die Relation (34.32)

$$c'_{Ox} = c_{Ox} \exp(-z_{Ox} F \varphi_2/R T),$$
$$c'_{Red} = c_{Red} \exp(-z_{Red} F \varphi_2/R T) = \tag{52.80}$$
$$= c_{Red} \exp[-(z_{Ox} - z) F \varphi_2/R T].$$

Der Wert des elektrischen Potentials, das die Aktivierungsenthalpie der Durchtrittsreaktion beeinflußt, wird um den Wert der elektrischen Potentialdifferenz zwischen der äußeren Helmholtz-Fläche und dem Lösungsinneren, φ_2, vermin-

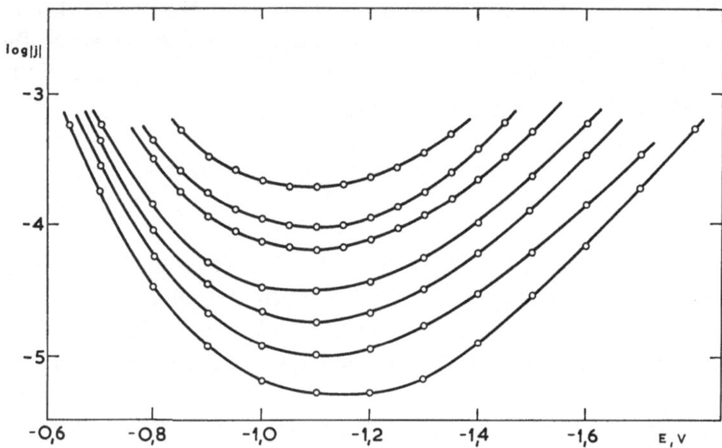

Abb. 5.8. Tafel-Diagramm für die Reaktion $S_2O_8^{2-} + 2e \to 2\,SO_4^{2-}$. 1 mM $Na_2S_2O_8$, NaF-Konzentration: $1 = 3\,mM$, $2 = 5\,mM$, $3 = 7\,mM$, $4 = 10\,mM$, $5 = 15\,mM$, $6 = 20\,mM$, $7 = 30\,mM$. Nach A. N. Frumkin und O. A. Petry: Doklady Ak. Nauk SSSR **147**, 418 (1962)

dert, so daß die Aktivierungsenergie der Durchtrittsreaktionen anstatt durch die Beziehungen (52.6) und (52.14) durch folgende Gleichungen festgelegt werden

$$\Delta \widetilde{H}_{Red} = \Delta H^0_{Red} + \alpha z F (E - \varphi_2),$$
$$\Delta \widetilde{H}_{Ox} = \Delta H^0_{Ox} - (1 - \alpha) z F (E - \varphi_2). \tag{52.81}$$

Unter diesen Umständen geht die Gl. (52.22) über in

$$j = z F k^0 \{\exp[(1 - \alpha) z F (E - \varphi_2 - E^{0'})/R T] \cdot$$
$$\cdot \exp[-(z_{Ox} - z) \cdot F \varphi_2/R T] c_{Red} - \exp[-\alpha z F (E - \varphi_2 - E^{0'})/R T \cdot$$
$$\cdot \exp(-z_{Ox} F \varphi_2/R T) c_{Ox}\} = \tag{52.82}$$
$$= j (\varphi_2 = 0) \exp[(\alpha z - z_{Ox}) F \varphi_2/R T].$$

Hierin ist $j (\varphi_2 = 0)$ die durch Gl. (52.22) gegebene Stromdichte.

Besonders auffallend ist der Einfluß der elektrochemischen Doppelschicht bei der Reduktion mehrwertiger Anionen, wie z. B. von $S_2O_8^{2-}$. In diesem Fall gilt $\alpha z - z_{Ox} < 1$. Bei den Potentialen, bei denen die Elektrode negativ aufgeladen ist ($E < E_Z$), ist das Potential der äußeren Helmholtz-Fläche $\varphi_2 < 0$, und sein Absolutwert wächst in einem verdünnten Elektrolyten mit zunehmend negativem

Potential. Infolgedessen kommt es zu einer paradoxen Erscheinung — zur Verminderung der Geschwindigkeit der kathodischen Durchtrittsreaktion mit steigender Negativität des Potentials (s. Abb. 5.8).

Wie wir schon am Anfang dieses Abschnittes erwähnt haben, stellt die ursprüngliche Frumkinsche Theorie über den Einfluß der elektrochemischen Doppelschicht auf die Geschwindigkeit der Durchtrittsreaktion nur eine wesentliche Vereinfachung dar. So zum Beispiel läuft die Durchtrittsreaktion nicht nur an der äußeren Helmholtz-Fläche ab, sondern auch in etwas größeren Entfernungen von der Elektrodenoberfläche. Wie die eingehendere Analyse zeigt, kann jedoch in diesem Fall die Gl. (52.82) für die Berücksichtigung des Einflusses der elektrochemischen Doppelschicht verwendet werden. Schwieriger wird die Situation allerdings, wenn an der Elektrode adsorbierte Teilchen reagieren. Eine befriedigende Theorie für diese Fälle ist bisher nicht erarbeitet worden. Bei der Chemisorption (siehe Abschn. 56) ist der Einfluß der elektrochemischen Doppelschicht vernachlässigbar.

53. Transportprozesse und Elektrodenvorgang

53.1. Materiefluß und Geschwindigkeit der Durchtrittsreaktion

Befindet sich die Lösung vor der Elektrolyse im Gleichgewicht, so lösen die an den Elektroden ablaufenden Stoffumwandlungen einen Stofftransport im gesamten System aus. Bei der mathematischen Behandlung des Elektrodenvorganges treten als Randbedingungen für die Differentialgleichungen, die die Transportprozesse im Elektrolyten beschreiben, Relationen zwischen den Konzentrationen, ihren Gradienten und den Stromdichten auf, die den direkt an der Elektrode ablaufenden Vorgängen entsprechen (insbesondere den Geschwindigkeiten der Durchtrittsreaktionen). Die Formulierung dieser Differentialgleichungen haben wir bereits im zweiten Kapitel durchgeführt.

Der durch die Elektrode fließende Strom ist nach dem Faradayschen Gesetz äquivalent dem Materiefluß der elektroaktiven Stoffe. Das Verschwinden der elektroaktiven Stoffe infolge der Durchtrittsreaktion fassen wir als Durchgang des Stoffes durch die Elektrode auf. Aus diesem Grunde müssen wir an der Oberfläche der Elektrode nur den Diffusions- und Migrationsfluß und keineswegs den Konvektionsfluß der Materie in Erwägung ziehen, da die Elektrode für die Lösung undurchlässig ist.

Wir wollen annehmen, daß sowohl die Ausgangsstoffe als auch die Produkte der Durchtrittsreaktion entweder in der Lösung oder in der Elektrode löslich sind. Wir beschränken unser System auf zwei Stoffe, deren Durchtrittsreaktion durch die Gl. (52.1) beschrieben wird. Wir wollen weiter annehmen, daß die Lösung einen indifferenten Elektrolyten in genügender Konzentration enthält, so daß es zulässig ist, den Ausdruck für die Migration zu vernachlässigen. Die Elektrodenoberfläche identifizieren wir mit der Bezugsebene, die in Abschn. (23.1) definiert worden ist. An dieser Ebene wird in der Zeiteinheit eine bestimmte Menge an oxidiertem Stoff gebildet oder sie verschwindet dort; diese Menge entspricht dem Materiefluß J_{Ox}, der der Stromdichte j äquivalent ist. Die reduzierte

Form nimmt am umgekehrten Prozeß teil, der mit dem Materiefluß J_{Red} verbunden ist. Es gilt offensichtlich (im Falle, daß beide Formen in der Lösung anwesend sind) und daß die Adsorption ausgeschlossen ist

$$j = z\,F\,J_{\text{Ox}} = -\,z\,F\,J_{\text{Red}}, \tag{53.1}$$

$$j = -\,z\,F\,D_{\text{Ox}}\,(\partial\,c_{\text{Ox}}/\partial\,x)_{x=0} = z\,F\,D_{\text{Red}}\,(\partial\,c_{\text{Red}}/\partial\,x)_{x=0}. \tag{53.2}$$

Im allgemeinen Fall von mehreren elektroaktiven Stoffen sind die partiellen Stromdichten, die den einzelnen Stoffen zugehören, additiv.

Es muß näher definiert werden, was wir unter dem Abstand $x = 0$ von der Elektrode verstehen. Die Konzentrationsänderungen, die infolge der Transportvorgänge eintreten, machen sich in der Regel erst in Abständen bemerkbar, die wesentlich größer als die Dimensionen der elektrochemischen Doppelschicht sind (das Gebiet der Raumladung, d. h. das Gebiet der Doppelschicht, erstreckt sich gewöhnlich bis auf einen Abstand der Größenordnung von höchstens 10^1 Å). „Nullabständen" von der Elektrode entsprechen deshalb Punkte, die bereits außerhalb des Gebietes der elektrochemischen Doppelschicht liegen. Die Konzentrationen der elektroaktiven Stoffe sind in diesen Punkten nicht mehr durch die Einwirkung der Raumladung beeinflußt. Dieser Einfluß wird durch die in den Randbedingungen auftretenden Geschwindigkeitskonstanten der Durchtrittsreaktion erfaßt (s. Abschn. 52.3).

Für die Stromdichte, die der Durchtrittsreaktion (52.1) entspricht, gilt die Gl. (52.9). Durch Vereinigen der Gln. (52.9) und (53.2) erhalten wir

$$D_{\text{Ox}}\,\partial c_{\text{Ox}}/\partial x = k_{\text{Red}}\,c_{\text{Ox}} - k_{\text{Ox}}\,c_{\text{Red}}, \tag{53.3}$$

$$D_{\text{Red}}\,\partial c_{\text{Red}}/\partial x = -\,k_{\text{Red}}\,c_{\text{Ox}} + k_{\text{Ox}}\,c_{\text{Red}}. \tag{53.4}$$

Sind die Geschwindigkeiten der Durchtrittsreaktionen groß und ist das System nicht zu sehr vom Gleichgewichtszustand entfernt (das Potential der Elektrode unterscheidet sich nicht zu sehr vom reversiblen Elektrodenpotential), so tritt in den Gln. (53.3) und (53.4) auf der rechten Seite die Differenz von zwei großen Zahlen auf, während auf der linken Seite eine im Absolutwert viel kleinere Zahl steht. In diesem Fall kann man die linke Seite näherungsweise gleich Null setzen, $k_{\text{Red}}\,c_{\text{Ox}} - k_{\text{Ox}}\,c_{\text{Red}} \approx 0$, und man erhält somit im Hinblick auf die Gln. (52.10) und (52.13)

$$c_{\text{Ox}}/c_{\text{Red}} = \exp\left[(E - E^{0\prime})\,z\,F/R\,T\right] = \lambda, \tag{53.5}$$

also die Nernstsche Gleichung. Die Durchtrittsreaktion läuft somit grobgenommen im Gleichgewichtszustand ab (in diesem Fall spricht man oft von einem „reversiblen" Elektrodenvorgang).

Wenn die Situation $\lambda \to 0$ oder $\lambda \to \infty$ eintritt, gilt $c_{\text{Red}} \to 0$ oder $c_{\text{Ox}} \to 0$. In diesem Fall bildet sich auf der Polarisationskurve ein *Grenzstrom* aus, der nicht vom Elektrodenpotential abhängt. Ist beispielsweise die Anfangskonzentration der oxidierten Komponente c^0, so erhalten wir für die verschiedenen Typen der Diffusion und konvektiven Diffusion die Gleichungen der Diffusionsgrenzstromdichten j_d, die sich aus den Gln. (23.8), (23.36) und (24.29) für $c^* = 0$ nach Multiplizieren der rechten Seiten mit $-\,z\,F$ ergeben.

53.2. Lösung der einzelnen Fälle

Im Allgemeinfall ist die Anfangskonzentration der oxidierten Komponente c_{Ox}^0 und die der reduzierten c_{Red}^0. Verwenden wir die entsprechenden partiellen Differentialgleichungen für den Transport beider elektroaktiven Formen [vgl. Gln. (23.1) und (24.24)] mit den zugehörigen Diffusionskoeffizienten, so gilt zwischen den Konzentrationen der oxidierten und der reduzierten Form an der Elektrodenoberfläche im Falle linearer Diffusion und vereinfachter konvektiver Diffusion zur wachsenden Kugel die Relation (s. Anhang A)

$$D_{Ox}^{\frac{1}{2}} (c_{Ox})_{x=0} + D_{Red}^{\frac{1}{2}} (c_{Red})_{x=0} = D_{Ox}^{\frac{1}{2}} c_{Ox}^0 + D_{Red}^{\frac{1}{2}} c_{Red}^0. \qquad (53.6)$$

Zur Vereinfachung werden wir jedoch beim weiteren Vorgang annehmen, daß $c_{Red}^0 = 0$ sei.

Im Falle der Randbedingung (53.5), also eines vorgegebenen Konzentrationsverhältnisses beider Formen, können wir dann für die entsprechenden partiellen Differentialgleichungen für die oxidierte und reduzierte Form die nachstehende Transformation benützen

$$c = c_{Ox} - \lambda (D_{Ox}/D_{Red})^{\frac{1}{2}} c_{Ox}^0 / [1 + \lambda (D_{Ox}/D_{Red})^{\frac{1}{2}}]. \qquad (53.7)$$

Sie liefert, gemeinsam mit der Randbedingung (53.5) und der Beziehung (53.6), im Falle linearer Diffusion die partielle Differentialgleichung (23.1) und im Falle konvektiver Diffusion zur wachsenden Kugel die Gleichung (23.33), wobei $D = D_{Ox}$ und $c^0 = c_{Ox}^0 / [1 + \lambda (D_{Ox}/D_{Red})^{\frac{1}{2}}]$ ist.

Da die Diffusionsgrenzstromdichten für die lineare Diffusion durch die Gleichung

$$j_d = - z F c_{Ox}^0 (D_{Ox}/\pi t)^{\frac{1}{2}} \qquad (53.8)$$

und für die konvektive Diffusion zur wachsenden Kugel durch die Relation

$$j_d = - z F c_{Ox}^0 (7 D_{Ox}/3 \pi t)^{\frac{1}{2}} \qquad (53.9)$$

beschrieben werden, erhalten wir für die Stromdichte bei beliebigem Potential im Falle eines reversiblen Elektrodenvorganges

$$j = j_d / [1 + \lambda (D_{Ox}/D_{Red})^{\frac{1}{2}}], \qquad (53.10)$$

gegebenenfalls

$$E = E^{0\prime} + (R T/z F) \ln \left[(D_{Red}/D_{Ox})^{\frac{1}{2}} \frac{j_d - j}{j} \right] =$$

$$= E^{0\prime} + (R T/z F) \ln \left[(D_{Red}/D_{Ox})^{\frac{1}{2}} \frac{I_d - I}{I} \right]. \qquad (53.11)$$

Hierbei sind I und I_d die entsprechenden Ströme.

Für $j = \frac{1}{2} j_d$ erhalten wir das sog. *Halbstufenpotential* $E_{\frac{1}{2}}$

$$E_{\frac{1}{2}} = E^{0\prime} + (R T/z F) \ln (D_{Red}/D_{Ox})^{\frac{1}{2}}. \qquad (53.12)$$

Da sich das Verhältnis der Diffusionskoeffizienten in Gl. (53.12) in der Regel nicht zu sehr von Eins unterscheidet, gilt $E_{\frac{1}{2}} \approx E^{0'}$.

Im Falle der Randbedingungen (53.3) und (53.4) kann wiederum die Substitution (53.7) benutzt werden. Wir überführen alsdann mit Hilfe der Beziehung (53.6) den Fall von zwei reagierenden Stoffen in den Fall eines Einzelstoffes, der sich an der langsamen Oberflächenreaktion an der Bezugsebene beteiligt [Gleichung (23.19)]. Die Lösung dieser Gleichung lautet somit im Hinblick auf die Relation (52.22)

$$j = - z \, F \, c_{\mathrm{Ox}}^0 \, k \, \exp\left[- \alpha \, z \, F \, (E - E^{0'})/R \, T\right] \exp\left(Q^2 \, t\right) \mathrm{erfc}\left(Q \, t^{\frac{1}{2}}\right), \qquad (53.13)$$

wobei

$$Q = k/D_{\mathrm{Ox}}^{\frac{1}{2}} \left\{ \exp\left[- \alpha \, z \, F \, (E - E^{0'})/R \, T\right] + \right.$$
$$\left. + \, (D_{\mathrm{Ox}}/D_{\mathrm{Red}})^{\frac{1}{2}} \cdot \exp\left[(1 - \alpha) \, z \, F \, (E - E^{0'})/R \, T\right] \right\} \qquad (53.14)$$

ist (vgl. Abb. 2.19).

Für große Werte von $Q \, t^{\frac{1}{2}}$ geht diese Lösung in den Fall eines „reversiblen" Elektrodenvorganges über [Gl. (53.10)]. Bei kleinen Werten von $Q \, t^{\frac{1}{2}}$ hingegen wird der Vorgang lediglich durch die Geschwindigkeit der Durchtrittsreaktion bestimmt

$$j = - z \, F \, k_{\mathrm{Red}} \, c_{\mathrm{Ox}}^0. \qquad (53.15)$$

Die Fälle mit vorgegebenem Wert des Materieflusses an der Phasengrenzfläche, die im Abschn. 23.1 beschrieben wurden, entsprechen einer konstanten oder sich periodisch ändernden Stromdichte an der Oberfläche. Die Konzentration der oxidierten Form ist im Falle konstanter Stromdichte direkt durch die Beziehung (23.11) festgelegt, wo $K = - j/z \, F$ ist. Die Konzentration der reduzierten Form an der Elektrodenoberfläche berechnet man mit Hilfe der Gl. (53.6). Die Ausdrücke für die Konzentration werden dann in (52.22) oder (53.5) eingesetzt, und man erhält so die Gleichungen für die Zeitabhängigkeit des Elektrodenpotentials (die chronopotentiometrischen Kurven). Im Falle eines „reversiblen" Elektrodenvorganges erhält man im Hinblick auf die Definition der Transitionszeit τ (23.13) (mitunter auch als Übergangszeit bezeichnet) für gleiche Diffusionskoeffizienten der oxidierten und reduzierten Form die Gleichung

$$E = E^0 + R \, T/z \, F \ln\left[(\tau^{\frac{1}{2}} - t^{\frac{1}{2}})/t^{\frac{1}{2}}\right] \qquad (53.16)$$

(vgl. Abb. 5.9). Im Falle einer irreversiblen Durchtrittsreaktion ($k_{\mathrm{Ox}} = 0$) ergibt sich die Relation

$$E = E^{0'} + R \, T/\alpha \, z \, F \ln\left(2 \, k/\pi^{\frac{1}{2}} \, D_{\mathrm{Ox}}^{\frac{1}{2}}\right) + R \, T/\alpha \, z \, F \ln\left(\tau^{\frac{1}{2}} - t^{\frac{1}{2}}\right). \qquad (53.17)$$

Hat die Stromdichte einen sinusförmigen Verlauf

$$j = A \sin \omega \, t, \qquad (53.18)$$

so benutzt man die Lösung (23.16). Einfachheitshalber sei angenommen, daß für $t = 0$, $x > 0$

$$c_{Ox} = c_{Red} = c^0 \tag{53.19}$$

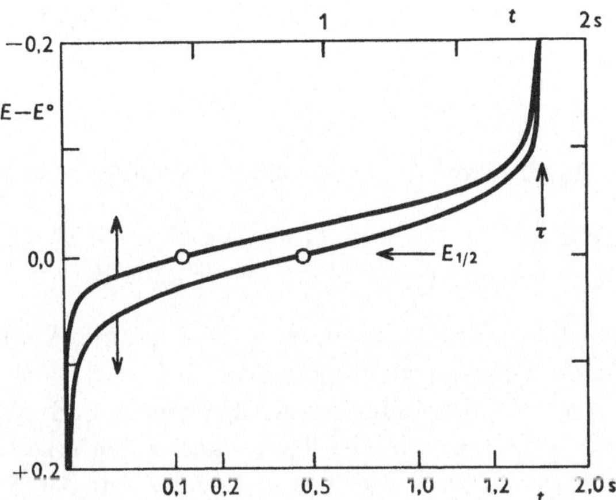

Abb. 5.9. Zeitabhängigkeit des Potentials im Falle linearer Diffusion bei der Chronopotentiometrie. Berechnet nach Gl. (53.16) für $j = 10^{-2}\,\mathrm{A \cdot cm^{-2}}$, $D_{Ox} = D_{Red} =$
$= 10^{-5}\,\mathrm{cm \cdot s^{-1}}$ und $c_{Ox} = 5 \cdot 10^{-5}\,\mathrm{mol \cdot cm^{-3}}$

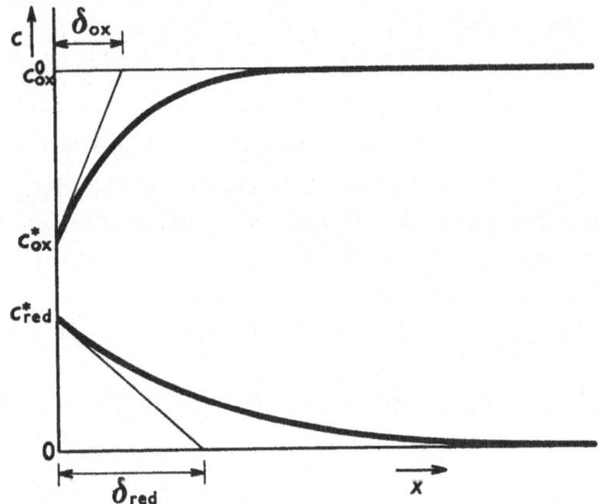

Abb. 5.10. Schematisches Diagramm für die Konzentrationsverteilung der oxidierten und der reduzierten Form eines Redoxsystems in der Elektrodenumgebung bei stationärem Transportprozeß

gilt und $D_{Ox} = D_{Red} = D$ ist. Angesichts der Gl. (53.19) ist

$$c_{Ox} + c_{Red} = 2\,c^0. \tag{53.20}$$

Ist die Amplitude des Wechselstromes genügend klein, so ist die Änderung der Konzentration infolge der Durchtrittsreaktion vernachlässigbar in bezug auf den Gesamtwert der Konzentration $2\,c^0$. Definieren wir diese Abweichung für die Elektrodenoberfläche als

$$\delta\,c_{Ox} = \delta\,c_{Red} = \delta\,c = c^0 - (c_{Ox})_{x=0} = (c_{Red})_{x=0} - c^0, \qquad (53.21)$$

so erhalten wir aus Gl. (23.16) die Bedingung, die die Amplitude der Stromdichte begrenzt

$$c^0 \gg \max(\delta\,c) = A/z\,F\,D^{\frac{1}{2}}\,\omega^{\frac{1}{2}}. \qquad (53.22)$$

Setzen wir die Ausdrücke (53.21) in (52.22) ein, so gewinnen wir die Relation

$$j = z\,F\,k^0\{(c_0 + \delta\,c)\exp[(1-\alpha)\,z\,F\,(E - E^{0'})/R\,T] - $$
$$- (c_0 - \delta\,c)\exp[-\alpha\,z\,F\,(E - E^{0'})/R\,T]\}. \qquad (53.23)$$

Für eine kleine Konzentrationsänderung ist auch die Abweichung des Elektrodenpotentials vom Gleichgewichtspotential $\delta\,E = E - E^{0'}$ viel kleiner als $R\,T/z\,F$. Führen wir also die Reihenentwicklungen der Exponentialfunktionen in Gl. (53.23) durch, in denen wir alle Terme außer den ersten zwei vernachlässigen, und vernachlässigen wir weiter die Ausdrücke mit den Produkten $\delta\,c\,\delta\,E$, so erhalten wir die Beziehung

$$j \approx z\,F\,k'\,(2\,\delta\,c + c^0\,z\,F\,\delta\,E/R\,T). \qquad (53.24)$$

Nach Einsetzen für j und $\delta\,c$ aus den Gln. (53.18), (53.21) und (23.16) erhalten wir die Relation

$$\delta\,E = \frac{R\,T\,A}{c^0\,z^2\,F^2}\left[\frac{1}{k'}\sin\omega\,t + \sqrt{\left(\frac{2}{D\,\omega}\right)}(\sin\omega\,t - \cos\omega\,t)\right], \qquad (53.25)$$

aus der die im nächsten Abschnitt behandelten Konsequenzen folgen.

Wenn wir den Fall eines Elektrodenvorganges betrachten, der von einer konvektiven Diffusion der reagierenden Stoffe im stationären Zustand begleitet wird, so liegt an der Elektrode die in Abb. 5.10 veranschaulichte Konzentrationsverteilung der oxidierten und reduzierten Form vor.

Die Stromdichte ist gegeben durch die Ausdrücke [vgl. Gl. (24.2)]

$$j = - z\,F\,D_{Ox}\,(\partial\,c_{Ox}/\partial\,x)_{x=0} = z\,F\,D_{Ox}\,\delta_{Ox}^{-1}\,[(c_{Ox})_{x=0} - c_{Ox}^0] = $$
$$= \varkappa_{Ox}\,[(c_{Ox})_{x=0} - c_{Ox}^0], \qquad (53.26)$$

$$j = z\,F\,D_{Red}\,(\partial\,c_{Red}/\partial\,x)_{x=0} = - z\,F\,D_{Red}\,\delta_{Red}^{-1}\,[(c_{Red})_{x=0} - c_{Red}^0] = $$
$$= - \varkappa_{Red}\,[(c_{Red})_{x=0} - c_{Red}^0]. \qquad (53.27)$$

Hierin sind δ_{Ox} und δ_{Red} die Dicken der Nernstschen Schicht für die reduzierte und oxidierte Form. Im weiteren werden wir $c_{Red}^0 = 0$ annehmen. Die kathodische Grenzstromdichte ist gegeben durch die Beziehung

$$j_d = - \varkappa_{Ox}\,c_{Ox}^0. \qquad (53.28)$$

Aus Gl. (52.22) folgt

$$j = z\,F\,k^0\{\exp[(1-\alpha)\,z\,F\,(E - E^{0'})/R\,T]\,(c_{Red})_{x=0} - $$
$$- \exp[-\alpha\,z\,F\,(E - E^{0'})/R\,T]\,(c_{Ox})_{x=0}\}. \qquad (53.29)$$

Nach Substituieren von $(c_{Red})_{x=0}$ und $(c_{Ox})_{x=0}$ aus den Gln. (53.26) und (53.27) erhalten wir nach kleiner Umformung

$$\frac{j_d - j}{j} \frac{\varkappa_{Red}}{\varkappa_{Ox}} = \exp\left[z\,F\,(E - E^{0\prime})\right] + \frac{\varkappa_{Red}}{z\,F\,k^0} \exp\left[\alpha\,z\,F\,(E - E^{0\prime})\right]. \qquad (53.30)$$

Diese Gleichung beschreibt die kathodische Strom-Potentialkurve (Polarisationskurve, Stromspannungskurve) im stationären Zustand, wenn die Transportvorgänge und die Durchtrittsreaktion gleichzeitig geschwindigkeitsbestimmende Schritte des Prozesses sind. Durch ihre Analyse kommen wir zu folgenden Schlüssen:

1. Mit zunehmend negativem Elektrodenpotential konvergiert die rechte Seite gegen Null. Die Stromdichte j muß sich infolgedessen j_d nähern. Mit anderen Worten, bei genügend negativen Potentialen erreicht die Stromdichte ihren Grenzwert. Der Diffusionsgrenzstrom hängt weder vom Potential der Elektrode noch von der Geschwindigkeit der Durchtrittsreaktion ab, er wird nur durch die konvektive Diffusion bestimmt. Aus Gl. (53.28) ist zu erkennen, daß die Grenzstromdichte proportional zur Konzentration des elektroaktiven Stoffes in der Lösung ist; dies bildet die Grundlage für die Ausnützung der Grenzströme in der analytischen Chemie. Der Koeffizient $\varkappa_{Ox}$ ist eine Funktion des Rührens; so z. B. gilt im Falle der rotierenden Scheibenelektrode (24.21)

$$\varkappa_{Ox} = 0{,}62 \times 10^{-3}\, D_{Ox}^{2/3}\, \nu^{-1/6}\, \omega^{1/2}, \qquad (53.31)$$

wenn die Konzentration in mol/dm³ ausgedrückt ist. Die Grenzstromdichte wächst offensichtlich mit zunehmender Rührgeschwindigkeit.

2. Ist der Wert von k^0 so groß, daß der erste Term der rechten Seite in Gleichung (53.30) viel größer als der zweite ist, auch wenn sich j dem Wert von j_d nähert, so geht diese Gleichung über in

$$E = E^{0\prime} + \frac{R\,T}{z\,F} \ln \frac{\varkappa_{Red}}{\varkappa_{Ox}} + \frac{R\,T}{z\,F} \ln \frac{j_d - j}{j}. \qquad (53.32)$$

Dies ist die Gleichung der sog. reversiblen Polarisationskurve. Die anodische Polarisationskurve der reduzierten Form wird durch eine identische Gleichung beschrieben, in der allerdings der anodische Diffusionsgrenzstrom auftritt. Diese Kurve wird durch die Tatsache charakterisiert, daß sich an der Elektrodenoberfläche zwischen der reduzierten und der oxidierten Form ein Gleichgewicht gemäß der Nernstschen Gleichung eingestellt hat. Die Potentialabhängigkeit der Stromdichte ist keine Funktion von k^0. Die reversible Polarisationskurve hat die Gestalt einer Stufe (Welle) (s. Abb. 5.11, Kurve 1). Der Wert des Elektrodenpotentials bei der Stromdichte $j = j_d/2$ wird wiederum Halbstufenpotential (oder Halbwellenpotential) genannt. Bei einer reversiblen kathodischen und anodischen Stufe wird dieses Potential festgelegt durch die Beziehung

$$E_{1/2} = E^{0\prime} + \frac{R\,T}{z\,F} \ln \frac{\varkappa_{Red}}{\varkappa_{Ox}}. \qquad (53.33)$$

Da das Verhältnis $\varkappa_{Red}/\varkappa_{Ox}$ nicht zu sehr von Eins verschieden ist, ist das Halbstufenpotential annähernd gleich dem Standard-Elektrodenpotential und hängt praktisch nicht von der Konvektionsgeschwindigkeit ab. Trägt man die Stromfunktion $\log (j_d - j)/j$ gegen das Elektrodenpotential auf, so erhält man eine Gerade mit der Neigung $z\,F/2{,}303\,R\,T$.

3. Ist k^0 so klein, daß der erste Term auf der rechten Seite der Gl. (53.30) viel kleiner ist als der zweite Term, auch wenn sich j dem Wert von j_d nähert, so geht die Gleichung über in die Form

$$E = E^{0\prime} + \frac{R\,T}{\alpha\,z\,F}\ln\left(\frac{z\,F\,k^0}{\varkappa_{\mathrm{Ox}}}\right) + \frac{R\,T}{\alpha\,z\,F}\ln\frac{j_d - j}{j}\,. \qquad (53.34)$$

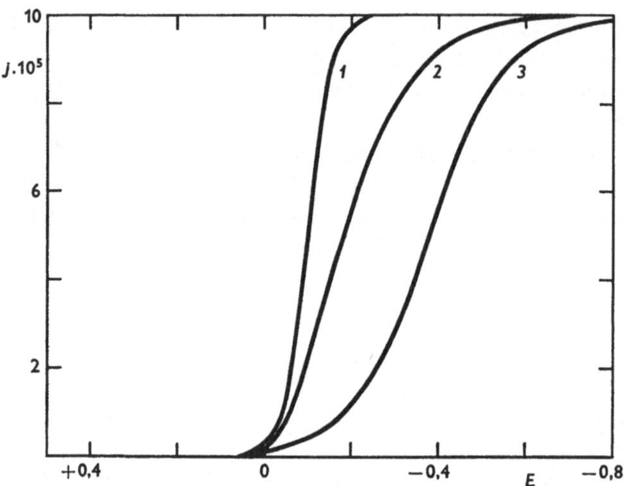

Abb. 5.11. Stationäre Polarisationskurven. Berechnung nach den Gln. *1* (53.32) — reversibler Fall, *2* (53.30) für $k^0 = 10^{-4}\,\mathrm{cm\cdot s^{-1}}$, *3* (53.30) bzw. (53.34) für $k^0 = 10^{-5}\,\mathrm{cm\cdot s^{-1}}$. $E^0 = -0{,}1\,\mathrm{V}$, $\alpha = 0{,}3$, $z = 1$, $2{,}3\,R\,T/z\,F = 0{,}06\,\mathrm{V}$, $\varkappa_{\mathrm{Ox}} = \varkappa_{\mathrm{Red}} = 2\cdot10^{-4}\,\mathrm{cm\cdot s^{-1}}$, $j_{\mathrm{d}} = 10^{-4}\,\mathrm{A\cdot cm^{-1}}$

Diese irreversible Polarisationskurve hat ebenfalls die Gestalt einer Stufe mit der Grenzstromdichte j_d (s. Abb. 5.11, Kurve 3). Für das Halbstufenpotential gilt

$$E_{1/2} = E^{0\prime} + \frac{R\,T}{\alpha\,z\,F}\ln\left(\frac{z\,F\,k^0}{\varkappa_{\mathrm{Ox}}}\right), \qquad (53.35)$$

oder mit Rücksicht auf die Definition k_{konv} durch Gl. (52.35)

$$E_{1/2} = \frac{R\,T}{\alpha\,z\,F}\ln\left(\frac{z\,F\,k_{\mathrm{konv}}}{\varkappa_{\mathrm{Ox}}}\right). \qquad (53.35\,\mathrm{a})$$

Aus dieser Relation ist ersichtlich, daß das Halbstufenpotential einer irreversiblen Stufe von der Konvektionsgeschwindigkeit abhängt, und zwar derart, daß es sich im Falle eines Reduktionsprozesses mit wachsender Geschwindigkeit nach negativeren Werten verschiebt.

Die Konstanten, die die Durchtrittsreaktion charakterisieren, können wir aus einer solchen Polarisationskurve in der folgenden Weise ermitteln: Die Größe k^0 bestimmen wir direkt aus dem Wert des Halbstufenpotentials (53.35), wenn wir $E^{0\prime}$ kennen und $\varkappa_{\mathrm{Ox}}$ aus der Grenzstromdichte nach (53.28) berechnen. Unter der Voraussetzung, daß sich φ_2 im Verlauf der Polarisationskurve nicht zu sehr ändert, ermitteln wir α aus der Neigung der linearen Beziehung zwischen $\log (j_d - j)/j$ und E.

Für Stromdichten, die wesentlich niedriger als die Grenzstromdichte sind, kann man im letzten Term der Gl. (53.34) j gegenüber j_d vernachlässigen und erhält nach Umformen

$$E = E^0 + \frac{RT}{\alpha n F} \ln (z F k^0 c_{Ox}^0) - \frac{RT}{\alpha n F} \ln |j|. \qquad (53.36)$$

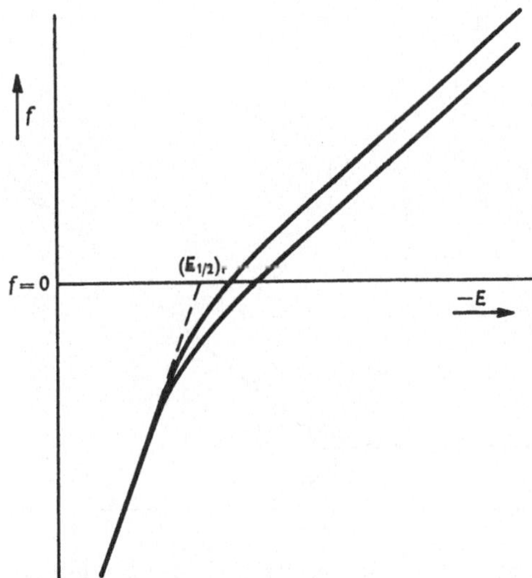

Abb. 5.12. Abhängigkeit der Funktion $f = \log j/(j_d - j)$ vom Elektrodenpotential im Allgemeinfall [Gl. (53.30)] für zwei verschiedene Rührgeschwindigkeiten

Dies ist die Gleichung für die Geschwindigkeit einer irreversiblen Durchtrittsreaktion, bei der die Transportprozesse nicht zur Geltung kommen. Die Gl. (53.36) erhalten wir selbstverständlich auch aus der allgemeinen Beziehung (52.22), wenn wir die Konzentration c_{Red} gleich Null setzen. Diese Schritte können wir dann unternehmen, wenn die Durchtrittsreaktion so langsam ist, daß sich die Konzentration bis zur Elektrode auf den im Lösungsinneren herrschenden Wert ausgleichen kann, d. h. wenn der Transport zur und von der Elektrode keinen Einfluß hat auf die Geschwindigkeit des Gesamtvorganges und auf die Stromdichte. Die letztere wird unter diesen Bedingungen als die kinetische Stromdichte bezeichnet, weil sie nur durch die Kinetik des Elektrodenvorganges kontrolliert wird.

4. Im Falle, daß man in Gl. (53.30) weder die Vereinfachung nach Punkt 2 noch die nach Punkt 3 durchführen kann, muß man sich vor Augen halten, daß sich der erste Ausdruck auf der rechten Seite dieser Gleichung relativ gegenüber dem zweiten in Richtung nach positiveren Potentialen vergrößert, und umgekehrt. Bei Anstieg der Konvektionsgeschwindigkeit wächst der zweite Term gegenüber dem ersten. Dieser allgemeine Fall ist schematisch in Abb. 5.12 in

den Koordinaten $f = \log j/(j_d - j)$ gegen E in negativen Werten veranschaulicht. Es ist zu sehen, daß sich der untere Ast der Abhängigkeit in Richtung nach positiveren Potentialwerten einer Asymptote nähert, die der reversiblen Polarisationskurve entspricht. Die Neigung dieser Asymptote zu diesem Ast beträgt $z\,F/2{,}303\,R\,T$. Durch Extrapolation auf den Wert $\log j(j_d - j) = 0$ erhält man den reversiblen Wert $(E_{1/2})_r$. Im oberen Ast der Abhängigkeit überwiegt der zweite Term der rechten Seite von Gl. (53.30). Will man die Konstanten der Durchtrittsreaktion bestimmen, so geht man deshalb so wie im Punkt 3 vor und ermittelt α aus der Asymptote zum oberen Ast der Abhängigkeit. Zur Bestimmung

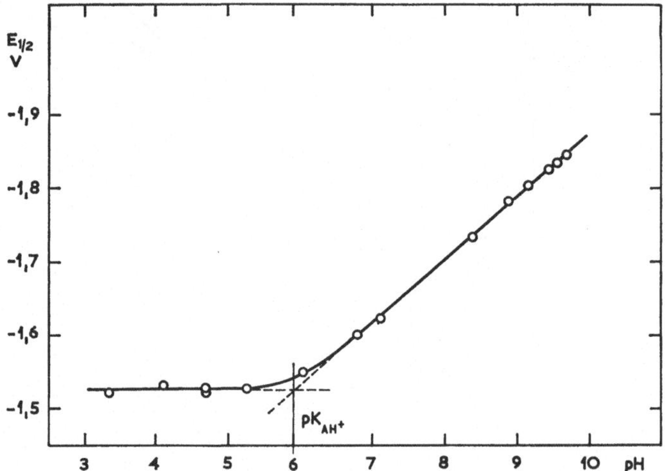

Abb. 5.13. Abhängigkeit des Halbstufenpotentials der Reduktion von 0,5 mM Hydroxylamin an der Quecksilbertropfelektrode vom pH-Wert einer gepufferten Lösung. Der Schnittpunkt der Asymptoten beider Kurvenäste entspricht dem p K_A des Hydroxylamins (Dissoziation der Säure $NH_3{}^+OH$). Nach M. Heyrovský und S. Vavřička: Coll. Czech. Chem. Comm. **34**, 1204 (1969)

von k^0 benutzt man den ermittelten Wert von $(E_{1/2})_r$, für den die Gl. (53.33) gilt. Bezeichnet man die Stromdichte bei $E = (E_{1/2})_r$ mit j', so erhält man nach Substitution von E in Gl. (53.30) durch $(E_{1/2})_r$ gemäß Gl. (53.33) die Relation

$$k^0 = \frac{\varkappa_{Ox}^{1-\alpha}\,\varkappa_{Red}^{\alpha}}{z\,F}\,\frac{j'}{j_d - 2\,j}. \tag{53.37}$$

Sind die Diffusionskoeffizienten der oxidierten und der reduzierten Form annähernd gleich, so gilt $\varkappa_{Ox}^{1-\alpha} \cdot \varkappa_{Red}^{\alpha} \approx \varkappa_{Ox}$, so daß wir allein aus der kathodischen Kurve alle zur Berechnung von k^0 erforderlichen Größen ermitteln können.

Im Falle nicht zu konzentrierter Elektrolytlösungen wird die Geschwindigkeit der Durchtrittsreaktion, und somit auch die Polarisationskurve (mit Ausnahme der reversiblen Polarisationskurve), durch die elektrische Potentialdifferenz im diffusen Teil der Doppelschicht, φ_2, beeinflußt. Dieser Beeinflussung tragen wir in der Weise Rücksicht, daß wir in den hier abgeleiteten Beziehungen im Hinblick auf Gl. (52.82) k^0 durch den Ausdruck $k^0 \exp\left[(\alpha z - z_{Ox})\,F\,\varphi_2/R\,T\right]$ ersetzen. So erhalten wir z. B. für das Halbstufenpotential der irreversiblen Polarisationskurve den Ausdruck

$$E_{1/2} = E^{0\prime} + \frac{RT}{\alpha z F} \ln \frac{z F k^0}{\varkappa_{Ox}} - \left(\frac{z_{Ox}}{\alpha z} - 1\right) \varphi_2. \tag{53.38}$$

Analog ist der Fall eines der Durchtrittsreaktion vorgelagerten Protonierungsgleichgewichtes [s. Gl. (52.41) und die folgenden], wenn die Wasserstoffionenkonzentration z. B. durch Pufferung konstant gehalten wird. Aus (52.44) und (53.35a) leiten wir leicht die Beziehung für die pH-Abhängigkeit des Halbstufenpotentials ab

$$E_{1/2} = \frac{RT}{\alpha F} \ln \frac{F k_{konv}}{\varkappa_A} + \frac{RT}{\alpha F} \ln [c_{H_3O^+}/(K + c_{H_3O^+})]. \tag{53.39}$$

Ein Beispiel für eine solche Abhängigkeit, die in der organischen Elektrochemie sehr häufig ist, wird in Abb. 5.13 gezeigt.

53.3. Konzentrationsüberspannung

Der Einfluß des Transportprozesses auf den Elektrodenbruttovorgang kann mit Hilfe der sog. Konzentrations- oder Transportüberspannung ausgedrückt werden. Die ursprüngliche Konzentration der oxidierten Form, c_{Ox}^0, sinkt bei einem kathodischen Vorgang infolge ihrer Verarmung in der Elektrodenumgebung auf den Wert $(c_{Ox})_{x=0}$, und ähnlich steigt auch der Wert der Konzentration der reduzierten Form, c_{Red}^0, auf den Wert $(c_{Red})_{x=0}$. Mit Rücksicht auf die Gln. (53.26) und (53.27) gilt

$$(c_{Ox})_{x=0} = c_{Ox}^0 (1 - j/j_{d,k}),$$
$$(c_{Red})_{x=0} = c_{Red}^0 (1 - j/j_{d,a}). \tag{53.40}$$

Hierbei ist $j_{d,k}$ die kathodische Diffusionsgrenzstromdichte, die durch die Gleichung (53.28) gegeben ist, und $j_{d,a}$ die anodische Diffusionsgrenzstromdichte, die festgelegt wird durch die Relation

$$j_{d,a} = \varkappa_{Red} \cdot c_{Red}. \tag{53.41}$$

Die Gesamtüberspannung des Elektrodenvorganges drücken wir aus durch die folgende Beziehung

$$\eta = E - E_r = E - E^0 - RT/z F \ln c_{Ox}^0/c_{Red}^0. \tag{53.42}$$

Diese Relation kann auch folgendermaßen aufgeschrieben werden

$$\eta = E - [E^0 + RT/z F \ln (c_{Ox})_{x=0}/(c_{Red})_{x=0}] -$$
$$- RT/z F \ln \{[(c_{Red})_{x=0}/(c_{Ox})_{x=0}](c_{Ox}^0/c_{Red}^0)\} \tag{53.43}$$

Die ersten zwei Terme auf der rechten Seite dieser Gleichung drücken die eigentliche Überspannung der Durchtrittsreaktion aus (die auch Aktivierungs- oder Durchtrittsüberspannung genannt wird). Der letzte Term ist die elektromotorische Kraft einer Konzentrationszelle ohne Überführung, wenn die Komponenten des Redox-Systems in dem einen Raum der Zelle die Konzentrationen $(c_{Ox})_{x=0}$ und $(c_{Red})_{x=0}$ und im zweiten die Konzentrationen c_{Ox}^0 und c_{Red}^0 haben.

Die durch diesen Ausdruck gegebene Überspannung berücksichtigt den nachträglichen Aufwand an elektrischer Arbeit im Hinblick auf die Konzentrationsänderungen an der Elektrode. Diese Art der Überspannung wird nach Nernst Konzentrationsüberspannung genannt. Den Ausdruck für die Konzentrationszelle ohne Überführung verwenden wir im Hinblick auf die Annahme, daß durch die ausreichende Konzentration des indifferenten Elektrolyten die Migration unterdrückt wurde.

Setzen wir aus (53.42) in (53.29) ein, so erhalten wir nach gewissen Umformungen die Beziehung

$$j = z\,F\,k^0\,(c_{Ox}^0)^{1-\alpha}\,(c_{Red}^0)^\alpha\,[\exp\,(1-\alpha)\,z\,F\,\eta/R\,T\;\cdot$$
$$\cdot\,(c_{Red})_{x=0}/c_{Red}^0 - \exp\,(-\alpha\,z\,F\,\eta/R\,T)\,(c_{Ox})_{x=0}/c_{Ox}^0]. \qquad (53.44)$$

Nach Einsetzen aus den Gln. (52.24) und (53.40) in die Gl. (53.44) gewinnen wir schließlich die Relation

$$j = j_0\,[\exp\,(1-\alpha)\,z\,F\,\eta/R\,T\,(1-j/j_{d,a}) -$$
$$- \exp\,(-\alpha\,z\,F\,\eta/R\,T)\,(1-j/j_{d,k})]. \qquad (53.45)$$

Diese Gleichung ist die grundlegende Beziehung der Elektrodenkinetik, in der die Konzentrationsüberspannung respektiert wird. Die Beziehungen (53.44) und (53.45) gelten sowohl für stationäre als auch für zeitabhängige Ströme.

54. Experimentelle Methoden der Elektrodenkinetik

Die Kinetik der Elektrodenvorgänge kann mit den mannigfaltigsten Methoden verfolgt werden. Sie beruhen in der Hauptsache auf direkten elektrochemischen Messungen, auf der chemischen Analyse der Produkte und in geringerem Maß auf der Wechselwirkung zwischen elektromagnetischer Strahlung und dem der Elektrolyse unterworfenen System.

Die elektrochemischen Methoden geben in der Regel Auskunft über die Funktionsbeziehungen zwischen der Stromdichte, dem Elektrodenpotential, der seit dem Elektrolysebeginn verflossenen Zeit und manchmal auch der Gesamtladung, die durch das System hindurchgegangen ist. Die Anwendung dieser Methoden ist mit drei Hauptproblemen verbunden: 1. die Eliminierung der Ohmschen Potentialdifferenz in der Elektrolysezelle, 2. die Wahl einer fixierten oder programmierten elektrischen Variablen und 3. die Vorbehandlung der Elektrode vor der Messung.

54.1. Die Ohmsche Potentialdifferenz

Der Ursprung der Ohmschen Potentialdifferenz ist in Kap. 2 beschrieben worden. Der Gradient des Ohmschen Potentials wird durch das Verhältnis der lokalen Stromdichte und der Leitfähigkeit festgelegt [s. Gl. (23.44)]. Legt man an das System von außen eine elektrische Potentialdifferenz ΔV an, so daß dieses vom Strom I durchflossen wird, so gilt

$$\Delta V = E_1 - E_2 + \Delta V_{Ohm} = E_1 - E_2 + I\,R_i. \qquad (54.1)$$

Hierbei sind E_1 und E_2 die Elektrodenpotentiale, $\Delta V_{\mathrm{Ohm}} + I R_i$ ist die elektrische Potentialdifferenz und R_i der zwischen den Oberflächen der beiden Elektroden gemessene Widerstand der Elektrolysezelle. Diese Formulierung bezieht sich auf die Mittelwerte dieser Größen. Die Werte der Elektrodenpotentiale und der Ohmschen Potentialdifferenzen können nämlich örtliche Unterschiede aufweisen.

Bei den kinetischen Messungen interessieren uns jedoch die Potentiale der einzelnen Elektroden, während die Gesamtdifferenz des angelegten elektrischen Potentials, ΔV, nur sekundäre Bedeutung hat. Man benutzt deshalb oft die in Abb. 5.14 veranschaulichte Versuchsanordnung. Die Referenzelektrode R wird

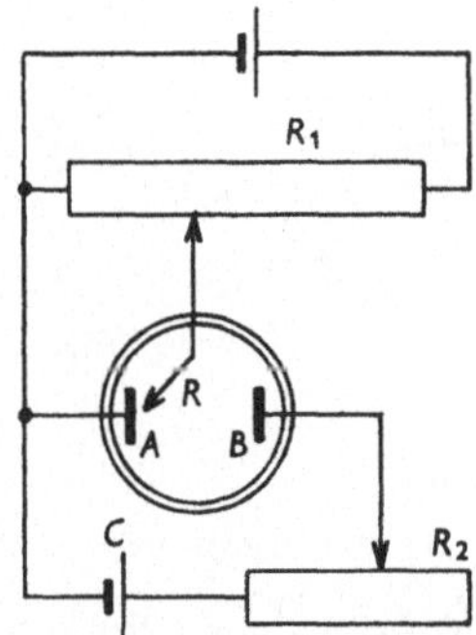

Abb. 5.14. Schaltschema für die Messung des Elektrodenpotentials bei Stromdurchgang. A Indikationselektrode, B Hilfselektrode und R Referenzelektrode, die mit Hilfe einer Lugginkapillare in unmittelbarer Nähe der Indikationselektrode angeschlossen wird

in der Regel durch eine Flüssigkeitsbrücke an die Meßzelle angeschlossen. Die Mündung dieser Flüssigkeitsbrücke wird von einer sog. Luggin-Kapillare gebildet, die gewöhnlich mit dem zu untersuchenden Elektrolyten gefüllt ist. Das Ende der Luggin-Kapillare bringt man so nahe als möglich an die Oberfläche der Elektrode A heran, deren Potential man messen will (Indikations- oder Testelektrode). In dem einfachen Fall, wenn die stationären Polarisationskurven aufgenommen werden sollen, mißt man das Elektrodenpotential mit Hilfe eines Potentiometers mit hohem Widerstand R_1. Die Stärke des durch das System fließenden Stromes wird mittels der Spannungsquelle C und des Widerstandes R_2 ermittelt. Ist dieser Widerstand viel größer als der der Zelle, so wird die Stromstärke durch das Verhältnis zwischen der EMK der Spannungsquelle C und dem Widerstand R_2 festgelegt. Die Elektrode B wird Hilfselektrode oder Gegenelektrode genannt.

54.2. Nichtstationäre (transiente) Methoden

Das Hauptkriterium für die Klassifikation der Methoden zum Studium der Elektrodenkinetik ist die elektrische Größe, die dem System vorgegeben, d. h. „aufgezwungen" wird. Sie kann entweder das Elektrodenpotential oder die Stromdichte sein. Die zweite Größe, die dann gewöhnlich eine Funktion der

Zeit ist, wird durch den Elektrodenvorgang festgelegt. Bei Prozessen, die im stationären Zustand ablaufen, hängt ganz offensichtlich die eine elektrische Größe von der anderen ab, und es ist nicht nötig, eine weitere Klassifikation nach der vorgegebenen Größe durchzuführen. Die Techniken, bei denen kleine periodische Perturbationen im System durch Strom- oder Potentialoszillationen von kleiner Amplitude hervorgerufen werden, wollen wir gesondert behandeln.

Die Methoden mit vorgegebenem (kontrolliertem) Potential erfordern eine spezielle Apparatur zur Eliminierung der Ohmschen Potentialdifferenz, einen sog. *Potentiostaten* (s. Abb. 5.15). Die programmierte Spannung zwischen der Test- und der Referenzelektrode wird durch eine geeignete Spannungsquelle

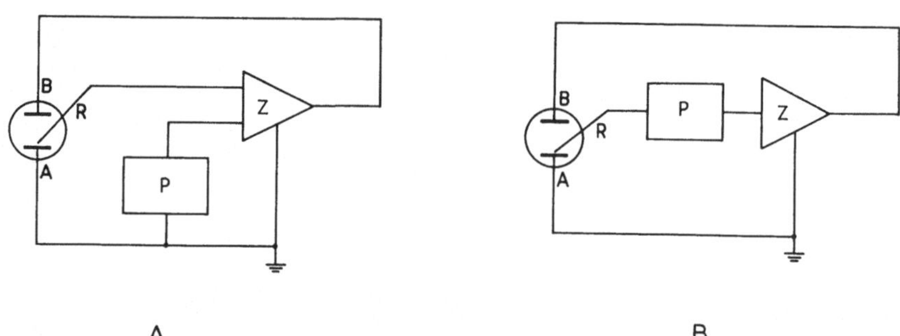

Abb. 5.15. Blockschaltschemas verschiedener Potentiostaten. *A* Potentiostat, dem ein Differenzverstärker *Z* (Operationsverstärker) mit zwei Eingängen zugrunde liegt, so daß die programmierte Spannungsquelle *P* geerdet werden kann. *B* Potentiostat mit einem einzigen Eingangsverstärker *Z*, bei dem die programmierte Spannungsquelle nicht geerdet sein darf. Bezeichnung der Elektroden wie in Abb. 5.14

generiert und an den Eingang des Potentiostaten angelegt. Der durch Rückkopplung geregelte Strom aus dem Potentiostaten fließt dann zwischen Test- und Hilfselektrode. Es gibt zwei Grundtypen von Potentiostaten, hochleistungsfähige und schnellregelnde, die zu verschiedenen Meßzwecken verwendet werden. Mit den hochleistungsfähigen Potentiostaten wird das Potential von Elektroden kontrolliert, durch die ein starker, sich nur langsam mit der Zeit ändernder Strom fließt. Man gebraucht sie bei der präparativen Elektrolyse, bei der Untersuchung galvanischer Zellen u. ä. Die schnellregelnden Potentiostaten werden für kinetische Studien der Elektrodenvorgänge benutzt, wo es schon in Bruchteilen von Millisekunden zu beträchtlichen Änderungen in der Stromdichte kommt. Der Hauptfaktor, durch den die Funktion dieser Potentiostatentypen begrenzt wird, ist die beim Impulsbeginn über den Ohmschen Widerstand der Elektrolysezelle erfolgende Aufladung der Elektrodendoppelschicht.

In Abb. 5.16 sind verschiedene Typen der vorgegebenen Potentialpulse wiedergegeben. Der einfachste Fall ist die potentiostatische Methode mit einem einzigen rechteckförmigen Impuls (Abb. 5.16a). Die mit dieser Methode gewonnenen Strom-Zeit-Kurven (I-t-Kurven) wurden im Abschn. 53, Gln. (53.10) und (53.13), hergeleitet.

Die *polarographische Methode* mit der Quecksilbertropfelektrode ist ein weiterer Typ der potentiostatischen Verfahren, weil der Elektrode während des

Tropfenwachstums ein praktisch konstantes Potential erteilt wird. In der Regel wird an der Tropfelektrode automatisch der mittlere Strom registriert, während das Elektrodenpotential mit geringer Geschwindigkeit linear mit der Zeit vergrößert wird. Die Potentialänderung während des Wachstums eines jeden Tropfens ist vernachlässigbar. Im Hinblick auf die niedrigen Stromdichten während

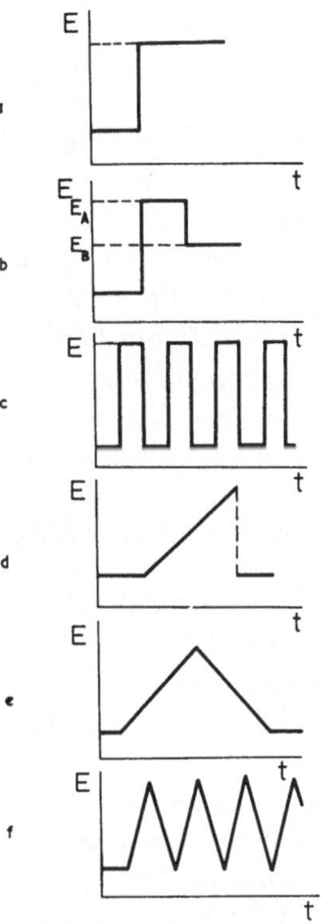

Abb. 5.16. Methoden mit vorgegebenem Potential: *a* potentiostatische Impulsmethode mit nur einem Impuls; *b* potentiostatische Doppelimpulsmethode; *c* potentiostatische Methode mit periodisch wiederholten Impulsen; *d* Sägezahnimpulsmethode (potentiodynamische Methode); *e* cyclische Voltammetrie; *f* cyclische Voltammetrie mit periodisch wiederholten Impulsen

des überwiegenden Teils der Tropfendauer ist es nicht notwendig, eine potentiostatische Einrichtung zu verwenden. Das Elektrodensystem wird durch ein Potentiometer mit Meßwiderstand polarisiert (s. Abb. 3.7). Der Potentialdurchlauf ist in der Regel automatisch mit dem Papiervorschub des Registriergerätes gekoppelt. Dieses Gerät ist gewöhnlich mit einer geeigneten Dämpfung versehen, so daß es direkt die Kurve der Abhängigkeit des mittleren Stromes vom Potential aufzeichnet. Hilfs- und Bezugselektrode sind identisch [am häufigsten eine großflächige Kalomel- oder Quecksilber(I)-sulfatelektrode]. Der mittlere Strom an der Quecksilbertropfelektrode $\langle I \rangle$ ist gegeben durch die Beziehung

$$\langle I \rangle = t_1^{-1} \int_0^{t_1} j\, A\, \mathrm{d}t. \tag{54.2}$$

Darin ist j die momentane Stromdichte, t_1 die Tropfzeit und A die momentane Fläche der Elektrode [s. Gl. (34.78)]. Wenn wir die Näherungsgleichung (53.9) verwenden, erhalten wir die *Ilković-Gleichung* für den mittleren Diffusionsgrenzstrom (die Konzentration ist in mol dm^{-3} ausgedrückt),

$$\langle I_d \rangle = 0{,}627 \times 10^{-3}\, z\, F\, m_1^{2/3}\, t_1^{1/6}\, D_{\mathrm{Ox}}^{1/2}\, c_{\mathrm{Ox}}^0 = \bar{\varkappa}_{\mathrm{Ox}} \cdot c_{\mathrm{Ox}}^0, \qquad (54.3)$$

oder allgemein

$$\langle I \rangle = \bar{\varkappa}_{\mathrm{Ox}}^0\, [c_{\mathrm{Ox}}^0 - (c_{\mathrm{Ox}})_{x=0}]. \qquad (54.4)$$

Diese Gleichung ist analog der Beziehung (53.26) für die Stromdichte im stationären Zustand, auch wenn der momentane Strom eine Funktion der Zeit ist. Wir können also die Ergebnisse für die stationären Polarisationskurven [Gln. (53.26) bis (53.38)] in zufriedenstellender Annäherung auch für die Elektrolyse mit der Quecksilbertropfelektrode verwenden, wobei wir im Auge behalten müssen, daß es sich um die mittleren Ströme handelt, keineswegs um die Stromdichten. Wir müssen also j und j_d durch die Größen $\langle I \rangle$ und $\langle I_d \rangle$, $\varkappa_{\mathrm{Ox}}$ und $\varkappa_{\mathrm{Red}}$ durch die Größen $\bar{\varkappa}_{\mathrm{Ox}}$ und $\bar{\varkappa}_{\mathrm{Red}}$ $[\bar{\varkappa}_{\mathrm{Ox}}/\bar{\varkappa}_{\mathrm{Red}} = (D_{\mathrm{Ox}}/D_{\mathrm{Red}}^{1/2})]$ und k^0 durch das Produkt $k^0 \langle A \rangle$ ersetzen. Die mittlere Elektrodenfläche $\langle A \rangle$ ist dabei durch die Beziehung gegeben

$$\langle A \rangle = 0{,}51\, m^{2/3}\, t_1^{2/3}, \qquad (54.5)$$

wo m in g Hg s^{-1} und t_1 in s ausgedrückt wird.

Der sehr einfache apparative Aufwand und die gute Reproduzierbarkeit der Ergebnisse haben dazu beigetragen, daß die Polarographie zu einer sehr beliebten Technik in der Elektroanalyse und in gewissem Maß auch in der Elektrodenkinetik geworden ist.

Die *potentiostatische Doppelimpulsmethode* (Abb. 5.16 *b*) eignet sich für die Untersuchung der Produkte oder der Zwischenprodukte der Durchtrittsreaktionen, die im Impuls A gebildet und im Impuls B elektrolysiert werden. Wird so z. B. der elektroaktive Stoff im Puls A reduziert und ist der Puls B genügend positiver als der Puls A, so kann das Produkt von neuem oxidiert werden. Der Verlauf der *I-t*-Kurve im Puls B vermag z. B. zu zeigen, in welchem Maß das unbeständige Produkt der Durchtrittsreaktion durch die nachfolgende chemische Reaktion umgewandelt wird.

Eine andere für die Untersuchung der Reaktionsprodukte geeignete Methode beruht auf der Polarisation der Elektrode durch periodisch sich wiederholende rechteckförmige Impulse (s. Abb. 5.16 *c*). Im sog. Kalousek-Umschalter wird diese Polarisationsart in Verbindung mit der Quecksilbertropfelektrode benützt und der mittlere Strom in einer der beiden Halbperioden der Impulsreihe gemessen.

Die Methoden, bei denen mit Sägezahn- oder dreieckförmigen Potentialimpulsen gearbeitet wird (mitunter werden sie auch als *potentiodynamische* Methoden bezeichnet — s. Abb. 5.16 *d, e, f*) geben Auskunft über die Strom-Potential-Abhängigkeit. Die *I-E*-Kurven sind jedoch oft deformiert, und zwar infolge der Tatsache, daß der bei einem bestimmten Potential ablaufende Prozeß durch die Vorgänge beeinflußt wird, die sich vorher bei anderen Potentialen abgespielt haben (die sog. „Vorgeschichte" der Elektrode). Bei der Methode mit einem einzigen Sägezahnimpuls (single-sweep-Methode; Abb. 5.16 d) hängt das Elektrodenpotential von der Zeit ab gemäß der Gleichung

$$E = E_p - v\,t. \tag{54.6}$$

Darin ist E_p ein bestimmter Potentialwert, bei welchem die Durchtrittsreaktion praktisch nicht abläuft, und v die Potentialdurchlaufgeschwindigkeit ($V\,s^{-1}$). Wir wollen annehmen, daß sich an der Elektrode ein Gleichgewicht nach der Nernstschen Gleichung einstellen kann und daß am Anfang nur die oxidierte Form in der Konzentration c_{Ox}^0 in der Lösung anwesend ist. Dieser Fall kann dann durch das gleiche Differentialgleichungssystem beschrieben werden, wie im

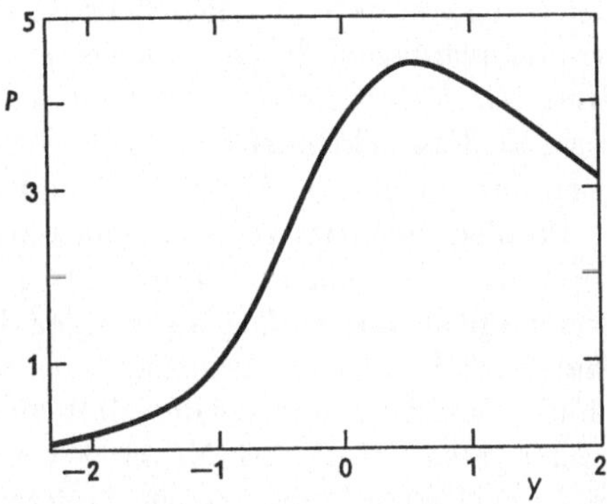

Abb. 5.17. Die Funktion P aus Gl. (54.8) in Abhängigkeit von $y = (z\,F/R\,T)\,v\,(t-t_{1/2})$. Nach P. Delahay: New Instrumental Methods in Electrochemistry, S. 119

Abschn. 53.2, nur statt der Randbedingung für das Konzentrationsverhältnis (53.5) muß die nachstehende Beziehung benutzt werden

$$\frac{c_{Ox}}{c_{Red}} = \exp\left[\frac{z\,F}{R\,T}\,(E_p - E^{0'})\right] \cdot \exp\left[-\frac{z\,F\,v\,t}{R\,T}\right]. \tag{54.7}$$

Die von Randles und Ševčík erarbeitete Lösung lautet für den Fall gleicher Diffusionskoeffizienten

$$j = (z\,F)^{3/2}\,(R\,T)^{-1/2}\,(D_{Ox}\,v)^{1/2}\,c_{Ox}^0\,P\,[(z\,F/2\,R\,T)\,v\,(t-t_{1/2})]. \tag{54.8}$$

Hierbei ist P eine durch numerische Berechnung bestimmte Funktion, die in Abb. 5.17 veranschaulicht ist, und $t_{1/2}$ ist der Wert von t für das Potential $E = E_{1/2}$ [Gl. (53.12)]. Die Funktion P durchläuft ein Maximum, das dem Wert $0,452 \cdot s^{1/2}$ entspricht. Somit geht auch die Stromdichte durch ein Maximum, für das gilt

$$j_P = 0{,}452\,(z\,F)^{3/2}\,(R\,T)^{-1/2}\,(D_{Ox}\,v)^{1/2}\,c_{Ox}^0. \tag{54.9}$$

Nach Einsetzen der numerischen Konstanten ergibt sich für 25 °C $j_p = 2{,}72 \cdot 10^5\,z^{3/2}\,D_{Ox}^{1/2}\,v^{1/2}\,c_{Ox}^0$ (j_p in $A \cdot cm^{-2}$, D in $cm^2 \cdot s^{-1}$, v in $V \cdot s^{-1}$ und c_{Ox}^0 in $mol \cdot cm^{-3}$). Wie zu erkennen ist, wächst j_P direkt proportional mit der Konzentration des reduzierbaren Stoffes und steigt auch mit der Quadratwurzel aus der Potentialdurchlaufgeschwindigkeit. Das Potential, bei dem das Maximum der Funktion P liegt, ist (bei 25 °C) in bezug auf $E_{1/2}$ um den Wert $\Delta E = 1{,}1\,R\,T/z\,F = 0{,}028/z$ verschoben, und zwar nach negativeren Werten, wenn es sich um eine Reduktion handelt, nach positiveren bei einer Oxidation. Diese Verschiebung ist unabhängig von der Konzentration des der Durchtrittsreaktion unterliegenden Stoffes.

Der Fall einer irreversiblen Durchtrittsreaktion ist von Delahay gelöst worden. Die j-E-Abhängigkeit hat wiederum die Gestalt einer Kurve mit einem Maximum, ähnlich wie bei einem reversiblen Vorgang. Das Maximum verlagert sich jedoch mit wachsender Durchlaufgeschwindigkeit v bei einem kathodischen Vorgang nach negativeren Potentialwerten.

Die verschiedenen Methoden der *cyclischen Voltammetrie* (Abb. 5.16 *e, f*) sind für das Studium der Reaktionsprodukte ziemlich beliebt. Ihre Bedeutung liegt auf dem Gebiet der Voruntersuchungen, da jede auf der I-E-Kurve beobachtete Erscheinung einem bestimmten Elektrodenvorgang entspricht. Dies ist besonders beim Studium der Prozesse an Festelektroden nutzbringend, da diese fast immer durch eine Adsorption kompliziert sind (s. Abschn. 56) und es in der Regel sehr schwer ist, das gegebene Problem quantitativ zu analysieren.

Von den Methoden, die mit vorgegebener Stromdichte arbeiten, ist die Elektrolyse mit konstanter Stromdichte die einfachste, bei der die E-t-Abhängigkeit gemessen wird (*galvanostatische* oder *chronopotentiometrische Methode*). Die Instrumentation ist in diesem Fall viel einfacher als bei den Methoden mit kontrolliertem Potential. Die Grundlage der galvanostatischen Messungen bildet im wesentlichen die in Abb. 5.14 gezeigte Versuchsanordnung, wo ein Registrationsvoltmeter oder ein Oszilloskop statt des Potentiometers verwendet wird. Die Theorie der einfachsten Applikationen dieser Methode ist im vorangehenden Abschnitt beschrieben worden [Gln. (53.16) und (53.17)].

Ähnlich wie bei den potentiostatischen Methoden, liegt auch bei den galvanostatischen Verfahren die Hauptschwierigkeit in der Aufladung der Elektrode. Dies macht sich besonders bei hohen Stromdichten bemerkbar, wo nur ein Teil der Ladung als Faradayscher Strom verbraucht wird, während ein bestimmter Anteil lediglich zur Aufladung der Elektrode ausgenützt wird. Unter diesen Umständen ist die grundlegende Voraussetzung der Methode nicht erfüllt. Dieser Nachteil läßt sich teilweise dadurch beseitigen, daß man der Elektrode zuerst einen kurzen starken Stromimpuls erteilt, um die Elektrodendoppelschicht aufzuladen, und danach einen schwächeren konstanten Strom verwendet (galvanostatische Doppelimpulsmethode).

Die ,,*potential-decay*''-*Methode* kann ebenfalls in diese Gruppe eingereiht werden. Bei ihr läßt man entweder eine gewisse Zeit lang einen Strom durch die Elektrode fließen, oder man taucht die Elektrode einfach in die Lösung ein, und verfolgt dann im stromlosen Zustand die Zeitabhängigkeit des Elektrodenpotentials. Bei bestimmter Elektrolytzusammensetzung können an der Elektrode gleichzeitig verschiedene kathodische und anodische Vorgänge ablaufen, deren Teilstromdichten sich gegenseitig aufheben. Da es infolgedessen zu chemischen Umwandlungen im Elektrolyten kommt, ändern sich auch die Geschwindigkeiten der Durchtrittsteilreaktionen und gleichzeitig der Wert des Elektrodenpotentials. Das Elektrodenpotential hat den Charakter eines Mischpotentials (s. Abschn. 58).

Bei der verwandten *coulostatischen Methode* wird die Ladung eines kleinen

Kondensators in die im Gleichgewicht befindliche Elektrode injiziert. Die resultierende Zeitabhängigkeit des Elektrodenpotentials stammt von der Entladung der Elektrodendoppelschicht infolge der durch die Potentialänderung verursachten Gleichgewichtsstörung der Durchtrittsreaktion. Die resultierende E-t-Abhängigkeit ist eine Funktion der differentiellen Kapazität der Elektrode und der Parameter der Durchtrittsreaktion. Der Vorteil dieser Methode liegt darin, daß kein äußerer Strom durch das System fließt und keine komplizierte Instrumentation zur Eliminierung des Ohmschen Potentialabfalls usw. erforderlich ist.

54.3. Periodische Methoden

Die Methode der *Faradayschen Impedanz* beruht auf der Anwendung eines sinusförmigen Stroms mit kleiner Amplitude, der dem System „aufgezwungen" wird, wobei es zu kleinen Gleichgewichtsverschiebungen kommt. Die Beziehungen für die periodische Abhängigkeit des Elektrodenpotentials von der Zeit, der Wechselstromfrequenz und der Standardgeschwindigkeitskonstante der Durchtrittsreaktion haben wir schon im vorangehenden Abschnitt abgeleitet [Gl. (53.25)]. Die Abweichung des Elektrodenpotentials vom Gleichgewichtswert ist eine periodische Funktion der Zeit, die die gleiche Frequenz wie der Polarisationsstrom hat, sich aber in der Phase unterscheidet (allerdings nur dann, wenn die Amplitude des Wechselstromes genügend klein ist). Unter diesen Umständen verhält sich die Elektrode als Impedanz. Um die Komponenten dieser Impedanz zu bestimmen, differenzieren wir die Gl. (53.25) nach der Zeit

$$\frac{\mathrm{d}\,(\delta\,E)}{\mathrm{d}\,t} = \frac{\mathrm{d}\,E}{\mathrm{d}\,t} = \frac{R\,T\,A}{c^0\,z^2\,F^2}\left\{\left[\frac{\omega}{k^0} + \sqrt{\left(\frac{2\,\omega}{D}\right)}\right]\cos\omega\,t + \sqrt{\left(\frac{2\,\omega}{D}\right)}\sin\omega\,t\right\} =$$

$$= \omega\,A\,R_s\cos\omega\,t + \frac{A}{C_s}\sin\omega\,t. \qquad (54.10)$$

Die Widerstands- und die Kapazitätskomponente dieser Impedanz betragen

$$R_s = \frac{R\,T}{c^0\,z^2\,F^2}\left[\frac{1}{k^0} + \sqrt{\left(\frac{2}{\omega\,D}\right)}\right], \quad C_s = \frac{c^0\,z^2\,F^2}{R\,T}\sqrt{\left(\frac{D}{2\,\omega}\right)}. \qquad (54.11)$$

Sie wird die Faradaysche Impedanz genannt, weil sie durch einen Elektroden- (Faradayschen) Vorgang entsteht, der mit einem Ladungstransfer zwischen Elektrode und Lösung verbunden ist.

Wollen wir die Elektrode durch ein Ersatzschema als System von Widerständen und Kapazitäten veranschaulichen, so müssen wir den Umstand in Betracht ziehen, daß die Elektrode eine Doppelschicht hat, deren Kapazität C_d unter bestimmten Bedingungen frequenzunabhängig ist. Außerdem hat das gesamte System den Widerstand R_0, der auf dem Widerstand des Elektrolyten beruht. Die Impedanz der zweiten, nichtpolarisierbaren Elektrode kann vernachlässigt werden, weil ihre Kapazitätskomponente groß und ihre Widerstandskomponente klein ist. Das gesamte System kann also durch das Schaltbild in Abb. 5.18 dargestellt werden. Wir bestimmen zunächst unabhängig (in Abwesenheit eines elektroaktiven Stoffes) die Werte C_d und R_0 und hierauf auch R_s und C_s. Durch

Auftragen von R_s und $1/(\omega\, C_s)$ gegen $1/\omega^{1/2}$ ermitteln wir hierauf die Werte von k^0 der Durchtrittsreaktion. Hat der Elektrodenprozeß den vorausgesetzten Mechanismus, so sind beide Abhängigkeiten parallele Geraden. Die Abhängigkeit von $1/(\omega\, C_s)$ geht durch den Koordinatenursprung, die Abhängigkeit von R_s schneidet auf der Ordinatenachse den Abschnitt $R\,T/(c^0\,n^2\,F^2\,k^0)$ ab, aus welchem wir dann k^0 bestimmen. Die Notwendigkeit, eine Korrektion auf den die Elektrodendoppelschicht aufladenden Nicht-Faradayschen Strom durchzuführen, ist das Haupthindernis, das der Anwendung der Methode der Faradayschen Impedanz bei höheren Frequenzen ($> 100\ \text{kHz}$) im Wege steht, weil sein Beitrag hier den des Faradayschen Stromes wesentlich übersteigt.

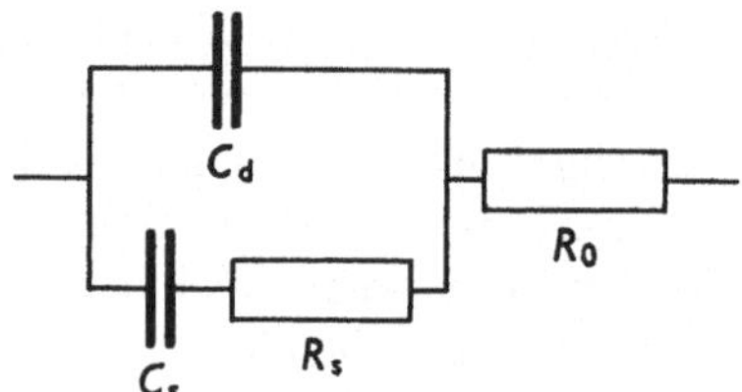

Abb. 5.18. Ersatzschaltbild einer Elektrolysezelle

In den bisherigen Darlegungen haben wir die linearisierte Form der Exponentialfunktion des Elektrodenpotentials benutzt. Wollen wir die Nichtlinearität der Strom-Potential-Abhängigkeit beim Faradayschen Prozeß respektieren, so müssen wir in der Reihenentwicklung der Exponentialfunktion zumindest den Term zweiten Grades in Rechnung ziehen. Berücksichtigen wir die höheren Terme der Reihenentwicklung, so stellen wir u. a. fest, daß die entstandene Wechselspannung eine Gleichstromkomponente enthält (die die sog. *Faradaysche Gleichrichtung* darstellt) und daß eine zweite harmonische Spannung entsteht.

54.4. Stationäre Methoden

Wenn stationäre Polarisationskurven gemessen werden, die nicht durch Transportprozesse beeinflußt sind, so kann man Elektroden von beliebiger Form benutzen. Dagegen für das Studium von Prozessen an Festmetallelektroden, bei denen die konvektive Diffusion eine Rolle spielt, ist die rotierende Scheibenelektrode das bestgeeignete Gerät (s. Abschn. 24.3 und Abschn. 53.2). Ihr Hauptvorteil liegt darin, daß an jedem Punkt der Scheibe die gleiche Stromdichte herrscht.

Die Analyse der Elektrodenprozesse kann insbesondere an Hand der Abhängigkeit der Stromstärke von der Quadratwurzel aus der Umdrehungszahl pro Zeiteinheit, $\omega^{1/2}$, durchgeführt werden. Wird der Vorgang durch die konvektive Diffusion kontrolliert (d. h. wenn es sich um einen Diffusionsgrenzstrom handelt, oder wenn sich an der Elektrode ein Gleichgewicht zwischen der oxidierten und der reduzierten Form eingestellt hat), gilt $I \sim \omega^{1/2}$. Eine Abweichung von dieser Abhängigkeit deutet darauf hin, daß die Kinetik der Durchtrittsreaktion wenigstens teilweise zur Geltung kommt. Vollständige Unabhängigkeit des Stromes von der Umdrehungszahl erweist, daß der Strom ausschließlich reaktionsbedingt ist.

Eine geeignete Einrichtung für das Studium der Produkte und Zwischenprodukte der Durchtrittsreaktion ist das Ring-Scheiben-System. Eine ringförmige Elektrode ist in der gleichen Ebene konzentrisch zur Scheibe untergebracht und von dieser durch einen Ring aus plastischem Isoliermaterial abgetrennt. Beim Rotieren der Elektrode werden die Produkte der an der Scheibe ablaufenden Elektrodenvorgänge auf den Ring geschleudert. Das Potential des Ringes (gegebenenfalls auch sein Material) ist von dem der Scheibe verschieden, so daß die Produkte dort weiteren Durchtrittsreaktionen unterliegen (ähnlich wie bei der potentiostatischen Doppelimpulsmethode). Der zwischen dem Ring und einer Hilfselektrode fließende Strom wird in einem selbständigen Stromkreis gemessen.

54.5. Coulometrie

Sind uns alle Konstanten im Ausdruck für den Diffusionsgrenzstrom bekannt, einschließlich des Diffusionskoeffizienten, so können wir aus dem Wert des Grenzstromes die Zahl der in der Durchtrittsreaktion verbrauchten Elektronen bestimmen. Diese Bedingung ist jedoch oft nicht erfüllt, oder der Diffusionsgrenzstrom kann überhaupt nicht gemessen werden. In diesem Falle benutzt man die coulometrische Methode zur Ermittlung des elektrochemischen Äquivalentes des elektroaktiven Stoffes. Bei ihr wird die Konzentrationsänderung des elektroaktiven Stoffes mit der durch die Zelle hindurchgegangenen Ladung in Beziehung gebracht. Die Ladungsmenge wird als Zeitintegral des Stromes bestimmt.

Der Wirkungsgrad der Elektrolyse muß hundertprozentig sein, d. h. die Ladung darf nur in der untersuchten Durchtrittsreaktion verbraucht werden. Es gibt hier vor allem vier Fehlerquellen:

1. Die elektrolytische Zersetzung des Wassers; die Grenzen der anwendbaren Potentiale sind durch die Sauerstoff- und Wasserstoffüberspannung festgesetzt. 2. Die Auflösung der Elektrode, wozu es namentlich im Medium von Komplexbildnern kommt. Sie führt zur Erhöhung des anodischen bzw. zur Erniedrigung des kathodischen Stromes. 3. Die nachgelagerten Durchtrittsreaktionen der Elektrolyseprodukte. 4. Die Elektroreduktion des aufgelösten Luftsauerstoffes zu Wasserstoffperoxid oder zu Wasser.

Für das Studium der Elektrodenvorgänge wird meistens die potentiostatische Coulometrie benutzt. In diesem Fall ist der Strom bei intensivem Rühren in der Regel direkt proportional zur Konzentration des elektroaktiven Stoffes,

$$I = A\,\varkappa\,c = -\frac{\mathrm{d}n}{\mathrm{d}t}\,z\,F. \tag{54.12}$$

Hierbei ist c die momentane Konzentration des elektroaktiven Teilchens, $\mathrm{d}n/\mathrm{d}t$ ist die Zahl der in der Zeiteinheit reduzierten Mole, A die Fläche der Elektrode und $\varkappa$ eine Proportionalitätskonstante. I und c sind Funktionen der Zeit, denn es kommt zu einer Verarmung der Lösung. Ist das Gesamtvolumen der Lösung V, so ist $c = n/V$, und aus Gl. (54.12) folgt

$$\frac{\mathrm{d}n}{n} = -\frac{\varkappa\,A}{z\,F\,V}\,\mathrm{d}t. \tag{54.13}$$

Hieraus ergibt sich durch Integration in den Grenzen von $t = 0$ bis t und von $n = n_0$ bis n

$$n = c\,V = n_0 \exp\left(-\frac{\varkappa\,A\,t}{z\,F\,V}\right). \qquad (54.14)$$

Aus den Gln. (54.14) und (54.12) folgt

$$I = \varkappa\,A\,c^0 \exp\left(-\frac{\varkappa\,A\,t}{z\,F\,V}\right) = I_0 \exp\left(-\frac{\varkappa\,A\,t}{z\,F\,V}\right) =$$
$$= I_0 \exp\left(-\frac{I_0\,t}{z\,F\,c^0\,V}\right), \qquad (54.15)$$

wobei I_0 der Strom zu Beginn der Elektrolyse ist. Während der Elektrolyse sinkt der Strom exponentiell auf Null. Bei dieser Methode ist es jedoch nicht notwendig, das Ende der Elektrolyse abzuwarten. Der Strom I_0 sowie der Ausdruck $z\,F\,V/\varkappa\,A$ werden graphisch aus der Zeitabhängigkeit von $\log I$ nach der Gl. (54.15) ermittelt.

Zur raschen Bestimmung der elektrochemischen Äquivalente eignen sich Dünnschichtelektroden, wo die Zelle nur eine Schichtdicke von etwa 10 μm hat (der Elektrolyt ist zwischen zwei Platinelektroden untergebracht, die die Kontaktflächen eines gewöhnlichen Mikrometers bilden).

54.6. Nicht-elektrochemische Methoden

In diese Gruppe gehören die Ellipsometrie, die optischen Methoden, die auf der Lichtabsorption durch die reagierenden Teilchen oder die Reaktionsprodukte in der unmittelbaren Elektrodenumgebung begründet sind, und die Elektronenspinresonanz (paramagnetische Elektronenresonanz).

Die *Ellipsometrie* verfolgt die durch Oberflächenfilme verursachten Änderungen in der elliptischen Polarisation des auf die Elektrodenoberfläche einfallenden polarisierten Lichtes. Sie ist eine sehr empfindliche Methode, mit der es möglich ist, Oberflächenbedeckungen, z. B. Oxide, in noch geringeren als monomolekularen Schichtdicken zu erfassen. Die quantitative Interpretation der Ergebnisse ist jedoch meist sehr schwierig.

Die optischen Methoden, die auf der *Lichtabsorption durch elektroaktive Teilchen* in der Elektrodenumgebung begründet sind, gestatten uns, die Konzentrationsänderungen zu verfolgen, wenn diese Stoffe durch die Durchtrittsreaktion oder sie begleitende chemische Reaktionen (s. Abschn. 55) umgewandelt oder gebildet werden. Zu diesen Untersuchungen werden mit Vorteil elektrisch leitende Gläser als Elektroden benutzt, die es möglich machen, die Absorption des Lichtes zu verfolgen, das aus dem Inneren der Elektrode in die Lösung eindringt oder von der Phasengrenzfläche Elektrode/Lösung total in die Elektrode zurückreflektiert wird. Im zweiten Fall kommt es zu einer Wechselwirkung zwischen den elektromagnetischen Wellen und der Lösung unmittelbar an der Phasengrenze, auf deren Grundlage die Konzentration von stark lichtabsorbierenden Stoffen bestimmt werden kann. Selbstverständlich ist es auch möglich, die Adsorption des Lichtes zu messen, das von der Elektrode in die Lösung reflektiert wird;

diese Methode eignet sich jedoch nur für das Studium stark absorbierender Produkte der Durchtrittsreaktion.

Die *Elektronenspinresonanz* (paramagnetische Elektronenresonanz) versetzt uns in die Lage, die Bildung radikalischer Übergangsprodukte der Durchtrittsreaktion zu erfassen. Speziell konstruierte Elektrolysezellen machen es möglich, die Bildung der Radikale und die Kinetik ihres Zerfalls *in situ* zu verfolgen.

54.7. Vorbehandlung der Elektroden

Die Vorbehandlung der Elektroden vor der Messung verfolgt den Zweck, die eventuell an ihnen adsorbierten Stoffe zu beseitigen und nach Möglichkeit auch die Oxidschichten von der Oberfläche der Elektrode zu entfernen. Gleichzeitig ist es notwendig, auch das Elektrolysegefäß und den Elektrolyten gründlich zu reinigen, um eine weitere Adsorption von Verunreinigungen während der Elektrolyse zu vermeiden. Das Elektrolysegefäß reinigt man gewöhnlich zuerst mit starken Oxidationsmitteln (es wird eine Mischung von konz. H_2SO_4 und 30% H_2O_2 im Verhältnis 2 : 1 empfohlen) und danach mit redestilliertem Wasser. Auch der Elektrolyt wird aus redestilliertem Wasser bereitet. Im Falle anorganischer Elektrolyte ist zu empfehlen, sie durch Durchleiten durch eine Schicht von Aktivkohle zu reinigen, die vorher längere Zeit in Kontakt mit einer heißen Lösung von Fluorwasserstoffsäure gewesen war. An der Aktivkohle werden die organischen Verunreinigungen adsorbiert. Einige anorganische Verunreinigungen, wie z. B. Schwermetallionen, können durch Vorelektrolyse der Lösung an einer großflächigen Elektrode, z. B. einer Platinelektrode, beseitigt werden.

Die Quecksilberelektroden erfordern eine weitaus geringere Sorgfalt als die Metallfestelektroden. Namentlich im Fall der Quecksilbertropfelektrode können die in niedrigen Konzentrationen ($< 10^{-5}$ M) anwesenden Verunreinigungen während der Lebensdauer des Tropfens nicht in merklicheren Mengen durch die Diffusion an die Oberfläche der Elektrode gelangen (s. Abschn. 56).

Elektroden aus Festmetallen werden in der Regel mechanisch poliert und manchmal auch mit Salpetersäure oder Königswasser geätzt. Meistens ist jedoch die elektrochemische Vorbehandlung direkt vor der Messung am effektivsten. So z. B. sind Platinelektroden in einem weiten Potentialbereich von einer Oberflächenoxidschicht überzogen, während sie im Gebiet negativer Potentiale mit adsorbiertem Wasserstoff bedeckt sind (vgl. Abschn. 56). Am einfachsten ist es, die Elektrode durch eine Serie von cyclisch-voltammetrischen Impulsen im Potentialbereich angefangen von der Bildung der Oxidschicht (evtl. der Abscheidung des molekularen Sauerstoffes) bis zum Potential der Wasserstoffabscheidung zu polarisieren; es ist jedoch in der Regel vorteilhaft, wenn das Endpotential kurz vor der Messung im sog. Doppelschichtgebiet liegt — einem engen Potentialbereich, in welchem die Elektrode weder von einer Oxidschicht noch von adsorbiertem Wasserstoff bedeckt ist.

Eine andere elektrochemische Vorbehandlung basiert auf einer passend gewählten Serie von rechteckförmigen Spannungsimpulsen. Die Elektrode wird dadurch abwechselnd mit Oxid und Wasserstoff beladen. Zum Schluß beseitigt man diese Bedeckung durch einen Impuls, dessen Potential im Doppelschichtgebiet liegt. Bei diesen Behandlungsverfahren kommt besonders der Bildung der

Oxidschicht große Bedeutung zu, da dabei die adsorbierten organischen Verunreinigungen entweder oxidiert oder desorbiert werden.

Eine Vergrößerung der physikalischen Oberfläche der Elektrode trägt ebenfalls dazu bei, die relative Bedeckung durch grenzflächenaktive Stoffe herabzudrücken. Platinelektroden werden häufig mit Platinschwarz überzogen (platinierte Platinelektroden). Ihre physikalische Oberfläche übersteigt die geometrische oft um ein Vielfaches (bis um das Tausendfache), während die physikalische Oberfläche einer blanken Platinelektrode nur 1,3—3mal größer als ihre geometrische ist.

55. Reaktionsbedingte Elektrodenvorgänge

55.1. Volumenreaktionen

In der Durchtrittsreaktion wird der elektroaktive Stoff verbraucht oder ein neuer gebildet. Dadurch kann das Gleichgewicht der chemischen Reaktionen, an denen diese Stoffe teilnehmen, gestört werden. Die Klassifikation der chemischen Reaktionen, die sich am Elektrodenvorgang beteiligen, kann von zwei Gesichtspunkten vorgenommen werden. Die chemischen Reaktionen können heterogen sein, wenn ihr Ablauf auf die Phasengrenzfläche begrenzt ist (in der Regel nehmen an ihnen die adsorbierten Stoffe teil). Oder sie können homogen sein, wenn sie im Volumen der Lösung ablaufen. Der zweite Gesichtspunkt unterteilt die chemischen Reaktionen mit Rücksicht auf ihre Stellung zur Durchtrittsreaktion. Durch eine chemische Reaktion kann ein elektroaktiver Stoff aus einem inaktiven gebildet werden; eine solche Reaktion nennt man eine der Durchtrittsreaktion vorgelagerte Reaktion. So zum Beispiel liegt Formaldehyd in wäßriger Lösung in der hydratisierten Form vor (als Dihydroxymethan), die an der Quecksilberelektrode nicht reduzierbar ist. Diese Form ist im Gleichgewicht mit der Carbonylform

$$\underset{H}{\overset{H}{\diagdown}}C\underset{OH}{\overset{OH}{\diagup}} \rightleftharpoons HC\underset{H}{\overset{O}{\diagup}} + H_2O \,.$$

Die Carbonylform des Formaldehyds wird reduziert, und der zugehörige Grenzstrom wird nach Veselý und Brdička durch die Geschwindigkeit der chemischen Volumenreaktion der Dehydratation kontrolliert. Wird das Produkt einer schnellen (reversiblen) Durchtrittsreaktion durch eine chemische Reaktion verbraucht, wodurch seine Konzentration an der Elektrodenoberfläche vermindert wird, so spricht man von einer der Durchtrittsreaktion nachgelagerten chemischen Reaktion. Wird aus dem Produkt der Durchtrittsreaktion durch eine chemische Reaktion der Ausgangsstoff vollständig oder teilweise regeneriert, so handelt es sich um eine parallel zur Durchtrittsreaktion ablaufende chemische Reaktion.

Befinden sich der elektroaktive und der elektroinaktive Stoff in der Lösung im Gleichgewicht und ist die chemische Oberflächenreaktion vernachlässigbar, so können, wie Brdička und Wiesner gezeigt haben, chemische Volumenreaktionen der geschwindigkeitsbestimmende Schritt des gesamten Elektrodenprozesses sein. Das Gleichgewicht einer derartigen chemischen Reaktion ist bis in eine bestimmte Tiefe der Lösung gestört, da die durch die Durchtrittsreaktion verursachten Konzentrationsänderungen durch die Diffusion übertragen werden. Die Differentialgleichung, die die Diffusion zur Elektrode bei gleichzeitig ablaufender chemischer Reaktion beschreibt, wird nach Koutecký und Brdička durch Vereinigung des zweiten Fickschen Gesetzes mit der Gleichung für die Reaktionsgeschwindigkeit erhalten. Wir wollen ein System von zwei reversibel miteinander reagierenden Stoffen betrachten

$$A \underset{k_2}{\overset{k_1}{\rightleftarrows}} B . \tag{55.1}$$

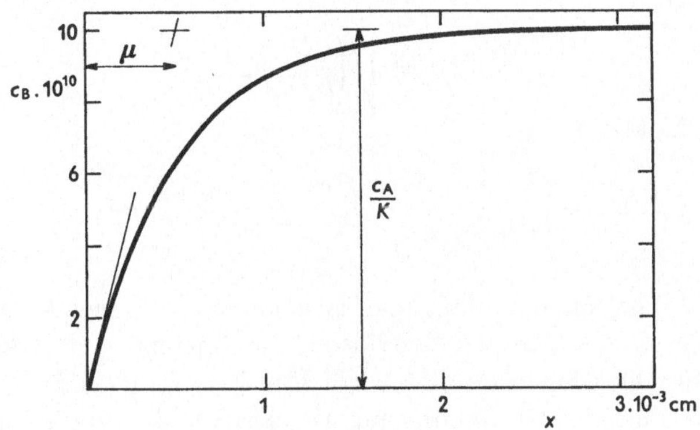

Abb. 5.19. Stationäre Konzentrationsverteilung (Reaktionsschicht) im Falle, daß die chemische Reaktion der Durchtrittsreaktion vorgelagert ist [Gl. (55.4)]. $K = 10^3$, $k_{Red} \rightarrow \infty$, $k_1 = 0{,}04\ \mathrm{s}^{-1}$, $c_A = 10^{-6}\ \mathrm{mol} \cdot \mathrm{cm}^{-3}$, $D = 10^{-5}\ \mathrm{cm}^2 \cdot \mathrm{s}^{-1}$

Die Gleichgewichtskonstante dieser Reaktion ist $K = k_2/k_1$. Wir mögen weiter annehmen, daß der Stoff A in beträchtlichem Überschuß gegenüber dem Stoff B vorhanden ist ($K \gg 1$), so daß seine Konzentration durch den Elektrodenvorgang praktisch nicht verändert wird. Der Stoff B unterliegt einer irreversiblen Durchtrittsreaktion mit der Geschwindigkeitskonstante $k_{Red} = k^0 \exp\left[-\alpha z F (E - E^{0\prime})/R\,T\right]$. Die Differentialgleichung und die Rand- und Anfangsbedingungen für den Stoff B lauten:

$$\frac{\partial c_B}{\partial t} = D \frac{\partial^2 c_B}{\partial x^2} + k_1 (c_A - K\, c_B)$$

$$\begin{aligned}
&t = 0,\ x > 0: \quad c_B = c_A/K \\
&t > 0,\ x = 0: \quad D\,(\partial c_B/\partial x) = k_{Red}\, c_B \\
&t > 0,\ x \rightarrow \infty: \quad c_B = c_A/K.
\end{aligned} \tag{55.2}$$

Nach genügend langer Zeit ($t \gg 1/k_1 K$) bildet sich ein stationärer Zustand aus ($\partial c_B/\partial t = 0$), so daß die angeführte partielle Differentialgleichung übergeht in die gewöhnliche Differentialgleichung

$$D \frac{d^2 c_B}{d x^2} + k_1 (c_A - K c_B) = 0, \tag{55.3}$$

deren Lösung lautet

$$c_B = \frac{c_A}{K} \left\{ 1 - \frac{1}{1 + \sqrt{(k_1 K D)}/k_{Red}} \exp\left[-x \sqrt{\left(\frac{k_1 K}{D} \right)} \right] \right\}. \tag{55.4}$$

Abb. 5.19 zeigt die stationäre Konzentrationsverteilung des elektroaktiven Stoffes für $k_{Red} \to \infty$, die üblicherweise als Reaktionsschicht bezeichnet wird. Mit Hilfe der Tangente an diese Kurve im Punkt $x = 0$ kann die *Dicke der Reaktionsschicht* definiert werden. Sie ist durch die Beziehung gegeben

$$\mu = \sqrt{\left(\frac{D}{k_1 K} \right)}. \tag{55.5}$$

Für die Stromdichte gilt

$$j = z F D \left(\frac{d c_B}{d x} \right)_{x=0} = \frac{z F c_A}{K} \frac{\sqrt{(k_1 K D)}}{1 + \sqrt{(k_1 K D)}/k_{Red}}. \tag{55.6}$$

Somit haben wir die Gleichung der Polarisationskurve für einen kinetischen Strom erhalten, der durch die Durchtrittsreaktion, die stationäre chemische Volumenreaktion und die Diffusion bestimmt wird. Für $k_{Red} \gg \sqrt{(k_1 K D)}$ verschwindet der Bruch im Nenner der Gl. (55.6), und wir erhalten die kinetische Grenzstromdichte

$$j_l = z F c_A \sqrt{\left(\frac{k_1 D}{K} \right)}. \tag{55.7}$$

Diese Beziehung ist die Grundlage der Methode zur Bestimmung der Geschwindigkeitskonstanten schneller chemischer Reaktionen aus dem kinetischen Strom.

Einen ähnlichen Vorgang kann man auch bei nachgelagerten und parallel ablaufenden Reaktionen und bei Reaktionen höherer Ordnungen benutzen.

55.2. Oberflächenreaktionen

Heterogene chemische Reaktionen, insoweit adsorbierte Stoffe an ihnen teilnehmen, sind keine „rein" chemischen Reaktionen, weil die Oberflächenkonzentrationen dieser Stoffe vom Elektrodenpotential abhängen (vgl. Abschn. 34.33) und somit auch die Reaktionsgeschwindigkeiten Funktionen des Potentials sind. Die Formulierung der Beziehung zwischen der Stromdichte im stationären Zustand und den Konzentrationen der sich adsorbierenden Stoffe ist im Falle einer linearen Adsorptionsisotherme sehr einfach. Wir wollen annehmen, daß der adsorbierte Stoff B einer irreversiblen Durchtrittsreaktion mit der Geschwindigkeitskonstante k_{Red} unterliegt, wobei er gleichzeitig an der Elektrode durch eine reversible Reaktion aus dem elektroinaktiven Stoff A gebildet wird [s. Gl. (55.1)]. Die Gleichgewichtskonstante dieser Reaktion ist wieder $K = k_2/k_1$. Die Größen k_1 und k_2 sind zum Unterschied vom vorangegangenen Fall die Geschwindigkeitskonstanten der Oberflächenreaktion. Der Stoff A ist in der Lösung anwesend und wird an der Elektrode nach einer linearen Adsorptionsisotherme adsorbiert

$$\Gamma_A = \beta \, c_A. \qquad (55.8)$$

Hierbei ist Γ_A die Oberflächen- und c_A die Volumenkonzentration des Stoffes A; β ist der Adsorptionskoeffizient. Im stationären Zustand gilt

$$\frac{d\,\Gamma_B}{d\,t} = -k_{\mathrm{Red}}\,\Gamma_B + k_1\,(\Gamma_A - K\,\Gamma_B) =$$

$$= -k_{\mathrm{Red}}\,\Gamma_B + k_1\,(\beta\,c_A - K\,\Gamma_B) = 0, \qquad (55.9)$$

so daß die Stromdichte j und die Grenzstromdichte j_l für $k_{\mathrm{Red}} \to \infty$ durch die Relationen gegeben sind

$$j = z\,F\,k_{\mathrm{Red}}\,\Gamma_B = \frac{z\,F\,k_{\mathrm{Red}}\,k_1\,\beta\,c_A}{k_{\mathrm{Red}} + k_1\,K},$$

$$j_l = z\,F\,k_1\,\beta\,c_A. \qquad (55.10)$$

Da β eine Funktion des Elektrodenpotentials ist [s. z. B. Gl. (34.70)], ist auch j_l potentialabhängig und sinkt im Gebiet der Desorption des Stoffes A.

56. Elektrokatalyse und Inhibierung von Elektrodenvorgängen

Wie wir bereits im vorigen Abschnitt gezeigt haben, nehmen an den Durchtrittsreaktionen oft elektroaktive Species teil, die an der Elektrode adsorbiert sind. Diese Erscheinung ist für Elektroden aus Festmetallen eine ganz allgemeine: Elektrodenvorgänge, an denen bei der gegebenen Überspannung chemisorbierte Stoffe teilnehmen, werden als *elektrokatalytische Vorgänge* bezeichnet.

Im Abschn. 3 haben wir uns mit den verschiedenen Arten der Adsorption befaßt. Die Adsorption nichtpolarer organischer Substanzen und Anionen, die die Struktur des Wassers aufbrechen, können unter dem Begriff physikalischer Adsorption zusammengefaßt werden. Die Chemisorption ist für Festmetallelektroden charakteristisch und stets mit einer chemischen Umwandlung des Adsorbats verbunden. Der chemisorbierte Stoff bildet mit der Elektrode eine chemische Bindung aus, die im Extremfall unabhängig vom Elektrodenpotential ist. Die Adsorptionswärme und die Aktivierungsenergie erreichen bei der Chemisorption beträchtliche Werte. Die Geschwindigkeit der Chemisorption ist also meistens langsamer als die der physikalischen Adsorption, sie kann aber ziemlich groß sein, wie bei der Adsorption von Wasserstoff an Platin, wo es zur Dissoziation des Wasserstoffmoleküls kommt.

Der Einfluß des Elektrodenmaterials auf die Geschwindigdeit des Elektrodenvorganges ist gering, wenn der elektroaktive Stoff nicht adsorbiert wird. Er ist lediglich mit einer Änderung der Potentialdifferenz φ_2 in der diffusen Doppelschicht verbunden, da sowohl die Ladung der Elektrode als auch E_z vom Elektrodenmaterial abhängen. Auf der anderen Seite zeigt sich bei der Elektrokatalyse, wo adsorbierte Stoffe am Elektrodenvorgang teilnehmen, eine starke Abhängigkeit vom Elektrodenmaterial. Dies ist auf die beträchtlichen, materialbedingten

Unterschiede in der Festigkeit der Chemisorptionsbindung zwischen dem adsorbierten Stoff und der Elektrode zurückzuführen.

Die Oberflächen der Festelektroden haben keinen homogenen Charakter. Auch eine makroskopisch scheinbar glatte Oberfläche enthält von der Kristallstruktur des Metalls herrührende Kanten und Ecken sowie Dislokationen, d. h. Stellen, wo die regelmäßige Kristallstruktur gestört ist.

Die Adsorption an einer physikalisch heterogenen Oberfläche verläuft in anderer Art als an einer physikalisch homogenen (vgl. Abschn. 34.33). Die Adsorptionswärme und die Gibbssche Adsorptionsenergie sind von Ort zu Ort verschieden, wobei naturgemäß zuerst die Stellen besetzt werden, die die höchste Gibbssche Adsorptionsenergie haben. Eine Adsorptionsisotherme, die die physikalische Heterogenität der Oberfläche berücksichtigt, ist von Temkin abgeleitet worden. In seiner Theorie wird eine *kontinuierlich inhomogene Oberfläche* angenommen, an der die Gibbssche Adsorptionsenergie an den Teilelementen d S der Oberflächeneinheit linear mit S wächst (die Oberflächeneinheit wird in d S Elemente unterteilt, von denen jedes als homogen betrachtet wird):

$$d \Delta G_{\text{ads}} = \alpha \, d \, S,$$
$$\Delta G_{\text{ads}} = \Delta G^0_{\text{ads}} + \alpha \, S. \qquad (56.1)$$

Hierbei ist ΔG^0_{ads} der Wert der Gibbsschen Adsorptionsenergie für $S = 0$, $\Delta G^0_{\text{ads}} + \alpha$ derjenige für $S = 1$. Nehmen wir an, daß die Adsorption an jedem homogenen Flächenelement nach der Langmuirschen Isotherme verläuft, so erhalten wir die bedeckte Fraktion des Oberflächenelements d S

$$\Theta \, (S) = \frac{\beta \, c}{1 + \beta \, c}, \qquad (56.2)$$

wobei

$$\beta = \exp \left(-\frac{\Delta G_{\text{ads}}}{R \, T} \right) = \exp \left(-\frac{\Delta G^0_{\text{ads}} + \alpha \, S}{R \, T} \right) = \beta_0 \exp \left(-\frac{\alpha \, S}{R \, T} \right) \qquad (56.3)$$

ist. Für den gesamten Bedeckungsgrad Θ gilt

$$\Theta = \int\limits_0^1 \Theta \, (S) \, d \, S = \frac{R \, T}{\alpha} \ln \frac{1 + \beta_0 \, c}{1 + \beta_0 \, c \exp \left(-\alpha / R \, T \right)}. \qquad (56.4)$$

Dies ist die Grundform der Temkinschen Isotherme. Im mittleren Gebiet der Isotherme, wo $\beta_0 \, c \gg 1 \gg \beta_0 \, c \exp \left(-\alpha / R \, T \right)$ gilt, kann die vereinfachte Form benutzt werden, die sog. logarithmische Isotherme:

$$\Theta = \frac{R \, T}{\alpha} \ln \beta_0 \, c. \qquad (56.5)$$

Die *Oberflächeneigenschaften einer Platinelektrode* können gut mit Hilfe der cyclischen Voltammetrie studiert werden (s. Abb. 5.20). Der Potentialpuls beginnt bei $E = 0{,}0$ V (gegen die SWE), wo die Elektrode mit adsorbiertem Wasserstoff bedeckt ist und wo es zur Ionisierung des molekularen Wasserstoffes kommt, der von der vorhergehenden Wasserstoffabscheidung in der Elektrodenumgebung vorhanden ist. Wenn sich das Potential nach positiveren Werten verschiebt, wird der adsorbierte Wasserstoff in zwei anodischen Peaks im Potentialbereich von 0,1 bis 0,4 V oxidiert. Bei noch positiveren Potentialen läuft kein Elektrodenvorgang ab, und durch das System fließt nur ein Strom, der zur Aufladung der Elektrode dient. Dies wird besonders bei großen Polarisationsgeschwindigkeiten deutlich. Der Potentialbereich von 0,4 bis 0,8 V wird der Doppelschichtbereich genannt. Bei Potentialen $E > 0,8$ V beginnt sich an der Elektrode ein Oberflächenoxid oder eine Schicht von adsorbierten OH-Radikalen zu bilden (nach einigen Autoren eine Schicht von chemisorbiertem Sauerstoff). Dieser Vor-

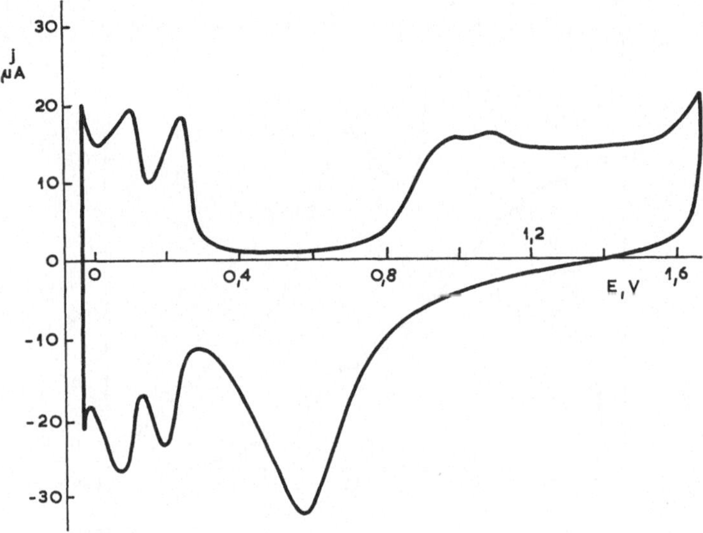

Abb. 5.20. I-E-Kurve bei der cyclischen Voltammetrie, aufgenommen an einer Platinelektrode in 0,5 M H_2SO_4. Geometrische Fläche der Elektrode $1,25 \cdot 10^{-3}$ cm², Polarisationsgeschwindigkeit $v = 30$ V · s^{-1}, E gegen die Wasserstoffelektrode in derselben Lösung bei Wasserstoffpartialdruck von 1 atm, $t = 20$ °C, Sauerstoff aus der Lösung durch Durchperlen mit Argon entfernt. Nach J. Weber

gang wird durch eine gedehnte Stufe charakterisiert. Beim Potential von 1,8 V kommt es zur Abscheidung von molekularem Sauerstoff. Wird die Richtung der Polarisation umgekehrt, so findet zuerst eine sukzessive Reduktion der Oxidschicht statt. Dieser Prozeß erfordert eine bestimmte Aktivierungsenergie und läuft bei negativeren Potentialen ab als der entsprechende anodische Vorgang. Die Reduktion der Hydroniumionen, die von einer Adsorption der gebildeten Wasserstoffatome begleitet wird, läuft bei den gleichen Potentialen ab wie der umgekehrte anodische Prozeß.

Ist der Potentialdurchlauf nicht zu rasch ($v = $ d$E/$d$t \approx 1$ V/s), so erhalten wir die in Abb. 5.21 wiedergegebene anodische $I—E$-Kurve. Bei einer so langsamen Änderung des Elektrodenpotentials kann angenommen werden, daß sich ein praktisch vollkommenes Gleichgewicht zwischen den adsorbierten Wasserstoffatomen und dem in der Lösung in der Elektrodenumgebung aufgelösten gasförmigen Wasserstoff einstellt und daß das Elektrodenpotential den Gleichgewichtswert hat, der durch den Partialdruck des Wasserstoffes festgelegt wird, der der Konzentration des aufgelösten Wasserstoffes an der Elektrode entspricht.

Unter diesen Umständen können wir die Diffusion des molekularen Wasserstoffes vernachlässigen, weil die Menge des in der Elektrodenumgebung aufgelösten molekularen Wasserstoffes im Vergleich zur adsorbierten Menge ganz geringfügig ist. Die Konzentration des molekularen Wasserstoffes an der Elektrode hängt also ausschließlich von der Oberflächenkonzentration des adsorbierten Wasserstoffes ab. Ändern wir das Potential der Elektrode bei konstantem pH, so wird

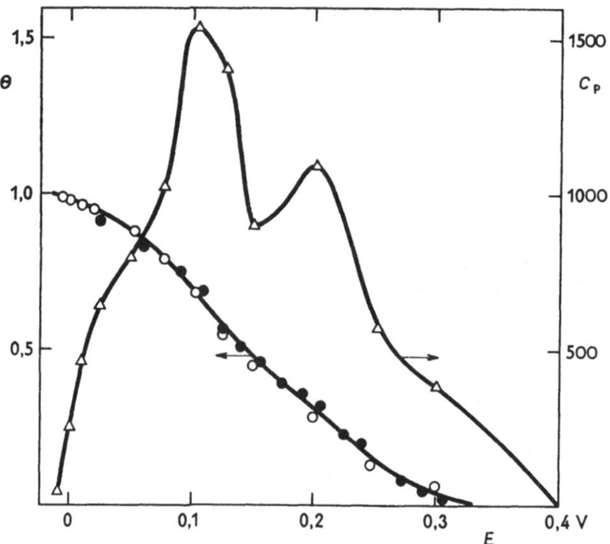

Abb. 5.21. d Γ_{H^+}/d t — E- und Θ-E-Kurven, die durch cyclische Voltammetrie und galvanostatische Messung der anodischen Oxidation von adsorbiertem Wasserstoff an einer platinierten Platinelektrode in 2 M H_2SO_4 gewonnen wurden. $\triangle$ — $F \cdot$ d Γ_{H^+}/d t ausgedrückt als Polarisationskapazität C_p (μF $\cdot$ cm^{-2}); $\bigcirc$ Adsorptionsisotherme, gewonnen durch Integration der I-E-Kurve; $\bullet$ Adsorptionsisotherme, gewonnen durch galvanostatische Messungen. E = Elektrodenpotential, bezogen auf die Wasserstoffelektrode in derselben Lösung bei 1 atm Wasserstoffpartialdruck. A. N. Frumkin:
AE **3**, 313 (1963)

diese Konzentration und zugleich auch die Oberflächenkonzentration des an der Elektrode adsorbierten atomaren Wasserstoffes verändert.

Bei dem erwähnten langsamen Anstieg des Elektrodenpotentials wird der Strom durch den Verbrauch des adsorbierten Wasserstoffes festgelegt

$$i = \frac{F \, \mathrm{d} \, \Gamma_{H^+}}{\mathrm{d} \, t} = \frac{F \, \mathrm{d} \, \Gamma_{H^+}}{\mathrm{d} \, E} v. \tag{56.6}$$

Der Ausdruck F d Γ_{H^+}/d E stellt eine Größe der Dimension einer Kapazität dar (auf dem Diagramm in Abb. 5.21 mit C_p bezeichnet). Nehmen wir an, daß bei genügend positiven Potentialen der gesamte adsorbierte Wasserstoff ionisiert wird, so können wir durch Integration der Gl. (56.6) die Oberflächenkonzentration des adsorbierten Wasserstoffes gewinnen, gegebenenfalls den relativen Bedeckungsgrad Θ bei verschiedenen Elektrodenpotentialen (wenn bei dem auf die Standardwasserstoffelektrode bezogenen Elektrodenpotential E_h = 0 praktisch vollständige Bedeckung erreicht ist). Diese Abhängigkeit ist ebenfalls in Abb. 5.21 veranschaulicht.

Das Gleichgewichtspotential E_h hängt nach der Nernstschen Gleichung logarithmisch vom Wasserstoffdruck ab; die Beziehung $\Theta - E_\mathrm{h}$ in Abb. 5.21 stellt also gleichzeitig die Isotherme des adsorbierten Wasserstoffes in den Koordinaten $\Theta - \ln p_{\mathrm{H}_2}$ dar. Der mittlere Teil dieser Abhängigkeit ist annähernd linear

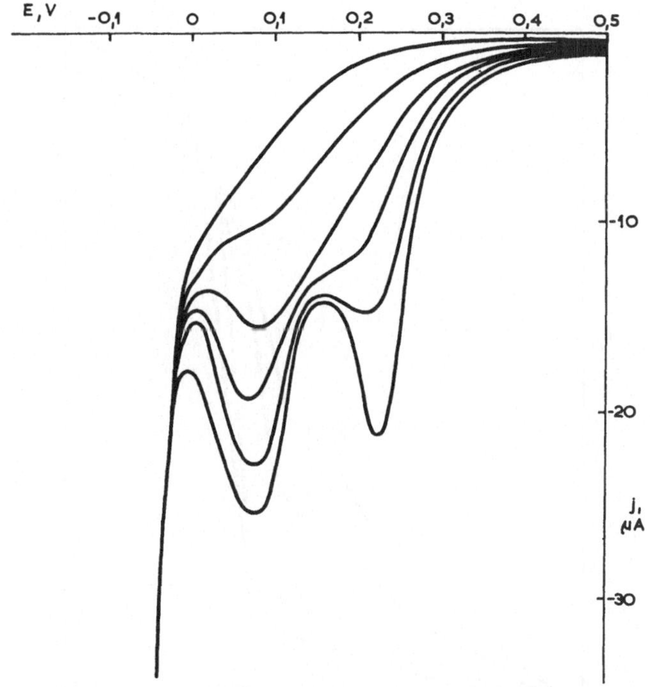

Abb. 5.22. Einfluß der Adsorption von Methanol auf die Wasserstoffadsorption an einer blanken Platinelektrode in 0,5 M H_2SO_4. Gleiche Bedingungen wie bei Abb. 5.21. Polarisation der Elektrode von $E = 0,5$ V bis $E = -0,1$ V. Methanolkonzentration: $1 = 0$, $2 = 0,1$ mM, $3 = 1$ mM, $4 = 10$ mM, $5 = 0,1$ M, $6 = 5$ M. Die Beladung der Elektrode mit Methanol wurde bei $E = 0,5$ V in der Dauer von zwei Minuten vorgenommen. Nach J. Weber

und genügt also der Temkinschen Isotherme. Nach Breiter entsprechen jedoch die beiden Maxima auf der potentiostatischen C_p—E-Kurve zwei Sorten von verschieden fest adsorbiertem Wasserstoff.

Das Integral des anodischen Stromes über den Potentialbereich der beiden Peaks der Wasserstoffadsorption ist, ebenso wie das dem kathodischen Strom entsprechende Integral, gleich der Ladung $Q_\mathrm{m} = F\,\Gamma_\mathrm{m}$, wobei Γ_m die maximale Oberflächenkonzentration der Wasserstoffatome ist. Es sei angenommen, daß noch ein anderer Stoff an der Elektrode adsorbiert wird, dessen Oberflächenkonzentration sich während des Potentialpulses nicht ändert, und daß dieser Stoff die Adsorption des Wasserstoffes an den Stellen, die er selbst einnimmt, verhindert. Wenn wir die Wasserstoffmaxima unter diesen Umständen integrieren, erhalten wir einen anderen Wert, $Q_m{}'$. Nimmt ein Molekül des Adsorbates gerade einen Adsorptionsplatz des Wasserstoffes ein, so ist die relative Bedeckung der Elektrode durch den adsorbierten Stoff durch die Relation gegeben

$$\Theta = (Q_m - Q_m{}')/Q_m. \tag{56.7}$$

Der Einfluß der Adsorption von Methanol auf die Adsorptionsmaxima des Wasserstoffes ist in Abb. 5.22 gezeigt.

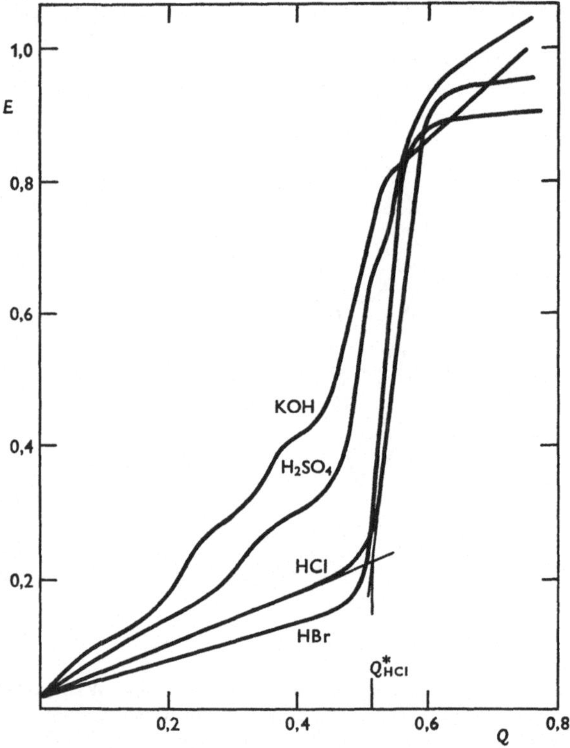

Abb. 5.23. Galvanostatische Polarisationskurven der anodischen Oxidation von adsorbiertem Wasserstoff an einer platinierten Platinelektrode in verschiedenen Elektrolyten. E (V) Elektrodenpotential, bezogen auf das reversible Potential der Wasserstoffelektrode in derselben Lösung beim Partialdruck von 1 atm, Q (C · cm^{-2}) die seit dem Elektrolysebeginn hindurchgeflossene elektrische Ladungsmenge. A. N. Frumkin: AE **3**, 308 (1963)

Wird eine Platinelektrode nach vorangehender kathodischer Polarisation (bei der sie mit adsorbiertem Wasserstoff beladen wurde) in einer Lösung, die keine merkliche Menge an aufgelöstem Wasserstoff enthält, in galvanostatischer Schaltung anodisch polarisiert, so erhält man die in Abb. 5.23 wiedergegebene Abhängigkeit. Bei der galvanostatischen Schaltung ist die hindurchgeflossene Elektrizitätsmenge Q direkt proportional der Elektrolysedauer, so daß die Kurve auf Abb. 5.23 gleichzeitig die Zeitabhängigkeit des Elektrodenpotentials veranschaulicht. Im Verlauf der Elektrolyse vollzieht sich zuerst die Oxidation des adsorbierten Wasserstoffes. Die Übergangszeit (hier entspricht ihr die Größe Q^*) gibt die

Gesamtmenge des adsorbierten Wasserstoffes an. Nach Umrechnung auf die wahre Elektrodenfläche ergibt sich bei vollbesetzter Elektrode die Oberflächenkonzentration des atomaren Wasserstoffes zu $2{,}2 \cdot 10^{-9}$ mol/cm^2. Nach vollständiger Oxidation des adsorbierten Wasserstoffes wird die zugeführte Ladung nur zur Aufladung der Elektrodendoppelschicht verbraucht (steiler Teil der Kurve auf Abb. 5.23). Aus der Neigung des mittleren Kurventeils ergibt sich für die differentielle Kapazität in diesem Gebiet ein mittlerer Wert von etwa 40 μF/cm^2.

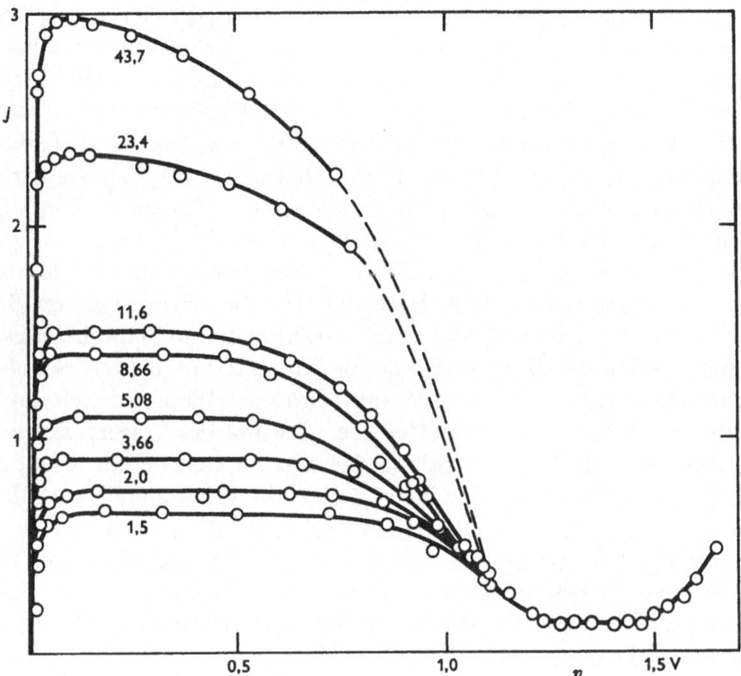

Abb. 5.24. Polarisationskurven von aufgelöstem Wasserstoff an einer rotierenden Scheibenelektrode aus blankem Platin (in 0,5 M H$_2$SO$_4$ bei 23 °C und Partialdruck von 1 atm). Die Umdrehungszahl ist bei jeder Kurve angegeben. E. A. Ajkasjan, A. I. Fedorowa: Doklady Ak. Nauk SSSR **86**, 1137 (1952)

Impedanzmessungen bei hohen Frequenzen führen in diesem Potentialgebiet auf niedrigere Werte, 15—20 μF/cm^2. Bei noch positiveren Potentialen läuft ein weiterer Elektrodenprozeß ab, zum Beispiel in Salzsäure die Abscheidung von Chlor, in Schwefelsäure die Bildung eines Oberflächenoxids u. ä.

Die anodische Oxidation des in der Lösung aufgelösten molekularen Wasserstoffes ist ein aus mehreren Schritten zusammengesetzter Elektrodenvorgang: Antransport des Wasserstoffes zur Elektrode, Dissoziation des Wasserstoffmoleküls unter gleichzeitiger Adsorption des atomaren Wasserstoffes an der Elektrode und Oxidation des atomaren Wasserstoffes. Je nachdem, welcher der aufgezählten Vorgänge der langsamste ist, haben die Polarisationskurven einen unterschiedlichen Charakter. Die Adsorption des Wasserstoffes wird durch die Adsorption von Anionen beeinflußt, die bei positiven Potentialen stattfindet. Die adsorbierten Anionen, insbesondere Jodide, setzen sowohl die freie Adsorptionsenergie als auch die maximale adsorbierte Wasserstoffmenge herab. Der Einfluß der Jodide ist dem der sog. Katalysatorgifte analog, wie es z. B. die Ionen von Quecksilber, dreiwertigem Arsen oder Cyanidionen sind. Der hemmende Einfluß, den die adsorbierten Anionen ausüben, wird besonders deutlich bei der anodischen Ionisierung des in der Lösung aufgelösten Wasserstoffes an einer Platinelektrode. In Abb. 5.24 sind die Polarisationskurven dieses Prozesses an einer rotierenden Scheibenelektrode dargestellt. In der Umgebung des Gleichgewichtspotentials wird der Prozeß durch die konvektive Diffusion kontrolliert, und bei etwas positiveren Potentialen erscheint ein Grenzstrom, der potentialunabhängig ist [vgl. Gl. (53.28)]. Bei wesentlich positiveren Potentialen wird die Elektrodenreaktion langsamer infolge der Adsorption der Sulfat-Anionen, so daß sie anstatt der Diffusion zum geschwindigkeitsbestimmenden Vorgang wird. Je höher die Umdrehungszahl ist, um so eher findet natürlich der Übergang vom transportkontrollierten in den durch den Elektrodenprozeß bestimmten Vorgang statt. Der Stromanstieg bei 1,6 V entspricht der Oxidation des Platins.

Die Geschwindigkeit des Elektrodenprozesses nimmt allmählich ab in der Reihe der Elektrolyte H_2SO_4, HCl, HBr und HI. Die Adsorption von Bromiden und insbesondere von Jodiden weist eine charakteristische Zeitabhängigkeit auf: befindet sich die Elektrode längere Zeit in Kontakt mit dem Elektrolyten, so sinkt die Geschwindigkeit des Ionisierungsprozesses. Diese Erscheinung konnte direkt verfolgt werden durch unmittelbare Messung der Adsorption mit Hilfe von radioaktivem Jod. Die Beseitigung der adsorbierten Jodide von der Elektrodenoberfläche vollzieht sich in einer Lösung, die keine Jodide enthält, um so langsamer, je längere Zeit die Elektrode vorher in Berührung mit der Jodidlösung gestanden hat. Einige weitere Beispiele elektrokatalytischer Vorgänge werden in Abschn. 57 beschrieben.

Im vorangehenden Teil dieses Abschnittes haben wir einige Fälle der *Inhibierung katalytischer Vorgänge* behandelt. Diese Hemmung kommt dadurch zustande, daß die katalytisch aktiveren Stellen durch elektroinaktive Bestandteile des Elektrolyten besetzt werden. Auf diese Weise wird den elektroaktiven Stoffen der Zutritt zu diesen Stellen verwehrt. Eine Inhibierung der Elektrodenvorgänge kann auch durch die Bildung von Oxidschichten an der Oberfläche (die jedoch auch manchmal beschleunigend auf die Elektrodenreaktion wirken können) und durch die Adsorption weniger aktiver Zwischenprodukte des Elektrodenvorganges verursacht werden.

Die durch Adsorption elektroinaktiver Tenside verursachte Inhibierung der Elektrodenvorgänge ist an den katalytisch inaktiven Quecksilberelektroden eingehend untersucht worden. Zum Unterschied von den Festelektroden, wo die Kenntnisse über die Struktur der Elektrodendoppelschicht sehr gering sind, kann man bei den an Quecksilberelektroden ablaufenden Prozessen oft mit Sicherheit entscheiden, ob die Adsorption den Elektrodenvorgang elektrostatisch beeinflußt — durch Änderung des Potentials φ_2 —, oder ob es sich um eine andere Art von Beeinflussung der Durchtrittsreaktion handelt. Insbesondere oberflächenaktive Stoffe mit umfangreicheren Molekülen können den Zutritt des elektroaktiven Stoffes zur Elektrode durch den sog. sterischen Effekt erschweren. Die adsorbierte Schicht des grenzflächenaktiven Stoffes, die die auf der Oberfläche der Elektrode sitzende Schicht der Wassermoleküle ersetzt hat, macht es nämlich den reagierenden Teilchen und ihren Solvathüllen unmöglich, die zur Realisierung der Durchtrittsreaktion geeignete Konfiguration einzunehmen (vgl. Abschn. 52.2). Dies hat eine Herabsetzung der Konstanten der Durchtrittsreaktionen zur Folge. Wir wollen nun eine irreversible kathodische Durchtrittsreaktion mit der Geschwindigkeitskonstante k_{Red} betrachten. Für diese Konstante gilt im Falle der

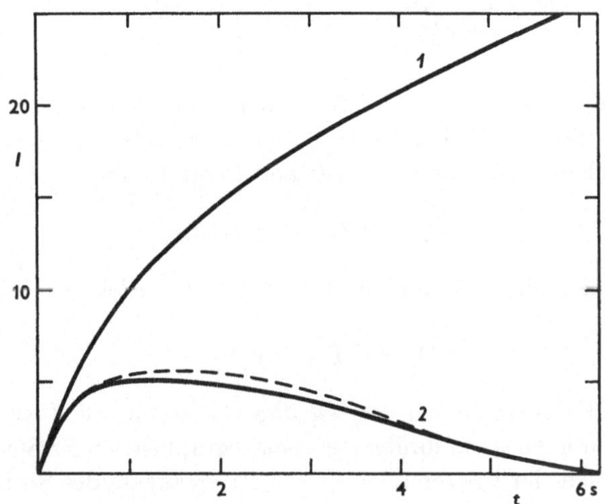

Abb. 5.25. Zeitabhängigkeit des Momentanstromes I an der Quecksilbertropfelektrode in einer Lösung von 0,08 M $Co(NH_3)_6Cl_3$ + 0,1 M H_2SO_4 + 0,5 M K_2SO_4 bei einem Elektrodenpotential, bei dem die Diffusion des dreiwertigen Kobalts noch vernachlässigbar ist (am „Fuß der Stufe" der Reduktion des dreiwertigen Kobalts zum zweiwertigen). 1 = in Abwesenheit von grenzflächenaktiven Stoffen, 2 = nach Zugabe von 0,08% Polyvinylalkohol. Die gestrichelte Kurve wurde nach Gl. (56.13) berechnet. J. Heyrovský, J. Kůta: Grundlagen der Polarographie, S. 280

Adsorption eines ungeladenen elektroinaktiven Stoffes oft die Näherungsbeziehung

$$k_{Red} = k_0 (1 - \Theta) + k_1 \Theta, \tag{56.8}$$

wobei k_0 und k_1 die Geschwindigkeitskonstanten der Durchtrittsreaktion an der unbedeckten und an der bedeckten Elektrodenoberfläche sind. Diese Größen sind im Falle der Adsorption oberflächenaktiver Ionen überdies noch Funktionen des Bedeckungsgrades Θ.

Die Bestimmung des Wertes $\Theta = \Gamma/\Gamma_m$ ist besonders einfach im Falle stark adsorptiver Stoffe bei der Elektrolyse mit einer Quecksilbertropfelektrode. Reicht im Gleichgewichtszustand eine viel geringere Konzentration des oberflächenaktiven Stoffes zur praktisch vollständigen Bedeckung der Elektrode aus, als in der Untersuchungslösung vorhanden ist, so wird die Oberflächenkonzentration Γ des oberflächenaktiven Stoffes durch dessen Diffusion zur Tropfelektrode festgelegt.

Die Gesamtmenge M, die an der Elektrode zur Zeit t adsorbiert ist [A ist die Fläche der Elektrode nach Gl. (34.78)], wird durch die Relation erfaßt

$$M = 0{,}85\ \Gamma\ m^{2/3}\ t^{2/3} = \int_0^t D_p \left(\frac{\partial c_p}{\partial x}\right)_{x=0} A\ \mathrm{d}\,t. \tag{56.9}$$

Darin ist $D_p\ (\partial c_p/\partial x)_{x=0}$ der der Grenzstromdichte entsprechende Stofffluß des oberflächenaktiven Stoffes zur Elektrode, der nach Gl. (24.29) für $c^* = 0$ durch die Beziehung

$$D_p \left(\frac{\partial c_p}{\partial x}\right)_{x=0} = c_p{}^0\ \sqrt{\left(\frac{7\,D_p}{3\,\pi\,t}\right)} \tag{56.10}$$

beschrieben wird. Hierbei ist c_p die Konzentration des oberflächenaktiven Stoffes, D_p sein Diffusionskoeffizient und $c_p{}^0$ seine Konzentration im Lösungsinneren. Für die Oberflächenkonzentration Γ zur Zeit t ergibt sich

$$\Gamma = 0{,}74\ c_p{}^0\ \sqrt{(D_p\ t)}. \tag{56.11}$$

Wird die praktisch vollständige Bedeckung der Elektrode, Γ_m, zur Zeit ϑ erreicht, so gilt

$$\Theta = \Gamma/\Gamma_\mathrm{m} = (t/\vartheta)^{1/2}. \tag{56.12}$$

Den Wert von ϑ errechnen wir aus Gl. (56.11), wenn wir $\Gamma = \Gamma_\mathrm{m}$ und $t = \vartheta$ setzen. Für den momentanen inhibierten polarographischen Strom I_inh, der durch die Geschwindigkeit der irreversiblen Durchtrittsreaktion des Stoffes A bestimmt wird, gilt dann unter der Voraussetzung, daß $k_1 = 0$ ist [vgl. Gl. (56.8)],

$$I_\mathrm{inh} = z\ F\ k_\mathrm{Red}\ A\ c_\mathrm{Ox} = 0{,}85\ z\ F\ k_0\ m^{2/3}\ t^{2/3}\ [1 - \sqrt{(t/\vartheta)}]\ c_\mathrm{Ox} =$$
$$= I\ [1 - \sqrt{(t/\vartheta)}]. \tag{56.13}$$

Hierbei ist I der Strom in Abwesenheit des oberflächenaktiven Stoffes, von welchem wir voraussetzen, daß er infolge des kleinen Wertes von k_0 sehr klein ist, so daß die Transportgeschwindigkeit des elektroaktiven Stoffes keine Rolle spielt [vgl. Gl. (53.15)].

In Abb. 5.25 ist die Zeitabhängigkeit des Momentanstromes in Ab- und Anwesenheit eines oberflächenaktiven Stoffes wiedergegeben.

57. Einige wichtigere Elektrodenvorgänge

In diesem Abschnitt werden wir uns mit einigen theoretisch und praktisch wichtigeren Gruppen der Elektrodenvorgänge befassen: mit der Abscheidung und Oxidation von Metallen, der Wasserstoffabscheidung, der Reduktion und Abscheidung des Sauerstoffes und mit den Elektrodenprozessen der organischen Verbindungen. Näheres über weitere Prozeßgruppen, wie die Reduktion anorganischer Anionen, die Reduktions- und Oxidationsdurchtrittsreaktionen von Koordinationsverbindungen der Übergangselemente, findet der Leser in der einschlägigen monographischen Literatur.

57.1. Abscheidung und Oxidation von Metallen

Der einfachste Fall dieser Elektrodenvorgänge ist die *Abscheidung und Oxidation von Metallen an Quecksilber- und Amalgamelektroden*. Diese Prozesse gehorchen häufig den Gleichungen (52.22) bzw. (52.82). In Tab. 5.1 sind einige Zahlenwerte für die Parameter dieser Elektrodenreaktionen angegeben. Bei Zink liegt der Wert des Durchtrittskoeffizienten verhältnismäßig niedrig ($\alpha = 0{,}25$), was auf die Möglichkeit hinweist, daß es sich um eine in zwei Stufen ablaufende Durchtrittsreaktion handelt

$$
\begin{aligned}
Zn^{2+} + e &\rightarrow Zn^+, \\
Zn^+ + e &\rightarrow Zn,
\end{aligned}
\tag{57.1}
$$

wobei die erste dieser Reaktionen die Geschwindigkeit des Gesamtprozesses bestimmt. Im Falle von Thallium und Cadmium erreichen die Geschwindigkeitskonstanten der beim Standardpotential ablaufenden Durchtrittsreaktionen beträchtlich hohe Werte; hier findet eine Adsorption der Atome dieser Metalle an der Amalgamoberfläche statt, wodurch der Elektrodenprozeß beschleunigt wird.

Bei der Metallabscheidung aus Komplexen stellen sich in der Lösung Gleichgewichte zwischen den freien Metallionen, den komplexgebundenen Ionen und den Komplexbildnerteilchen ein (vgl. Abschn. 17.2). An der Durchtrittsreaktion können sowohl die freien als auch die komplex gebundenen Ionen direkt teilnehmen. Bei Existenz der durch die Gl. (17.18) beschriebenen Gleichgewichte können sich also die folgenden Durchtrittsreaktionen abspielen:

$$
\begin{aligned}
M^{z+} \quad &+ z\,e \rightleftarrows M \\
MX^{z+} \quad &+ z\,e \rightleftarrows M + X \\
&\cdots\cdots\cdots\cdots\cdots\cdots \\
MX_n^{z+} &+ z\,e \rightleftarrows M + n\,X
\end{aligned}
\tag{57.2}
$$

Jede Komplex-Species, einschließlich der freien Ionen, hat ihre eigene charakteristische Konstante für die Durchtrittsreaktion [z. B. $k_{Red,\,MX_i}$ ($i = 0,1, \ldots, n$)].

Betrachten wir den verhältnismäßig einfachen Fall, daß die Bildung und die Dissoziation der Komplexe genügend schnelle chemische Reaktionen sind, so daß die Gleichgewichte zwischen den Komplexen, den freien Ionen und dem Komplexbildner überall im Elektrolyten aufrechterhalten bleiben. Die Geschwindigkeit der Metallabscheidung wird dann durch die Durchtrittsreaktion des Komplexes MX_i bestimmt, der beim gegebenen Potential den größten Wert des Produktes $k_{Red,\,MX_i} \cdot c_{MX_i}$ hat.

Die Geschwindigkeiten der chemischen Bildungs- und Zerfallsreaktionen der Komplexe sind jedoch sehr oft nicht ausreichend. Dann zeigen sich z. B. auf den polarographischen Kurven kinetische Grenzströme. Ein einfaches Beispiel dieser Art ist die Abscheidung des Cadmiums aus seinem Komplex mit Nitrilotriessigsäure (kurz bezeichnet H_3X). Hier ist im Komplex ein einziges Komplexbildnerteilchen X^{3-} gebunden, so daß das Gleichgewicht in der Lösung im Gebiet von pH 3 bis 5 durch nachstehende Gleichung beschrieben werden kann

$$
Cd^{2+} + HX^{2-} + H_2O \underset{k_a}{\overset{k_b}{\rightleftarrows}} CdX^- + H_3O^+.
\tag{57.3}
$$

Die Symbole k_b und k_d bezeichnen die Bildungs- und Dissoziationsgeschwindigkeitskonstanten des Komplexes. Die Gleichgewichtskonstante der Reaktion (57.3) ist durch die Beziehung gegeben

$$K_{CdX} \cdot K_3 = k_b/k_d, \tag{57.4}$$

worin K_{CdX} die Stabilitätskonstante des Komplexes und K_3 die dritte Dissoziationskonstante der Säure ist. Wenn im betrachteten Potentialbereich an der Elektrode nur die freien Metallionen reagieren und die Geschwindigkeit der Durchtrittsreaktion des Komplexes CdX^- vernachlässigbar ist, werden die Konstanten in Gl. (55.7) durch die Relationen

$$k_1 = k_d\, c_{H_3O^+}$$
$$K = K_{CdX} \cdot K_3 \cdot c_{HX^{2-}}/c_{H_3O^+} \tag{57.5}$$

festgelegt, wo $c_{HX^{2-}}$ die Konzentration des Komplexbildners ist. Der Ausdruck (55.7) gilt allerdings nur in dem Fall, daß die kinetische Grenzstromdichte wesentlich kleiner als die Diffusionsgrenzstromdichte des Komplexes ist und daß es zur Bildung eines einzigen Komplexes kommt. Andernfalls müssen kompliziertere Formeln herangezogen werden.

Bei der *Metallabscheidung an Festelektroden* und bei der *Oxidation fester Metalle* (diese Vorgänge werden zusammenfassend als *Elektrokristallisation* bezeichnet) unterscheidet man insgesamt fünf Grundfälle:

1. Die Abscheidung findet an einer Elektrode aus demselben Metall statt.

2. Die Abscheidung erfolgt an einer Elektrode aus einem anderen Metall oder aus einem anderen leitenden Material (z. B. Graphit).

3. Das Metall wird beim anodischen Prozeß ionisiert unter Bildung löslicher Ionen.

4. Das Metall wird anodisch zu Ionen oxidiert, aus denen durch Umsetzung mit den Lösungsbestandteilen eine unlösliche Verbindung entsteht, die eine Oberflächenschicht auf der Elektrode ausbildet.

5. Bei der anodischen Oxidation des Metalls nimmt eine Lösungskomponente an der Durchtrittsreaktion teil, so daß das Metall direkt in einen Oberflächenfilm übergeht.

Bei diesen Prozessen wird entweder eine neue feste Phase gebildet oder die frühere feste Phase wächst oder verschwindet. Für die Deutung dieser Erscheinungen muß neben den elektrochemischen Gesetzmäßigkeiten, die wir schon erörtert haben, noch die Theorie der Bildung einer neuen Phase (Kristallisation, Kondensation u. ä.) berücksichtigt werden.

Eine Elektrode aus einem festen Metall stellt ein kristallines Material dar. Die Kristallflächen, durch die sie abgegrenzt wird, sind keine idealen Ebenen, sondern es sind immer Stufen auf ihnen vorhanden, weil dem Zustand der Fläche mit der größten Energie die sog. thermische Aufrauhung entspricht (vgl. Abb. 5.26 A). Scheidet sich an einer Kristallfläche ein Atom ab, so hat es, wie Kossel und Stranski für die Kristallisation aus der Gasphase gezeigt haben, eine unterschiedliche Energie, je nachdem, in welchem Maß es mit den übrigen Atomen im Kristall im Kontakt ist. Die kleinste Energie hat ein Atom, das im Inneren des Kristalls gelagert ist, relativ die größte hat ein Atom, das auf der Kristallfläche liegt, ohne die Stufe zu berühren (Abb. 5.26 *A a*). Ein Atom, das sich in Berührung mit einer Stufe befindet (Abb. 5.26 *A b*), hat eine wesentlich niedrigere Energie. Diese Lage des Atoms wird als *Halbkristallage* bezeichnet; in ihr erfolgt das Wachstum des Kristalls in wiederholbaren Schritten. Für eine Verschiebung des

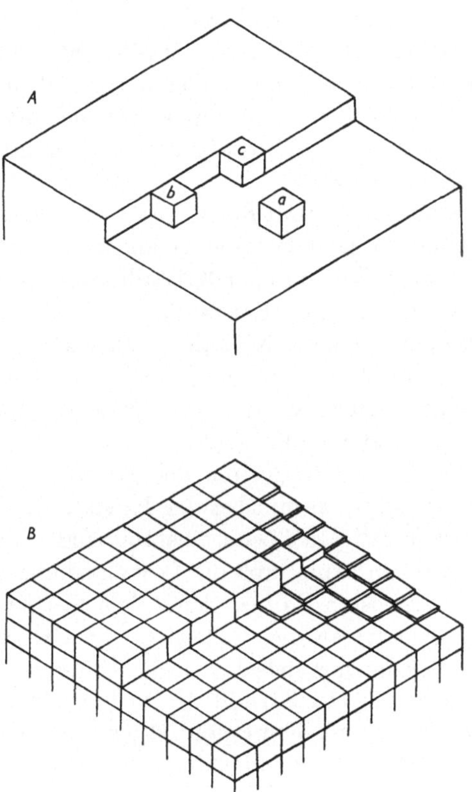

Abb. 5.26. *A* Lagen eines Atoms bei seiner Einordnung in das Kristallgitter: *a* ad-Atom, *b* Lage an der Kante der Stufe, *c* Halbkristallage. *B* Schematische Darstellung der Schraubenversetzung

Atoms vom Punkt *b* in den Punkt *c* ist bereits keine weitere Aktivierungsenergie mehr erforderlich.

Der Elektrodenbruttoprozeß bei der Abscheidung von Metallen kann nach zwei Mechanismen verlaufen:

1. Durch die Elektrodenreduktionsreaktion entsteht ein instabiles Metallatom, das an der Kristallfläche adsorbiert wird (Volmer hat ein solches Atom als *ad-Atom* bezeichnet). Es wird dann durch Oberflächendiffusion zur Halbkristall-lage transportiert, wo es sich in den Kristall einordnet.

2. Die Durchtrittsreaktion läuft ausschließlich nur bei der Annäherung des Ions an die Halbkristallage ab, wo es zu seiner direkten Einordnung in den Kristall kommt.

Mitunter ist die **Ladungsübertragung** der geschwindigkeitsbestimmende Schritt der Elektrodenbruttoreaktion. Dies gilt z. B. für die Abscheidung von Quecksilber bei niedrigen Temperaturen an Quecksilberkristallen, für die Abscheidung von Kupfer und Eisen, und für die Abscheidung von Silber aus seinen Komplexen mit Cyanidionen oder Ammoniak. Die Kinetik des Elektrodenvorganges wird dann durch die Gln. (52.22) charakterisiert.

Ein weiterer Prozeß, der für den Elektrodenvorgang geschwindigkeitsbestimmend sein kann, ist die Oberflächendiffusion. Sie gehorcht den Fickschen Gesetzen, deren zweidimensionale Form sich nicht von der üblichen unterscheidet. Die Änderung der Oberflächenkonzentration der ad-Atome kann auch gleichzeitig von der Diffusion und von der Geschwindigkeit der Durchtrittsreaktionen ihrer Bildung und Oxidation abhängen.

Für die Elektrokristallisation sind diejenigen Fälle charakteristisch, wo der eigentliche Kristallisationsvorgang mit seinen allgemein gültigen Gesetzmäßigkeiten im Vordergrund steht. Wenn es zur Kristallisation an der Oberfläche einer anderen Phase kommt oder an einer Kristallfläche außer der Stufe, so muß die Oberflächenenergie des entstehenden Kristalls in Betracht gezogen werden. Sein chemisches Potential ist eine Funktion seiner Dimension. Bei Kristallen von sehr kleinen Ausmaßen steigt es stark an, weil bei ihnen der Anteil der Atome, die sich auf der Oberfläche befinden und deshalb weniger stark mit der festen Phase verbunden sind als die Atome im Inneren des Kristalls, wesentlich höher ist. Dies ist z. B. der Grund dafür, warum bei der Kristallisation aus Lösungen die kleinen Kristalle in der gesättigten Lösung instabil sind. Damit ein Kristall der gewünschten Größe existieren kann, muß die Lösung so übersättigt sein, daß das chemische Potential des gelösten Stoffes gleich dem des Kristalls ist. Im Falle der Elektrokristallisation tritt an die Stelle der Übersättigung der Lösung die Überspannung des Elektrodenvorganges, d. h. die Differenz zwischen dem Elektrodenpotential, bei dem sich ein Kristall des abgeschiedenen Metalls von der gegebenen Größe bilden kann, und dem Potential, bei dem der Elektrodenvorgang ohne Anstieg der Oberflächenenergie ablaufen würde.

Betrachten wir die Bildung eines Kristalls, der N Atome enthält. Wir nehmen einfachheitshalber an, daß die verschieden großen Kristalle ähnliche Gestalt haben und daß sie eine bestimmte mittlere Oberflächenenergie γ besitzen, die auf die Flächeneinheit einer Kristallfläche entfällt (die Oberflächenenergien verschiedener Kristallflächen unterscheiden sich voneinander). Dann ist die Oberfläche des Kristalls

$$A = h\, N^{2/3}, \tag{57.6}$$

wobei h eine Proportionalitätskonstante ist. Die gesamte Oberflächenenergie ist also durch den Ausdruck $\gamma\, h\, N^{2/3}$ gegeben. Das auf ein Atom bezogene elektrochemische Potential des Kristall ist

$$\tilde{\mu}^{(s)} = \tilde{\mu}'^{(s)} + \gamma\, h\, N^{-1/3}, \tag{57.7}$$

wo

$$\tilde{\mu}'^{(s)} = \mu^{0(s)} + z_i\, e\, \varphi^{(s)} \tag{57.8}$$

ist. Für das elektrochemische Potential eines Ions in einer Lösung der Aktivität a_i gilt

$$\tilde{\mu}^{(l)} = \mu^{0(l)} + k\, T \ln a_i + z_i\, e\, \varphi^{(l)}. \tag{57.9}$$

Für die Gibbssche Energie der Bildung eines Kristalls von N Atomen erhalten wir also die Beziehung

$$\Delta \widetilde{G} = N \,(\tilde{\mu}^{(s)} - \tilde{\mu}^{(l)}) = \gamma \, h \, N^{2/3} + [\mu^{0(s)} - \mu^{0(l)} -$$
$$- \, k \, T \ln a_i + z_i \, e \,(\varphi^{(s)} - \varphi^{(l)})] \, N =$$
$$= \gamma \, h \, N^{2/3} + (E - E_r) \, z_i \, e \, N =$$
$$= \gamma \, h \, N^{2/3} + z_i \, e \, \eta \, N. \tag{57.10}$$

Hierbei ist das reversible Elektrodenpotential, das der ohne Änderung der Oberflächenenergie ablaufenden Durchtrittsreaktion zugehört

$$E_r = (\mu^{0(l)} - \mu^{0(s)} + k \, T \ln a_i)/z_i \, e, \tag{57.11}$$

und die Überspannung η ist im Falle der Abscheidung des Metallions negativ. Deshalb wächst die freie Energie des Kristalls (der sich im metastabilen Zustand befindet) zunächst an, bis sie einen kritischen Wert erreicht, für den gilt

$$\frac{\mathrm{d} \Delta \widetilde{G}}{\mathrm{d} N} = \frac{2}{3} \, h \, \gamma \, N^{-1/3} + z_i \, e \, \eta = 0. \tag{57.12}$$

Beim weiteren Wachsen des Kristalls sinkt seine freie Energie, das Wachstum verläuft also spontan. Für die kritische Größe des Kristalls N_k, den wir als dreidimensionalen Kristallkeim (Nucleus) bezeichnen, ergibt sich aus Gl. (57.12)

$$N_k = - \left(\frac{2 \, \gamma \, h}{3 \, z_i \, \eta \, e} \right)^3, \tag{57.13}$$

und für die kritische Gibbssche Energie erhalten wir, wenn wir den Ausdruck für N_k in Gl. (57.10) einsetzen,

$$\Delta \widetilde{G}_k = \frac{4 \,(\gamma \, h)^3}{27 \,(z_i \, \eta \, e)^2}. \tag{57.14}$$

Die Geschwindigkeit des *Keimbildungsprozesses* (Nucleationsgeschwindigkeit) wird als die Zahl n der in der Zeiteinheit entstandenen Kristallkeime definiert. Die kritische freie Energie der Kristallkeimbildung hat eine ähnliche Funktion wie die Aktivierungsenergie einer chemischen Reaktion. Für die Keimbildungsgeschwindigkeit v_n gilt somit

$$v_n = \frac{\mathrm{d} n}{\mathrm{d} t} = k \exp \left(- \frac{\Delta \widetilde{G}_k}{k \, T} \right) = k \exp \left(- \frac{4 \, \gamma^3 \, h^3}{27 \, z_i^2 \, e^2 \, k \, T \, \eta^2} \right). \tag{57.15}$$

Auf ähnliche Weise können die Ausdrücke für zweidimensionale Kristallkeime hergeleitet werden. Die Gl. (57.13) ist das elektrochemische Analogon der Gibbs-Thomsonschen Beziehung für die kritische Größe eines Flüssigkeitstropfens, der den Keim für die Kondensation der Flüssigkeitsdämpfe darstellt. Die Gleichung für die Keimbildungsgeschwindigkeit ist an den Fällen der Abscheidung von Silber, Blei, Quecksilber und der α- und β-Formen von Bleidioxid an Platinelektroden, gegebenenfalls an Graphitelektroden, geprüft worden.

Wenn man die Prozesse der Elektrokristallisation mit Hilfe der potentiostatischen Methode studiert, kann man zwei Nucleationstypen unterscheiden. Der erste ist die augenblickliche Keimbildung, die eintritt, wenn die Parameter der Gl. (57.15) solche Werte haben, daß alle für die Keimbildung geeigneten Stellen schon beim Beginn der Elektrolyse ausgenutzt werden und die weitere Keimbildung vernachlässigt werden kann. Der zweite Typ ist die sukzessive Keimbildung, die zur Geltung kommt, wenn diese Bedingung nicht erfüllt ist und auch während des Kristallwachstums deutlich weitere Keime gebildet werden.

Wie schon erwähnt, hängt die Elektrokristallisation von der Geschwindigkeit der Durchtrittsreaktion ab und mitunter von der Geschwindigkeit der Oberflächendiffusion. Die Geschwindigkeit der Durchtrittsreaktion ändert sich je nach der Oberfläche, die für die Entladung der Metallionen zur Verfügung steht. Einmal ist die gesamte Fläche des entstehenden Kriställchens gleich aktiv, ein ander-

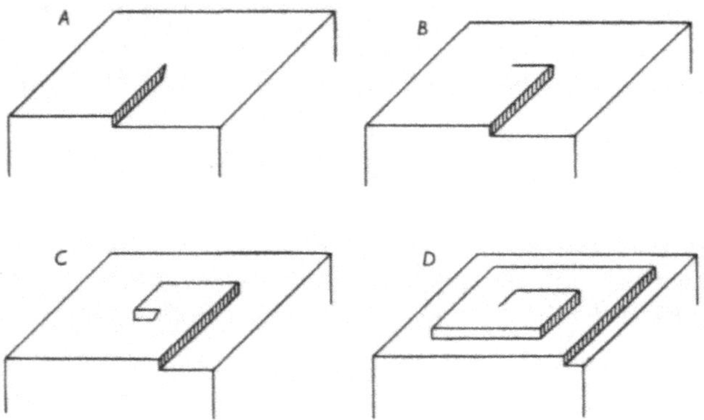

Abb. 5.27. Schematische Darstellung des Spiralenwachstums eines Kristalls. Nach H. Gerischer

mal, insbesondere im Falle zweidimensionalen Wachstums, läuft die Durchtrittsreaktion bevorzugt an seinen Kanten ab. Im letztgenannten Fall vergrößert sich anfangs die gesamte aktive Kantenlänge während der Elektrokristallisation, aber nur so lange, bis die zweidimensionalen Gebilde miteinander zu verschmelzen beginnen. Dadurch wird wiederum die Geschwindigkeit der Elektrokristallisation herabgesetzt, bis sie schließlich auf Null absinkt, wenn sich die Monoschicht des abgeschiedenen Stoffes aufgefüllt hat. Diese Erscheinung ist typisch für die Oxidation eines Metalls zu einem unlöslichen Salz, z. B. von Quecksilber zu Kalomel.

Bei der Abscheidung eines Metalls auf einer Kristallfläche, auf der Stufen vorhanden sind, findet, wie wir schon gesagt haben, die Anlagerung der Atome in der Halbkristallage statt. Sobald die Kristallfläche völlig aufgefüllt ist, muß auf ihr bei dieser Art des Wachstums ein Kristallkeim entstehen, der allerdings eine entsprechende Überspannung erfordert. Die Überspannungen, die für die Kristallisation eines Metalls an einer Elektrode aus demselben Material erforderlich sind, sind jedoch in der Regel kleiner als der Kristallkeimbildung entspräche. Diese Erscheinung haben Burton, Cabrera und Frank mit Hilfe der Vorstellung über die Schraubenversetzung erklärt. Ein Kristall enthält allgemein immer Unregelmäßigkeiten im Kristallgitter, die *Gitterversetzungen* (Dislokationen) genannt werden. Im Falle der *Schraubenversetzung* ist die Kristallfläche in solcher

Weise deformiert, daß aus ihr eine Stufe anzusteigen beginnt (s. Abb. 5.26 *B*). Die Kristallfläche hat dann die Form einer Schraubenlinie und das Wachstum verläuft nach Abb. 5.27. Der Stufenkeil (Durchstoßungszone), der die Schraubenversetzung charakterisiert, bleibt während des Wachstums erhalten, er ändert nur seine Richtung. Die Bildung weiterer Kristallkeime ist also nicht notwendig. Das entstandene Gebilde hat die Gestalt einer Pyramide mit der Spitze an der Stelle, wo der Stufenkeil aus der Kristallfläche herausstößt.

a   b

Abb. 5.28. Mikrophotographien fester Strukturen, die durch Elektrokristallisation ausgebildet wurden. *A* Spiralenwachstum von Cu aus 0,5 M $CuSO_4$ + 0,5 M H_2SO_4; 25 °C, 15 mA · cm^{-2}; 1250× vergrößert. H. Seiter, H. Fischer, L. Albert: Electrochim. Acta **2**, 97 (1960). *B* $PbSO_4$-Dendriten; 0,3 A · cm^{-2}; 25× vergrößert. G. Wranglén: Electrochim. Acta **2**, 130 (1960)

Die Theorie des Spiralwachstums bezieht sich auf die Verschiebung von Stufen der Höhe eines Atoms. Bei der Elektrokristallisation treten jedoch unter bestimmten speziellen Bedingungen Spiralen auf, die aus Stufen gebildet sind, die eine Höhe von tausend und mehr Atomschichten haben, so daß sie optisch verfolgt werden können (s. Abb. 5.28*A*). Das makroskopische Wachstum vollzieht sich in der Regel so, daß sich auf der Kristallfläche 10^{-4} bis 10^{-5} cm hohe Stufen ziemlich schnell bewegen („fließen").

Das bei der Elektrokristallisation abgeschiedene Metall hat in der Regel eine polykristalline Struktur, die aus sog. *Kristalliten* besteht. Dies sind Gebilde mit Einkristallstruktur, die manchmal kristallographisch orientiert sind, z. B. nach der Unterlage (sog. Epitaxie). Oft sind sie jedoch völlig ungeordnet.

Einen Einkristall ohne Dislokation kann man nach Budewski u. Mitarb. durch

Elektrokristallisation von Silber in einer dünnen Glaskapillare ausbilden. Während der Abscheidung überwiegt eine bestimmte Orientierung, so daß schließlich am Ende der Kapillare ein Einkristall mit perfekter Struktur entsteht.

In Lösungen, die große Konzentrationen an oberflächenaktiven Stoffen enthalten, kommt es mitunter zur Bildung fadenförmiger Kristalle, sog. *„Whiskers"*. Diese langen Einkristallgebilde wachsen nur in einer Richtung, weil ihr Wachstum in den übrigen durch den adsorbierten oberflächenaktiven Stoff blockiert ist. Sie zeichnen sich durch erhebliche Festigkeit aus. Aus Lösungen von niedriger Konzentration und bei großen Stromdichten scheiden sich die Metalle oft in Form von Dendriten ab (s. Abb. 5.28 *B*).

Die *anodische Auflösung der Metalle* läuft an den Kanten der Kristalle und an den Stellen ab, wo Strukturdefekte, wie z. B. Schraubenversetzungen, vorhanden sind. Sie hat oft zur Folge, daß auf der Oberfläche des Metalls eine zusammenhängende Kristallfläche mit niedrigen Millerschen Indizes entsteht. Dieser Prozeß, der Facettierung genannt wird, bildet die Grundlage der metallographischen Ätzung.

Bei der anodischen Oxidation von Metallen bilden sich oft *Deckschichten* auf ihrer Oberfläche aus. Dies sind feste Phasen, die aus Salzen oder Komplexen der Metalle mit den Lösungsbestandteilen bestehen. Sie treten häufig im Potentialbereich auf, wo die mit dem Oxidationsprodukt bedeckte Elektrode dem Löslichkeitsprodukt entsprechend als Elektrode zweiter Art fungiert. Unter diesen Bedingungen sind die Deckschichten thermodynamisch beständig. Mitunter entstehen jedoch Deckschichten, die im Hinblick auf ihr Löslichkeitsprodukt und den pH-Wert der Lösung nicht existenzfähig sein sollten, aber durch ihre Struktur oder durch den Einfluß der Oberflächenkräfte an der Phasengrenzfläche stabilisiert sind. Das Oxidationsprodukt hat oft keine stöchiometrische Zusammensetzung.

Die Deckschichten werden nach ihrer Morphologie in zwei Gruppen eingeteilt. Die diskontinuierlichen Schichten sind porös, haben einen geringen Widerstand und entstehen bei Spannungen, die in der Nähe der Gleichgewichtspotentiale der betreffenden Elektroden zweiter Art liegen. Ihr Zustandekommen ist oft durch die Ausfällung unlöslicher Salze an der Elektrodenoberfläche verursacht. Sie erreichen nicht selten eine erhebliche Dicke (bis zu 1 mm). Ein Beispiel für Deckschichten dieser Art sind die Halogenidfilme auf Kupfer, Silber, Blei und Quecksilber, die Sulfatfilme auf Blei, Eisen und Nickel, die Oxidfilme auf Cadmium, Zink und Magnesium u. ä. Im Hinblick auf ihren geringen Widerstand und die reversible Durchtrittsreaktion bei ihrer Bildung und Auflösung haben einige dieser Deckschichten Bedeutung für die Elektrodensysteme in Akkumulatoren.

Die kontinuierlichen Deckschichten (Barrieren-, Passivschichten) haben einen erheblichen spezifischen Widerstand (10^6 Ω cm^2 und mehr), ihre Dicke erreicht höchstens 10^{-4} cm. Bei ihrem Entstehen geht das Kation nicht in die Lösung über, sondern die Oxidation erfolgt — abgesehen vom Stadium der Bildung des monomolekularen Filmes — an der Grenzfläche Metall/Deckschicht. Beispiele solcher Deckschichten sind die Oxidfilme auf Tantal, Zirkon, Aluminium und Niob.

Ist die Elektrode mit einer Deckschicht überzogen, so kommt es bei der anodischen Oxidation des Metalls nicht zur Facettierung. Die Oberfläche des

Metalls wird entweder gröber (wenn die Schicht diskontinuierlich ist) oder erreicht einen hohen Glanz (bei kontinuierlichen Schichten). Die Deckschichten, insbesondere die kontinuierlichen, hemmen die Durchtrittsreaktion der Oxidation des Metalls. Das Metall befindet sich im sog. passiven Zustand.

Das Wachstum der Deckschichten folgt ähnlichen Gesetzmäßigkeiten wie die Abscheidung der Metalle, so daß hier wieder die Keimbildung, die Oxidation in den Stufeneinschnitten und das Spiralwachstum der Deckschicht eine Rolle spielen. Bei den kontinuierlichen Deckschichten findet die Keimbildung manchmal

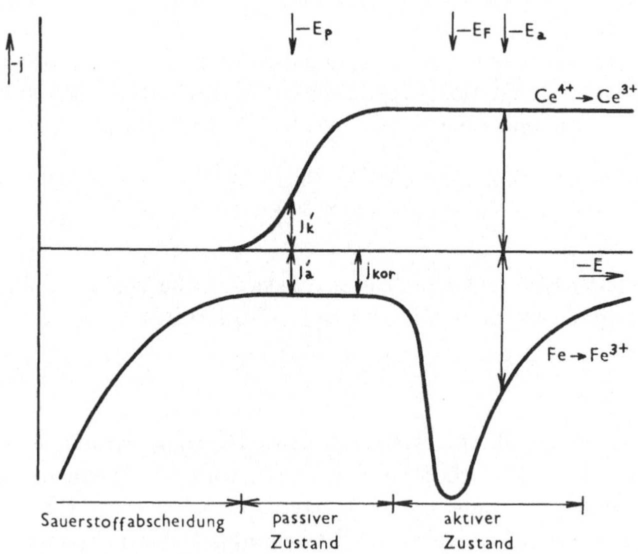

Abb. 5.29. Schematische Darstellung der Polarisationskurven von Eisen (anodische Oxidation) und der Reduktion von Cer(III)-Ionen; Erläuterung im Text

bei weniger positiven Spannungen statt als die Auflösung des Metalls (Al, Ta). Das Metall befindet sich also immer im passiven Zustand. Bei einigen Metallen (Fe, Ni) erfolgt die Bildung der Deckschichtkeime bei positiveren Spannungen als die anodische Auflösung. Die Polarisationskurve einer Eisenelektrode in 1 M H_2SO_4 hat mit zunehmend positivem Potential den in Abb. 5.29 wiedergegebenen Verlauf (Kurve $Fe \rightarrow Fe^{3+}$). Die Elektrode befindet sich zuerst im aktiven Zustand, in welchem die Auflösung verläuft. Bei dem Potential des Maximums der Polarisationskurve (dem sog. *Flade-Potential* E_F) beginnt sich eine Oxidschicht zu bilden, die Elektrode geht in den passiven Zustand über, und durch die Elektrode fließt nur der geringe Korrosionsstrom I_{Korr}. Bei noch positiveren Potentialen kommt es zur Abscheidung von Sauerstoff. Das Flade-Potential hängt vom pH-Wert der Lösung und von den in der Eisenelektrode enthaltenen Beimengungen ab. Mit wachsendem Chromgehalt verschiebt es sich nach negativeren Werten, und der Strom im Maximum sinkt. Auf dieser Verlangsamung des Prozesses der Oxidation der Elektrode beruhen die Antikorrosionseigenschaften der Eisen-Chrom-Legierungen.

Beim Wachstum einer Passivschicht, die eine Höhe von vielen Molekülschichten hat, ist der geschwindigkeitsbestimmende Schritt der Transport der Metallionen oder der Ionen aus der Lösung durch die Passivschicht. Bei nicht zu großen elektrischen Feldstärken in der Passivschicht wird dieser Transport durch die Diffusion und durch die Migration kontrolliert. Sinkt das elektrochemische Potential des Ions in der Passivschicht im stationären Zustand linear mit dem Abstand von der Elektrodenoberfläche, so gilt für den durch die Passivschicht fließenden Strom

$$i \sim \frac{\tilde{\mu}_i - \tilde{\mu}_0}{l}. \tag{57.16}$$

Hierbei ist $\tilde{\mu}_i$ das elektrochemische Potential des Ions an der Grenzfläche Deckschicht/Elektrolyt, $\tilde{\mu}_0$ an der Grenzfläche Metall/Deckschicht und l die Dicke der Deckschicht. Findet keine Auflösung der Deckschicht statt, so gilt auch

$$i \sim \frac{\mathrm{d}\,l}{\mathrm{d}\,t}. \tag{57.17}$$

Durch Auflösen der Differentialgleichung, die sich durch Verbinden der Gln. (57.16) und (57.17) ergibt, erhalten wir das sog. *Parabelgesetz für das Deckschichtenwachstum*

$$l^2 = k\,t. \tag{57.18}$$

Bei sehr dünnen Deckschichten (von etwa 10^{-5} cm) verursachen große Spannungen ein starkes elektrisches Feld in ihrem Inneren. Wenn die Differenz der elektrochemischen Potentiale zweier benachbarter Ionen im Gitter vergleichbar mit dem Energiewert $R\,T$ ihrer Wärmebewegung ist, dann gehorcht der Ladungstransport in der Deckschicht bereits nicht mehr dem Ohmschen Gesetz. Verwey und Cabrera mit Mott haben für diesen Fall eine Theorie des Ionentransportes ausgearbeitet.

Ist die Energie des Ions im Gitter eine periodische Funktion des Gitterabstandes, so entsprechen die Minima dieser Funktion den stabilsten Lagen im Gitter und die Maxima den instabilsten. Die Maxima liegen ungefähr in der Mitte zwischen zwei benachbarten stabilen Lagen. Herrscht in der Deckschicht ein elektrisches Feld von der Feldstärke $\Delta\,\varphi/l$, wobei $\Delta\,\varphi$ die Differenz zwischen den elektrischen Potentialen an beiden Rändern der Deckschicht ist, so entsteht zwischen zwei benachbarten Ionen die Energiedifferenz $z\,F\,a\,\Delta\,\varphi/l$. In diesen Ausdrücken ist z die Ladung des Ions und a der Abstand zwischen zwei Nachbarionen. Die Energie, die für die Überführung eines Ions aus zwei benachbarten Ruhelagen in das Energiemaximum erforderlich ist, ist die Aktivierungsenergie für den Transport des Ions in der Feldrichtung und entgegengesetzt zu ihr. Durch eine analoge Überlegung wie bei der Ableitung der Grundbeziehung der Elektrodenkinetik (Abschn. 52.1) erhalten wir für die Stromdichte, die durch die Differenz zwischen den Geschwindigkeiten dieser beiden Prozesse festgelegt wird,

$$j = k\left[\exp\left(\frac{\alpha\,z\,F\,a}{R\,T\,l}\Delta\,\varphi\right) - \exp\left(-\frac{(1-\alpha)\,z\,F\,a}{R\,T\,l}\Delta\,\varphi\right)\right]. \tag{57.19}$$

Bei sehr starken elektrischen Feldern, wenn die elektrische Energie des Ions viel größer ist als die Energie der Wärmebewegung $(z\,F\,a\,\Delta\,\varphi/l \gg R\,T)$, gilt

$$j = k \exp\left(\frac{\alpha\,z\,F\,a}{R\,T\,l}\,\Delta\,\varphi\right). \qquad (57.20)$$

Diese Beziehung stellt das *Exponentialgesetz des Deckschichtenwachstums* dar. Gilt $z\,F\,a\,\Delta\,\varphi/l \ll R\,T$, so erhalten wir die Relation

$$j = k\,\frac{z\,F\,a}{R\,T\,l}\,\Delta\,\varphi, \qquad (57.21)$$

d. h. das Ohmsche Gesetz. Aus Gl. (57.21) ergibt sich sofort die Bedeutung der Konstante k:

$$k = \frac{R\,T\,\varkappa\,l}{z\,F\,a}, \qquad (57.22)$$

wobei $\varkappa$ die spezifische Leitfähigkeit der Deckschicht ist.

57.2. Elektrodenprozesse des Wasserstoffes

Die Wasserstoffabscheidung war einer der ersten elektrochemischen Prozesse, die eingehend untersucht worden sind. Dieser Prozeß verläuft an verschiedenen Metallen mit unterschiedlichem Mechanismus und mit größerer oder kleinerer Überspannung. Die Überspannung wird hier als die Differenz zwischen dem Potential der Elektrode, an der sich der Wasserstoff bei der gegebenen Stromdichte abscheidet, und dem Gleichgewichtspotential der Wasserstoffelektrode $(p_{\mathrm{H}_2} = 1)$ in derselben Lösung definiert. Eben für die Fälle der Wasserstoffabscheidung, wo die Transportvorgänge nicht geschwindigkeitsbestimmend für den Gesamtprozeß sind, hat Tafel die Gl. (52.30) als empirische Beziehung abgeleitet.

Die Größe a kann noch eine Funktion der Wasserstoffionenaktivität und überhaupt der Lösungszusammensetzung sein. Beide Konstanten, a und b, hängen von der Struktur der Elektrodenoberfläche ab. In Tab. 5.2 sind die Werte dieser beiden Konstanten angegeben.

In einigen Fällen kann die Beziehung zwischen η und $\log|j|$ linear sein, obgleich die Durchtrittsreaktion nicht der geschwindigkeitsbestimmende Vorgang ist. Dies tritt dann ein, wenn sich aus dem Wert von b $\alpha = 1$ u. ä. ergibt. Aber auch in diesen Fällen wird für die Gl. (52.30) als empirischen Ausdruck die Bezeichnung Tafel-Gleichung verwendet.

Der Mechanismus der Abscheidung und Ionisierung des Wasserstoffes beruht im wesentlichen auf drei Reaktionen. Die erste von ihnen ist die Durchtrittsreaktion, bei der das Hydroniumion in ein adsorbiertes Wasserstoffatom übergeht,

$$\mathrm{H_3O^+ + e \rightleftarrows H\ (ads) + H_2O} \qquad \text{(Volmer-Reaktion).} \qquad (57.23)$$

Das adsorbierte Wasserstoffatom kann zwei weiteren Reaktionen unterliegen, wobei ein Wasserstoffmolekül entsteht. Die eine dieser Reaktionen ist die Rekombination der Wasserstoffatome

$$2\,\mathrm{H\ (ads) \rightleftarrows H_2} \qquad \text{(Tafel-Reaktion).} \qquad (57.24)$$

Tabelle 5.2. *Konstanten der Tafel-Gleichung und wahrscheinlicher Mechanismus der Wasserstoffabscheidung an verschiedenen Elektroden für H_3O^+ als reagierendem Teilchen* [nach L. I. Krishtalik: Hydrogen Overvoltage and Adsorption Phenomena III. Advances in Electrochemistry and Electrochemical Engineering (Herausg. P. Delahay), Bd. 7, S. 283. Wiley-Interscience, New York 1970]

Kathodenmaterial	$-a$	b	Mechanismus
Pb	1,52—1,56	0,11—0,12	I(l), III
Tl	1,55	0,14	I(l), III
Hg	1,415	0,116	I(l), III
Cd	1,40—1,45	0,12—0,13	I(l), III
In	1,33—1,36	0,12—0,14	I(l), III
Sn	1,24	0,12	I(l), III
Zn	1,24	0,12	I(l), III
Bi	1,1	0,11	I(l), III
Ga (l)	1,05	0,11	I(l), III
(s)	0,90	0,10	I(l), III
Ag	0,95	0,12	I(l), III
Au	0,65—0,71	0,10—0,14	I(l), III
Cu	0,77—0,82	0,10—0,12	I(l), III
Fe	0,66—0,72	0,12—0,13	I(l), III
Co	0,67	0,15	I(l), III
Ni	0,55—0,72	0,10—0,14	I(l), III
Pt (anodisch aktiviert)	0,05—0,10	0,03	I, II(l)
(großer j-Wert)	0,25—0,35	0,10—0,14	[vermutlich I, III(l)]
(vergiftet)	0,47—0,72	0,12—0,13	I(l)?
Rh (anodisch aktiviert)	0,05—0,10	0,03	I, II(l)
Ir (anodisch aktiviert)	0,05—0,10	0,03	I, II(l)
Re	0,15—0,21	0,03—0,04	I, II(l)
W	0,58—0,70	0,10—0,12	I, III(l)
Mo	0,58—0,68	0,10	I, III(l)
Nb (unges. mit H)	0,92	0,11	I, III(l)
(ges. mit H)	0,78	0,11	I, III(l)
Ta (unges. mit H)	1,2	0,19	I, III(l)
(ges. mit H)	1,04	0,15	I, III(l)
Ti	0,82—1,01	0,12—0,18	I, III(l)

Bemerkung: I bedeutet den Volmer-Mechanismus [Gl. (57.23)], II den Tafel-Mechanismus [Gl. (57.24)] und III den Heyrovský-Mechanismus [Gl. (57.25)]. Der langsamste Schritt der Gesamtreaktion, der ihre Geschwindigkeit bestimmt, ist mit (l) bezeichnet.

Die andere ist die elektrochemische Desorption von H(ads), die auf der Reaktion des adsorbierten Wasserstoffatoms mit einem Hydroniumion und einem Elektron beruht:

$$H\,(ads) + H_3O^+ + e \rightleftarrows H_2 + H_2O \quad \text{(Heyrovský-Reaktion)}. \qquad (57.25)$$

Parsons und Gerischer haben gezeigt, daß die Geschwindigkeit dieser Reaktion von der *Gibbsschen Adsorptionsenergie des Wasserstoffatoms* abhängt, die wiederum eine Funktion des Elektrodenmaterials und seiner Struktur ist. Die relativen Geschwindigkeiten der drei angeführten Reaktionen entscheiden darüber, mit welchem Mechanismus der Gesamtprozeß der Abscheidung oder Ionisierung des Wasserstoffes ablaufen und welche der Reaktionen die Geschwindigkeit bestimmen wird. Die Durchtrittsreaktion bei der Reduktion des Hydroniumions haben wir schon im Abschn. 52.2 besprochen.

Je fester der Wasserstoff am Elektrodenmaterial adsorbiert ist, um so schneller läuft die eigentliche Elektroreduktion der Wasserstoffionen beim vorgegebenen Potential ab. Die Überspannung ist also an denjenigen Elektroden am größten, an denen der Wasserstoff nur in ganz geringfügigem Maß adsorbiert wird, wie z. B. an Hg, Pb, Tl, Cd, Zn, Ga und Ag. An diesen Elektroden wird der Elektrodenvorgang durch die Volmer-Reaktion bestimmt; das weitere Schicksal des adsorbierten Wasserstoffes ist nicht klar. Entschieden ist eine der zur Bildung von Wasserstoffmolekülen führenden Folgereaktionen ein sehr schneller Prozeß.

Aus Gl. (52.22) für einen irreversiblen kathodischen Vorgang und aus den Gln. (52.79) und (52.82) ergibt sich die Frumkinsche Beziehung für die Wasserstoffüberspannung an der Quecksilberelektrode:

$$j = -k \exp\left(\Delta H_{ads}/RT\right) \exp\left(-\alpha F E/RT\right) \exp\left[(1-\alpha) F \varphi_2/RT\right] c_{H_3O^+}. \quad (57.26)$$

Sie konnte für die Beziehung zwischen j und den Größen $c_{H_3O^+}$, E und φ_2 experimentell bestätigt werden. Eine ähnliche Relation wurde auch für die Galliumelektrode aufgefunden. An den übrigen Elektroden mit großer Überspannung treten jedoch mehr oder weniger große Abweichungen auf.

In Anwesenheit von Jodidionen ist die Überspannung an der Quecksilberelektrode niedriger, obwohl diese Ionen im Spannungsbereich, das der Wasserstoffabscheidung entspricht, nur sehr schwach adsorbiert werden und der Einfluß ihrer Adsorption auf das Potential φ_2 unbedeutend ist. An anderen Elektroden mit großer Überspannung, wie z. B. an einer Bleielektrode, hemmt die Adsorption von Jodiden den Elektrodenvorgang. In alkalischem Medium wird an Quecksilber- und einigen anderen Elektroden der Wasserstoff aus den Wassermolekülen abgeschieden.

Mit wachsender Adsorptionsenergie kann die Geschwindigkeit der Volmer-Reaktion in dem Maß ansteigen, daß sich ein Gleichgewicht einstellt. Der geschwindigkeitsbestimmende Teilschritt ist dann entweder die Tafel-Reaktion oder die Heyrovský-Reaktion. An Elektroden, an denen der Wasserstoff zwar adsorbiert, aber keine allzu feste Adsorptionsbindung ausgebildet wird, ist es aus kinetischen Gründen wahrscheinlicher, daß die Tafel-Reaktion der geschwindigkeitsbestimmende Schritt ist (z. B. in einigen Fällen an der Platinelektrode). Elektroden, die den Wasserstoff sehr fest adsorbieren, wie z. B. eine Wolframelektrode, sind in einem weiten Potentialbereich praktisch vollkommen mit adsorbiertem Wasserstoff bedeckt. Bei der Tafel-Reaktion müßten die Adsorptionsbindungen von zwei fest an die Elektrode gebundenen Wasserstoffatomen gelöst werden, bei der Heyrovský-Reaktion hingegen nur eine; tatsächlich ist die Heyrovský-Reaktion in diesem Fall der geschwindigkeitsbestimmende Vorgang.

Aus theoretischen und praktischen Gründen kommt dem Isotopeneffekt bei der Wasserstoffabscheidung Bedeutung zu (d. i. der Unterschied in der Geschwindigkeit der Wasserstoffabscheidung aus H_2O und D_2O). Die Elektrolyse eines Gemisches von H_2O und D_2O wird ähnlich wie jede andere Trennungsmethode durch den *Trennfaktor* charakterisiert

$$S = \frac{(c_H/c_D)_{Gas}}{(c_H/c_D)_{Lösung}}. \tag{57.27}$$

Darin ist c_H/c_D das Verhältnis der Atomkonzentration beider Isotopen. Der Trennfaktor ist eine Funktion der Überspannung und des Elektrodenmaterials. Im Falle von Lösungen mit kleiner Deuteriumkonzentration sind die reagierenden Teilchen H_3O^+ und H_2DO^+. Für Quecksilberelektroden liegen die Werte von S zwischen 2,5 und 4, für Platinelektroden bei kleinen Überspannungen zwischen 3 und 4 und bei großen Überspannungen zwischen 7 und 6.

Durch die Gegenwart schwacher organischer Basen, die leicht adsorbiert werden (insbesondere stickstoffhaltiger Heterocyclen), wird die Wasserstoffüberspannung an der Quecksilberelektrode stark herabgesetzt. Auf den Polarisationskurven dieser katalytischen Ströme erscheinen Maxima. Die Erniedrigung der Wasserstoffüberspannung ist darauf zurückzuführen, daß an der Durchtrittsreaktion statt der Hydroniumionen die adsorbierten Kationen dieser Verbindungen, BH_{ads}^+, teilnehmen. Das Reduktionsprodukt ist das Radikal BH_{ads}. Durch Rekombination dieser Radikale wird nach Mairanovsky molekularer Wasserstoff und die ursprüngliche Base gebildet. Der Wasserstoff wird also aus ihnen leichter in Freiheit gesetzt als aus den Hydroniumionen. Der Abfall des katalytischen Stromes bei negativen Spannungen ist durch die Desorption der organischen Verbindung von der Elektrode verursacht.

57.3. Elektrodenprozesse des Sauerstoffes

Die Reduktion des Sauerstoffes zu Wasser

$$O_2 + 4\,H^+ + 4\,e \rightleftarrows 2\,H_2O \tag{57.28}$$

hat ein Standardpotential, das aus anderen thermodynamischen Daten zu $+\,1{,}227$ V berechnet wurde. Bockris und Huq sind der Ansicht, daß es ihnen gelungen sei, dieses Potential an einer oxidbedeckten Platinelektrode zu messen, aber über dieses Ergebnis gehen die Meinungen auseinander.

Einige Autoren nehmen an, daß die direkte Reduktion des Sauerstoffes zu Wasser der eine der parallel ablaufenden Vorgänge bei der kathodischen Sauerstoffreduktion ist, während der andere aus zwei Schritten besteht, nämlich der Reduktion des Sauerstoffes zu Wasserstoffperoxid

$$O_2 + 2\,H^+ + 2\,e \rightleftarrows H_2O_2 \tag{57.29}$$

mit dem Standardpotential 0,68 V und der Reduktion des Wasserstoffperoxids zu Wasser

$$H_2O_2 + 2\,H^+ + 2\,e \rightleftarrows 2\,H_2O \tag{57.30}$$

mit dem Standardpotential 1,77 V.

An Platin- und Silberelektroden (z. B. bei den Untersuchungen mit einer rotierenden Scheibenelektrode) wird überwiegend eine Vierelektronen-Stufe der Reduktion des Sauerstoffes zu Wasser beobachtet, obwohl es insbesondere an der Silberelektrode gelungen ist, H_2O_2 als Zwischenprodukt der Durchtrittsreaktion zu identifizieren. An der Quecksilberelektrode läuft die Reaktion (57.29) selbständig ab, während die Reaktion (57.30) getrennt bei wesentlich negativeren Potentialen mit großer Überspannung abläuft (s. Abb. 5.30).

An dieser Elektrode ist die Reduktion des Sauerstoffes zu Wasserstoffperoxid am weitestgehenden erforscht worden. Die Reaktion (57.29) hat hier den Charakter einer nachgelagerten Durchtrittsreaktion, die durch die Gln. (52.46) bis (52.55) beschrieben wird. Der geschwindigkeitsbestimmende Schritt ist die Aufnahme

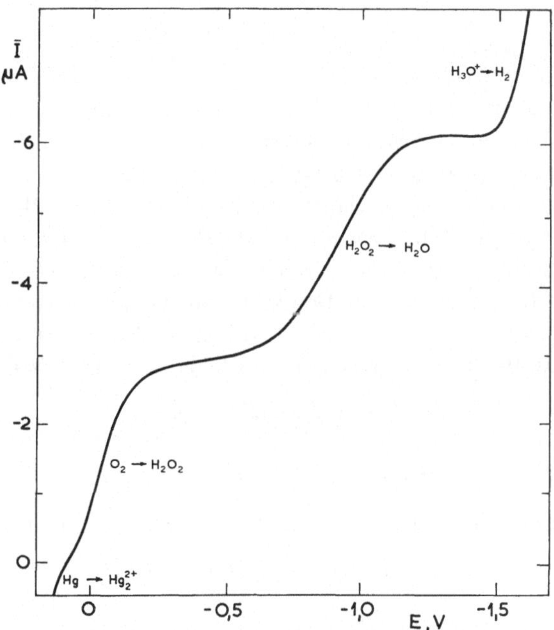

Abb. 5.30. Reduktion des Sauerstoffes zu Wasserstoffperoxid (erste Stufe) und des Wasserstoffperoxids zu Wasser an der Quecksilbertropfelektrode. Elektrolyt: 1 M Essigsäure, 1 M Natriumacetat, mit Sauerstoff gesättigt, mittlere Stromstärke I (µA), Elektrodenpotential E (V) gegen die ges. KE

des ersten Elektrons, durch die ein Hyperoxid-Anion gebildet wird

$$O_2 + e \rightleftarrows O_2^-. \tag{57.31}$$

Die weiteren Reaktionen, die mit der Aufnahme von Wasserstoffionen und eines weiteren Elektrons verbunden sind,

$$
\begin{aligned}
O_2^- + H^+ &\rightleftarrows HO_2 \\
HO_2 + \ e\ &\rightleftarrows HO_2^- \\
HO_2^- + H^+ &\rightleftarrows H_2O_2
\end{aligned}
\tag{57.32}
$$

laufen sehr schnell ab, so daß die Gesamtreaktion der Aufnahme von zwei Elektronen entspricht.

Da die Geschwindigkeit der Reaktion (57.31) in saurem und neutralem Medium sehr gering ist, verläuft die Durchtrittsreaktion irreversibel und die zugehörige Polarisationskurve ist unabhängig von der Wasserstoffionenkonzentration. In schwach alkalischem Medium macht sich bereits die rückläufige Oxidation des O_2^- geltend. Bei $pH > 11$ nimmt die Polarisationskurve an der Quecksilbertropfelektrode einen reversiblen Charakter an.

Die *Reduktion des Wasserstoffperoxids* an Quecksilber besteht aus zwei Durchtrittsreaktionen, wo wiederum der zweite Schritt mit großer Geschwindigkeit abläuft, so daß die direkt beobachtete Durchtrittsreaktion ein Zweielektronen-Vorgang ist,

$$H_2O_2 + e \xrightarrow{k_1} \overset{\bullet}{O}H + OH^-$$
$$\overset{\bullet}{O}H + e \to OH^- \tag{57.33}$$

An der Platin- und Silberelektrode vollzieht sich die Reduktion des Wasserstoffperoxids bei positiveren Potentialen als dessen Oxidation; die Polarisationskurve an der rotierenden Scheibenelektrode hat die charakteristische Gestalt einer zusammenhängenden anodisch-kathodischen Stufe.

Die *Sauerstoffabscheidung* verläuft an Elektroden aus Platin und anderen Edelmetallen mit großer Überspannung. Die Polarisationskurven gehorchen der Tafelschen Gleichung im Potentialbereich von 1,2 bis 2,0 V mit b-Werten zwischen 0,10 und 0,13. Unter diesen Bedingungen ist der geschwindigkeitsbestimmende Teilschritt wahrscheinlich die Oxidation des Hydroxidions oder des Wassermoleküls an der mit Oberflächenoxid bedeckten Elektrode

$$OH^-(ads) \to OH(ads) + e \tag{57.34}$$

oder

$$H_2O(ads) \to OH(ads) + H^+ + e. \tag{57.35}$$

An diesen Vorgang schließen sich schnelle Reaktionen an, und zwar entweder

$$2\,OH(ads) \to O(ads) + H_2O \tag{57.36}$$

oder

$$OH(ads) \to O(ads) + H^+ + e \tag{57.37}$$

und schließlich

$$2\,O(ads) \to O_2. \tag{57.38}$$

Bei positiveren Potentialen laufen Prozesse ab, die von der Elektrolytzusammensetzung abhängen, wie die Bildung von $H_2S_2O_8$ und HSO_5 in Schwefelsäurelösungen, während in Perchlorsäure das Radikal ClO_4 entsteht, das in ClO_2 und O_2 zerfällt. Bei hohen Stromdichten konnte in Lösungen von ziemlich konzentrierten Säuren bei niedrigen Temperaturen die Entwicklung von Ozon beobachtet werden.

An Elektroden aus unedlen Übergangsmetallen, die mit starken Oxidschichten bedeckt sind, beteiligen sich diese Oxide an der Abscheidung des Sauerstoffes, z. B.

$$MO + H_2O \to MO_2 + 2\,H^+ + 2\,e$$
$$2\,MO_2 \to 2\,MO + O_2. \tag{57.39}$$

57.4. Organische Elektrodenvorgänge

Seit dem Ende des vergangenen Jahrhunderts sind die Elektrodenreaktionen einer großen Zahl von organischen Verbindungen untersucht worden. Die meisten der Experimente wurden jedoch bis vor kurzem unter nichtkontrollierten Bedingungen durchgeführt, was das Elektrodenpotential, die Stromstärke und den pH-Wert anbelangt (die polarographischen Untersuchungen stellen dabei eine rühmliche Ausnahme dar). Ein definiertes Potential und ein definierter pH-Wert sind wesentliche Bedingungen, um eindeutige Produkte zu gewinnen. Aber auch so kann der Reaktionsverlauf bei einer langdauernden Elektrolyse an einer stationären Elektrode durch die Adsorption der Produkte verändert werden. Für die qualitative Untersuchung der organischen Elektrodenvorgänge und der Adsorption wird sehr oft die cyclische Voltammetrie herangezogen.

Die Tendenz eines organischen Stoffes zu einer elektrochemischen Reduktion oder Oxidation hängt von der Gegenwart elektrochemisch aktiver Gruppen im Molekül, vom Lösungsmittel, von der Art des Elektrolyten und insbesondere von der Natur der Elektrode ab. So unterliegen an einer Quecksilberelektrode nur einige Stoffgruppen der Oxidation, wie die Hydrochinone und ihre Abkömmlinge, die radikalischen Zwischenprodukte kathodischer Reduktionen (z. B. bei der potentiostatischen Doppelimpulsmethode) und einige Stoffe, die mit dem Quecksilber Komplexe bilden. An einer Platinelektrode können hingegen fast alle organischen Stoffe unter geeigneten Bedingungen oxidiert werden (beispielsweise gesättigte aliphatische Kohlenwasserstoffe in beträchtlich konzentrierten Schwefel- oder Phosphorsäurelösungen bei erhöhter Temperatur).

Für die Reduktion eines organischen Stoffes ist die Anwesenheit eines π-Elektronensystems oder eines geeigneten Substituenten (z. B. eines Halogenatoms — außer Fluor), einer Elektronenlücke oder eines ungepaarten Elektrons im Molekül erforderlich.

Die Durchtrittsreaktion eines organischen Stoffes, die ohne Elektrokatalyse abläuft, beruht auf der Aufnahme eines Elektrons (im Falle der Reduktion) oder der Abspaltung eines Elektrons (im Falle der Oxidation). Dabei muß natürlich nicht die Form des Stoffes reagieren, die in der Lösung überwiegt, sondern an der Reaktion kann z. B. die protonierte Form teilnehmen. Das entstandene Radikal kann entweder ein weiteres Elektron aufnehmen oder abspalten, oder es kann mit dem Lösungsmittel, der Leitsalzlösung (wir gebrauchen hier diesen Ausdruck anstatt der Bezeichnung indifferenter Elektrolyt), mit einem weiteren Molekül des elektroaktiven Stoffes oder mit einem radikalischen Produkt reagieren. Diese Umsetzungen haben den Charakter von Substitutions-, Additions-, Eliminierungs- oder Dimerisationsreaktionen. Wenn das Zwischenprodukt eines anodischen Vorganges weiterreagiert, hat der Reaktionspartner in der Regel nucleophilen Charakter, das Zwischenprodukt eines kathodischen Prozesses reagiert hingegen mit einem elektrophilen Partner.

Aromatische Kohlenwasserstoffe werden in aprotischen Lösungsmitteln in der Regel in zwei Stufen reduziert

$$R + e \rightleftharpoons \overset{\bullet}{R}^-$$
$$\overset{\bullet}{R}^- + e \rightleftharpoons R^{2-}. \tag{57.40}$$

Der erste Schritt ist so schnell, daß seine Geschwindigkeit nicht experimentell gemessen werden kann, während der zweite viel langsamer ist (wahrscheinlich infolge der Abstoßung der negativ geladenen Teilchen R^- und R^{2-} in der diffusen Doppelschicht). Einige Beispiele für diese Vorgänge sind in Tab. 5.3 gegeben. Die Reduktion des isolierten Benzolkerns ist sehr schwierig und kann nur indirekt durchgeführt werden — mit Hilfe solvatisierter Elektronen, die aus den emittierten Elektronen in den Lösungsmitteln gebildet werden, wie z. B. in einigen Aminen (vgl. Abschn. 51).

In Anwesenheit von Protonendonatoren, z. B. Wasser, nehmen die radikalischen Anionen Protonen auf, und das Reaktionsschema geht in folgende Gestalt über

$$
\begin{aligned}
R + e &\rightleftharpoons \dot{R}^- \\
\dot{R}^- + H^+ &\rightarrow \dot{R}H \\
\dot{R}H + e &\rightleftharpoons RH^- \\
RH^- + H^+ &\rightleftharpoons RH_2
\end{aligned}
\tag{57.41}
$$

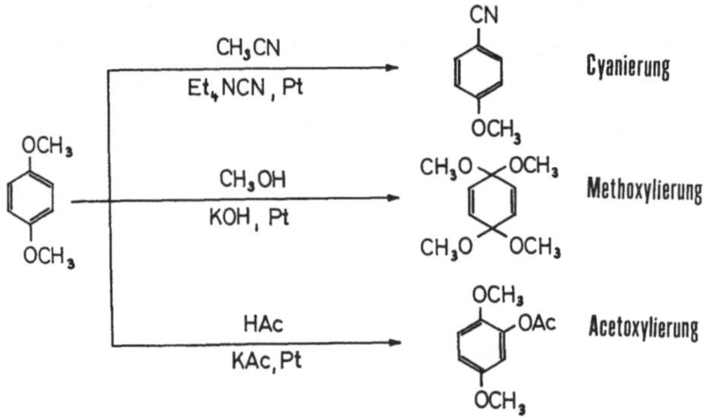

Abb. 5.31. Schema der anodischen Prozesse von 1,4-Dimethoxybenzol. Nach L. Eberson

Bei der anodischen Oxidation von Aromaten werden radikalische Kationen oder Dikationen als Intermediate gebildet, die mit dem Lösungsmittel oder mit den Anionen der Leitsalzlösung weiterreagieren. So wird beispielsweise 1,4-Dimethoxybenzol je nach den Bedingungen nach der Substitution einer Methoxygruppe cyaniert, nach der Addition von zwei Methoxygruppen methoxyliert oder nach der Substitution eines Wasserstoffes am aromatischen Kern acetoxyliert (siehe Abb. 5.31). Bei jeder Reaktion ist über dem Pfeil das Lösungsmittel angegeben, unter dem Pfeil das Leitsalz und die Elektrode. HAc bedeutet Essigsäure.

Die Reduktion *aromatischer Nitroverbindungen* zeichnet sich durch einen schnellen Einelektronen-Schritt aus, z. B.

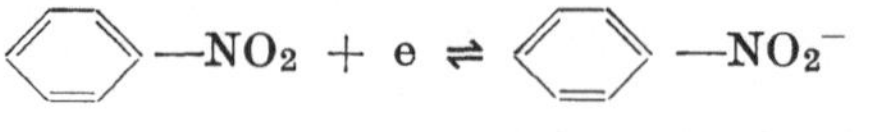

$$
C_6H_5\text{—}NO_2 + e \rightleftharpoons C_6H_5\text{—}NO_2^-
\tag{57.42}
$$

Dieser Reduktionsschritt läßt sich leicht an der Quecksilberelektrode in einem aprotischen Lösungsmittel beobachten oder sogar in wäßriger Lösung an einer Elektrode, die mit einem geeigneten Tensid bedeckt ist. In Anwesenheit eines oberflächenaktiven Stoffes wird das Nitrobenzol in wäßriger Lösung jedoch in einer Vierelektronenstufe reduziert, weil nach dem primären Schritt (57.42) schnelle elektrochemische und chemische Reaktionen nachfolgen, so daß als Produkt Phenylhydroxylamin entsteht. Bei noch negativeren Potentialen wird das Phenylhydroxylamin zu Anilin weiterreduziert. Derselbe Prozeß läuft auch an einer Blei- oder Zinkelektrode ab. Phenylhydroxylamin wird an diesen Elektroden reversibel zu Nitrosobenzol reduziert. An Elektroden, die befähigt sind, eine Chemisorptionsbindung mit den Zwischenprodukten der Nitrobenzolreduktion auszubilden, wie Platin, Nickel oder Eisen, entstehen als Produkte Azoxybenzol, Azobenzol und Hydrazobenzol infolge wechselseitiger Umsetzungen zwischen den adsorbierten Intermediaten. Wird Azobenzol in saurem Medium zu Hydrazobenzol reduziert, so lagert sich das Produkt durch eine chemische Folgereaktion in der Lösung zu Benzidin um.

Ein Beispiel für eine *Dimerisation des Zwischenproduktes* der Durchtrittsreaktion ist die Reduktion des Acrylnitrils in genügend konzentrierter wäßriger Lösung von Tetraäthyl-p-toluolsulfonat an einer Quecksilber- oder Bleielektrode. Das wahrscheinliche Zwischenprodukt der Reaktion ist ein Di-Anion

$$CH_2 = CH \cdot CN + 2\,e \rightarrow \overset{(-)}{CH_2} - \overset{(-)}{CH} \cdot CN, \qquad (57.43)$$

das in der Elektrodenumgebung mit einem weiteren Acrylnitrilmolekül reagiert

$$\overset{(-)}{CH_2} - \overset{(-)}{CH} \cdot CN + CH_2 = CH \cdot CN \rightarrow NC \cdot \overset{(-)}{CH} \cdot CH_2 \cdot CH_2 \cdot \overset{(-)}{CH} \cdot CN$$

$$NC \cdot CH \cdot \overset{(-)}{CH_2} \cdot CH_2 \cdot CH \cdot \overset{(-)}{CN} + 2\,H_2O \rightarrow NC \cdot (CH_2)_4 \cdot CN + 2\,OH^-, \qquad (57.44)$$

so daß schließlich Adiponitril entsteht (ein wichtiges Material für die Synthese von Nylon 606).

Carbonylverbindungen werden zu Alkoholen, Kohlenwasserstoffen oder 1,2-Diolen reduziert [vgl. z. B. Gl. (51.4)], wobei diese Prozesse vom Elektrodenmaterial und vom pH-Wert abhängen. Die Bildung von 1,2-Diolen, die für die Quecksilberelektrode in saurem Medium typisch ist, zeigt, daß das radikalische Zwischenprodukt $R_1\overset{\cdot}{C}OHR_2$ durch die folgenden Reaktionen gebildet wird

$$R_1 \cdot CO \cdot R_2 + H^+ \rightleftharpoons R_1 \cdot \overset{+}{C}OH \cdot R_2$$
$$R_1 \cdot \overset{+}{C}OH \cdot R_2 + e \rightleftharpoons R_1 \cdot \overset{\cdot}{C}OH \cdot R_2. \qquad (57.45)$$

Bei negativeren Potentialen wird das Radikal zu Alkohol reduziert. In einer Parallelreaktion zur Bildung des 1,2-Diols kann das Radikal mit dem Quecksilber unter Bildung einer Organoquecksilberverbindung reagieren. In neutralem und alkalischem Medium wird an Quecksilber, Kupfer und Silber Alkohol gebildet. An einer Cadmiumelektrode wird Acetaldehyd in saurer Lösung zu Äthan reduziert.

Im Jahre 1834 beobachtete Faraday, daß bei der Elektrolyse von Alkalimetallacetaten eine neue Verbindung, Äthan, entsteht (das war wahrscheinlich das erste Beispiel einer elektrochemischen Synthese). Dieser Prozeß wurde später *Kolbesche Synthese* genannt, weil Kolbe im Jahre 1849 feststellen konnte, daß es sich um eine allgemeine Erscheinung bei den Fettsäuren und ihren Salzen handelt (mit Ausnahme der Ameisensäure). An Platin- oder Iridiumelektroden hört die Sauerstoffentwicklung im Potentialintervall von $+2,1\,V$ bis zu $+2,2\,V$ auf, wenn die Lösung größere Konzentrationen einer Fettsäure oder ihres Salzes oder beides enthält, und es wird ein Kohlenwasserstoff gebildet nach dem Reaktionsschema

$$2\,R \cdot COO^- \rightarrow R_2 + 2\,CO_2 + 2\,e. \qquad (57.46)$$

Im Falle der Essigsäure läuft nur diese einzige Reaktion ab, während bei höheren Fettsäuren auch andere Produkte entstehen, wie z. B. Olefine. Im stationären Zustand gehorcht die Stromdichte der Tafelschen Gleichung mit hohem Wert der Konstante $b \approx 0{,}5$. Wahrscheinlich die wichtigsten Zwischenprodukte der Reaktion sind die Radikale $R \cdot COO^{\bullet}$, so daß am häufigsten folgender Reaktionsmechanismus angenommen wird:

$$R \cdot COO^{-} \to R \cdot COO^{\bullet} + e$$
$$R \cdot COO^{\bullet} \to \dot{R} + CO_2 \tag{57.47}$$
$$2\,R^{\bullet} \to R_2.$$

Die letzte der Reaktionen (57.47) kann auch intramolekular ablaufen, wenn es sich um die Kolbe-Reaktion bei einer zweibasigen Säure handelt. Auf dieser Reaktion des biradikalischen Zwischenproduktes ist die Synthese von Dewar-Benzol begründet

Bicyclo(2,2,0)-hexa-5-
-en-2,3-dicarboxylsäure 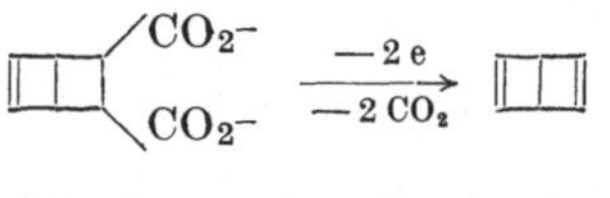
$$\tag{57.48}$$

Ebenso wie bei den anderen chemischen Reaktionen hängen die Aktivierungsenergien der Elektrodenreaktionen organischer Stoffe von der chemischen Natur und der Lage der Substituenten im organischen Molekül ab. Da bei der überwiegenden Mehrzahl der organischen Verbindungen die Standardpotentiale der Elektrodenreaktionen nicht bekannt sind, benutzen wir die konventionelle Definition nach Gl. (52.57), wobei wir voraussetzen, daß die Aktivierungsenergie beim Potential der Bezugselektrode gemessen wird [also aus dem Temperaturkoeffizienten der konventionellen Geschwindigkeitskonstante der Durchtrittsreaktion ermittelt wird, die durch die Gln. (52.35) und (52.36) definiert ist] und daß der Durchtrittsfaktor für die gesamte Reihe der substituierten Derivate konstant ist. Wie aus Gl. (53.35a) ersichtlich ist, kann dieser Wert der Aktivierungsenergie auch aus dem Temperaturkoeffizienten des Halbstufenpotentials einer irreversiblen Durchtrittsreaktion berechnet werden, wenn eine Korrektur auf die temperaturbedingte Änderung von $\varkappa_{Ox}$ durchgeführt wird. Für die Durchtrittsreaktionen substituierter Benzolderivate kann die *Hammettsche Gleichung* verwendet werden

$$\Delta H_1 = \Delta H_{1,0} + \rho_i\,\sigma_j. \tag{57.49}$$

Hierbei ist $\Delta H_{1,0}$ die Aktivierungsenergie der Durchtrittsreaktion des nichtsubstituierten Stoffes, ρ_i eine für die Reaktion charakteristische Konstante (z. B. für die Reduktion einer Nitrogruppe, einer Aldehydgruppe u. ä.) und σ_j eine den Substituenten charakterisierende Konstante (z. B. CH_3 in para-Stellung zur Nitrogruppe usw.). Die Werte von σ_j, die Hammett ursprünglich tabelliert hatte, hängen nicht von der Art der Reaktion ab.

Die *elektrokatalytischen Oxidationen* niederer aliphatischer Verbindungen, wie von Alkoholen, Aldehyden, Kohlenwasserstoffen, Ameisen- und Oxalsäure, an Elektroden aus Metallen der Platingruppe haben eine Reihe übereinstimmender Merkmale. Bei dem Chemisorptionsprozeß werden in der Regel mehrere Wasserstoffatome vom ursprünglichen Molekül abgespalten, und an der Elektrode bleibt ein bisher nicht völlig identifiziertes Zwischenprodukt adsorbiert (im Falle von Methanol, Formaldehyd und Ameisensäure wird es oft als „reduziertes Kohlendioxid" bezeichnet). Bei Elektrodenpotentialen, die höher als 0,35 V liegen (gegen die Wasserstoffelektrode in derselben Lösung mit H_2-Druck von 1 atm), werden alle bei der Chemisorption gebildeten Wasserstoffatome anodisch oxidiert. Die Oxidation des adsorbierten Zwischenproduktes ist schon bei Potentialen oberhalb von + 0,4 V möglich, und zwar liegen sie um so höher, je größer die Bedeckung der Elektrode mit dem adsorbierten Zwischenprodukt ist. Eine mögliche Er-

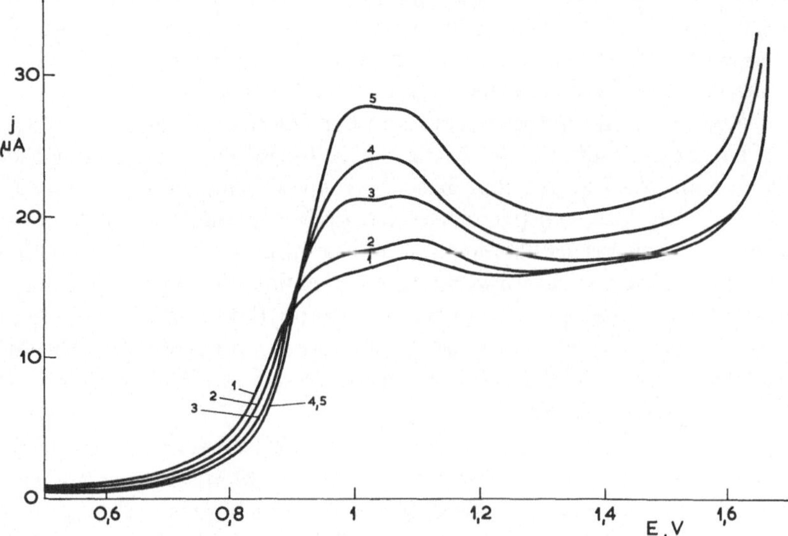

Abb. 5.32. Oxidation des Methanols an einer blanken Platinelektrode in 0,5 M H_2SO_4. Gleiche Elektrode und gleiche Adsorptionsbedingungen wie in Abb. 5.22. Die Elektrode wurde mit einem anodischen Sägezahnimpuls (d E/d t = 30 V/s) von E = 0,5 V auf E = 1,7 V polarisiert. Methanolkonzentration: 1 = 0; 2 = 0,1 mM, 3 = 1 mM, 4 = 10 mM, 5 = 0,1 M. Nach J. Weber

klärung für diese Erscheinung ist der sog. „Paarmechanismus" des anodischen Vorganges. Die eigentliche Durchtrittsreaktion ist nämlich die Oxidation der Wassermoleküle nach Gl. (57.35). Diese Moleküle sind in der Nachbarschaft des adsorbierten Zwischenproduktes beträchtlich polarisiert, und die gebildeten adsorbierten OH-Radikale greifen dann das Zwischenprodukt sofort in einer chemischen Oberflächenreaktion an. Bei konstantem Potential ist dieser Prozeß gehemmt, da die Zahl der Plätze, die für die Oxidation des Wassers zur Verfügung stehen, mit der Zeit abnimmt. Durch einen wachsenden Potentialimpuls wird die Geschwindigkeit der Wasseroxidation, und auch die des gesamten Elektrodenvorganges, zunehmend beschleunigt, wie die Abb. 5.32 für den Fall von Methanol zeigt. Aus dieser Abhängigkeit ist zu sehen, daß der Vorgang im Bereich niedrigerer Potentiale bei größeren Konzentrationen langsamer abläuft als bei kleineren (geschwindigkeitsbestimmend ist hier der hemmende Einfluß der Adsorption des Zwischenproduktes), wogegen er im Bereich höherer Potentiale bei größeren

Konzentrationen schneller ist als bei kleineren (die Oxidation des Wassers verläuft so schnell, daß auch die Gesamtgeschwindigkeit des Elektrodenvorganges um so größer ist, je größer der Bedeckungsgrad ist).

58. Das Mischpotential

Wie wir im Abschn. 52 gezeigt haben, wird das Elektrodenpotential durch die Geschwindigkeit zweier entgegengesetzter Durchtrittsreaktionen bestimmt. Das Ausgangsprodukt der einen Reaktion ist dabei identisch mit dem Produkt der anderen. Das Elektrodenpotential kann jedoch auch durch zwei Elektrodenreaktionen von ganz verschiedener Natur festgelegt werden. So wird z. B. bei der Auflösung von Zink in Mineralsäure an der Oberfläche des Zinks Wasserstoff abgeschieden, und das Zink geht gleichzeitig in Ionen über, die von der Elektrode wegdiffundieren. Die Summe der diesen beiden Vorgängen zugehörenden Teilströme muß gleich Null sein (wenn wir den Ladungsstrom bei der Änderung des Elektrodenpotentials vernachlässigen). Das Potential, das die Elektrode in dieser Weise gewinnt, wird das *Mischpotential* E_s genannt. Kennen wir die Polarisationskurven beider Prozesse, so können wir dieses Potential aus der Bedingung ermitteln, daß der kathodische und der anodische Strom gleiche Absolutwerte haben müssen (s. Abb. 5.33 A). Die Geschwindigkeit der Zinkauflösung ist dem anodischen Teilprozeß äquivalent.

Das Mischpotential ist zum Unterschied vom Gleichgewichtspotential durch den *Nichtgleichgewichtszustand zweier verschiedener Elektrodenprozesse* bestimmt und wird von einer spontanen Änderung des Systems begleitet. Der geschwindigkeitsbestimmende Schritt dieser Prozesse muß nicht gerade die mit der Ladungsübertragung verbundene Durchtrittsreaktion, sondern er kann zum Beispiel ein Transportvorgang sein. So ist z. B. bei der Quecksilberauflösung in Salpetersäure der kathodische Prozeß die Reduktion der Salpetersäure zu salpetriger Säure, der anodische die Ionisierung des Quecksilbers. Der anodische Prozeß wird durch den Abtransport der Quecksilberionen von der Elektrode kontrolliert; dieser Vorgang wird z. B. durch Rühren beschleunigt (s. Abb. 5.33 B), was eine Verschiebung des Mischpotentials zum negativeren Wert E_s' zur Folge hat.

Elektrochemische Vorgänge, die durch zwei einander entgegenlaufende Elektrodenprozesse unterschiedlicher Natur bestimmt werden, von denen der anodische Vorgang die Oxidation eines Metalles ist, werden Korrosionsprozesse genannt. In beiden aufgeführten Beispielen besteht die Oberfläche der Metallphase aus einem einheitlichen Metallmaterial, es handelt sich also um eine Korrosion an einer chemisch homogenen Oberfläche. Dabei vernachlässigen wir allerdings die Tatsache, daß z. B. die Oberfläche von Zink physikalisch heterogen ist und die Auflösung nach dem in Abschn. 57.1 beschriebenen Mechanismus verläuft.

Wenn Zink, das eine Beimengung von Kupfer enthält, in einer Mineralsäure aufgelöst wird, so geht die Auflösung viel schneller vor sich. Die Oberfläche des Metalls enthält nämlich Kupferkristallite, an denen die Wasserstoffabscheidung mit wesentlich niedrigerer Überspannung abläuft als am Zink (s. Abb. 5.33 C). Das Mischpotential verlagert sich zum positiveren Wert E_s', und die Teilströme vergrößern sich. In diesem Fall laufen der kathodische und der anodische Prozeß an getrennten Flächen ab. Diese Erscheinung wird Korrosion an einer chemisch heterogenen Fläche genannt. In der Lösung fließt zwischen den kathodischen

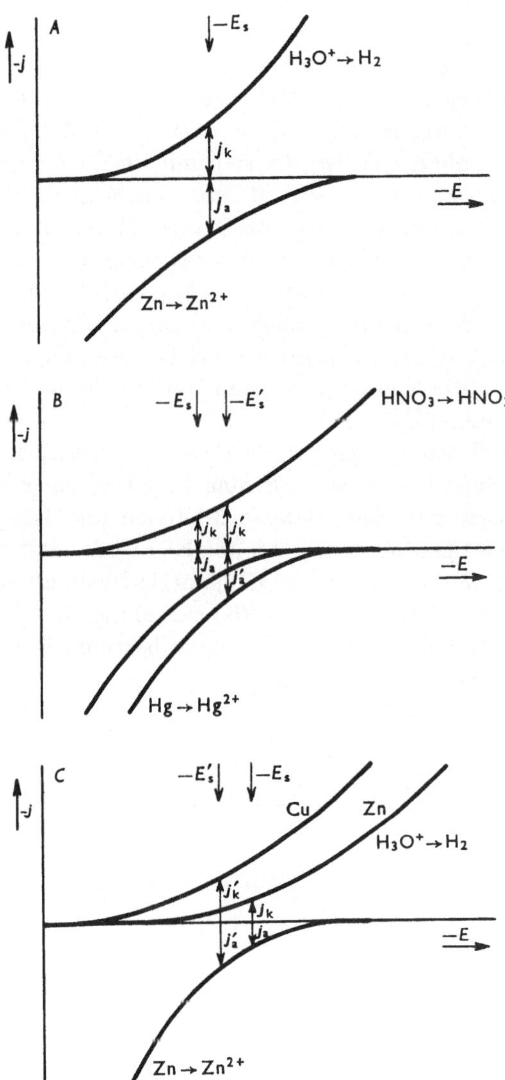

Abb. 5.33. Bestimmung des Mischpotentials mit Hilfe der Polarisationskurven. Nach K. J. Vetter

und den anodischen Flächen ein elektrischer Strom. Diese Flächen wirken als Elektroden kurzgeschlossener galvanischer Ketten. De la Rive, der diese Art der Korrosion als universalen Vorgang betrachtete, führte für diese Systeme die Bezeichnung Lokalelemente ein.

Als Beispiel für die Korrosion eines Metalles, das sich passiviert, sei die Reaktion des vierwertigen Cers mit Eisen angeführt (s. Abb. 5.29). Eisen, das vorher nicht passiviert wurde, löst sich im aktiven Zustand in einer Cer(IV)-Ionen enthaltenden sauren Lösung bei dem Potential E_a auf. Wurde es vorher passiviert, so wird die Korrosionsgeschwindigkeit durch den Korrosionsstrom I_a bestimmt, und das Potential nimmt den Wert E_p an.

Bei den in der Praxis auftretenden Korrosionserscheinungen spielen die kathodischen Prozesse der Sauerstoff- und Wasserstoffionenreduktion eine grundsätzliche Rolle. Ebenso wichtig ist auch die Struktur des Metallmaterials, das oft von einer Oxidschicht überzogen ist, die sich mit der Zeit ändert. Insbesondere der letztgenannte Faktor macht es sehr oft unmöglich, quantitative Vorhersagen für die Korrosionsgeschwindigkeit des betreffenden Materials zu machen.

In die Gruppe der elektrochemischen Korrosionsprozesse gehören auch zahlreiche *Vorgänge der organischen Chemie,* wo es zur Reduktion verschiedener Verbindungen durch Metalle oder Metallamalgame kommt. Diese Prozesse, die nicht selten als „rein chemische" Reaktionen beschrieben werden, können oft verhältnismäßig leicht mit Hilfe von Diagrammen der anodischen und kathodischen Polarisationskurven aufgeklärt werden.

Ein Mischpotential kann auch durch Prozesse entstehen, bei denen keine Metallauflösung im Spiel ist. So ist z. B. das Potential einer Platinelektrode in Lösungen von Permanganat- und Mangan(II)-Ionen unabhängig von der Konzentration des zweiwertigen Mangans. An der Elektrode läuft nämlich nicht der anodische Teilprozeß der Oxidation der Mangan(II)-Ionen ab, sondern es kommt statt dessen zu einer anodischen Sauerstoffabscheidung. Die Kinetik dieses Prozesses und die Reduktion der Permanganationen bestimmen den Wert des resultierenden Mischpotentials.

Anhang A

Lösung der Differentialgleichungen

Die partiellen Differentialgleichungen, die wir bei den mit der Diffusion verknüpften Problemen antreffen, werden vorteilhaft mit Hilfe der Laplace-Transformation gelöst, die auch sonst für die Lösung der verschiedenen Typen von Differentialgleichungen, die z. B. in der Elektrotechnik auftreten, große Bedeutung hat. Der Vorgang zur Lösung der Fälle, denen wir in diesem Buch begegnen, beruht darauf, daß wir von den partiellen Differentialgleichungen durch Integraltransformation zu einer gewöhnlichen Differentialgleichung übergehen, die wir auflösen. Die Lösung wird dann durch Umkehrung in die ursprünglichen Variablen übertragen.

Damit es möglich sei, eine bestimmte Funktion $F(t)$ mit Hilfe der Laplace-Transformation zu transformieren, muß sie einige Bedingungen erfüllen. Vor allem darf sie mit wachsendem t nicht schneller wachsen als die Exponentialfunktion $\exp(a\,t)$. Sie darf nur eine endliche Zahl von Inkontinuitäten in einem beliebigen abgeschlossenen t-Werteintervall haben. Weiter muß der Grenzwert $\lim_{t \to a} (a - t)\, F(a - t)$ im Intervall $t\,(0, \infty)$ endlich sein.

Für eine Funktion, die diese Bedingungen erfüllt, ist die Laplace-Transformation [die „Transformierte" der Funktion $F(t)$] durch folgende Beziehung definiert

$$\mathcal{L}\{F(t)\} \equiv f(s) = \int_0^\infty e^{-st}\, F(t)\, \mathrm{d}t. \tag{A 1}$$

Die Grundbedingung, die die „Transformierte" $f(s)$ erfüllen muß, ist durch die Beziehung beschrieben

$$\lim_{s \to \infty} f(s) = 0. \tag{A 2}$$

Die Umkehrung wird durch die Beziehung symbolisiert

$$\mathcal{L}^{-1}\{f(s)\} = F(t). \tag{A 3}$$

Die Tab. A.1 zeigt, in welcher Weise verschiedene Operationen an $F(t)$ transformiert werden. Für unsere Zwecke hat besonders die Transformation der Ableitung der Funktion $F(t)$ Bedeutung. Zur Herleitung des Ausdruckes, der in der Tabelle angegeben ist, integrieren wir per partes

$$\mathcal{L}\{F'(t)\} = \int_0^\infty e^{-st}\, F'(t)\, \mathrm{d}t = [F(t)\, e^{-st}]_0^\infty +$$

$$+ s \int_0^\infty e^{-st}\, F(t)\, \mathrm{d}t = s\, f(s) - \lim_{t \to +0} F(t). \tag{A 4}$$

Die Umkehrung führen wir in der Regel so durch, daß wir in einschlägigen Tabellen vom Typ unserer Tabelle A.2 zu den berechneten „Transformierten" $f(s)$, die wir durch Lösen der transformierten Differentialgleichungen gewonnen haben, die „Originale" $F(t)$ suchen.

Eine charakteristische Operation ist die Umkehrung des Produktes von zwei transformierten Funktionen $f(s)$ und $g(s)$

$$\mathfrak{L}^{-1}\{f(s)\,g(s)\} = \mathfrak{L}^{-1}\{f(s)\} * \mathfrak{L}^{-1}\{g(s)\} = F(t) * G(t) =$$
$$= \int_0^t F(\tau)\,G(t-\tau)\,\mathrm{d}\tau = \int_0^t F(t-\tau)\,G(\tau)\,\mathrm{d}\tau. \tag{A 5}$$

Tabelle A.1. *Verzeichnis der Operationen an der Originalfunktion und ihrer Transformierten* [nach R. V. Churchill, Modern Operational Mathematics in Engineering, McGraw-Hill, New York (1944)]

	$F(t)$	$f(s)$
1	$F(t)$	$\int_0^\infty \mathrm{e}^{-st}F(t)\,\mathrm{d}t$
2	$A\,F(t) + B\,G(t)$	$A\,f(s) + B\,g(s)$
3	$F'(t)$	$s\,f(s) - F(+0)$
4	$F^{(n)}(t)$	$s^n\,f(s) - s^{n-1}\,F(+0) - s^{n-2}\,F(+0) - \ldots - F^{(n-1)}(+0)$
5	$\int_0^t F(\tau)\,\mathrm{d}\tau$	$\dfrac{1}{s}\,f(s)$
6	$t\,F(t)$	$-f'(s)$
7	$t^n\,F(t)$	$(-1)^n\,f^{(n)}(s)$
8	$\dfrac{1}{t}\,F(t)$	$\int_s^\infty f(x)\,\mathrm{d}x$
9	$\mathrm{e}^{at}\,F(t)$	$f(s-a)$
10	$F(t-b)$, wo $F(t) = 0$, wenn $t < 0$	$\mathrm{e}^{-bs}\,f(s)$
11	$\dfrac{1}{c}\,F\!\left(\dfrac{t}{c}\right)$	$f(cs)$
12	$\dfrac{1}{c}\,\mathrm{e}^{(bt)/c}\,F\!\left(\dfrac{t}{c}\right)$	$f(cs-b)$

Die Funktion $F(t) * G(t)$ wird die Faltung der Funktionen $F(t)$ und $G(t)$ genannt.

Die allgemeine Methode der Umkehrung beruht auf der Integration der Funktion $f(s)$ in der komplexen Ebene. Diesen Vorgang werden wir jedoch in den Fällen, die wir in diesem Buch antreffen, nicht benutzen.

Bei der Lösung der partiellen Differentialgleichungen der Diffusion gehen wir so vor, daß wir die Gleichung in bezug auf den Parameter t transformieren; dadurch führen wir auch sofort die Anfangsbedingung mit Hilfe der Beziehung (A 4) in die Gleichung ein. Somit gewinnen wir eine gewöhnliche Differentialgleichung für die neue abhängige Variable $u = \mathfrak{L}\{c\}$ und für die einzige unabhängige Variable x. Der Parameter s tritt in diesen Gleichungen als bloße Konstante auf. Die Lösung für u [in einigen, für die Elektrochemie wichtigen Fällen nur für $(\mathrm{d}u/\mathrm{d}x)_{x=0}$] kehren wir hierauf um in die Lösung für c oder für $(\partial c/\partial x)_{x=0}$.

Tabelle A.2. *Verzeichnis der Transformierten und der zugehörigen Originalfunktionen* [nach R. V. Churchill, Modern Operational Mathematics in Engineering. McGraw-Hill, New York (1944)]

	$f(s)$	$F(t)$
1	$\dfrac{1}{s}$	1
2	$\dfrac{1}{s^2}$	t
3	$\dfrac{1}{s^n}\ (n = 1, 2, \ldots)$	$\dfrac{t^{n-1}}{(n-1)!}$
4	$\dfrac{1}{\sqrt{(s)}}$	$\dfrac{1}{\sqrt{(\pi t)}}$
5	$s^{-3/2}$	$2\sqrt{\dfrac{t}{\pi}}$
6	$\dfrac{1}{s-a}$	e^{at}
7	$\dfrac{1}{s^2 + a^2}$	$\dfrac{1}{a}\sin a\,t$
8	$\dfrac{s}{s^2 + a^2}$	$\cos a\,t$
9	$\dfrac{1}{\sqrt{s}+a}$	$\dfrac{1}{\sqrt{(\pi t)}} - a\,e^{a^2 t}\,\mathrm{erfc}\,(a\sqrt{t})$
10	$\dfrac{1}{\sqrt{s}(\sqrt{s}+a)}$	$e^{a^2 t}\,\mathrm{erfc}\,(a\sqrt{t})$
11	$e^{-k\sqrt{s}}\ (k > 0)$	$\dfrac{k}{2\sqrt{(\pi t^3)}}\exp\left(-\dfrac{k^2}{4t}\right)$
12	$\dfrac{1}{s}\,e^{-k\sqrt{s}}\ (k \geqq 0)$	$\mathrm{erfc}\left(\dfrac{k}{2\sqrt{t}}\right)$
13	$\dfrac{1}{\sqrt{s}}\,e^{-k\sqrt{s}}\ (k \geqq 0)$	$\dfrac{1}{\sqrt{(\pi t)}}\exp\left(-\dfrac{k^2}{4t}\right)$
14	$s^{-3/2}\,e^{-k\sqrt{s}}\ (k \geqq 0)$	$2\sqrt{\dfrac{t}{\pi}}\exp\left(-\dfrac{k^2}{4t}\right) - k\,\mathrm{erfc}\left(\dfrac{k}{2\sqrt{t}}\right)$

Die Werte des Fehlerintegrals $\mathrm{erf}\,x$ sind in Tabelle A.3 angegeben. Mit dem Symbol $\mathrm{erfc}\,(x)$ bezeichnen wir das komplementäre Fehlerintegral, das durch die Beziehung $\mathrm{erfc}\,(x) = 1 - \mathrm{erf}\,(x)$ definiert ist.

Die einzelnen Terme der Gl. (23.1) transformieren wir im Hinblick auf die Anfangsbedingung $c = c^0$ folgendermaßen:

$$\mathcal{L}\{\mathrm{d}\,c/\mathrm{d}\,t\} = s\,u - c^0, \tag{A 6}$$

$$\mathcal{L}\{D\,\partial^2\,c/\partial\,x^2\} = D\,\mathrm{d}^2\,u/\mathrm{d}\,x^2. \tag{A 7}$$

Die Randbedingungen (23.4) und (23.5) nehmen die Form an:

$$u(0) = 0, \tag{A 8}$$

$$u(\infty) = c^0/s. \tag{A 9}$$

Tabelle A.3. *Fehlerintegral*

$$\text{Fehlerintegral erf}\,(x) = \frac{2}{\sqrt{\pi}} \int_{0}^{x} \mathrm{e}^{-y^2}\,\mathrm{d}y$$

x	0	1	2	3	4	5	6	7	8	9
0,0	0,0000	0,0113	0,0226	0,0338	0,0451	0,0564	0,0676	0,0789	0,0901	0,1013
0,1	0,1125	0,1236	0,1348	0,1459	0,1569	0,1680	0,1790	0,1900	0,2009	0,2118
0,2	0,2227	0,2335	0,2443	0,2550	0,2657	0,2763	0,2869	0,2974	0,3079	0,3183
0,3	0,3286	0,3389	0,3491	0,3593	0,3694	0,3794	0,3893	0,3992	0,4090	0,4187
0,4	0,4284	0,4380	0,4475	0,4569	0,4662	0,4755	0,4847	0,4937	0,5027	0,5117
0,5	0,5205	0,5292	0,5379	0,5465	0,5549	0,5633	0,5716	0,5798	0,5879	0,5959
0,6	0,6039	0,6117	0,6194	0,6270	0,6346	0,6420	0,6494	0,6566	0,6638	0,6708
0,7	0,6778	0,6847	0,6914	0,6981	0,7047	0,7112	0,7175	0,7238	0,7300	0,7361
0,8	0,7421	0,7480	0,7538	0,7595	0,7651	0,7707	0,7761	0,7814	0,7867	0,7918
0,9	0,7969	0,8019	0,8068	0,8116	0,8163	0,8209	0,8254	0,8299	0,8342	0,8385
1,0	0,8427	0,8468	0,8508	0,8548	0,8586	0,8624	0,8661	0,8698	0,8733	0,8768
1,1	0,8802	0,8835	0,8868	0,8900	0,8931	0,8961	0,8991	0,9020	0,9048	0,9076
1,2	0,9103	0,9130	0,9155	0,9181	0,9205	0,9229	0,9252	0,9275	0,9297	0,9319
1,3	0,9340	0,9361	0,9381	0,9400	0,9419	0,9438	0,9456	0,9473	0,9490	0,9507
1,4	0,9523	0,9539	0,9554	0,9569	0,9583	0,9597	0,9611	0,9624	0,9637	0,9649
1,5	0,9661	0,9673	0,9684	0,9695	0,9706	0,9716	0,9726	0,9736	0,9745	0,9755
1,6	0,9763	0,9772	0,9780	0,9788	0,9796	0,9804	0,9811	0,9818	0,9825	0,9832
1,7	0,9838	0,9844	0,9850	0,9856	0,9861	0,9867	0,9872	0,9877	0,9882	0,9886
1,8	0,9891	0,9895	0,9899	0,9903	0,9907	0,9911	0,9915	0,9918	0,9922	0,9925
1,9	0,9928	0,9931	0,9934	0,9937	0,9939	0,9942	0,9944	0,9947	0,9949	0,9951
2,0	0,99532	0,99552	0,99572	0,99591	0,99609	0,99626	0,99642	0,99658	0,99673	0,99688
2,1	0,99702	0,99715	0,99728	0,99741	0,99753	0,99764	0,99775	0,99785	0,99795	0,99805
2,2	0,99814	0,99822	0,99831	0,99839	0,99841	0,99854	0,99861	0,99867	0,99874	0,99880
2,3	0,99886	0,99891	0,99897	0,99902	0,99906	0,99911	0,99915	0,99920	0,99924	0,99928
2,4	0,99931	0,99935	0,99938	0,99941	0,99944	0,99947	0,99950	0,99952	0,99955	0,99957
2,5	0,99959	0,99961	0,99963	0,99965	0,99967	0,99969	0,99971	0,99972	0,99974	0,99975
2,6	0,99976	0,99978	0,99979	0,99980	0,99981	0,99982	0,99983	0,99984	0,99985	0,99986
2,7	0,99987	0,99987	0,99988	0,99989	0,99989	0,99990	0,99991	0,99991	0,99992	0,99992
2,8	0,999925	0,999929	0,999933	0,999937	0,999941	0,999944	0,999948	0,999951	0,999954	0,999956
2,9	0,999959	0,999961	0,999964	0,999966	0,999968	0,999970	0,999972	0,999973	0,999975	0,999977

Wir haben also eine gewöhnliche lineare Differentialgleichung zweiter Ordnung mit konstanten Koeffizienten

$$D \, \mathrm{d}^2 \, u / \mathrm{d} \, x^2 - s \, u + c^0 = 0 \qquad \text{(A 10)}$$

mit den Randbedingungen (A 8) und (A 9) gewonnen. Ihre Lösung lautet

$$u = C_1 \exp \left[- x \, \sqrt{(s/D)} \right] + C_2 \exp \left[x \, \sqrt{(s/D)} \right] + c^0/s. \qquad \text{(A 11)}$$

Da die Funktion u im Hinblick auf die Bedingung (A 9) für $x \to \infty$ begrenzt sein muß, gilt $C_2 = 0$ und in Anbetracht der Bedingung (A 8) weiter $C_1 = - c^0/s$. Die Lösung des Systems (A 10), (A 8) und (A 9) lautet somit

$$u = (c^0/s) \left\{ 1 - \exp \left[- x \, \sqrt{(s/D)} \right] \right\}. \qquad \text{(A 12)}$$

Mit Hilfe der Umkehrungen 1 und 12 (Tab. A.2) erhalten wir das Resultat (23.6).

Die Randbedingung (23.10) ergibt eine Beziehung für C_1

$$C_1 = - K / \sqrt{(D \, s^3)}, \qquad \text{(A 13)}$$

so daß

$$u = c^0/s - K / \sqrt{(D \, s^3)} \exp \left[- x \, \sqrt{(s/D)} \right]. \qquad \text{(A 14)}$$

Hieraus erhalten wir mit Hilfe der Umkehrungen 1 und 14 das Ergebnis (23.11).

Die Randbedingung (23.14) wird in die Gestalt transformiert

$$(\mathrm{d} \, u / \mathrm{d} \, x)_{x=0} = K \, \omega / [D \, (s^2 + \omega^2)], \qquad \text{(A 15)}$$

so daß

$$C_1 = - \omega / [(s^2 + \omega^2) \, \sqrt{(D \, s)}] \qquad \text{(A 16)}$$

ist. Es gilt folglich

$$u(0) = c^0/s - K \, \omega / [(s^2 + \omega^2) \, \sqrt{(D \, s)}]. \qquad \text{(A 17)}$$

Mit Hilfe der Umkehrungen 1, 4 und 7 und der Gleichung (A 5) erhalten wir die Relation (23.15). Für große t können wir die Substitution

$$t = 2 \, n \, \pi / \omega + \vartheta \qquad \text{(A 18)}$$

benutzen und den Grenzwert des resultierenden Ausdrucks für $n \to \infty$ berechnen

$$\lim_{\lim \to \infty} c(0, t) = c^0 - K / \sqrt{(\pi \, D)} \sin \omega \, \vartheta \int_0^\infty \tau^{-\frac{1}{2}} \cos \omega \, \tau \, \mathrm{d} \, \tau +$$
$$+ K / \sqrt{(\pi \, D)} \cos \omega \, \vartheta \int_0^\infty \tau^{-\frac{1}{2}} \sin \omega \, \tau \, \mathrm{d} \, \tau. \qquad \text{(A 19)}$$

Die Integrale in dieser Gleichung haben den Wert

$$\int_0^\infty \tau^{-\frac{1}{2}} \sin \omega \, \tau \, \mathrm{d} \, \tau = \int_0^\infty \tau^{-\frac{1}{2}} \cos \omega \, \tau \, \mathrm{d} \, \tau = \sqrt{(\pi/2 \, \omega)}. \qquad \text{(A 20)}$$

Im Falle der Randbedingung (23.18) gilt

$$- C_1 \, \sqrt{(D \, s)} = k \, C_1 + k \, c^0/s, \qquad \text{(A 21)}$$

so daß

$$(\mathrm{d} \, u / \mathrm{d} \, x)_{x=0} = \frac{k \, c^0}{D \, s^{\frac{1}{2}} \, (k/D^{\frac{1}{2}} + s^{\frac{1}{2}})} \qquad \text{(A 22)}$$

Mit Hilfe der Umkehrung 10 erhalten wir hierauf die Beziehung (23.19).

Die partielle Differentialgleichung für die sphärische Diffusion ergibt sich aus dem Ausdruck für den Laplace-Operator ∇^2 in sphärischen Koordinaten im kugelsymmetrischen Fall (d. h. wenn er die Funktion eines einzigen Abstandes vom Koordinatenursprung r ist). Für r gilt

$$r = \sqrt{(x^2 + y^2 + z^2)}, \tag{A 23}$$

wobei x, y, z die entsprechenden Werte in kartesischen Koordinaten sind. Die Differentialoperatoren $\partial/\partial x$ und $\partial^2/\partial x^2$ nehmen folgende Werte an

$$\partial/\partial x = \partial/\partial r \cdot \partial r/\partial x = \partial/\partial r \, (x/r), \tag{A 24}$$

und

$$\partial^2/\partial x^2 = \partial^2/\partial r^2 \cdot (x/r)^2 + \partial/\partial r \, (1/r - x^2/r^3), \tag{A 25}$$

wobei auch für y und z analoge Beziehungen gelten. Nach Einsetzen aus (A 25) in die Gleichung für den Laplace-Operator in kartesischen Koordinaten auf S. 103 erhalten wir

$$\nabla^2 = \partial^2/\partial r^2 \cdot (x^2 + y^2 + z^2)/r^2 + {}$$
$$+ \, \partial/\partial r \, [3/r - (x^2 + y^2 + z^2)/r^3] = \partial^2/\partial r^2 + \partial/\partial r \cdot 2\,r. \tag{A 26}$$

Durch Laplace-Transformationen der Gleichung (23.31) gewinnen wir die gewöhnliche Differentialgleichung

$$\mathrm{d}^2\,u/\mathrm{d}\,r^2 + 2/r \cdot \mathrm{d}\,u/\mathrm{d}\,r - s\,u/D + c^0/D = 0, \tag{A 27}$$

die bis auf den konstanten Term formal identisch ist mit der Gleichung (13.15). Benutzen wir die Transformation

$$u - c^0/s = v/r, \tag{A 28}$$

so erhalten wir die gewöhnliche lineare Differentialgleichung 2. Ordnung mit konstanten Koeffizienten

$$\mathrm{d}^2\,v/\mathrm{d}\,r^2 - s\,v/D = 0. \tag{A 29}$$

Wenn wir diese Gleichung lösen, gewinnen wir nach Einsetzen aus Gleichung (A 28) die allgemeine Lösung der Gleichung (A 27)

$$u = C_1 \exp\,[-\,r\,\sqrt{(s/D)}] + C_2 \exp\,[r\,\sqrt{(s/D)}] - c^0/D. \tag{A 30}$$

Setzen wir $C_2 = 0$ und berechnen wir C_1 mit Hilfe der Randbedingung für $r = r_0$ (23.31), so gelangen wir zum Resultat

$$u = c^0/s \cdot \{1 - (r_0/r) \cdot \exp\,[-\,(r - r_0)\,\sqrt{(s/D)}]\}. \tag{A 31}$$

Hieraus ergibt sich nach Umkehrung die Relation (23.32). Die Gleichung (A 30) stellt gleichzeitig die allgemeine Lösung der Differentialgleichung (13.15) für $c^0/D = 0$ dar.

Die Differentialgleichung der konvektiven Diffusion zur rotierenden Scheibe (24.20) lösen wir leicht nach Einsetzen von

$$\mathrm{d}\,c/\mathrm{d}\,y = u. \tag{A 32}$$

Die partiellen Differentialgleichungen für die konvektive Diffusion zur wachsenden Kugel (24.28) transformieren wir in die partielle Differentialgleichung für die lineare Diffusion durch Einsetzen von

$$z = t^{2/3}\, x, \quad y = 3/7 \cdot D\, t^{7/3}. \tag{A 33}$$

Die Randbedingungen müssen die Form annehmen

$$\left.\begin{array}{l} y = 0,\ z > 0 \\ y > 0,\ z \to \infty \end{array}\right\} c = c^0. \tag{A 34}$$

Die Lösung ist dann ganz einfach.

Den Beweis für die Beziehung (53.6) erbringen wir in folgender Weise: Wir setzen die partielle Differentialgleichung der linearen Diffusion für c_{Ox} und c_{Red} ($D_{Ox} \neq D_{Red}$) an

$$\partial c_{Ox}/\partial t = D_{Ox}\, \partial^2 c_{Ox}/\partial x^2$$
$$\partial c_{Red}/\partial t = D_{Red}\, \partial^2 c_{Red}/\partial x^2 \tag{A 35}$$

mit einer der Randbedingungen (für $x = 0$, $t > 0$):

$$D_{Ox}\, \partial c_{Ox}/\partial x + D_{Red}\, \partial c_{Red}/\partial x = 0. \tag{A 36}$$

Die zweite Randbedingung für $x = 0$, $t > 0$ wollen wir nicht spezifizieren. Die Anfangsbedingungen und die Bedingungen für $x \to \infty$ lauten

$$c_{Ox} = c_{Ox}^0, \quad c_{Red} = c_{Red}^0. \tag{A 37}$$

Wir führen die Substitutionen

$$z_{Ox} = x/\sqrt{D_{Ox}}, \quad z_{Red} = x/\sqrt{D_{Red}} \tag{A 38}$$

durch, und zwar so, daß wir die erste Substitution in dem Ausdruck vornehmen, der c_{Ox} enthält, und die zweite im Ausdruck für c_{Red}. Die resultierenden Gleichungen lauten dann

$$\partial c_{Ox}/\partial t = \partial^2 c_{Ox}/\partial z_{Ox}^2$$
$$\partial c_{Red}/\partial t = \partial^2 c_{Red}/\partial z_{Red}^2 \tag{A 39}$$

mit der Randbedingung für $x = 0$

$$D^{\frac{1}{2}}\, \partial c_{Ox}/\partial z_{Ox} + D^{\frac{1}{2}}\, \partial c_{Red}/\partial z_{Red} = 0. \tag{A 40}$$

Wir definieren die Funktion

$$\psi(z) = D_{Ox}^{\frac{1}{2}}\, c_{Ox}\,(z_{Ox} = z) + D^{\frac{1}{2}}\, c_{Red}\,(z_{Red} = z), \tag{A 41}$$

in der die Symbole $(z_{Ox} = z)$ und $(z_{Red} = z)$ bedeuten, daß c_{Ox} und c_{Red} Werte haben, die solchen Werten von z_{Ox} und z_{Red} zugehören, die gerade gleich der Variablen z sind. Da offensichtlich gilt

$$\partial \psi/\partial t - \partial^2 \psi/\partial z^2 = D^{\frac{1}{2}}\, (\partial c_{Ox}/\partial t - \partial^2 c_{Ox}/\partial z^2] +$$
$$+ D^{\frac{1}{2}}\, (\partial c_{Red}/\partial t - \partial^2 c_{Red}/\partial z^2) = 0 \tag{A 42}$$

und

$$(\partial \psi/\partial z)_{z=0} = 0, \tag{A 43}$$

ist die Funktion $\psi(z)$ eine Konstante, und infolgedessen gilt für $x = z_{Ox} = z_{Red} = 0$

$$D_{Ox}^{\frac{1}{2}}\, c_{Ox} + D_{Red}^{\frac{1}{2}}\, c_{Red} = D_{Ox}^{\frac{1}{2}}\, c_{Ox}^0 + D_{Red}^{\frac{1}{2}}\, c_{Red}^0. \tag{A 44}$$

Anhang B

Historische Entwicklung der Elektrochemie

Fundamentale Erscheinungen

1791   L. Galvani: „tierische Elektrizität" (das erste elektrochemische und elektrophysiologische Experiment).

1797 bis 1800   A. v. Humboldt, A. Volta: das erste galvanische Element.

1800 bis 1803   A. Carlisle, W. Nicholson, H. Davy: Elektrolyse des Wassers.

1833 bis 1834   M. Faraday: Äquivalenz zwischen der chemischen Umwandlung an der Elektrode und der hindurchgegangenen Elektrizitätsmenge.

Lösungen von Elektrolyten

1833   M. Faraday: bei der Elektrolyse sind Ionen in der Lösung anwesend.

1857   R. Clausius: Nachweis der vom Stromdurchgang unabhängigen Existenz von Ionen in Elektrolyten.

1887   S. Arrhenius: Theorie der elektrolytischen Dissoziation.

1894   F. W. G. Kohlrausch und A. Heydweiler: Ionenprodukt des Wassers.

1909   S. P. L. Sørensen: pH.

1923   J. N. Brønsted: Theorie der Säuren und Basen.

1923   P. J. W. Debye, E. Hückel: Theorie der starken Elektrolyte, ihre vollständige Dissoziation.

1932   L. P. Hammett, A. J. Deyrup: Aciditätsfunktion H_0.

1938   G. N. Lewis: Verallgemeinerung der Säure-Base-Theorie.

Transporterscheinungen

1809   J. Th. v. Grotthus: rudimentärer Mechanismus des Stromtransportes durch den Elektrolyten.

1833   M. Faraday: die Ionen sind die Ursache der Leitfähigkeit der Elektrolyte.

1853 bis 1859   J. W. Hittorf: Überführungszahlen.

1865   A. E. Fick: Gesetze der Diffusion.

1874   F. W. Kohlrausch: Gesetz der unabhängigen Ionenleitfähigkeit.

1888 bis 1890   W. Nernst, M. Planck: Gleichung für die Diffusion von Elektrolyten.

1904   Die Nernstsche Diffusionsschicht bei der konvektiven Diffusion.

1923 bis 1926   P. J. W. Debye, E. Hückel, L. Onsager: Theorie der Leitfähigkeit der starken Elektrolyte.

1946   W. G. Lewitsch: Theorie der konvektiven Diffusion.

Thermodynamik der Elektrodenprozesse

1839   M. Faraday: die Freisetzung elektrischer Energie durch eine galvanische Kette wird stets von einer chemischen Umwandlung begleitet.

1875, 1882   J. W. Gibbs, H. L. F. v. Helmholtz: die von einer Kette gelieferte elektrische Energie ist äquivalent ΔG.

1890, 1907   M. Planck, L. J. Henderson: das Flüssigkeitspotential.

1893 bis 1896   W. F. Ostwald, M. Le Blanc: Thermodynamik der galvanischen Ketten.

1935   L. Michaelis: Redoxpotentiale bei der Semichinonbildung.

Erscheinungen an Membranen

1848   E. Du Bois-Reymond: das bioelektrische Potential.

1890   W. F. Ostwald: semipermeable Membranen.

1902   E. Overton, J. Bernstein: Membranhypothese der bioelektrischen Erscheinungen.

1906, 1909   M. Cremer und F. Haber, Z. Klemensiewicz: die Glaselektrode.

1911   F. G. Donnan: Membrangleichgewichte.

1936 bis 1937   K. H. Meyer und J. F. Sievers, T. Teorell: Theorie des Membranpotentials semipermeabler Membranen.

1937   B. P. Nikolskij und T. A. Tolmatschewa: Ionenaustauschtheorie der Glaselektrode.

1943 bis 1952   D. E. Goldman, A. L. Hodgkin, A. P. Huxley, B. Katz: Theorie des Membranpotentials der Nervenzelle.

1961 bis 1969   E. Pungor, W. Simon, M. Frant und J. W. Ross: ionenselektive Elektroden.

Elektrische Doppelschicht

1875   G. Lippmann: Grundgleichung der Elektrokapillarität.

1879   H. L. F. Helmholtz: Theorie der starren Doppelschicht.

1903   G. Gouy: Adsorption organischer Stoffe an der Elektrode.

1910   G. Gouy, D. L. Chapman: Theorie der diffusen Doppelschicht.

1924   O. Stern: spezifische Adsorption an der Elektrode.

1928   A. N. Frumkin, A. Gorodezkaja: Nulladungspotential.

1935   M. A. Proskurin, A. N. Frumkin: differentielle Kapazität der Elektrode.

1945   D. C. Grahame: Verknüpfung der Theorie der starren und der diffusen Doppelschicht.

1946   B. Erschler: Theorie der spezifischen Adsorption der Ionen.

1965   A. N. Frumkin: Oberflächenthermodynamik reversibler Systeme.

* * *

1809   F. Reuss: Elektroosmose und Elektrophorese.

1861   G. Quincke: das Strömungspotential.

1879   H. L. F. Helmholtz: Klassifikation und Theorie der elektrokinetischen Erscheinungen.

1921   M. Smoluchowski: Erklärung der elektrokinetischen Erscheinungen mit Hilfe der Theorie der diffusen Doppelschicht.

Elektrodenkinetik

1898   F. Haber: Einfluß des Elektrodenpotentials auf die Natur der Produkte der Elektrodenreaktion.

1905   J. Tafel: Wasserstoffüberspannung, Rekombinationsmechanismus der Wasserstoffabscheidung.

1924   J. A. V. Butler: kinetische Theorie des Elektrodenpotentials.

1927 bis 1928   J. Heyrovský, F. P. Bowden und E. K. Rideal: Mechanismus der Wasserstoffabscheidung durch elektrochemische Desorption.

1929 bis 1936   F. P. Bowden, J. A. V. Butler und G. Armstrong, A. N. Frumkin und A. Schlygin: Adsorption des Wasserstoffes an der Platinelektrode.

1930   M. Volmer, T. Erdey-Grúz: Theorie der Durchtrittsreaktion.

1931   M. Volmer, T. Erdey-Grúz: Theorie der Elektrokristallisation.

1932 bis 1938   A. N. Frumkin, C. Wagner und W. Traud: das Mischpotential.

1933   A. N. Frumkin: der Einfluß der elektrolytischen Doppelschicht auf die Durchtrittsreaktion.

1935   J. Horiuti, M. Polányi: Anwendung der Theorie der absoluten Reaktionsgeschwindigkeit auf die Durchtrittsreaktion.

1940   P. Dolin, B. Erschler, A. N. Frumkin: der Austauschstrom.

1946 bis 1947   R. Brdička, J. Koutecký, K. Wiesner: Theorie des durch Reaktion und Diffusion bedingten Stromes.

1954 bis 1961   W. Brattain, H. Gerischer: Elektrochemie der Halbleiter.

1958   H. Gerischer, R. Parsons: Einfluß der Adsorptionsenergie des Wasserstoffatoms auf den Mechanismus der Wasserstoffabscheidung.

1959 bis 1965   R. A. Marcus, W. G. Lewitsch und R. Dogonadse: Theorie des Elementaraktes der Durchtrittsreaktion unter adiabatischen Bedingungen.

* * *

1900   H. J. S. Sand: Theorie der Elektrolyse bei konstantem Strom.

1904   W. H. Nernst: der Diffusionsstrom.

1922   J. Heyrovský: Elektrolyse mit der Tropfelektrode.

1934   D. Ilkovič: der polarographische Diffusionsstrom.

1946   B. Erschler, J. E. Randles: die Faradaysche Impedanz.

1947 bis 1962   J. E. B. Randles, A. Ševčík, P. Delahay, F. Will, C. Knorr, M. W. Breiter: fundamentale Erscheinungen bei der cyclischen Voltammetrie.

Anhang C

Einheiten und Konstanten in der Elektrochemie

Von den Grundeinheiten des Internationalen Einheitensystems (SI) treten in der Elektrochemie die Einheiten Meter, Kilogramm, Sekunde, Ampere, Kelvin und Mol auf. Durch Kombination dieser Einheiten entstehen abgeleitete Einheiten, von denen einige eine besondere Bezeichnung haben. In der Elektrochemie sind die folgenden am wichtigsten:

Energie	Joule	$J = kg \cdot m^2 \cdot s^{-2}$
Leistung	Watt	$W = J \cdot s^{-1} = kg \cdot m^2 \cdot s^{-3}$
elektrische Ladung	Coulomb	$C = A \cdot s$
elektrische Spannung	Volt	$V = J \cdot A^{-1} \cdot s^{-1} = W \cdot A^{-1}$
		$= kg \cdot m^2 \cdot s^{-3} \cdot A^{-1}$
elektrischer Widerstand	Ohm	$\Omega = V \cdot A^{-1} = kg \cdot m^2 \cdot s^{-3} \cdot A^{-2}$
elektrische Kapazität	Farad	$F = A \cdot s \cdot V^{-1} = A^2 \cdot s^4 \cdot kg^{-1} \cdot m^{-2}$
Frequenz	Hertz	$Hz = s^{-1}$

Durch Verwenden der entsprechenden Vorsätze können dezimale Vielfache oder Teile der Grund- und abgeleiteten Einheiten gebildet werden. Man benutzt diese Vorsätze auch bei den abgeleiteten Einheiten, die keine besondere Bezeichnung haben. So z. B. wird die molare Ionenleitfähigkeit üblicherweise in den Einheiten $\Omega^{-1} \cdot cm^2 \cdot mol^{-1}$ ausgedrückt, denn dann hat sie Werte der Größenordnung von 10^1. Würden wir hier die sog. Haupteinheit verwenden, d. h. die Einheit, die direkt von den Grundeinheiten ohne Vorsatz abgeleitet ist, so hätten sie die Größenordnung $10^{-3} \, \Omega^{-1} \cdot m^2 \cdot mol^{-1}$, und in allen Berechnungen würde sich der Faktor 10^{-3} wiederholen.

Weiter werden immer noch häufig Einheiten benutzt, die nicht Bestandteil des SI-Systems sind. Diese Einheiten sind mit Hilfe der SI-Einheiten definiert, und zwar als ihre dekadischen oder nichtdekadischen Vielfachen oder Teile. Sie haben besondere Bezeichnungen. In der Elektrochemie kommen die folgenden vor:

Länge	Ångström	$Å = 10^{-10} \, m$
kinematische Viskosität	Stokes	$St = 10^{-4} \, m^2 \cdot s^{-1}$

dynamische Viskosität	Poise	$P = 10^{-1}\ kg \cdot m^{-1} \cdot s^{-1}$
molare Konzentration	mol pro Liter	$M = 10^3\ mol \cdot m^{-3}$
Druck	Atmosphäre	$atm = 101325\ N \cdot m^{-2}$
Druck	Torr	$Torr = (101325/760)\ N \cdot m^{-2}$
Energie	Kalorie	$cal = 4{,}184\ J$

Schließlich können wir in der älteren Literatur dem „internationalen System" der elektrischen Einheiten begegnen. Diese internationalen Einheiten rechnen wir mit Hilfe der folgenden Faktoren auf SI-Einheiten um

$$1\ \Omega_{int} = 1{,}00049\ \Omega$$
$$1\ V_{int} = 1{,}00034\ V$$

Eine umfassende Zusammenstellung der Grundkonstanten ist zuletzt in der Zeitschrift Pure Appl. Chem. **21**, Nr. 1 (1970) veröffentlicht worden. In der Elektrochemie finden wir am häufigsten die folgenden vor:

Avogadro-Konstante	N_A	$= (6{,}02252 \pm 0{,}00003) \cdot 10^{23}\ mol^{-1}$
Faraday-Konstante	F	$= (9{,}64870 \pm 0{,}00016) \cdot 10^4\ C \cdot mol^{-1}$
Erstarrungspunkt des Wassers	T_{Eis}	$= 273{,}1500 \pm 0{,}0001\ K$
Gaskonstante	R	$= 8{,}31433 \pm 0{,}00044\ J \cdot K^{-1} \cdot mol^{-1}$
Ladung des Protons	e	$= (1{,}60210 \pm 0{,}00007) \cdot 10^{-19}\ C$
Boltzmannsche Konstante	k	$= (1{,}38054 \pm 0{,}00009) \cdot 10^{-23}\ J \cdot K^{-1}$
Dielektrizitätskonstante des Vakuums	ε_0	$= (8{,}854185 \pm 0{,}000018) \cdot 10^{-12}\ J^{-1} \cdot C^2 \cdot m^{-1}$

In dem sog. rationalisierten System ist die Dielektrizitätskonstante eines Dielektrikums definiert durch das Produkt

$$\varepsilon = D\,\varepsilon_0. \tag{C 1}$$

Hierbei ist D die relative Dielektrizitätskonstante des betrachteten Dielektrikums und ε_0 die Dielektrizitätskonstante des Vakuums, deren Zahlenwert oben angegeben wurde. In diesem System lautet das Coulombsche Gesetz

$$F = q_1\,q_2/4\,\pi\,\varepsilon\,r^2, \tag{C 2}$$

wobei F die Kraft ist, mit der die Ladungen q_1 und q_2 im Abstand r aufeinander einwirken, und die Poissonsche Gleichung hat die Form

$$\nabla^2\,\psi = -\,\rho/\varepsilon \tag{C 3}$$

(ψ ist das Potential der Raumladung der Dichte ρ).

Im sog. nichtrationalisierten System hat die Dielektrizitätskonstante des Vakuums den Wert $1{,}11265 \cdot 10^{10}\ J^{-1} \cdot C^2 \cdot m^{-1}$, der 4π-mal größer ist als der rationalisierte SI-Wert. Dann hat das Coulombsche Gesetz die Gestalt $F = q_1\,q_2/\varepsilon\,r^2$ und die Poissonsche Gleichung die Form $\nabla^2\,\psi = -\,4\,\pi\,\rho/\varepsilon$.

In neuerer Zeit wird dem rationalisierten System der Vorzug gegeben, was wir auch in diesem Buch getan haben.

Literatur

Lehr- und Handbücher der Elektrochemie

Bockris, J. O'M., A. K. N. Reddy: Modern Electrochemistry. Plenum Press, New York 1970.
Glasstone, S.: An Introduction to Electrochemistry. Van Nostrand, New York 1946.
Hempel, C. A.: The Encyclopedia of Electrochemistry. Reinhold, New York 1964.
Kortüm, G.: Lehrbuch der Elektrochemie. Verlag Chemie, Weinheim, Bergstraße, 1966 (zitiert Kortüm).
McInnes, D. A.: The Principles of Electrochemistry. Reinhold, New York 1961.
Newman, J.: Electrochemical Systems. Prentice-Hall, Englewood Cliffs 1973.
Physical Chemistry of Organic Solvent Systems (A. K. Covington und T. Dickinson, Hrsg.). Plenum Press, New York 1973.
Physical Methods of Chemistry. A. Weissberger und B. W. Rossiter (Hrsg.), Teil 2A und 2B: Electrochemical Methods. Wiley-Interscience, New York 1971.
Potter, F. C.: Electrochemistry, Principles and Applications. Cleaver Hume, London 1966.

Lehrbücher der physikalischen Chemie
(mit umfassender Darstellung der Elektrochemie)

Brdička, R.: Grundlagen der physikalischen Chemie. 11. Auflage. Deutscher Verlag d. Wiss., Berlin 1972.
Moore, W. J.: Physikalische Chemie. de Gruyter, Berlin 1973.
Physical Chemistry. An Advanced Treatise. H. Eyring, D. Henderson und W. Jost (Hrsg.). Academic Press, New York, Band IX A und B, Electrochemistry, 1970 (zitiert PChAT).

Lehrbücher der Thermodynamik mit umfassender Darstellung der Elektrochemie

Guggenheim, E. A.: Thermodynamics. North-Holland, Amsterdam 1950.
Klotz, I., R. M. Rosenberg: Chemical Thermodynamics. Benjamin, Menlo Park, California 1964.
Lewis, G. N., M. Randall: Thermodynamics and the Free Energy of Chemical Substances. McGraw-Hill, New York 1923.

Elektrochemische Referate-Sammlungen

Advances in Electrochemistry and Electrochemical Engineering. P. Delahay und C. W. Tobias (Hrsg.). Wiley, New York (zitiert als AE und der entsprechende Band, Seite und Jahr der Herausgabe).
Electroanalytical Chemistry. A. J. Bard (Hrsg.). Marcel Dekker, New York (zitiert als ECh und der entsprechende Band, Seite und Jahr der Herausgabe).
Modern Aspects of Electrochemistry. J. O'M. Bockris und B. E. Conway (Hrsg.). Butterworths, London, und Plenum Press, New York (zitiert als MAE und der entsprechende Band, Seite und Jahr der Herausgabe).

Tabellenwerke elektrochemischer Daten

Conway, B. E.: Electrochemical Data. Elsevier, Amsterdam 1952 (zitiert Conway).
Parsons, R.: Handbook of Electrochemical Data. Butterworths, London 1959 (zitiert Parsons).

Literaturhinweise zu den einzelnen Kapiteln und Abschnitten

Kapitel 1

Conway, B. E.: Some Aspects of the Thermodynamics and Transport Behavior of Electrolytes. PChAT IX A, 1.
Harned, H. S., B. B. Owen: The Physical Chemistry of Electrolytic Solutions. Reinhold, New York 1950.
Robinson, R. A., R. H. Stokes: Electrolyte Solutions. Butterworths, London 1959 (zitiert Robinson-Stokes).

Abschnitt 12

Case, B.: Ion Solvation. Kap. 2 des Buches Reactions of Molecules at Electrodes. N. S. Hush (Hrsg.). Wiley-Interscience, London 1971, S. 45.
Clever, H. L.: The Hydrated Hydronium Ion. J. Chem. Educ. **40**, 637 (1963).
Conway, B. E., J. O'M. Bockris: Ionic Solvation. MAE **1**, 47 (1954).
Desnoyers, J. E., C. Jolicoeur: Hydration Effects and Thermodynamic Properties of Ions. MAE **5**, 1 (1969).
Eisenberg, D., W. Kauzmann: The Structure and Properties of Water. The Clarendon Press, Oxford 1969.
Frank, H. S.: Structure of Ordinary Water. Science **196**, 635 (1970).
Gurney, R. W.: Ionic Processes in Solution. McGraw-Hill, New York 1953.
Klotz, I. M.: Structure of Water. Ion Membrane Transport. E. E. Bittar (Hrsg.), Bd. I, S. 93. John Wiley, London 1970.
Samoilow, O. Ja.: Strojenie wodnych rastworow elektrolitow i gidratazija ionow (Struktur der wäßrigen Elektrolytlösungen und Hydratation der Ionen). Moskau 1959.
Water, A Comprehensive Treatise (F. Franks, Hrsg.). Vol. 1. The Physics and Physical Chemistry of Water. Plenum Press, New York 1972.

Abschnitt 13

Falkenhagen, H., G. Kelbg: The present State of the Theory of Electrolytic Solutions. MAE **2**, 1 (1959).
Falkenhagen, H.: Theorie der Elektrolyte. S. Hirzel Verlag, Leipzig 1971.
Friedman, H. L.: Ionic Solution Theory. Wiley-Interscience, New York 1962.

Abschnitt 16

Bates, R. G.: Determination of pH. John Wiley, New York 1964.
Schatenschtejn, A. I.: Teorija kislot i osnowanij (Theorie der Säuren und Basen). Gos. nautschno-techn. isd., Moskau 1949.
Solute — Solvent Interactions. J. F. Coetzee und C. D. Ritchie (Hrsg.). Marcel Dekker, New York 1969.
Trémillon, B.: Chemistry in non-aqueous solvents. D. Reidel, Dordrecht 1974.

Abschnitt 17

Bjerrum, J.: The Tendency of Metal Ions Toward Complex Formation. Chem. Revs. **50**, 381 (1950).
Bloom, H., J. O'M. Bockris: Molten Electrolytes. MAE **2**, 262 (1959).
Davies, C. W.: Ion Association. Butterworths, London 1962.
Eisenbergh, H.: Physical Chemistry of Synthetic Polyelectrolytes. MAE **1**, 1 (1954).
Graves, A. D., G. J. Hills, D. Inman: Electrode Processes of Molten Salts. AE **4**, 117 (1966).
Kraus, C. A.: The Present State of the Electrolyte Problem. J. Chem. Educ. **35**, 324 (1958).

Laity, R. W.: Electrochemistry of Fused Salts. J. Chem. Educ. **39**, 67 (1962).
Sundheim, G.: Fused Salts. McGraw-Hill, New York 1964.

Kapitel 2

Conway, B. E., siehe Kap. 1.
Harned, H. S., B. B. Owen, siehe Kap. 1.
Janz, G. T., R. D. Reeves: Molten Salt Electrolytes—Transport Properties. AE **5**, 137 (1967).
Robinson, R. A., R. H. Stokes, siehe Kap. 1.

Abschnitt 21

Lewitsch, W. G.: Fisikochimitscheskaja gidrodinamika. Goz. isd. fisikomat. lit., Moskau 1959; engl. Übersetzung, Levich, V. G., Physico-Chemical Hydrodynamics. Prentice Hall, Englewood Cliffs 1962.
Newman, J.: Transport Processes in Electrolytic Solutions. AE **4**, 41 (1960).

Abschnitt 22

Falkenhagen, H., G. Kelbg, siehe Abschn. 13.
Falkenhagen, H., siehe Abschn. 13.

Abschnitt 23

Conway, B. E.: Proton Solvation and Proton Transfer Processes in Solution. MAE **3**, 43 (1964).
Delahay, P.: New Instrumental Methods in Electrochemistry. Interscience, New York 1954.
Evers, E. C.: The Nature of Metal-in-Amine Solutions. J. Chem. Educ. **38**, 590 (1961).
Glasstone, S., H. Eyring, K. J. Laidler: Theory of Rate Processes. McGraw-Hill, New York 1942.
Lewitsch, W. G., siehe Abschn. 21.

Abschnitt 24

Albery, W. J., M. E. Hitchman: Ring-Disc Electrodes. Oxford University Press, London 1970.
Heyrovský, J., J. Kůta: Grundlagen der Polarographie. Akademie-Verlag, Berlin 1965; engl. Principles of Polarography. Academic Press, New York 1966.
Lewitsch, W. G., siehe Abschn. 21.
Riddiford, A. C.: The Rotating Disc System. AE **4**, 47 (1966).

Kapitel 3

Abschnitt 31

Agar, J. N.: Thermogalvanic Cells. AE **3**, 31 (1964).
Parsons, R.: Equilibrium Properties of Electrified Interfaces. MAE **1**, 103 (1954).

Abschnitt 32

Butler, J. N.: Reference Electrodes in Aprotic Organic Solvents. AE **7**, 77 (1970).
Latimer, W. M.: Oxidation Potentials. Prentice Hall, New York 1952.
Michaelis, L.: Oxydations-Reduktionspotentiale, 2. Ausgabe. Berlin 1937.
Reference Electrodes, Theory and Practice. D. J. G. Ives und G. J. Janz (Hrsg.). Academic Press, New York 1961.

Abschnitt 33

Bates, R. G., siehe Abschn. 16.
Harned, H. S., B. B. Owen, siehe Kap. 1.
Robinson, R. A., R. H. Stokes, siehe Kap. 1.

Abschnitt 34

Adam, N. K.: Physics and Chemistry of Surfaces, 3. Ausgabe. University Press, London 1941.

Aveyard, R., D. A. Haydon: An Introduction to the principles of surface chemistry. Cambridge University Press, Cambridge 1973.

Barlow, C. A.: The Electrical Double Layer. PChAT IX A, 167 (1970).

Barlow, C. A., J. R. MacDonald: Theory of Discretness of Charge Effects in the Electrolyte Compact Double-Layer. AE **6**, 1 (1967).

Butler, J. A. V.: Electrical Phenomena at Interfaces. Butterworths, London 1951.

Delahay, P.: Double Layer and Electrode Kinetics. John Wiley, New York 1965.

Frumkin, A. N., W. S. Bagotzky, S. A. Iofa, B. N. Kabanow: Kinetika elektrodnych prozessow. Isd. Mosk. univ., Moskau 1952.

Frumkin, A. N., B. B. Damaskin: Adsorption of Organic Compounds at Electrodes. MAE **3**, 149 (1964).

Gerischer, H.: Semiconductor Electrode Reactions. AE **1**, 31 (1961).

Grahame, D. C.: Electrical Double Layer. Chem. Revs. **41**, 441 (1947).

Green, M.: Electrochemistry of the Semiconductor-Electrolyte Interface. MAE **2**, 343 (1959).

Mjamlin, W. A., Ju. W. Pleskow: Elektrochimija poluprowodnikow (Elektrochemie der Halbleiter). Nauka, Moskau 1965.

Mohilner, D. M.: The Electrical Double Layer. ECh **1**, 241 (1966).

Parsons, R., siehe Abschn. 31.

Parsons, R.: The Structure of Electrical Double Layer and its Influence on the Rates of Electrode Reactions. AE **1**, 1 (1961).

Payne, R.: The Electrical Double Layer in Nonaqueous Solutions. AE **7**, 1 (1970).

Perkins, R. S., T. N. Andersen: Potentials of Zero Charge of Electrodes. MAE **5**, 203 (1969).

The Electrochemistry of Semiconductors. P. T. Holmes (Hrsg.). Academic Press, New York 1961.

Kapitel 4

Glass Electrodes for Hydrogen and Other Cations. G. Eisenman (Hrsg.). Marcel Dekker, New York 1967.

Abschnitt 41

Reference Electrodes, siehe Abschn. 32.

Abschnitt 42

Camman, K.: Das Arbeiten mit ionenselektiven Elektroden. Springer-Verlag, Berlin 1973.

Dole, M.: The Glass Electrode. John Wiley, New York 1941.

Glass Microelectrodes. M. Lavallée, O. F. Schanne und N. C. Héberts (Hrsg.). John Wiley, London 1969.

Helfferich, R.: Ionenaustauscher. Chemie, Weinheim 1959.

Ion-Selective Electrodes. R. A. Durst (Hrsg.). National Bureau of Standards, Washington 1969.

Koryta, J.: Ion-Selective Electrodes. Cambridge University Press, Cambridge 1975.

Koryta, J.: Theory and Applications of Ion Selective Electrodes. Anal. Chim. Acta **61**, 329 (1972).

Wagner, C.: The Electromotive Force of Galvanic Cells Involving Phases of Locally Variable Composition. AE **4**, 1 (1966).

Abschnitt 43

Cole, K. S.: Membranes, Ions, and Impulses. Univ. of California Press, Berkeley 1968.

Hodgkin, R.: The Conduction of the Nervous Impulse. Thomas, Springfield 1964.

Katz, B.: Nerve, Muscle, and Synapse. McGraw-Hill, New York 1966.

Membranes—A Series of Advances. G. Eisenman (Hrsg.), Bd. 1, 2. Marcel Dekker Inc., New York 1972—1973.

Membranes and Ion Transport. E. E. Bittar (Hrsg.), Bd. 1—3. Wiley-Interscience, London 1970—1972.

Woodbury, J. W., S. H. White, M. C. Mackey, W. L. Hardy, D. B. Chang: Bioelectrochemistry. PChAT IX B, 903 (1970).

Kapitel 5

Albery, J.: Electrode Kinetics. Clarendon Press, Oxford 1975.

Anson, F. C.: Electrochemistry. Annual Review of Physical Chemistry **19**, 83 (1968).

Conway, B. E.: Theory and Principles of Electrode Processes. Ronald Press, New York 1965.

Damaskin, B. B., O. A. Petry: Vvedenije v elektrochimitscheskuju kinetiku (Einführung in die elektrochemische Kinetik). Vysschaja Schkola, Moskau 1975.

Erdey-Grúz, T.: Kinetics of Electrode Processes. Akadémiai Kiadó, Budapest 1972.

Fried, I.: The Chemistry of Electrode Processes. Academic Press, New York 1973.

Frumkin, A. N., W. S. Bagotzky, S. A. Iofa, B. N. Kabanow: Kinetika elektrodnych prozessov. Isd. Mosk. univ., Moskau 1952.

Gerischer, H.: Elektrodenreaktionen mit angeregten elektronischen Zuständen. Ber. Bunsenges. **77**, 771 (1973).

Reactions of Molecules at Electrodes. N. S. Hush (Hrsg.). Wiley-Interscience, London 1970.

H. R. Thirsk, J. A. Harrison: A Guide to the Study of Electrode Kinetics. Academic Press, New York 1972.

Vetter, K. J.: Elektrochemische Kinetik. Springer, Berlin 1961.

Abschnitt 52

Bockris, J. O'M.: Electrode Kinetics. MAE **1**, 180 (1954).

Delahay, P.: Double Layer and Electrode Kinetics. John Wiley, New York 1965.

Gerischer, H.: Semiconductor Electrode Reactions. AE **1**, 31 (1961).

Gierst, L.: Cinétique d'approche. Thèse d'aggrégation, Brüssel 1959.

Krischtalik, L. I.: Besbariernyje elektrodnyje prozessy (Barrierenlose Elektrodenprozesse). Usp. Chim. **34**, 1831 (1965).

Levich, V. G.: Kinetics of Reactions with Charge Transport. PChAT IX B 985 (1970).

Levich, V. G.: Present State of the Theory of Oxidation-Reduction in Solution (Bulk and Electrode Reactions). AE **4**, 249 (1966).

Marcus, R. A.: Chemical and Electrochemical Electron-Transfer Theory. Annual Review of Physical Chemistry **15**, 155 (1964).

Mjamlin, W. A., Ju. W. Pleskow, siehe Abschn. 34.

Abschnitt 53

Delahay, P.: New Instrumental Methods of Electrochemistry. Interscience, New York 1954.

Lewitsch, W. G., siehe Abschn. 21.

Nicholson, R. S., I. Shain: Theory of Stationary Electrode Polarography. Single Scan and Cyclic Methods applied to Reversible, Irreversible and Kinetic Systems. Anal. Chem. **36**, 706 (1964).

Randles, J. E. B.: Concentration Polarization and the Study of Electrode Reaction Kinetics. Progress in Polarography, Bd. I, S. 123. P. Zuman und I. M. Kolthoff (Hrsg.). Interscience, New York 1962.

Smith, D. E.: AC Polarography and Related Techniques. ECh **1**, 1 (1966).

Abschnitt 54

Adams, R. A.: Electrochemistry at Solid Electrodes. Marcel Dekker, New York 1969.

Albery, W. J., M. E. Hitchman: Ring-Disc Electrodes. Oxford University Press, London 1970.

Bewick, A., H. R. Thirsk: The Study of Simple Consecutive Processes in Electrochemical Reactions. MAE **5**, 291 (1969).

Charlot, G., J. Badoz-Lambling, B. Trémillon: Electrochemical Reactions: the Electrochemical Methods of Analysis. Elsevier, Amsterdam 1962.

Damaskin, B. B.: The Principles of Current Methods for the Study of Electrode Reactions. McGraw-Hill, New York 1967.

Delahay, P., siehe Abschn. 53.

Delahay, P.: The Study of Fast Electrode Processes. AE **1**, 233 (1961).

Electroanalytical Chemistry. H. W. Nürnberg (Hrsg.). John Wiley, London 1974.

Heyrovský, J., J. Kůta, siehe Abschn. 24.

Kolthoff, I. M., J. J. Lingane: Polarography. Interscience, New York 1952.

Lewitsch, W. G., siehe Abschn. 21.

Meites, L.: Polarographic Techniques, 2nd Edition. Interscience, New York 1965.

Nicholson, R. S., I. Shain, siehe Abschn. 53.

Parsons, R.: Faradaic and Non-Faradaic Processes. AE **7**, 177 (1970).

Randles, J. E., siehe Abschn. 53.

Reinmuth, W. H.: Electrochemical Relaxation Techniques. Anal. Chem. **36**, 211 R (1964).

Smith, D. E., siehe Abschn. 53.

Yeager, E., J. Kůta: Techniques for the Study of Electrode Processes. PChAT IX A, 345 (1970).

Abschnitt 55

Brdička, R., V. Hanuš, J. Koutecký: General Theoretical Treatment of Polarographic Kinetic Currents. Progress in Polarography. P. Zuman und I. M. Kolthoff (Hrsg.), Bd. I, S. 145. Interscience, New York 1962.

Heyrovský, J., J. Kůta, siehe Abschn. 24.

Koutecký, J., J. Koryta: The General Theory of Polarographic Currents. Electrochim. Acta **3**, 318 (1961).

Abschnitt 56

Bagotzky, W. S., Ju. B. Wasiljew: Charakteristiki adsorbzii organiki na platine (Charakteristik der Adsorption von organischen Stoffen an Platinelektroden). Pokroky elektrochimii organitscheskich wjeschtschestw. Nauka, Moskau 1966.

Breiter, M. W.: Electrochemical Processes in Fuel Cells. Springer, New York 1969.

Heyrovský, J., J. Kůta, siehe Abschn. 24.

Reilley, C. N., W. Stumm: Adsorption in Polarography. Progress in Polarography. P. Zuman und I. M. Kolthoff (Hrsg.), Bd. I, S. 81. Interscience, New York 1962.

W. Vielstich: Brennstoffelemente. Verlag Chemie, Weinheim 1965.

Abschnitt 57

Allen, M. T.: Organic Electrode Processes. Chapman and Hall, London 1958.

Bagotzky, W. S., Ju. B. Wasiljew, siehe Abschn. 46.

Bockris, J. O'M., A. R. Despić: The Mechanism of Deposition and Dissolution of Metals. PChAT IX B, 611 (1970).

Breiter, M. W., siehe Abschn. 56.

Fichter, F.: Organische Elektrochemie. Steinkopf, Dresden 1942.

Fischer, H.: Elektrolytische Abscheidung und Elektrokristallisation von Metallen. Springer, Berlin 1954.

Fleischmann, M., D. Pletcher: Organic Electrosynthesis. Roy. Inst. Chem. Reviews **2**, 87 (1969).

Fleischmann, M., H. R. Thirsk: Electrocrystallization and Metal Deposition. AE **3**, 123 (1963).

Frumkin, A. N.: Hydrogen Overvoltage and Adsorption Phenomena, Part I, Mercury. AE **1**, 65 (1961); Part II, Solid Metals, AE **3**, 267 (1963).

Gilman, S.: The Anodic Film on Platinum Electrode. ECh **2**, 111 (1967).

Hoar, T. P.: The Anodic Behaviour of Metals. MAE **2**, 262 (1959).

Hoare, J.: The Electrochemistry of Oxygen. Interscience, New York 1968.
Koryta, J.: Electrochemical Kinetics of Metal Complexes. AE **6**, 289 (1967).
Krishtalik, L. I.: Hydrogen Overvoltage and Adsorption Phenomena, Part III, Effect of the Adsorption Energy of Hydrogen on Overvoltage and the Mechanism of the Cathodic Process. AE **7**, 283 (1970).
Mehl, W., J. M. Hale: Insulator Electrode Reactions. AE **6**, 399 (1967).
Modern Electroplating. F. A. Loewenheim (Hrsg.). John Wiley, New York 1963.
Organic Electrochemistry. M. Baizer (Hrsg.). M. Dekker, New York 1973.
Peover, M. E.: Electrochemistry of Aromatic Hydrocarbons and Related Substances. ECh **2**, 1 (1967).
Vermilyea, D. A.: Anodic Films. AE **3**, 211 (1963).
Vlček, A. A.: Polarographic Behaviour of Coordination Compounds. Progress in Inorganic Chemistry. F. A. Cotton (Hrsg.), Teil 5, S. 211. Interscience, New York 1963.
Weinberg, N. L., H. R. Weinberg: Oxidation of Organic Substances. Chem. Revs. **68**, 449 (1968).
Young, L.: Anodic Films. Academic Press, New York 1961.
Zuman, P.: Substitution Effects in Organic Polarography. Plenum Press, New York 1967.

Abschnitt 58

Evans, U. R.: The Corrosion and Oxidation of Metals: Scientific Principles and Practical Applications. Arnold, London 1960.
Uhlig, H. H.: Corrosion and Corrosion Control. John Wiley, New York 1963.

Anhang A

Churchill, R. V.: Modern Operational Mathematics in Engineering. McGraw-Hill, New York 1944.

Sachverzeichnis